**教育部高等学校电子信息类专业教学指导委员会规划教材**

高等学校电子信息类专业系列教材

Principles of Electric Circuits

# 电路原理

## （下册）

### 第3版

**汪建**　　**李开成**　　编著
Wang Jian　　Li Kaicheng

清华大学出版社

北京

## 内 容 简 介

本书在第 2 版的基础上修订而成,系统地介绍电路的基本原理和基本分析方法。全书分上、下两册,共 19 章。上册内容包括:电路的基本定律和电路元件,电路分析方法——等效变换法、电路方程法、运用电路定理法,含运算放大器的电阻电路,动态元件,正弦稳态电路分析,谐振电路与互感耦合电路,三相电路。下册内容包括:非正弦周期性稳态电路分析,网络图论基础与电路的矩阵方程,暂态分析方法——经典分析法、复频域分析法、状态变量分析法,双口网络,均匀传输线的稳态分析和暂态分析,非线性电路分析概论,电路仿真简介。

从培养学生分析、解决电路问题的能力出发,本书通过对"电路理论"课程中重点、难点及解题方法的详细论述,将基本内容的叙述和学习方法的指导有机地融合,例题丰富,便于读者自学。

本书可作为高等院校电气、电子信息类专业"电路理论"课程的教材,也可供有关科技人员参考。

**图书在版编目(CIP)数据**

电路原理. 下册/汪建,李开成编著. —3 版. —北京:清华大学出版社,2021.1(2024.2重印)

高等学校电子信息类专业系列教材

ISBN 978-7-302-56947-3

Ⅰ.①电…  Ⅱ.①汪… ②李…  Ⅲ.①电路理论-高等学校-教材  Ⅳ.①TM13

中国版本图书馆 CIP 数据核字(2020)第 228207 号

责任编辑:盛东亮
封面设计:李召霞
责任校对:白 蕾
责任印制:杨 艳

出版发行:清华大学出版社
   网  址:https://www.tup.com.cn,https://www.wqxuetang.com
   地  址:北京清华大学学研大厦 A 座       邮  编:100084
   社 总 机:010-83470000          邮  购:010-62786544
   投稿与读者服务:010-62776969,c-service@tup.tsinghua.edu.cn
   质量反馈:010-62772015,zhiliang@tup.tsinghua.edu.cn
   课件下载:https://www.tup.com.cn,010-83470236
印 装 者:三河市铭诚印务有限公司
经  销:全国新华书店
开  本:185mm×260mm  印 张:31.25     字  数:752 千字
版  次:2007 年 12 月第 1 版  2021 年 2 月第 3 版  印  次:2024 年 2 月第 3 次印刷
印  数:2501～3100
定  价:89.00 元

产品编号:084408-01

# 高等学校电子信息类专业系列教材

# 序
## FOREWORD

我国电子信息产业销售收入总规模在 2013 年已经突破 12 万亿元,行业收入占工业总体比重已经超过 9%。电子信息产业在工业经济中的支撑作用凸显,更加促进了信息化和工业化的高层次深度融合。随着移动互联网、云计算、物联网、大数据和石墨烯等新兴产业的爆发式增长,电子信息产业的发展呈现了新的特点,电子信息产业的人才培养面临着新的挑战。

(1)随着控制、通信、人机交互和网络互联等新兴电子信息技术的不断发展,传统工业设备融合了大量最新的电子信息技术,它们一起构成了庞大而复杂的系统,派生出大量新兴的电子信息技术应用需求。这些"系统级"的应用需求,迫切要求具有系统级设计能力的电子信息技术人才。

(2)电子信息系统设备的功能越来越复杂,系统的集成度越来越高。因此,要求未来的设计者应该具备更扎实的理论基础知识和更宽广的专业视野。未来电子信息系统的设计越来越要求软件和硬件的协同规划、协同设计和协同调试。

(3)新兴电子信息技术的发展依赖于半导体产业的不断推动,半导体厂商为设计者提供了越来越丰富的生态资源,系统集成厂商的全方位配合又加速了这种生态资源的进一步完善。半导体厂商和系统集成厂商所建立的这种生态系统,为未来的设计者提供了更加便捷却又必须依赖的设计资源。

教育部 2012 年颁布了新版《高等学校本科专业目录》,将电子信息类专业进行了整合,为各高校建立系统化的人才培养体系,培养具有扎实理论基础和宽广专业技能、兼顾"基础"和"系统"的高层次电子信息人才给出了指引。

传统的电子信息学科专业课程体系呈现"自底向上"的特点,这种课程体系偏重对底层元器件的分析与设计,较少涉及系统级的集成与设计。近年,国内很多高校对电子信息类专业课程体系进行了大力度的改革,这些改革顺应时代潮流,从系统集成的角度,更加科学合理地构建了课程体系。

为了进一步提高普通高校电子信息类专业教育与教学质量,贯彻落实《国家中长期教育改革和发展规划纲要(2010—2020 年)》和《教育部关于全面提高高等教育质量若干意见》(教高【2012】4 号)的精神,教育部高等学校电子信息类专业教学指导委员会开展了"高等学校电子信息类专业课程体系"的立项研究工作,并于 2014 年 5 月启动了《高等学校电子信息类专业系列教材》(教育部高等学校电子信息类专业教学指导委员会规划教材)的建设工作。其目的是推进高等教育内涵式发展,提高教学水平,满足高等学校对电子信息类专业人才培养、教学改革与课程改革的需要。

本系列教材定位于高等学校电子信息类专业的专业课程,适用于电子信息类的电子信息工程、电子科学与技术、通信工程、微电子科学与工程、光电信息科学与工程、信息工程及其相近专业。经过编审委员会与众多高校多次沟通,初步拟定分批次(2014—2017 年)建设约 100 门课程教材。本系列教材将力求在保证基础的前提下,突出技术的先进性和科学的前沿性,体现创新教学和工程实践教学;将重视系统集成思想在教学中的体现,鼓励推陈出新,采用"自顶向下"的方法编写教材;将注重反映优秀的教学改革成果,推广优秀的教学经验与理念。

为了保证本系列教材的科学性、系统性及编写质量,本系列教材设立顾问委员会及编审委员会。顾问委员会由教指委高级顾问、特约高级顾问和国家级教学名师担任,编审委员会由教育部高等学校电子信息类专业教学指导委员会委员和一线教学名师组成。同时,清华大学出版社为本系列教材配置优秀的编辑团队,力求高水准出版。本系列教材的建设,不仅有众多高校教师参与,也有大量知名的电子信息类企业支持。在此,谨向参与本系列教材策划、组织、编写与出版的广大教师、企业代表及出版人员致以诚挚的感谢,并殷切希望本系列教材在我国高等学校电子信息类专业人才培养与课程体系建设中发挥切实的作用。

吕志伟 教授

# 第3版前言
## PREFACE

    本书是在 2016 年出版的《电路原理(下册)》(第 2 版)的基础上修订而成的。全书根据第 2 版教材的使用情况和效果,以及教师和学生的意见、建议,修订的内容主要有:①为突出重点,强调对基本分析方法的理解和掌握,重新编写了第 3 章,主要介绍建立电路方程的观察法;②遵循学生的认知规律,按照循序渐进、由浅入深的原则,将网络图论基础及列写电路方程的系统法单独编为一章,且在教材中的顺序后移;③将双口网络的内容移至暂态分析方法的介绍之后,并增加针对双口网络暂态分析的内容,以使学生扩展视野,从新的角度去更好地理解相关知识体系;④对各章的习题进行了修订,适当调整了综合题,增加或删减了部分习题,使习题在难度上更富有层次感,更好地起到锻炼学生思维能力及分析解决问题能力的作用。

    全书共 19 章,分上、下两册。本书为下册,包括 10 章。

    本书的修订、编写工作由汪建和李开成共同完成。其中李开成负责修订第 10、14、19 章,其余各章的编写、修订工作由汪建完成。全书由汪建统稿。本书配套提供教学课件,读者可扫描下方二维码下载:

教学课件

    因作者的水平有限,书中的错误和不妥之处在所难免,请读者提出宝贵意见,以便再版时改进。

编　者

2020 年 10 月于华中科技大学

# 第2版前言

## PREFACE

本书第 1 版于 2007 年底出版,为普通高等教育"十一五"国家级规划教材,也被评为华中科技大学优秀教材一等奖。本书出版后,被国内多所大学选作"电路"课程教材。多年的教学实践表明该教材能够适应理工科院校对基础"电路"课程的教学需求。

我们认为,随着现代电工技术、信息技术的飞速发展和进步,"电路原理"这一技术基础课的课程教学体系的改革应不断深化。在课程核心内容保持稳定的前提下,通过教学内容的适当调整和充实,使教材与时俱进,适应形势的发展,不断得到完善和提高。基于上述考虑,根据教材多年的教学实践情况及广泛听取教师和学生的意见及建议,本次对教材在第 1版的基础上进行了修订、编写。修订的主要内容有:将动态元件及特性、奇异函数及波形的表示法的内容后移,两者合并单独编为一章,以使其与正弦稳态分析及暂态分析等内容更好地衔接,便于教学;将含运算放大器电路的分析单独设为一章重新编写,内容上做了较大的调整和充实;增加了电路的计算机仿真分析的内容。另外,从加强基本概念的掌握、分析方法的应用以及更好地适应教学内容顺序调整的角度考虑,对各章习题进行了修订,适当增加或删减了部分习题。

全书共 18 章,分上、下两册。本书为下册,共有 10 章,为第 9～18 章,其中第 18 章由空军预警学院的黄道敏、袁媛老师共同编写,其余各章的编写、修订由汪建完成。

限于作者的水平,书中的错误和疏漏在所难免,敬请读者批评指正。

编　者

2016 年 2 月于华中科技大学

# 第1版前言
## PREFACE

"电路理论"是电类各专业重要的技术基础课。本课程的教学目的是使学习者懂得电路的基础理论,掌握电路分析的基本方法,为后续课程的学习及今后从事电类各学科领域的学习和工作打下坚实的基础。毋庸置疑,在电类专业领域的学习、研究过程中,电路理论知识的掌握程度至关重要,因此,学好这门课程的重要性不容低估。

电路理论的内容丰富,知识点多,概念性强。学习本课程不仅要具有良好的物理学有关内容的基础,也需要掌握高等数学的相关理论。可以说,清晰的物理概念和扎实的数学基础是学好电路理论的基本保证。通过本课程的学习,学生能够了解高等数学的理论在工程专业领域的应用方法,可以体会到数学工具在研究和解决专业理论和工程实际问题时的重要作用。

学生对本课程内容的掌握,可归结为综合运用所学的知识分析求解具有电路的能力。而这一能力的培养和提高,有赖于对基本概念、基本原理的准确理解,对基本方法的熟练掌握。因此,在本书的编写中,除参照高等学校对"电路"课程教学的基本要求,兼顾电气类和电子类专业的需要,突出对基本内容的叙述外,还刻意加强了对学习方法特别是解题方法的指导。具体的做法是:

(1) 强调对基本概念的准确理解。对重点、难点内容用注释方式予以较详尽的说明和讨论;对在理解和掌握上易于出错之处给予必要的提示。

(2) 重视对基本分析方法的训练和掌握。对各种解题方法给出了具体步骤,并用众多实例说明这些解题方法的具体应用,且许多例题同时给出多种解法,供读者比较。

(3) 注意培养学生独立思考、善于灵活运用基本概念和方法分析解决各种电路理论问题的能力。在每一章的最后均安排有"例题分析",通过对一些典型的或综合性较强、具有一定难度的例题的精讲,进一步讨论各种电路分析方法的灵活应用,以启迪思维,开阔思路,达到融会贯通、举一反三的效果。

本书的内容采用授课式语言叙述,十分便于自学。

全书分上、下两册,共15章,本书为下册。本书的出版得到了清华大学出版社的大力支持,在此深表谢意。

限于编者的学识水平,书中的疏漏和不当之处在所难免,希望读者批评指正。

编 者

2007 年 10 月于华中科技大学

# 目 录
## CONTENTS

# 第 10 章

# 周期性非正弦稳态电路分析

**本章提要**

本章介绍周期性非正弦稳态电路的分析方法。主要内容有：周期性非正弦稳态电路的基本概念；周期性非正弦函数的谐波分析及频谱图；周期性非正弦函数的有效值、平均值与功率；周期性非正弦稳态电路的一般分析方法；周期性非正弦对称三相电路的分析等。

## 10.1　周期性非正弦稳态电路的基本概念

当稳态电路中的支路电压、电流为周期性非正弦波时,称为周期性非正弦稳态电路。在工程实际中,周期性非正弦稳态电路是一类常见的电路。例如在电力系统中,三相交流发电机所产生的电压从严格的意义上说并不是正弦波,这样在电网各处以及负载中的电压、电流将是周期性的非正弦波。又如在自动控制电路和计算机电路中,其激励一般是方波信号源,则电路中各元器件中的电流及端电压是周期性的按非正弦规律变化的波形。再如在电力和电子技术中常用的整流电路中,虽然其激励是正弦电源,但因电路中含有二极管这种非线性器件,因此电路的输出是周期性的非正弦波。由此可见,周期性非正弦稳态电路的相关概念及其分析方法在工程应用上有着十分重要的意义。

## 一、周期性非正弦电压、电流

图 10-1 给出了周期性非正弦电压和电流的例子。

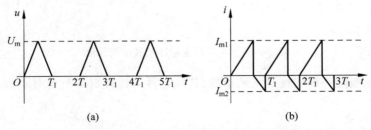

(a)　　　　　　　　　　　　(b)

图 10-1　周期性非正弦电压、电流的波形

如图 10-1(a)所示,电压波形的周期是 $2T_1$,其最大值(振幅)$u_{\max}=U_{\mathrm{m}}$；又如图 10-1(b)所示,电流波形的周期是 $T_1$,其正振幅为 $I_{\mathrm{m1}}$,负振幅为 $I_{\mathrm{m2}}$。

## 二、周期性非正弦稳态电路

周期性非正弦稳态电路也称为非正弦周期电流电路。简便起见,在本书中,周期性非正弦稳态电路亦简称为非正弦电路。

按激励函数是否作正弦规律变化,非正弦电路可分为两类。

### 1. 激励为正弦函数的非正弦电路

这类电路中的激励为正弦函数,但响应却是非正弦函数,造成这一现象的原因是电路中含有非线性元件或时变元件。如图 10-2(a)所示的全波整流电路中含有二极管这一非线性元件,当激励电压为图 10-2(b)所示的正弦波形时,电路中的输出电压 $u_o$ 是图 10-2(c)所示的非正弦波形。

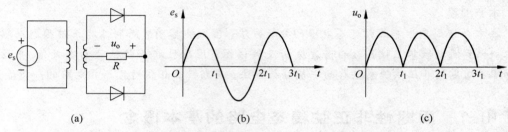

图 10-2　全波整流电路及其输出电压的波形

### 2. 激励为非正弦函数的非正弦电路

这类电路包括两种情形,即激励为非正弦周期函数,但电路中的其他元件是线性时不变元件;或激励为非正弦周期函数,但电路中的其他元件中包含有非线性元件或时变元件。在上述两种情况下,电路的响应一般为非正弦函数。如图 10-3(a)所示的脉冲波发生电路,$R$、$C$ 均为线性时不变元件,激励的波形为方波,如图 10-3(b)所示,当 $RC \ll T_1$ 时,电阻电压波形如图 10-3(c)所示。

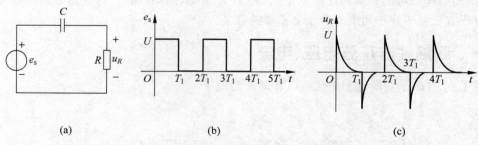

图 10-3　脉冲波发生电路及其电压波形

本书只讨论激励为周期性非正弦函数、其他元件为线性时不变元件的非正弦电路的稳态分析。

## 三、非正弦电路的稳态分析方法

非正弦电路的稳态分析可采用直流稳态电路和正弦稳态电路的分析方法。其思路是借助数学中的傅里叶级数,将电路中的周期性非正弦激励分解为直流分量和一系列不同频率的正弦量之和,再依据叠加定理,将非正弦电路转化为直流电路和一系列不同频率的正弦稳态电路的叠加。

## 10.2　周期性非正弦函数的谐波分析

若函数 $f(t)$ 满足下述关系式:

$$f(t) = f(t \pm kT) \qquad (k = 0, 1, 2, \cdots)$$

则称 $f(t)$ 为周期函数,式中 $T$ 为周期函数的周期,其频率 $f = 1/T$,角频率 $\omega = 2\pi f = 2\pi/T$。

### 一、周期性非正弦函数的傅里叶展开式

在下面的讨论中,将周期性非正弦函数简称为周期函数。

**1. 傅里叶级数的形式**

一个周期函数 $f(t)$,只要它满足狄里赫利条件,即

(1) 在一个周期内连续或仅有有限个第一类间断点;

(2) 在一个周期内只有有限个极值点。

便可将它展开为傅里叶级数,其展开式为

$$f(t) = \frac{a_0}{2} + \sum_{k=1}^{\infty} (a_{km}\cos k\omega t + b_{km}\sin k\omega t) \qquad (10\text{-}1)$$

或

$$f(t) = \frac{A_0}{2} + \sum_{k=1}^{\infty} A_{km}\sin(k\omega t + \varphi_k) \qquad (10\text{-}2)$$

可见傅里叶级数为一无穷级数,它由一系列频率不同的正弦函数叠加而成(常数项可视为频率为零的正弦量)。式(10-1)和式(10-2)为傅里叶级数的两种形式。两种表示式中各系数及初相位 $\varphi_k$ 间的关系式为

$$\begin{cases} A_0 = a_0 \\ A_{km} = \sqrt{a_{km}^2 + b_{km}^2} \\ \varphi_k = \arctan \dfrac{a_{km}}{b_{km}} \end{cases} \qquad (10\text{-}3)$$

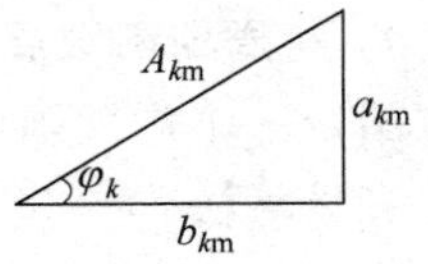

图 10-4　用直角三角形表示傅里叶级数中系数间的关系

或

$$\begin{cases} a_{km} = A_{km}\sin\varphi_k \\ b_{km} = A_{km}\cos\varphi_k \end{cases} \qquad (10\text{-}4)$$

上述关系式可用图 10-4 所示的直角三角形表示。

在实际应用中,傅里叶级数多采用式(10-2)的形式。在将一个周期函数展开为傅里叶级数时,通常是先求得式(10-1),再根据式(10-3)得到式(10-2)。

**2. 谐波的概念**

在非正弦电路中,谐波是十分重要的概念。

在式(10-1)和式(10-2)表示的傅里叶级数中,和周期函数 $f(t)$ 的周期相同的正弦分量(即 $k = 1$ 的分量)称为 $f(t)$ 的一次谐波或基波;而频率是一次谐波(基波)频率 $k$ 倍的分量

称为 $f(t)$ 的 $k$ 次谐波,如 $k=2$ 的分量称为二次谐波,$k=3$ 的分量称为三次谐波等;常数项 $\dfrac{a_0}{2}\left(\text{或}\dfrac{A_0}{2}\right)$ 称为 $f(t)$ 的零次谐波或直流分量。通常把 $k\geqslant2$ 的谐波称为高次谐波,$k$ 为奇数的谐波称为奇次谐波,$k$ 为偶数的谐波称为偶次谐波。式(10-1)中 $a_{km}\cos k\omega t$ 称为 $k$ 次谐波的余弦分量,$b_{km}\sin k\omega t$ 称为 $k$ 次谐波的正弦分量。

例如,一个周期函数 $f(t)$ 的角频率是 $50\mathrm{rad/s}$,其傅里叶展开式取前四项为

$$f(t)=200+170\sqrt{2}\sin50t+90\sqrt{2}\sin150t+42\sqrt{2}\sin(250t+60°)$$

则 $f(t)$ 的基波角频率是 $50\mathrm{rad/s}$,它包括四种谐波,即直流分量(零次谐波)、基波(一次谐波)、三次谐波和五次谐波。为便于看清各次谐波分量,这一周期函数可写为

$$f(t)=200+170\sqrt{2}\sin\omega_1t+90\sqrt{2}\sin3\omega_1t+42\sqrt{2}\sin(5\omega_1t+60°)$$

其中 $\omega_1=50\mathrm{rad/s}$ 是基波的角频率,$k$ 次谐波的角频率(频率)是周期函数角频率(频率)的 $k$ 倍。

**3. 傅里叶级数中系数的计算公式**

将一个周期函数展开为傅里叶级数,关键在于级数中各项系数的计算。式(10-1)中的各项系数按下列公式求出:

$$\begin{cases} a_0=\dfrac{2}{T}\displaystyle\int_0^T f(t)\mathrm{d}t=\dfrac{2}{T}\displaystyle\int_{-\frac{T}{2}}^{\frac{T}{2}} f(t)\mathrm{d}t \\[2mm] a_{km}=\dfrac{2}{T}\displaystyle\int_0^T f(t)\cos k\omega_1t\,\mathrm{d}t=\dfrac{2}{T}\displaystyle\int_{-\frac{T}{2}}^{\frac{T}{2}} f(t)\cos k\omega_1t\,\mathrm{d}t \\[2mm] b_{km}=\dfrac{2}{T}\displaystyle\int_0^T f(t)\sin k\omega_1t\,\mathrm{d}t=\dfrac{2}{T}\displaystyle\int_{-\frac{T}{2}}^{\frac{T}{2}} f(t)\sin k\omega_1t\,\mathrm{d}t \end{cases} \quad(10\text{-}5)$$

式中,$T$ 为周期函数 $f(t)$ 的周期;$\omega_1$ 为 $f(t)$ 的角频率。$\omega_1$ 和 $T$ 之间的关系为

$$\omega_1=2\pi/T$$

求得系数 $a_0$、$a_{km}$ 和 $b_{km}$ 后,再由式(10-3)求出式(10-2)中的各系数 $A_0$、$A_{km}$ 和 $\varphi_k$。

**4. 将周期函数展开为傅里叶级数的方法**

给定一个周期函数的波形后,可用两种方法求出其对应的傅里叶级数,这两种方法是查表法和计算法。

1) 查表法

表 10-1 给出了一些常见的典型周期函数的傅里叶级数。因此可用查表的方法求得一些常见周期函数的傅里叶级数。

表 10-1　常见周期函数的傅里叶级数简表

| 波　　形 | 傅里叶级数 | $A$(有效值) | $A_{\mathrm{av}}$(平均值) |
|---|---|---|---|
| 三角波 | $f(\omega t)=\dfrac{8A_{\max}}{\pi^2}\left(\sin\omega t-\dfrac{1}{9}\sin3\omega t\right.$ $+\dfrac{1}{25}\sin5\omega t-\cdots$ $\left.+\dfrac{(-1)^{\frac{k-1}{2}}}{k^2}\sin k\omega t+\cdots\right)$ $(k=1,3,5,\cdots)$ | $\dfrac{A_{\max}}{3}$ | $\dfrac{A_{\max}}{2}$ |

续表

| 波　形 | 傅里叶级数 | $A$(有效值) | $A_{av}$(平均值) |
|---|---|---|---|
| 梯形波 | $f(\omega t)=\dfrac{4A_{max}}{\alpha\pi}\Big(\sin\alpha\sin\omega t$ $+\dfrac{1}{9}\sin3\alpha\sin3\omega t$ $+\dfrac{1}{25}\sin5\alpha\sin5\omega t+\cdots$ $+\dfrac{1}{k^2}\sin k\alpha\sin k\omega t+\cdots\Big)$ $(k=1,3,5\cdots)$ | $A_{max}\sqrt{1-\dfrac{4\alpha}{3\pi}}$ | $A_{max}\Big(1-\dfrac{\alpha}{\pi}\Big)$ |
| 锯齿波 | $f(\omega t)=A_{max}\bigg[\dfrac{1}{2}-\dfrac{1}{\pi}\Big(\sin\omega t$ $+\dfrac{1}{2}\sin2\omega t$ $+\dfrac{1}{3}\sin3\omega t$ $+\cdots+\dfrac{1}{k}\sin k\omega t$ $+\cdots\Big)\bigg]$ $(k=1,2,3,\cdots)$ | $\dfrac{A_{max}}{\sqrt{3}}$ | $\dfrac{A_{max}}{2}$ |
| 方波 | $f(\omega t)=\dfrac{4A_{max}}{\pi}\Big(\sin\omega t$ $+\dfrac{1}{3}\sin3\omega t+\dfrac{1}{5}\sin5\omega t$ $+\cdots$ $+\dfrac{1}{k}\sin k\omega t+\cdots\Big)$ $(k=1,3,5,\cdots)$ | $A_{max}$ | $A_{max}$ |
| 矩形脉冲 | $f(\omega t)=A_{max}\bigg[\alpha$ $+\dfrac{2}{\pi}\Big(\sin\alpha\pi\cos\omega t$ $+\dfrac{1}{2}\sin2\alpha\pi\cos2\omega t$ $+\cdots$ $+\dfrac{1}{k}\sin k\alpha\pi\cos k\omega t$ $+\cdots\Big)\bigg]$ $(k=1,2,3,\cdots)$ | $\sqrt{\alpha}A_{max}$ | $\alpha A_{max}$ |

续表

| 波　形 | 傅里叶级数 | $A$(有效值) | $A_{av}$(平均值) |
|---|---|---|---|
| 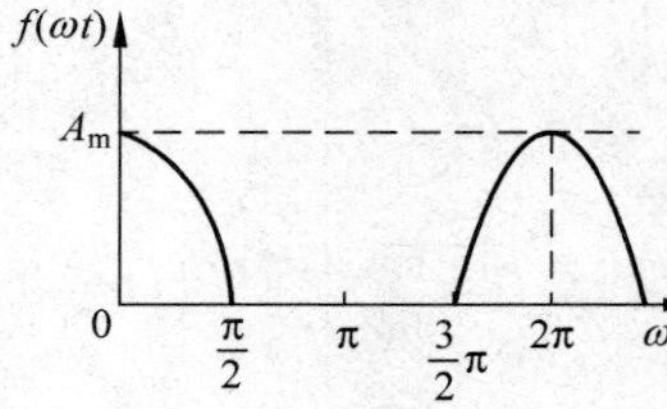 | $f(\omega t)=\dfrac{2A_m}{\pi}\Big(\dfrac{1}{2}$ $+\dfrac{\pi}{4}\cos\omega t+\dfrac{1}{3}\cos2\omega t$ $-\dfrac{1}{15}\cos4\omega t+\cdots$ $-\dfrac{\cos\dfrac{k\pi}{2}}{k^2-1}\cos k\omega t+\cdots\Big)$ $(k=2,4,6,\cdots)$ | $\dfrac{A_m}{2}$ | $\dfrac{A_m}{\pi}$ |
| 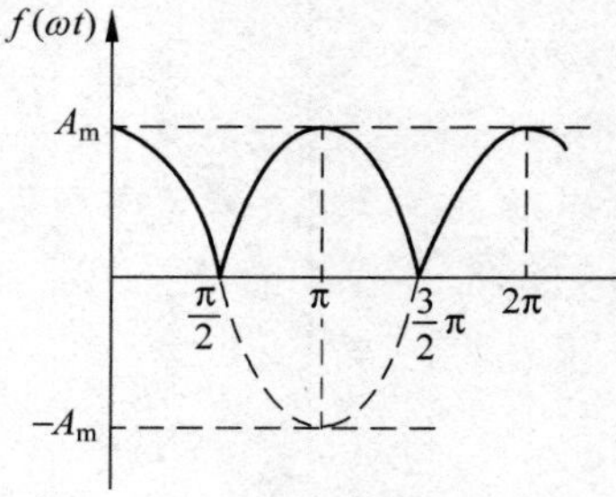 | $f(\omega t)=\dfrac{4A_m}{\pi}\Big(\dfrac{1}{2}+\dfrac{1}{3}\cos2\omega t$ $-\dfrac{1}{15}\cos4\omega t+\cdots$ $-\dfrac{\cos\dfrac{k\pi}{2}}{k^2-1}\cos k\omega t+\cdots$ $(k=2,4,6\cdots)$ | $\dfrac{A_m}{\sqrt{2}}$ | $\dfrac{2A_m}{\pi}$ |

**2) 计算法**

所谓计算法是根据给定的周期函数的波形由式(10-5)及式(10-3)计算系数 $a_0$、$a_{km}$ 和 $b_{km}$ 及 $A_0$、$A_{km}$ 和 $\varphi_k$ 后而得到傅里叶级数。

**例 10-1** 已知周期性电压 $u$ 的波形如图 10-5 所示,试求其傅里叶级数。

**解** 该电压波形在一个周期 $[-\pi,\pi)$ 内的表达式为

$$u=\begin{cases}-t & (-\pi\leqslant t\leqslant 0)\\ t & (0\leqslant t<\pi)\end{cases}$$

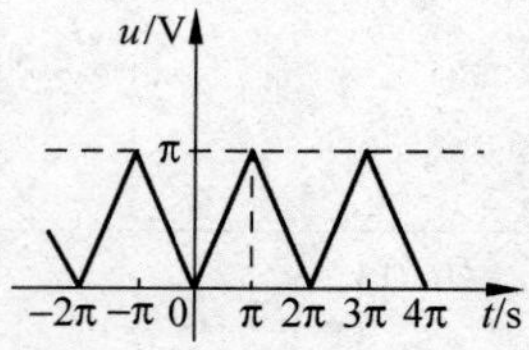

图 10-5 例 10-1 图

此电压的周期 $T=2\pi$,角频率 $\omega_1=\dfrac{2\pi}{T}=1\text{rad/s}$(应注意坐标横轴是时间 $t$ 而不是角度 $\omega t$)。可求得傅里叶级数中的各系数为

$$a_0=\frac{2}{T}\int_{-\frac{T}{2}}^{\frac{T}{2}}f(t)\mathrm{d}t=\frac{2}{2\pi}\left[\int_{-\pi}^{0}(-t)\mathrm{d}t+\int_{0}^{\pi}t\mathrm{d}t\right]=\pi$$

$$a_{km}=\frac{2}{T}\int_{-\frac{T}{2}}^{\frac{T}{2}}f(t)\cos k\omega_1 t\mathrm{d}t$$

$$=\frac{1}{\pi}\left[\int_{-\pi}^{0}(-t)\cos k\omega_1 t\mathrm{d}t+\int_{0}^{\pi}t\cos k\omega_1 t\mathrm{d}t\right]=\frac{2}{\pi}\int_{0}^{\pi}t\cos k\omega_1 t\mathrm{d}t$$

$$=\frac{2}{\pi}\left[\frac{1}{(k\omega_1)^2}\cos k\omega_1 t+\frac{t}{k\omega_1}\sin k\omega_1 t\right]_{0}^{\pi}=\frac{2}{\pi}\left[\frac{1}{(k\omega_1)^2}\cos k\omega_1\pi+\frac{\pi}{k\omega_1}\sin k\omega_1\pi-\frac{1}{(k\omega_1)^2}\right]$$

将 $\omega_1=1\text{rad/s}$ 代入上式,可得

$$a_{k\mathrm{m}} = \frac{2}{\pi k^2}(\cos k\pi - 1) \qquad (k = 1, 2, \cdots)$$

$k$ 为偶数时，$a_{k\mathrm{m}} = 0$；$k$ 为奇数时，$a_{k\mathrm{m}} = -\dfrac{4}{\pi k^2}$。

$$b_{k\mathrm{m}} = \frac{2}{T}\int_{-\frac{T}{2}}^{\frac{T}{2}} f(t)\sin k\omega_1 t\,\mathrm{d}t$$

$$= \frac{1}{\pi}\left[\int_{-\pi}^{0}(-t)\sin k\omega_1 t\,\mathrm{d}t + \int_{0}^{\pi} t\sin k\omega_1 t\,\mathrm{d}t\right] = 0$$

于是所给电压波形的傅里叶级数为

$$u = \frac{a_0}{2} + \sum_{k=1}^{\infty} a_{k\mathrm{m}}\cos k\omega_1 t$$

$$= \frac{\pi}{2} - \frac{4}{\pi}\left(\cos\omega_1 t + \frac{1}{3^2}\cos 3\omega_1 t + \frac{1}{5^2}\cos 5\omega_1 t + \cdots\right)$$

$$= \frac{\pi}{2} - \frac{4}{\pi}\left(\cos t + \frac{1}{9}\cos 3t + \frac{1}{25}\cos 5t + \cdots\right)$$

或

$$u = \frac{\pi}{2} - \frac{4}{\pi}\left[\sin(t + 90°) + \frac{1}{9}\sin(3t + 90°) + \frac{1}{25}\sin(5t + 90°) + \cdots\right]$$

**5. 关于傅里叶级数的说明**

傅里叶级数是一个无穷级数，仅当取无限多项时，它才准确地等于原有的周期函数。而在实际的分析工作中，只需截取有限项，截取项数的多少取决于所允许误差的大小。级数收敛得越快，则截取的项数可越少。一般而言，周期函数的波形越光滑和越接近正弦波，其傅里叶级数收敛得越快。如例 10-1 中的电压波形较为光滑且接近正弦波，其傅里叶级数中各项的系数随谐波次数的增高而衰减得很快。这表明该级数以较快的速度收敛，只需截取较少的项数便可较准确地代表原波形。又如图 10-6 所示的矩形波，其展开式为

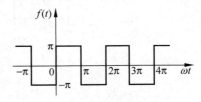

图 10-6 矩形方波的波形

$$f(t) = 4\left(\sin\omega_1 t + \frac{1}{3}\sin 3\omega_1 t + \frac{1}{5}\sin 5\omega_1 t + \cdots\right)$$

可看出，该级数收敛得较慢，这是由于该波形光滑程度较差且和正弦波形相去甚远的缘故。因此，该级数只有截取较多的项数才不致产生过大的误差。

## 二、几种对称的周期函数

在工程实际中常利用函数的对称性质简化求取周期函数傅里叶级数的计算工作。这是因为在一定的对称条件下，波形中可能不含有某些谐波，在傅里叶级数中对应于这些谐波的系数为零而无须计算。

共有五种对称情况。在下面的讨论中，设周期函数 $f(t)$ 的周期为 $T$。

**1. 在一周期内平均值为零的函数**

1）平均值为零的函数的波形特性

这类函数波形的特征是在一个周期中正半周的面积等于负半周的面积。因此函数在一

个周期内的平均值为零。图 10-7 所示便是这类函数的两个例子。

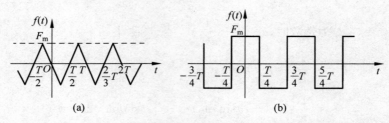

图 10-7　在一个周期内平均值为零的函数的波形

2）平均值为零的函数的傅里叶级数

这类函数的傅里叶级数中不含有常数项。这是因为一个周期内的平均值为零时,必有

$$\frac{a_0}{2} = \frac{1}{T}\int_0^T f(t)\mathrm{d}t = 0$$

**2. 奇函数**

1）奇函数的波形特征

奇函数的特征是其波形对称于坐标原点。这类函数满足关系式 $f(t) = -f(-t)$。图 10-8 便是奇函数的两个例子。

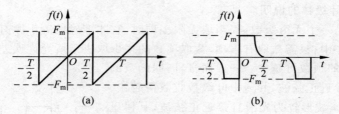

图 10-8　奇函数的波形

显然,奇函数也是一个周期内平均值为零的函数。

2）奇函数的傅里叶级数

奇函数的傅里叶级数为

$$f(t) = \sum_{k=1}^{\infty} b_{k\mathrm{m}}\sin k\omega_1 t \tag{10-6}$$

即级数中不含有常数项和余弦项。这是因为奇函数在一个周期内的平均值为零,故常数项为零;又因为余弦函数是偶函数,故奇函数的傅里叶级数中不可能含有余弦项。

因此,在求奇函数的傅里叶级数时,只需计算系数 $b_{k\mathrm{m}}$。

**3. 偶函数**

1）偶函数的波形特征

偶函数的特征是其波形对称于坐标纵轴。这类函数满足关系式 $f(t) = f(-t)$。图 10-9 便是偶函数的两个例子。

2）偶函数的傅里叶级数

偶函数的傅里叶级数为

$$f(t) = \frac{a_0}{2} + \sum_{k=1}^{\infty} a_{km} \cos k\omega_1 t \qquad (10\text{-}7)$$

即傅里叶级数中不含有正弦分量。这是因为正弦函数是奇函数,而偶函数的傅里叶级数中不可能含有奇函数。

因此,在求偶函数的傅里叶级数时,只需计算 $a_0$ 和 $a_{km}$。

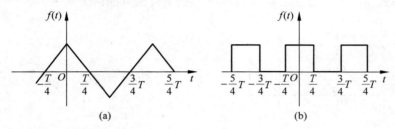

图 10-9　偶函数的波形

### 4. 奇谐波函数

1) 奇谐波函数的波形特征

奇谐波函数的特征是将其波形在一个周期内的前半周期后移半个周期(即将前、后半周置于同一半周期内)后,前、后半周对横轴形成镜像。这类函数满足关系式 $f(t) = -f\left(t \pm \dfrac{T}{2}\right)$。图 10-10 是奇谐波函数的两个例子。

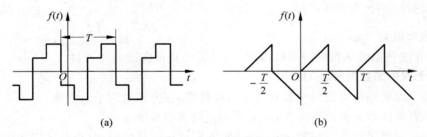

图 10-10　奇谐波函数的波形

2) 奇谐波函数的傅里叶级数

奇谐波函数的傅里叶级数为

$$f(t) = \sum_{k=1}^{\infty} A_{km} \sin(k\omega_1 t + \varphi_k) \qquad (k = 1,3,5,\cdots) \qquad (10\text{-}8)$$

即级数中不含有常数项和偶次谐波。这是因为奇谐波函数是在一个周期内平均值为零的函数,因而级数中的常数项为零;又因为偶次谐波不满足 $f(t) = -f\left(t \pm \dfrac{T}{2}\right)$,故不是奇谐波函数。如图 10-11 中的二次谐波(在一个 $T$ 内变化两个循环)显然不符合奇谐波函数的特征,故奇谐波函数的傅里叶级数中必不含有偶次谐波。

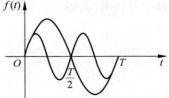

图 10-11　偶次谐波不符合奇谐波函数波形特征的说明

因此,在求奇谐波函数的傅里叶级数时,只需计算奇次谐波的系数。

**5．偶谐波函数**

1）偶谐波函数的波形特征

偶谐波函数的特征是其波形在一个周期内的前半周和后半周的形状完全一样，且将前半周后移半个周期（即将前、后半周置于同一半周期内）后，前、后两个半周完全重合。这类函数满足关系式 $f(t)=f\left(t\pm\dfrac{T}{2}\right)$。图 10-12 是偶谐波函数的两个例子。

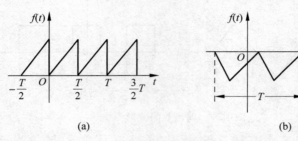

图 10-12　偶谐波函数的波形

2）偶谐波函数的傅里叶级数

偶谐波函数的傅里叶级数为

$$f(t)=\frac{A_0}{2}+\sum_{k=1}^{\infty}A_{km}\sin(k\omega t+\varphi_k)\qquad(k=2,4,6,\cdots)\qquad(10\text{-}9)$$

即傅里叶级数中不含有奇次谐波。这是因为奇次谐波不满足 $f(t)=f\left(t\pm\dfrac{T}{2}\right)$，则在偶谐波函数的傅里叶级数中必不含有奇次谐波。

因此，在求偶谐波函数的傅里叶级数时，不需计算奇次谐波的系数。

**6．关于周期函数对称性的说明**

（1）某个周期函数可能同时具有几种对称特性，在分析时应予以注意。

（2）注意奇函数与奇谐波函数，偶函数和偶谐波函数的区别。

（3）一个周期函数是奇函数还是偶函数，既取决于波形的形状，也取决于坐标原点的位置。而一个周期函数是奇谐波函数还是偶谐波函数，仅决定于函数的波形，与坐标原点的位置无关。

（4）一个波形含有哪些次谐波与坐标原点的选择无关，坐标原点的位置只影响谐波的初相位。因此可利用移动坐标原点的办法使某些波形变为奇函数或偶函数，以简化分析计算工作。

**例 10-2**　试定性指出图 10-13 所示波形含有的谐波成分。

**解**　可以看出，图示波形同时具有几种对称特性。这一波形所对应的函数 $f(t)$ 满足下列关系式：

$$\frac{1}{T}\int_0^T f(t)\mathrm{d}t=0,\quad f(t)=f(-t)$$

$$f(t)=-f\left(t\pm\frac{T}{2}\right)$$

这表明 $f(t)$ 在一个周期内的平均值为零，它既是偶函数，也是奇谐波函数，于是傅里叶级数中不含中直流分量和正弦分量，亦不含有偶次谐波，其傅里叶级数的形式为

$$f(t) = \sum_{k=1}^{\infty} a_{km} \cos k\omega_1 t \qquad (k=1,3,5,\cdots)$$

**例 10-3**　如图 10-14 所示波形,问若将其展开为傅里叶级数时,是否可利用周期函数的对称性? 试将其展开为傅里叶级数。

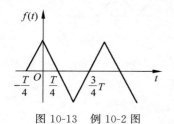

图 10-13　例 10-2 图

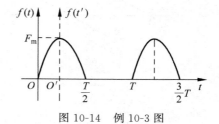

图 10-14　例 10-3 图

**解**　经分析可知,该波形不属于五种对称情况中的任何一种。但根据该波形的特点,若将纵轴向右移动 $\dfrac{1}{4}$ 周期,如图中虚线所示,则 $f(t')$ 为一偶函数,其傅里叶级数中不含有正弦分量,因此只需计算系数 $a_0$ 和 $a_{km}$。求出 $f(t')$ 的傅里叶级数后,将级数中变量 $t'$ 用 $\left(t-\dfrac{T}{4}\right)$ 代换(即将纵轴还原),便可得 $f(t)$ 的傅里叶级数。可求得

$$f(t') = \frac{F_m}{\pi} + \frac{1}{2}F_m\omega t' + \frac{2}{3\pi}F_m\cos 2\omega t' - \frac{2}{15\pi}F_m\cos 4\omega t' + \cdots$$

则

$$f(t) = \frac{F_m}{\pi} + \frac{1}{2}F_m\cos\omega_1\left(t-\frac{T}{4}\right) + \frac{2}{3\pi}F_m\cos 2\omega_1\left(t-\frac{T}{4}\right) - \frac{2}{15\pi}F_m\cos 4\omega_1\left(t-\frac{T}{4}\right) + \cdots$$

$$= \frac{F_m}{\pi} + \frac{1}{2}F_m\sin\omega_1 t - \frac{2}{3\pi}F_m\cos 2\omega_1 t - \frac{2}{15\pi}F_m\cos 4\omega_1 t + \cdots$$

## 练习题

**10-1**　用查表法写出图 10-15(a)、(b)所示波形的傅里叶级数。

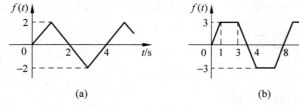

(a)　　　　　　　(b)

图 10-15　练习题 10-1 图

**10-2**　判断下列各函数是否为周期函数,并说明原因。若是周期函数,其周期为何?

(1) $f(t) = 2\sqrt{2} + \sqrt{2}\sin 6t$

(2) $f(t) = 200\sin 50\pi t + 120\sqrt{2}\sin(100\pi t + 30°) + 50\sqrt{2}\cos 200\pi t$

(3) $f(t)=100+50\sqrt{2}\sin\sqrt{2}\pi t+20\sqrt{2}\sin10\pi t$

10-3 周期函数的波形如图 10-16(a)、(b)所示,试定性分析各波形的谐波成分。

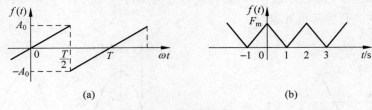

图 10-16 练习题 10-3 图

## 10.3 周期性非正弦函数的频谱图

### 一、周期性非正弦函数的频谱和频谱图

由傅里叶级数可知,周期性非正弦函数的 $k$ 次谐波的振幅 $A_{km}$ 和初相位 $\varphi_k$ 均是(角)频率 $\omega$ 的函数,于是有

$$\begin{cases} A_{km}=A_{km}(\omega) \\ \varphi_k=\varphi_k(\omega) \end{cases}$$

将 $A_{km}(\omega)$ 和 $\varphi_k(\omega)$ 分别称为振幅频谱和相位频谱,两者统称为频谱。频谱分析在工程应用中有着十分重要的意义。在实际中,通常用所谓的"频谱图"来表示频谱分析的结果。作频谱图是指将振幅频谱和相位频谱用二维坐标系中的图形予以表示。由频谱图可直观地看出一个周期函数所含的谐波成分以及各次谐波振幅的相对大小以及初相位随(角)频率变化的规律。

**1. 振幅频谱图**

振幅频谱图的横坐标是角频率 $\omega$,纵坐标是振幅。图中垂直于横轴、出现于基波角频率整数倍点上的一些长短不一的直线段表示各次谐波振幅的大小。

**2. 相位频谱图**

相位频谱图的横坐标是角频率 $\omega$,纵坐标是初相位。图中垂直于横轴、出现于基波角频率整数倍点上的一些长短不一的直线段表示各次谐波初相位的大小及符号。

### 二、作频谱图的方法

可采用两种方法做出给定的周期函数的频谱图。

**1. 直接根据傅里叶级数作频谱图**

这种方法是直接根据周期函数的傅里叶展开式 $f(t)=\dfrac{A_0}{2}+\sum\limits_{k=1}^{\infty}A_{km}\sin(k\omega_1 t+\varphi_k)$ 中各次谐波的振幅 $A_{km}$ 和初相位 $\varphi_k$ 做出频谱图。

**例 10-4** 试做出图 10-17 所示周期函数的频谱图。

**解** 可以看出,题给波形是一偶函数,但要注意并不是偶谐波函数,这里不需计算的系

数是 $b_{km}$。波形的表达式为

$$f(t) = F_m \sin \frac{\pi}{T} t \qquad (0 \leqslant t \leqslant T)$$

则

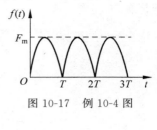
图 10-17  例 10-4 图

$$\frac{a_0}{2} = \frac{1}{T} \int_0^T F_m \sin \frac{\pi}{T} t \, dt = \frac{F_m}{\pi} \cos \frac{\pi}{T} t \Big|_0^T = \frac{2F_m}{\pi}$$

$$a_k = \frac{2}{T} \int_0^T F_m \sin \frac{\pi}{T} t \cos k\omega_1 t \, dt$$

要注意,题给波形的角频率 $\omega = \frac{\pi}{T}$,而傅里叶级数基波的角频率 $\omega_1 = \frac{2\pi}{T}$,故 $\omega_1 = 2\omega$,于是

$$a_{km} = \frac{2\omega F_m}{\pi} \int_0^{\frac{\pi}{\omega}} \sin \omega t \cos 2k\omega t \, dt = \frac{2\omega F_m}{\pi} \int_0^{\frac{\pi}{\omega}} \frac{\sin(2k+1)\omega t - \sin(2k-1)\omega t}{2} dt$$

$$= \frac{\omega F_m}{\pi} \left[ \frac{\cos(2k+1)\omega t}{(2k+1)\omega} + \frac{\cos(2k-1)\omega t}{(2k-1)\omega} \right]_0^{\frac{\pi}{\omega}} = \frac{F_m}{\pi} \left( \frac{2}{2k+1} - \frac{2}{2k-1} \right) = -\frac{4F_m}{\pi(4k^2-1)}$$

则所求的傅里叶级数为

$$f(t) = \frac{a_0}{2} + \sum_{k=1}^{\infty} a_{km} \cos k\omega_1 t$$

$$= \frac{2F_m}{\pi} \left( 1 - \frac{2}{3} \cos \omega_1 t - \frac{2}{15} \cos 2\omega_1 t - \cdots - \frac{2}{4k^2-1} \cos k\omega_1 t - \cdots \right)$$

$$= \frac{2F_m}{\pi} \left[ 1 - \frac{2}{3} \sin(\omega_1 t + 90°) - \frac{2}{15} \sin(2\omega_1 t + 90°) - \cdots - \frac{2}{4k^2-1} \sin(k\omega_1 t + 90°) \cdots \right]$$

$$= \frac{2F_m}{\pi} \left[ 1 + \frac{2}{3} \sin(\omega_1 t - 90°) + \frac{2}{15} \sin(2\omega_1 t - 90°) + \cdots + \frac{2}{4k^2-1} \sin(k\omega_1 t - 90°) - \cdots \right]$$

据此,可做出振幅频谱图和相位频谱图如图 10-18 所示。

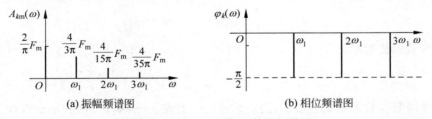

(a) 振幅频谱图  (b) 相位频谱图

图 10-18  例 10-4 周期函数的频谱图

## 2. 根据傅里叶级数的指数形式做频谱图

傅里叶级数除了式(10-1)和式(10-2)表示的两种形式外,还可表示为指数形式。频谱图可根据傅里叶级数的指数形式做出。

(1)傅里叶级数的指数形式

根据数学中的欧拉公式,可将傅里叶级数表示为指数形式。欧拉公式为

$$\begin{cases} \cos k\omega_1 t = \frac{1}{2}(e^{jk\omega_1 t} + e^{-jk\omega_1 t}) \\ \sin k\omega_1 t = -\frac{1}{2}j(e^{jk\omega_1 t} - e^{-jk\omega_1 t}) \end{cases}$$

于是有

$$f(t) = \frac{a_0}{2} + \sum_{k=1}^{\infty} \left[ a_{km} \cos k\omega_1 t + b_{km} \sin k\omega_1 t \right]$$

$$= \frac{a_0}{2} + \sum_{k=1}^{\infty} \left[ \frac{1}{2} a_{km} (e^{jk\omega_1 t} + e^{-jk\omega_1 t}) - \frac{1}{2} b_{km} j (e^{jk\omega_1 t} - e^{-jk\omega_1 t}) \right]$$

$$= \frac{a_0}{2} + \sum_{k=1}^{\infty} \left[ \frac{1}{2} (a_{km} - jb_{km}) e^{jk\omega_1 t} + \frac{1}{2} (a_{km} + jb_{km}) e^{-jk\omega_1 t} \right]$$

$$= \frac{a_0}{2} + \sum_{k=1}^{\infty} \left[ \frac{1}{2} A_{km} e^{jk\omega_1 t} + \frac{1}{2} \overset{*}{A}_{km} e^{-jk\omega_1 t} \right] \tag{10-10}$$

式中,复数 $A_{km} = a_{km} - jb_{km} = |A_{km}| \underline{/\psi_k}$,是对应于 $k$ 次谐波的复振幅,其辐角 $\psi_k = \arctan\left(-\dfrac{b_{km}}{a_{km}}\right)$,与式(10-3)比较,可知 $k$ 次谐波的初相位为

$$\varphi_k = \psi_k + \frac{\pi}{2} \tag{10-11}$$

$\overset{*}{A}$ 为 $A_{km}$ 的共轭复数。式(10-10)便是傅里叶级数的指数形式。

$k$ 次谐波的复振幅 $A_{km}$ 可根据周期函数 $f(t)$ 求出。事实上

$$A_{km} = a_{km} - jb_{km} = \frac{2}{T} \int_0^T f(t) \cos k\omega_1 t \, dt - j \frac{2}{T} \int_0^T f(t) \sin k\omega_1 t \, dt$$

$$= \frac{2}{T} \int_0^T f(t) (\cos k\omega_1 t - j\sin k\omega_1 t) \, dt = \frac{2}{T} \int_0^T f(t) e^{-jk\omega_1 t} \, dt \tag{10-12}$$

同样有

$$\overset{*}{A}_{km} = a_{km} + jb_{km} = \frac{2}{T} \int_0^T f(t) e^{jk\omega_1 t} \, dt \tag{10-13}$$

在式(10-13)中,若用 $-k$ 代替 $k$,便有

$$\overset{*}{A}_{-km} = \frac{2}{T} \int_0^T f(t) e^{-jk\omega_1 t} \, dt = A_{km}$$

则傅里叶级数的指数形式可写为

$$f(t) = \frac{a_0}{2} + \sum_{k=1}^{\infty} \frac{1}{2} A_{km} e^{jk\omega_1 t} + \sum_{k=-1}^{-\infty} \frac{1}{2} A_{km} e^{jk\omega_1 t} = \frac{1}{2} \sum_{k=-\infty}^{\infty} A_{km} e^{jk\omega_1 t} \tag{10-14}$$

在傅里叶级数指数形式的一般表达式(10-14)中出现了 $-k\omega_1$,但这并不意味存在着"负频率"的谐波。事实上,由上述推导过程可知,一个谐波是由两个指数函数项合成的。

（2）根据复振幅 $A_{km}$ 做频谱图

根据复振幅做频谱图的步骤是：

① 由式(10-12)求出复振幅 $A_{km} = |A_{km}| \underline{/\psi_k}$;

② 将不同的 $k$ 值 $(k = 0, 1, 2, \cdots)$ 代入 $A_{km}$ 的表达式,求出各次谐波的振幅 $|A_{km}|$ 及初相位 $\varphi_k = \psi_k + \dfrac{\pi}{2}$;

③ 根据已求出的 $|A_{km}|$ 及 $\varphi_k$ 做出振幅频谱图和相位频谱图。

要注意以下两点：

① 周期函数的直流分量（常数项）并非是 $A_0$,而是 $A_0/2$;

② $k$ 次谐波的初相位 $\varphi_k = \psi_k + \dfrac{\pi}{2}$。

**例 10-5**　对例 10-4 中的周期函数求出其复振幅 $A_{km}$ 后再做频谱图。

**解**　根据式(10-12)，该周期函数的复振幅为

$$A_{km} = \frac{2}{T}\int_0^T f(t)\mathrm{e}^{-\mathrm{j}\omega_1 t}\,\mathrm{d}t = \frac{2}{T}\int_0^T F_\mathrm{m}\sin\frac{\pi}{T}t\,\mathrm{e}^{-\mathrm{j}k\omega_1 t}\,\mathrm{d}t$$

注意到 $\omega = \dfrac{\pi}{T}$ 及 $\omega_1 = \dfrac{2\pi}{T}$（见例 10-4 中的说明），则

$$A_{km} = \frac{2}{\dfrac{\pi}{\omega}}\int_0^{\frac{\pi}{\omega}} F_\mathrm{m}\sin\omega t\,\mathrm{e}^{-\mathrm{j}2k\omega t}\,\mathrm{d}t = -\frac{2\omega F_\mathrm{m}}{\pi}\mathrm{e}^{-\mathrm{j}2k\omega t}\,\frac{\omega\cos\omega t + \mathrm{j}2k\omega\sin\omega t}{\omega^2 + (-\mathrm{j}2k\omega)^2}\Bigg|_0^{\frac{\pi}{\omega}}$$

$$= \frac{-2F_\mathrm{m}}{\pi(4k^2-1)}(\mathrm{e}^{-\mathrm{j}2k\pi}+1) = -\frac{2F_\mathrm{m}}{\pi(4k^2-1)}(\cos 2k\pi+1) = -\frac{4F_\mathrm{m}}{\pi(4k^2-1)}$$

直流分量为

$$\frac{A_{0\mathrm{m}}}{2} = \frac{-4F_\mathrm{m}}{2\pi(-1)} = \frac{2F_\mathrm{m}}{\pi}$$

各次谐波的复振幅为

$$\dot{U}_{1\mathrm{m}} = \frac{4F_\mathrm{m}}{-\pi(4-1)} = -\frac{4F_\mathrm{m}}{3\pi} = \frac{4F_\mathrm{m}}{3\pi}\underline{/\pm 180°}$$

$$\dot{U}_{2\mathrm{m}} = \frac{4F_\mathrm{m}}{-\pi(16-1)} = -\frac{4F_\mathrm{m}}{15\pi} = \frac{4F_\mathrm{m}}{15\pi}\underline{/\pm 180°}$$

$$\dot{U}_{3\mathrm{m}} = \frac{4F_\mathrm{m}}{-\pi(36-1)} = -\frac{4F_\mathrm{m}}{35\pi} = \frac{4F_\mathrm{m}}{35\pi}\underline{/\pm 180°}$$

$$\dot{U}_{4\mathrm{m}} = \frac{4F_\mathrm{m}}{-\pi(64-1)} = -\frac{4F_\mathrm{m}}{63\pi} = \frac{4F_\mathrm{m}}{63\pi}\underline{/\pm 180°}$$

而第 $k$ 次谐波的初相位依式(10-11)为

$$\varphi_k = \psi_k + \frac{\pi}{2} = -\frac{\pi}{2}$$

由此做出的振幅频谱图和相位频谱图与例 10-4 完全相同。

## 练习题

10-4　试做出图 10-19 所示方波波形的振幅频谱图和相位频谱图。

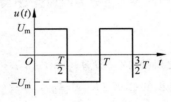

图 10-19　练习题 10-4 图

## 10.4 周期性非正弦电压、电流的有效值与平均值

在周期性非正弦稳态电路中,周期电压、电流的有效值与平均值是十分重要的概念。

### 一、周期电压、电流的有效值

#### 1. 有效值的定义

在第 7 章中就已指出,与一个周期电压或电流做功本领相当的直流电压或电流的数值是该周期电压或电流的有效值。据此,周期电量的有效值被定义为周期电量的均方根。若设周期电流 $i$ 的有效值为 $I$,则

$$I = \sqrt{\frac{1}{T}\int_0^T i^2 \, dt} \tag{10-15}$$

若周期电压 $u$ 的有效值为 $U$,则

$$U = \sqrt{\frac{1}{T}\int_0^T u^2 \, dt} \tag{10-16}$$

#### 2. 非正弦电量有效值的计算公式

下面以周期电流 $i$ 为例,导出计算周期电压、电流有效值的公式。将 $i$ 展开为傅里叶级数,得

$$i = I_0 + \sum_{k=1}^{\infty} I_{km}\sin(k\omega_1 t + \varphi_k)$$

则其有效值为

$$I = \sqrt{\frac{1}{T}\int_0^T i^2 \, dt} = \sqrt{\frac{1}{T}\int_0^T \left[I_0 + \sum_{k=1}^{\infty} I_{km}\sin(k\omega_1 t + \varphi_k)\right]^2 dt} \tag{10-17}$$

将上式中的被积函数展开,得

$$\left[I_0 + \sum_{k=1}^{\infty} I_{km}\sin(k\omega_1 t + \varphi_k)\right]^2$$

$$= I_0^2 + \left[2I_0 I_{1m}\sin(\omega_1 t + \varphi_1) + 2I_0 I_{2m}\sin(2\omega_1 t + \varphi_2) + \cdots\right]$$

$$+ \left[2I_{1m}\sin(\omega_1 t + \varphi_1)I_{2m}\sin(2\omega_1 t + \varphi_2)\right.$$

$$+ \left. 2I_{1m}\sin(\omega_1 t + \varphi_1)I_{3m}\sin(3\omega_1 t + \varphi_2) + \cdots\right] + \cdots$$

$$+ \left[I_{1m}^2\sin^2(\omega_1 t + \varphi_1) + I_{2m}^2\sin^2(\omega_2 t + \varphi_2) + \cdots\right]$$

可以看出,被积函数展开式中的各项可分为四种类型(等式右边每一方括号内的项为一种类型):

(1) 直流分量的平方 $I_0^2$;

(2) 直流分量与 $k$ 次谐波乘积的 2 倍 $2I_0 I_{km}\sin(k\omega_1 t + \varphi_k)$;

(3) 两个不同频率的谐波乘积的 2 倍 $2I_{qm}\sin(q\omega_1 t + \varphi_q)I_{rm}\sin(r\omega_1 t + \varphi_r)$,$q \neq r$;

(4) $k$ 次谐波的平方 $I_{km}^2\sin^2(k\omega_1 t + \varphi_k)$。

根据三角函数系的正交性质

$$\int_{-\frac{T}{2}}^{\frac{T}{2}} \sin m\omega_1 t \sin n\omega_1 t\, dt = \begin{cases} 0 & (m \neq n) \\ \dfrac{T}{2} & (m = n) \end{cases}$$

$$\int_{-\frac{T}{2}}^{\frac{T}{2}} \cos m\omega_1 t \cos n\omega_1 t\, dt = \begin{cases} 0 & (m \neq n) \\ \dfrac{T}{2} & (m = n) \end{cases}$$

上述被积函数展开式中第三种类型的各项在一个周期内的积分均为零。又根据正弦函数在一个周期内的平均值为零，上述展开式中第二种类型的各项在一周期内的积分亦为零。于是式(10-17)为

$$I = \sqrt{\frac{1}{T}\int_0^T \left[ I_0^2 + I_{1m}^2 \sin^2(\omega_1 t + \varphi_1) + \cdots \right] dt}$$

$$= \sqrt{I_0^2 + \left(\frac{I_{1m}}{\sqrt{2}}\right)^2 + \left(\frac{I_{2m}}{\sqrt{2}}\right)^2 + \cdots}$$

$$= \sqrt{I_0^2 + I_1^2 + I_2^2 + \cdots} = \sqrt{\sum_{k=0}^{\infty} I_k^2} \tag{10-18}$$

式(10-18)便是电流 $i$ 有效值的计算公式，式中的 $I_{km}$ 和 $I_k$ 分别为 $k$ 次谐波的最大值和有效值，且 $I_k = \dfrac{I_{km}}{\sqrt{2}}$。同样，可得到周期电压 $u$ 有效值的计算公式为

$$U = \sqrt{U_0^2 + \left(\frac{U_{1m}}{\sqrt{2}}\right)^2 + \left(\frac{U_{2m}}{\sqrt{2}}\right)^2 + \cdots}$$

$$= \sqrt{U_0^2 + U_1^2 + U_2^2 + U_3^2 + \cdots} = \sqrt{\sum_{k=0}^{\infty} U_k^2} \tag{10-19}$$

**3. 关于有效值计算公式的说明**

(1) 式(10-18)和式(10-19)表明，周期电量的有效值等于各次谐波有效值平方之和的开方，而不等于各次谐波的有效值之和；

(2) 周期电量的有效值只与各次谐波的有效值有关，而与各次谐波初相无关。

**例 10-6**　已知一周期电压为 $u = 80 - 50\sin(t + 60°) + 42\sin(2t + 30°) + 30\cos(2t + 15°) + 20\cos 3t\ \text{V}$，求该电压的有效值。

**解**　在非正弦电路的分析中，一定要注意看清周期电量中含有哪些谐波。题给定电压 $u$ 的表达式尽管由五项组成，实际上 $u$ 只含有四种谐波，其中二次谐波由两个分量组成，应将这两个分量合二为一。可求出二次谐波的振幅相量为

$$\dot{U}_{2m} = 42\underline{/30°} + 30\underline{/15° + 90°} = 57.59\underline{/60.2°}\ \text{V}$$

由于有效值与各次谐波的符号及初相无关，因此无须将三次谐波中的余弦函数化为正弦函数，也无须理会基波前的负号。因此有效值为

$$U = \sqrt{U_0^2 + \left(\frac{U_{1m}}{\sqrt{2}}\right)^2 + \left(\frac{U_{2m}}{\sqrt{2}}\right)^2 + \left(\frac{U_{3m}}{\sqrt{2}}\right)^2}$$

$$= \sqrt{80^2 + \left(\frac{50}{\sqrt{2}}\right)^2 + \left(\frac{57.59}{\sqrt{2}}\right)^2 + \left(\frac{20}{\sqrt{2}}\right)^2}$$

$$= 97.51\ \text{V}$$

## 二、周期电压、电流的平均值和均绝值

周期电压、电流的平均值包括一般意义上的平均值和绝对平均值。

一般意义上的平均值通常就称为平均值,其定义式为

$$F_{av} = \frac{1}{T}\int_0^T f(t)\,dt \tag{10-20}$$

显然,周期函数的平均值就是其恒定分量(直流分量)。若周期函数在一个周期内的前半周和后半周的波形相同,符号相反,则其平均值为零;若周期函数的波形在一个周期内不改变符号,其平均值不可能为零。

周期函数的绝对平均值简称为均绝值,它是指周期函数的绝对值在一个周期内的平均值,其定义式为

$$F_{aa} = \frac{1}{T}\int_0^T |f(t)|\,dt \tag{10-21}$$

显而易见,无论周期函数的波形怎样,只要其在一周期内不恒等于零,它的均绝值总不为零。

**例 10-7**  试求图 10-20(a)所示电压波形的平均值 $U_{av}$ 和均绝值 $U_{aa}$,设 $u$ 的最大值为 $U_m$。

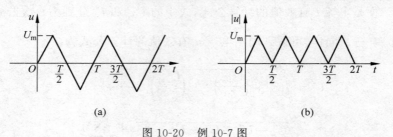

(a)                              (b)

图 10-20  例 10-7 图

**解**  可以看出,该电压波形在一个周期内前半周和后半周的波形相同,符号相反,因此其平均值为零,即

$$U_{av} = \frac{1}{T}\int_0^T u\,dt = 0$$

电压绝对值 $|u|$ 的波形如图 10-20(b)所示,可求得均绝值为

$$U_{aa} = \frac{1}{T}\int_0^T |u|\,dt = \frac{2}{T}\int_0^{\frac{T}{2}} |u|\,dt = \frac{2}{T}\left[\int_0^{\frac{T}{4}} \frac{4}{T}U_m t\,dt + \int_{\frac{T}{4}}^{\frac{T}{2}} \left(\frac{T}{2}-t\right)\frac{4}{T}U_m\,dt\right]$$

$$= \frac{8U_m}{T^2}\left[\frac{t^2}{2}\Big|_0^{\frac{T}{4}} - \frac{1}{2}\left(\frac{T}{2}-t\right)^2\Big|_{\frac{T}{4}}^{\frac{T}{2}}\right] = \frac{8U_m}{T^2}\times\frac{T^2}{16} = \frac{U_m}{2}$$

**例 10-8**  用整流式磁电系电压表测得全波整流电压的平均值为 180V,求整流前正弦电压的有效值。

**解**  整流式磁电系仪表指针的偏转角与被测量的均绝值成正比,而全波整流波形的平均值就是其均绝值。由均绝值的定义式,对正弦电压 $u(t)$ 有

$$U_{aa} = \frac{1}{T}\int_0^T |U(t)|\,dt = \frac{2}{T}\int_0^{\frac{T}{2}} \sqrt{2}U\sin\omega t\,dt$$

$$= \frac{2\sqrt{2}}{\pi}U = 0.9U$$

上式表明,正弦电压的均绝值是其有效值的 0.9 倍,于是可得正弦电压的有效值为

$$U = U_{aa}/0.9 = 1.11 U_{aa} = 1.11 \times 180 = 200 \text{V}$$

在实际中,也可将整流式磁电系仪表的均绝值读数扩大 1.11 倍后进行刻度,从而其读数便是波形的有效值。

## 练习题

10-5　某周期性非正弦电流的表达式为

$$i(t) = [30 + 60\sqrt{2}\sin(20t + 30°) + 45\sqrt{2}\sin 20t + 20\sqrt{2}\sin 30t + 18\sqrt{2}\cos 30t]\text{A}$$

试求该电流的有效值。

10-6　(1) 若全波整流电流的平均值为 5A,求整流前正弦电流的最大值。

(2) 若正弦电压的振幅为 311V,求半波整流电压的平均值。

## 10.5　周期性非正弦稳态电路的功率

### 一、周期性非正弦稳态电路的瞬时功率

图 10-21 所示为一非正弦稳态二端网络 N,设端口电压和端口电流分别为

$$u = U_0 + \sum_{k=1}^{\infty} U_{km}\sin(k\omega_1 t + \varphi_{ku})$$

图 10-21　非正弦稳态二端网络

$$i = I_0 + \sum_{k=1}^{\infty} I_{km}\sin(k\omega_1 t + \varphi_{ki})$$

则网络 N 吸收的瞬时功率为

$$
\begin{aligned}
p = ui &= \left[ U_0 + \sum_{k=1}^{\infty} U_{km}\sin(k\omega_1 t + \varphi_{ku}) \right] \times \left[ I_0 + \sum_{k=1}^{\infty} I_{km}\sin(k\omega_1 t + \varphi_{ki}) \right] \\
&= U_0 I_0 + U_0 \sum_{k=1}^{\infty} I_{km}\sin(k\omega_1 t + \varphi_{ki}) + I_0 \sum_{k=1}^{\infty} U_{km}\sin(k\omega_1 t + \varphi_{ku}) \\
&\quad + \sum_{k=1}^{\infty} U_{km}\sin(k\omega_1 t + \varphi_{ku}) \times \sum_{k=1}^{\infty} I_{km}\sin(k\omega_1 t + \varphi_{ki})
\end{aligned}
\tag{10-22}
$$

由此可见,瞬时功率由四种类型的电压、电流的乘积项构成,这四种乘积项为:

(1) 直流电压、电流的乘积 $U_0 I_0$;

(2) 直流电压和各次谐波电流的乘积 $U_0 I_{km}\sin(k\omega_1 t + \varphi_{ki})$, $k = 1, 2, 3, \cdots$;

(3) 直流电流和各次谐波电压的乘积 $I_0 U_{km}\sin(k\omega_1 t + \varphi_{ku})$, $k = 1, 2, 3, \cdots$;

(4) 基波及以上各次谐波电压、电流的乘积 $U_{qm}\sin(q\omega_1 t + \varphi_{qu}) \times I_{pm}\sin(p\omega_1 t + \varphi_{pi})$, $p$、$q = 1, 2, 3, \cdots$,这一类型又包含了两种情况,即同频率的各次谐波电压、电流的乘积项和不同频率的各次谐波电压、电流的乘积项。

## 二、周期性非正弦稳态电路的有功功率(平均功率)

### 1. 有功功率的计算公式

图 10-21 所示网络吸收的有功功率(平均功率)为

$$P = \frac{1}{T}\int_0^T p\,\mathrm{d}t \tag{10-23}$$

将式(10-22)表示的 $p$ 代入上式便可导出有功功率的计算式。

式(10-22)中的三种乘积项在一个周期内的积分为零,即

$$\begin{cases} \int_0^T U_0 I_{km}\sin(k\omega_1 t + \varphi_{ki})\mathrm{d}t = 0 \\ \int_0^T I_0 U_{km}\sin(k\omega_1 t + \varphi_{ku})\mathrm{d}t = 0 \\ \int_0^T I_{pm}\sin(p\omega_1 t + \varphi_{pi}) \times U_{qm}\sin(q\omega_1 t + \varphi_{qu})\mathrm{d}t = 0 \qquad (p \neq q) \end{cases} \tag{10-24}$$

这样,非正弦稳态网络的平均功率为

$$\begin{aligned} P &= \frac{1}{T}\int_0^T p\,\mathrm{d}t \\ &= \frac{1}{T}\int_0^T \left[ U_0 I_0 + \sum_{k=1}^{\infty} U_{km}\sin(k\omega_1 t + \varphi_{ku}) \times I_{km}\sin(k\omega_1 t + \varphi_{ki}) \right]\mathrm{d}t \\ &= \frac{1}{T}\int_0^T U_0 I_0\,\mathrm{d}t + \frac{1}{T}\int_0^T \sum_{k=1}^{\infty} U_{km}I_{km}\sin(k\omega_1 t + \varphi_{ku})\sin(k\omega_1 t + \varphi_{ki})\mathrm{d}t \\ &= U_0 I_0 + \sum_{k=1}^{\infty} U_k I_k\cos(\varphi_{ku} - \varphi_{ki}) = P_0 + \sum_{k=1}^{\infty} P_k = \sum_{k=0}^{\infty} P_k \end{aligned} \tag{10-25}$$

### 2. 关于计算非正弦周期性稳态电路有功功率的说明

(1) 式(10-25)表明,周期性非正弦电路中的有功功率等于各次谐波的有功功率之和;

(2) 由式(10-24)可得出一个重要结论:在周期性非正弦电路中,不同谐波的电压、电流不产生有功功率,换句话说,只有同频率的电压、电流才产生有功功率;

(3) 要特别注意,式(10-25)对应于电压 $u$ 和电流 $i$ 为关联参考方向,若是非关联参考方向,则电路功率 $P$ 的计算式前应冠一负号,即 $P = -\sum\limits_{k=0}^{\infty} P_k$;

(4) 由于 $k$ 次谐波电压、电流的相位差可能大于 $90°$ 或小于 $-90°$,则 $P_k$ 亦可能为负值,因此式(10-25)中各功率之和是代数和。

**例 10-9** 已知某非正弦稳态网络的端口电压 $u$ 及端口电流 $i$ 为关联参考方向,且 $u = 80 + 65\sqrt{2}\sin(\omega_1 t + 80°) - 40\sqrt{2}\sin(3\omega_1 t - 60°) + 20\sqrt{2}\sin(5\omega_1 t + 75°)\text{V}$,$i = 12 + 8\sqrt{2}\cos(\omega_1 t - 150°) + 4\sqrt{2}\sin(3\omega_1 t + 25°)\text{A}$,求该网络的有功功率。

**解** $i$ 中的基波是用余弦函数表示的,为便于计算电压、电流的相位差,应将余弦函数化为正弦函数,则

$$i = 12 + 8\sqrt{2}\sin(\omega_1 t - 60°) + 4\sqrt{2}\sin(3\omega_1 t + 25°)\text{A}$$

由于 $i$ 中不含有五次谐波,故 $u$ 中的五次谐波电压不产生有功功率。于是

$$P = P_0 + P_1 + P_3 = U_0 I_0 + U_1 I_1 \cos(\varphi_{1u} - \varphi_{1i}) + U_3 I_3 \cos(\varphi_{3u} - \varphi_{3i})$$
$$= 80 \times 12 + 65 \times 8\cos[80° - (-60°)] + [-40 \times 4\cos(-60° - 25°)]$$
$$= 960 + 520\cos140° - 160\cos(-85°) = 547.7\text{W}$$

计算式里 $P_3$ 项中有一负号,是因为 $u$ 表达式中三次谐波前为一负号。

### 三、周期性非正弦稳态电路的视在功率和功率因数

非正弦电路中亦有视在功率和等效功率因数的概念,它们的定义依照正弦稳态电路中的定义,但应注意其具体计算有所不同。视在功率的计算式为

$$S = UI = \sqrt{U_0^2 + \sum_{k=1}^{\infty} U_k^2} \times \sqrt{I_0^2 + \sum_{k=1}^{\infty} I_k^2} = \sqrt{\sum_{k=0}^{\infty} U_k^2 \sum_{k=0}^{\infty} I_k^2} \qquad (10\text{-}26)$$

等效功率因数的计算式为

$$\cos\varphi = \frac{P}{S} = \frac{\displaystyle\sum_{k=0}^{\infty} P_k}{\sqrt{\displaystyle\sum_{k=0}^{\infty} U_k^2 \sum_{k=0}^{\infty} I_k^2}} \qquad (10\text{-}27)$$

需指出的是,在电路中出现高次谐波电流后,电路的等效功率因数会下降。图 10-22 为一个任意的二端网络 N,若 N 为正弦电路,则端口电压、电流均为同频率的正弦量。设 $u = \sqrt{2}U_1\sin\omega_1 t, i = \sqrt{2}I_1\sin(\omega_1 t + \varphi_1)$,则功率因数为

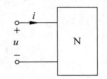

图 10-22　二端网络 N

$$\cos\varphi = \frac{P}{S} = \frac{P_1}{S} = \frac{U_1 I_1 \cos\varphi_1}{U_1 I_1} = \cos\varphi_1$$

若端口电压仍为正弦量,但因某种原因(如 N 中含有非线性元件),电流 $i$ 中出现高次谐波,即 $i = I_0 + \sum\limits_{k=1}^{\infty} I_{km}\sin(k\omega_1 t + \varphi_{ki})$,则 N 变为非正弦电路,其有功功率不变,仍为 $P_1$(这是因为不同频率的电压、电流不产生有功功率),于是 N 的功率因数为

$$\cos\varphi = \frac{P}{S} = \frac{P_1}{S} = \frac{U_1 I_1 \cos\varphi_1}{UI} = \frac{U_1 I_1 \cos\varphi_1}{U_1 \sqrt{\displaystyle\sum_{k=0}^{\infty} I_k^2}} = k\cos\varphi_1$$

式中, $k = \dfrac{I_1}{\sqrt{I_0^2 + I_1^2 + I_2^2 + \cdots}}$ ,显然 $k < 1$ ,故 $\cos\varphi < \cos\varphi_1$ 。

上述分析表明,在电力系统中,应避免出现高次谐波电流,以免系统的等效功率因数下降。

### 练习题

10-7　某周期性非正弦稳态电路的端口电压 $u(t)$ 和端口电流 $i(t)$ 为关联参考方向,且
$$u(t) = [60 + 300\sqrt{2}\sin100t + 280\sqrt{2}\sin(100t + 30°) + 200\sin(200t - 60°)$$
$$+ 100\sqrt{2}\sin300t]\text{V}$$
$$i(t) = [3 + 6\sin(100t + 60°) + 4\sqrt{2}\sin200t + 3\sqrt{2}\cos200t - 2\cos(300t - 30°)]\text{A}$$
求该电路吸收的平均功率。

## 10.6　周期性非正弦电源激励下的稳态电路分析

### 一、计算非正弦稳态电路的基本思想

再次指出,本书所讨论的非正弦电路均指由非正弦周期激励(电源)作用下的线性时不变电路。当把非正弦电路中的激励展开为傅里叶级数后,根据叠加原理,电路的稳态响应便是直流电源和一系列不同频率的正弦电源所引起的稳态响应之和。因此,非正弦电路的计算,可归结为计算直流电路和一系列不同频率的正弦稳态电路。这种计算方法利用了线性电路的叠加性质,故非正弦非线性电路不可采用这种叠加计算法。

### 二、非正弦稳态电路中电源的形式

非正弦电路中电源的形式有三种情况。第一种是电路中有一个或多个周期性非正弦电源,如图 10-23(a)所示的电路;第二种是电路中有两个以上的单一频率的正弦电源(直流电源可视为频率为零的正弦电源),且至少有两个电源的频率不同,如图 10-23(b)所示的电路;第三种是电路中既有单一频率的正弦电源,亦有周期性非正弦电源,如图 10-23(c)所示的电路。

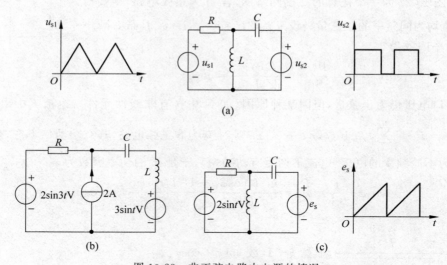

图 10-23　非正弦电路中电源的情况

### 三、谐波阻抗

#### 1. 谐波阻抗的概念

前已述及,非正弦稳态线性电路可视为一系列频率不同的正弦稳态电路的叠加。正弦电路中,$L$ 元件和 $C$ 元件的感抗和容抗均是频率的函数,即对同一个 $L$ 元件(或 $C$ 元件)而言,在不同的频率下,其感抗(或容抗)是不相同的。我们把对应于各次谐波的阻抗称为谐波阻抗。例如,把对应于基波的阻抗称为基波阻抗,把对应于三次谐波的阻抗称为三次谐波阻抗等。

**2. 谐波阻抗的计算**

对电感元件而言，$Z_L = j\omega L$，即其阻抗（感抗）正比于电路的角频率 $\omega$。若基波阻抗 $Z_{L1} = j\omega_1 L$，则 $n$ 次谐波阻抗 $Z_{Ln} = j\omega_n L = jn\omega_1 L = nZ_{L1}$。这表明电感元件的 $n$ 次谐波阻抗为基波阻抗的 $n$ 倍。

对电容元件而言，$Z_C = -j\dfrac{1}{\omega C}$，即其阻抗（容抗）与电路的角频率成反比。若基波阻抗 $Z_{C1} = -j\dfrac{1}{\omega_1 C}$，则 $n$ 次谐波阻抗 $Z_{Cn} = -j\dfrac{1}{\omega_n C} = -j\dfrac{1}{n\omega_1 C} = \dfrac{1}{n}Z_{C1}$，这表明电容元件的 $n$ 次谐波阻抗为基波阻抗的 $\dfrac{1}{n}$ 倍。

对电阻元件而言，其阻值与频率无关，是一常数 $R$。

## 四、计算非正弦稳态电路的步骤及应注意的问题

**1. 计算非正弦稳态电路的步骤**

（1）将电路中的非正弦电源分解为傅里叶级数，并根据问题容许的误差，截取级数的前 $n$ 项；若非正弦周期电源已给出其傅里叶级数，则此步骤可省去。

（2）分别计算直流电路及多个单一频率的正弦电源作用的电路，求出各电路中的稳态响应电流和电压。对每个单一频率的正弦电路可采取相量模型用相量法求解。显然，需计算的电路数目应等于电源所含谐波的数目。例如，电源包含直流分量、基波分量和三次谐波分量，则需计算三个电路，即直流电路和分别对应于基波和三次谐波的正弦稳态电路。

（3）由步骤（2）的计算结果，写出各次谐波电压（电流）的瞬时值表达式，由瞬时值叠加求出非正弦电压（电流），计算非正弦电路电压、电流的有效值和功率。

**2. 非正弦稳态电路计算中应注意的问题**

（1）应特别重视谐波阻抗的概念，注意避免出现电路的频率变化而动态元件的阻抗保持不变的错误。具体地讲，对直流电路而言，电感等效于短路，电容等效于开路；对 $n$ 次谐波而言，电感的阻抗为基波阻抗的 $n$ 倍，电容的阻抗为基波阻抗的 $\dfrac{1}{n}$ 倍。

（2）非正弦稳态电路中各次谐波的电压、电流叠加时，只能是瞬时值相加，而不可进行相量叠加。

（3）求电压、电流的有效值时，不可犯将各次谐波的有效值相加的错误。

## 五、非正弦稳态电路计算举例

**例 10-10**　如图 10-24（a）所示电路，已知电源电压的波形如图 10-24（b）所示，且电源的角频率 $\omega = 2\text{rad/s}$，求电流 $i$ 和电压 $u$。

**解**　（1）由给定的电压源 $e_s$ 的波形，查表可得

$$e_s = \frac{640}{\pi^2}\left(\sin\omega_1 t - \frac{1}{9}\sin 3\omega_1 t + \frac{1}{25}\sin 5\omega_1 t - \frac{1}{49}\sin 7\omega_1 t + \cdots\right)\text{V}$$

因该级数收敛较快，取级数的前三项作近似计算，则

$$e_s = 64.85\sin\omega_1 t - 7.21\sin 3\omega_1 t + 2.59\sin 5\omega_1 t$$

$$= 64.85\sin 2t - 7.21\sin 6t + 2.59\sin 10t$$

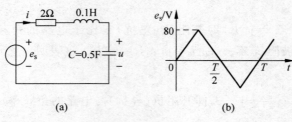

图 10-24　例 10-10 图

式中,基波频率等于周期电源的频率,即 $\omega_1 = \omega = 2\text{rad/s}$。

（2）因电源含有三种谐波分量,则需计算三个电路。

① 计算基波分量。计算基波分量的电路如图 10-25(a) 所示。图中 $\dot{E}_{s1m} = 64.85\underline{/0°}\text{V}$,基波阻抗分别为

$$Z_{L1} = jX_{L1} = j\omega_1 L = j2 \times 0.1 = j0.2\,\Omega, \quad Z_{C1} = -jX_{C1} = -j\frac{1}{\omega_1 C} = -j\frac{1}{2 \times 0.5} = -j1\,\Omega$$

则

$$\dot{I}_{1m} = \frac{\dot{E}_{s1m}}{R + j(X_{L1} - X_{C1})} = \frac{64.85\underline{/0°}}{2 + j(0.2 - 1)} = 30.11\underline{/21.8°}\text{A}$$

$$\dot{U}_{1m} = \dot{I}_{1m} Z_{C1} = -j1 \times 30.08\underline{/21.8°} = 30.1\underline{/-68.2°}\text{V}$$

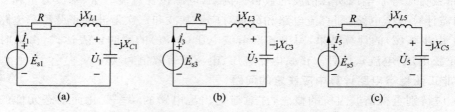

图 10-25　例 10-10 计算用图

② 计算三次谐波分量。计算三次谐波分量的电路如图 10-25(b) 所示。图中 $\dot{E}_{s3m} = -7.21\underline{/0°}\text{V}$,三次谐波阻抗分别为

$$Z_{L3} = jX_{L3} = j3\omega_1 L = 3Z_{L1} = 3 \times j0.2 = j0.6\,\Omega$$

$$Z_{C3} = -jX_{C3} = -j\frac{1}{3\omega_1 C} = \frac{1}{3}Z_{C1} = \frac{1}{3} \times (-j1) = -j\frac{1}{3}\,\Omega$$

则

$$\dot{I}_{3m} = \frac{-\dot{E}_{s3m}}{R + j(X_{L3} - X_{C3})} = \frac{-7.21\underline{/0°}}{2 + j\left(0.6 - \frac{1}{3}\right)} = -3.57\underline{/-7.6°} = 3.57\underline{/172.4°}\text{A}$$

$$\dot{U}_{3m} = -jX_{C3}\dot{I}_{3m} = -j\frac{1}{3} \times 3.57\underline{/172.4°} = 1.19\underline{/82.4°}\text{V}$$

③ 计算五次谐波分量。计算五次谐波分量的电路如图 10-25(c) 所示,图中 $\dot{E}_{s5m} = 2.59\underline{/0°}\text{V}$,五次谐波阻抗分别为

$$Z_{L5} = jX_{L5} = j5\omega_1 L = 5Z_{L1} = 5 \times j0.2 = j1\Omega$$

$$Z_{C5} = -jX_{C5} = -j\frac{1}{5\omega_1 C} = \frac{1}{5}Z_{C1} = \frac{1}{5} \times (-j1) = -j0.2\Omega$$

则

$$\dot{I}_{5m} = \frac{\dot{E}_{s5m}}{R + j(X_{L5} - X_{C5})} = \frac{2.59\underline{/0°}}{2 + j(1 - 0.2)} = 1.2\underline{/-21.8°}A$$

$$\dot{U}_{5m} = -jX_{C5}\dot{I}_{5m} = -j0.2 \times 1.2\underline{/-21.8°} = 0.24\underline{/-111.8°}V$$

将电压、电流各次谐波的瞬时值相加,得

$$i = i_1 + i_3 + i_5$$
$$= 30.08\sin(2t + 21.8°) + 3.57\sin(6t + 172.4°) + 1.2\sin(10t - 21.8°)A$$
$$u = u_1 + u_3 + u_5$$
$$= 30.08\sin(2t - 68.2°) + 1.19\sin(6t + 82.4°) + 0.24\sin(10t - 111.8°)V$$

**例 10-11** 求图 10-26(a)所示电路中各电表的读数。已知 $i_s = 4\sqrt{2}\sin t A$, $e_s = 2 + 6\sqrt{2}\sin(2t - 30°)V$。

**解** 在非正弦电路中,若不加说明,电压表和电流表均指示有效值。本题的待求量实际上是图 10-26(a)电路中 $i$ 和 $u$ 的有效值。电路的电源中含有直流分量、基波分量及二次谐波分量,因此需求解三个电路。

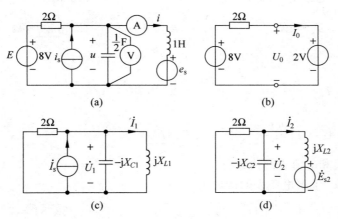

图 10-26　例 10-11 图

(1) 求直流分量

求直流分量的电路如图 10-26(b)所示。因电流源 $i_s$ 中不含直流分量,故应用开路代替。此时电感相当于短路,电容相当于开路。可求得

$$I_0 = \frac{8-2}{2} = 3A$$

$$U_0 = 2V$$

(2) 求基波分量

求基波分量的电路如图 10-26(c)所示。因仅 $i_s$ 中含有基波分量,故另外两个电压源应置零。各基波阻抗为

$$Z_{L1} = jX_{L1} = j\omega_1 L = j1\,\Omega$$

$$Z_{C1} = -jX_{C1} = -j\frac{1}{\omega_1 C} = -j2\,\Omega$$

电路的复导纳为

$$Y_1 = G + j(B_{C1} - B_{L1}) = \frac{1}{2} + j(0.5 - 1) = (0.5 - j0.5)\text{S}$$

则

$$\dot{U}_1 = \frac{\dot{I}_s}{Y_1} = \frac{4\underline{/0°}}{0.5 - j0.5} = 5.66\underline{/45°}\text{V}$$

$$\dot{I}_1 = \frac{\dot{U}_1}{jX_{L1}} = \frac{5.66\underline{/45°}}{j1} = 5.66\underline{/-45°}\text{A}$$

（3）求二次谐波分量

求二次谐波分量的电路如图 10-26(d)所示，因仅 $e_s$ 中含有二次谐波分量，故另外两电源予以置零。各二次谐波阻抗为

$$Z_{L2} = jX_{L2} = j2\omega_1 L_1 = j2\,\Omega$$

$$Z_{C2} = -jX_{C2} = -j\frac{1}{2\omega_1 C} = -j1\,\Omega$$

从电源端看进去的电路复阻抗为

$$Z_2 = jX_{L2} + \frac{R(-jX_{C2})}{R - jX_{C2}} = j2 + \frac{-j2}{2-j} = 1.27\underline{/71.6°}\,\Omega$$

则

$$\dot{I}_2 = \frac{\dot{E}_{s2}}{Z_2} = \frac{-6\underline{/-30°}}{1.27\underline{/71.6°}} = 4.72\underline{/78.4°}\text{A}$$

$$\dot{U}_2 = \dot{I}_2\frac{R(-jX_{C2})}{R - jX_{C2}} = 4.72\underline{/78.4°} \times \frac{-j2}{2-j} = 4.22\underline{/15°}\text{V}$$

（4）求电压表和电流表的读数

由有效值定义，求得电压表的读数为

$$U = \sqrt{U_0^2 + U_1^2 + U_2^2} = \sqrt{2^2 + 5.66^2 + 4.22^2} = \sqrt{53.84} = 7.34\text{V}$$

电流表的读数为

$$I = \sqrt{I_0^2 + I_1^2 + I_2^2} = \sqrt{3^2 + 5.66^2 + 4.72^2} = \sqrt{63.31} = 7.96\text{A}$$

## 六、滤波器的概念

滤波器是一种信号处理电路，也称为选频网络，在电力、电信设备和测控装置中获得了极为广泛的应用。滤波器的基本功能是让信号中特定的频率成分通过，而阻止或极大地衰减其他无用的频率成分。滤波器有多种分类方法。按照其选频作用分类，有低通滤波器、高通滤波器、带通滤波器和带阻滤波器四种类型。按被处理的信号类别分类，又分为模拟滤波器和数字滤波器。模拟滤波器可以用无源元件实现，称为无源滤波器；也可以用有源器件如运算放大器实现，称为有源滤波器。图 10-27 和图 10-28 分别给出了无源滤波器和有源

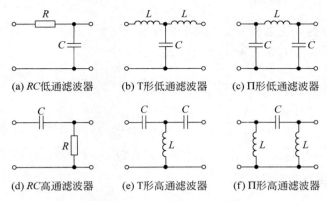

(a) $RC$低通滤波器　　(b) T形低通滤波器　　(c) Π形低通滤波器

(d) $RC$高通滤波器　　(e) T形高通滤波器　　(f) Π形高通滤波器

图 10-27　无源滤波器示例

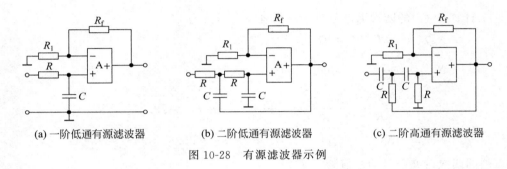

(a) 一阶低通有源滤波器　　(b) 二阶低通有源滤波器　　(c) 二阶高通有源滤波器

图 10-28　有源滤波器示例

滤波器的例子。

下面给出一个工程中应用滤波器的例子。

**例 10-12**　为从全波整流电路的输出获得直流电压,可在整流电路的输出端接上一个低通滤波器,如图 10-29(a)所示,其中 $L=2\mathrm{H}$,$C=10\mu\mathrm{F}$,负载电阻 $R=1000\Omega$。整流电路输出的全波整流电压 $u_1$ 的波形如图 10-29(b)所示,其中 $U_\mathrm{m}=311\mathrm{V}$,$\omega=314\mathrm{rad/s}$。求负载电阻两端电压 $u_2$ 的各次谐波分量及 $u_2$ 的有效值。

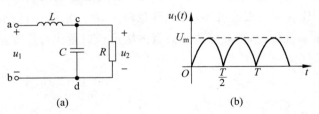

图 10-29　例 10-12 图

**解**　(1) 查表求得全波整流电压 $u_1(t)$ 的傅里叶波级数为

$$u_1(t) = \left[\frac{2}{\pi}U_\mathrm{m} - \frac{4}{\pi}U_\mathrm{m}\left(\frac{1}{3}\cos2\omega t + \frac{1}{15}\cos4\omega t + \cdots\right)\right]\mathrm{V}$$

取级数的前三项计算,即取至四次谐波。将 $U_\mathrm{m}=311\mathrm{V}$ 代入后可得

$$u_1(t) = (198 - 132\cos2\omega t - 26.4\cos4\omega t)\mathrm{V}$$

(2) 计算 $u_2(t)$ 的直流分量。此时电感相当于短路,电容相当于开路,则输出 $u_2(t)$ 的直流分量为

$$U_{2(0)} = 198\text{V}$$

（3）计算 $u_2(t)$ 的二次谐波分量。求出各有关阻抗为

$$X_{L(2)} = 2\omega L = 2 \times 314 \times 2 = 1256\Omega$$

$$X_{C(2)} = \frac{1}{2\omega C} = \frac{1}{2 \times 314 \times 10 \times 10^{-6}} = 159.2\Omega$$

$$Z_{cd(2)} = \frac{R \times (-\text{j}X_{C(2)})}{R - \text{j}X_{C(2)}} = \frac{1000 \times (-\text{j}159.2)}{1000 - \text{j}159.2} = 157.2\underline{/-81°}\ \Omega$$

$$Z_{ab(2)} = \text{j}X_{L(2)} + Z_{cd(2)} = \text{j}1256 + 157.2\underline{/-81°} = 1101\underline{/88.7°}\ \Omega$$

则 $u_2(t)$ 的二次谐波分量的幅值为

$$U_{2m(2)} = \left| \frac{Z_{cd(2)}}{Z_{ab(2)}} \right| U_{m(2)} = \frac{157.2}{1101} \times 132 = 18.8\text{V}$$

（4）计算 $u_2(t)$ 的四次谐波分量。求出各有关阻抗为

$$X_{L(4)} = 4\omega L = 2512\Omega$$

$$X_{C(2)} = \frac{1}{4\omega C} = 79.6\Omega$$

$$Z_{cd(4)} = \frac{R \times (-\text{j}X_{C(4)})}{R - \text{j}X_{C(4)}} = \frac{1000 \times (-\text{j}79.2)}{1000 - \text{j}79.2} = 79.3\underline{/-85.5°}\ \Omega$$

$$Z_{ab(4)} = \text{j}X_{L(4)} + Z_{cd(4)} = \text{j}2512 + 79.3\underline{/-85.5°} = 2433\underline{/89.9°}\ \Omega$$

则 $u_2(t)$ 的四次谐波分量的幅值为

$$U_{2m(4)} = \left| \frac{Z_{cd(4)}}{Z_{ab(4)}} \right| U_{m(4)} = \frac{79.3}{2433} \times 26.4 = 0.86\text{V}$$

（5）负载电阻两端电压 $u_2(t)$ 的有效值为

$$U_2 = \sqrt{U_{2(0)}^2 + \frac{U_{2m(2)}^2}{2} + \frac{U_{2m(4)}^2}{2}} = \sqrt{198^2 + \frac{18.8^2}{2} + \frac{0.86^2}{2}} = 198.45\text{V}$$

从计算结果可以看出,滤波器输出电压中的四次谐波分量仅为 $0.86\text{V}$,为直流分量的 $0.43\%$,更高次谐波分量的幅值就更小,完全可忽略不计。而 $u_2(t)$ 的有效值为 $198.45\text{V}$,与 $u_1(t)$ 的直流分量十分接近,因此可将滤波器的输出近似看作为直流量。

## 练习题

**10-8** 一个非正弦稳态电路的输出电压 $u(t)$ 中含有直流、基波和三次谐波等谐波分量,试判断下述表达式的正确性。

（1）$u = u_0 + u_1 + u_3$

（2）$\dot{U} = \dot{U}_0 + \dot{U}_1 + \dot{U}_3$

（3）$U = U_0 + U_1 + U_3$

**10-9** 电路如图 10-30 所示,已知 $u_s(t) = (20 + 30\sin t)\text{V}$,$i_s(t) = 6\sqrt{2}\sin(2t + 30°)\text{A}$,求电流表和电压表的读数。

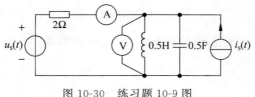

图 10-30    练习题 10-9 图

## 10.7    周期性非正弦电源激励下的对称三相电路

### 一、对称三相周期性非正弦电路

电压、电流中含有高次谐波的三相电路称为非正弦三相电路。本节仅讨论具有对称三相周期性非正弦电源和线性对称三相负载的三相电路,这种电路称为对称三相周期性非正弦电路,也简称为非正弦对称三相电路。

对称三相周期性非正弦电源指的是各相电压为周期性非正弦函数,但波形完全相同,时间上依次相差 1/3 周期的三相电源,也简称为非正弦对称三相电源。这种电源的各相电压可表示为

$$\begin{cases} u_A = u(t) \\ u_B = u\left(t - \dfrac{T}{3}\right) \\ u_C = u\left(t - \dfrac{2T}{3}\right) \end{cases} \tag{10-28}$$

式中,$u(t)$ 为周期性非正弦函数。

实际的三相发电机所产生的电压并非为理想的正弦波形,各相电源电压中含有一定的高次谐波分量,因此,实际的三相电路严格地说是非正弦电路。不过,在一般情况下,三相电源电压的波形畸变程度较轻,可近似地将三相电路视为正弦电路。但如果三相电源的波形与正弦波形相差较大,则应将三相电路按非正弦电路处理。

### 二、对称三相非正弦电路的谐波分析

对称三相非正弦电路中的电压、电流一般都是奇谐波函数,它们的傅里叶展开式中不含有直流分量和偶次谐波。这表明各相电压、电流均由奇次谐波构成。这些谐波可按相序分为正序、逆序和零序三个组别。下面分析每一组别中含有哪些谐波分量。

将各次谐波分成三组,各组分别由 $3m$,$3m+1$,$3m+2$ 次谐波构成($m=1,2,3,\cdots$)。由于三相电量在时间上依次相差 1/3 周期,则每组中三相同次谐波间的相位差 $\theta$ 可由下式计算:

$$\theta = k\omega_1 \frac{T}{3} \tag{10-29}$$

式中,$k$ 取 $3m$、$3m+1$ 或 $3m+2$,$\omega_1 = 2\pi/T$ 为非正弦电量的角频率。

**1. 零序组谐波**

对 $k=3m$ 次谐波,三相电量中彼此两相间的相位差为

$$\theta = k\omega_1 \frac{T}{3} = 3m\omega_1 \frac{T}{3} = 3m \times \frac{2\pi}{T} \times \frac{T}{3} = m \times 2\pi \qquad (10\text{-}30)$$

因 $m \times 2\pi$ 为周期的整数倍,则相位差 $\theta$ 为 $0°$,这表明 $3m$ 次即 $3,9,15\cdots$ 次谐波(注意不包括偶次谐波)构成零序组。

**2. 正序组谐波**

对 $k = 3m+1$ 次谐波,三相电量中彼此两相间的相位差为

$$\theta = k\omega_1 \frac{T}{3} = (3m+1) \times \frac{2\pi}{T} \times \frac{T}{3} = m \times 2\pi + \frac{2\pi}{3} \qquad (10\text{-}31)$$

这表明相位差 $\theta$ 为 $2\pi/3$ 或 $120°$,即按 A—B—C 的顺序,各相电量的相位依次相差 $120°$,因此,$3m+1$ 次即 $1,7,13\cdots$ 次谐波构成正序。

**3. 逆序组谐波**

对 $k = 3m+2$ 次谐波,三相电量中彼此两相间的相位差为

$$\theta = k\omega_1 \frac{T}{3} = (3m+2) \times \frac{2\pi}{T} \times \frac{T}{3} = m \times 2\pi + \frac{4\pi}{3} \qquad (10\text{-}32)$$

这表明三相电量按 A—B—C 顺序依次相差 $4\pi/3$ 即 $240°$,或按 A—C—B 的顺序依次相差 $120°$。因此,$3m+2$ 次即 $5,11,17\cdots$ 次谐波构成逆序组,或称为负序组。

事实上,用非正弦对称三相电压的傅里叶展开式不难验证上述结论。设

$$u_A = \sqrt{2}U_1\sin(\omega_1 t + \varphi_1) + \sqrt{2}U_3\sin(3\omega_1 t + \varphi_3) + \sqrt{2}U_5\sin(5\omega_1 t + \varphi_5) + \cdots$$

则

$$\begin{aligned}
u_B &= \sqrt{2}U_1\sin\left[\omega_1\left(t - \frac{T}{3}\right) + \varphi_1\right] + \sqrt{2}U_3\sin\left[3\omega_1\left(t - \frac{T}{3}\right) + \varphi_3\right] \\
&\quad + \sqrt{2}U_5\sin\left[5\omega_1\left(t - \frac{T}{3}\right) + \varphi_5\right] + \cdots \\
&= \sqrt{2}U_1\sin(\omega_1 t + \varphi_1 - 120°) + \sqrt{2}U_3\sin(3\omega_1 t + \varphi_3) \\
&\quad + \sqrt{2}U_5\sin(5\omega_1 t + \varphi_5 + 120°) + \cdots \\
u_C &= \sqrt{2}U_1\sin\left[\omega_1\left(t - \frac{2T}{3}\right) + \varphi_1\right] + \sqrt{2}U_3\sin\left[3\omega_1\left(t - \frac{2T}{3}\right) + \varphi_3\right] \\
&\quad + \sqrt{2}U_5\sin\left[5\omega_1\left(t - \frac{2T}{3}\right) + \varphi_5\right] + \cdots \\
&= \sqrt{2}U_1\sin(\omega_1 t + \varphi_1 + 120°) + \sqrt{2}U_3\sin(3\omega_1 t + \varphi_3) \\
&\quad + \sqrt{2}U_5\sin(5\omega_1 t + \varphi_5 - 120°) + \cdots
\end{aligned}$$

由展开式可见,基波为一组正序电压,三次谐波为一组零序电压,五次谐波为一组逆序电压等。

## 三、对称三相非正弦电路的若干特点

对称三相非正弦电量中同次谐波的正序分量和逆序分量三相之和恒为零,而零序分量的三相之和为一相的三倍。由于这一缘故,非正弦对称三相电路有许多重要特点。下面分 Y 形电路和 △ 形电路予以讨论。

**1. 三相三线制 Y 形电路**

对称三相非正弦三线制 Y 形电路有如下特点。

（1）线电流中不含有零序谐波

对图 10-31 所示的电路，根据 KCL，应有 $i_A + i_B + i_C = 0$。由于频率相同的零序谐波三相之和不可能为零，故线电流中不可能含有零序谐波电流。这表明在这种连接形式的电路中，零序谐波电流无法形成通路。

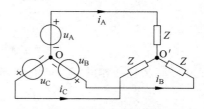

图 10-31 对称三相非正弦三线制
Y形电路

（2）中性点电压只含有零序谐波

由于线电流（相电流）中不含有零序谐波电流，则每相负载的电压中不含有零序谐波电压，根据 KVL，两中性点间的电压只含有零序谐波电压，此零序谐波电压和电源一相电压中的零序谐波分量相平衡，即

$$u_{O'O} = \sum_{k=1}^{\infty} u_{3k} = \sqrt{2} U_3 \sin(3\omega_1 t + \varphi_3) + \sqrt{2} U_9 \sin(9\omega_1 t + \varphi_9) + \cdots$$

中性点间电压的有效值为

$$U_{O'O} = \sqrt{\sum_{k=1}^{\infty} u_{3k}^2} = \sqrt{U_3^2 + U_9^2 + U_{15}^2 + \cdots} \tag{10-33}$$

（3）线电压中不含有零序谐波

Y形连接时，电源线电压为两相电压之差，因电源各相电压中的零序谐波大小相等，相位相同，则两相中零序分量相互抵消，故线电压中不含有零序谐波电压。

电源相电压的有效值为

$$U_{ph} = \sqrt{U_{ph1}^2 + U_{ph3}^2 + U_{ph5}^2 + U_{ph7}^2 + \cdots}$$

而线电压的有效值为

$$U_l = \sqrt{(\sqrt{3} U_{ph1})^2 + (\sqrt{3} U_{ph5})^2 + (\sqrt{3} U_{ph7})^2 + \cdots}$$
$$= \sqrt{3} \sqrt{U_{ph1}^2 + U_{ph5}^2 + U_{ph7}^2 + \cdots} \tag{10-34}$$

因此

$$U_l < \sqrt{3} U_{ph} \tag{10-35}$$

这表明在对称三相非正弦电路中，在Y形三线制连接方式下，电源端线电压的有效值小于电源相电压有效值的 $\sqrt{3}$ 倍；在负载端，线电压、相电压中都不含零序谐波，故有 $U_l = \sqrt{3} U_{ph}$。

**2. 三相四线制Y形电路**

非正弦三相四线制Y形电路有如下特点。

（1）线电流中含有零序谐波

由于中线的存在，零序谐波电流有通路，因此线电流中含有零序谐波。

（2）中线电流中只含有零序谐波

此时，中线电流等于三相正序组、逆序组和零序组电流之和，因正序组、逆序组三相电流之和均为零，故中线电流不为零且仅含有零序谐波。对图 10-32 所示电路，中线电流为

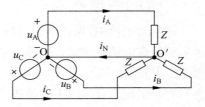

图 10-32 非正弦对称三相四线制
Y电路

$$i_N = i_A + i_B + i_C = \sum_k (i_{A3k} + i_{B3k} + i_{C3k})$$

$$= \sum_k 3i_{3k} \quad (k = 1, 3, 5, \cdots)$$

式中，$i_{3k}$ 为任一相的零序谐波电流，则中线电流的有效值为

$$I_N = 3I_{3k} = 3\sqrt{I_3^2 + I_9^2 + I_{15}^2 + \cdots} \tag{10-36}$$

（3）线电压中不含有零序谐波

此特点的分析与在三相三线制丫形电路中的分析相同，不再赘述。不过应注意，在三相三线制丫形电路中，各相负载电压中不含有零序谐波，而在三相四线制电路中，各相负载电压中却含有零序谐波。

**3. 三相△形电路**

非正弦对称三相△形电路有如下特点。

（1）线电流中不含有零序谐波

这是由于电路中没有零序谐波电流的通路。

（2）在△形连接的三相电源中存在零序谐波环流

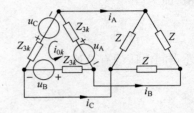

图 10-33　非正弦对称三相△形电路

在图 10-33 中，根据 KVL，三相电源中的正序组和负序组的电压之和均为零，而零序组电压之和 $u_0$ 不为零且等于一相电源中零序谐波电压 $u_{3k}$ 的三倍，即

$$u_0 = 3\sum_k u_{3k} = 3(u_{ph3} + u_{ph9} + u_{ph15} + \cdots) \tag{10-37}$$

该电压将在△形闭合回路中产生一个环行电流 $i_{0k}$。若电源的每相零序谐波电压为 $\dot{U}_{3k}$，内阻抗为 $Z_{3k}$，则由 $\dot{U}_{3k}$ 引起的环流为

$$\dot{I}_{0k} = \frac{\dot{U}_{0k}}{3Z_{3k}} = \frac{3\dot{U}_{3k}}{3Z_{3k}} = \frac{\dot{U}_{3k}}{Z_{3k}} \tag{10-38}$$

由于在△形连接方式下，电源中的这一环流无法消除，因此实际三相发电机的绕组一般不采用△形连接。

在图 10-33 中，每相电源仅画出了零序谐波阻抗，这是由于正序谐波阻抗 $Z_{3k+1}$ 和逆序谐波阻抗 $Z_{3k+2}$ 上的电压均为零，所以未将它们画出。

（3）线电压中不含有零序谐波

根据式(10-38)，每相电源中零序谐波内阻抗上的电压等于该相电源中的零序谐波电压，两者方向相反，因此电源每相的端电压中将不含有零序谐波，这就表明线电压中不含有零序谐波。

## 四、高次谐波的危害

在电力系统中，保证电能的质量是极为重要的问题。在现代电网中已采取了大量的技术措施提高电能的质量。电能质量包括额定电压、额定频率和波形等三项指标，其中波形的理想情况是为正弦波。

有很多原因会导致电力系统中出现高次谐波，使得电压、电流的波形发生畸变而成为非正弦波，从而使电能质量下降。高次谐波带来的不良后果主要有：致使电动机的运行性能变坏、损耗增加；使得系统的局部电路对某次谐波发生谐振而产生谐振过电压，导致设备工

作不正常甚至损坏；增大仪表的测量误差；对通信信号产生干扰，可能使通信系统不能正常工作；等等。

## 五、计算三相对称非正弦电路的步骤及应注意的问题

### 1. 计算步骤

（1）将给定的对称三相非正弦电源的波形分解为傅里叶级数，若电源波形已给出傅里叶级数的展开式，则此步骤可省去。

（2）将电源傅里叶级数中的各次谐波分成正序、逆序和零序三组。

（3）分别计算各正序、逆序和零序网络。其中正、逆序网络按对称三相电路进行计算，而零序网络则按一般正弦电路进行计算。

（4）将正序、逆序及零序网络的各电量予以瞬时值叠加，求出对称三相非正弦电路的解。

### 2. 应注意的问题

（1）计算正、逆序网络时，要注意两种电路在相序上的差别。

（2）在计算过程中，要注意利用非正弦对称三相电路的特点：①求线电压时，不必求解零序网络，因为在线电压中不含有零序谐波；②求线电流时，若是三相三线制电路，则不必解零序网络，因为此时线电流中不含有零序分量；③求中线电流时，不必解正、逆序网络，因为中线中仅通过零序谐波电流。

（3）在求解时，要注意谐波阻抗概念的应用。

## 六、非正弦对称三相电路的计算举例

**例 10-13**　如图 10-34（a）所示非正弦对称三相电路，已知 $u_A = 220\sqrt{2}\sin\omega_1 t + 48\sqrt{2}\sin(3\omega_1 t - 30°) + 100\sqrt{2}\sin 5\omega_1 t + 16\sqrt{2}\sin 7\omega_1 t\,\mathrm{V}$，$\omega_1 = 10\,\mathrm{rad/s}$，$Z_1 = R + j\omega_1 L = (9 + j4)\,\Omega$，$Z_{N1} = j\omega_1 L_N = j2\,\Omega$，求中线电流 $i_N$ 及电压表、电流表的读数。

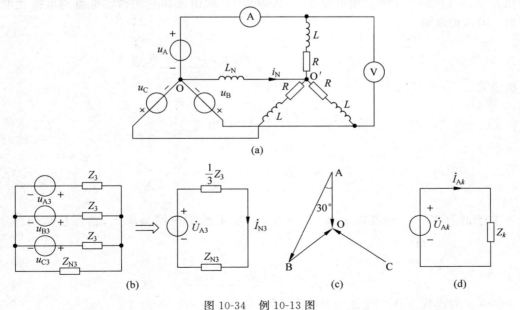

图 10-34　例 10-13 图

**解** 将电源的各次谐波分成三组,正序组包括基波和七次谐波,逆序组包括五次谐波,零序组包括三次谐波。

(1) 求中线电流 $i_N$

因中线电流中只含有零序谐波,故只需求解零序网络。零序网络如图 10-34(b)所示,其中零序谐波阻抗 $Z_3 = R + j3\omega_1 L = (9 + j12)\Omega$,$Z_{N3} = j3\omega_1 L_N = j6\Omega$;$\dot{U}_{A3} = \dot{U}_{B3} = \dot{U}_{C3} = 48\underline{/-30°}$V。由等效电路,可求得

$$\dot{I}_{N3} = \frac{\dot{U}_{A3}}{Z_{N3} + \frac{1}{3}Z_3} = \frac{48\underline{/-30°}}{j6 + 3 + j4} = 4.6\underline{/-103.3°}A$$

则中线电流为

$$i_N = 4.6\sqrt{2}\sin(3\omega_1 t - 103.3°)A$$

(2) 求电压表读数

电压表实际跨接在 A、B 两相电源之间,其读数应为电源线电压的有效值,而线电压中不含有零序谐波,则线电压 $u_{AB}$ 的瞬时值为

$$u_{AB} = (u_{A1} - u_{B1}) + (u_{A5} - \dot{u}_{B5}) + (u_{A7} - u_{B7})$$

$$= 380\sqrt{2}\sin(\omega_1 t + 30°) + 173.2\sqrt{2}\sin(5\omega_1 t - 30°) + 27.71\sqrt{2}\sin(7\omega_1 t + 30°)$$

应注意五次谐波是负序电压,其位形图如图 10-34(c)所示,故 $u_{AB5}$ 滞后 $u_{A5}$ 30°。

线电压的有效值(电压表的读数)为

$$U_{AB} = \sqrt{U_{AB1}^2 + U_{AB5}^2 + U_{AB7}^2} = \sqrt{380^2 + 173.2^2 + 27.71^2} = 418.53V$$

(3) 求电流表读数

因线电流中含有零序谐波,故此时需求解正序、逆序及零序三种类型的网络。由于电源中含有四种谐波,则共需计算四个网络。而正序和逆序网络均可按计算对称三相电路的方法化为图 10-34(d)所示的单相电路求解,即基波、五次谐波和七次谐波电流均可按此电路求出。可求得基波

$$\dot{I}_{A1} = \frac{\dot{U}_{A1}}{Z_1} = \frac{220\underline{/0°}}{9 + j4} = 22.34\underline{/-24°}A$$

五次谐波

$$\dot{I}_{A5} = \frac{\dot{U}_{A5}}{Z_5} = \frac{100\underline{/0°}}{9 + j20} = 4.56\underline{/-65.8°}A$$

七次谐波

$$\dot{I}_{A7} = \frac{\dot{U}_{A7}}{Z_7} = \frac{16\underline{/0°}}{9 + j28} = 0.54\underline{/-72.2°}A$$

零序谐波即三次谐波电流由图 10-34(b)所示的零序网络求出,前面已求得 $\dot{I}_{N3} = 4.6\underline{/-103.3°}A$,则

$$\dot{I}_{A3} = \frac{1}{3}\dot{I}_{N3} = 1.53\underline{/-103.3°}A$$

电流表的读数为 A 相电流的有效值,可求得

$$I_A = \sqrt{I_{A1}^2 + I_{A3}^2 + I_{A5}^2 + I_{A7}^2} = \sqrt{22.34^2 + 1.53^2 + 4.56^2 + 0.54^2} = 22.86\mathrm{A}$$

## 练习题

10-10　非正弦对称三相电路如图 10-35 所示。已知 $e_A = [120\sqrt{2}\sin\omega t + 50\sqrt{2}\sin3\omega t + 20\sqrt{2}\sin5\omega t]\mathrm{V}$。求

（1）求线电压的有效值；（2）当开关 S 打开时，求各线电流 $i_A(t)$、$i_B(t)$ 和 $i_C(t)$；（3）当开关 S 闭合时，求线电流的有效值和中线电流 $i_0(t)$。

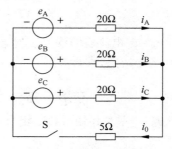

图 10-35　练习题 10-10 图

## 10.8　例题分析

例 10-14　如图 10-36 所示电路，已知 $u = U_{1m}\sin\omega t + U_{3m}\sin3\omega t\,\mathrm{V}$，$L = 0.12\mathrm{H}$，$\omega = 314\mathrm{rad/s}$. 欲使输出电压 $u_0 = U_{1m}\sin\omega t$，求参数 $C_1$ 和 $C_2$。

**解**　由题意可知，欲使输出电压中不含有三次谐波，且与输入电压的基波完全相同，这意味着电路虚线框中的电抗部分应对三次谐波产生并联谐振（相当于开路），对基波产生串联谐振（相当于短路）。可以看出，对三次谐波产生并联谐振实际上是 $L$ 和 $C_1$ 之间发生并联谐振，于是有

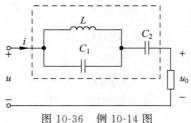

图 10-36　例 10-14 图

$$3\omega L = \frac{1}{3\omega C_1}$$

$$C_1 = \frac{1}{(3\omega)^2 L} = \frac{1}{(3\times314)^2 \times 0.12}\mathrm{F} = 9.39\mu\mathrm{F}$$

当对基波产生串联谐振时，应有

$$-\mathrm{j}\frac{1}{\omega C_2} + \frac{\mathrm{j}\omega L\left(-\mathrm{j}\dfrac{1}{\omega C_1}\right)}{\mathrm{j}\omega L - \mathrm{j}\dfrac{1}{\omega C_1}} = 0$$

解之，得

$$C_2 = \frac{1 - \omega^2 L C_1}{\omega^2 L} = \frac{1}{\omega^2 L} - C_1 = \left(\frac{1}{314^2 \times 0.12} - 9.39\times10^{-6}\right)\mathrm{F} = 75.13\mu\mathrm{F}$$

例 10-15　如图 10-37 所示电路，已知 $u_s = \sqrt{2}\,10\sin\omega t\,\mathrm{V}$，$R = 3\Omega$，$\omega L = \dfrac{1}{\omega C} = 4\Omega$，$E_0 = 12\mathrm{V}$，求各电表的读数。

**解**　（1）求电压表的读数。电压表两端的电压为

$$u_{ab} = u_s - E_0 = \sqrt{2}\,10\sin\omega t - 12$$

故电压表的读数为

$$U_{ab} = \sqrt{U_0^2 + U_1^2} = \sqrt{12^2 + 10^2} = 15.62\text{V}$$

应注意直流分量的有效值为 12V，并非为 $-12$V，因为按有效值的定义，有

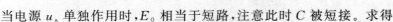

$$U_0 = \sqrt{\frac{1}{T}\int_0^T (-12)^2 \mathrm{d}t} = 12\text{V}$$

图 10-37　例 10-15 图

（2）求电流表的读数。当电源 $E_0$ 单独作用时，$u_s$ 相当于短路，求得

$$I_0 = -\frac{E_0}{R} = -\frac{12}{3} = -4\text{A}$$

当电源 $u_s$ 单独作用时，$E_0$ 相当于短路，注意此时 $C$ 被短接。求得

$$\dot{I}_1 = \frac{\dot{U}_s}{Z_1} = \frac{10\underline{/0^\circ}}{3+\mathrm{j}4} = 2\underline{/-53.1^\circ}\text{A}$$

故电流表的读数为

$$I = \sqrt{I_0^2 + I_1^2} = \sqrt{4^2 + 2^2} = 4.47\text{A}$$

（3）求功率表的读数。注意到功率表的电压线圈承受的电压为 $u_s$，电流线圈通过的电流为 $i$，于是其读数为

$$P = U_0 I_0 + U_1 I_1 \cos(\dot{U}_1, \dot{I}_1)$$
$$= 0\times(-4) + 10\times 2\cos[0-(-53.1^\circ)] = 20\cos 53.1^\circ = 12\text{W}$$

应注意功率表的读数并非为电阻消耗的功率，而是电压源 $u_s$ 的功率。电阻元件的功率应为

$$P_R = P_{R0} + P_{R1} = 4^2 \times 3 + 2^2 \times 3 = 60\text{W}$$

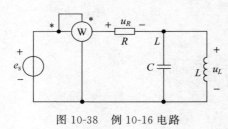

图 10-38　例 10-16 电路

**例 10-16**　在图 10-38 所示电路中，当电压源 $e_s(t)$ 为角频率 $\omega = 1000\text{rad/s}$ 的正弦电源时，输出电压 $u_L(t)$ 的有效值是 $e_s(t)$ 有效值的 0.8 倍，即 $U_L = 0.8E_s$；当 $e_s(t)$ 的频率增加一倍时，$U_L = E_s$。当 $e_s(t) = 30 + 100\sqrt{2}\sin 1000t + 30\sqrt{2}\sin 2000t$ 时，求

（1）$u_L(t)$ 的表达式；（2）若功率表的读数为 300W，求参数 $R$、$L$ 和 $C$。

**解**　（1）为写出 $u_L(t)$ 的表达式，需求出各谐波分量的表达式。设电阻电压为 $u_R(t)$。

① 直流分量作用时，电感相当于短路，因此有

$$U_{R(0)} = E_{s(0)} = 30, \quad U_{L(0)} = 0$$

② 基波分量作用时，$\omega = 1000\text{rad/s}$，则 $f = 1000/2\pi$。由题意，有

$$U_{L(1)} = 0.8E_{s(1)} = 0.8 \times 100 = 80\text{V}$$

此时 $\dot{U}_{L(1)}$ 与 $\dot{U}_{R(1)}$ 必正交，且有 $U_{R(1)}^2 + U_{L(1)}^2 = E_{s(1)}^2$，于是

$$U_{R(1)} = \sqrt{E_{s(1)}^2 - U_{L(1)}^2} = \sqrt{100^2 - 80^2} = 60\text{V}$$

可见电路的电阻与电抗之比为 $\dfrac{60}{80} = \dfrac{3}{4}$，则 $u_L(t)$ 的基波分量为

$$u_{L(1)}(t) = 80\sqrt{2}\sin\left(1000t \pm \arctan\frac{3}{4}\right) = 80\sqrt{2}\sin(1000t \pm 36.9°)\mathrm{V}$$

③ 二次谐波作用时，由题意，有 $U_{L(2)} = E_{s(2)}$，表明 $L$、$C$ 对二次谐波发生并联谐振，亦是 $u_L(t)$ 的二次谐波分量与电压源的二次谐波分量相同，即有

$$u_{L(2)}(t) = 30\sqrt{2}\sin 2000t\,\mathrm{V}$$

因 $LC$ 并联支路在 $\omega = 2000\mathrm{rad/s}$ 发生谐振，因此在 $\omega = 1000\mathrm{rad/s}$ 时必为感性支路，则 $u_{L(1)}(t)$ 的初相位应取正的角度 $36.9°$。于是可得 $u_L(t)$ 的表达式为

$$u_L(t) = U_{L(0)} + u_{L(1)}(t) + u_{L(2)}(t) = 80\sqrt{2}\sin(1000t + 36.9°) + 30\sqrt{2}\sin 2000t$$

（2）在功率表的读数为 $300\mathrm{W}$ 时，表明电阻 $R$ 消耗的功率 $P_R = 300\mathrm{W}$，应有

$$P_R = \frac{U_R^2}{R} = \frac{U_{R(0)}^2 + U_{R(1)}^2 + U_{R(2)}^2}{R} = \frac{30^2 + 60^2 + 0^2}{R}$$

则

$$R = \frac{U_R^2}{P_R} = \frac{30^2 + 60^2}{300} = 15\Omega$$

对于基波（$\omega = 1000\mathrm{rad/s}$），有

$$I_{(1)} = \frac{U_{R(1)}}{R} = \frac{60}{15} = 4\mathrm{A}$$

基波电抗为

$$\frac{1}{\omega_C - \dfrac{1}{\omega_L}} = \frac{U_{L(1)}}{I_{(1)}} = \frac{80}{4} = 20\Omega$$

而二次谐波（$2\omega = 2000\mathrm{rad/s}$）时，$LC$ 并联部分发生谐振，即有

$$\frac{1}{2\omega C} = 2\omega L$$

将上面两式联立后解得

$$L = 15\mathrm{mH}, \quad C = 16.7\mu\mathrm{F}$$

**例 10-17**　在图 10-39(a)所示电路中，$R_1 = R_2 = 1\Omega$，$R_3 = 2\Omega$，$L_1 = \dfrac{1}{3}\mathrm{H}$，$L_2 = \dfrac{8}{3}\mathrm{H}$，$C = \dfrac{1}{3}\mathrm{F}$，$E = 3\mathrm{V}$，$i_s = \sqrt{2}\sin(t + 30°)\mathrm{A}$，$e_s = 3\sqrt{2}\sin 2t\,\mathrm{V}$。

（1）求 A 点电位 $u_A$，电流源两端电压 $u_s$ 和电容电压 $u_C$；（2）求含 $E$、$R_3$ 支路的功率。

**解**　（1）求 $u_A$、$u_s$ 和 $u_C$

① 直流电源 $E$ 单独作用时，电路如图 10-39(b)所示，求得 A 点电位为

$$U_{A0} = I_0 R_2 = 1 \times \frac{3}{2+1} = 1\mathrm{V}$$

显然有

$$U_{s0} = -U_A = -1\mathrm{V}$$

$$U_{C0} = 0$$

② 电流源 $i_s$ 单独作用时，电路如图 10-39(c)所示，图中将虚线右边无源网络用复阻抗 $Z_1$ 等效，此时

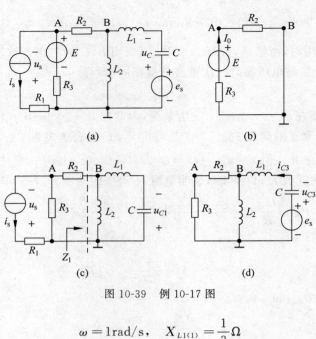

图 10-39　例 10-17 图

$$\omega = 1\text{rad/s}, \quad X_{L1(1)} = \frac{1}{3}\Omega$$

$$X_{L2(1)} = \frac{8}{3}\Omega, \quad X_{C(1)} = 3\Omega$$

则

$$Y_1 = \frac{1}{Z_1} = -\text{j}\,\frac{1}{X_{L2(1)}} + \frac{1}{\text{j}(X_{L1(1)} - X_{C(1)})} = -\text{j}\,\frac{3}{8} + \text{j}\,\frac{3}{8} = 0$$

表明电路发生并联谐振, $Z_1 = \infty$, 虚线右边网络等效于开路, 于是得

$$\dot{U}_{A1} = -\dot{I}_s R_3 = -2\underline{/30°}\text{V}$$

$$\dot{U}_{s1} = (R_1 + R_3)\dot{I}_s = 3\underline{/30°}\text{V}$$

$$\dot{U}_{C1} = -\dot{U}_{A1}\,\frac{-\text{j}X_{C(1)}}{\text{j}X_{L1(1)} - \text{j}X_{C(1)}} = 2\underline{/30°} \times \frac{-\text{j}3}{-\text{j}\,\frac{8}{3}} = \frac{9}{4}\underline{/30°}\text{V}$$

③ 电压源 $e_s$ 单独作用时, 电路如图 10-39(d)所示。此时 $\omega = 3\text{rad/s}, X_{L1(3)} = 3X_{L1(1)} = 1\Omega, X_{L2(3)} = 3X_{L2(1)} = 8\Omega, X_{C(3)} = \frac{1}{3}X_{C(1)} = 1\Omega$。可见 $L_1$ 和 $C$ 发生串联谐振, 于是有

$$\dot{U}_{B3} = \dot{E}_s = 3\underline{/0°}\text{V}$$

$$\dot{U}_{A3} = \dot{U}_{B3}\,\frac{R_3}{R_2 + R_3} = 2\underline{/0°}\text{V}$$

$$\dot{U}_{s3} = -\dot{U}_{A3} = -2\underline{/0°}\text{V}$$

从电压源 $e_s$ 两端看进去的等效阻抗为

$$Z_s = -\text{j}X_{C(3)} + \text{j}X_{L1(3)} + (R_2 + R_3)\,/\!/\,\text{j}X_{L2(3)}$$

$$= -\text{j} + \text{j} + \frac{3 \times \text{j}8}{3 + \text{j}8} = 2.81\underline{/20.6°}\Omega$$

则电容支路的电流为

$$\dot{I}_{C3}=\frac{\dot{E}_s}{Z_3}=\frac{3\underline{/0^\circ}}{2.81\underline{/20.6^\circ}}=1.07\underline{/-20.6^\circ}\mathrm{A}$$

电容电压为

$$\dot{U}_{C3}=\dot{I}_{C3}(-\mathrm{j}X_{C(3)})=1.07\underline{/-20.6^\circ}\times\underline{/-90^\circ}=1.07\underline{/-110.6^\circ}\mathrm{V}$$

④ 将各分量的瞬时值予以叠加,则所求为

$$u_A=U_{A0}+u_{A1}+u_{A3}=1-2\sqrt{2}\sin(t+30^\circ)+2\sqrt{2}\sin3t\ \mathrm{V}$$

$$u_s=U_{s0}+u_{s1}+u_{s3}=-1+3\sqrt{2}\sin(t+30^\circ)-2\sqrt{2}\sin3t\ \mathrm{V}$$

$$u_C=U_{C0}+u_{C1}+u_{C3}=\frac{9}{4}\sqrt{2}\sin(t+30^\circ)+1.07\sqrt{2}\sin(3t-110.6^\circ)\mathrm{V}$$

（2）含 $E$、$R_3$ 支路的总功率为 $E$、$R_3$ 两元件功率的代数和。由图 10-39（b）所示电路,求得

$$I_0=\frac{3}{1+2}=1\mathrm{A}$$

于是直流电压源 $E$ 的功率为

$$P_E=-EI_0=-3\times1=-3\mathrm{W}$$

电阻 $R_3$ 的功率为

$$P_R=P_{R0}+P_{R1}+P_{R3}=I_0^2R_3+\left(\frac{U_{A1}}{R_3}\right)^2R_3+\left(\frac{U_{A3}}{R_3}\right)^2R_3$$

$$=1^2\times2+\left(\frac{2}{2}\right)^2\times2+\left(\frac{2}{2}\right)^2\times2=6\mathrm{W}$$

于是该支路的总功率为

$$P=P_E+P_R=-3+6=3\mathrm{W}$$

**例 10-18** 在图 10-40 所示电路中,$e=50+200\sqrt{2}\sin\omega t+120\sqrt{2}\sin(3\omega t+45^\circ)\mathrm{V}$,$R=$ 10Ω,$\dfrac{1}{\omega C_1}=90\Omega$,$\dfrac{1}{\omega C_2}=20\Omega$,$\omega L_1=10\Omega$,$\omega L_2=20\Omega$,求电流 $i$ 及其有效值。

**解** （1）当电压源中的直流分量单独作用时,求出电流 $i$ 的直流分量为

$$I_{(0)}=I_{L1(0)}=\frac{E_{(0)}}{R}=\frac{50}{10}=5\mathrm{A}$$

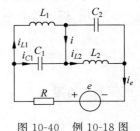

图 10-40 例 10-18 图

（2）当电压源中的基波分量单独作用时,$C_2$ 和 $L_2$ 之间发生并联谐振,$C_2$、$L_2$ 的并联等效于开路,故电压源中的电流 $i_{e(1)}$ 为零。由于 $L_1$、$C_1$ 并联部分的阻抗不为零,故 $L_1$（或 $C_1$）两端的电压为零,$\dot{I}_{L1(1)}$ 和 $\dot{I}_{C1(1)}$ 均为零,电源电压 $e_{(1)}$ 全部施加于 $L_2$、$C_2$ 的并联部分。于是求得 $i$ 的基波分量为

$$\dot{I}_{(1)}=\dot{I}_{L2(1)}=\frac{\dot{E}_{(1)}}{\mathrm{j}\omega L_2}=\frac{200\underline{/0^\circ}}{\mathrm{j}20}=10\underline{/-90^\circ}\mathrm{A}$$

（3）当电压源中的三次谐波分量单独作用时,$L_1$ 和 $C_1$ 之间发生并联谐振,该部分等效

于开路,电压源支路的电流 $i_{e(3)}$ 亦为零,电源电压 $e_{(3)}$ 全部施加于 $L_1$、$C_1$ 的并联部分,于是求得 $i$ 的三次谐波分量为

$$\dot{I}_{(3)} = \dot{I}_{L1(3)} = \frac{\dot{E}_{(3)}}{j3\omega L_1} = \frac{120\underline{/45°}}{j30} = 4\underline{/-45°}\,A$$

（4）将 $i$ 的各次谐波分量按瞬时值叠加,得

$$i = I_{(0)} + i_{(1)} + i_{(3)} = [5 + 10\sqrt{2}\sin(\omega t - 90°) + 4\sqrt{2}\sin(3\omega t - 45°)]\,A$$

其有效值为

$$I = \sqrt{I_{(0)}^2 + I_{(1)}^2 + I_{(3)}^2} = \sqrt{5^2 + 10^2 + 4^2} = 11.87\,A$$

**例 10-19**　在图 10-41 所示电路中,$u_s = 10 + 8\sqrt{2}\sin 2t\,V$,$R_1 = 4\Omega$,$R_2 = 0.25\Omega$,$L_1 = 4H$,$L_2 = 2H$,$M = 1H$,$C = 0.25F$,求各电表的读数。

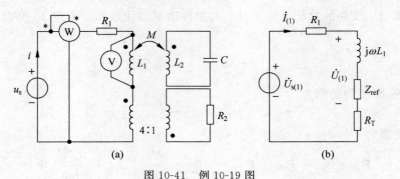

图 10-41　例 10-19 图

**解**　（1）当 $u_s$ 中的直流分量单独作用时,互感元件及理想变压器的线圈均相当于短路,于是电流 $i$ 的直流分量为

$$I_{(0)} = \frac{U_{s0}}{R_1} = \frac{10}{4} = 2.5\,A$$

（2）当 $u_s$ 中的正弦分量单独作用时,根据互感元件反射阻抗的概念和理想变压器的阻抗变换性质,做出等效电路如图 10-41(b) 所示。其中反射阻抗为

$$Z_{ref} = \frac{(\omega M)^2}{j\omega L_2 - j\dfrac{1}{\omega C}} = \frac{4}{j4 - j2} = -j2\,\Omega$$

从变压器原方看进去的等效阻抗为

$$R_T = n^2 R_2 = 16 \times 0.25 = 4\,\Omega$$

于是有

$$\dot{I}_{(1)} = \frac{\dot{U}_{s(1)}}{R + j\omega L_1 + Z_{ref} + R_T} = \frac{8\underline{/0°}}{4 + j8 - j2 + 4} = 0.8\underline{/-36.9°}\,A$$

$$\dot{U}_{(1)} = \dot{I}_{(1)}(j\omega L_1 + Z_{ref}) = 0.8\underline{/-36.9°} \times (j8 - j2) = 4.8\underline{/53.1°}\,V$$

应注意 $\dot{U}_{(1)}$ 是 $j\omega L_1$ 和 $Z_{ref}$ 串联支路的端电压,而并非是 $j\omega L_1$ 的端电压。

（3）求出电压表的读数为

$$U = \sqrt{U_{(0)}^2 + U_{(1)}^2} = \sqrt{0 + U_{(1)}^2} = U_{(1)} = 4.8\,V$$

功率表的读数为

$$P = P_0 + P_1 = U_{s0}I_{(0)} + U_{s(1)}I_{(1)}\cos(\dot{U}_{s(1)}, \dot{I}_{(1)})$$
$$= 10 \times 2.5 + 8 \times 0.8\cos[0 - (36.9°)] = 30.12\text{W}$$

或

$$P = I_{(0)}^2 R + I_{(1)}^2(R + R_T) = 2.5^2 \times 4 + 0.8^2 \times (4+4) = 30.12\text{W}$$

应注意

$$P \neq I^2(R_1 + R_T)$$

这是因为对直流分量而言,变压器线圈相当于短路,此时 $R_T = 0$。

**例 10-20**　在图 10-42 所示电路中,已知 $R = R_1 = 2\Omega$, $R_2 = 1\Omega$, $L_1 = L_2 = 2\text{H}$, $L_3 = 3\text{H}$, $M_{13} = M_{23} = 1\text{H}$, $e_s = 12 + 40\sqrt{2}\sin(t+30°)\text{V}$, 求电流 $i$, 电压 $u_{ab}$。

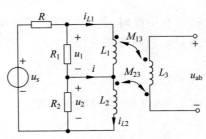

图 10-42　例 10-20 图

**解**　(1) 当电压源的直流分量作用时, $L_1$、$L_2$ 线圈相当于短路,故待求量的直流分量为

$$I_{(0)} = 0, \quad U_{ab(0)} = 0$$

(2) 当电压源的正弦分量作用时,由于 $L_1$ 线圈和 $L_2$ 线圈两者之间无互感,而 $L_3$ 线圈中的电流为零,故 $L_1$、$L_2$ 两线圈上均无互感电压,于是可求出

$$\dot{U}_{1(1)} = \frac{R_1 /\!/ j\omega L_1}{R + (R_1 /\!/ j\omega L_1) + (R_2 /\!/ j\omega L_2)}\dot{U}_{s(1)}$$
$$= \frac{1+j}{2 + (1+j) + (0.8+j0.4)} \times 40\underline{/30°} = 13.97\underline{/54.8°}\text{V}$$

$$\dot{U}_{2(1)} = \frac{R_2 /\!/ j\omega L_2}{2 + (R_1 /\!/ j\omega L_1) + (R_2 /\!/ j\omega L_2)}\dot{U}_{s(1)}$$
$$= \frac{0.8+j0.4}{2 + (1+j) + (0.8+j0.4)} \times 40\underline{/30°} = 8.83\underline{/36.4°}\text{V}$$

则

$$\dot{I}_{(1)} = \frac{\dot{U}_{1(1)}}{R_1} - \frac{\dot{U}_{2(1)}}{R_2} = \frac{13.97\underline{/54.8°}}{2} - \frac{8.83\underline{/36.4°}}{1} = 3.12\underline{/171.3°}\text{A}$$

$$\dot{U}_{ab(1)} = j\omega M_{13}\dot{I}_{L1(1)} - j\omega M_{23}\dot{I}_{L2(1)} = j\omega M_{13}\frac{\dot{U}_{1(1)}}{j\omega L_1} - j\omega M_{23}\frac{\dot{U}_{2(1)}}{j\omega L_2}$$

$$= 6.99\underline{/54.8°} - 4.42\underline{/36.4°} = 3.12\underline{/81.2°}\text{V}$$

(3) 将各谐波的瞬时值予以叠加,可得

$$i = I_{(0)} + i_{(1)} = 3.12\sqrt{2}\sin(t+171.3°)\text{A}$$

$$u_{ab} = U_{ab(0)} + u_{ab(1)} = 3.12\sqrt{2}\sin(t+81.2°)\text{V}$$

**例 10-21**　对称三相非正弦电源给电阻性三相对称负载供电,电阻负载接成丫形或△形,如图 10-43(a)、(b)所示。已知在负载接成丫形时,其三相功率为 6500W,中线电流 $I_N = 15\text{A}$;当负载接成△形时,其三相功率为 15000W。求电源的相电压和线电压的有效值。

**解**　无论负载为丫形连接还是△形连接,其线电压中均不含零序分量。当负载为丫形

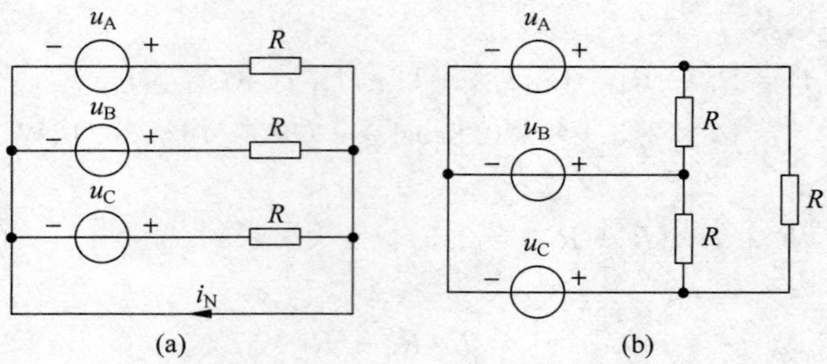

图 10-43  例 10-21 电路

连接且有中线时,负载中将有零序电流通过。设电源线电压的有效值为 $U_l$,相电压的有效值为 $U_{ph}$,则依题意对图 10-43(a)电路可列出方程

$$3 \times \left(\frac{U_l}{\sqrt{3}R}\right)^2 \times R + \left(\frac{1}{3}I_N\right)^2 \times R \times 3 = 6500$$

对图 10-43(b)电路可列出方程

$$3 \times \left(\frac{U_l}{R}\right)^2 \times R = 15000$$

将 $I_N = 15A$ 代入后,联立上述两方程求解可得

$$R = 20\Omega, \quad U_l = 316.23V$$

电源相电压中含零序分量,其有效值为

$$U_{ph} = \sqrt{\left(\frac{U_l}{\sqrt{3}}\right)^2 + \left(\frac{1}{3}I_N R\right)^2} = \sqrt{\left(\frac{316.23}{\sqrt{3}}\right)^2 + \left(\frac{1}{3} \times 15 \times 20\right)^2} = 208.17V$$

## 习题

10-1  试求题 10-1 图所示波形的傅里叶级数。

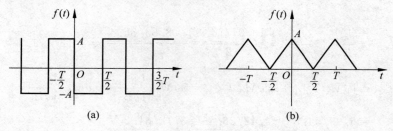

题 10-1 图

10-2  试求题 10-2 图所示半波整流波形的傅里叶级数,并画出频谱图。

10-3  试求题 10-3 图所示波形的傅里叶级数并画出频谱图。

10-4  试定性分析题 10-4 图所示两波形所含的谐波成分,并定性写出波形的傅里叶级数表达式。

10-5  已知 $R = 5\Omega$ 的电阻两端的电压为

$$u = [10 + 5\sqrt{2}\sin(t + 30°) - 3\sqrt{2}\sin(2t - 30°) + 2\sqrt{2}\cos 2t + \sqrt{2}\sin(4t + 60°)]V$$

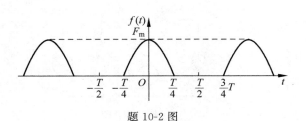

题 10-2 图

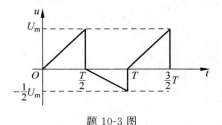

题 10-3 图

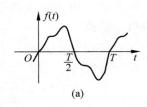

(a)

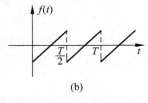

(b)

题 10-4 图

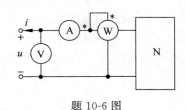

题 10-6 图

求该电阻端电压的有效值及它消耗的平均功率。

**10-6** 题 10-6 图所示 N 为一个无源线性网络,已知端口电压、电流分别为

$$u = [100\sqrt{2}\sin(\omega t - 30°) + 80\sqrt{2}\sin(3\omega t + 60°)$$
$$- 40\sqrt{2}\sin(5\omega t - 45°) + 15\sqrt{2}\cos(7\omega t + 30°)]V$$
$$i = [40 + 25\sqrt{2}\cos(\omega t - 120°) - 12\sqrt{2}\sin(3\omega t + 30°)$$
$$+ 5\sqrt{2}\cos(5\omega t - 60°)]A$$

求电压表、电流表及功率表的读数。

**10-7** 如题 10-7 图(a)所示电路,已知电源电压的波形如题 10-7 图(b)所示,$R = 100\Omega$,$L = 0.5H$,$C = 100\mu F$,电源的角频率 $\omega = 100\text{rad/s}$。若取 $e_s(t)$ 展开式的前三项计算,求电流 $i(t)$ 的表达式及其有效值和电源发出的有功功率。

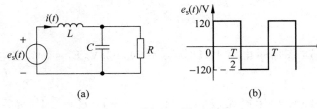

题 10-7 图

**10-8** 在对某线圈的参数$(r、L)$进行测量时,测得端口电压、电流及功率的值分别为 60V、15A 和 225W,且频率 $f = 50\text{Hz}$。但已知电压波形中除了基波分量外还有三次谐波,且三次谐波的振幅为基波振幅的 40%,试求出线圈的参数 $r$ 和 $L$。若将电压和电流波形均视为正弦波时,求得的参数又是多少,后者相对于前者的误差率是多大?

**10-9** 在题 10-9 所示电路中,已知 $u_s(t) = 8\sqrt{2}\sin 1000t \text{V}$,$i_1$ 的有效值为 0.6A,求电容 $C$ 的值及电流 $i$ 的有效值。

**10-10** 求题 10-10 图所示电路中电阻元件消耗的功率。已知 $i_s = 3\sqrt{2}\sin t \text{A}$。

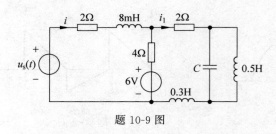

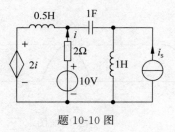

题 10-9 图　　　　　　　　　　　题 10-10 图

10-11　在题 10-11 图所示电路中,电压源 $e_s(t)$ 中含有角频率为 3rad/s 和 7rad/s 的谐波分量,若希望在输出电压 $u(t)$ 中不含有这两种谐波,试确定 $L_1$ 和 $C_2$ 的值。

10-12　电路如题 10-12 图所示,已知 $u_s(t)=[220\sqrt{2}\sin(314t+30°)+100\sqrt{2}\sin942t]\text{V}$,欲使输出电压 $u_o(t)$ 中不含基波分量,试确定电容 $C$ 的值并写出 $u_o(t)$ 的表达式。

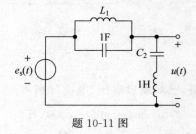

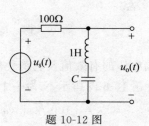

题 10-11 图　　　　　　　　　　　题 10-12 图

10-13　如题 10-13 图所示电路,$e_1=100\text{V}$,$e_2=60\sqrt{2}\sin3\omega_1t\,\text{V}$,$\omega_1L_1=\omega_1L_2=\omega_1M=10\Omega$,$R=10\Omega$,$\dfrac{1}{\omega_1C}=18\Omega$,$\omega_1L_3=2\Omega$。求电流 $i_{L3}$ 及电路中的平均功率。

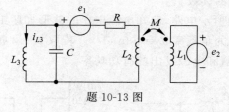

题 10-13 图

10-14　在题 10-14 图所示电路中,已知 $e_1=20\sin3t\,\text{V}$,$E_2=5\text{V}$,求电压表和功率表的读数。

10-15　如题 10-15 图所示电路,$L_1=3\text{H}$,$L_2=\dfrac{1}{3}\text{H}$,$C=\dfrac{3}{4}\text{F}$,$M=1\text{H}$,$e=10\sin t+20\sin2t\,\text{V}$,求各电流表的读数。

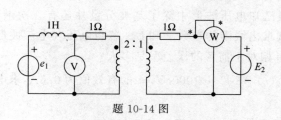

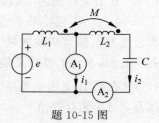

题 10-14 图　　　　　　　　　　　题 10-15 图

10-16 求题 10-16 图所示电路中功率表和电流表的读数。已知 $u_s(t) = [100 + 200\sqrt{2}\sin\omega t + 60\sqrt{2}\cos2\omega t]$V，且 $R_1 = R_2 = 10\Omega$，$\omega L = \dfrac{80}{3}\Omega$，$\omega L_1 = \omega L_2 = 20\Omega$，$\dfrac{1}{\omega C_1} = 40\Omega$，$\dfrac{1}{\omega C_2} = 20\Omega$。

10-17 在题 10-17 图示电路中，已知 $u_s = [10 + 4\sqrt{2}\sin2t]$V，$i_s = 4\sqrt{2}\sin t$A，求 $i_1$ 和 $u_2$。

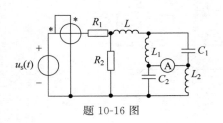

题 10-16 图

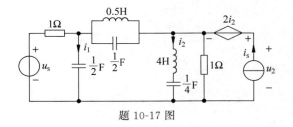

题 10-17 图

10-18 电路如题 10-18 图所示，已知 $e_s(t) = (300\sqrt{2}\sin\omega t + 200\sqrt{2}\sin3\omega t)$V，$R = 50\Omega$，$\omega L_1 = 60\Omega$，$\omega L_2 = 50\Omega$，$\omega M = 40\Omega$，$\omega L_3 = 20\Omega$，且通过 $L_3$ 的电流不含基波分量。（1）求电流表和功率表的读数；（2）求电流 $i(t)$ 的表达式。

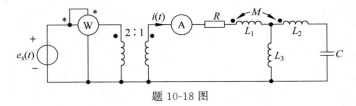

题 10-18 图

10-19 在题 10-19 图所示电路中，外施电压 $u(t)$ 为非正弦周期函数。若要求端口电流 $i(t)$ 与端口电压 $u(t)$ 的波形相同，求 $R$、$C$ 应取何值。

10-20 如题 10-20 图所示对称三相电路，已知 $e_A = [10 + 120\sqrt{2}\sin\omega t + 60\sqrt{2}\cos3\omega t]$V，$R = 4\Omega$，$\omega L = 1\Omega$，$1/\omega C = 3\Omega$，求全部电表的读数。

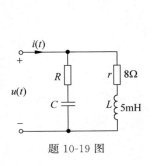

题 10-19 图

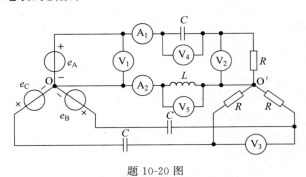

题 10-20 图

10-21 某三相变压器的绕组原为△形连接，现将其拆开如题 10-21 图所示。已知每相绕组的感应电势含 1,3,5,7 次谐波，用电压表测得开口处电压 $U_{aa'} = 600$V，同时测得 $U_{a'b} = 1000$V。（1）如果用电压表测 b、c 间电压，其读数为多少？（2）若将 a 和 a′ 连接起来，则电压表的读数为多少?

10-22 如题 10-22 图所示对称三相电路,已知 $Z=R+j\omega L=(4+j1)\Omega$,$e_A=(180\sin\omega t+120\sin3\omega t+80\sin5\omega t)$V。试求:(1)开关 S 断开时两中性点间的稳态电压 $u_{O'O}$;(2)开关 S 闭合后中线上流过的稳态电流 $i_{O'O}$;(3)上述两种情况下的稳态线电压 $u_{AB}$,$u_{BC}$ 和 $u_{CA}$。

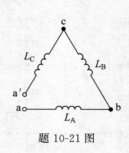

题 10-21 图

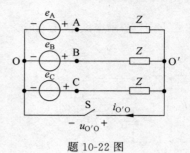

题 10-22 图

# 第 11 章

# 网络图论基础与电路方程的矩阵形式

**本章提要**

本章首先介绍网络图论的一些基础知识，以及基尔霍夫定律和支路方程的矩阵形式。在此基础上，讨论用系统方法建立矩阵形式的各种电路分析方程。本章的主要内容有：网络图论的基本概念；有向图的矩阵描述；基尔霍夫定律的矩阵形式；支路特性方程的矩阵形式；用系统法建立矩阵形式的支路分析法方程、节点分析法方程、回路分析法方程、网孔分析法方程和割集分析法方程。

将计算机技术用于电路的辅助分析和设计是近、现代电路理论的重要进展，而本章的内容和方法则是计算机辅助电路分析和设计的重要理论基础。

## 11.1 网络图论的基本知识

图论是近代数学的一个分支，也称为拓扑学，它研究图的拓扑性质。在图论中，用"点"代表各种各样的事物，用"线"表示这些事物之间的某种联系，这些"点"和"线"的集合就构成了"拓扑图"，也称为"线图"，简称为"图"。图论在诸如电工技术、信号分析与处理、交通运输、物流等学科领域获得了广泛而重要的应用。利用图论的知识来分析实际的网络（不仅仅限于电网络）称为"网络图论"。网络图论的知识不仅为恰当地选取电路变量列写电路方程式提供了方法，同时也为在计算机上采用系统方法建立并求解电路方程提供了可行途径。

### 一、电路的图

基尔霍夫定律的一个重要特性是它与元件的特性无关，只取决于电路的结构。若一个电路的结构不变，指定的支路电压、电流的参考方向也不变，则即使任意更换各支路的元件，列写的 KCL 和 KVL 方程总相同。这样，就应用基尔霍夫定律而言，将电路中的各支路以有向线段代换，对列写 KCL 和 KVL 方程不会有任何影响。

**1. 图的概念**

将电路中的各支路抽象为线段后，所得到是一个由点和线构成的几何图形，称为线图，简称为图。图 11-1 给出了一个电路和它对应的图。

图中的线段称为边，仿照电路的习惯也称为支路；图中的点称为顶点，仿照电路的习惯也称为节点。为方便分析研究，图中的边和顶点通常予以编号。图 11-1 中的图有 6 条边和

4个顶点。

**2. 图的一些说明**

（1）图中表示边的线段长、短、曲、直为任意。

（2）图中的一条边和电路中的一条支路对应。这一支路可以是一个二端元件，也可以是由若干个元件串联而成的路径，甚至可以是由多个元件组合而成的所谓"典型支路"。通常按照分析电路的实际需要定义支路。

（3）图中的节点和电路中节点的概念有所不同。在图中，每一支路的端点便是节点，而且允许孤立节点的存在。所谓孤立节点是指没有任何支路与其相接的节点。在图11-2(a)中，节点⑥就是一个孤立节点。

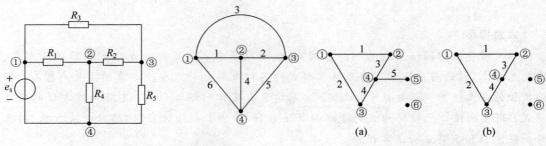

图 11-1　电路和它的图示例　　　　　图 11-2　含有孤立节点的图

（4）在图论中常提到移去（或"拿掉"）某一支路，这一支路被移去后，其两个端点应予保留。譬如在图11-2(a)中移去支路5后，节点⑤应予保留而成为一个孤立节点，如图11-2(b)所示。

（5）图仅反映电路图各支路及节点的连接关系，并不能反映支路的电气特性。如含理想变压器的电路如图11-3(a)所示，而图11-3(b)是它的图，显然在图中理想变压器支路间的电气关系不能表示出来。

**3. 有向图和无向图**

若图中每一条支路均指定了方向，且这一方向用箭头表示，则称为有向图（也称定向图），否则称为无向图。一般有向图中每一条支路的方向和电路中相应支路电流的参考方向相对应。图11-4(a)所示电路对应的有向图如图11-4(b)所示。

若无特别说明，通常支路电压和电流的参考方向约定为关联参考方向。

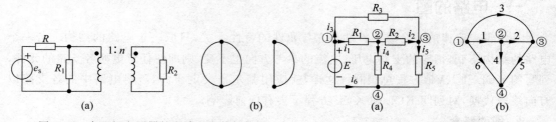

图 11-3　含理想变压器的电路和它的拓扑图　　　图 11-4　有向图的概念

**4. 连通图和非连通图**

若图中任意两个节点之间至少有一条由支路构成的通路，则称该图为连通图，或者说该图是连通的。图11-5(a)便是一连通图。

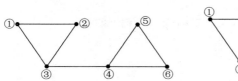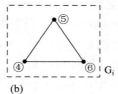

图 11-5　连通图和分离图示例

若图中的某些节点之间不存在任何通路时,称该图为非连通图,也称为分离图,或者说该图是不连通的。分离图至少有两个分离的部分。图 11-5(b)为一分离图。

**5. 子图**

若图 $G_i$ 是图 G 的一部分时,称图 $G_i$ 为图 G 的一个子图,或说子图 $G_i$ 是图 G 中删去某些节点和支路后所得到的图。如图 11-5(b)中虚线框内的部分就是该分离图的一个子图。如果子图 $G_i$ 中包含了图 G 的所有节点(可不包括所有支路),则称 $G_i$ 为 G 的生成子图。如图 11-2(b)为图 11-2(a)的一个生成子图。若图 G 的子图 $G_i$ 仅有一个节点,则称 $G_i$ 为退化子图。

**6. 回路**

在第 1 章中曾说明了回路的概念,即电路中的一个闭合路径为一回路。这里给出图的回路的严格定义:回路是图的一个连通子图,且该子图的任一节点上都连接着该子图的两条且仅两条支路。显然,闭合路径为回路是一种直观的说法。

**7. 平面图和非平面图**

若将一个图画在平面上或球面上不会出现支路在非节点处交叉的情况,则称为平面图,否则为非平面图。图 11-6(a)为平面图,而图 11-6(b)为非平面图。

**8. 网孔**

网孔的概念仅适用于平面图。网孔是一类特殊的回路,即该回路的限定域内或限定域外不含有任何支路。网孔又分为内网孔和外网孔。若回路的限定域内不含有支路,则为内网孔;若回路的限定域外不含有支路,则为外网孔。在图 11-7 中,内网孔有三个,即网孔 $m_1$,$m_2$ 和 $m_3$,而外网孔为一个,由支路 1、4 和 6 构成。电路分析时所指的网孔一般为内网孔。

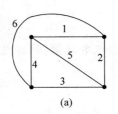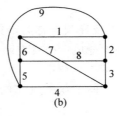

图 11-6　平面图和非平面图　　　　　图 11-7　网孔的概念

# 二、树

在网络图论中,"树"是非常重要的概念。

### 1. 树的定义

连通图中同时满足下面三个条件的一个子图称为一棵"树"：

(1) 此子图是连通的；

(2) 它包括了原图中的全部节点；

(3) 它不含有任何闭合回路。

如图 11-8(b)、(c)分别均是图 11-8(a)所示图的一棵树,但图 11-8(d)、(e)都不是图 11-8(a)的树。因为图 11-8(d)不满足条件(1),图 11-8(e)不满足条件(3)。

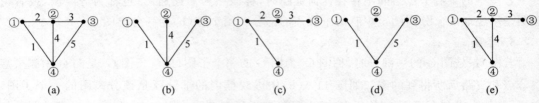

图 11-8　树的概念说明用图

### 2. 树支和连支

图中构成树的支路称为"树支",树支以外的支路称为"连支"或"树余"。在一个图中,通常树支用实线表示,连支用虚线表示。所谓树支和连支,均是针对一棵已选定的树而言的。

若图的节点数为 $n$,支路数为 $b$,则树支的数目为 $n-1$,连支的数目为 $b-(n-1)=b-n+1$。关于树支数比节点数少 1 可简单地证明如下：由于树包含了图的全部节点又不含有回路,若在去掉一条树支的同时删去一个节点,则在最后只剩下一条树支时,剩余的节点为 2 个,这表明节点数比树支数多 1。

### 3. 树的数目

一个图可选出多棵不同的树,例如一个全通图(全通图又称完备图,系指图中任意两节点间有且仅有一条支路相连的图,如图 11-4(b)所示为一全通图)可选出 $n^{n-2}$ 种树,其中 $n$ 为该图的节点数。如一个具有 10 个节点的全通图能选出 $10^{10-2}=10^8$ 即 1 亿种树,这是一个多么庞大的数字！

一个图的树的数目为一定数,且可用公式计算,这一公式将在 11.2 节给出。

## 三、割集和基本割集

### 1. 割集的概念

连通图中同时满足下面两个条件的支路集合称为割集：

(1) 该支路集合被拿掉后,原连通图变成一个具有两个分离部分的非连通图(注意孤立节点亦算一个独立部分)；

(2) 在该支路集合中,只要有一条支路不移走,则剩下的图仍是连通的。

### 2. 关于割集的说明

(1) 一般而言,一个封闭面所切割的支路集合符合割集的定义,因此可将作封闭面作为选取割集的方法,即表示封闭面的割线所切割的支路集合为一割集。如图 11-9 中的割

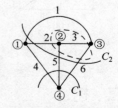

图 11-9　割集的概念说明用图

线 $C_1$ 和 $C_2$ 分别表示两个割集。应注意选取割集时,割线对每一条支路只能切割一次。在图 11-9 中,虚割线切割支路 6 两次,故该割线所切割的四条支路不构成割集,因为这一支路集合不满足割集概念的第二个条件。

(2) 环绕任一节点的割线为一封闭面,其切割的是连于该节点上的全部支路,这一支路集合必是一个割集。因此可说节点与割集等价。

(3) KCL 可用于电路中的任一节点或封闭面,因此研究割集的一个基本目的是为了应用 KCL。

**3. 基本割集**

一个图可选出许多割集,这些割集中有许多是不独立的。如在图 11-9 中,连接于节点①、②、③、④的支路集合分别构成四个割集,即 $C_1$:{1,2,4},$C_2$:{2,3,5},$C_3$:{1,3,6},$C_4$:{4,5,6}。另外,还可找出两个割集,它们是 $C_5$:{1,2,5,6},$C_6$:{1,3,4,5}。不难发现上述割集相互之间并不都是独立的,例如将割集 $C_1$、$C_2$ 和 $C_3$ 组合(除去这三个割集中的公共支路 1、2 和 3)后便得到割集 $C_4$,又如将割集 $C_1$ 和 $C_4$ 组合(除去这两个割集中的公共支路 4)后便得到割集 $C_5$ 等。在一个图中有多少个独立的割集,又如何找出这一组独立的割集呢? 这可由树的概念来解决这个问题。

割集是支路的集合,若该集合中仅含有一条树支,则称为单树支割集。这种单树支割集被称为基本割集,按此法得到的每个割集中均含有一条别的割集所没有的树支,因此这些单树支割集都是独立的割集。

显然一个图的基本割集数等于树支数,若一个图有 $n$ 个节点,则

$$基本割集数 = 树支数 = 独立节点数 = n - 1$$

因此有下述结论:一个图在选定一棵树后,由树支决定的全部基本割集构成一组独立割集。

割集有参考方向,有向图基本割集的参考方向规定为该割集所含树支的正向。

**4. 选取基本割集的方法**

对一个有向图,可按下述方法选取一组基本割集:

(1) 选一棵树;

(2) 根据选定的树找出全部单树支割集,并给每一割集标示正向。

显然不同的树各自对应着一组不同的基本割集,一个图的基本割集的组数和树的组数相等。

**例 11-1**　试选出图 11-10(a)所示定向图的一组基本割集。

**解**　选支路集合{3,4,5}为树支(树支和连支分别用实线、虚线表示),则基本割集为三个,即

$\quad C_3$:　　为支路集合{3,1,2,6,7}

$\quad C_4$:　　为支路集合{4,6,7}

$\quad C_5$:　　为支路集合{5,1,2,7}

注意要标明每一割集的正向(和树支的正向相同),如树支 3 的参考方向是由表示割集 $C_3$ 的封闭面内指向面外,则割集 $C_3$ 的方向选为封闭面的外法线的方向。可将基本割集的编号顺序选得和树支编号顺序一致,

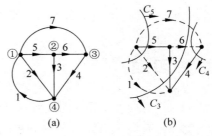

图 11-10　例 11-1 图

这样可清楚地知道每一割集与哪一树支相对应。

## 四、基本回路

### 1. 基本回路

和割集的情形相似,一个图可选出许多回路,但这些回路并不都是独立的。如何选出一组独立的回路呢? 仍由树的概念来解决这个问题。

按照定义,树不含有回路,但又是连通的。若在树上添一条连支便会出现一个由若干树支和该连支构成的回路,这样,每添一条连支便出现一个新的回路,这种单连支回路被称为基本回路。由于每一基本回路中都含有一条其他回路所没有的连支,故基本回路是独立回路。

显然一个图的基本回路数等于连支数。若某图有 $n$ 个节点,$b$ 条支路,则

$$基本回路数=连支数=独立回路数=b-(n-1)$$

一个基本回路的绕行正向规定与确定此回路的连支的方向一致。

### 2. 选取基本回路的方法

选一个图的一组基本回路,可按下述方法进行:

(1) 选一棵树;

(2) 根据选定的树找出全部的单连支回路,并标明回路的绕行方向。这些回路便是一组基本回路。

显然不同的树各自对应着一组不同的基本回路。

**例 11-2** 试选出图 11-11(a)所示定向图的一组基本回路。

**解** 选支路$\{1,3\}$为树支,支路$\{2,4,5\}$为连支。这样基本回路有三个,即

$$l_2: \quad 由支路\{2,3\}构成$$
$$l_4: \quad 由支路\{4,1,3\}构成$$
$$l_5: \quad 由支路\{5,1,3\}构成$$

每一基本回路的绕行正向如图 11-11(b)所示。这里,最好将基本回路的编号顺序选得和连支的编号顺序一致,这样可清楚地知道该回路与哪一连支相对应。

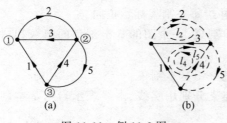

图 11-11 例 11-2 图

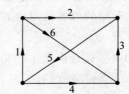

图 11-12 练习题 11-1 图

## 练习题

11-1 有向图如图 11-12 所示。(1)试列举出其全部的树;(2)列举出其全部的回路。

11-2 有向图仍如图 11-12 所示,选支路 1,3,5 为树支。(1)找出对应的基本割集组;(2)找出对应的基本回路组。

## 11.2　有向图的矩阵描述

一个有向图包含有许多重要的信息,例如一个节点连接了哪几条支路,一条支路连接在哪两个节点之间;一个回路由哪些支路构成,一条支路属于哪几个回路等。这些信息可用一些相关的矩阵予以表征。本节介绍有向图的四种矩阵。

### 一、关联矩阵

有向图中节点与支路的连接关系用关联矩阵描述。

**1. 增广关联矩阵 $A_a$**

在网络图论中,常用到"关联"一词。该词的含义可说明如下:若支路 $j$ 与节点 $i$ 相联,便称 $j$ 支路与 $i$ 节点相关联;若 $k$ 支路是构成 $l$ 回路的支路之一,则称 $k$ 支路和 $l$ 回路关联等。

矩阵 $A_a = [a_{ij}]$ 的行是图的节点序列,列为图的支路序列。若某有向图有 $n$ 个节点,$b$ 条支路,则 $A_a$ 为 $n \times b$ 阶矩阵。

对 $A_a$ 中的元素 $a_{ij}$ 作如下规定:

$$a_{ij} = \begin{cases} 1, & \text{若 } j \text{ 支路与 } i \text{ 节点关联,且 } j \text{ 支路的正向背离 } i \text{ 节点} \\ -1, & \text{若 } j \text{ 支路与 } i \text{ 节点关联,且 } j \text{ 支路的正向指向 } i \text{ 节点} \\ 0, & \text{若 } j \text{ 支路与 } i \text{ 节点不关联} \end{cases}$$

**例 11-3**　试写出图 11-13 所示有向图的增广关联矩阵 $A_a$。

**解**　按对 $A_a$ 中元素 $a_{ij}$ 的规定,写出该图的增广关联矩阵为

$$A_a = \begin{array}{c} \\ n_1 \\ n_2 \\ n_3 \end{array} \begin{array}{cccccc} b_1 & b_2 & b_3 & b_4 & b_5 \\ \left[ \begin{array}{ccccc} 1 & -1 & 1 & 1 & 0 \\ -1 & 1 & -1 & 0 & -1 \\ 0 & 0 & 0 & -1 & 1 \end{array} \right] \end{array}$$

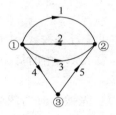

图 11-13　例 11-3 图

该矩阵的第一行表示节点①与哪些支路相关联,而第一列表示支路 1 与哪些节点相关联。支路 1、3、4 和节点①相关联,且这几条支路的正向背离该节点,所以相应的元素均取 +1;支路 2 和节点①相关联,但该支路的正向指向该节点,因此相应的元素取 -1;支路 5 和节点①不关联,故对应的元素取 0。另外,对两行中元素的取值情况可做出类似的解释。

**2. 关联矩阵 $A$**

观察例 11-3 中的 $A_a$ 矩阵可发现,其任一列总含有且仅含有一个"+1"和一个"-1",若把 $A_a$ 中所有的行相加,所得结果恒为零,这表明 $A_a$ 中各行线性相关,即 $A_a$ 的秩 $r(A_a) \leqslant n-1$。删去 $A_a$ 中的任一行,仍保留了原矩阵中的全部信息。称 $A_a$ 中任删一行后所得矩阵为降阶关联矩阵,简称关联矩阵,并用 $A$ 表示,通常写 $A$ 阵时,删去的是图中被选作参考点的节点所对应的那一行。

在例 11-3 中,删去 $A_a$ 中对应节点③的那一行,得关联矩阵为

$$A = \begin{bmatrix} 1 & -1 & 1 & 1 & 0 \\ -1 & 1 & -1 & 0 & -1 \end{bmatrix}$$

一般写 $A$ 阵时,可先选定一棵树,并将支路按先连支后树支的顺序排列编号,这样 $A$ 阵可写为分块矩阵

$$A = [A_1 \vdots A_t] \tag{11-1}$$

其中,子矩阵 $A_1$ 的列与连支对应,它是一个 $(n-1) \times (b-n+1)$ 阶矩阵;$A_t$ 的列与树支对应,它是一个 $(n-1) \times (n-1)$ 阶方阵。

**3. 列写 $A$ 阵的步骤**

由给定的有向图列写 $A$ 阵时,按下列步骤进行:

(1) 对有向图中的各节点、支路编号;

(2) 选择一棵树(也可不选树,是否选树根据需要而定);

(3) 将参考点除外,对剩下的 $n-1$ 个节点按 $A$ 阵中元素的规定写出 $A$ 阵。

**例 11-4** 一定向图的 $A$ 阵为

$$A = \begin{bmatrix} -1 & 1 & 0 & 1 & 0 & -1 \\ 0 & -1 & 1 & 0 & -1 & 0 \end{bmatrix}$$

试作出该定向图。

**解** 由给定的 $A$ 阵可知,该定向图有三个节点,六条支路。作定向图的步骤如下:

① 由 $A$ 阵写出 $A_a$ 阵为

$$A_a = \begin{array}{c} \\ n_1 \\ n_2 \\ n_3 \end{array} \begin{array}{cccccc} b_1 & b_2 & b_3 & b_4 & b_5 & b_6 \\ \begin{bmatrix} -1 & 1 & 0 & 1 & 0 & -1 \\ 0 & -1 & 1 & 0 & -1 & 0 \\ 1 & 0 & -1 & -1 & 1 & 1 \end{bmatrix} \end{array}$$

其中第 3 行是按 $A_a$ 中的每一列的元素之和为零这一规律写出的;

② 给 $A_a$ 中的每一行和每一列编号。行号和有向图中的节点号对应,列号和支路号对应;

③ 先做出有向图中的三个节点,而后根据 $A_a$ 阵的列分析,在这三个节点之间联上各支路并标上参考方向。例如,从 $A_a$ 中可知,支路 1 连在节点①和③之间,其正向由节点③指向节点①;支路 3 连在节点②和③之间,且正向由节点②指向节点③等。由此作出的有向图如图 11-14 所示。

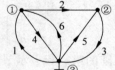

图 11-14 例 11-4 图

**4. 关于 $A$ 阵的说明**

(1) 若支路按先连支后树支的顺序排列,则关联矩阵 $A$ 可写为分块矩阵的形式,即

$$A = [A_1 \vdots A_t]$$

其中子矩阵 $A_1$ 和 $A_t$ 分别与连支和树支对应。与树支对应的子矩阵 $A_t$ 是一个 $n-1$ 阶的方阵,可以证明

$$\det A_t = \pm 1$$

这说明 $A_t$ 是一个 $n-1$ 阶的非奇异阵,同时也表明关联矩阵 $A$ 是一个满秩阵,其秩为

$$r(A) = n - 1$$

(2) 可用 $A$ 阵计算一个连通图树的总数 NUM(T)。可以证明

$$\text{NUM(T)} = \det(AA^T) \tag{11-2}$$

## 二、基本割集矩阵

割集矩阵是描述有向图中割集与支路相互关联情况的矩阵。

割集矩阵包括表示图中全部割集与支路相互关联情况的一般割集矩阵 $\mathbf{Q}_a$ 和表示图中基本割集与支路相互关联情况的基本割集矩阵 $\mathbf{Q}$。基本割集是独立的割集。在电路分析中，我们只对独立割集感兴趣，因此只讨论基本割集矩阵 $\mathbf{Q}$。

### 1. 基本割集矩阵 $\mathbf{Q}$ 的构成

矩阵 $\mathbf{Q}=[q_{ij}]$ 的行是图的基本割集序列，列是图的支路序列。若某有向图有 $n$ 个节点，$b$ 条支路，则 $\mathbf{Q}$ 为 $(n-1)\times b$ 阶矩阵。$\mathbf{Q}$ 中的支路通常按先连支后树支的顺序排列。

$\mathbf{Q}$ 中的元素 $q_{ij}$ 按如下规定写出：

$$q_{ij}=\begin{cases}1, & \text{若支路 }j\text{ 与割集 }i\text{ 关联，且两者正向一致}\\-1, & \text{若支路 }j\text{ 与割集 }i\text{ 关联，且两者正向不一致}\\0, & \text{若支路 }j\text{ 与割集 }i\text{ 不关联}\end{cases}$$

### 2. 列写 $\mathbf{Q}$ 阵的步骤

由给定的有向图列写 $\mathbf{Q}$ 阵可按下述步骤进行：

（1）给有向图的各支路编号；选择一树，并由此树决定各基本割集（注意标明各割集的正向）及其编号顺序；

（2）根据对元素 $q_{ij}$ 的规定，且支路按先连支后树支的顺序排列，写出 $\mathbf{Q}$ 矩阵。

**例 11-5**　试写出图 11-15(a)所示有向图的一个基本割集矩阵。

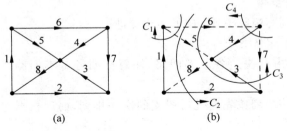

图 11-15　例 11-5 图

**解**　选支路 $\{1,2,3,4\}$ 为树支，支路 $\{5,6,7,8\}$ 为连支，并由此决定四个基本割集如图 11-15(b)所示。写出基本割集矩阵 $\mathbf{Q}$ 为

$$\mathbf{Q}=\begin{array}{c}\\C_1\\C_2\\C_3\\C_4\end{array}\begin{array}{c}\begin{matrix}b_5 & b_6 & b_7 & b_8 & b_1 & b_2 & b_3 & b_4\end{matrix}\\\left[\begin{array}{cccc:cccc}-1 & -1 & 0 & 0 & 1 & 0 & 0 & 0\\1 & 1 & 0 & -1 & 0 & 1 & 0 & 0\\1 & 1 & -1 & -1 & 0 & 0 & 1 & 0\\0 & -1 & 1 & 0 & 0 & 0 & 0 & 1\end{array}\right]\end{array}$$

### 3. 关于 $\mathbf{Q}$ 阵的说明

（1）当支路按先连支后树支的顺序排列时，$\mathbf{Q}$ 阵可表示为

$$\mathbf{Q}=\begin{bmatrix}\mathbf{E} & \vdots & \mathbf{1}\end{bmatrix} \tag{11-3}$$

其中 $\mathbf{1}$ 阵（单位阵）与树支对应，子矩阵 $\mathbf{E}$ 阵与连支对应。由于 $\mathbf{1}$ 阵是 $n-1$ 阶，因此 $\mathbf{Q}$ 是一

个满秩矩阵,其秩 $r(\boldsymbol{Q})=n-1$。这也表明以 $\boldsymbol{Q}$ 为系数矩阵的方程组是独立方程组。

(2) 对一个有向图而言,其基本割集矩阵 $\boldsymbol{Q}$ 和关联矩阵 $\boldsymbol{A}$ 的阶数完全相同。若图的节点数为 $n$,支路数为 $b$,则 $\boldsymbol{Q}$ 和 $\boldsymbol{A}$ 均是 $(n-1)\times b$ 阶矩阵,两者的秩都为 $n-1$。

(3) 关联矩阵 $\boldsymbol{A}$ 可视为基本割集矩阵 $\boldsymbol{Q}$ 的特例。事实上,对有向图选择一棵恰当的树后,通常可使得按此树写出的矩阵 $\boldsymbol{Q}$ 与矩阵 $\boldsymbol{A}$ 相同,至多是两个矩阵中对应的某些行相差一个符号。

## 三、基本回路矩阵

回路矩阵是描述有向图中回路与支路相互关联情况的矩阵。

回路矩阵包括表示图中全部回路与支路相互关联情况的一般回路矩阵 $\boldsymbol{B}_a$ 和表示图中基本回路与支路相互关联情况的基本回路矩阵 $\boldsymbol{B}$。基本回路是独立的回路。在电路分析中,我们仅对独立回路感兴趣,因此只讨论基本回路矩阵 $\boldsymbol{B}$。

**1. 基本回路矩阵 $\boldsymbol{B}$ 的构成**

矩阵 $\boldsymbol{B}=[b_{ij}]$ 的行是图的基本回路序列,列为图的支路序列。若某图有 $n$ 个节点,$b$ 条支路,则 $\boldsymbol{B}$ 为 $(b-n+1)\times b$ 阶矩阵。通常 $\boldsymbol{B}$ 的列按先连支后树支的顺序排列。

矩阵 $\boldsymbol{B}$ 中的元素 $b_{ij}$ 按下述规定写出:

$$b_{ij}=\begin{cases}1, & \text{若 } j \text{ 支路与 } i \text{ 回路关联,且两者的正向一致}\\-1, & \text{若 } j \text{ 支路与 } i \text{ 回路关联,且两者的正向相反}\\0, & \text{若 } j \text{ 支路与 } i \text{ 回路不关联}\end{cases}$$

**2. 列写矩阵 $\boldsymbol{B}$ 的步骤**

由给定的有向图列写矩阵 $\boldsymbol{B}$ 时,按下述步骤进行:

(1) 给有向图的各支路编号;

(2) 选一棵树,并由此决定各基本回路(注意标明各基本回路的绕行正向)及其编号顺序;

(3) 对 $\boldsymbol{B}$ 中的支路序列按先连支后树支的次序排列,而后根据对 $\boldsymbol{B}$ 中元素 $b_{ij}$ 的规定写出 $\boldsymbol{B}$。

**例 11-6** 试写出图 11-16(a)所示有向图的一个基本回路矩阵。

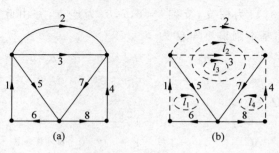

图 11-16 例 11-6 图

**解** 选支路 $\{5,6,7,8\}$ 为树支,支路 $\{1,2,3,4\}$ 为连支,并由此决定四个基本回路如图 11-16(b)所示。将支路按先连支后树支的顺序排列,写出矩阵 $\boldsymbol{B}$ 为

$$
\begin{array}{c}
\begin{array}{cccccccc} b_1 & b_2 & b_3 & b_4 & \quad b_5 & b_6 & b_7 & b_8 \end{array} \\
\boldsymbol{B} = \begin{array}{c} l_1 \\ l_2 \\ l_3 \\ l_4 \end{array}
\left[\begin{array}{cccc:cccc}
1 & 0 & 0 & 0 & 1 & 1 & 0 & 0 \\
0 & 1 & 0 & 0 & -1 & 0 & 1 & 0 \\
0 & 0 & 1 & 0 & -1 & 0 & 1 & 0 \\
0 & 0 & 0 & 1 & 0 & 0 & 1 & 1
\end{array}\right]
\end{array}
$$

**3. 关于矩阵 $\boldsymbol{B}$ 的说明**

当支路按先连支后树支的顺序排列时，$\boldsymbol{B}$ 可表示为

$$\boldsymbol{B} = [\mathbf{1} \vdots \boldsymbol{F}] \tag{11-4}$$

其中 $\mathbf{1}$ 阵（单位阵）与连支对应，子矩阵 $\boldsymbol{F}$ 与树支对应。由于 $\mathbf{1}$ 阵是 $b-n+1$ 阶，因此 $\boldsymbol{B}$ 是一个秩为 $r(\boldsymbol{B})=b-n+1$ 的满秩矩阵，这也表明以 $\boldsymbol{B}$ 为系数矩阵的方程组是独立方程组。

## 四、网孔矩阵

网孔矩阵是描述图中网孔与支路相互关联情况的矩阵。

前已指出，除外网孔外，图的全部内网孔是一组独立回路。一般所指的网孔为内网孔。

**1. 网孔矩阵 $\boldsymbol{M}$ 的构成**

矩阵 $\boldsymbol{M}=[m_{ij}]$ 的行是图的网孔序列，列是图的支路序列。若某图有 $b$ 条支路，$n$ 个节点，则 $\boldsymbol{M}$ 为 $(b-n+1)\times b$ 阶。

$\boldsymbol{M}$ 中的元素 $m_{ij}$ 按如下规定写出：

$$
m_{ij} = \begin{cases}
1, & \text{若 } j \text{ 支路与 } i \text{ 网孔关联，且两者的正向一致} \\
-1, & \text{若 } j \text{ 支路与 } i \text{ 网孔关联，且两者的正向相反} \\
0, & \text{若 } j \text{ 支路与 } i \text{ 网孔不关联}
\end{cases}
$$

**2. 列写矩阵 $\boldsymbol{M}$ 的步骤**

由给定的有向图写出 $\boldsymbol{M}$，按下述步骤进行：

(1) 给有向图中的各支路编号；

(2) 给每一网孔指定绕行方向（按惯例取为顺时针方向）并给各网孔编号；

(3) 按对 $\boldsymbol{M}$ 中元素 $m_{ij}$ 的规定写出 $\boldsymbol{M}$。

**例 11-7**　试写出图 11-17 所示有向图的网孔矩阵。

**解**　选定每一网孔的绕行方向为顺时针方向并给各网孔编号，如图中所示。写出网孔矩阵为

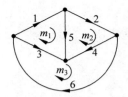

图 11-17　例 11-7 图

$$
\boldsymbol{M} = \begin{array}{c}
\begin{array}{cccccc} b_1 & b_2 & b_3 & \quad b_4 & \quad b_5 & b_6 \end{array} \\
\begin{array}{c} m_1 \\ m_2 \\ m_3 \end{array}
\left[\begin{array}{cccccc}
1 & 0 & -1 & 0 & 1 & 0 \\
0 & 1 & 0 & 1 & -1 & 0 \\
0 & 0 & 1 & -1 & 0 & 1
\end{array}\right]
\end{array}
$$

**3. 关于矩阵 $\boldsymbol{M}$ 的说明**

(1) 网孔的概念只适用于平面图，因此只能针对平面图列写网孔矩阵。

(2) 由于一个图的全部的内网孔是相互独立的，因此网孔矩阵 $\boldsymbol{M}$ 的各行也是相互独立的，$\boldsymbol{M}$ 是一个满秩矩阵，其秩等于内网孔数，即 $r(\boldsymbol{M})=b-n+1$。

(3) 网孔可视为基本回路的特例。事实上，在大多数情况下，对有向图选取一棵恰当的

树后,将支路按先连支后树支的顺序排列,可使得按此树写出的 $\boldsymbol{M}$ 与 $\boldsymbol{B}$ 相同,至多是两个矩阵中对应的某些行相差一个符号。

## 五、有向图矩阵间的关系

对任一个有向图可分别写出上述四种矩阵。由于它们均系同一图的数学表示,故这四者之间必然存在内在联系。

### 1. $\boldsymbol{A}$ 或 $\boldsymbol{Q}$ 与 $\boldsymbol{B}$ 或 $\boldsymbol{M}$ 间的关系

先看一个实例。如图 11-18 所示的有向图,在选取图中所示的一棵树后,可写出

$$
\boldsymbol{A} = \begin{bmatrix} 0 & 0 & \vdots & 1 & 1 & 1 \\ 1 & 0 & \vdots & -1 & 0 & 0 \\ -1 & 1 & \vdots & 0 & -1 & 0 \end{bmatrix}
$$

$$
\boldsymbol{B} = \begin{bmatrix} 1 & 0 & \vdots & 1 & -1 & 0 \\ 0 & 1 & \vdots & 0 & 1 & -1 \end{bmatrix}
$$

$$
\boldsymbol{Q} = \begin{bmatrix} -1 & 0 & \vdots & 1 & 0 & 0 \\ 1 & -1 & \vdots & 0 & 1 & 0 \\ 0 & 1 & \vdots & 0 & 0 & 1 \end{bmatrix}
$$

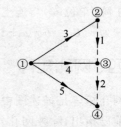

图 11-18 一个定向图及其树

注意上述三个矩阵的支路均按先连支后树支的顺序排列。

分别计算 $\boldsymbol{B}\boldsymbol{A}^{\mathrm{T}}$ 和 $\boldsymbol{B}\boldsymbol{Q}^{\mathrm{T}}$,有

$$
\boldsymbol{B}\boldsymbol{A}^{\mathrm{T}} = \begin{bmatrix} 1 & 0 & 1 & -1 & 0 \\ 0 & 1 & 0 & 1 & -1 \end{bmatrix} \begin{bmatrix} 0 & 1 & -1 \\ 0 & 0 & 1 \\ 1 & -1 & 0 \\ 1 & 0 & -1 \\ 1 & 0 & 0 \end{bmatrix} = \begin{bmatrix} 0 & 0 & 0 \\ 0 & 0 & 0 \end{bmatrix}
$$

$$
\boldsymbol{B}\boldsymbol{Q}^{\mathrm{T}} = \begin{bmatrix} 1 & 0 & 1 & -1 & 0 \\ 0 & 1 & 0 & 1 & -1 \end{bmatrix} \begin{bmatrix} -1 & 1 & 0 \\ 0 & -1 & 1 \\ 1 & 0 & 0 \\ 0 & 1 & 0 \\ 0 & 0 & 1 \end{bmatrix} = \begin{bmatrix} 0 & 0 & 0 \\ 0 & 0 & 0 \end{bmatrix}
$$

这表明

$$
\begin{cases} \boldsymbol{B}\boldsymbol{A}^{\mathrm{T}} = \boldsymbol{0} \\ \boldsymbol{B}\boldsymbol{Q}^{\mathrm{T}} = \boldsymbol{0} \end{cases} \tag{11-5}
$$

或

$$
\begin{cases} \boldsymbol{A}\boldsymbol{B}^{\mathrm{T}} = \boldsymbol{0} \\ \boldsymbol{Q}\boldsymbol{B}^{\mathrm{T}} = \boldsymbol{0} \end{cases} \tag{11-6}
$$

可以证明这些关系式是普遍成立的。

类似地,有下述关系式成立:

$$
\begin{cases} \boldsymbol{M}\boldsymbol{A}^{\mathrm{T}} = \boldsymbol{0} \\ \boldsymbol{M}\boldsymbol{Q}^{\mathrm{T}} = \boldsymbol{0} \end{cases} \tag{11-7}
$$

或

$$\begin{cases} \boldsymbol{A}\boldsymbol{M}^{\mathrm{T}} = \boldsymbol{0} \\ \boldsymbol{Q}\boldsymbol{M}^{\mathrm{T}} = \boldsymbol{0} \end{cases} \tag{11-8}$$

**2. 一个矩阵用另一个矩阵表示**

（1）由 $\boldsymbol{B}$ 写出 $\boldsymbol{Q}$ 或反之

矩阵 $\boldsymbol{B}$、$\boldsymbol{Q}$ 可分别表示为

$$\boldsymbol{B} = [\boldsymbol{1} \,\vdots\, \boldsymbol{F}], \quad \boldsymbol{Q} = [\boldsymbol{E} \,\vdots\, \boldsymbol{1}]$$

则

$$\boldsymbol{B}\boldsymbol{Q}^{\mathrm{T}} = [\boldsymbol{1} \,\vdots\, \boldsymbol{F}]\begin{bmatrix} \boldsymbol{E}^{\mathrm{T}} \\ \cdots \\ \boldsymbol{1} \end{bmatrix} = \boldsymbol{E}^{\mathrm{T}} + \boldsymbol{F} = \boldsymbol{0}$$

所以

$$\boldsymbol{F} = -\boldsymbol{E}^{\mathrm{T}} \tag{11-9}$$

或

$$\boldsymbol{E} = -\boldsymbol{F}^{\mathrm{T}} \tag{11-10}$$

这样 $\boldsymbol{B}$ 和 $\boldsymbol{Q}$ 均可用一个 $\boldsymbol{1}$ 阵和一个子阵 $\boldsymbol{F}$（或 $\boldsymbol{E}$ 阵）表示。若已知 $\boldsymbol{B} = [\boldsymbol{1} \,\vdots\, \boldsymbol{F}]$，则可写出

$$\boldsymbol{Q} = [\boldsymbol{E} \,\vdots\, \boldsymbol{1}] = [-\boldsymbol{F}^{\mathrm{T}} \,\vdots\, \boldsymbol{1}] \tag{11-11}$$

若已知 $\boldsymbol{Q} = [\boldsymbol{E} \,\vdots\, \boldsymbol{1}]$，则可写出

$$\boldsymbol{B} = [\boldsymbol{1} \,\vdots\, \boldsymbol{F}] = [\boldsymbol{1} \,\vdots\, -\boldsymbol{E}^{\mathrm{T}}] \tag{11-12}$$

（2）由 $\boldsymbol{A}$ 写出 $\boldsymbol{Q}$ 或 $\boldsymbol{B}$

矩阵 $\boldsymbol{A}$ 可表示为

$$\boldsymbol{A} = [\boldsymbol{A}_1 \,\vdots\, \boldsymbol{A}_\mathrm{t}]$$

有

$$\boldsymbol{A}\boldsymbol{B}^{\mathrm{T}} = [\boldsymbol{A}_1 \,\vdots\, \boldsymbol{A}_\mathrm{t}]\begin{bmatrix} \boldsymbol{1} \\ \cdots \\ \boldsymbol{F}^{\mathrm{T}} \end{bmatrix} = \boldsymbol{A}_1 + \boldsymbol{A}_\mathrm{t}\boldsymbol{F}^{\mathrm{T}} = \boldsymbol{0}$$

于是

$$\boldsymbol{F}^{\mathrm{T}} = -\boldsymbol{A}_\mathrm{t}^{-1}\boldsymbol{A}_1$$

$$\boldsymbol{F} = [-\boldsymbol{A}_\mathrm{t}^{-1}\boldsymbol{A}_1]^{\mathrm{T}} \tag{11-13}$$

$$\boldsymbol{E} = -\boldsymbol{F}^{\mathrm{T}} = \boldsymbol{A}_\mathrm{t}^{-1}\boldsymbol{A}_1 \tag{11-14}$$

若已知 $\boldsymbol{A} = [\boldsymbol{A}_1 \,\vdots\, \boldsymbol{A}_\mathrm{t}]$，便可写出

$$\boldsymbol{Q} = [\boldsymbol{E} \,\vdots\, \boldsymbol{1}] = [\boldsymbol{A}_\mathrm{t}^{-1}\boldsymbol{A}_1 \,\vdots\, \boldsymbol{1}] = \boldsymbol{A}_\mathrm{t}^{-1}[\boldsymbol{A}_1 \,\vdots\, \boldsymbol{A}_\mathrm{t}] = \boldsymbol{A}_\mathrm{t}^{-1}\boldsymbol{A} \tag{11-15}$$

$$\boldsymbol{B} = (\boldsymbol{1} \,\vdots\, \boldsymbol{F}) = [\boldsymbol{1} \,\vdots\, -[\boldsymbol{A}_\mathrm{t}^{-1}\boldsymbol{A}_1]^{\mathrm{T}}] \tag{11-16}$$

## 练习题

11-3 有向图如图 11-19 所示，选支路 1，2，3，5 为树支，节点 ④ 为参考点。

（1）写出关联矩阵 $\boldsymbol{A}$、网孔矩阵 $\boldsymbol{M}$、基本回路矩阵 $\boldsymbol{B}$ 和基本割

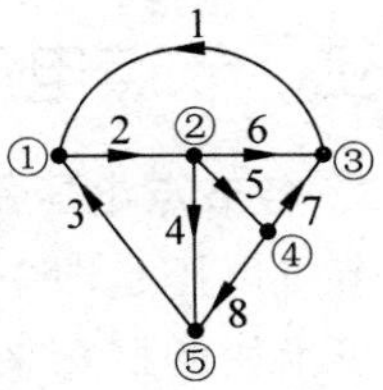

图 11-19 练习题 11-3 图

集矩阵 $Q$；

（2）验证 $AM^T=0, AB^T=0, QB^T=0$。

# 11.3　电路方程中的独立变量

用电路方程法求解电路的关键是建立以一定的电路变量为求解对象的网络(电路)方程(组)。如何选择电路变量直接关系到求解计算工作的效率。

在一个需求解的电路中，各支路电流、电压一般都是未知量，最直接的方法是以每一支路的电流、电压为变量，按 KCL、KVL 和元件特性方程建立方程组求解。对一个稍许复杂的网络照此处理就显得设置的变量太多，所建立的方程组过于庞大，求解过程将十分繁杂。例如，一个有 10 条支路的电路，需设置的变量达 20 个(每一支路的电流、电压均为未知量)，相应地需建立一个有 20 个方程式的方程组。对于手算来说，这一方程组的求解过程不仅十分冗长，而且十分困难。

我们的目的是选择最少但又足够的一组电流或电压作为电路方程的变量，也就是这样的一组变量必须是线性无关的(该组中的任一变量都不能用其他的变量表示)，且电路中的全部支路电流、电压均可由这一组变量求出。这样的电路变量被称为独立和完备的变量。

根据网络图论中树的概念，可进行独立变量的选择。

## 一、树支电压是独立变量

### 1. 各树支电压是线性无关的

按照树的定义，树中不含有任何回路，因此各树支电压间不存在 KVL 约束。这表明任一树支电压都不能表示为其他树支电压的线性组合，因此各树支电压是线性无关的。如在图 11-20 中，若选树为 {1,2,3}，则枝支 1 的电压不可能用树支 {2,3} 的电压来表示，同样，树支 2 或树支 3 的电压亦不能用其他两树支电压表示。

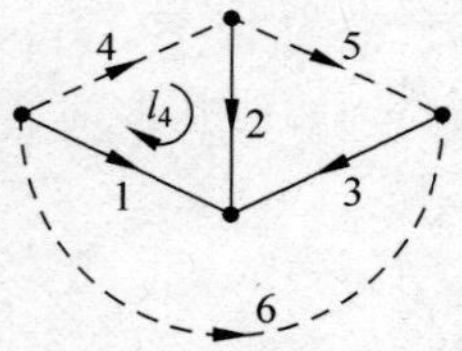

图 11-20　树支电压是独立变量的说明用图

### 2. 连支电压可由树支电压表示

基本回路是单连支回路，这样在树支电压为已知时，各连支电压可由基本回路按 KVL 求出。这表明连支电压可表示为树支电压的线性组合，只要求得树支电压，便可求出全部的支路电压。如在图 11-20 中，基本回路 $l_4$ 中的连支 4 的电压可由树支 {1,2} 的电压求出，即

$$u_4 = u_1 - u_2$$

式中各电压的下标和支路的编号一致，且各支路电压、电流为关联参考方向。

由此可得出结论：树支电压是独立和完备的电路变量，可将它作为电路方程的变量。

## 二、节点电压是独立变量

### 1. 各节点电压是线性无关的

节点电压是图中的节点与参考点之间的电压。

仍由树的概念来说明节点电压是独立变量。在选定一棵树后，由于树包括了图的全部节点且不含有回路，因此每一节点均可经过一条唯一的由树支构成的路径到达参考点，由

图 11-21 不难验证这一点。由于树支电压是线性无关的,故节点电压必是线性无关的。

**2. 各支路电压可由节点电压求出**

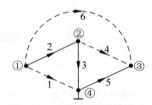

图 11-21　节点电压是独立变量的说明用图

节点电压实际上是节点电位。由于图中的每一支路均联在两个节点之间,故每一支路的电压就是该支路所联接的两个节点的电位之差。这表明,若已知每一节点电压,便可求出全部支路的电压。

如在图 11-21 中,节点④为参考点,各节点电压为 $u_{n1}$、$u_{n2}$ 和 $u_{n3}$,则各支路电压可表示为

$$u_1 = u_{n1}, \quad u_2 = u_{n1} - u_{n2}, \quad u_3 = u_{n2}$$

$$u_4 = u_{n2} - u_{n3}, \quad u_5 = -u_{n3}, \quad u_6 = u_{n1} - u_{n3}$$

以上分析说明,节点电压是独立的完备的电路变量。

# 三、连支电流是独立变量

仍由树的概念来说明连支电流是独立和完备的电路变量。

**1. 连支电流是线性无关的**

对一个图而言,全部的连支被拿掉后,剩下的树支部分仍是连通的,这表明连支并不构成割集。换言之,连支电流间不存在 KCL 约束,这表明各连支电流是线性无关的。

**2. 树支电流可由连支电流求出**

基本割集是单树支割集,若已知各连支电流,则因各割集中仅一个树支电流是未知的,于是可由基本割集按 KCL 求出全部的树支电流,这表明全部的支路电流均可表示为连支电流的线性组合。

如在图 11-22 中,若已知连支电流 $i_1$、$i_5$ 和 $i_6$,则可由图示的三个基本割集求出各树支电流。例如对基本割集 $C_2$,由 KCL,有

$$i_1 + i_6 - i_2 = 0$$

则该割集中的树支电流为

$$i_2 = i_1 + i_6$$

同理可得另外两个树支电流为

$$i_3 = i_1 - i_5 + i_6, \quad i_4 = i_5 - i_6$$

**3. 回路电流**

基本回路是单连支回路。可以设想每一连支电流沿相应的基本回路的边沿流通,称为回路电流。每一树支电流可根据该树支与各基本回路的关联情况由回路电流求出。在图 11-23 中(该图和图 11-22 相同),各基本回路的绕行方向代之以回路电流的方向(注意每一回路电流就是连支电流)。不难看出,树支 2 与 $l_1$ 和 $l_6$ 这两个基本回路关联,故这两个回路电流同时通过树支 2,根据树支 2 和两个回路电流的正向,有

$$i_2 = i_1 + i_6$$

又如树支 3 和所有三个基本回路相关联,则按树支 3 和三个回路电流的正向,有

$$i_3 = i_1 - i_5 + i_6$$

同理可得

$$i_4 = i_5 - i_6$$

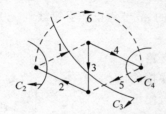

图 11-22 树支电流可由连支电流表示

图 11-23 回路电流的概念说明用图

上述结果与前面按基本割集列写 KCL 方程后求得的结果完全相同。

应注意,在由回路电流求树支电流时,树支电流和回路电流应分别写在方程式的两侧,这样,与树支电流正向相同的回路电流取正号,反之取负号。

### 四、网孔电流是独立变量

#### 1. 网孔电流

与回路电流类似,可以设想沿每一网孔的边沿均有一电流在流动,这一电流称为网孔电流,如图 11-24 中的 $i_{m1}$、$i_{m2}$、$i_{m3}$ 均是网孔电流。前已指出,平面网络的网孔是独立回路,故各网孔电流必是线性无关的。

#### 2. 图中全部支路的电流可由网孔电流求出

若已知图中全部的网孔电流,则每一支路的电流均可根据该支路与各网孔的关联情况而求出。如在图 11-24 中,各支路电流可表示为

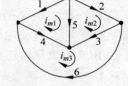

图 11-24 网孔电流的概念说明用图

$$i_1 = -i_{m1}, \quad i_2 = i_{m2}, \quad i_3 = i_{m2} - i_{m3}$$
$$i_4 = i_{m3} - i_{m1}, \quad i_5 = i_{m1} - i_{m2}, \quad i_6 = i_{m3}$$

观察任一平面网络可发现,每一支路至多与两个网孔关联,这与一个支路可能与多于二个以上基本回路关联的情况是不同的。

平面网络的网孔极易辨认,无须像基本回路那样需经过确定树来选择,且每一支路最多与两个网孔关联,因此网孔电流较回路电流更多地被选为列写电路方程的变量。

## 11.4 基尔霍夫定律的矩阵表示式

KCL 和 KVL 是电路的基本定律。KCL 和 KVL 方程的列写仅取决于网络的几何结构,与元件的特性无关。前面介绍的各种图的矩阵反映的是网络的几何结构关系,因此可用这些矩阵来表示 KCL 和 KVL。

### 一、用矩阵 A 表示的基尔霍夫定律

#### 1. 用矩阵 A 表示的 KCL

在图 11-25 中,选节点④为参考点,对另外三个独立节点写出 KCL 方程为

$$\begin{cases} n_1: & i_1 + i_3 = 0 \\ n_2: & -i_3 - i_4 + i_5 = 0 \\ n_3: & i_2 + i_4 = 0 \end{cases}$$

将这一方程组写为矩阵形式：

$$
\begin{bmatrix}
1 & 0 & 1 & 0 & 0 \\
0 & 0 & -1 & -1 & 1 \\
0 & 1 & 0 & 1 & 0
\end{bmatrix}
\begin{bmatrix}
i_1 \\ i_2 \\ i_3 \\ i_4 \\ i_5
\end{bmatrix}
=
\begin{bmatrix}
0 \\ 0 \\ 0 \\ 0 \\ 0
\end{bmatrix}
$$

该矩阵方程的系数矩阵为图 11-25 所示定向图的关联矩阵 $\boldsymbol{A}$，这样，上述 KCL 方程可表示为

$$\boldsymbol{A}\boldsymbol{I}_{\mathrm{b}}=\boldsymbol{0} \tag{11-17}$$

事实上，在对电路中的任一节点列写 KCL 方程时，所需明确的是该节点上连接的是哪几条支路，以及这些支路上电流的方向是离开还是指向该节点，而这些正是关联矩阵 $\boldsymbol{A}$ 对应于这一节点的那一行所包含的信息。因此式(11-17)便是用矩阵 $\boldsymbol{A}$ 表示的 KCL 的一般形式。式中的 $\boldsymbol{I}_{\mathrm{b}}=[i_1,i_2\cdots]^{\mathrm{T}}$ 为 $b\times1$ 阶矩阵，称为支路电流列向量。应注意，$\boldsymbol{I}_{\mathrm{b}}$ 中各支路电流的排列顺序必须和矩阵 $\boldsymbol{A}$ 中支路的排列顺序一致。

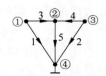

图 11-25　导出用 $\boldsymbol{A}$ 阵表示的基尔霍夫定律用图

**2. 用矩阵 $\boldsymbol{A}$ 表示的 KVL**

在图 11-25 中，设各节点电压为 $u_{n1}$、$u_{n2}$ 和 $u_{n3}$，则各支路电压和各节点电压间的关系式为

$$u_1=u_{n1},\quad u_2=u_{n3},\quad u_3=u_{n1}-u_{n2},\quad u_{n4}=-u_{n2}+u_{n3},\quad u_5=u_{n2}$$

将上述关系式表为矩阵形式：

$$
\begin{bmatrix}
u_1 \\ u_2 \\ u_3 \\ u_4 \\ u_5
\end{bmatrix}
=
\begin{bmatrix}
1 & 0 & 0 \\
0 & 0 & 1 \\
1 & -1 & 0 \\
0 & -1 & 1 \\
0 & 1 & 0
\end{bmatrix}
\begin{bmatrix}
u_{n1} \\ u_{n2} \\ u_{n3}
\end{bmatrix}
$$

该方程组的系数矩阵为 $\boldsymbol{A}$ 的转置矩阵 $\boldsymbol{A}^{\mathrm{T}}$，因此有

$$\boldsymbol{U}_{\mathrm{b}}=\boldsymbol{A}^{\mathrm{T}}\boldsymbol{U}_{\mathrm{N}} \tag{11-18}$$

事实上，由于任一支路电压是该支路所连接的两个节点的电位之差，在由节点电压求该支路电压时，只需明确该支路是连接于哪两个节点上，以及该支路电压的参考方向相对于这两个节点是何关系，而这些正是矩阵 $\boldsymbol{A}$ 中对应于该支路的那一列所包含的信息。因此式(11-18)是用矩阵 $\boldsymbol{A}$ 表示的 KVL 的一般形式。

式(11-18)中，$\boldsymbol{U}_{\mathrm{N}}=[u_{n1}\ u_{n2}\cdots]^{\mathrm{T}}$ 为 $(n-1)\times1$ 阶矩阵，称为节点电压列向量；$\boldsymbol{U}_{\mathrm{b}}=[u_1\ u_2\cdots]^{\mathrm{T}}$ 为 $b\times1$ 阶矩阵，称为支路电压列向量。

式(11-18)表明支路电压为节点电压的线性组合，两者用 $\boldsymbol{A}$ 阵联系，若已知节点电压列向量，便可由该式求出支路电压列向量。

# 二、用矩阵 $B$ 表示的基尔霍夫定律

**1. 用矩阵 $B$ 表示的 KCL**

在图 11-26 中，各支路电流和回路电流间的关系式为

$$i_1 = i_{l1}, \quad i_2 = i_{l2}, \quad i_3 = -i_{l1}$$
$$i_4 = i_{l1} - i_{l2}, \quad i_5 = -i_{l1} + i_{l2}$$

将上述关系式写为矩阵形式:

$$\begin{bmatrix} i_1 \\ i_2 \\ i_3 \\ i_4 \\ i_5 \end{bmatrix} = \begin{bmatrix} 1 & 0 \\ 0 & 1 \\ -1 & 0 \\ 1 & -1 \\ -1 & 1 \end{bmatrix} \begin{bmatrix} i_{l1} \\ i_{l2} \end{bmatrix}$$

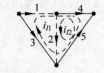

图 11-26 导出用 $\boldsymbol{B}$ 阵表示的基尔霍夫定律用图

该方程组的系数矩阵为基本回路矩阵 $\boldsymbol{B}$ 的转置矩阵 $\boldsymbol{B}^{\mathrm{T}}$,因此有

$$\boldsymbol{I}_b = \boldsymbol{B}^{\mathrm{T}} \boldsymbol{I}_1 \tag{11-19}$$

事实上,当由回路电流求某支路电流时,需要知道该支路与哪些回路相关联以及该支路电流的参考方向与这些相关联的回路绕行方向间的关系,而这些正是矩阵 $\boldsymbol{B}$ 中对应于该支路的那一列所包含的信息。因此式(11-19)便是用矩阵 $\boldsymbol{B}$ 表示的 KCL 的一般形式,式中的 $\boldsymbol{I}_1 = [i_{l1} \ i_{l2} \cdots]^{\mathrm{T}}$ 为 $(b-n+1) \times 1$ 阶矩阵,称为回路电流列向量。

式(11-19)表明支路电流为连支电流的线性组合,两者用矩阵 $\boldsymbol{B}$ 联系。若已知回路电流列向量,便可由该式求出支路电流列向量。

**2. 用矩阵 $\boldsymbol{B}$ 表示的 KVL**

对图 11-26 中的每一基本回路列写 KVL 方程,有

$$\begin{cases} l_1: & u_1 - u_3 + u_4 - u_5 = 0 \\ l_2: & u_2 - u_4 + u_5 = 0 \end{cases}$$

写为矩阵形式,有

$$\begin{bmatrix} 1 & 0 & \vdots & -1 & 1 & -1 \\ 0 & 1 & \vdots & 0 & -1 & 1 \end{bmatrix} \begin{bmatrix} u_1 \\ u_2 \\ u_3 \\ u_4 \\ u_5 \end{bmatrix} = 0$$

该方程组的系数矩阵为基本回路矩阵 $\boldsymbol{B}$,因此有

$$\boldsymbol{B} \boldsymbol{U}_b = \boldsymbol{0} \tag{11-20}$$

事实上,当对电路中的某回路列写 KVL 方程时,需要明确该回路中含有哪些支路以及每一支路电压的参考方向与该回路绕行方向之间的关系,而这些正是矩阵 $\boldsymbol{B}$ 中对应于该回路的那一行所包含的信息。因此式(11-20)便是用矩阵 $\boldsymbol{B}$ 表示的 KVL 的一般形式。

若将矩阵 $\boldsymbol{B}$ 分块,便有

$$\boldsymbol{B} \boldsymbol{U}_b = \begin{bmatrix} \boldsymbol{1} & \vdots & \boldsymbol{F} \end{bmatrix} \begin{bmatrix} \boldsymbol{U}_1 \\ \cdots \\ \boldsymbol{U}_t \end{bmatrix} = \boldsymbol{U}_1 + \boldsymbol{F} \boldsymbol{U}_t = \boldsymbol{0}$$

即

$$\boldsymbol{U}_1 = -\boldsymbol{F} \boldsymbol{U}_t \tag{11-21}$$

式中,$\boldsymbol{U}_1$ 为连支电压列向量,$\boldsymbol{U}_t$ 为树支电压列向量。该式表明连支电压为树支电压的线性组合。

### 三、用矩阵 $M$ 表示的基尔霍夫定律

**1. 用矩阵 $M$ 表示的 KCL**

在图 11-27 中,支路电流和网孔电流间的关系式为

$$i_1 = i_{m1}, \quad i_2 = i_{m2}, \quad i_3 = i_{m2}$$
$$i_4 = -i_{m1}, \quad i_5 = i_{m1} - i_{m2}$$

写为矩阵形式,有

$$\begin{bmatrix} i_1 \\ i_2 \\ i_3 \\ i_4 \\ i_5 \end{bmatrix} = \begin{bmatrix} 1 & 0 \\ 0 & 1 \\ 0 & 1 \\ -1 & 0 \\ 1 & -1 \end{bmatrix} \begin{bmatrix} i_{m1} \\ i_{m2} \end{bmatrix}$$

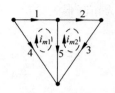

图 11-27　导出用 $M$ 阵表示的基尔霍夫定律用图

该方程组中的系数矩阵为网孔矩阵 $M$ 的转置矩阵 $M^{\mathrm{T}}$,因此有

$$\boldsymbol{I}_{\mathrm{b}} = \boldsymbol{M}^{\mathrm{T}} \boldsymbol{I}_{\mathrm{M}} \tag{11-22}$$

事实上,当由网孔电流求某支路电流时,需要知道该支路与哪两个网孔相关联以及该支路电流的参考方向与此两个网孔绕行方向之间的关系。而这些正是矩阵 $M$ 中对应于该支路的那一列所包含的信息。因此式(11-22)便是用矩阵 $M$ 表示的 KCL 的一般形式,式中 $\boldsymbol{I}_{\mathrm{M}} = \begin{bmatrix} i_{m1} & i_{m2} & \cdots \end{bmatrix}^{\mathrm{T}}$ 为 $(b-n+1) \times 1$ 阶矩阵,称为网孔电流列向量。

式(11-22)表明支路电流为网孔电流的线性组合,两者用矩阵 $M$ 联系。

**2. 用矩阵 $M$ 表示的 KVL**

对图 11-27 中的每一网孔列写 KVL 方程,有

$$\begin{cases} u_1 - u_4 + u_5 = 0 \\ u_2 + u_3 - u_5 = 0 \end{cases}$$

写为矩阵形式,有

$$\begin{bmatrix} 1 & 0 & 0 & -1 & 1 \\ 0 & 1 & 1 & 0 & -1 \end{bmatrix} \begin{bmatrix} u_1 \\ u_2 \\ u_3 \\ u_4 \\ u_5 \end{bmatrix} = 0$$

该方程组中的系数矩阵为网孔矩阵 $M$,因此有

$$\boldsymbol{M} \boldsymbol{U}_{\mathrm{b}} = \boldsymbol{0} \tag{11-23}$$

事实上,当对电路中的某网孔列写 KVL 方程时,需要明确该网孔由哪些支路构成以及这些支路电压的参考方向与该网孔的绕行方向之间的关系。而这些正是矩阵 $M$ 中对应于该网孔的那一行所包含的信息。因此式(11-23)便是用矩阵 $M$ 表示 KVL 的一般形式。

### 四、用矩阵 $Q$ 表示的基尔霍夫定律

**1. 用矩阵 $Q$ 表示的 KCL**

对图 11-28 中的每一基本割集写出 KCL 方程为

$$
\begin{cases}
C_3: & i_1 + i_3 = 0 \\
C_4: & -i_1 + i_2 + i_4 = 0 \\
C_5: & -i_2 + i_5 = 0
\end{cases}
$$

写为矩阵形式,有

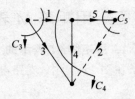

图 11-28　导出用 $\boldsymbol{Q}$ 阵表示的
基尔霍夫定律用图

$$
\begin{bmatrix}
1 & 0 & 1 & 0 & 0 \\
-1 & 1 & 0 & 1 & 0 \\
0 & -1 & 0 & 0 & 1
\end{bmatrix}
\begin{bmatrix}
i_1 \\ i_2 \\ i_3 \\ i_4 \\ i_5
\end{bmatrix} = 0
$$

该方程组中的系数矩阵为基本割集矩阵 $\boldsymbol{Q}$,因此有

$$\boldsymbol{Q}\boldsymbol{I}_b = 0 \tag{11-24}$$

事实上,当对电路中的某割集列写 KCL 方程时,需要明确该割集由哪些支路构成,以及这些支路电流的参考方向与该割集的参考方向之间的关系。而这些正是矩阵 $\boldsymbol{Q}$ 中对应于该割集的那一行所包含的信息。因此式(11-24)便是用矩阵 $\boldsymbol{Q}$ 表示的 KCL 的一般形式。

若将 $\boldsymbol{Q}$ 阵分块,有

$$\boldsymbol{Q}\boldsymbol{I}_b = \begin{bmatrix} \boldsymbol{E} & \vdots & \boldsymbol{1} \end{bmatrix} \begin{bmatrix} \boldsymbol{I}_l \\ \cdots \\ \boldsymbol{I}_t \end{bmatrix} = \boldsymbol{E}\boldsymbol{I}_l + \boldsymbol{I}_t = 0$$

$$\boldsymbol{I}_t = -\boldsymbol{E}\boldsymbol{I}_l \tag{11-25}$$

式中, $\boldsymbol{I}_t$ 为树支电流列向量, $\boldsymbol{I}_l$ 为连支电流列向量。式(11-25)表明树支电流是连支电流的线性组合。

**2. 用矩阵 $\boldsymbol{Q}$ 表示的 KVL**

在图 11-28 中,各支路电压与树支电压间的关系式为

$$u_1 = u_{t3} - u_{t4}, \quad u_2 = u_{t4} - u_{t5}, \quad u_3 = u_{t3}, \quad u_4 = u_{t4}, \quad u_5 = u_{t5}$$

写为矩阵形式,有

$$
\begin{bmatrix}
u_1 \\ u_2 \\ u_3 \\ u_4 \\ u_5
\end{bmatrix} =
\begin{bmatrix}
1 & -1 & 0 \\
0 & 1 & -1 \\
1 & 0 & 0 \\
0 & 1 & 0 \\
0 & 0 & 1
\end{bmatrix}
\begin{bmatrix}
u_{t3} \\ u_{t4} \\ u_{t5}
\end{bmatrix}
$$

该方程组的系数矩阵为 $\boldsymbol{Q}$ 的转置矩阵 $\boldsymbol{Q}^{\mathrm{T}}$,因此有

$$\boldsymbol{U}_b = \boldsymbol{Q}^{\mathrm{T}}\boldsymbol{U}_t \tag{11-26}$$

事实上,当由树支电压求某支路电压时,需要明确该支路与哪些割集相关联以及该支路电压的参考方向与这些割集的参考方向之间的关系。而这些正是矩阵 $\boldsymbol{Q}$ 中对应于该支路的那一列所包含的信息。因此式(11-26)便是用矩阵 $\boldsymbol{Q}$ 表示的 KVL 的一般形式,式中 $\boldsymbol{U}_t = \begin{bmatrix} u_{t1} & u_{t2} & \cdots \end{bmatrix}^{\mathrm{T}}$ 为 $(n-1) \times 1$ 阶矩阵,称为树支电压列向量。该式表明各支路电压是树支电压的线性组合。

## 五、关于基尔霍夫定律矩阵表示式的说明

（1）前述基尔霍夫定律的矩阵表示式可分为以下两组：

$$\begin{cases} \boldsymbol{A}\boldsymbol{I}_\mathrm{b}=\boldsymbol{0} \\ \boldsymbol{Q}\boldsymbol{I}_\mathrm{b}=\boldsymbol{0} \\ \boldsymbol{B}\boldsymbol{U}_\mathrm{b}=\boldsymbol{0} \\ \boldsymbol{M}\boldsymbol{U}_\mathrm{b}=\boldsymbol{0} \end{cases} \tag{11-27}$$

$$\begin{cases} \boldsymbol{U}_\mathrm{b}=\boldsymbol{A}^\mathrm{T}\boldsymbol{U}_\mathrm{N} \\ \boldsymbol{U}_\mathrm{b}=\boldsymbol{Q}^\mathrm{T}\boldsymbol{U}_\mathrm{t} \\ \boldsymbol{I}_\mathrm{b}=\boldsymbol{B}^\mathrm{T}\boldsymbol{I}_\mathrm{l} \\ \boldsymbol{I}_\mathrm{b}=\boldsymbol{M}^\mathrm{T}\boldsymbol{I}_\mathrm{M} \end{cases} \tag{11-28}$$

其中，式(11-27)是 KCL 和 KVL 的直接体现形式；式(11-28)表明电路中的各支路电流、电压与独立变量间的关系，可以视为 KCL 和 KVL 的间接体现形式。

（2）在列写矩阵形式的 KCL 和 KVL 时，必须注意各支路以及各有向图变量的排列顺序。如列写方程 $\boldsymbol{B}\boldsymbol{U}_\mathrm{b}=\boldsymbol{0}$ 时，应使 $\boldsymbol{B}$ 和 $\boldsymbol{U}_\mathrm{b}$ 中支路的排列顺序对应一致；又如列写方程 $\boldsymbol{B}^\mathrm{T}\boldsymbol{I}_\mathrm{l}=\boldsymbol{I}_\mathrm{b}$ 时，除应使 $\boldsymbol{B}$ 和 $\boldsymbol{I}_\mathrm{b}$ 的支路排列顺序对应一致外，还应注意回路电流与回路的对应关系。列写其他矩阵方程时也是如此，不能把顺序搞错。

## 练习题

11-4　若关联矩阵为 $\boldsymbol{A}=[\boldsymbol{A}_\mathrm{l} \vdots \boldsymbol{A}_\mathrm{t}]$，其中子矩阵 $\boldsymbol{A}_\mathrm{l}$ 与连支对应，子矩阵 $\boldsymbol{A}_\mathrm{t}$ 与树支对应，试将支路电流列向量 $\boldsymbol{I}_\mathrm{b}$ 用关联矩阵 $\boldsymbol{A}$ 和连支电流列向量 $\boldsymbol{I}_\mathrm{l}$ 表示。

## 11.5　典型支路的特性方程及其矩阵形式

在第 3 章中曾讨论过电路中的一条典型支路及用视察法建立两种形式的支路特性方程的方法。本节将给出典型支路更一般的形式，即该支路中还包含有受控电源，同时介绍用系统法建立典型支路特性方程的方法。

## 一、典型支路的一般形式及其特性方程

### 1. 典型支路的一般形式

电路中的一条典型支路如图 11-29 所示，它由独立电源、受控源和电阻元件复合连接而成。所谓"典型"是指该支路基本包含了电路中一条支路构成所可能具有的情形。例如纯电阻支路是其中的所有电源均为零时的情形，而独立电源的戴维南支路则是电流源和受控电压源均为零时的情形等。

### 2. 典型支路的特性方程及其矩阵形式

支路特性方程（支路方程）是支路的电压和电流的关系方程。图 11-29 中典型支路的支路电压、电流是 $u_k$ 和 $i_k$。

　　支路方程有两种表示形式,即用支路电流表示支路电压,或用支路电压表示支路电流。根据图 11-29 所示典型支路 $k$ 的电压、电流的参考方向,两种形式的支路特性方程为

$$u_k = u_{Rk} + u_{ck} + e_{sk} = R_k(i_k - i_{ck} - i_s) + u_{ck} + e_{sk} \tag{11-29}$$

或

$$i_k = i_{Gk} + i_{ck} + i_{sk} = G_k(u_k - u_{ck} - e_{sk}) + i_{ck} + i_{sk} \tag{11-30}$$

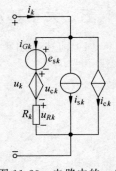

图 11-29　电路中的一条典型支路

　　具有 $b$ 条支路的电路可认为是由 $b$ 条典型支路构成的,于是有 $b$ 个上述的支路方程(当然一些方程中的某些项为零)。因此整个电路的支路方程可写为下述的矩阵形式:

$$\boldsymbol{U}_b = \boldsymbol{R}(\boldsymbol{I}_b - \boldsymbol{J}_c - \boldsymbol{J}_s) + \boldsymbol{U}_c + \boldsymbol{E}_s \tag{11-31}$$

或

$$\boldsymbol{I}_b = \boldsymbol{G}(\boldsymbol{U}_b - \boldsymbol{U}_c - \boldsymbol{E}_s) + \boldsymbol{J}_c + \boldsymbol{J}_s \tag{11-32}$$

式中,$\boldsymbol{U}_b$ 和 $\boldsymbol{I}_b$ 分别为支路电压列向量和支路电流列向量;$\boldsymbol{E}_s$ 为独立电压源的电压列向量;$\boldsymbol{J}_s$ 为独立电流源的电流列向量;$\boldsymbol{U}_c$ 为受控电压源的电压列向量;$\boldsymbol{J}_c$ 为受控电流源的电流列向量。这些向量都是 $b$ 维的。$\boldsymbol{R} = \mathrm{diag}[R_1\ R_2 \cdots R_k \cdots R_b]$ 为支路电阻矩阵;$\boldsymbol{G} = \mathrm{diag}[G_1\ G_2 \cdots G_k \cdots G_b]$ 为支路电导矩阵,其中 $G_k = R_k^{-1}$。$\boldsymbol{R}$ 和 $\boldsymbol{G}$ 均是 $b$ 阶的对角阵,且 $\boldsymbol{G} = \boldsymbol{R}^{-1}$。

　　下面讨论对电路中受控源的处理。受控源的控制量可以是电路中某条支路的电压或电流,也可是某条支路中某个元件的电压或电流。以后的讨论均认为受控源的控制量是电阻元件上的电压或电流,如若不是,则需将控制量转化为电阻上的电压或电流。

　　在支路方程式(11-31)和式(11-32)中均含有受控电压源 $\boldsymbol{U}_c$ 和受控电流源 $\boldsymbol{J}_c$,必须将它们用支路电压 $\boldsymbol{U}_b$ 或支路电流 $\boldsymbol{I}_b$ 表示。这一转换过程按下述步骤进行。

　　(1) 将受控电压源的控制量均转换为电阻的端电压。

　　受控电压源有两种类型,即电压控制型和电流控制型,于是受控电压源可表示为

$$\boldsymbol{U}_c = \boldsymbol{u}_1 \boldsymbol{U}_R + \boldsymbol{r}_m \boldsymbol{I}_R \tag{11-33}$$

式中,$\boldsymbol{U}_R$、$\boldsymbol{I}_R$ 为电阻元件的电压、电流列向量,均为 $b \times 1$ 阶;$\boldsymbol{u}_1$ 为电压控制电压源的控制系数矩阵,为 $b \times b$ 阶,当电压控制电压源在 $k$ 支路,其控制量在 $l$ 支路时,$\boldsymbol{u}_1$ 中第 $k$ 行,第 $l$ 列的元素为 $u_{kl}$。$\boldsymbol{r}_m$ 为电流控制电压源的控制系数矩阵,为 $b \times b$ 阶,当电流控制电压源在 $k$ 支路,其控制量在 $l$ 支路时,$\boldsymbol{r}_m$ 中第 $k$ 行、第 $l$ 列的元素为 $r_{kl}$。

　　因 $i_{Rk} = R_k^{-1} u_{Rk}$,则 $\boldsymbol{I}_R = \boldsymbol{R}^{-1} \boldsymbol{U}_R$,于是式(11-33)可写为

$$\boldsymbol{U}_c = \boldsymbol{u}_1 \boldsymbol{U}_R + \boldsymbol{r}_m \boldsymbol{R}^{-1} \boldsymbol{U}_R = (\boldsymbol{u}_1 + \boldsymbol{r}_m \boldsymbol{R}^{-1}) \boldsymbol{U}_R = \boldsymbol{C} \boldsymbol{U}_R \tag{11-34}$$

式中

$$\boldsymbol{C} = \boldsymbol{u}_1 + \boldsymbol{r}_m \boldsymbol{R}^{-1}$$

　　(2) 将受控电流源的控制量均转换为电阻电流。

　　受控电流源也有电压控制型和电流控制型两种类型,于是受控电流源可表示为

$$\boldsymbol{J}_c = \boldsymbol{\alpha} \boldsymbol{I}_R + \boldsymbol{G}_m \boldsymbol{U}_R \tag{11-35}$$

式中,$\boldsymbol{\alpha}$ 为电流控制电流源的控制系数矩阵,为 $b \times b$ 阶;$\boldsymbol{G}_m$ 为电压控制电流源的控制系数矩阵,为 $b \times b$ 阶。将 $\boldsymbol{U}_R = \boldsymbol{R} \boldsymbol{I}_R$ 代入式(11-35),得

$$\boldsymbol{J}_c = \boldsymbol{\alpha} \boldsymbol{I}_R + \boldsymbol{G}_m \boldsymbol{R} \boldsymbol{I}_R = (\boldsymbol{\alpha} + \boldsymbol{G}_m \boldsymbol{R}) \boldsymbol{I}_R = \boldsymbol{D} \boldsymbol{I}_R \tag{11-36}$$

式中

$$D = \boldsymbol{\alpha} + G_m R$$

（3）消去支路方程中的变量 $U_R$ 和 $I_R$。

由图 11-29，支路方程又可写为

$$I_b = I_R + J_c + J_s = I_R + DI_R + J_s = (1 + D)I_R + J_s \tag{11-37}$$

由上式可解出

$$I_R = (1 + D)^{-1}(I_b - J_s) \tag{11-38}$$

又由图 11-29，支路方程也可写为

$$U_b = U_R + U_c + E_s = U_R + CU_R + E_s = (1 + C)U_R + E_s \tag{11-39}$$

由上式可解出

$$U_R = (1 + C)^{-1}(U_b - E_s) \tag{11-40}$$

为得到用 $I_b$ 表示的支路方程，将式（11-38）代入式（11-39），可得

$$U_b = (1 + C)U_R + E_s = (1 + C)RI_R + E_s$$
$$= (1 + C)R(1 + D)^{-1}(I_b - J_s) + E_s \tag{11-41}$$

为得到用 $U_b$ 表示的支路方程，将式（11-40）代入式（11-37），可得

$$I_b = (1 + D)I_R + J_s = (1 + D)R^{-1}U_R + J_s$$
$$= (1 + D)R^{-1}(1 + C)^{-1}(U_b - E_s) + J_s$$
$$= (1 + D)G(1 + C)^{-1}(U_b - E_s) + J_s \tag{11-42}$$

式（11-41）和式（11-42）便为所求。

**3. 支路方程的讨论**

（1）支路方程可写为较简单的形式。若令

$$R_b = (1 + C)R(1 + D)^{-1} \tag{11-43}$$

$$G_b = (1 + D)G(1 + C)^{-1} \tag{11-44}$$

$R_b$ 和 $G_b$ 分别称为全支路电阻矩阵和全支路电导矩阵。于是支路方程式（11-41）和式（11-42）可写为

$$U_b = R_b I_b + E_s - R_b J_s \tag{11-45}$$

$$I_b = G_b U_b + J_s - G_b E_s \tag{11-46}$$

（2）若将式（11-43）的两边同时进行求逆矩阵的运算，便有

$$R_b^{-1} = [(1 + C)R(1 + D)^{-1}]^{-1} = (1 + D)G(1 + C)^{-1} = G_b$$

同样可得 $G_b = R_b^{-1}$。这表明 $R_b$ 和 $G_b$ 互为逆矩阵。

（3）当电路中不含有受控电源时，有 $R_b = R, G_b = G$，两者均是对角阵。若电路中含受控电源时，$R_b$ 和 $G_b$ 均为非对角阵。

（4）支路方程式（11-45）中的分量 $R_b J_s$ 的意义是将电路中的与电阻元件并联的独立电流源等效变换为与电阻元件串联的独立电压源，而 $R_b J_s$ 前的"－"号表明等效电压源的电压参考方向与电流源电流的参考方向相反。

（5）支路方程式（11-46）中的分量 $G_b E_s$ 是将电路中的与电阻元件串联的独立电压源等效变换为与电阻元件并联的独立电流源，而 $G_b E_s$ 前的"－"号表明等效电流源的电流参考方向与电压源电压的参考方向相反。

（6）由于全支路电阻矩阵 $\boldsymbol{R}_b$ 与受控电源的控制系数有关，因此 $\boldsymbol{R}_b\boldsymbol{J}_s$ 中包含了两类等效电压源。一类是本支路的独立电流源对应的等效电压源，另一类是因某支路 $k$ 存在受控电源而将控制支路 $l$ 中的独立电流源耦合至 $k$ 支路的等效电压源。

（7）类似地，由于全支路电导矩阵 $\boldsymbol{G}_b$ 与受控电源的控制系数有关，因此 $\boldsymbol{G}_b\boldsymbol{E}_s$ 中包含了两类等效电流源。一类是本支路的独立电压源对应的等效电流源，另一类则是由受控电源耦合出来的等效电流源。

（8）支路方程式(11-45)、式(11-46)还可简化为

$$\boldsymbol{U}_b = \boldsymbol{R}_b\boldsymbol{I}_b + (\boldsymbol{E}_s - \boldsymbol{R}_b\boldsymbol{J}_s) = \boldsymbol{R}_b\boldsymbol{I}_b + \boldsymbol{E}_{sb} \tag{11-47}$$

$$\boldsymbol{I}_b = \boldsymbol{G}_b\boldsymbol{U}_b + (\boldsymbol{J}_s - \boldsymbol{G}_b\boldsymbol{E}_s) = \boldsymbol{G}_b\boldsymbol{U}_b + \boldsymbol{J}_{sb} \tag{11-48}$$

式中

$$\boldsymbol{E}_{sb} = \boldsymbol{E}_s - \boldsymbol{R}_b\boldsymbol{J}_s \tag{11-49}$$

$$\boldsymbol{J}_{sb} = \boldsymbol{J}_s - \boldsymbol{G}_b\boldsymbol{E}_s \tag{11-50}$$

$\boldsymbol{E}_{sb}$ 称为支路合成电压源列向量，$\boldsymbol{J}_{sb}$ 称为支路合成电流源列向量。这也表明，每一支路等效电压源的电压为该支路的独立电压源的电压与跟该支路有关的独立电流源对应的等效电压源电压的合成；每一支路等效电流源的电流为该支路的独立电流源的电流与跟该支路有关的独立电压源对应的等效电流源电流的合成。

通常将式(11-47)称为戴维南形式的支路方程，将式(11-48)称为诺顿形式的支路方程。

（9）不含无伴电源时的电路称为规范网络，否则称为不规范网络。由于无伴电压源（含受控电压源）的支路电流不能用支路电压表示，而无伴电流源（含受控电流源）的支路电压不能用支路电流表示，因此在写电路的支路方程时，应先通过无伴电源转移的方法消除无伴电源支路，再对规范网络列写支路方程。

## 二、系统法列写支路方程

采用系统法列写支路方程时，是先写出电路的各种矩阵，再进行矩阵的运算后得到矩阵形式的支路方程。其具体步骤为

① 写出四种类型受控电源的控制系数矩阵 $\boldsymbol{u}_1$、$\boldsymbol{r}_m$、$\boldsymbol{\alpha}$ 和 $\boldsymbol{G}_m$，其中

$\boldsymbol{u}_1$——电压控制电压源的控制系数矩阵，为 $b \times b$ 阶；

$\boldsymbol{r}_m$——电流控制电压源的控制系数矩阵，为 $b \times b$ 阶；

$\boldsymbol{\alpha}$——电流控制电流源的控制系数矩阵，为 $b \times b$ 阶；

$\boldsymbol{G}_m$——电压控制电流源的控制系数矩阵，为 $b \times b$ 阶。

② 写出支路电阻矩阵 $\boldsymbol{R}$ 和支路电导矩阵 $\boldsymbol{G}$，两者均为 $b \times b$ 阶的对角线矩阵。

③ 进行矩阵的运算，求得矩阵 $\boldsymbol{C}$ 和 $\boldsymbol{D}$，即

$$\boldsymbol{C} = \boldsymbol{u}_1 + \boldsymbol{r}_m\boldsymbol{G}$$

$$\boldsymbol{D} = \boldsymbol{\alpha} + \boldsymbol{G}_m\boldsymbol{R}$$

④ 计算全支路电阻矩阵 $\boldsymbol{R}_b$ 和全支路电导矩阵 $\boldsymbol{G}_b$，即

$$\boldsymbol{R}_b = (1 + \boldsymbol{C})\boldsymbol{R}(1 + \boldsymbol{D})^{-1}$$

$$\boldsymbol{G}_b = (1 + \boldsymbol{D})\boldsymbol{G}(1 + \boldsymbol{C})^{-1}$$

⑤ 写出支路电压列向量 $U_b$，支路电流列向量 $I_b$，支路电压源列向量 $E_s$，支路电流源列向量 $J_s$。

⑥ 将上述已写出的各矩阵组合，即得矩阵形式的支路方程

$$U_b = R_b I_b + E_s - R_b J_s$$

或

$$I_b = G_b U_b + J_s - G_b E_s$$

**例 11-8**　试用系统法写出图 11-30 所示电路两种形式的支路方程的矩阵式。

**解**　设各支路电压、电流为关联的参考方向。

① 写出各类受控电源的控制系数矩阵为

$$u_1 = 0 \qquad \alpha = 0$$

$$r_m = \begin{bmatrix} 0 & 0 & 0 & 0 & 0 & 0 \\ 0 & 0 & 0 & 0 & 0 & 0 \\ 0 & 0 & 0 & 0 & 0 & 0 \\ 0 & R_m & 0 & 0 & 0 & 0 \\ 0 & 0 & 0 & 0 & 0 & 0 \\ 0 & 0 & 0 & 0 & 0 & 0 \end{bmatrix}$$

$$G_m = \begin{bmatrix} 0 & 0 & 0 & 0 & 0 & 0 \\ 0 & 0 & 0 & 0 & 0 & 0 \\ 0 & 0 & 0 & 0 & 0 & 0 \\ 0 & 0 & 0 & 0 & 0 & 0 \\ 0 & 0 & 0 & 0 & 0 & 0 \\ g_m & 0 & 0 & 0 & 0 & 0 \end{bmatrix}$$

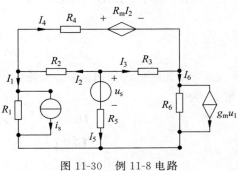

图 11-30　例 11-8 电路

② 写出支路电阻矩阵 $R$ 和支路电导矩阵 $G$ 为

$$R = \mathrm{diag}[R_1, R_2, R_3, R_4, R_5, R_6]$$

$$G = \mathrm{diag}[G_1, G_2, G_3, G_4, G_5, G_6]$$

③ 求出矩阵 $C$ 和 $D$ 为

$$C = u_1 + r_m G = r_m G = \begin{bmatrix} 0 & 0 & 0 & 0 & 0 & 0 \\ 0 & 0 & 0 & 0 & 0 & 0 \\ 0 & 0 & 0 & 0 & 0 & 0 \\ 0 & R_m G_2 & 0 & 0 & 0 & 0 \\ 0 & 0 & 0 & 0 & 0 & 0 \\ 0 & 0 & 0 & 0 & 0 & 0 \end{bmatrix}$$

$$D = \alpha + G_m R = G_m R = \begin{bmatrix} 0 & 0 & 0 & 0 & 0 & 0 \\ 0 & 0 & 0 & 0 & 0 & 0 \\ 0 & 0 & 0 & 0 & 0 & 0 \\ 0 & 0 & 0 & 0 & 0 & 0 \\ 0 & 0 & 0 & 0 & 0 & 0 \\ g_m & 0 & 0 & 0 & 0 & 0 \end{bmatrix}$$

④ 计算全支路电阻矩阵 $\boldsymbol{R}_b$ 和全支路电导矩阵 $\boldsymbol{G}_b$,可求得

$$\boldsymbol{R}_b = (1+\boldsymbol{C})\boldsymbol{R}(1+\boldsymbol{D})^{-1} = \begin{bmatrix} R_1 & 0 & 0 & 0 & 0 & 0 \\ 0 & R_2 & 0 & 0 & 0 & 0 \\ 0 & 0 & R_3 & 0 & 0 & 0 \\ 0 & R_m & 0 & R_4 & 0 & 0 \\ 0 & 0 & 0 & 0 & R_5 & 0 \\ -R_1 R_6 g_m & 0 & 0 & 0 & 0 & G_5 \end{bmatrix}$$

$$\boldsymbol{G}_b = (1+\boldsymbol{D})\boldsymbol{G}(1+\boldsymbol{C})^{-1} = \begin{bmatrix} G_1 & 0 & 0 & 0 & 0 & 0 \\ 0 & G_2 & 0 & 0 & 0 & 0 \\ 0 & 0 & G_3 & 0 & 0 & 0 \\ 0 & -R_m G_2 G_4 & 0 & G_4 & 0 & 0 \\ 0 & 0 & 0 & 0 & G_5 & 0 \\ G_6 g_m & 0 & 0 & 0 & 0 & G_6 \end{bmatrix}$$

⑤ 写出支路电压列向量 $\boldsymbol{U}_b$,支路电流列向量 $\boldsymbol{I}_b$,支路电压源列向量 $\boldsymbol{E}_s$,支路电流源列向量 $\boldsymbol{J}_s$ 为

$$\boldsymbol{U}_b = \begin{bmatrix} U_1 & U_2 & U_3 & U_4 & U_5 & U_6 \end{bmatrix}^T$$
$$\boldsymbol{I}_b = \begin{bmatrix} I_1 & I_2 & I_3 & I_4 & I_5 & I_6 \end{bmatrix}^T$$
$$\boldsymbol{E}_s = \begin{bmatrix} 0 & 0 & 0 & 0 & u_s & 0 \end{bmatrix}^T$$
$$\boldsymbol{J}_s = \begin{bmatrix} i_s & 0 & 0 & 0 & 0 & 0 \end{bmatrix}^T$$

⑥ 将上述已写出的各矩阵代入矩阵形式的支路特性方程式(11-45)和(11-46)即得两种形式的支路方程

$$\begin{bmatrix} U_1 \\ U_2 \\ U_3 \\ U_4 \\ U_5 \\ U_6 \end{bmatrix} = \begin{bmatrix} R_1 & 0 & 0 & 0 & 0 & 0 \\ 0 & R_2 & 0 & 0 & 0 & 0 \\ 0 & 0 & R_3 & 0 & 0 & 0 \\ 0 & r_m & 0 & R_4 & 0 & 0 \\ 0 & 0 & 0 & 0 & R_5 & 0 \\ -R_1 R_6 g_m & 0 & 0 & 0 & 0 & R_6 \end{bmatrix} \begin{bmatrix} I_1 \\ I_2 \\ I_3 \\ I_4 \\ I_5 \\ I_6 \end{bmatrix} + \begin{bmatrix} 0 \\ 0 \\ 0 \\ 0 \\ u_s \\ 0 \end{bmatrix} -$$

$$\begin{bmatrix} R_1 & 0 & 0 & 0 & 0 & 0 \\ 0 & R_2 & 0 & 0 & 0 & 0 \\ 0 & 0 & R_3 & 0 & 0 & 0 \\ 0 & r_m & 0 & R_4 & 0 & 0 \\ 0 & 0 & 0 & 0 & R_5 & 0 \\ -R_1 R_6 g_m & 0 & 0 & 0 & 0 & R_6 \end{bmatrix} \begin{bmatrix} i_s \\ 0 \\ 0 \\ 0 \\ 0 \\ 0 \end{bmatrix}$$

$$
\begin{bmatrix} I_1 \\ I_2 \\ I_3 \\ I_4 \\ I_5 \\ I_6 \end{bmatrix} = \begin{bmatrix} G_1 & 0 & 0 & 0 & 0 & 0 \\ 0 & G_2 & 0 & 0 & 0 & 0 \\ 0 & 0 & G_3 & 0 & 0 & 0 \\ 0 & -r_m G_2 G_4 & 0 & G_4 & 0 & 0 \\ 0 & 0 & 0 & 0 & G_5 & 0 \\ G_6 g_m & 0 & 0 & 0 & 0 & G_6 \end{bmatrix} \begin{bmatrix} U_1 \\ U_2 \\ U_3 \\ U_4 \\ U_5 \\ U_6 \end{bmatrix} + \begin{bmatrix} i_s \\ 0 \\ 0 \\ 0 \\ 0 \\ 0 \end{bmatrix} -
$$

$$
\begin{bmatrix} G_1 & 0 & 0 & 0 & 0 & 0 \\ 0 & G_2 & 0 & 0 & 0 & 0 \\ 0 & 0 & G_3 & 0 & 0 & 0 \\ 0 & -r_m G_2 G_4 & 0 & G_4 & 0 & 0 \\ 0 & 0 & 0 & 0 & G_5 & 0 \\ G_6 g_m & 0 & 0 & 0 & 0 & G_6 \end{bmatrix} \begin{bmatrix} 0 \\ 0 \\ 0 \\ 0 \\ u_s \\ 0 \end{bmatrix}
$$

## 练习题

11-5　试用系统法列写出图 11-31 所示电路两种形式的支路特性方程的矩阵式。

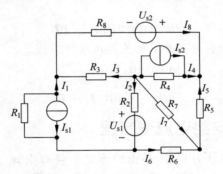

图 11-31　练习题 11-5 电路

## 11.6　2*b* 变量分析法的矩阵形式

将用关联矩阵 **A** 表示的独立节点的 KCL 方程、用基本回路矩阵 **B**（或网孔矩阵 **M**）表示的独立回路 KVL 方程以及矩阵形式的支路方程的矩阵式（两种形式之一）联立，即得矩阵形式的 2*b* 变量分析法方程为

$$
\begin{cases} \mathbf{A} \mathbf{I}_b = \mathbf{0} \\ \mathbf{B} \mathbf{U}_b = \mathbf{0}（\text{或} \mathbf{M} \mathbf{U}_b = \mathbf{0}） \\ \mathbf{U}_b = \mathbf{R}_b \mathbf{I}_b + \mathbf{E}_s - \mathbf{R}_b \mathbf{J}_s（\text{或} \mathbf{I}_b = \mathbf{G}_b \mathbf{U}_b + \mathbf{J}_s - \mathbf{G}_b \mathbf{E}_s） \end{cases} \tag{11-51}
$$

根据电路列写出相关矩阵后代入式（11-51）即是建立 2*b* 变量分析法方程的系统方法。采用系统法在计算机上建立 2*b* 法方程时，只需将各矩阵填入式（11-51）中各方程的相应位置便可，如同填写表格一样方便，因此也称为列表法。

## 练习题

11-6 用系统法建立图 11-31 所示电路的 $2b$ 法方程。

# 11.7 支路分析法方程的矩阵形式

支路分析法包括支路电流分析法和支路电压分析法。

## 一、支路电流分析法矩阵形式方程的导出

一个电路的各独立节点的 KCL 方程为

$$AI_b = 0$$

各独立回路的 KVL 方程为

$$BU_b = 0$$

在 $2b$ 变量分析法方程式(11-51)中,将用支路电流表示的支路电压表达式代入 KVL 方程,可得

$$BU_b = B(R_bI_b + E_s - R_bJ_s) = 0$$

或

$$BR_bI_b = BR_bJ_s - BE_s$$

将 KCL 方程和上式联立,即得矩阵形式的支路电流法方程

$$\begin{cases} AI_b = 0 \\ BR_bI_b = BR_bJ_s - BE_s \end{cases} \tag{11-52}$$

## 二、系统法建立支路电流法方程

用系统法建立支路电流法方程时,是由给定的电路写出 $A$、$B$、$E_s$、$J_s$、$R_b$ 等矩阵,而后按式(11-52)进行矩阵的运算,从而得到矩阵形式的支路电流法方程。

**例 11-9** 如图 11-32(a)所示电路,试用系统法编写支路电流法方程并求解各支路电流、电压。

**解** 在此例电路中,无受控源和独立电流源,则支路电流法的矩阵方程为

$$\begin{cases} AI_b = 0 \\ B[E_s + RI_b] = 0 \end{cases}$$

(1) 作出有向图,并选一树如图 11-32(b)所示,写出各矩阵:

$$I_b = [I_2 \quad I_3 \quad I_1]^T, \quad U_b = [U_2 \quad U_3 \quad U_1]^T, \quad A = [1 \quad 1 \quad -1]$$

$$B = \begin{bmatrix} 1 & 0 & 1 \\ 0 & 1 & 1 \end{bmatrix}, \quad R = \begin{bmatrix} R_2 & 0 & 0 \\ 0 & R_3 & 0 \\ 0 & 0 & R_1 \end{bmatrix}, \quad E_s = [E_2 \quad 0 \quad -E_1]^T$$

$E_s$ 列向量中 $E_2$ 取正号是因为 $E_2$ 与 $I_2$ 为关联参考方向;而 $E_1$ 前取负号是因为 $E_1$ 和 $I_1$ 为非关联参考方向。对比此图和图 11-29 所示的典型支路,不难得出上述结果。在写

出各矩阵时,需注意两点:

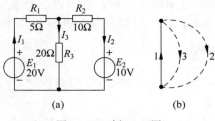

图 11-32　例 11-9 图

① 各支路按先连支后树支的顺序排列;所有矩阵中支路的排列顺序应完全相同,如在此例中,各矩阵的支路均是按支路{2,3,1}的顺序排列的。

② 应正确确定电源列向量中各元素的正、负号。

(2)根据上面写出的各矩阵,组成矩阵方程:

$$\boldsymbol{A}\boldsymbol{I}_b = \boldsymbol{0} \Rightarrow \begin{bmatrix} 1 & 1 & -1 \end{bmatrix} \begin{bmatrix} I_2 \\ I_3 \\ I_1 \end{bmatrix} = \boldsymbol{0} \tag{1}$$

$$\boldsymbol{B}(\boldsymbol{E}_s + \boldsymbol{R}\boldsymbol{I}_R) = \boldsymbol{0} \Rightarrow \boldsymbol{B}\boldsymbol{R}\boldsymbol{I}_b = -\boldsymbol{B}\boldsymbol{E}_s$$

$$\Rightarrow \begin{bmatrix} 1 & 0 & 1 \\ 0 & 1 & 1 \end{bmatrix} \begin{bmatrix} R_2 & 0 & 0 \\ 0 & R_3 & 0 \\ 0 & 0 & R_1 \end{bmatrix} \begin{bmatrix} I_2 \\ I_3 \\ I_1 \end{bmatrix} = - \begin{bmatrix} 1 & 0 & 1 \\ 0 & 1 & 1 \end{bmatrix} \begin{bmatrix} E_2 \\ 0 \\ -E_1 \end{bmatrix}$$

$$\Rightarrow \begin{bmatrix} R_2 & 0 & R_1 \\ 0 & R_3 & R_1 \end{bmatrix} \begin{bmatrix} I_2 \\ I_3 \\ I_1 \end{bmatrix} = \begin{bmatrix} E_1 - E_2 \\ E_1 \end{bmatrix} \tag{2}$$

将(1)、(2)两式合并,并将电路参数代入,可得

$$\begin{bmatrix} 1 & 1 & -1 \\ R_2 & 0 & R_1 \\ 0 & R_3 & R_1 \end{bmatrix} \begin{bmatrix} I_2 \\ I_3 \\ I_1 \end{bmatrix} = \begin{bmatrix} 0 \\ E_1 - E_2 \\ E_1 \end{bmatrix} \Rightarrow \begin{bmatrix} 1 & 1 & -1 \\ 10 & 0 & 5 \\ 0 & 20 & 5 \end{bmatrix} \begin{bmatrix} I_2 \\ I_3 \\ I_1 \end{bmatrix} = \begin{bmatrix} 0 \\ 10 \\ 20 \end{bmatrix} \tag{3}$$

(3)用求逆矩阵的方法解矩阵方程,求出支路电流列向量

$$\begin{bmatrix} I_2 \\ I_3 \\ I_1 \end{bmatrix} = \begin{bmatrix} 1 & 1 & -1 \\ 10 & 0 & 5 \\ 0 & 20 & 5 \end{bmatrix}^{-1} \begin{bmatrix} 0 \\ 10 \\ 20 \end{bmatrix} = \begin{bmatrix} 0.429 \\ 0.714 \\ 1.14 \end{bmatrix}$$

即 $I_1 = 1.14\text{A}, I_2 = 0.429\text{A}, I_3 = 0.714\text{A}$。

(4)由支路特性方程,求出支路电压列向量

$$\boldsymbol{U}_b = \boldsymbol{E}_s + \boldsymbol{R}\boldsymbol{I}_b$$

$$\begin{bmatrix} U_2 \\ U_3 \\ U_1 \end{bmatrix} = \begin{bmatrix} E_2 \\ 0 \\ -E_1 \end{bmatrix} + \begin{bmatrix} R_2 & 0 & 0 \\ 0 & R_3 & 0 \\ 0 & 0 & R_1 \end{bmatrix} \begin{bmatrix} I_2 \\ I_3 \\ I_1 \end{bmatrix} = \begin{bmatrix} 1.428 \\ 1.428 \\ -1.428 \end{bmatrix}$$

即 $U_1 = -1.428\text{V}, U_2 = 1.428\text{V}, U_3 = 1.428\text{V}$。

系统法从列写方程到解出结果都是按一种规范的格式按部就班地进行,非常适合于应用计算机。事实上,计算机求解电路的过程和本例的解题过程非常相似。至于如何在计算机上建立一个电路的方程并求解,属于"计算机辅助电路分析"的范畴,本书不作讨论。

### 三、支路电压法方程

支路电压法的求解对象是支路电压。在 $2b$ 变量分析法中,将用支路电压表示的支路电流表达式代入 KCL 方程,可得

$$A I_b = A(G_b U_b + J_s - G_b E_s) = 0$$

或

$$AG_b U_b = AG_b E_s - AJ_s$$

将 KVL 方程和上式联立,即得矩阵形式的支路电压法方程

$$\begin{cases} B U_b = 0 \\ AG_b U_b = AG_b E_s - AJ_s \end{cases} \tag{11-53}$$

### 练习题

11-7   试用系统法建立图 11-33 所示电路的支路电流法方程。

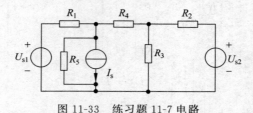

图 11-33   练习题 11-7 电路

## 11.8   节点分析法方程的矩阵形式

### 一、节点分析法矩阵形式方程的导出

电路独立节点的 KCL 方程矩阵形式为

$$A I_b = 0$$

用支路电压表示支路电流的方程为

$$I_b = G_b U_b + J_s - G_b E_s$$

将上式代入 KCL 方程,可得

$$A(G_b U_b + J_s - G_b E_s) = 0$$

又将支路电压和节点电位的关系方程 $U_b = A^T U_N$ 代入上式,可得

$$AG_b A^T U_N = AG_b E_s - AJ_s \tag{11-54}$$

式(11-54)便是矩阵形式的节点电位法方程。若令

$$G_N = AG_b A^T \tag{11-55}$$

$$J_N = AG_b E_s - AJ_s \tag{11-56}$$

则节点电位法方程式(11-54)可写为

$$G_N U_N = J_N \tag{11-57}$$

式中,$G_N$ 为节点电导矩阵,为 $n-1$ 阶方阵;$U_N$ 为节点电位列向量,$J_N$ 为节点电流源电流列向量,$U_N$ 和 $J_N$ 均为 $(n-1)\times 1$ 阶。

## 二、系统法建立节点分析法方程

用系统法编写节点电位法方程时,是由给定的电路写出 $A$、$G_b$、$E_s$、$J_s$ 等矩阵,而后按式(11-54)进行矩阵的运算,从而得到矩阵形式的节点电位法方程。

**例 11-10**　试用系统法建立图 11-34(a)所示电路的节点电位法方程。

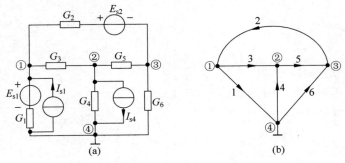

图 11-34　例 11-10 图

**解**　(1)给电路中的各节点和支路编号,并选节点④为参考点,在指定各支路的参考方向后,做出电路的有向图如图 11-34(b)所示。

(2)根据有向图写出关联矩阵为

$$A = \begin{bmatrix} 1 & -1 & 1 & 0 & 0 & 0 \\ 0 & 0 & -1 & -1 & 1 & 0 \\ 0 & 1 & 0 & 0 & -1 & -1 \end{bmatrix}$$

(3)由电路写出支路电压源电压列向量、支路电流源电流列向量及支路电导矩阵为

$$E_s = \begin{bmatrix} E_{s1} & -E_{s2} & 0 & 0 & 0 & 0 \end{bmatrix}^T$$

$$J_s = \begin{bmatrix} -I_{s1} & 0 & 0 & -I_{s4} & 0 & 0 \end{bmatrix}^T$$

$$G_b = \mathrm{diag}\begin{bmatrix} G_1 & G_2 & G_3 & G_4 & G_5 & G_6 \end{bmatrix}$$

其中,各电压源电压和电流源电流前的正、负号取决于该电压源电压和电流源电流的参考方向是否和支路的参考方向一致,若一致则取正号,不一致则取负号。由于该电路中不含受控电源,故支路电导矩阵为对角线矩阵。

(4)进行矩阵的运算,求得节点电导矩阵和节点电流源电流列向量为

$$G_N = A G_b A^T = \begin{bmatrix} 1 & -1 & 1 & 0 & 0 & 0 \\ 0 & 0 & -1 & -1 & 1 & 0 \\ 0 & 1 & 0 & 0 & -1 & -1 \end{bmatrix} \begin{bmatrix} G_1 & & & & & \\ & G_2 & & & & \\ & & G_3 & & & \\ & & & G_4 & & \\ & & & & G_5 & \\ & & & & & G_6 \end{bmatrix} \begin{bmatrix} 1 & 0 & 0 \\ -1 & 0 & 1 \\ 1 & -1 & 0 \\ 0 & -1 & 0 \\ 0 & 1 & -1 \\ 0 & 0 & -1 \end{bmatrix}$$

$$= \begin{bmatrix} G_1 + G_2 + G_3 & -G_3 & -G_2 \\ -G_3 & G_3 + G_4 + G_5 & -G_5 \\ -G_2 & -G_5 & G_2 + G_5 + G_6 \end{bmatrix}$$

$$\boldsymbol{J}_N = \boldsymbol{A}\boldsymbol{G}_b\boldsymbol{E}_s - \boldsymbol{A}\boldsymbol{J}_s$$

$$= \begin{bmatrix} 1 & -1 & 1 & 0 & 0 & 0 \\ 0 & 0 & -1 & -1 & 1 & 0 \\ 0 & 1 & 0 & 0 & -1 & -1 \end{bmatrix} \begin{bmatrix} G_1 & & & & & \\ & G_2 & & & & \\ & & G_3 & & & \\ & & & G_4 & & \\ & & & & G_5 & \\ & & & & & G_6 \end{bmatrix} \begin{bmatrix} E_{s1} \\ -E_{s2} \\ 0 \\ 0 \\ 0 \\ 0 \end{bmatrix} -$$

$$\begin{bmatrix} 1 & -1 & 1 & 0 & 0 & 0 \\ 0 & 0 & -1 & -1 & 1 & 0 \\ 0 & 1 & 0 & 0 & -1 & -1 \end{bmatrix} \begin{bmatrix} -I_{s1} \\ 0 \\ 0 \\ -I_{s4} \\ 0 \\ 0 \end{bmatrix}$$

$$= \begin{bmatrix} G_1 E_{s1} + G_2 E_{s2} \\ 0 \\ -G_2 E_{s2} \end{bmatrix} - \begin{bmatrix} -I_{s1} \\ I_{s4} \\ 0 \end{bmatrix} = \begin{bmatrix} G_1 E_{s1} + G_2 E_{s2} + I_{s1} \\ -I_{s4} \\ -G_2 E_{s2} \end{bmatrix}$$

（5）由矩阵运算的结果，构成节点电位法方程 $\boldsymbol{G}_N\boldsymbol{U}_N = \boldsymbol{J}_N$，即

$$\begin{bmatrix} G_1 + G_2 + G_3 & -G_3 & -G_2 \\ -G_3 & G_3 + G_4 + G_5 & -G_5 \\ -G_2 & -G_5 & G_2 + G_5 + G_6 \end{bmatrix} \begin{bmatrix} U_{N1} \\ U_{N2} \\ U_{N3} \end{bmatrix} = \begin{bmatrix} G_1 E_{s1} + G_2 E_{s2} + I_{s1} \\ -I_{s4} \\ -G_2 E_{s2} \end{bmatrix}$$

在计算机上建立节点电位法方程的方法和步骤与例 11-10 过程十分相似。通过编制相应的程序，将电路的结构和参数输入计算机，计算机便可完成建立电路方程的工作。

## 练习题

11-8　试用系统法建立图 11-35 所示电路的节点分析法方程。

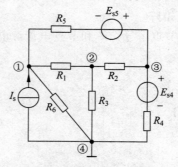

图 11-35　练习题 11-8 电路

## 11.9　回路分析法方程的矩阵形式

在由一棵树确定了电路的基本回路组后,各基本回路的 KVL 方程为

$$BU_b = 0$$

将支路方程 $U_b = R_b I_b + E_s - R_b J_s$ 代入上式,并将支路电流和回路电流的关系方程 $I_b = B^T I_1$ 代入,可得

$$B(R_b B^T I_1 + E_s - R_b J_s) = 0$$

整理后得

$$BR_b B^T I_1 = -BE_s + BR_b J_s \tag{11-58}$$

该方程便是矩阵形式的回路法方程。若令

$$R_1 = BR_b B^T \tag{11-59}$$

$$E_1 = -BE_s + BR_b J_s \tag{11-60}$$

则回路法方程式(11-58)可写为

$$R_1 I_1 = E_1 \tag{11-61}$$

式中,$R_1$ 为回路电阻矩阵,为 $(b-n+1)$ 阶方阵;$I_1$ 为回路电流列向量,$E_1$ 为回路电压源电压列向量,$I_1$ 和 $E_1$ 均为 $(b-n+1) \times 1$ 阶。

用系统法编写回路法方程时,是由给定的电路写出 $B$、$R_b$、$E_s$、$J_s$ 等矩阵,而后按式(11-58)进行矩阵的运算,从而获得矩阵形式的回路法方程。

## 练习题

11-9　电路如图 11-36 所示,在选择支路 1,3,6 为树支后,用系统法建立该电路的回路法方程。

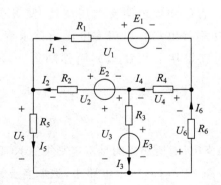

图 11-36　练习题 11-9 电路

## 11.10　网孔分析法方程的矩阵形式

电路中各网孔的 KVL 方程为

$$MU_b = 0$$

将支路方程 $U_b=R_bI_b+E_s-R_bJ_s$ 代入上式,并将支路电流和网孔电流的关系方程 $I_b=M^TI_M$ 代入,有

$$M(R_bM^TI_M+E_s-R_bJ_s)=0$$

整理后得

$$MR_bM^TI_M=-ME_s+MR_bJ_s \tag{11-62}$$

该方程便是矩阵形式的网孔法方程。若令

$$R_M=MR_bM^T \tag{11-63}$$

$$E_M=-ME_s+MR_bJ_s \tag{11-64}$$

则网孔法方程式(11-62)可写为

$$R_MI_M=E_M \tag{11-65}$$

式中,$R_M$ 为网孔电阻矩阵,为 $(b-n+1)$ 阶方阵;$I_M$ 为网孔电流列向量,$E_M$ 为网孔电压源电压列向量,$I_M$ 和 $E_M$ 均为 $(b-n+1)\times1$ 阶。

用系统法编写网孔法方程时,是由给定的电路写出 $M$、$R_b$、$E_s$、$J_s$ 等矩阵,而后按式(11-62)进行矩阵的运算,从而获得矩阵形式的网孔法方程。

## 练习题

11-10　试用系统法建立图 11-36 所示电路的网孔法方程。

## 11.11　割集分析法方程及其矩阵形式

前已指出,对一个具有 $n$ 个节点的电路在选定了一棵树后,其 $(n-1)$ 个树支电压是一组独立完备的电路变量。若已知该组树支电压变量,便可求得电路的全部支路电压,从而能求出各支路电流及功率等电量。以树支电压为待求变量建立方程求解电路的方法称为割集分析法(也称树支电压分析法),亦简称割集法,所建立的方程称为割集法方程。

### 一、割集法方程

割集法的求解对象是树支电压,所建立的是基本割集的 KCL 方程。电路中基本割集的选取与树的概念相联系。在图 11-37(a)所示电路中,选取各支路电流、电压的参考方向如图 11-37 所示。又选取支路 $\{2,3,4\}$ 为树支,并由此决定三个基本割集 $C_2$、$C_3$、$C_4$,如图 11-37(b)所示。三个基本割集的 KCL 方程为

$$\begin{cases} I_1+I_2+I_5-I_6=0 \\ I_3-I_5+I_6=0 \\ I_1+I_4+I_5=0 \end{cases} \tag{11-66}$$

写出各支路的特性方程并将各支路电流用树支电压表示,可得

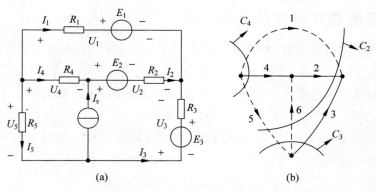

图 11-37　建立割集法方程的用图

$$
\begin{cases}
I_1 = \dfrac{U_1}{R_1} - \dfrac{E_1}{R_1} = \dfrac{1}{R_1}(U_{t2} + U_{t4}) - \dfrac{1}{R_1}E_1 \\[2mm]
I_2 = \dfrac{U_2}{R_2} - \dfrac{E_2}{R_2} = \dfrac{1}{R_2}U_{t2} - \dfrac{1}{R_1}E_2 \\[2mm]
I_3 = \dfrac{U_3}{R_3} + \dfrac{E_3}{R_3} = \dfrac{1}{R_3}U_{t3} + \dfrac{1}{R_3}E_3 \\[2mm]
I_4 = \dfrac{U_4}{R_4} = \dfrac{1}{R_4}U_{t4} \\[2mm]
I_5 = \dfrac{U_5}{R_5} = \dfrac{1}{R_5}(U_{t2} - U_{t3} + U_{t4}) \\[2mm]
I_6 = I_s
\end{cases}
\tag{11-67}
$$

将式(11-67)代入式(11-66)并加以整理,将含未知量的项置于方程左边,将已知量的项移至方程右边,可得

$$
\begin{cases}
\left(\dfrac{1}{R_1} + \dfrac{1}{R_2} + \dfrac{1}{R_5}\right)U_{t2} - \dfrac{1}{R_5}U_{t3} + \left(\dfrac{1}{R_1} + \dfrac{1}{R_5}\right)U_{t4} = \dfrac{E_1}{R_1} + \dfrac{E_2}{R_2} + I_s \\[3mm]
-\dfrac{1}{R_5}U_{t2} + \left(\dfrac{1}{R_3} + \dfrac{1}{R_5}\right)U_{t3} - \dfrac{1}{R_5}U_{t4} = -\dfrac{E_3}{R_3} - I_s \\[3mm]
\left(\dfrac{1}{R_1} + \dfrac{1}{R_5}\right)U_{t2} - \dfrac{1}{R_5}U_{t3} + \left(\dfrac{1}{R_1} + \dfrac{1}{R_4} + \dfrac{1}{R_5}\right)U_{t4} = \dfrac{E_1}{R_1}
\end{cases}
\tag{11-68}
$$

将该方程组写为矩阵形式

$$
\begin{bmatrix}
\dfrac{1}{R_1} + \dfrac{1}{R_2} + \dfrac{1}{R_5} & -\dfrac{1}{R_5} & \dfrac{1}{R_1} + \dfrac{1}{R_5} \\[3mm]
-\dfrac{1}{R_5} & \dfrac{1}{R_3} + \dfrac{1}{R_5} & -\dfrac{1}{R_5} \\[3mm]
\dfrac{1}{R_1} + \dfrac{1}{R_5} & -\dfrac{1}{R_5} & \dfrac{1}{R_1} + \dfrac{1}{R_4} + \dfrac{1}{R_5}
\end{bmatrix}
\begin{bmatrix}
U_{t2} \\[2mm] U_{t3} \\[2mm] U_{t4}
\end{bmatrix}
=
\begin{bmatrix}
\dfrac{E_1}{R_1} + \dfrac{E_2}{R_2} + I_s \\[3mm]
-\dfrac{E_3}{R_3} - I_s \\[3mm]
\dfrac{E_1}{R_1}
\end{bmatrix}
$$

上述方程组便是对应图 11-37(a)所示电路的割集法方程。

## 二、系统法建立割集法方程

上述列写一个电路的割集法方程的过程是用系统方法建立割集法方程之实际步骤的具体体现。

在由一棵树确定了电路的基本割集组后,各基本割集的 KCL 方程为

$$QI_b = 0$$

将支路方程 $I_b = G_bU_b + I_s - G_bE_s$ 代入上式,并将支路电压和割集电压的关系方程 $U_b = Q^TU_t$ 代入,可得

$$Q(G_bQ^TU_t + I_s - G_bE_s) = 0$$

整理后得

$$QG_bQ^TU_t = -QI_s + QG_bE_s \tag{11-69}$$

该方程便是矩阵形式的割集法方程。若令

$$G_t = QG_bQ^T \tag{11-70}$$

$$I_t = -QI_s + QG_bE_s \tag{11-71}$$

则回路法方程式(11-69)可写为

$$G_tU_t = I_t \tag{11-72}$$

式中,$G_t$ 为割集电导矩阵,为 $(n-1)$ 阶方阵;$U_t$ 为树支电压列向量,$I_t$ 为割集电流源电流列向量,$U_t$ 和 $I_t$ 均为 $(n-1) \times 1$ 阶。

用系统法编写割集法方程时,是由给定的电路写出 $Q$、$G_b$、$E_s$、$I_s$ 等矩阵,而后按式(11-69)进行矩阵的运算,从而获得矩阵形式的割集法方程。

## 三、视察法建立割集法方程

割集法方程的实质是基本割集的 KCL 方程,割集法方程的数目与独立割集的数目相同,为 $(n-1)$ 个。每一个割集法方程均和一个独立割集对应。考察并分析式(11-68),可知与割集 $K$ 对应的第 $K$ 个方程的一般形式为

$$G_{kk}u_{tk} \pm \sum G_{kj}u_{tj} = i_{lk} \tag{11-73}$$

式中,$G_{kk}$ 为割集 $K$ 中所有支路的电导之和,且恒取正值,也称为割集 $K$ 的自电导;$G_{kj}$ 为割集 $K$ 和割集 $j$ 所有共有支路的电导之和,也称为 $K$ 割集和 $j$ 割集的互电导。当 $K$ 割集和 $j$ 割集的方向关于公共支路一致时,$G_{kj}$ 前取正号,否则取负号。该式右边的 $i_{lk}$ 为割集 $K$ 中所有电流源(含电压源等效的电流源)电流的代数和。当某个电流源电流的参考方向与割集 $K$ 的方向一致时,该项电流前取负号,否则取正号。

按上述规则和方法,可通过对电路的观察直接写出割集法方程,称为视察法建立割集法方程。

用视察法建立割集法方程并求解电路的具体步骤如下。

(1)选取一组基本割集并给出各割集的编号、指定参考方向。通常各割集的参考方向与决定该割集的树支的方向一致。

（2）按上述视察法建立割集法方程的规则，逐一写出对应各基本割集的电路方程。

（3）求解第（2）步所建立的割集法方程（组），求得各树支电压。

（4）由树支电压求出各连支电压。

（5）由支路特性方程求出各支路电流及功率等电量。

## 四、电路中含受控源时的割集法方程

与第 3 章介绍的各种电路分析法相似，用视察法对含有受控源的电路建立割集法方程时，先将受控源视为独立电源列写方程，再将受控源的控制量用树支电压表示，然后将方程整理为标准形式。

**例 11-11**　试列写图 11-38（a）所示电路的割集法方程，并用树支电压表示各支路电流。

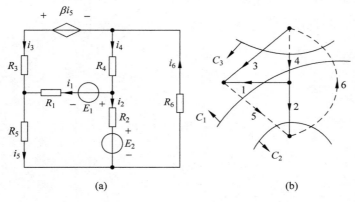

图 11-38　例 11-11 图

**解**　给出电路中各支路电流的参考方向如图 11-38 所示。选支路集合 $\{1,2,3\}$ 为树支，对应的一组基本割集 $C_1$、$C_2$、$C_3$ 如图 11-38（b）所示。则树支电压为 $U_{t1}$、$U_{t2}$ 和 $U_{t3}$。将受控电源视为独立电源后按规则化方法写出该电路的割集法方程为

$$C_1：\quad \left(\frac{1}{R_1}+\frac{1}{R_4}+\frac{1}{R_5}+\frac{1}{R_6}\right)U_{t1} - \left(\frac{1}{R_5}+\frac{1}{R_6}\right)U_{t2} - \left(\frac{1}{R_4}+\frac{1}{R_6}\right)U_{t3} = \frac{E_1}{R_1}$$

$$C_2：\quad -\left(\frac{1}{R_5}+\frac{1}{R_6}\right)U_{t1} + \left(\frac{1}{R_2}+\frac{1}{R_5}+\frac{1}{R_6}\right)U_{t2} + \frac{1}{R_6}U_{t3} = \frac{E_2}{R_2}$$

$$C_3：\quad -\left(\frac{1}{R_4}+\frac{1}{R_6}\right)U_{t1} + \frac{1}{R_6}U_{t3} + \left(\frac{1}{R_3}+\frac{1}{R_4}\frac{1}{R_6}\right)U_{t3} = -\frac{\beta i_5}{R_3}$$

又将受控源的控制量 $i_5$ 用树支电压表示。由电路及 KVL 可得

$$R_5 i_5 = -U_{t1} + U_{t2}$$

即

$$i_5 = -\frac{1}{R_5}U_{t1} + \frac{1}{R_5}U_{t2}$$

将上式代入所写的割集法方程并对方程进行整理，可得下面矩阵形式的方程：

$$\begin{bmatrix} \dfrac{1}{R_1}+\dfrac{1}{R_4}+\dfrac{1}{R_5}+\dfrac{1}{R_6} & -\left(\dfrac{1}{R_5}+\dfrac{1}{R_6}\right) & -\left(\dfrac{1}{R_4}+\dfrac{1}{R_6}\right) \\ -\left(\dfrac{1}{R_5}+\dfrac{1}{R_6}\right) & \dfrac{1}{R_2}+\dfrac{1}{R_5}+\dfrac{1}{R_6} & \dfrac{1}{R_6} \\ -\left(\dfrac{1}{R_4}+\dfrac{1}{R_6}+\dfrac{\beta}{R_3R_5}\right) & \dfrac{1}{R_6}+\dfrac{\beta}{R_3R_5} & \dfrac{1}{R_3}+\dfrac{1}{R_4}+\dfrac{1}{R_6} \end{bmatrix}\begin{bmatrix} U_{t1} \\ U_{t2} \\ U_{t3} \end{bmatrix}=\begin{bmatrix} \dfrac{E_1}{R_1} \\ \dfrac{E_2}{R_2} \\ 0 \end{bmatrix}$$

该方程组就是所需列写的割集法方程。解此方程组求得三个树支电压后,各支路电流便可由树支电压求出。由电路可得下述关系式:

$$U_{t1}=R_1i_1+E_1$$

$$U_{t2}=R_2i_2+E_2$$

$$U_{t3}=R_3i_3+\beta i_5=R_3i_3-\frac{\beta}{R_5}U_{t1}+\frac{\beta}{R_5}U_{t2}$$

$$R_4i_4=-U_{t1}+U_{t3}$$

$$R_5i_5=-U_{t1}+U_{t2}$$

$$R_6i_6=U_{t1}-U_{t2}-U_{t3}$$

于是各支路电流为

$$i_1=\frac{1}{R_1}(U_{t1}-E_1)$$

$$i_2=\frac{1}{R_2}(U_{t2}-E_2)$$

$$i_3=\frac{\beta}{R_3R_5}U_{t1}-\frac{\beta}{R_3R_5}U_{t2}+\frac{1}{R_3}U_{t3}$$

$$i_4=\frac{1}{R_4}(-U_{t1}+U_{t3})$$

$$i_5=\frac{1}{R_5}(-U_{t1}+U_{t2})$$

$$i_6=\frac{1}{R_6}(U_{t1}-U_{t2}-U_{t3})$$

## 五、电路中含无伴电压源时的割集法方程

当电路中含无伴电压源支路时,因该支路的电流为未知量,且不能用其支路电压予以表示,因此在用规则化方法列写割集法方程时会遇到困难。对此可有两种解决方法。

**1. 虚设电流变量法——增设无伴电压源支路的电流变量**

这一方法与节点法中的做法相似,即在建立方程时增设无伴电压源支路的电流为新的电路变量并写入方程,同时增补一个用树支电压表示的无伴电压源电压的方程。

**2. 选"合适"树法——选一棵树,使无伴电压源支路均为树支**

由于基本割集是单树支割集,若将无伴电压源支路选为树支,则该树支电压便是已知电压源的电压(或相差一个负号),于是该割集的方程便无须列写,这样就减少了所建立的电路

方程的数目,从而使电路的计算得以简化。除了将无伴电压源支路选入树支外,还应将无伴电流源支路尽量选入连支。

**例 11-12** 用割集法求图 11-39(a)所示电路中两独立电压源的功率及各支路电流。

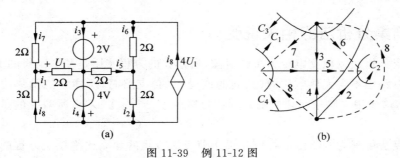

图 11-39 例 11-12 图

**解** 指定各支路电流参考方向如图 11-39(a)所示,将两个无伴电压源支路均选为树支,由此确定的树及基本割集如图 11-39(b)所示。树支 3 和树支 4 的电压为已知电压源的电压,即

$$U_3 = 2\text{V}, \quad U_4 = 4\text{V}$$

这样只需列写割集 $C_1$ 和 $C_2$ 的方程。按规则化的方程建立这两个基本割集的方程为

$$C_1: \quad \left(\frac{1}{2} + \frac{1}{2} + \frac{1}{3}\right)U_1 - \frac{1}{2}U_3 - \frac{1}{3}U_4 = 0$$

$$C_2: \quad \left(\frac{1}{2} + \frac{1}{2} + \frac{1}{2}\right)U_2 + \frac{1}{2}U_3 - \left(\frac{1}{2} + \frac{1}{2}\right)U_4 = 0$$

将已知的 $U_3$ 和 $U_4$ 代入上述方程,可求得

$$U_1 = \frac{7}{4}\text{V}, \quad U_2 = 2\text{V}$$

由树支电压求得各支路电流为

$$i_1 = \frac{U_1}{2} = \frac{7}{8}\text{A}$$

$$i_2 = \frac{U_2}{2} = 1\text{A}$$

$$i_5 = \frac{1}{2}(U_2 - U_4) = -1\text{A}$$

$$i_6 = -i_2 - i_5 = -2\text{A}$$

$$i_7 = \frac{1}{2}(-U_1 + U_3) = \frac{1}{8}\text{A}$$

$$i_8 = 4U_1 = 7\text{A}$$

$$i_3 = -i_6 - i_7 + i_8 = \frac{39}{8}\text{A}$$

$$i_4 = -i_1 - i_3 + i_5 = -\frac{27}{4}\text{A}$$

两独立电压源的功率为

$$P_{2\text{v}} = 2i_3 = \frac{39}{4}\text{W}$$

$$P_{4\text{v}} = 4i_4 = 4 \times \left(-\frac{27}{4}\right) = -27\text{W}$$

## 六、割集分析法的相关说明

（1）割集分析法以树支电压为求解对象，所建立的方程实质是基本割集的 KCL 方程。

（2）当电路中不含无伴电压源（独立的或受控的）支路时，所建立的割集法方程的个数为 $(n-1)$ 个，这比用支路法时建立的方程数目减少了 $(b-n+1)$ 个，所减少的是独立回路的 KVL 方程。

（3）节点法可视为割集法的特例。由于节点法方程的建立比割集法方程的建立较为容易，因此就这两种分析法而言，对一般电路的求解多采用节点法。

（4）当电路中含有无伴电压源支路时，适宜应用割集法求解，并采用"选合适树法"，即把无伴电压源支路选入树支，这样可减少所列写的方程的数目，从而简化计算。

## 练习题

11-11　用系统法建立图 11-40 所示电路的割集法方程（选择支路 1,3,5 为树支）。

11-12　试用割集分析法求图 11-41 所示电路中各支路的电流。

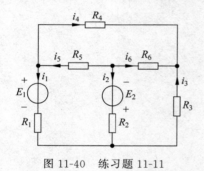

图 11-40　练习题 11-11

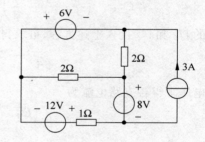

图 11-41　练习题 11-12 电路

## 11.12　例题分析

**例 11-13**　已知某电路的基本割集矩阵为

$$\boldsymbol{Q} = \begin{bmatrix} 1 & -1 & 1 & 0 & | & 1 & 0 & 0 \\ 0 & 1 & -1 & 1 & | & 0 & 1 & 0 \\ 1 & 0 & 0 & 1 & | & 0 & 0 & 1 \end{bmatrix}$$

试做出该电路的有向图。

**解**　由矩阵 $\boldsymbol{Q}$ 直接作出有向图较为困难，可根据矩阵 $\boldsymbol{Q}$ 和矩阵 $\boldsymbol{B}$ 的关系，写出矩阵 $\boldsymbol{B}$ 后再作定向图。由题可知

$$\boldsymbol{E} = \begin{bmatrix} 1 & -1 & 1 & 0 \\ 0 & 1 & -1 & 1 \\ 1 & 0 & 0 & 1 \end{bmatrix}$$

则可写出矩阵 $\boldsymbol{B}$ 为

$$\boldsymbol{B} = \begin{bmatrix} 1 & \vdots & \boldsymbol{F} \end{bmatrix} = \begin{bmatrix} 1 & \vdots & -\boldsymbol{E}^{\mathrm{T}} \end{bmatrix}$$

$$
= \begin{array}{c} \\ l_1 \\ l_2 \\ l_3 \\ l_4 \end{array}
\begin{array}{cccccccc}
b_1 & b_2 & b_3 & b_4 & b_5 & b_6 & b_7 \\
\end{array}
\begin{bmatrix}
1 & 0 & 0 & 0 & -1 & 0 & -1 \\
0 & 1 & 0 & 0 & 1 & -1 & 0 \\
0 & 0 & 1 & 0 & -1 & 1 & 0 \\
0 & 0 & 0 & 1 & 0 & -1 & -1
\end{bmatrix}
$$

由矩阵 $\boldsymbol{B}$ 知,该有向图共有四个基本回路及七条支路,即 $b = l + (n-1)$,得节点数为

$$n = b + 1 - l = 7 + 1 - 4 = 4$$

给 $\boldsymbol{B}$ 中的每一列(即每一支路)和每一行(即给每一基本回路)编号,便可知每一基本回路的情况,如回路 $l_1$ 由支路 $\{1,5,7\}$ 构成。

树支为支路 $\{5,6,7\}$,先做出树,再按回路的构成情况将各连支连上,并决定各支路的方向(可先决定连支的方向,再决定树支的方向),可得所求的有向图如图 11-42 所示。

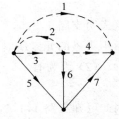

图 11-42　例 11-13 图

**例 11-14**　图 11-43(a)所示为一直流电阻电路。为了测取所有支路的电压、电流,请将一组最少的电流表和电压表接入电路之中。

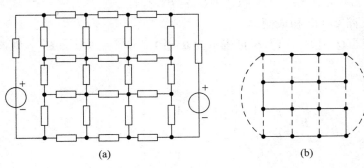

图 11-43　例 11-14 图

**解**　此题由电路拓扑的概念求解。由于树支电压和连支电流为独立变量,因此只需测取树支电压和连支电流便可。由此可知,电压表数应等于树支数,电流表数应等于连支数。该电流共有 26 条支路,16 个节点,则树支数为 $n_t = n - 1 = 16 - 1 = 15$,连支数为 $l = b - (n-1) = 26 - 15 = 11$。选择如图 11-43(b)所示的一棵树,将 11 个电流表串入连支中,15 个电压表与树支并联,测取树支电压和连支电流后,由 $\boldsymbol{I}_t = -\boldsymbol{E}\boldsymbol{I}_1$ 及 $\boldsymbol{U}_1 = -\boldsymbol{F}\boldsymbol{U}_t$,求出连支电压和树支电流。

若已知各元件参数。也可只用 11 个电流表测取连支电流后,算出树支电流,再根据元件特性求出各支路电压。可见这样做所使用的电表数为最少。

**例 11-15**　某有向图在选定一棵树后写出其基本割集矩阵为

$$Q = \begin{array}{c} \\ C_1 \\ C_2 \\ C_3 \\ C_4 \end{array} \begin{array}{cccccccc} 5 & 6 & 7 & 1 & 2 & 3 & 4 \\ \left[\begin{array}{ccccccc} -1 & 1 & 1 & 1 & 0 & 0 & 0 \\ -1 & 1 & 1 & 0 & 1 & 0 & 0 \\ 0 & 1 & 0 & 0 & 0 & 1 & 0 \\ 0 & -1 & -1 & 0 & 0 & 0 & 1 \end{array}\right] \end{array}$$

若不画图,试判断下列结论是否正确,并说明理由。

(1)支路1,3,5,7构成割集;(2)支路1,4,6,7构成割集;(3)支路2,4,5构成割集;(4)支路3,4,5,6构成回路;(5)支路3,6,7构成回路;(6)支路2,4,5,7构成回路;(7)支路2,3,5,6构成树;(8)支路1,2,5,7构成树;(9)支路1,2,3,6构成树。

**解** (1)$Q$ 中的各行与基本割集对应,而图中的任一割集可由基本割集的线性组合得到。有

$$C_1 + (-1) \times C_3 = \{5,7,1,3\}$$

这表明支路1,3,5,7构成割集。上式右边括号内的各数为 $Q$ 的 $C_1$ 和 $C_3$ 行经指定的运算后不为零的元素所对应的支路编号。

(2)因为有

$$C_1 + C_4 = \{5,1,4\}$$

因此可知支路1,4,6,7不构成割集,但支路1,4,5构成割集。

(3)类似地,有

$$C_2 + C_4 = \{5,2,4\}$$

这一结果表明支路2,4,5构成割集。

(4)$Q$ 可表为 $Q=[\boldsymbol{E} \ \vdots \ \boldsymbol{1}]$,$B$ 可表示为 $\boldsymbol{B}=[\boldsymbol{1} \ \vdots \ \boldsymbol{F}]=[\boldsymbol{1} \ \vdots \ -\boldsymbol{E}^{\mathrm{T}}]$,则该有向图的基本回路矩阵为

$$\boldsymbol{B} = \begin{array}{c} \\ l_1 \\ l_2 \\ l_3 \end{array} \begin{array}{ccccccc} 5 & 6 & 7 & 1 & 2 & 3 & 4 \\ \left[\begin{array}{ccccccc} 1 & 0 & 0 & 1 & 1 & 0 & 0 \\ 0 & 1 & 0 & -1 & -1 & -1 & 1 \\ 0 & 0 & 1 & -1 & -1 & 0 & 1 \end{array}\right] \end{array}$$

$B$ 的各行与基本回路对应,而图中的各回路可由基本回路的线性组合得到。有

$$l_1 + l_2 = \{5,6,3,4\}$$

这表明支路3,4,5,6构成回路。

(5)因为

$$l_2 + (-1) \times l_3 = \{6,7,3\}$$

因此可知支路3,6,7构成回路。

(6)对 $B$ 中含有支路5,7的两行进行运算,即

$$l_1 + l_3 = \{5,7,4\}$$

于是可知支路2,4,5,7不构成回路,支路4,5,7构成回路。

(7)由 $B$ 的性质可知,其对应于连支的子矩阵为非奇异的,据此可判断某支路集合是否构成树。从矩阵 $B$ 中删去支路2,3,5,6对应的列,剩下的子矩阵行列式的值为

$$\begin{vmatrix} 0 & 1 & 0 \\ 0 & -1 & 1 \\ 1 & -1 & 1 \end{vmatrix} = +1 \neq 0, 非奇异$$

这表明支路 $2,3,5,6$ 构成树。

（8）从 $\boldsymbol{B}$ 中删去支路 $1,2,5,7$ 对应的列,剩下的子矩阵行列式的值为

$$\begin{vmatrix} 0 & 0 & 0 \\ 1 & -1 & 1 \\ 0 & 0 & 1 \end{vmatrix} = 0, 奇异$$

因此,支路 $1,2,5,7$ 不构成树。

（9）从 $\boldsymbol{B}$ 中删去支路 $1,2,3,6$ 对应的列后,其剩下的子矩阵行列式的值不为零,因此支路 $1,2,3,6$ 构成树。

**例 11-16** 电路如图 11-44（a）所示,试用系统法建立该电路的矩阵形式的网孔法方程。

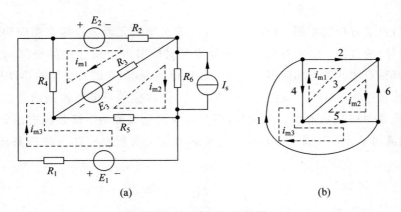

(a)  (b)

图 11-44 例 11-16 用图

**解** 作出电路的有向图如图 11-44（b）所示,进而写出各相关矩阵为（支路按自然编号顺序排列）

$$\boldsymbol{M} = \begin{bmatrix} 0 & 1 & 1 & -1 & 0 & 0 \\ 0 & 0 & -1 & 0 & -1 & -1 \\ 1 & 0 & 1 & 1 & 0 & 0 \end{bmatrix}$$

$$\boldsymbol{R}_b = \mathrm{diag}[R_1, R_2, R_3, R_4, R_5, R_6]$$

$$\boldsymbol{I}_M = \begin{bmatrix} i_{m1} & i_{m2} & i_{m3} \end{bmatrix}^T$$

$$\boldsymbol{E}_s = \begin{bmatrix} -E_1 & E_2 & 0 & 0 & 0 & 0 \end{bmatrix}^T$$

$$\boldsymbol{J}_s = \begin{bmatrix} 0 & 0 & 0 & 0 & 0 & -I_s \end{bmatrix}^T$$

将上述各矩阵代入网孔法方程式（11-58）,即

$$\boldsymbol{M}\boldsymbol{R}_b\boldsymbol{M}^T\boldsymbol{I}_M = -\boldsymbol{M}\boldsymbol{E}_s + \boldsymbol{M}\boldsymbol{R}_b\boldsymbol{J}_s$$

经矩阵运算并整理后得到矩阵形式的网孔法方程为

$$\begin{bmatrix} R_2+R_3+R_4 & -R_3 & -R_4 \\ -R_3 & R_3+R_5+R_6 & -R_5 \\ -R_4 & -R_5 & R_1+R_4+R_5 \end{bmatrix} \begin{bmatrix} i_{m1} \\ i_{m2} \\ i_{m3} \end{bmatrix} = \begin{bmatrix} -E_2-E_3 \\ E_3-R_6I_s \\ E_1 \end{bmatrix}$$

**例 11-17** 已知一电路的节点分析法方程为

$$\begin{bmatrix} 7 & -2 & -3 \\ -4 & 8 & -3 \\ -2 & 0 & 7 \end{bmatrix} \begin{bmatrix} \varphi_1 \\ \varphi_2 \\ \varphi_3 \end{bmatrix} = \begin{bmatrix} 3 \\ -1 \\ 2 \end{bmatrix}$$

试绘出该电路图。

**解** 该节点法方程的系数矩阵为非对称矩阵,由此可知电路中必定含有受控源。为画出电路图,先将系数矩阵变换为对称矩阵,可得调整后的方程为

$$\begin{bmatrix} 7 & -2 & -3 \\ -2 & 8 & -3 \\ -3 & -3 & 7 \end{bmatrix} \begin{bmatrix} \varphi_1 \\ \varphi_2 \\ \varphi_3 \end{bmatrix} = \begin{bmatrix} 3 \\ -1+2\varphi_1 \\ 2-\varphi_1-3\varphi_2 \end{bmatrix}$$

又根据列写节点法方程的规则,对称系统矩阵中非对角线元素为连接在相应两节点之间支路电导(互电导)的负值;而主对角线上的元素是对应节点上所连接的全部支路电导之和(自电导)。方程右边的项与相应节点上所连接的电流源(独立的或受控的)对应,若是常数,则对应的是独立电流源;若与节点电压变量有关,则对应的是电压控制的受控电流源。方程右边与电流源对应的项前面若是正号,则其对应的电流源的电流是流进相应的节点;若为负号,则是流出节点。据此,可作出与给定的节点法方程对应的一种电路图如图 11-45 所示。

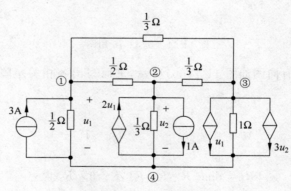

图 11-45　例 11-17 电路

**例 11-18** 求图 11-46(a)所示电路中各节点的电位。

**解** 此题电路有四个独立节点,若直接用节点法求解,则需列写的方程数目为四个(不包括增补方程),但若用割集法或回路法求解,则所列方程的数目均只有两个。

(1)用割集法求解。将理想电压源支路均选为树支,选树如图 11-46(b)所示,列出割集 $C_7$、$C_8$ 的方程为

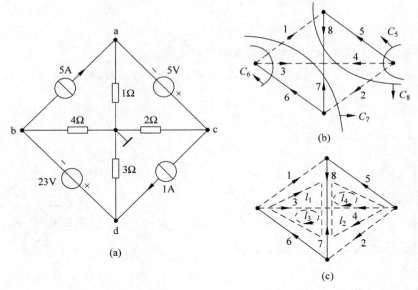

图 11-46 例 11-18 图

$$\begin{cases} C_7: \left(\dfrac{1}{4}+\dfrac{1}{3}\right)U_7 - \dfrac{1}{4}\times23 = -5+1 \\[3mm] C_8: \left(1+\dfrac{1}{2}\right)U_8 + \dfrac{1}{2}\times5 = 5-1 \end{cases}$$

解之,得

$$U_7 = 3V, \quad U_8 = 1V$$

于是各节点电压为

$$U_a = U_8 = 1V, \quad U_b = -23 + U_7 = -20V, \quad U_c = 5 + U_8 = 6V, \quad U_d = U_7 = 3V$$

由解题过程可见,树支电压 $U_7$ 和 $U_8$ 分别只用一个方程解出。

（2）用回路法求解。将理想电流源支路均选为连支,选树及决定各基本回路如图 11-46(c)所示。列回路 $l_3$ 和 $l_4$ 的方程为

$$\begin{cases} l_3: (3+4)I_{l3} + 3\times5 - 3\times1 = -23 \\[2mm] l_4: (1+2)I_{l4} + 1\times1 - 1\times5 = 5 \end{cases}$$

解之,得

$$I_{l3} = -5A, \quad I_{l4} = 3A$$

于是各节点电压为

$$U_b = 4I_{l3} = -20V, \quad U_c = 2I_{l4} = 6V, \quad U_a = -5 + U_c = 1V, \quad U_d = 23 + U_b = 3V$$

由解题过程可见,连支电流 $I_{l3}$ 和 $I_{l4}$ 分别只用一个方程解出。

## 习题

11-1　电路如题 11-1 图所示。(1)画出该电路的有向图(将电压源与其串联的元件一起视为一条支路,将电流源与其并联的元件也视作一条支路);(2)试对所画有向图任选出

3 棵树。

11-2 有向图如题 11-2 图所示。

(1) 判断下列支路集合中哪些是构成树的树支集。

(1){2,3,5,6,8}；(2){1,2,5,6}；(3){4,5,6,8}；(4){3,4,6,7,8}；(5){3,4,6,7}；(6){2,3,4,8}。

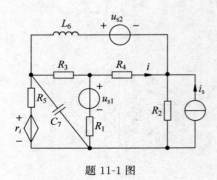

题 11-1 图

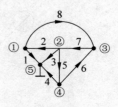

题 11-2 图

(2) 该图有多少个回路？有几个独立回路？

11-3 拓扑图如题 11-3 图所示,试对各图判断下列支路集合是否为割集并说明理由。

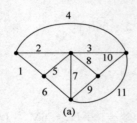

(a)

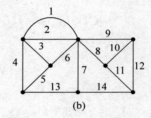

(b)

题 11-3 图

(a)图：(1) {2,5,7,9,11}；(2) {3,4,8,9,11}；(3) {3,4,6,7,9,10}；

　　　　(4) {2,3,5,7,9,10}；(5) {1,2,3,4,10,11}。

(b)图：(1) {3,4,6,7,8,10,12}；(2) {1,2,3,5,7,8,9}；(3) {3,4,5,6}；

　　　　(4) {1,2,6,8,9,13,14}；(5) {1,2,4,5,6}；(6) {4,5,11,12,13,14}。

11-4 试对题 11-2 图所示有向图写出关联矩阵 $A$ 和网孔矩阵 $M$。

11-5 对题 11-3 图(a)所示有向图,若选取支路集合{1,2,3,7,8}为树支集,试写出其基本回路矩阵 $B$ 和基本割集矩阵 $Q$（支路按先连支后树支顺序排列）。

11-6 某网络的有向图如题 11-6 图所示。若选支路 3,5,6 为树支,试写出其关联矩阵 $A$、基本回路矩阵 $B$ 和基本割集矩阵 $Q$（支路均按先连支后树支的顺序排列）。

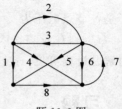

题 11-6 图

11-7 某有向图的关联矩阵为

$$A = \begin{array}{c} \begin{array}{cccccccc} 1 & 2 & 3 & 4 & 5 & 6 & 7 & 8 \end{array} \\ \begin{bmatrix} -1 & -1 & 0 & 0 & 0 & 0 & 0 & 1 \\ 0 & 1 & 0 & 1 & 1 & 0 & 1 & 0 \\ 1 & 0 & 1 & -1 & 0 & 0 & 0 & 0 \\ 0 & 0 & -1 & 0 & -1 & 1 & 0 & 0 \end{bmatrix} \end{array}$$

试作出该有向图。

11-8　一有向图的基本回路矩阵为

$$B = \begin{array}{c} \begin{array}{cccccc} 1 & 2 & 3 & 4 & 5 & 6 \end{array} \\ \begin{bmatrix} 1 & 0 & 0 & 0 & -1 & -1 \\ 0 & 1 & 0 & -1 & -1 & 0 \\ 0 & 0 & 1 & 1 & 0 & 1 \end{bmatrix} \end{array}$$

不作图回答下列问题：

（1）该图有多少个节点和多少个网孔？

（2）该图的基本割集有多少个？

（3）下列支路集合构成回路吗？

① $\{1,2,4,6\}$；② $\{2,3,6\}$；③ $\{1,3,4,5\}$；④ $\{1,4,5,6\}$。

11-9　某有向图在选定一棵树后写出的基本割集矩阵为

$$Q = \begin{bmatrix} 1 & 0 & -1 & 1 & 0 & 0 \\ 0 & -1 & 1 & 0 & 1 & 0 \\ -1 & 1 & 0 & 0 & 0 & 1 \end{bmatrix}$$

（1）写出其基本回路矩阵 $B$；（2）画出该有向图。

11-10　若支路按先连支后树支的顺序排列，已知关联矩阵 $A$，试将基本割集矩阵 $Q$ 用矩阵 $A$ 表示。

11-11　在题 11-11 图所示有向图中，选支路 1,2,3 为树支。（1）写出基本回路矩阵 $B$ 和基本割集矩阵 $Q$。（2）验证 $QB^T = 0$。

11-12　试说明连支电流是独立的、完备的电路变量。

11-13　题 11-13 图所示为一电路的有向图。（1）该电路有多少个独立的支路电流变量和多少个独立的支路电压变量？（2）试分别为这些支路赋一组电流数据和电压数据后，计算出其他支路的电流和电压。（3）将各支路电压用节点电位表示。

11-14　在题 11-14 图所示的某电路的有向图中，选支路 3,5,7,8 为树支。（1）写出该电路的用关联矩阵 $A$ 表示的 KCL 和 KVL 方程；（2）写出该电路的用基本回路矩阵 $B$ 表示的 KVL 方程；（3）写出该电路的用基本割集矩阵 $Q$ 表示的 KCL 方程；（4）验证 $QB^T = 0$。

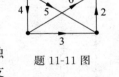

题 11-11 图

题 11-13 图

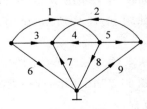

题 11-14 图

11-15 已知某电路的基本割集矩阵 $Q = [E \vdots 1]$ 中的分块矩阵 $E$ 为

$$E = \begin{bmatrix} 1 & -1 & 0 & 0 \\ -1 & 1 & 1 & 1 \\ 0 & -1 & -1 & -1 \\ 0 & -1 & -1 & 0 \end{bmatrix}$$

现要测量该电路各支路电流,最少需用多少块电流表? 这些表如何接入电路?

11-16 电路如题 11-16 图所示,试用系统法写出两种形式的支路特性方程的矩阵式。

11-17 试用系统法写出题 11-17 图所示电路的支路电流法方程,进而求出各支路电流及各电压源的功率。

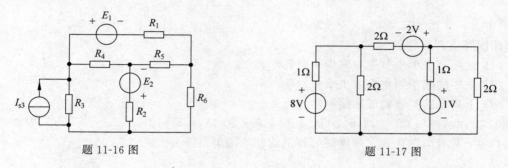

题 11-16 图 题 11-17 图

11-18 题 11-18 图(a)所示电路的有向图如题 11-18 图(b)所示,选树为 $T = \{1, 2\}$,用系统法写出矩阵形式的节点法方程。

11-19 电路如题 11-19 图所示,用系统法建立该电路的节点法方程,并求出各支路电流及电流源的功率。

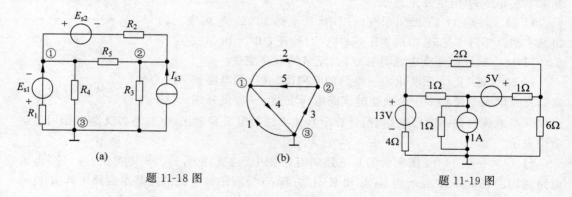

(a) (b)
题 11-18 图 题 11-19 图

11-20 电路仍如题 11-18 图所示,选树为 $T = \{2, 3\}$,用系统法建立电路的回路法方程。

11-21 电路仍如题 11-19 图所示,试用系统法建立电路的网孔法方程,并求出各电源的功率。

11-22 用割集法求题 11-22 所示电路中的两电压源的功率。

11-23 电路如题 11-23 图所示,选择 $R_1, R_2, R_3$ 和 $R_4$ 所在支路为树支后,用系统法写出该电路的割集法方程。

11-24 设法分别只用一个方程求出题 11-24 图所示电路中的 $U$ 和 $I$。

11-25　电路如题 11-25 图所示，试选择一树，使得能用一个方程解出 $U_1$，并求 $U_1$ 的值。

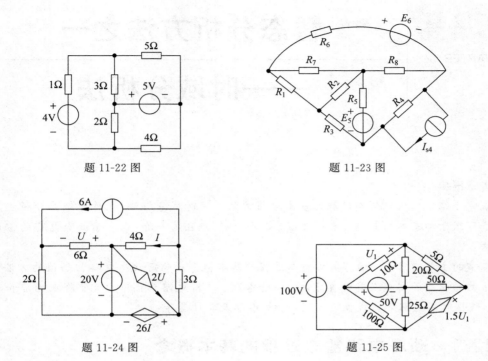

题 11-22 图　　　　　　　　题 11-23 图

题 11-24 图　　　　　　　　题 11-25 图

# 第 12 章

**CHAPTER 12**

# 暂态分析方法之一
# ——时域分析法

**本章提要**

本章介绍动态电路暂态过程的基本分析方法——时域分析法,也称为经典分析法。这一方法可用于动态网络暂态过程的定性、定量研究,并且是一阶、二阶等低阶电路的常用分析方法。

本章的主要内容有:动态电路暂态过程的基本概念;确定动态电路初始值的方法;动态电路初始状态的突变及其计算方法;一阶电路;二阶电路和高阶电路;阶跃响应和冲激响应;线性时不变网络的线性时不变特性;卷积及其计算等。

## 12.1 动态电路暂态过程的基本概念

## 一、动态电路的暂态过程

### 1. 暂态过程的概念

动态电路是指含有动态元件(即 $L$ 和 $C$ 元件)的电路。这种电路的一个重要特点就是在一定的条件下会产生暂态过程(也称为过渡过程)。所谓暂态过程是指存在于两种稳定状态之间的一种渐变过程。例如,某支路 $k$ 的电压 $u_k$ 有两种稳定状态,即电压为零和电压为一常数 $U_m$,若 $u_k$ 从零变到 $U_m$ 需经历一段时间,如图 12-1(a)所示,则称 $u_k$ 经历了过渡过程(暂态过程)。反之,若电压 $u_k$ 从零变到 $U_m$ 是在瞬间完成的(即变化不需要时间),如图 12-1(b)所示,则表明 $u_k$ 的变化没有过渡过程。

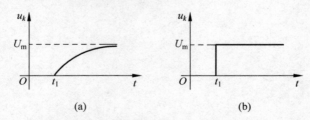

图 12-1 暂态过程概念的说明用图

### 2. 暂态过程产生的原因

(1) 产生暂态过程的内在原因

只有动态电路才会产生暂态过程,其根本原因是动态电路中 $L$、$C$ 这两种储能元件的存在。在一般情况下，$L$、$C$ 的储能不能突变，即能量的转换和积累不能瞬时完成，这就意味着电容两端的电压和通过电感的电流也不能突变，只能逐渐变化，由此产生暂态过程。

（2）产生暂态过程的外部条件

仅在一定的外部条件下，动态电路才会产生暂态过程。这些外部条件指的是电路结构或参数的突然变化，如开关的通、断，电源的接入或切断，元件参数的改变等。产生暂态过程的外部条件通常称为"换路"。

## 二、动态电路的阶数及其确定方法

### 1. 电路的阶数

由于电感、电容元件的电压电流之间是微分、积分关系，因此分析动态电路暂态过程所建立的方程为微分方程或微积分方程。输入激励为零时，电路变量应满足的微分方程的阶数，称为电路的阶数。从电路的形式上看，当电路中含有一个独立储能元件时，称为一阶电路，含有两个独立的储能元件时，称为二阶电路，依此类推。二阶以上的电路也称为高阶电路。

### 2. 电路阶数的确定

电路的阶数决定于独立储能元件的个数，这表明电路的阶数并不一定等于储能元件的个数，关键是所涉及的储能元件必须是独立的。当电容元件的电压（或电感元件的电流）为独立变量时，该储能元件就是独立的，否则为非独立的。在图 12-2 所示的两个电路中，各电感元件的电流或电容元件的电压均是独立变量，因此电路的阶数与储能元件的个数相等。图 12-2(a)是一阶电路，图 12-2(b)是三阶电路。

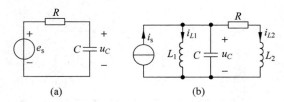

图 12-2　电路的阶数等于储能元件个数的电路示例

在图 12-3(a)中，电路虽含有一个电感元件，但它的电流恒等于电流源的输出电流，这表明该电感是非独立的，故电路的阶数为零；在图 12-3(b)中，电路含有三个储能元件，但两个电容的电压恒等于电压源的电压，这表明它们是非独立的，故该电路是一阶电路。

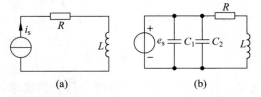

图 12-3　电路的阶数小于储能元件个数的电路示例

综上所述，电路的阶数小于或等于储能元件的个数。

对图 12-4 所示的电流源、电感割集，按 KCL，有 $i_{L1}+i_{L2}+i_{L3}+i_s=0$，这表明有一个电感电流是不独立的。可见，当电路中有 $p$ 个独立的电流源、电感割集（包括纯电感割集）时，不独立的电感元件便有 $p$ 个。对图 12-5 所示的电压源、电容回路,按 KVL,有 $u_{C1}+u_{C2}+u_{C3}+u_s=0$,这表明有一个电容电压是不独立的。可见,当电路中有 $q$ 个独立的电压源、电容回路(包括纯电容回路)时,不独立的电容元件便有 $q$ 个。若设电路中储能元件的个数为 $m$,电路的阶数为 $n$,可得出

$$n = m - (p + q) = m - p - q \tag{12-1}$$

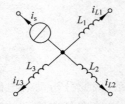

图 12-4 电流源-电感割集

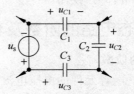

图 12-5 电压源-电容回路

还可将电路中所有的独立电源置零(电压源由短路线代替,电流源用开路代替)后,由所得到的无源网络来判断电路的阶数,即在此无源电路中确定独立的储能元件或找出独立的纯电感割集的个数 $p$ 及独立的纯电容回路 $q$。

通常将不含有由纯电容支路与独立电压源支路构成的回路,以及不含有由纯电感支路与独立电流源支路构成的割集的网络称作"常态"网络,如图 12-2 所示的电路,否则称为"病态"网络,如图 12-3 所示的电路。

**例 12-1** 试确定图 12-6(a)所示电路的阶数。

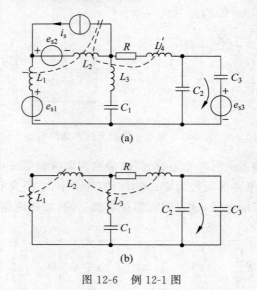

图 12-6 例 12-1 图

**解** 这是一个病态网络。容易找出电路中有两个独立的电流源-电感割集及一个电压源-电容回路,如图 12-6(a)所示。亦可做出该电路对应的无源电路,如图 12-6(b)所示,找出两个纯电感割集和一个纯电容回路。于是可知 $p=2$,$q=1$,该电路共有 $m=7$ 个储能元件,则电路的阶数为

$$n = m - p - q = 7 - 2 - 1 = 4$$

## 三、暂态过程的分析方法

分析动态电路的暂态过程可采用三种方法,即时域分析法、复频域分析法和状态变量分析法。本章讨论时域分析法。

时域分析法又称为经典分析法(简称经典法)。它是一种通过列写动态时域电路在换路后的电路方程,找出其初始条件并求出微分方程定解,从而获得电路响应的方法。

采用经典法时,对 $n$ 阶电路所列写的是 $n$ 阶线性微分方程,其一般形式为

$$\frac{\mathrm{d}^n y}{\mathrm{d}t^n} + a_1 \frac{\mathrm{d}^{n-1} y}{\mathrm{d}t^{n-1}} + \cdots + a_{n-1} \frac{\mathrm{d}y}{\mathrm{d}t} + a_n y = b_0 \frac{\mathrm{d}^m x}{\mathrm{d}t^m} + b_1 \frac{\mathrm{d}^{m-1} x}{\mathrm{d}t^{m-1}} + \cdots + b_n x \tag{12-2}$$

式中,$y(t)$ 为响应函数,$x(t)$ 为输入函数,$a_i$ 和 $b_j$ 均为常数。求解式(12-2)所需的初始条件为 $\dfrac{\mathrm{d}^{n-1} y(0)}{\mathrm{d}t^{n-1}}, \dfrac{\mathrm{d}^{n-2} y(0)}{\mathrm{d}t^{n-2}}, \cdots, y(0)$。

式(12-2)解的一种形式为

$$y(t) = y_{\mathrm{h}} + y_{\mathrm{p}} \tag{12-3}$$

式中,$y_{\mathrm{h}}$ 为齐次方程的通解;$y_{\mathrm{p}}$ 为满足式(12-2)的一个特解,通常 $y_{\mathrm{p}}$ 根据电路激励的形式予以确定。

当齐次方程的特征根 $s_i(i=1,2,\cdots,n)$ 为不等的实根时,其通解为

$$y_{\mathrm{h}} = \sum_{i=1}^{n} k_i \mathrm{e}^{s_i t} \tag{12-4}$$

当特征根中有一个 $q$ 重根 $s_r$ 时,通解为

$$y_{\mathrm{h}} = \sum_{i=1}^{n-q} k_i \mathrm{e}^{s_i t} + \sum_{j=0}^{q-1} k_j t^j \mathrm{e}^{s_r t} \tag{12-5}$$

$k_i$、$k_j$ 为积分常数,由 $n$ 个初始条件决定。

简单地说,用经典法求解过渡过程,就是根据给定的电路写出微分方程并求解。由于高阶电路的微分方程及初始条件较难写出,故经典法多用于一阶和二阶电路,高阶电路的分析通常采用后面将要介绍的复频域分析法和状态变量分析法。

## 四、建立动态电路微积分方程的方法

### 1. 建立电路微分方程的"直接法"

所谓"直接法"是指对电路应用 KCL、KVL 以及元件的特性方程建立微积分方程组,并由此方程组消去不必要的中间变量后得出所需的微分方程。下面举例说明"直接法"。

**例 12-2**　如图 12-7 所示电路,已知 $R_1=1\Omega, C=1\mathrm{F}, R_2=3\Omega, L_1=2\mathrm{H}, L_2=1\mathrm{H}, u_s=\mathrm{e}^{-2t}\mathrm{V}$,试建立以 $i_{L2}$ 为变量的微分方程。设 $u_C(0_-)=6\mathrm{V}, i_{L1}(0_-)=0, i_{L2}(0_-)=0$。

**解**　节点 a 的 KCL 方程为

$$i_{L1} - i - i_{L2} = 0$$

两个网孔的 KVL 方程为

$$u_C(0_-) + \frac{1}{C}\int_{0_-}^{t} i_{L1}(\tau)\mathrm{d}\tau + R_1 i + L_1 \frac{\mathrm{d}i_{L1}}{\mathrm{d}t} = u_s$$

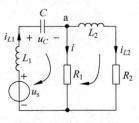

图 12-7　例 12-2 图

$$L_2 \frac{\mathrm{d}i_{L2}}{\mathrm{d}t} + R_2 i_{L2} - R_1 i = 0$$

从上述三个方程中消去不需要的变量 $i$ 和 $i_{L1}$。先将参数代入各方程,可得

$$\begin{cases} i_{L1} - i - i_L = 0 & ① \\ 6 + \int_{0_-}^{t} i_{L1}(\tau)\mathrm{d}\tau + i + 2\frac{\mathrm{d}i_{L1}}{\mathrm{d}t} = \mathrm{e}^{-2t} & ② \\ \frac{\mathrm{d}i_{L2}}{\mathrm{d}t} + 3i_{L2} - i = 0 & ③ \end{cases}$$

由①式,得

$$i = i_{L1} - i_{L2} \qquad\qquad ④$$

将④式代入③式,可得

$$i_{L1} = 4i_{L2} + \frac{\mathrm{d}i_{L2}}{\mathrm{d}t} \qquad\qquad ⑤$$

③式又可写为

$$i = 3i_{L2} + \frac{\mathrm{d}i_{L2}}{\mathrm{d}t} \qquad\qquad ⑥$$

将⑤式、⑥式代入②式,得

$$6 + \int_{0_-}^{t} \left(4i_{L2} + \frac{\mathrm{d}i_{L2}}{\mathrm{d}\tau}\right)\mathrm{d}\tau + 3i_{L2} + 9\frac{\mathrm{d}i_{L2}}{\mathrm{d}t} + 2\frac{\mathrm{d}^2 i_{L2}}{\mathrm{d}t^2} = \mathrm{e}^{-2t}$$

将上式微分一次以消去积分号,整理后可得

$$2\frac{\mathrm{d}^3 i_{L2}}{\mathrm{d}t^3} + 9\frac{\mathrm{d}^2 i_{L2}}{\mathrm{d}t^2} + 4\frac{\mathrm{d}i_{L2}}{\mathrm{d}t} + 4i_{L2} = -2\mathrm{e}^{-2t}$$

上式便是所需建立的以 $i_{L2}$ 为变量的三阶非齐次微分方程。由解题过程可见,得到所需方程的关键是消除中间变量。

**2. 建立电路微分方程的"算子法"**

所谓"算子法"是指引入微分算子和积分算子后,再应用各种网络分析法列写电路方程而得到微分方程的方法。"算子法"的步骤如下:

(1) 将初始电压不为零的电容元件用一个电压源和一个零初值的电容元件相串联的电路等效;将初始电流不为零的电感元件用一个电流源和一个零初值的电感元件相并联的电路等效。

(2) 引入微分算子 $\mathrm{D} \stackrel{\text{def}}{=} \frac{\mathrm{d}}{\mathrm{d}t}$ 和积分算子 $\mathrm{D}^{-1} \stackrel{\text{def}}{=} \int_0^t \mathrm{d}t$,则零初值电容元件的伏安特性方程为 $i_C = C\mathrm{D}u_C$,或 $u_C = \frac{1}{C\mathrm{D}}i_C$;零初值电感元件的伏安特性方程为 $u_L = L\mathrm{D}i_L$,或 $i_L = \frac{1}{L\mathrm{D}}u_L$,若将电容元件的参数表示为 $\frac{1}{C\mathrm{D}}$,将电感元件的参数表示为 $L\mathrm{D}$。与电阻元件的特性方程(欧姆定律)相比较,电容元件的 $\frac{1}{C\mathrm{D}}$ 和电感元件的 $L\mathrm{D}$ 相当于电阻 $R$,而电容元件的 $C\mathrm{D}$ 和电感元件的 $\frac{1}{L\mathrm{D}}$ 相当于电导 $G$。

（3）对引入微分、积分算子的电路应用适当的网络分析法（如节点法、网孔法等），用观察法列出电路方程（组），然后用克莱姆法则等方法消去不必要的变量及各项分母中的微分算子 D，再将微分算子还原为 $\dfrac{\mathrm{d}}{\mathrm{d}t}$，便可得到所需的微分方程。

**例 12-3** 电路仍如图 12-7 所示，试用算子法建立以 $i_{L2}$ 为变量的微分方程。

**解** 将电路中的电容，电感分别用相应的含源等效电路替代，并将储能元件的参数用微分算子表示，可得图 12-8 所示的电路。由于两个电感元件的初始值为零，故对应的电流源均为零。因该电路只有一个独立节点，则用节点法列写电路方程。不难写出

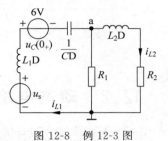

图 12-8　例 12-3 图

$$\left(\frac{1}{2\mathrm{D}+\dfrac{1}{\mathrm{D}}}+1+\frac{1}{3+\mathrm{D}}\right)u_{\mathrm{a}}=\frac{u_{\mathrm{s}}-6}{2\mathrm{D}+\dfrac{1}{\mathrm{D}}}$$

上式两边均乘 $(3+\mathrm{D})\left(2\mathrm{D}+\dfrac{1}{\mathrm{D}}\right)$，整理后得到

$$(2\mathrm{D}^3+9\mathrm{D}^2+4\mathrm{D}+4)u_{\mathrm{a}}=\mathrm{D}(u_{\mathrm{s}}-6)(\mathrm{D}+3)$$

但

$$i_{L2}=\frac{u_{\mathrm{a}}}{3+\mathrm{D}}$$

故

$$(2\mathrm{D}^3+9\mathrm{D}^2+4\mathrm{D}+4)i_{L2}=\mathrm{D}(u_{\mathrm{s}}-6)$$

将 $\mathrm{D}=\dfrac{\mathrm{d}}{\mathrm{d}t}$ 代入，得

$$2\frac{\mathrm{d}^3 i_{L2}}{\mathrm{d}t^3}+9\frac{\mathrm{d}^2 i_{L2}}{\mathrm{d}t^2}+4\frac{\mathrm{d}i_{L2}}{\mathrm{d}t}+4i_{L2}=-2\mathrm{e}^{-2t}$$

与例 12-2 所得结果完全相同。要注意在运算过程中，含算子 D 的多项式必须位于变量的前面，即用 D 的多项式左乘变量。显而易见，算子法较直接法更为简便，步骤更为清晰而不易而错。

## 练习题

12-1 试确定图 12-9 所示电路的阶数。

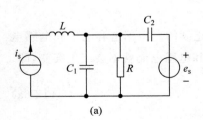

(a)

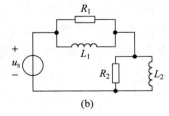

(b)

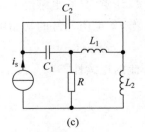

(c)

图 12-9　练习题 12-1 图

12-2　以图 12-10 所示电路中标示的电压或电流为变量,列写电路的微分方程。

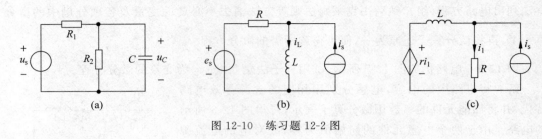

图 12-10　练习题 12-2 图

## 12.2　动态电路初始值的确定

### 一、电量的初始值和原始值的概念

研究动态电路的暂态过程,通常以换路时刻作为时间的起算点,一般将换路时刻记为 $t=0$,换路前的一瞬间记为 $t=0_-$,换路后一瞬间记为 $t=0_+$。将所讨论的电路变量 $y(t)$ 换路前一瞬间的值记为 $y(0_-)$,并称为原始值;将 $y(t)$ 在换路后一瞬间的值记为 $y(0_+)$,并称为初始值。若有 $y(0_+)=y(0_-)$ 成立,则表明在换路时刻 $y(t)$ 未发生突变,此时 $t=0_-$ 和 $t=0_+$ 的变量值不必加以区分,并用 $y(0)$ 表示,即 $y(0)=y(0_+)=y(0_-)$,将 $y(0)$ 也称为初始值,若 $y(0_+)\neq y(0_-)$,表明在换路瞬刻 $y(t)$ 发生突变,此时不可将初始值用 $y(0)$ 表示,而只能表示为 $y(0_+)$。务必请注意 $y(0)$、$y(0_+)$ 和 $y(0_-)$ 的区别与联系,不可混为一谈。

用经典法进行动态电路的暂态分析,关键是列写微分方程和找出初始条件。由于研究的是换路以后(即 $t>0$)的情况,因此对应于微分方程(12-2)的初始条件实际上是 $\dfrac{\mathrm{d}^{n-1}y(0_+)}{\mathrm{d}t^{n-1}}$,$\dfrac{\mathrm{d}^{n-2}y(0_+)}{\mathrm{d}t^{n-2}}$,$\cdots$,$y(0_+)$。下面分别讨论电路变量的初始值 $y(0_+)$ 及其各阶导数的初始值 $\dfrac{\mathrm{d}^{i}y(0_+)}{\mathrm{d}t^{i}}$ $[i=1,2,\cdots,(n-1)]$ 的确定方法。

### 二、动态电路的初始状态

在动态电路中,因电容电压和电感电流一般不发生突变,因此将它们称为惯性量。电路换路后的响应与惯性量的原始值有关,而与其他支路的电压、电流无关,人们又将电容电压 $u_C$ 和电感电流 $i_L$ 称为电路的状态变量,相应地将 $u_C(0_+)$ 和 $i_L(0_+)$ 称为电路的初始状态。应注意,只有电感电流及电容电压的初始值是初始状态,其他变量的初始值不一定是初始状态,如电阻元件的初始电压 $u_R(0_+)$ 就不是初始状态。

若 $y(0_+)=y(0_-)$,则初始值不发生突变(或跳变),是连续的。根据电容电压和电感电流的连续性,若 $i_C$ 及 $u_L$ 不含有冲激函数,换路时电容电压和电感电流就不会产生突变,即

$$\begin{cases} u_C(0_+)=u_C(0_-) \\ i_L(0_+)=i_L(0_-) \end{cases} \tag{12-6a}$$

因 $q_C=Cu_C$ 及 $\varPsi_L=Li_L$,则由式(12-6a)可得到

$$\begin{cases} q_C(0_+) = q_C(0_-) \\ \Psi_L(0_+) = \Psi_L(0_-) \end{cases} \tag{12-6b}$$

式(12-6)的重要性就在于它将换路前的电路和换路后的电路联系起来了,由此便可决定其他非状态变量的电压、电流及其各阶导数的初始值。

本节讨论在电路的初始状态不产生突变这一条件下初始值的确定方法,12.3节论述电路初始状态的突变。

## 三、初始值 $y(0_+)$ 的计算方法

**1. $y(0_+)$ 的计算步骤和方法**

(1) 由换路前一瞬刻($t=0_-$)的电路求出电路的原始状态 $u_C(0_-)$ 和 $i_L(0_-)$。在换路瞬间,除 $u_C$ 和 $i_L$ 外,其余的电压、电流均可能突变,因此除 $u_C(0_-)$ 和 $i_L(0_-)$ 外,其余电压、电流的原始值对 $t=0_+$ 时各电量的求解均无意义,所以只需求出 $u_C(0_-)$ 和 $i_L(0_-)$。

(2) 做出 $t=0_+$ 时的等效电路。因在换路时刻,电容电压和电感电流保持连续,故根据替代定理,在这一等效电路中,将电容用电压为 $u_C(0_+)=u_C(0_-)$ 的直流电压源代替,将电感用电流为 $i_L(0_+)=i_L(0_-)$ 的直流电流源代替;各电源均以其在 $t=0_+$ 时的值的直流电源代替,其余元件(包括受控源)予以保留。

(3) 用求直流电路的方法解 $t=0_+$ 时的等效电路,从而得出其他非状态变量的各初始值。

**2. 计算初始值 $y(0_+)$ 示例**

**例 12-4**　如图 12-11(a)所示电路,求开关 S 闭合后各电压、电流的初始值。已知在S闭合前,电容和电感均无储能。

**解**　在 S 闭合前,$L$ 和 $C$ 元件均无储能,表明 $u_C(0_-)=0$ 及 $i_L(0_-)=0$,由此可作出 $t=0_+$ 时的等效电路如图 12-11(b)所示。因替换 $C$ 元件的电压源电压为零,故用短路线代替;替换 $L$ 元件的电流源电流为零,故用开路代替。由 $t=0_+$ 时的等效电路不难求得各初始值为

$$u_C(0_+) = u_C(0_-) = 0$$

$$i_C(0_+) = \frac{E}{R_1}$$

$$i_L(0_+) = i_L(0_-) = 0, \quad u_L(0_+) = E$$

$$i_{R1}(0_+) = \frac{E}{R_1}, \quad u_{R1}(0_+) = E$$

$$i_{R2}(0_+) = 0, \quad u_{R2}(0_+) = 0$$

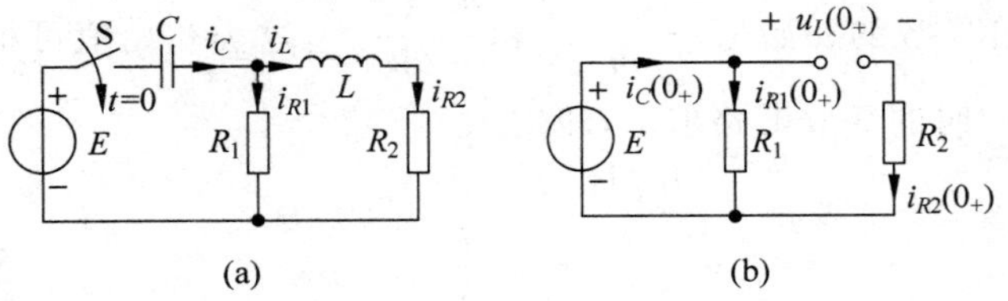

图 12-11　例 12-4 图

**例 12-5**　如图 12-12(a)所示电路,S 在 1 处闭合已久。$t=0$ 时,S 由 1 合向 2,求 $i_1$、$i_C$ 和 $u_L$ 的初始值。

**解**　(1) 先求出 $u_C(0_-)$ 和 $i_L(0_-)$,此时开关 S 在"1"处。做出 $t=0_-$ 时的等效电路如图 12-12(b)所示。由于是直流稳态电路,电容用开路代替,电感用短路代替。可求出

$$i_L(0_-) = \frac{6}{1+\dfrac{4\times4}{4+4}} \times \frac{1}{2} = \frac{6}{3} \times \frac{1}{2} = 1\text{A}$$

$$u_C(0_-) = \frac{6}{1+2} \times 2 = 4\text{V}$$

(2) 做出 $t=0_+$ 时的等效电路,此时 S 在"2"处,将电容用 4V 的电压源代替,电感用 1A 的电流源代替,得如图 12-12(c)所示的等效电路。

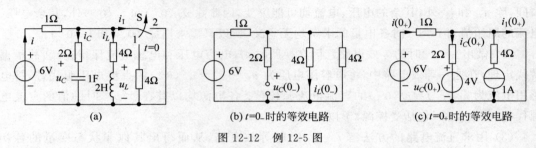

图 12-12　例 12-5 图

(3) 由 $t=0_+$ 时的等效电路求出各初始值。可以看出,三条支路均经 $i_1(0_+)$ 所在的短路线自成独立回路。可求出

$$i(0_+) = \frac{6}{1} = 6\text{A}, \quad i_C(0_+) = \frac{-4}{2} = -2\text{A}$$

$$i_1(0_+) = i(0_+) - i_C(0_+) - i_L(0_+) = 6 - (-2) - 1 = 7\text{A}$$

$$u_L(0_+) = -4i_L(0_+) = -4 \times 1 = -4\text{V}$$

注意 $u_L(0_+)$ 是替代电感的电流源两端的电压。

## 四、各阶导数初始值 $\dfrac{d^i y(0_+)}{dt^i}$ 的求法

### 1. 计算 $\dfrac{d^i y(0_+)}{dt^i}$ 的步骤和方法

(1) 由 $t=0_-$ 时的等效电路求出 $u_C(0_-)$ 和 $i_L(0_-)$。

(2) 做出 $t=0_+$ 时的等效电路及 $t>0$ 的等效电路。

(3) 求出各阶导数的初始值。各电压、电流各阶导数的初始值可分为两类,一类是电容电压、电感电流一阶导数的初始值 $\dfrac{du_C(0_+)}{dt}$ 和 $\dfrac{di_L(0_+)}{dt}$,这类初始值可根据电容、电感的伏安特性方程由 $t=0_+$ 时的等效电路求出,即

$$\begin{cases} \dfrac{du_C(0_+)}{dt} = \dfrac{1}{C}\,i_C(0_+) \\[3mm] \dfrac{di_L(0_+)}{dt} = \dfrac{1}{L}\,u_L(0_+) \end{cases} \tag{12-7}$$

另一类是除 $\dfrac{du_C(0_+)}{dt}$ 和 $\dfrac{di_L(0_+)}{dt}$ 之外所有电压、电流各阶导数的初始值以及 $u_C$ 和 $i_L$ 二阶以上各阶导数的初始值。这类初始值可根据 $t=0_+$ 及 $t>0$ 的等效电路求出,具体方法可参见下面的示例。

**2. 计算初始值 $\dfrac{d^i y(0_+)}{dt^i}$ 示例**

**例 12-6** 如图 12-13(a)所示电路,已知 $E=8\text{V}$,$L_1=2\text{H}$,$L_2=0.5\text{H}$,$C=0.5\text{F}$,$R_1=2\Omega$,$R_2=1\Omega$,$R_3=2\Omega$,试求初始值 $\dfrac{di_{L1}(0_+)}{dt}$、$\dfrac{di_{L2}(0_+)}{dt}$、$\dfrac{du_C(0_+)}{dt}$、$\dfrac{d^2 i_{L1}(0_+)}{dt^2}$、$\dfrac{d^2 i_{L2}(0_+)}{dt^2}$。

**解** (1)做出 $t=0_-$ 的等效电路如图 12-13(b)所示,要注意此时 S 是合上的。可求得

$$i_{L1}(0_-)=\frac{E}{R_1}+\frac{E}{R_3}=\frac{8}{2}+\frac{8}{2}=8\text{A}$$

$$i_{L2}(0_-)=\frac{E}{R_1}=\frac{8}{2}=4\text{A}$$

$$u_C(0_-)=E=8\text{V}$$

(2)做出 $t=0_+$ 和 $t>0$ 时的电路如图 12-13(c)、(d)所示。

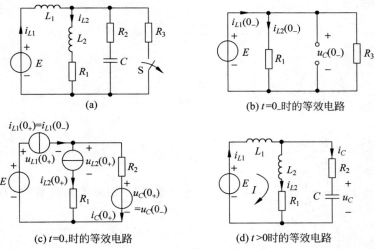

图 12-13 例 12-6 图

(3)根据 $t=0_+$ 时的等效电路,求初始值 $\dfrac{di_{L1}(0_+)}{dt}$、$\dfrac{di_{L2}(0_+)}{dt}$ 和 $\dfrac{du_C(0_+)}{dt}$。可求出

$$i_C(0_+)=i_{L1}(0_+)-i_{L2}(0_+)=8-4=4\text{A}$$

$$u_{L1}(0_+)=E-R_2 i_C(0_+)-u_C(0_+)=8-1\times 4-8=-4\text{V}$$

$$u_{L2}(0_+)=E-u_{L1}(0_+)-i_{L2}(0_+)R_1=8-(-4)-4\times 2=4\text{V}$$

则

$$\frac{di_{L1}(0_+)}{dt}=\frac{1}{L_1}u_{L1}(0_+)=\frac{1}{2}\times(-8)=-4\text{A/S}$$

$$\frac{di_{L2}(0_+)}{dt}=\frac{1}{L_2}u_{L2}(0_+)=\frac{1}{0.5}\times 8=16\text{A/S}$$

$$\frac{du_C(0_+)}{dt} = \frac{1}{C}i_C(0_+) = \frac{1}{0.5} \times 4 = 8\text{V/S}$$

(4) 根据 $t=0_+$ 及 $t>0$ 时的等效电路,求 $\dfrac{d^2 i_{L1}(0_+)}{dt^2}$ 和 $\dfrac{d^2 i_{L2}(0_+)}{dt^2}$。由 $t>0$ 的等效电路,对外回路列出 KVL 方程为

$$L_1 \frac{di_{L1}}{dt} + R_2 i_C + u_C = E \qquad (t>0)$$

将上式两边微分,可得(注意 $E$ 为常数)

$$L_1 \frac{d^2 i_{L1}}{dt^2} + R_2 \frac{di_C}{dt} + \frac{du_C}{dt} = 0$$

则

$$L_1 \frac{d^2 i_{L1}(0_+)}{dt^2} = -R_2 \frac{di_C(0_+)}{dt} - \frac{du_C(0_+)}{dt}$$

前已求出 $\dfrac{du_C(0_+)}{dt} = 16\text{V/S}$,但 $\dfrac{di_C(0_+)}{dt}$ 未知,又由 $t>0$ 的等效电路,列出 KCL 方程为

$$i_{L1} - i_{L2} - i_C = 0$$

将上式两边微分,得

$$\frac{di_{L1}}{dt} - \frac{di_{L2}}{dt} - \frac{di_C}{dt} = 0$$

则

$$\frac{di_C(0_+)}{dt} = \frac{di_{L1}(0_+)}{dt} - \frac{di_{L2}(0_+)}{dt} = -2 - 8 = -10\text{A/S}$$

于是

$$\frac{d^2 i_{L1}(0_+)}{dt^2} = -\frac{R_2}{L_1}\frac{di_C(0_+)}{dt} - \frac{1}{L_1}\frac{du_C(0_+)}{dt} = -\frac{1}{2} \times (-10) - \frac{1}{2} \times 8 = 1\text{A/S}^2$$

下面用类似方法求出 $\dfrac{d^2 i_{L2}(0_+)}{dt^2}$。由 $t>0$ 的等效电路,对回路 I 列出 KVL 方程为

$$L_1 \frac{di_{L1}}{dt} + L_2 \frac{di_{L2}}{dt} + R_1 i_{L2} = E \qquad (t>0)$$

将上式两边微分,得

$$L_1 \frac{d^2 i_{L1}}{dt^2} + L_2 \frac{d^2 i_{L2}}{dt^2} + R_1 \frac{di_{L2}}{dt} = 0$$

则

$$\frac{d^2 i_{L2}(0_+)}{dt^2} = -\frac{L_1}{L_2}\frac{d^2 i_{L1}(0_+)}{dt^2} - \frac{R_1}{L_2}\frac{di_{L2}(0_+)}{dt} = \frac{2}{0.5} \times 1 - \frac{2}{0.5} \times 8 = -28\text{A/S}^2$$

## 五、关于初始值计算的说明

(1) 在动态电路的暂态分析中,初始值的计算是一个十分重要的基本内容。必须掌握各种电量的初始值 $y(0_+)$ 和 $\dfrac{d^i y(0_+)}{dt^i}$ 的计算方法。

（2）在初始值的计算中，要用到三种电路，即 $t=0_-$，$t=0_+$ 及 $t>0$ 时的等效电路。应能正确地区分及做出这三种电路。

（3）各种初始值只取决于电路的原始状态，即 $i_L(0_-)$ 和 $u_C(0_-)$ 及外加激励。除此之外，其余各种电量在换路前一瞬间的值对初始值的确定不起作用。

（4）求初始值 $y(0_+)$ 及 $\dfrac{\mathrm{d}i_L(0_+)}{\mathrm{d}t}$、$\dfrac{\mathrm{d}u_C(0_+)}{\mathrm{d}t}$，只需用 $t=0_+$ 时的等效电路即可；求 $\dfrac{\mathrm{d}i_L(0_+)}{\mathrm{d}t}$、$\dfrac{\mathrm{d}u_C(0_+)}{\mathrm{d}t}$ 之外各电量一阶导数的初始值和全部电量二阶及二阶以上各阶导数的初始值，则需用 $t>0$ 的电路，即换路后的电路。具体做法是列写 $t>0$ 电路的 KCL 和 KVL 方程，根据需要对方程求各阶导数，从而求出所需电量各阶导数的初始值，如例 12-6 那样。

## 练习题

12-3　求图 12-14 所示电路中标示的各电压、电流的初始值。设换路前电路已处于稳定状态。

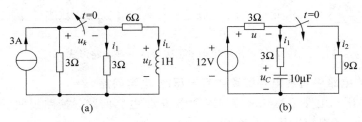

图 12-14　练习题 12-3 图

12-4　求图 12-15 所示电路中标示各电压、电流的初始值，设换路前电路已处于稳定状态。

12-5　电路如图 12-16 所示，开关打开前电路已处于稳定状态，求 $u_C(0_+)$、$i_L(0_+)$、$u(0_+)$ 及 $\dfrac{\mathrm{d}u_C}{\mathrm{d}t}(0_+)$、$\dfrac{\mathrm{d}i_L}{\mathrm{d}t}(0_+)$、$\dfrac{\mathrm{d}u}{\mathrm{d}t}(0_+)$。

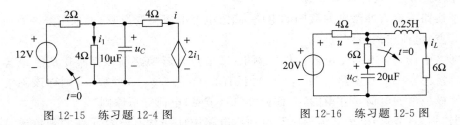

图 12-15　练习题 12-4 图　　　　　图 12-16　练习题 12-5 图

# 12.3　关于动态电路初始状态的突变

12.2 节讨论确定初始值方法的前提条件是电路的初始状态不发生突变。若在换路瞬间电容电流和电感电压中含有冲激分量，则电路的初始状态将发生突变，即在换路时，有 $u_C(0_+)\neq u_C(0_-)$ 及 $i_L(0_+)\neq i_L(0_-)$。本节讨论如何确定电容电压和电感电流的突变量。

## 一、产生突变现象的电路形式

按元件特性,电容电压发生突变是因为电容中通过了冲激电流,电感电流出现突变是因为电感两端有冲激电压。而电容中冲激电流及电感两端的冲激电压的出现不外乎是 KCL 和 KVL 约束或冲激电源激励的结果。归纳起来,初始状态突变的电路形式有下面三种情况。

### 1. 电路中含有冲激电源

图 12-17(a)所示电路中有一个冲激电压源,并设储能元件原始状态为零。在 $t=0_- \sim 0_+$ 的时间间隔内,按元件特性,$L$ 等效于断路,其两端承受一个冲激电压,电流初值产生突变;$C$ 等效于短路,通过一个冲激电流,电压初值发生突变。

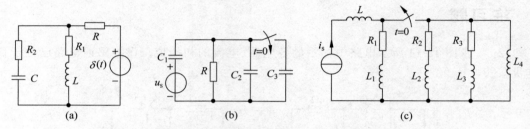

图 12-17  初始状态发生突变的三种电路形式

### 2. 换路后的电路中有纯电容回路或有电压源-电容回路

图 12-17(b)所示电路中有纯电容回路和电压源-电容回路。换路瞬间,因受 KVL 的约束,在一般情况下,各电容电压产生突变。

### 3. 换路后的电路中有纯电感割集或有电流源-电感割集

图 12-17(c)所示电路中有纯电感割集或有电流源-电感割集。换路瞬间,因受 KCL 的约束,各电感电流一般将产生突变。

## 二、确定电容电压突变量的“割集(节点)电荷守恒原则”

### 1. 割集(节点)电荷守恒原则

对于换路后没有冲激电源激励的电路,确定电容电压突变量时,可采用第 6 章所述及的“割集(节点)电荷守恒原则”。

对网络中任一含有若干电容元件的割集(或节点),若换路前该割集中所有电容极板上的电荷总量为 $q_\Sigma(0_-)$,换路后为 $q_\Sigma(0_+)$,且有 $q_\Sigma(0_+)=q_\Sigma(0_-)$ 成立,则称该割集相关的电容元件极板上的电荷是守恒的,并称为“割集(节点)电荷守恒原则”。

根据“割集(节点)电荷守恒原则”,可列出电路中任一含有电容元件的割集或节点的电荷守恒方程。在图 12-18 所示电路开闭后的纯电容回路中,若设电压为正极性的电容极板上的电荷为正,则可列写出节点 a 的电荷守恒方程为

$$-C_1 u_{C1}(0_-) + C_2 u_{C2}(0_-) = -C_1 u_{C1}(0_+) + C_2 u_{C2}(0_+)$$

同样,可列出节点 b 的电荷守恒方程为

$$C_1 u_{C1}(0_-) - C_2 u_{C2}(0_-) = C_1 u_{C1}(0_+) - C_2 u_{C2}(0_+)$$

当然,上面两个方程中只有一个方程是独立的。

**2. "割集(节点)电荷守恒原则"的导出**

在网络中任取一含有电容元件的割集如图12-19所示。设割集共有 $n$ 条支路,其中电容支路为 $m$ 条,由KCL,有

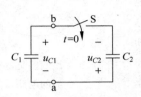

图12-18　纯电容回路示例

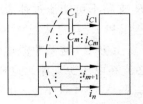

图12-19　网络中的任一含电容元件的割集

$$\sum_{j=1}^{n} i_j = 0 \tag{12-8}$$

或写为

$$\sum_{j=1}^{m} i_{Cj} + \sum_{j=m+1}^{n} i_j = 0 \tag{12-9}$$

由电容元件的特性方程 $i_{Cj} = \dfrac{\mathrm{d}q_{Cj}}{\mathrm{d}t}$,式(12-9)可写为

$$\sum_{j=1}^{m} \frac{\mathrm{d}q_{Cj}}{\mathrm{d}t} + \sum_{j=m+1}^{n} i_j = 0 \tag{12-10}$$

对式(12-10)取 $0_- \sim 0_+$ 的积分,得

$$\sum_{j=1}^{m} \left[ q_{Cj}(0_+) - q_{Cj}(0_-) \right] + \sum_{j=m+1}^{n} \int_{0_-}^{0_+} i_j = 0 \tag{12-11}$$

若 $\sum\limits_{j=m+1}^{n} \int_{0_-}^{0_+} i_j = 0$,便有

$$\sum_{j=1}^{m} q_{Cj}(0_+) = \sum_{j=1}^{m} q_{Cj}(0_-)$$

或

$$q_\Sigma(0_+) = q_\Sigma(0_-) \tag{12-12}$$

式(12-12)便是割集电荷守恒方程。

**3. 判断割集(节点)电荷是否守恒的方法**

由式(12-11)可知,割集电荷并非总是守恒,换句话说,割集(节点)电荷守恒原则不是无条件适用的,它只能用于电荷守恒的割集或节点。分析式(12-11),不难得出以下结论:

(1) 当割集全部是由电容支路构成时,由于 $\sum\limits_{j=1}^{n} \dfrac{\mathrm{d}q_{Cj}}{\mathrm{d}t} = 0$,恒有 $q_\Sigma(0_+) = q_\Sigma(0_-)$,即割集电荷守恒;

(2) 当割集中非电容支路的电流虽不为零,但不含冲激电流分量,或虽含有冲激分量,但其总和中冲激电流互相抵消时,仍有 $q_\Sigma(0_+) = q_\Sigma(0_-)$,割集电荷依然守恒;

(3) 当割集中非电容支路的电流含有冲激分量,且冲激电流不能抵消时,则 $q_\Sigma(0_+) \neq q_\Sigma(0_-)$,即割集电荷不守恒。

综上所述,一个割集(节点)的电荷是否守恒,完全取决于割集(节点)所含各非电容支路

冲激电流是否互相抵消,式(12-11)为割集电荷是否守恒的判别式。如图 12-20 所示电路,电容 $C$ 原未充电,在换路瞬间,按 KVL,电容 $C_1$ 和 $C$ 的电压将产生突变,两电容中必通过冲激电流。因 $R$ 支路不可能流过冲激电流(否则电路中其他元件上无冲激电压和 $R$ 上的冲激电压平衡,违反 KVL),电容 $C_2$ 的电压不发生突变,也无冲激电流通过,故流过 $C_1$ 和 $C$ 的冲激电流必流经电压源支路。这样,割集 $C_1'$ 的电荷不守恒;同理割集 $C_2'$ 的电荷亦不守恒;由于 $R$ 支路无冲激电流通过,故割集 $C_3'$ 的电荷守恒。

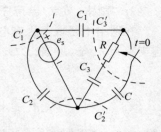

图 12-20　说明割集电荷是否守恒的电路示例

## 三、确定电感电流突变量的"回路磁链守恒原则"

### 1. 回路磁链守恒原则

确定电感电流的突变量时,可采用第 6 章所述及的"回路磁链守恒原则"。

对电路中任一含有电感支路的回路而言,若换路前回路中各电感元件的总磁链数为 $\Psi_\Sigma(0_-)$,换路后的总磁链数为 $\Psi_\Sigma(0_+)$,且 $\Psi_\Sigma(0_-)=\Psi_\Sigma(0_+)$,则称此回路相关的电感元件的总磁链是守恒的,简称回路磁链守恒,并称为"回路磁链守恒原则"。

根据"回路磁链守恒原则",可列出电路中任一含电感元件回路的磁链守恒方程。如图 12-21 所示电路,磁链守恒方程为

$$-L_1 i_{L1}(0_-)+L_2 i_{L2}(0_-)=-L_1 i_{L1}(0_+)+L_2 i_{L2}(0_+)$$

$L_1$ 的磁链前冠一负号是因为 $i_{L1}$ 的参考方向与回路的绕行方向相反。

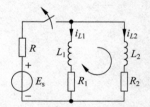

图 12-21　列写回路磁链守恒方程的示例用图

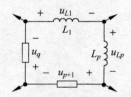

图 12-22　网络中任一含电感元件的回路

### 2. "回路磁链守恒原则"的导出

在网络中任取一回路,如图 12-22 所示。设该回路共有 $q$ 条支路,其中电感支路为 $p$ 条。由 KVL,有

$$\sum_{j=1}^{q} u_j = 0 \qquad\qquad (12\text{-}13)$$

或写作

$$\sum_{j=1}^{p} u_{Lj} + \sum_{j=p+1}^{q} u_j = 0 \qquad\qquad (12\text{-}14)$$

由电感元件的特性方程 $u_{Lj}=\dfrac{\mathrm{d}\Psi_{Lj}}{\mathrm{d}t}$,式(12-14)可写为

$$\sum_{j=1}^{p} \frac{\mathrm{d}\Psi_{Lj}}{\mathrm{d}t} + \sum_{j=p+1}^{q} u_j = 0 \qquad\qquad (12\text{-}15)$$

对式(12-15)取 $0_- \sim 0_+$ 的积分,得

$$\sum_{j=1}^{p}\left[\boldsymbol{\Psi}_{Lj}(0_+) - \boldsymbol{\Psi}_{Lj}(0_-)\right] + \sum_{j=p+1}^{q}\int_{0_-}^{0_+} u_j \, \mathrm{d}t = 0 \qquad (12\text{-}16)$$

若 $\sum_{j=p+1}^{q}\int_{0_-}^{0_+} u_j \, \mathrm{d}t = 0$,便有

$$\sum_{j=1}^{p}\boldsymbol{\Psi}_{Lj}(0_+) = \sum_{j=1}^{p}\boldsymbol{\Psi}_{Lj}(0_-) \qquad (12\text{-}17)$$

或

$$\boldsymbol{\Psi}_{\Sigma}(0_+) = \boldsymbol{\Psi}_{\Sigma}(0_-)$$

式(12-17)便是回路磁链守恒方程。

### 3. 判断回路磁链是否守恒的方法

由式(12-16)知,回路磁链并非总是守恒,换句话说,回路磁链守恒原则不是无条件适用的,它只能用于磁链守恒的回路。分析式(12-16)可得出以下结论:

(1) 对纯电感回路而言,由于 $\sum_{j=1}^{p}\dfrac{\mathrm{d}\boldsymbol{\Psi}_{Lj}}{\mathrm{d}t} = 0$,恒有 $\boldsymbol{\Psi}_{\Sigma}(0_+) = \boldsymbol{\Psi}_{\Sigma}(0_-)$,即回路磁链守恒;

(2) 当回路中非电感支路的电压不为零,但不含冲激分量,或虽含冲激电压分量,但其总和中冲激电压互相抵消时,仍有 $\boldsymbol{\Psi}_{\Sigma}(0_+) = \boldsymbol{\Psi}_{\Sigma}(0_-)$,回路磁链依然守恒;

(3) 若回路中非电感支路的电压含有冲激分量且冲激电压不能抵消时,则 $\sum_{j=p+1}^{q}\int_{0_-}^{0_+}$ $u_j \neq 0$,于是 $\boldsymbol{\Psi}_{\Sigma}(0_+) \neq \boldsymbol{\Psi}_{\Sigma}(0_-)$,即回路磁链不守恒。

综上所述,回路磁链是否守恒,完全取决于回路所含各非电感支路冲激电压之和是否为零。式(12-16)为回路磁链是否守恒的判别式,用此判定是否可用"回路磁链守恒原则"。如图 12-23 所示电路,在换路后,因 $R_1$ 和 $R_2$ 两端均不会出现冲激电压,则 $l_2$ 回路的磁链守恒;由于 $R_1$ 和 $L$ 两端不会有冲激电压出现,但 $L_1$ 两端出现冲激电压,故电流源两端也出现冲激电压,这样 $l_1$ 回路磁链不守恒。

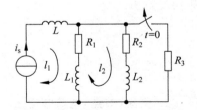

图 12-23 说明回路磁链是否守恒的电路示例

## 四、初始状态突变量的计算方法

电容电压和电感电流突变量的计算,可采用直接计算法,割集(节点)电荷守恒法,回路磁链守恒法等。

### 1. 直接计算法

当电路中含有冲激电源时,可直接由两类储能元件的伏安关系式计算突变量。计算式为

$$u_C(0_+) = u_C(0_-) + \frac{1}{C}\int_{0_-}^{0_+} i_C \, \mathrm{d}t$$

及

$$i_L(0_+) = i_L(0_-) + \frac{1}{L}\int_{0_-}^{0_+} u_L \, \mathrm{d}t$$

这里的关键是求得电容中的冲激电流和电感两端的冲激电压。

在冲激电源作用于电路期间,电容元件应视为短路,电感元件应视为开路。这是因为在原始状态不为零时,电容元件可等效为一个电压为 $u_C(0_-)$ 的电压源与一个零状态电容的串联,而零状态的电容可视作短路;同样,电感元件可等效为一个电流为 $i_L(0_-)$ 的电流源与一个零状态电感的并联,而零状态的电感可视作开路。

**例 12-7** 如图 12-24(a)所示电路,设 $u_C(0_-)=U_0$,$i_L(0_-)=I_0$,求 $u_C(0_+)$ 和 $i_L(0_+)$。

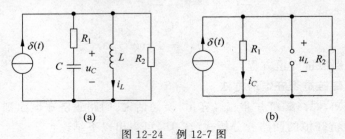

(a)                    (b)

图 12-24 例 12-7 图

**解** 在冲激电源作用时,电容视作短路,电感视为开路,由此作出 $0_-\sim0_+$ 时的等效电路如图 12-24(b)所示。可求出

$$i_C=\frac{R_2}{R_1+R_2}\delta(t)$$

$$u_L=\frac{R_1R_2}{R_1+R_2}\delta(t)$$

则突变量为

$$u_C(0_+)=u_C(0_-)+\frac{1}{C}\int_{0_-}^{0_+}i_C\,\mathrm{d}t=U_0+\frac{1}{C}\int_{0_-}^{0_+}\frac{R_2}{R_1+R_2}\delta(t)\,\mathrm{d}t=U_0+\frac{R_2}{C(R_1+R_2)}$$

$$i_L(0_+)=i_L(0_-)+\frac{1}{L}\int_{0_-}^{0_+}u_L\,\mathrm{d}t=I_0+\frac{1}{L}\int_{0_-}^{0_+}\frac{R_1R_2}{R_1+R_2}\delta(t)\,\mathrm{d}t=I_0+\frac{R_1R_2}{L(R_1+R_2)}$$

**2. 割集(节点)电荷守恒法**

此法的要点是,在割集(节点)中各非电容支路无冲激电流或冲激电流之和为零的情况下,依据 $t=0_-\sim0_+$ 期间割集电荷量不变的法则,列写电荷守恒方程,再辅之以其他必要的 KVL 方程,求出电容电压的突变量。

此法特别适用于电路中含有纯电容回路及电压源-电容回路时电容电压突变量的计算。

**例 12-8** 如图 12-25 所示电路,设 $u_{C2}(0_-)=2\mathrm{V}$,$C_1=2\mathrm{F}$,$C_2=4\mathrm{F}$,且原电路已处于稳定状态。试计算 $u_{C1}(0_+)$ 和 $u_{C2}(0_+)$。

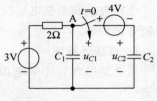

图 12-25 例 12-8 图

**解** 换路前,$u_{C1}(0_-)=3\mathrm{V}$,换路后节点 A 连有三条支路,其中电阻支路上显然无冲激电流通过(这是因为在包含电阻的任一回路中的其他元件上无冲激电压与电阻上的冲激电压平衡)。这样,可写出节点 A 的电荷守恒方程为

$$C_1u_{C1}(0_-)+C_2u_{C2}(0_-)=C_1u_{C1}(0_+)+C_2u_{C2}(0_+) \qquad\qquad ①$$

换路后电压源-电容回路的 KVL 的方程为

$$u_{C1}(0_+)-u_{C2}(0_+)=4 \qquad\qquad ②$$

联立①、②两式,将参数代入,可解出

$$u_{C1}(0_+) = 5\text{V}, \quad u_{C2}(0_+) = 1\text{V}$$

**3. 回路磁链守恒法**

此法的要点是,在回路中的非电感支路无冲激电压或冲激电压之和为零的情况下,依据 $t = 0_- \sim 0_+$ 期间,回路中磁链不变的法则,列写回路磁链守恒方程,再辅之以其他必要的 KCL 方程,从而求出电感电流的突变量。

该法特别适用于电路中含有纯电感割集或含有电流源、电感割集时电感电流突变量的计算。

**例 12-9**　图 12-26 所示电路已处于稳态,在 $t = 0$ 时开关打开,试求 $i_{L1}(0_+)$ 和 $i_{L2}(0_+)$。

**解**　可求出换路前各电感电流为

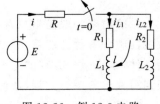

图 12-26　例 12-9 电路

$$i_{L1}(0_-) = \frac{E}{R + \dfrac{R_1 R_2}{R_1 + R_2}} \cdot \frac{R_2}{R_1 + R_2} = \frac{E R_2}{R R_1 + R R_2 + R_1 R_2}$$

$$i_{L2}(0_-) = \frac{E}{R + \dfrac{R_1 R_2}{R_1 + R_2}} \cdot \frac{R_1}{R_1 + R_2} = \frac{E R_1}{R R_1 + R R_2 + R_1 R_2}$$

换路后,$R_1$ 和 $R_2$ 显然无冲激电流流过,回路 $l$ 中的磁链守恒。

列出该回路的磁链守恒方程为

$$-L_1 i_{L1}(0_-) + L_2 i_{L2}(0_-) = -L_1 i_{L1}(0_+) + L_2 i_{L2}(0_+)$$

换路后电感割集的 KCL 方程为

$$i_{L1}(0_+) + i_{L2}(0_+) = 0$$

将上面两式联立可解出

$$i_{L1}(0_+) = \frac{L_1 i_{L1}(0_-) - L_2 i_{L2}(0_-)}{L_1 + L_2}$$

$$i_{L2}(0_+) = \frac{-L_1 i_{L1}(0_-) + L_2 i_{L2}(0_-)}{L_1 + L_2}$$

## 练习题

**12-6**　求图 12-27 所示电路中的 $u_C(0_+)$ 和 $i_L(0_+)$。

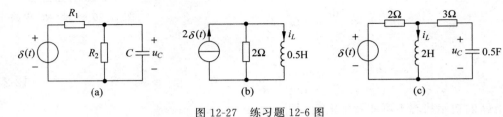

图 12-27　练习题 12-6 图

**12-7**　图 12-28 所示电路已处于稳态,且 $u_{C2}(0_-) = u_{C3}(0_-) = 0$,求开关闭合后的电压 $u_{C1}(0_+)$、$u_{C2}(0_+)$ 及 $u_{C3}(0_+)$。

**12-8**　图 12-29 所示电路已处于稳态,且 $i_{L2}(0_-) = 0$,求开关闭合后的电流 $i_{L1}(0_+)$ 和 $i_{L2}(0_+)$。

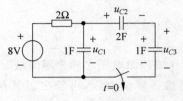

图 12-28　练习题 12-7 图

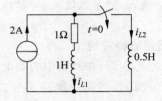

图 12-29　练习题 12-8 图

## 12.4　一阶电路的响应

　　一阶电路一般是指只含有一个独立储能元件的动态电路,对应的电路方程是一阶常系数线性微分方程。求解一阶电路响应的任务是建立所求响应对应的一阶微分方程,找出初始条件,求出微分方程的定解。事实上,对一阶电路可采取套用公式的方法求取响应,而无须列写并求解微分方程,从而使计算得以简化。

### 一、一阶电路的零输入响应

　　零输入响应是指电路在没有独立电源作用的情况下,仅由初始储能所建立的响应。一阶电路的零输入响应 $y(t)$ 对应的是下面的一阶齐次微分方程:

$$\begin{cases} \dfrac{\mathrm{d}y(t)}{\mathrm{d}t} + ay(t) = 0 & (t>0) \\ y(0_+) = y_0 \end{cases} \tag{12-18}$$

需注意,上述微分方程必须加以 $t>0$ 的限制,这是因为该方程对应于换路后的电路。

　　一阶电路包括 $RC$ 电路和 $RL$ 电路,下面分别讨论这两种电路的零输入响应。

#### 1. $RC$ 电路的零输入响应

（1）零输入响应微分方程的建立及其求解

　　图 12-30 所示为一阶 $RC$ 电路,设 $u_C(0_-)=U_0$。在 S 合上后,电路的响应是零输入响应。先建立 $u_C$ 所应满足的微分方程。由 KVL,有

$$u_C - iR = 0 \tag{12-19}$$

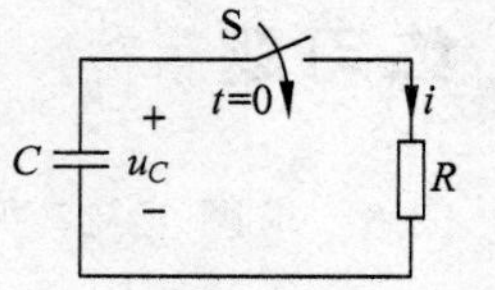

又 $i=-i_C=-C\dfrac{\mathrm{d}u_C}{\mathrm{d}t}$,故式（12-19）可写为

$$u_C + RC\frac{\mathrm{d}u_C}{\mathrm{d}t} = 0$$

或

图 12-30　一阶 $RC$ 电路

$$\frac{\mathrm{d}u_C}{\mathrm{d}t} + \frac{1}{RC}u_C = 0 \tag{12-20}$$

显然电路的初始状态不可能发生突变,即

$$u_C(0_+) = u_C(0_-) = U_0$$

这样,图 12-30 所示电路以 $u_C$ 为变量的微分方程及初始条件为

$$\begin{cases} \dfrac{\mathrm{d}u_C}{\mathrm{d}t} + \dfrac{1}{RC}u_C = 0 & (t>0) \\ u_C(0) = U_0 \end{cases} \tag{12-21}$$

上述一阶齐次微分方程的通解为

$$u_C = A \mathrm{e}^{st} \qquad (12\text{-}22)$$

式中,$s$ 为特征根,也称为电路的固有频率。特征方程为

$$s + \frac{1}{RC} = 0$$

$$s = -\frac{1}{RC}$$

令 $\tau = -1/s = RC$,并称 $\tau$ 为一阶 $RC$ 电路的时间常数,则式(12-22)可写为

$$u_C = A \mathrm{e}^{st} = A \mathrm{e}^{-\frac{t}{\tau}} = A \mathrm{e}^{-\frac{t}{RC}}$$

常数 $A$ 由初始条件决定。将 $u_C(0) = U_0$ 代入上式,可得

$$A = u_C(0) = U_0$$

于是

$$u_C = U_0 \mathrm{e}^{-\frac{t}{\tau}} = U_0 \mathrm{e}^{-\frac{t}{RC}} \qquad (t \geqslant 0)$$

电路中的电流为

$$i = -C\frac{\mathrm{d}u_C}{\mathrm{d}t} = -CU_0\left(-\frac{1}{RC}\right)\mathrm{e}^{-\frac{t}{RC}} = \frac{U_0}{R}\mathrm{e}^{-\frac{1}{RC}t} \qquad (t > 0)$$

$u_C$ 和 $i$ 的波形如图 12-31 所示。注意波形是在整个时域上做出的,每一波形均包括 $t < 0$ 和 $t > 0$ 两段。由波形可见,在换路后,$u_C$ 和 $i$ 均按指数规律衰减,当 $t \to \infty$ 时,$u_C$ 和 $i$ 均为零。这种随时间增大而幅值衰减至零的齐次微分方程的解被称为暂态分量或自由分量。称其为暂态分量是因为该分量仅在暂态过程中存在;称其为自由分量是因为它只取决于电路的结构、参数和初始值。

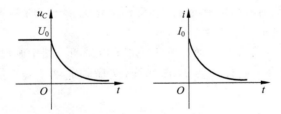

图 12-31 $RC$ 电路零输入响应的波形

在 $RC$ 电路暂态过程的起始时刻,电容中的电场能量为

$$W_C(0) = \frac{1}{2}Cu_C^2(0) = \frac{1}{2}CU_0^2$$

在整个暂态过程中消耗于电阻上的能量为

$$W_R(\infty) = \int_0^\infty p_R \,\mathrm{d}t = \int_0^\infty i^2 R \,\mathrm{d}t = R\int_0^\infty \left(\frac{U_0}{R}\mathrm{e}^{-\frac{t}{RC}}\right)^2 \mathrm{d}t = \frac{1}{2}CU_0^2$$

这表明电容中储存的能量在暂态过程结束时已在电阻上消耗殆尽。

(2)关于电路响应时间定义域的说明

前面求得的响应 $u_C$ 和 $i$ 的时间定义域是不同的。由于 $u_C$ 在 $t = 0$ 处是连续的,故其定义域为 $t \geqslant 0$;而 $i$ 在 $t = 0$ 处发生突变,其值由 $0$ 突变为 $U_0/R$,故其定义域应表示为 $t > 0$。

电流 $i$ 的时间定义域也可用阶跃函数表示,即

$$i = \frac{U_0}{R} e^{-\frac{t}{RC}} \varepsilon(t)$$

但 $u_C$ 的时间定义域却不可简单地用阶跃函数表示，这是因为当 $t<0$ 时 $u_C \neq 0$。这表明只有当响应在换路前的值为零时，才能将该响应的表达式乘以 $\varepsilon(t)$。

（3）时间常数 $\tau$

前面已将时间常数 $\tau$ 定义为一阶电路微分方程对应的特征根倒数的负值，即 $\tau = -1/s$。在一阶电路中，时间常数是一个非常重要的概念，下面进一步讨论。

① 只有一阶电路才有时间常数的概念。

② $\tau$ 具有时间的量纲。事实上，$\tau$ 的量纲 $= [RC] = [欧] \cdot [法] = [欧] \cdot \left[\dfrac{库仑}{伏}\right] = [欧] \cdot \left[\dfrac{安 \cdot 秒}{伏}\right] = [欧] \cdot \left[\dfrac{秒}{欧}\right] = [秒]$，因此称 $\tau$ 为时间常数。

③ $\tau$ 反映了暂态过程的快慢。由于 $\tau$ 在负指数函数指数的分母上，若 $\tau_1 > \tau_2$，则 $e^{-\frac{t}{\tau_1}} > e^{-\frac{t}{\tau_2}}$，这表明 $\tau$ 越大，指数函数衰减越慢。换句话说，$\tau$ 越大的电路，其暂态过程所经历的时间越长。

④ 用 $\tau$ 可表示暂态过程的进程。在图 12-30 所示电路中，$u_C = U_0 e^{-\frac{t}{\tau}}$，于是有

$$u_C(\tau) = U_0 e^{-\frac{\tau}{\tau}} = U_0 e^{-1} = 0.368 U_0 = 36.8\% U_0$$

这表明经过 $\tau$ 后，电容电压衰减为初始值的 36.8%。又有

$$u_C(3\tau) = U_0 e^{-3} = 0.0498 U_0 = 4.98\% U_0$$

$$u_C(5\tau) = U_0 e^{-5} = 0.00674 U_0 = 0.674\% U_0$$

这说明经 $5\tau$ 后，$u_C$ 值不到其初始值的 1%。理论上认为 $\tau \to \infty$ 时暂态过程结束，实际中通常可认为经 $5\tau$ 后暂态过程便已结束。

⑤ $\tau$ 具有明确的几何意义。可通过图 12-32 予以说明。图中画出了 $RC$ 电路零输入响应 $u_C$ 的波形，过 $u_C$ 曲线上的任一点 $P$ 作切线，交横轴 $t$ 轴于 $Q$ 点，则图中

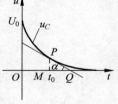

$$\overline{MQ} = \frac{\overline{PM}}{\tan\alpha} = \frac{u_C}{-\dfrac{\mathrm{d}u_C}{\mathrm{d}t}} = \frac{U_0 e^{-\frac{t_0}{\tau}}}{\dfrac{1}{\tau} U_0 e^{-\frac{t_0}{\tau}}} = \tau$$

这表明切点 $P$ 的垂线与 $t$ 轴的交点 $M$ 和过 $P$ 点的切线与 $t$ 轴的交点 $Q$ 之间的长度等于时间常数 $\tau$，或说时间常数 $\tau$ 等于曲线上任一点的次切距，这就是 $\tau$ 的几何意义。

图 12-32 $\tau$ 的几何意义

（4）用套公式的方法求取一阶电路的零输入响应

图 12-30 所示 $RC$ 电路的零输入响应 $u_C$ 和 $i$ 的变化特点是初始值不为零，但终值为零且按指数规律衰减，它们的变化规律都可用下面的一般表达式表示：

$$y(t) = y(0_+) e^{-\frac{t}{\tau}} \tag{12-23}$$

式中，$y(0_+)$ 为 $y(t)$ 的初始值，$\tau$ 为时间常数。因此，求取一阶电路的零输入响应，可采用套公式的方法，即求得响应的初始值和电路的时间常数后，代入式（12-23）即可，而无须列写和

求解微分方程。用式(12-23)求一阶电路零输入响应的方法称为两要素法。

应用式(12-23)求电路的响应只需求出初始值 $y(0_+)$ 和时间常数 $\tau$。求 $y(0_+)$ 的方法已在 12.2 节中介绍。在一般情况下，一阶 $RC$ 电路的 $R$ 元件不止一个，$C$ 元件有时可能也不止一个，但可简化成一个等效电容，此时电路的时间常数 $\tau = R_{eq}C_{eq}$，其中 $C_{eq}$ 为等效电容，$R_{eq}$ 为从等效电容两端向电路的电阻部分看进去的等效电阻，如图 12-33 所示。需注意，$\tau$ 应根据换路后的电路求出。

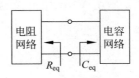

图 12-33 一般一阶 $RC$ 电路的时间常数

值得指出的是，由几个电容元件串联组成的 $RC$ 一阶零输入电路，每一电容元件端电压的变化过程并不遵循式(12-23)的规律，尽管是零输入响应，但各电容电压的终值并不一定为零，见例 12-10。

**例 12-10** 图 12-34(a)所示电路已处于稳态，$t=0$ 时 S 断开，求响应 $u_C$ 和 $u_{R1}$。已知 $E=8\text{V}$，$R=2\Omega$，$R_1=2\Omega$，$R_2=4\Omega$，$R_3=3\Omega$，$C=0.5\text{F}$。

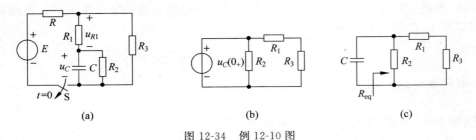

图 12-34 例 12-10 图

**解** （1）由换路前的电路求得

$$u_C(0_-) = E \times \frac{R'}{R+R'} \times \frac{R_2}{R_1+R_2} = 8 \times \frac{2}{2+2} \times \frac{4}{4+2} = \frac{8}{3}\text{V}$$

其中 $R' = \dfrac{(R_1+R_2)R_3}{R_1+R_2+R_3} = 2\Omega$。

（2）做出 $t=0_+$ 时的等效电路如图 12-34(b)所示。则

$$u_C(0_+) = u_C(0_-) = \frac{8}{3}\text{V}$$

$$u_{R1}(0_+) = -u_C(0_+)\frac{R_1}{R_1+R_3} = \frac{-2}{2+3} \times \frac{8}{3} = -\frac{16}{15}\text{V}$$

（3）做出 $t>0$ 时的电路如图 12-34(c)所示，从 $C$ 元件的两端向电路的右边看进去的等效电阻为

$$R_{eq} = R_2 \;//\; (R_1+R_3) = \frac{4 \times (2+3)}{4+2+3} = \frac{20}{9}\Omega$$

则

$$\tau = R_{eq}C = \frac{20}{9} \times 0.5 = \frac{10}{9}\text{s}$$

（4）由于换路后 $u_C$ 和 $u_{R1}$ 均从不为零的初始值衰减至零，可套用式(12-23)，得到所求响应为

$$u_C = u_C(0_+)\mathrm{e}^{\frac{-t}{\tau}} = \frac{8}{3}\mathrm{e}^{-\frac{9}{10}t}\text{V} \qquad (t \geqslant 0)$$

$$u_{R1} = u_{R1}(0_+)\mathrm{e}^{\frac{-t}{\tau}} = -\frac{16}{15}\mathrm{e}^{-\frac{9}{10}t}\mathrm{V} \qquad (t > 0)$$

**例 12-11**   在图 12-35(a)所示电路中,已知 $R = 2\Omega, C_1 = 0.6\mathrm{F}, C_2 = 0.3\mathrm{F}, u_{C1}(0_-) = 8\mathrm{V}, u_{C2}(0_-) = 0$,求开关 S 在 $t = 0$ 闭合后的电容电压 $u_{C1}(t)$ 和 $u_{C2}(t)$。

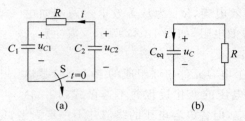

图 12-35   例 12-11 电路

**解**   因电路中有两个电容元件,所以严格地讲它是一个二阶电路。由于换路后两个电容为串联,可将它们等效为一个电容 $C_{\mathrm{eq}}$,因此可将该电路化为一阶电路求解。换路后的等效电路如图 12-35(b)所示,其中

$$C_{\mathrm{eq}} = \frac{C_1 C_2}{C_1 + C_2} = \frac{0.6 \times 0.3}{0.6 + 0.3} = 0.2\mathrm{F}$$

电路的时间常数为

$$\tau = RC_{\mathrm{eq}} = 2 \times 0.2 = 0.4\mathrm{s}$$

则由式(12-23),可得等效电容 $C_{\mathrm{eq}}$ 的端电压为

$$u_C(t) = u_C(0_+)\mathrm{e}^{-\frac{t}{\tau}}$$

其中 $u_C(0_+) = u_{C1}(0_+) - u_{C2}(0_+) = u_{C1}(0_-) - u_{C2}(0_-) = 8\mathrm{V}$。于是得

$$u_C(t) = 8\mathrm{e}^{-\frac{t}{0.4}} = 8\mathrm{e}^{-2.5t}\mathrm{V} \qquad (t \geqslant 0)$$

电路中的电流 $i(t)$ 为

$$i(t) = C_{\mathrm{eq}}\frac{\mathrm{d}u_C}{\mathrm{d}t} = 0.2\frac{\mathrm{d}}{\mathrm{d}t}(8\mathrm{e}^{-2.5t}) = -4\mathrm{e}^{-2.5t}\mathrm{A} \qquad (t > 0)$$

再根据电容元件的伏安特性,得

$$u_{C1}(t) = u_{C1}(0) + \frac{1}{C_1}\int_0^t i(t')\mathrm{d}t' = 8 + \frac{1}{0.6}\int_0^t (-4\mathrm{e}^{-2.5t})\mathrm{d}t'$$

$$= 8 + \frac{8}{3}(\mathrm{e}^{-2.5t} - 1) = \left(\frac{16}{3} + \frac{8}{3}\mathrm{e}^{-2.5t}\right)\mathrm{V} \qquad (t \geqslant 0)$$

$$u_{C2}(t) = u_{C2}(0) + \frac{1}{C_2}\int_0^t (-i)\mathrm{d}t' = 0 + \frac{1}{0.3}\int_0^t 4\mathrm{e}^{-2.5t'}\mathrm{d}t'$$

$$= \frac{16}{3}(1 - \mathrm{e}^{-2.5t})\mathrm{V} \qquad (t \geqslant 0)$$

由计算结果可见,虽然是零输入响应,但暂态过程结束后,两个电容电压均为非零值。

**2. RL 电路的零输入响应**

在图 12-36 所示的一阶 RL 电路中,$i_L(0_-) = I_s$。换路后,以 $i_L$ 为变量的微分方程为

$$\begin{cases} \dfrac{\mathrm{d}i_L}{\mathrm{d}t} + \dfrac{R}{L}i_L = 0 & (t \geqslant 0) \\[2mm] i_L(0) = I_s = I_0 \end{cases} \qquad\qquad (12\text{-}24)$$

一阶齐次方程的特征方程为

$$s + \frac{R}{L} = 0$$

特征根为

$$s = -\frac{R}{L}$$

令 $\tau = -1/s = L/R$，称 $\tau = L/R$ 为一阶 $RL$ 电路的时间常数，则

$$i_L(t) = K \mathrm{e}^{-\frac{t}{\tau}} \qquad (t \geqslant 0)$$

将初始条件代入，可得

$$i_L = I_0 \mathrm{e}^{-\frac{t}{\tau}} = I_0 \mathrm{e}^{-\frac{R}{L}t} \qquad (t \geqslant 0)$$

又可求出电感电压为

$$u_L = L \frac{\mathrm{d}i_L}{\mathrm{d}t} = -I_0 R \mathrm{e}^{-\frac{R}{L}t} \qquad (t > 0)$$

$i_L$ 与 $u_L$ 的波形如图 12-37 所示。

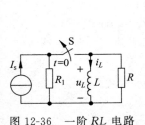

图 12-36　一阶 $RL$ 电路

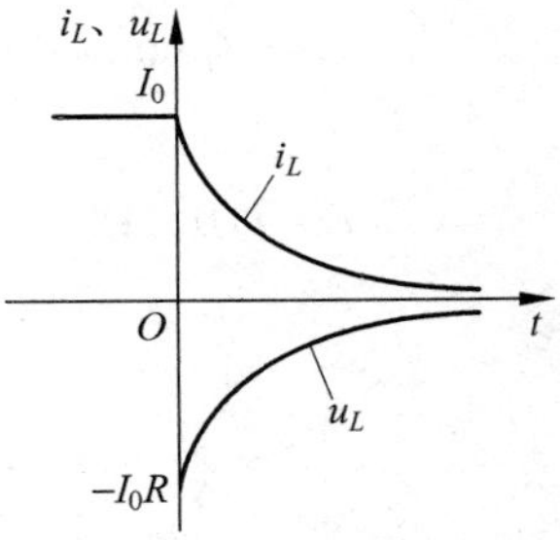

图 12-37　一阶 $RL$ 电路零输入响应的波形

与一阶 $RC$ 电路类似，一阶 $RL$ 电路的零输入响应，可采取套公式的方法用式（12-23）求出。只是要注意 $RL$ 电路的时间常数 $\tau = L/R$。

当一阶 $RL$ 电路中有多个 $R$ 元件和 $L$ 元件时，其时间常数 $\tau = \dfrac{L_{eq}}{R_{eq}}$，$R_{eq}$ 和 $L_{eq}$ 的求法与前述一般 $RC$ 电路中 $R_{eq}$ 和 $C_{eq}$ 的求法类似。对于多个电感并联的一阶 $RL$ 电路，每一个电感元件的过渡电流不能套用式（12-23），见例 12-13。

**例 12-12**　图 12-38(a)所示电路已处于稳态。$t = 0$ 时 S 由"1"合向"2"，求闭合后的电流 $i_L$ 和 $i$。

**解**　显然换路后的响应 $i_L$ 和 $i$ 是初值不为零但终值为零的零输入响应，可套用式（12-23）求解。

（1）由换路前的电路，求得原始状态为

$$i_L(0_-) = \frac{E}{R_1}$$

（2）做出 $t = 0_+$ 时的等效电路如图 12-38(b)所示，其中

$$i_L(0_+) = i_L(0_-) = \frac{E}{R_1}$$

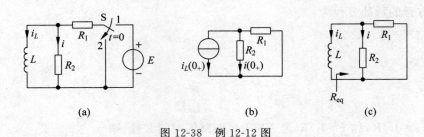

图 12-38  例 12-12 图

又

$$i(0_+) = -i_L(0_+)\frac{R_1}{R_1+R_2} = \frac{-E}{R_1+R_2}$$

（3）做出 $t>0$ 时的电路如图 12-38(c)所示，则

$$R_{\text{eq}} = \frac{R_1 R_2}{R_1+R_2}, \quad \tau = \frac{L(R_1+R_2)}{R_1 R_2}$$

（4）所求零输入响应为

$$i_L = i_L(0_+)\mathrm{e}^{\frac{-t}{\tau}} = \frac{E}{R_1}\mathrm{e}^{-\frac{R_1 R_2 t}{L(R_1+R_2)}} \qquad (t \geqslant 0)$$

$$i = i(0_+)\mathrm{e}^{\frac{-t}{\tau}} = -\frac{E}{R_1+R_2}\mathrm{e}^{\frac{-R_1 R_2 t}{L(R_1+R_2)}} \qquad (t > 0)$$

或

$$i = -\frac{E}{R_1+R_2}\mathrm{e}^{-\frac{R_1 R_2 t}{L(R_1+R_2)}}\varepsilon(t)$$

将 $i$ 的时间定义域用 $\varepsilon(t)$ 函数表示是因为 $t<0$ 时，$i(t)=0$。

**例 12-13**  如图 12-39(a)所示电路，已知 $i_{L1}(0_-)=3\text{A}, i_{L2}(0_-)=-1\text{A}, L_1=0.3\text{H}$，$L_2=0.6\text{H}, R=0.4\Omega$。求闭合后的 $i_{L1}$ 和 $i_{L2}$。

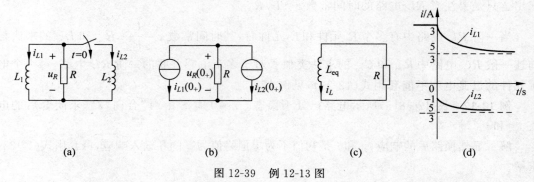

图 12-39  例 12-13 图

**解**  做出 $t=0_+$ 时的等效电路如图 12-39(b)所示，电路中

$$i_{L1}(0_+) = i_{L1}(0_-) = 3\text{A}, \quad i_{L2}(0_+) = i_{L2}(0_-) = -1\text{A}$$

则

$$u_R(0_+) = -[i_{L1}(0_+) + i_{L2}(0_+)]R = -(3-1)\times 0.4 = -0.8\text{V}$$

由图 12-39(c)所示电路，得电路的时间常数为 $\tau = \dfrac{L_{eq}}{R}$，其中 $L_{eq}$ 为两电感并联的等值电感，即

$$L_{eq} = \frac{L_1 L_2}{L_1 + L_2} = \frac{0.3 \times 0.6}{0.3 + 0.6} = 0.2 \text{H}$$

$$\tau = \frac{L_{eq}}{R} = \frac{0.2}{0.4} = \frac{1}{2} \text{s}$$

于是由图 12-39(c)得

$$u_R = u_R(0_+) e^{-\frac{t}{\tau}} = -0.8 e^{-2t} \text{V} \qquad (t > 0)$$

根据电感元件的伏安特性方程，有

$$i_{L1} = i_{L1}(0_-) + \frac{1}{L_1} \int_{0-}^{t} u_R(\tau) d\tau = 3 + \frac{1}{0.3} \int_{0-}^{t} (-0.8 e^{-2\tau}) d\tau$$

$$= 3 + \frac{4}{3}(e^{-2t} - 1) = \left( \frac{5}{3} + \frac{4}{3} e^{-2t} \right) \text{A} \qquad (t \geqslant 0)$$

$$i_{L2} = i_{L2}(0_-) + \frac{1}{L_2} \int_{0-}^{t} u_R(\tau) d\tau = -1 + \frac{1}{0.6} \int_{0-}^{t} (-0.8 e^{-2\tau}) d\tau$$

$$= -1 + \frac{2}{3}(e^{-2t} - 1) = \left( -\frac{5}{3} + \frac{2}{3} e^{-2t} \right) \text{A} \qquad (t \geqslant 0)$$

做出 $i_{L1}$ 和 $i_{L2}$ 的波形如图 12-39(d)所示，可见在暂态过程结束后两电感中的电流都不为零，这与例 12-11 相似。因此并非所有的零输入响应都具有初始值不为零、终值为零的特点，这需予以注意。

**3. 关于一阶电路零输入响应的说明**

(1) 描述一阶电路零输入响应的是一阶齐次微分方程。

(2) 实际中求解一阶电路的零输入响应时，一般采用套公式的方法，即求得 $y(0_+)$ 和 $\tau$ 后，再套用式(12-23)。但对于出现纯电感回路及纯电容割集的一阶电路，确定各动态元件自身的变量时，则不能采用。

(3) 由式(12-23)不难看出，零输入响应是初始值的线性函数。

## 二、一阶电路的零状态响应

零状态响应是指电路在原始状态为零的情况下，由激励(独立电源)所引起的响应。一阶电路的零状态响应 $y(t)$ 对应的是原始值为零的一阶非齐次线性微分方程：

$$\begin{cases} \dfrac{dy(t)}{dt} + a y(t) = b x(t) & (t > 0) \\ y(0_-) = 0 \end{cases} \tag{12-25}$$

下面分别讨论直流电源和正弦电源引起的一阶电路的零状态响应。

**1. 直流电源作用下一阶电路的零状态响应**

在图 12-40 中，$E$ 为直流电源，设 $i_L(0_-) = 0$，则开关合上后电路的响应便是零状态响应。电路的微分方程为

$$L \frac{di_L}{dt} + R i_L = E \tag{12-26}$$

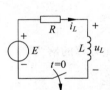

图 12-40　RL 电路的零状态响应

该一阶非齐次微分方程的解为

$$i_L = i_{Lh} + i_{Lp}$$

其中 $i_{Lh}$ 为齐次方程的解，也称为暂态分量，且 $i_{Lh} = k e^{st}$，$s = -R/L$ 是特征根，$\tau = -1/s = L/R$ 为时间常数；$i_{Lp}$ 为式(12-26)对应于给定输入的一个特解，也称强制分量，若能建立稳定过程，强制分量也称为稳态分量。当激励为直流电源时，其稳态电流为一常数 $i_{Lp} = M$。将 $i_{Lp} = M$ 代入式(12-26)，可得

$$M = \frac{E}{R}$$

则

$$i_L = k e^{-\frac{t}{\tau}} + \frac{E}{R}$$

将初始值 $i_L(0_+) = i_L(0_-) = 0$ 代入上式决定积分常数 $k$，可得

$$k = -\frac{E}{R}$$

稳态分量也可从换路后建立了稳定状态的直流电路加以决定。于是所求零状态响应为

$$i_L = \frac{E}{R} - \frac{E}{R} e^{-\frac{t}{\tau}} = \frac{E}{R}(1 - e^{-\frac{t}{\tau}}) \qquad (t \geqslant 0) \tag{12-27}$$

又可求出

$$u_L = L \frac{di_L}{dt} = E e^{-\frac{t}{\tau}} \qquad (t > 0)$$

$i_L$ 和 $u_L$ 的波形如图 12-41 所示。

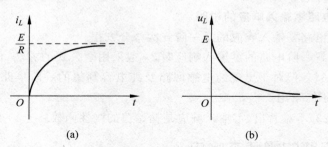

(a)                    (b)

图 12-41　一阶 $RL$ 电路零状态响应的波形

### 2. 正弦电源作用下一阶电路的零状态响应

在图 12-42(a)所示电路中，$u_s = \sqrt{2} U \sin(\omega t + \varphi_u)$，$u_C(0_-) = 0$。列出换路后以电容电压 $u_C$ 为变量的微分方程为

$$\frac{du_C}{dt} + \frac{1}{RC} u_C = \sqrt{2} \frac{U}{RC} \sin(\omega t + \varphi_u)$$

此方程的解为

$$u_C = u_{Ch} + u_{Cp}$$

其中 $u_{Ch} = k e^{-\frac{t}{\tau}}$ 为齐次方程的通解，$\tau = RC$ 为时间常数；$u_{Cp} = \sqrt{2} U_C \sin(\omega t + \varphi_C)$ 为微分方程的一个特解，也是换路后电路的稳态解。用相量法求出该特解。由换路后的稳态电路，

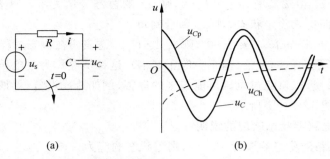

图 12-42　正弦电源激励下的一阶 $RC$ 电路

可得

$$\dot{U}_C = \frac{-\mathrm{j}\dfrac{1}{\omega C}}{R - \mathrm{j}\dfrac{1}{\omega C}}\dot{U}_\mathrm{s} = \frac{-\mathrm{j}}{RC\omega - \mathrm{j}} \times U\underline{/\varphi_u}$$

$$= \frac{U}{\sqrt{(R\omega C)^2 + 1}}\Big/\varphi_u - \left(90° - \arctan\frac{1}{R\omega C}\right)$$

$$= \frac{U}{\sqrt{(R\omega C)^2 + 1}}\Big/\varphi_u - \arctan R\omega C = U_C\underline{/\varphi_C}$$

注意式中用到了关系式

$$\arctan R\omega C = 90° - \arctan\frac{1}{R\omega C}$$

于是

$$u_C = k\mathrm{e}^{-\frac{t}{\tau}} + \frac{\sqrt{2}U}{\sqrt{(R\omega C)^2 + 1}}\sin(\omega t + \varphi_u - \arctan R\omega C)$$

再根据初始值决定积分常数 $k$。将 $u_C(0) = u_C(0_+) = u_C(0_-) = 0$ 代入上式,可得

$$0 = k + \frac{\sqrt{2}U}{\sqrt{(R\omega C)^2 + 1}}\sin(\varphi_u - \arctan R\omega C)$$

$$k = -\frac{\sqrt{2}U}{\sqrt{(R\omega C)^2 + 1}}\sin(\varphi_u - \arctan R\omega C) = -U_{Cm}\sin\theta$$

其中

$$U_{Cm} = \frac{\sqrt{2}U}{\sqrt{(R\omega C)^2 + 1}}, \quad \theta = \varphi_u - \arctan R\omega C$$

则所求零状态响应为

$$u_C = \frac{\sqrt{2}U}{\sqrt{(R\omega C)^2 + 1}}\left[-\sin(\varphi_u - \arctan R\omega C)\mathrm{e}^{-\frac{t}{\tau}} + \sin(\omega t + \varphi_u - \arctan R\omega C)\right]$$

$$= U_{Cm}\left[-\sin\theta \cdot \mathrm{e}^{-\frac{t}{\tau}} + \sin(\omega t + \theta)\right]$$

分析上式可得两点结论:

（1）当 $\varphi_u=\arctan R\omega C$ 时，$\theta=0,k=0$，则 $u_C$ 的暂态分量为零。这表明换路后无暂态过程发生，电路立即进入稳定状态，称 $\varphi_u$ 为合闸角。

（2）若 $\theta=\varphi_u-\arctan R\omega C=\pm90°$，则 $k=\pm U_{Cm}$，这表明在暂态过程中，电容电压的最大值接近稳态电压最大值的 2 倍(但不会等于 2 倍)，这种情况称为过电压现象，在工程实际中必须予以充分重视，以避免过电压可能带来的危害，例如造成设备、器件绝缘的破坏等。

$u_C$ 的波形如图 12-42(b)所示。

### 3. 关于一阶电路零状态响应的说明

（1）若一阶电路的稳态响应为 $y_\infty(t)$，则零状态响应为

$$y(t)=y_\infty(t)-y_\infty(0)e^{-\frac{t}{\tau}} \qquad (t\geqslant0) \tag{12-28}$$

若激励为直流电源，则 $y_\infty(t)=y_\infty(0)=y(\infty)$，上式可写为

$$y(t)=y(\infty)(1-e^{-\frac{t}{\tau}}) \tag{12-29}$$

这表明求出响应的稳态分量 $y_\infty(t)$ 和时间常数 $\tau$ 后，代入式(12-28)即可求出一阶电路的零状态响应。$y_\infty(t)$ 根据 $t=\infty$ 的等效电路求出，时间常数 $\tau$ 由无源电路求出。

（2）因 $y_\infty(t)$ 或 $y(\infty)$ 由换路后的稳态电路决定，因此对单一输入的电路，其零状态响应是输入的线性函数，这是一个重要的结论。

**例 12-14** 在图 12-43(a)中，已知 $C=0.5\text{F},R_1=3\Omega,R_2=6\Omega,u_C(0_-)=0$。开关 S 闭合后，(1)若 $E_s=5\text{V}$，求 $u_C$ 和 $i_C$；(2)若 $E_s=15\text{V}$，求 $u_C$ 和 $i$。

**解** （1）开关闭合后，电路中不出现冲激电流，做出 $t=0_+$ 时的等效电路如图 12-43(b)所示，可见 $i(0_+)=0$ 这表明 $u_C$ 和 $i$ 的初值均为零，可根据式(12-29)直接写出这两个响应，若 $E_s=5\text{V}$，可求得

$$i(\infty)=\frac{E_s}{R_1+R_2}=\frac{5}{9}\text{A}$$

$$u_C(\infty)=i(\infty)R_2=6\times\frac{5}{9}=\frac{10}{3}\text{V}$$

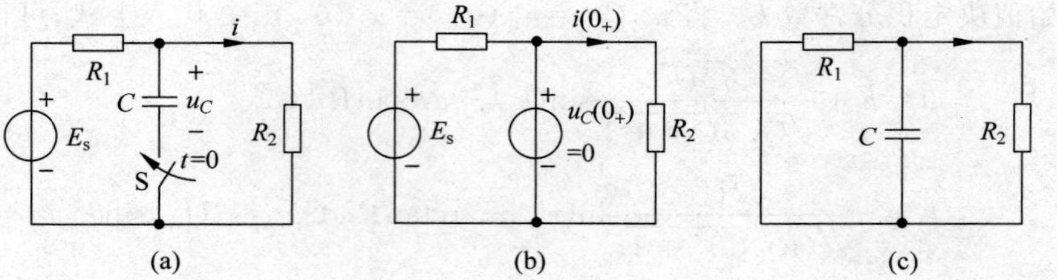

图 12-43　例 12-14 图

将电路中的独立电源置零后可得图 12-43(c)所示电路，则时间常数为

$$\tau=R_{eq}L=(R_1\mathbin{/\mkern-5mu/}R_2)C=\frac{R_1R_2C}{R_1+R_2}=1\text{s}$$

于是所求零状态响应为

$$u_C=u_C(\infty)(1-e^{-\frac{t}{\tau}})=\frac{10}{3}(1-e^{-t})\text{V} \qquad (t\geqslant0)$$

$$i=i(\infty)(1-e^{-\frac{t}{\tau}})=\frac{5}{9}(1-e^{-t})\text{A} \qquad (t>0)$$

(2) 当 $E_s = 15\text{V}$ 时,电源的输出是(1)中的 3 倍。由于零状态响应是输入的线性函数,故各响应是(1)中响应的 3 倍。于是有

$$u_C = 3 \times \frac{10}{3}(1 - e^{-t})\text{V} = 10(1 - e^{-t})\text{V} \qquad (t \geqslant 0)$$

$$i = 3 \times \frac{5}{9}(1 - e^{-t})\text{A} = \frac{5}{3}(1 - e^{-t})\text{A} \qquad (t > 0)$$

**例 12-15** 在图 12-44(a)所示电路中,$i_L(0_-) = 0$,开关 S 在 $t = 0$ 时合上,求换路后的响应 $i_L(t)$ 和 $u_1(t)$。

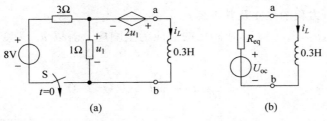

图 12-44 例 12-15 图

**解** 因 $i_L(0_-) = 0$,则换路后的响应为零状态响应。为便于求解,先求出端口 ab 左侧的戴维南等效电路。求得开路电压为

$$U_{oc} = 2u_1 + u_1 = 3u_1 = 3 \times \frac{1}{3+1} \times 8 = 6\text{V}$$

等效电阻为

$$R_{eq} = \frac{9}{4}\Omega$$

做出等效电路如图 12-44(b)所示。由此电路可得

$$i_L(\infty) = \frac{U_{oc}}{R_{eq}} = \frac{6}{9/4} = \frac{8}{3}\text{A}$$

时间常数为

$$\tau = \frac{L}{R_{eq}} = \frac{0.3}{9/4} = \frac{2}{15}\text{s}$$

套用式(12-29),则所求响应 $i_L(t)$ 为

$$i_L(t) = i_L(\infty)(1 - e^{-\frac{t}{\tau}}) = \frac{8}{3}(1 - e^{-\frac{15}{2}t})\text{A} \qquad (t \geqslant 0)$$

回到图 12-44(a)电路求 $u_1$,可得 KVL 方程

$$2u_1 + u_1 = u_L$$

或

$$3u_1 = 0.3\frac{\mathrm{d}i_L}{\mathrm{d}t}$$

所以

$$u_1(t) = 0.1\frac{\mathrm{d}i_L}{\mathrm{d}t} = 2e^{-\frac{15}{2}t}\text{V} \qquad (t > 0)$$

此题中的 $u_1$ 虽也是零状态响应,但其初值不为零,而终值为零,所以不能套用式(12-29)

写出其表达式。

## 三、一阶电路的全响应

全响应是指电路在激励和原始状态共同作用下所产生的响应。一般一阶电路的全响应 $y(t)$ 对应的是初始值不为零的一阶非齐次微分方程

$$
\begin{cases}
\dfrac{\mathrm{d}y(t)}{\mathrm{d}t} + ay(t) = bx(t) & (t > 0) \\
y(0_+) = y_0
\end{cases}
\tag{12-30}
$$

### 1. 全响应微分方程的建立及其求解

在图 12-45 中，$u_C(0_-) = U_0$，换路后的响应为全响应。若以 $u_C$ 为变量，则列出电路的微分方程为

$$
\frac{\mathrm{d}u_C}{\mathrm{d}t} + \frac{1}{RC}u_C = \frac{1}{C}I_s \qquad (t \geqslant 0)
$$

该方程的解为

$$
u_C = u_{Ch} + u_{Cp} = k\mathrm{e}^{-\frac{t}{\tau}} + A
$$

将稳态分量（特解）$u_{Cp} = A$ 代入微分方程，得

$$
u_{Cp} = A = I_s R
$$

则 $u_C = k\mathrm{e}^{-\frac{t}{\tau}} + I_s R$，又将初始值 $u_C(0_+) = u_C(0_-) = U_0$ 代入该式，求得积分常数为

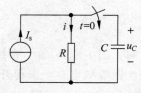

图 12-45　一阶 $RC$ 电路的全响应

$$
k = U_0 - I_s R
$$

所求全响应为

$$
u_C = u_{Ch} + u_{Cp} = (U_0 - I_s R)\mathrm{e}^{-\frac{t}{\tau}} + I_s R
\tag{12-31}
$$

式中，$\tau = RC$ 为该电路的时间常数。

### 2. 全响应的两个重要结论

（1）全响应＝暂态分量＋稳态分量

暂态分量对应齐次微分方程的解，而稳态分量是非齐次微分方程的特解。由于齐次微分方程与独立电源无关，因此根据这一结论可用下述方法求全响应：先将电路中的独立电源置零（这往往可使电路得以简化），列写出无源电路的齐次微分方程，由此得到暂态分量的通解；而后根据稳态电路求出稳态分量；再将暂态分量和稳态响应叠加，由初始值求出暂态分量中的积分常数，从而得出所需的全响应。

若电路在换路后不存在稳定状态，上述结论更一般地可写成

全响应 ＝ 自由分量 ＋ 强制分量

（2）全响应＝零输入响应＋零状态响应

这是根据线性电路的叠加性所得出的必然结论。可根据图 12-45 及式(12-31)来验证这一结论。

图 12-45 所示电路的零输入响应为

$$
u_{C1} = U_0\mathrm{e}^{-\frac{t}{\tau}}
$$

零状态响应为

$$u_{C2} = I_s R (1 - \mathrm{e}^{-\frac{t}{\tau}})$$

则

$$u_{C1} + u_{C2} = U_0 \mathrm{e}^{-\frac{t}{\tau}} + I_s R(1 - \mathrm{e}^{-\frac{t}{\tau}}) = I_s R + (U_0 - I_s R)\mathrm{e}^{-\frac{t}{\tau}}$$

这一结果与式(12-31)完全一样。

上述两结论对任意阶动态电路都是适用的。

**例 12-16** 如图 12-46(a)所示电路已处于稳态,在 $t=0$ 时,S 由 1 合向 2,试求 $i$。

**解** 用两种方法求解。

(1) 根据"全响应＝稳态分量＋暂态分量"计算

① 求稳态分量和暂态分量,将电路中所有的电源置零后,可得图 12-46(b)所示电路,它对应的是齐次微分方程,其解的形式为 $i_\mathrm{h} = k\mathrm{e}^{-\frac{t}{\tau}}$,其中 $\tau = RC = 0.02\mathrm{s}$,这就是全响应的暂态分量。根据换路后的稳态电路[图 12-46(c)],可求出稳态响应为

$$i_\mathrm{p} = 2\mathrm{A}$$

② 求全响应。

$$i = i_\mathrm{h} + i_\mathrm{p} = k\mathrm{e}^{-50t} + 2 \qquad (t > 0)$$

根据 $t = 0_+$ 时的等效电路,求出 $i(0_+) = 0$,则积分常数 $k$ 由下式决定:

$$i(0_+) = 0 = k + 2$$

即

$$k = -2$$

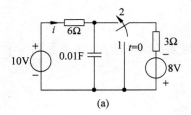
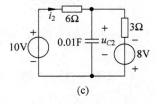

图 12-46 例 12-16 图

则所求为

$$i = (-2\mathrm{e}^{-50t} + 2)\mathrm{A} \qquad (t \geqslant 0)$$

(2) 根据"全响应＝零输入响应＋零状态响应"计算

① 求零输入响应。

零输入响应对应的电路仍如图 12-46(b)所示,其中初始状态 $u_{C1}(0) = 10\mathrm{V}$,可求出初始值 $i_1(0_+) = -\dfrac{5}{3}\mathrm{A}$,则零输入响应为

$$i_1 = i_1(0_+)\mathrm{e}^{-\frac{t}{\tau}} = -\frac{5}{3}\mathrm{e}^{-50t}\mathrm{A} \qquad (t > 0)$$

② 求零状态响应。

零状态响应对应的电路如图 12-46(c)所示,其初始状态 $u_{C2}(0) = 0$,可求出初始值 $i_2(0_+)$ 为

$$i_2(0_+) = \frac{10}{6} = \frac{5}{3}\text{A}$$

响应 $i_2$ 可分为稳态分量加暂态分量,得

$$i_2 = (2 + k_1 e^{-50t})\text{A} \qquad (t > 0)$$

又

$$i_2(0_+) = \frac{5}{3} = 2 + k_1$$

得

$$k_1 = -\frac{1}{3}$$

故

$$i_2 = \left(2 - \frac{1}{3}e^{-50t}\right)\text{A} \qquad (t > 0)$$

(3)求全响应

$$i = i_1 + i_2 = -\frac{5}{3}e^{-50t} - \frac{1}{3}e^{-50t} + 2 = (-2e^{-50t} + 2)\text{A} \qquad (t > 0)$$

**3. 一阶电路全响应的有关说明**

(1)一般情况下,一阶电路的全响应对应的是初始值不为零的一阶非齐次微分方程;

(2)"全响应＝暂态响应＋稳态响应"和"全响应＝零输入响应＋零状态响应"是两个重要的结论,在动态电路的暂态分析中十分有用;

(3)显而易见,零输入响应和零状态响应均是全响应的特例。

# 四、三要素法

一阶电路的全响应(包括零输入和零状态响应)可用三要素法公式求出,而无须列写和求解微分方程。

**1. 三要素法公式的导出**

由前述结论,有

$$\text{全响应＝自由分量＋强制分量}$$

其中自由分量为齐次方程的通解,在一阶电路中,其形式可表示为 $k\,e^{st}$;强制分量是微分方程的特解。设全响应为 $y(t)$,强制分量为 $y_p(t)$,则

$$y(t) = k\,e^{st} + y_p(t) \tag{12-32}$$

积分常数由初始值决定,即

$$y(0_+) = k + y_p(0_+)$$

于是

$$k = y(0_+) - y_p(0_+)$$

则式(12-32)为

$$y(t) = y_p(t) + [y(0_+) - y_p(0_+)]e^{st} \qquad (t > 0) \tag{12-33}$$

式中,$s = -\dfrac{1}{\tau}$,$\tau$ 为一阶电路的时间常数。将 $y(0_+)$、$y_p(t)$ 和 $\tau$ 称为一阶电路的三要素,式(12-33)便是三要素法公式。

在电路存在稳态的情况下,可将式(12-33)中的强制分量改为稳态分量 $y_\infty(t)$,则三要素法公式为

$$y(t) = y_\infty(t) + [y(0_+) - y_\infty(0_+)]e^{\frac{-t}{\tau}} \tag{12-34}$$

**2. 三要素法的有关说明**

(1) 三要素法只适用于一阶电路,且只要是一阶电路一般均可用三要素法求其响应。前面求一阶电路零输入响应的式(12-23)和求零状态响应的式(12-29)实际上是三要素法公式的特例。

(2) 应用三要素法公式时要注意判断电路在换路后是否存在稳定状态。若存在稳态,则用式(12-34);若不存在稳态,则用式(12-33)。

(3) 应用三要素法的关键是求出三要素。稳态分量 $y_\infty(t)$ 根据换路后的稳态电路求出;初始值 $y(0_+)$ 由 $t=0_+$ 时的等效电路求得;时间常数 $\tau$ 按 $t>0$ 的无源电路得出,对 $RC$ 电路,$\tau = R_{eq}C_{eq}$,对 $RL$ 电路,$\tau = \dfrac{L_{eq}}{R_{eq}}$,且 $R_{eq}$ 为从等效储能元件两端向电阻网络看进去的等效电阻。

(4) 在直流的情况下,稳态响应 $y_\infty(t)$ 为一常数,于是有 $y_\infty(t) = y_\infty(0_+) = y(\infty)$,则三要素公式可写为

$$y(t) = y(\infty) + [y(0_+) - y(\infty)]e^{\frac{-t}{\tau}} \tag{12-35}$$

**3. 用三要素法求一阶电路响应示例**

**例 12-17**　试用三要素法求图 12-47(a)所示电路开闭后的电流 $i$。

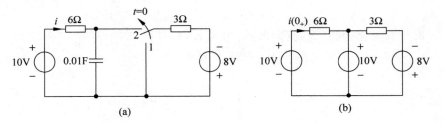

图 12-47　例 12-17 图

**解**　这是在例 12-16 中已求解过的电路。因是直流电路,用式(12-35)求解。

(1) 求稳态响应 $i(\infty)$。根据稳态电路可求出

$$i(\infty) = 2\text{A}$$

(2) 求初始值 $i(0_+)$。可得 $u_C(0_-) = u_C(0) = 10\text{V}$,做出 $t=0_+$ 时的等效电路如图 12-47(b)所示,求得初始值为

$$i(0_+) = 0$$

(3) 求时间常数 $\tau$。根据换路后的无源电路,求得时间常数为

$$\tau = RC = 2 \times 0.01 = 0.02\text{s}$$

(4) 求全响应。应用式(12-34),得出所求的全响应为

$$i = i(\infty) + [i(0_+) - i(\infty)]e^{\frac{-t}{\tau}} = 2 + (0-2)e^{-50t} = (2 - 2e^{-50t})\text{A} \qquad (t > 0)$$

**例 12-18** 电路如图 12-48(a)所示,在开关闭合前电路已处于稳态。用三要素法求换路后的响应 $u_C(t)$ 和 $i_1(t)$。

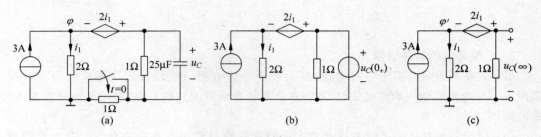

图 12-48 例 12-18 图

**解** (1) 求电路的原始状态 $u_C(0_-)$。

在图 12-48(a)电路中选参考点如图所示。在开关闭合前的稳态下,电容相当于开路,于是列出节点法方程为

$$\left(\frac{1}{2}+\frac{1}{2}\right)\varphi=3-\frac{2i_1}{2}$$

但 $i_1=\varphi/2$,代入上式后解得

$$\varphi=2\text{V}$$

于是得 $i_1=\varphi/2=1\text{A}$,又有

$$u_C(0_-)=1\times(3-i_1)=2\text{V}$$

(2) 求初始值 $u_C(0_+)$ 和 $i_1(0_+)$。

开关闭合瞬间,电容电压不会突变,因此有

$$u_C(0_+)=u_C(0_-)=2\text{V}$$

做出 $t=0_+$ 时等效电路如图 12-48(b)所示,可得 KVL 方程

$$2i_1+2i_1=u_C(0_+)$$

则

$$i_1(0_+)=\frac{1}{4}u_C(0_+)=0.5\text{A}$$

(3) 求稳态值 $u_C(\infty)$ 和 $i_1(\infty)$。

换路后的稳态电路如图 12-48(c)所示。可求出

$$\varphi'=\frac{6}{5}\text{V}, \quad i_1(\infty)=\varphi'/2=3/5\text{A}$$

$$u_C(\infty)=2i_1(\infty)+2i_1(\infty)=4i_1(\infty)=12/5\text{V}$$

(4) 求时间常数 $\tau$。

换路后从电容元件两端向左侧看进去的等效电阻仍由图 12-48(c)电路求解,可求得等效电阻为

$$R_{\text{eq}}=4/5\Omega$$

则时间常数为

$$\tau=R_{\text{eq}}C=4/5\times25\times10^{-6}=2\times10^{-5}\text{s}$$

（5）根据三要素法公式写出 $u_C(t)$ 和 $i_1(t)$ 表达式。

$$u_C(t) = u_C(\infty) + [u_C(0_+) - u_C(\infty)]e^{-\frac{t}{\tau}}$$

$$= \frac{12}{5} + \left(2 - \frac{12}{5}\right)e^{-5\times10^4 t} = \left(\frac{12}{5} - \frac{2}{5}e^{-5\times10^4 t}\right)\text{V} \qquad (t \geqslant 0)$$

$$i_1(t) = i_1(\infty) + [i_1(0_+) - i_1(\infty)]e^{-\frac{t}{\tau}}$$

$$= \frac{3}{5} + \left(\frac{1}{2} - \frac{3}{5}\right)e^{-5\times10^4 t} = \left(\frac{3}{5} - \frac{1}{10}e^{-5\times10^4 t}\right)\text{A} \qquad (t > 0)$$

## 练习题

12-9　图 12-49 所示电路已处于稳态，在 $t=0$ 时开关 S 打开。试列写以电压 $u_{R1}$ 为变量的电路微分方程，并求出 $u_{R1}(t)$。

12-10　电路如图 12-50 所示，其已处于稳态，开关 S 在 $t=0$ 时打开。不列微分方程，不求 $u_C$，直接写出 $i_1$ 和 $i_2$ 的表达式。

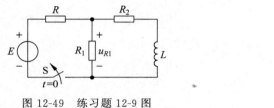

图 12-49　练习题 12-9 图　　　　　　图 12-50　练习题 12-10 图

12-11　试求图 12-51 所示电路的时间常数。

12-12　电路如图 12-52 所示，其已处于稳态，开关 S 在 $t=0$ 时闭合，用三要素法求响应 $u_C(t)$。

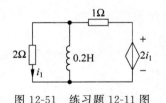

图 12-51　练习题 12-11 图　　　　　　图 12-52　练习题 12-12 图

## 12.5　二阶电路

### 一、二阶电路

二阶电路是指需用二阶微分方程来描述的电路，也就是含有两个独立储能元件的电路。二阶电路按所含储能元件的种类可有三种情况：

（1）含一个独立的电容元件和一个独立的电感元件；

（2）含两个独立的电容元件；

（3）含两个独立的电感元件。

## 二、二阶电路的零输入响应

下面通过最简单的二阶电路——$RLC$ 串联电路的讨论,说明列写二阶电路微分方程的方法及二阶电路零输入响应的三种情况——过阻尼、临界阻尼和欠阻尼。

### 1. 二阶微分方程的建立

在图 12-53(a)所示电路中,$u_C(0_-)=U_0$,$i_L(0_-)=I_0$,求零输入响应 $u_C$ 和 $i_L$,$t>0$。

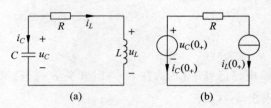

图 12-53　$RLC$ 串联电路的零输入响应

选 $u_C$ 为变量建立微分方程。由 KVL,有

$$Ri_L + u_L - u_C = 0 \tag{12-36}$$

而 $i_L = -i_C = -C\dfrac{\mathrm{d}u_C}{\mathrm{d}t}$,$u_L = L\dfrac{\mathrm{d}i_L}{\mathrm{d}t} = -LC\dfrac{\mathrm{d}^2 u_C}{\mathrm{d}t^2}$,故式(12-36)为

$$LC\frac{\mathrm{d}^2 u_C}{\mathrm{d}t^2} + RC\frac{\mathrm{d}u_C}{\mathrm{d}t} + u_C = 0 \tag{12-37}$$

求解此微分方程需两个初始条件 $u_C(0_+)$ 和 $\dfrac{\mathrm{d}u_C(0_+)}{\mathrm{d}t}$。因为 $i_C = C\dfrac{\mathrm{d}u_C}{\mathrm{d}t}$,故

$$\frac{\mathrm{d}u_C(0_+)}{\mathrm{d}t} = \frac{1}{C}i_C(0_+)$$

图 12-53(b)所示为 $t=0_+$ 时的等效电路,由图可见

$$i_C(0_+) = -i_L(0_+) = -I_0$$

则

$$\frac{\mathrm{d}u_C(0_+)}{\mathrm{d}t} = \frac{1}{C}i_C(0_+) = -\frac{1}{C}I_0$$

这样,所需建立的微分方程及初始条件为

$$\begin{cases} LC\dfrac{\mathrm{d}^2 u_C}{\mathrm{d}t^2} + RC\dfrac{\mathrm{d}u_C}{\mathrm{d}t} + u_C = 0 \\ u_C(0) = U_0 \\ \dfrac{\mathrm{d}u_C(0_+)}{\mathrm{d}t} = -\dfrac{1}{C}I_0 \end{cases} \tag{12-38}$$

### 2. 二阶电路响应的三种情况

上述二阶微分方程解的形式由特征根决定。特征方程为

$$LCs^2 + RCs + 1 = 0$$

解之,得两个特征根为

$$s_{1,2} = -\frac{R}{2L} \pm \sqrt{\left(\frac{R}{2L}\right)^2 - \frac{1}{LC}} = -\alpha \pm \sqrt{\alpha^2 - \omega_0^2} \tag{12-39}$$

式中,$\alpha = \dfrac{R}{2L}$,称为电路的衰减系数;$\omega_0 = \sqrt{\dfrac{1}{LC}}$,称为电路的谐振角频率。随 $\alpha$ 和 $\omega_0$ 相对大小的变化,特征根有三种不同的形式,对应地,电路的响应将出现三种情况。

(1) 过阻尼情况

当 $\alpha > \omega_0$,或 $R > 2\sqrt{\dfrac{L}{C}}$ 时,式(12-39)中根号内的值大于零,特征根是两个不相等的负实数,则微分方程解的形式为

$$u_C = k_1 e^{s_1 t} + k_2 e^{s_2 t} \qquad (t \geqslant 0) \tag{12-40}$$

式中,$s_1, s_2 < 0$。积分常数 $k_1$ 和 $k_2$ 由初始条件决定。不难得到

$$k_1 + k_2 = U_0 \tag{12-41}$$

又

$$\frac{\mathrm{d}u_C}{\mathrm{d}t} = k_1 s_1 e^{-s_1 t} + k_2 s_2 e^{s_2 t}$$

则

$$k_1 s_1 + k_2 s_2 = \frac{\mathrm{d}u_C(0_+)}{\mathrm{d}t} = -\frac{1}{C} I_0 \tag{12-42}$$

将式(12-41)和式(12-42)联立,解出

$$\begin{cases} k_1 = \dfrac{1}{s_2 - s_1}\left(s_2 U_0 + \dfrac{I_0}{C}\right) \\[3mm] k_2 = \dfrac{1}{s_1 - s_2}\left(s_1 U_0 + \dfrac{I_0}{C}\right) \end{cases} \tag{12-43}$$

电感电流为

$$i_L = -C\frac{\mathrm{d}u_C}{\mathrm{d}t} = -Ck_1 s_1 e^{s_1 t} - Ck_2 s_2 e^{s_2 t} \qquad (t \geqslant 0) \tag{12-44}$$

下面分析电路中能量交换的情况。为便于讨论,设 $i_L(0) = I_0 = 0$,则

$$\begin{cases} k_1 = \dfrac{1}{s_2 - s_1} s_2 U_0 \\[3mm] k_2 = \dfrac{1}{s_1 - s_2} s_1 U_0 \end{cases}$$

将 $k_1$ 和 $k_2$ 代入式(12-40)和式(12-44)后,可做出 $u_C$ 和 $i_L$ 及 $u_L$ 的波形如图 12-54(a)所示(注意各电量的参考方向)。由图可见,$u_C$ 和 $i_L$ 在整个暂态过程中始终没有改变方向;其中 $i_L$ 的初值和终值均为零,且在 $t_p$ 时刻达到最大值。电路中能量交换的情况示于图 12-54(b)、(c)中。当 $t < t_p$ 时,$u_L > 0$,$i_L > 0$,因此 $p_L > 0$,电感储存能量,电容中的能量供给电阻和电感元件;当 $t > t_p$ 时,$u_L < 0$,$i_L > 0$,因此 $p_L < 0$,表明电容和电感共同向电阻释放能量。由此可见,在暂态过程中,电容一直处于放电状态,并未出现电感将能量转储于电容之中的情形,因此,这是一个非振荡性的放电过程,称为过阻尼情况。

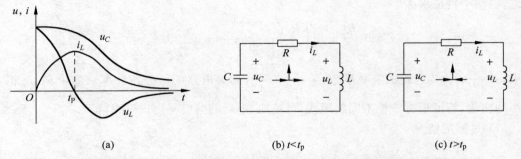

图 12-54   过阻尼时，$RLC$ 串联电路中零输入响应的波形及能量交换的情况示意

（2）临界阻尼情况

当 $\alpha = \omega_0$，或 $R = 2\sqrt{\dfrac{L}{C}}$ 时，式（12-39）中根号内的值为零，特征根为两个相等的负实数，$s_{1,2} = -\alpha$，则微分方程解的形式为

$$u_C = (k_1 + k_2 t)\mathrm{e}^{-\alpha t} \qquad (t \geqslant 0) \tag{12-45}$$

仍由初始条件决定积分常数 $k_1$ 和 $k_2$。不难得到

$$\begin{cases} k_1 = u_C(0_+) = U_0 \\[2mm] k_2 = \dfrac{I_0}{C} + \alpha U_0 \end{cases} \tag{12-46}$$

电感电流为

$$i_L = -C\frac{\mathrm{d}u_C}{\mathrm{d}t} = (k_1\alpha C - k_2 C + k_2\alpha Ct)\mathrm{e}^{-\alpha t} \qquad (t \geqslant 0) \tag{12-47}$$

从 $u_C$ 和 $i_L$ 的表达式可知，响应仍是非振荡性的。由于此时电路处于非振荡性放电和振荡性放电的分界点上，故称为临界阻尼情况。

（3）欠阻尼情况

当 $\alpha < \omega_0$，或 $R < 2\sqrt{\dfrac{L}{C}}$ 时，式（12-39）中根号内的值小于零，特征根为一对共轭复数，即

$$s_{1,2} = -\alpha \pm \sqrt{\alpha^2 - \omega_0^2} = -\alpha \pm \mathrm{j}\omega_\mathrm{d} \tag{12-48}$$

式中，$\omega_\mathrm{d} = \sqrt{\omega_0^2 - \alpha^2}$，称 $\omega_\mathrm{d}$ 为振荡的角频率。微分方程的解为

$$u_C = (k_1\cos\omega_\mathrm{d}t + k_2\sin\omega_\mathrm{d}t)\mathrm{e}^{-\alpha t} = K\mathrm{e}^{-\alpha t}\sin(\omega_\mathrm{d}t + \varphi) \tag{12-49}$$

由初始条件决定 $K$ 和 $\varphi$。可得到下面的方程组：

$$\begin{cases} K\sin\varphi = u_C(0) = U_0 \\[2mm] -\alpha K\sin\varphi + K\omega_\mathrm{d}\cos\varphi = -\dfrac{I_0}{C} \end{cases}$$

解之，得

$$\begin{cases} K = \sqrt{U_0^2 + \left[\dfrac{1}{\omega_\mathrm{d}}\left(\alpha U_0 - \dfrac{I_0}{C}\right)\right]^2} \\[5mm] \varphi = \arctan\dfrac{U_0\omega_\mathrm{d}}{\alpha U_0 - \dfrac{I_0}{C}} \end{cases} \tag{12-50}$$

电感电流为

$$i_L = -C\frac{\mathrm{d}u_C}{\mathrm{d}t} = K\alpha C\mathrm{e}^{-\alpha t}\sin(\omega_\mathrm{d}t+\varphi) - K\omega_\mathrm{d}C\mathrm{e}^{-\alpha t}\cos(\omega_\mathrm{d}t+\varphi)$$

$$= KC\omega_0\mathrm{e}^{-\alpha t}\sin\left(\omega_\mathrm{d}t+\varphi-\arctan\frac{\omega_\mathrm{d}}{\alpha}\right) \tag{12-51}$$

下面讨论电路中能量交换的情况。简便起见,设 $i_L(0)=0$,则

$$\begin{cases} u_C = K\mathrm{e}^{-\alpha t}\sin(\omega_\mathrm{d}t+\varphi) \\ i_L = K\omega_0 C\mathrm{e}^{-\alpha t}\sin\omega_\mathrm{d}t \end{cases} \tag{12-52}$$

做出 $u_C$ 和 $i_L$ 的波形如图 12-55 所示,由图可见,$u_C$ 和 $i_L$ 的大小和方向自始至终做周期性的变化。我们仅分析电容能量的变化情况。根据图 12-53 所示各电量的参考方向($i_C=-i_L$,则 $u_C$ 和 $i_L$ 为非关联方向),在 $\Delta t_1$ 时间内,$p_C<0$,电容释放能量;在 $\Delta t_2$ 时间内,$p_C>0$,电容储存能量,由于电阻是纯耗能元件,此时电容所储存的只能是电感释放的磁场能量;在 $\Delta t_3$ 时间内,$p_C<0$,电容又释放能量;在 $\Delta t_4$ 时间内,$p_C>0$,电容再次储存电感释放的能量;分析电感中能量变化情况,也可得出类似的结果。这表明电路中电场能量和磁场能量不断地进行交换,这一现象称为能量振荡。由于电阻不断地消耗能量,电路中能量交换的规模越来越小,最后趋于零,暂态过程也随之结束。这种振荡性放电过程被称为欠阻尼情况。

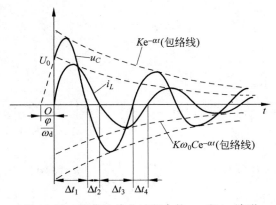

图 12-55 振荡性放电过程中的 $u_C$ 和 $i_L$ 波形

当电路中 $R=0$ 时,便是图 12-56(a)所示的 $LC$ 电路。此时,$\alpha=0$,$\omega_\mathrm{d}=\omega_0=1/\sqrt{LC}$,各响应为(仍设 $i_L(0)=0$)

$$u_C = K\sin(\omega_\mathrm{d}t+\varphi) = K\sin(\omega_0 t+\varphi) = U_0\sin(\omega_0 t+90°) \tag{12-53}$$

$$i_L = -C\frac{\mathrm{d}u_C}{\mathrm{d}t} = -CU_0\omega_0\cos(\omega_0 t+\varphi) = K'\cos(\omega_0 t+90°) \tag{12-54}$$

$u_C$ 和 $i_L$ 的波形如图 12-56(b)所示。由图可见,各响应均按正弦规律变化,电场能量和磁场能量周而复始地进行交换,电路处于不衰减的能量振荡过程中,称为无阻尼振荡或等幅振荡。

**例 12-19** 图 12-57(a)所示电路已处于稳态。$t=0$ 时 S 打开。(1)试直接以电感电压 $u_L$ 为变量列写电路的微分方程;(2)若 $R=4\Omega$,$L=2\mathrm{H}$,$C=2\mathrm{F}$,求响应 $u_L$。

**解** (1)对换路后的电路列出以 $u_L$ 为变量的微分方程。根据 KVL 方程,有

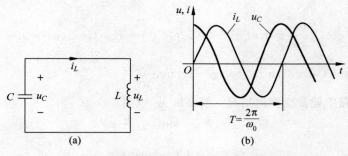

图 12-56　无阻尼振荡电路及其电压、电流波形

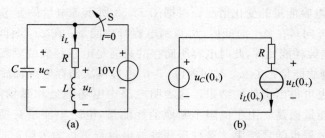

图 12-57　例 12-19 图

$$i_L R + u_L - u_C = 0 \qquad ①$$

由于

$$i_L = \frac{1}{L} \int_{-\infty}^{t} u_L(\tau) \, \mathrm{d}\tau$$

$$u_C = -\frac{1}{C} \int_{-\infty}^{t} i_L(\tau) \, \mathrm{d}\tau = -\frac{1}{C} \int_{-\infty}^{t} \left[ \frac{1}{L} \int_{-\infty}^{\tau} u_L(\xi) \, \mathrm{d}\xi \right] \mathrm{d}\tau$$

故 KVL 方程①式为

$$\frac{R}{L} \int_{-\infty}^{t} u_L(\tau) \, \mathrm{d}\tau + u_L + \frac{1}{C} \int_{-\infty}^{t} \left[ \frac{1}{L} \int_{-\infty}^{\tau} u_L(\xi) \, \mathrm{d}\xi \right] \mathrm{d}\tau = 0$$

将上式微分两次,整理可得

$$LC \frac{\mathrm{d}^2 u_L}{\mathrm{d}t^2} + RC \frac{\mathrm{d}u_L}{\mathrm{d}t} + u_L = 0 \qquad ②$$

将上式与式(12-37)比较,两者在形式上完全一样,仅仅是变量不同而已。由此可得出结论:对于同一电路,无论选择的变量是什么,所列写的齐次微分方程在形式上都是相同的。这并不奇怪,因为齐次微分方程仅取决于无源电路的结构和参数,这一结论适用于任意阶电路。

(2) 将参数 $R = 4\Omega, L = 2H, C = 2F$ 代入所列写的微分方程,可得

$$4 \frac{\mathrm{d}^2 u_L}{\mathrm{d}t^2} + 8 \frac{\mathrm{d}u_L}{\mathrm{d}t} + u_L = 0$$

特征根为

$$s_{1,2} = \frac{-8 \pm \sqrt{64 - 16}}{8} = -1 \pm \frac{\sqrt{3}}{2} = -1 \pm 0.866$$

$$u_L = k_1 \mathrm{e}^{-0.134t} + k_2 \mathrm{e}^{-1.866t}$$

下面求出初始条件 $u_L(0_+)$ 和 $\dfrac{\mathrm{d}u_L(0_+)}{\mathrm{d}t}$。

电路的初始状态为

$$u_C(0_+) = u_C(0_-) = E = 10\mathrm{V}$$

$$i_L(0_+) = i_L(0_-) = \frac{E}{R} = 2.5\mathrm{A}$$

图 12-57(b)所示为 $t=0_+$ 时的等效电路,可得

$$u_L(0_+) = 0$$

又由 $t>0$ 时的电路,有

$$i_L R + u_L - u_C = 0$$

将上式两边乘以 $L$ 后再微分可得

$$RL\frac{\mathrm{d}i_L}{\mathrm{d}t} + L\frac{\mathrm{d}u_L}{\mathrm{d}t} - L\frac{\mathrm{d}u_C}{\mathrm{d}t} = 0$$

或

$$Ru_L + L\frac{\mathrm{d}u_L}{\mathrm{d}t} - L\frac{\mathrm{d}u_C}{\mathrm{d}t} = 0$$

于是

$$\frac{\mathrm{d}u_L(0_+)}{\mathrm{d}t} = \frac{\mathrm{d}u_C(0_+)}{\mathrm{d}t} - \frac{R}{L}u_L(0_+) = \frac{\mathrm{d}u_C(0_+)}{\mathrm{d}t}$$

又

$$\frac{\mathrm{d}u_C(0_+)}{\mathrm{d}t} = \frac{1}{C}i_C(0_+) = -\frac{1}{C}i_L(0_+) = -\frac{2.5}{2} = -1.25\mathrm{V/S}$$

将初始条件代入求得的 $u_L$ 表达式,可得

$$\begin{cases} k_1 + k_2 = 0 \\ -0.134k_1 - 1.866k_2 = -1.25 \end{cases}$$

解之,得

$$k_1 = -0.722, \quad k_2 = 0.722$$

故所求响应为

$$u_L = (-0.722\mathrm{e}^{-0.134t} + 0.722\mathrm{e}^{-1.866t}) \qquad (t>0)$$

此题亦可先求出电感电流 $i_L$ 后,再由 $u_L = L\dfrac{\mathrm{d}i_L}{\mathrm{d}t}$ 求得结果,这一方法的求解过程更为简便一些。

**3. 二阶电路零输入响应的有关说明**

(1) 二阶电路的零输入响应有过阻尼、临界阻尼和欠阻尼三种情况。电路处于哪一种情况完全取决于电路的结构和参数,或者说取决于电路的固有频率(特征根),而与电路的初始状态和外加激励无关。

(2) 临界阻尼和欠阻尼情况只存在于含有 $LC$ 元件的二阶电路中。对两电感或两电容的二阶电路,不可能有欠阻尼情况,自然也不会有临界阻尼情况。这是因为在只含有同一种类储能元件的电路中不可能出现能量振荡现象。

（3）对于二阶电路的分析,完全依赖于微分方程的建立及求解,因此掌握选取一定的变量建立微分方程并求出必要的初始值的方法是一种基本要求。由于同一电路中对应于任一变量的齐次微分方程均有相同的形式(见例 12-19),故在列写齐次微分方程时可选任意容易写出方程的电量作为变量,写出微分方程后再换以所需的变量。

### 三、二阶电路的全响应

零输入响应和零状态响应可视为全响应的特例。下面讨论二阶电路的全响应,而不再专门讨论零状态响应。

二阶电路的全响应一般对应的是二阶非齐次微分方程,其形式为

$$\begin{cases} \dfrac{\mathrm{d}^2 y(t)}{\mathrm{d}t^2} + a\,\dfrac{\mathrm{d}y(t)}{\mathrm{d}t} + by(t) = cx(t) \\ y(0_+) = A \\ \dfrac{\mathrm{d}y(0_+)}{\mathrm{d}t} = B \end{cases} \tag{12-55}$$

求二阶电路的全响应可采用下述三种方法：

（1）直接求解微分方程；

（2）根据"全响应＝零输入响应＋零状态响应"求解；

（3）根据"全响应＝自由分量＋强制分量"求解。

**例 12-20**　图 12-58 所示电路已处于稳态,$t=0$ 时开关 S 打开,求换路后的响应 $u_C$ 和 $i_L$。已知 $R=0.5\Omega,R_1=1\Omega,L=0.2\mathrm{H},C=1\mathrm{F},I_s=2\mathrm{A},E=3\mathrm{V}$。

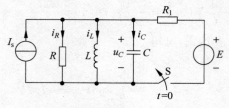

图 12-58　例 12-20 图

**解**　所求为 $RLC$ 并联电路的全响应。对换路前的直流稳态电路,可求得

$$i_L(0_-) = I_s + E/R_1 = 2 + 3/1 = 5\mathrm{A}$$

$$u_C(0_-) = 0$$

以 $i_L$ 为求解变量建立电路的微分方程。对换路后的电路,写出 KCL 方程为

$$i_R + i_L + i_C = I_s$$

但 $i_R = \dfrac{u_C}{R},i_C = C\dfrac{\mathrm{d}u_C}{\mathrm{d}t}$,且 $u_C = L\dfrac{\mathrm{d}i_L}{\mathrm{d}t}$,将这些关系式代入 KCL 方程,得

$$LC\frac{\mathrm{d}^2 i_L}{\mathrm{d}t^2} + \frac{L}{R}\frac{\mathrm{d}i_L}{\mathrm{d}t} + i_L = I_s$$

代入元件参数值后可得

$$0.2\frac{\mathrm{d}^2 i_L}{\mathrm{d}t^2} + 0.4\frac{\mathrm{d}i_L}{\mathrm{d}t} + i_L = 2$$

定解所需的初始条件为

$$i_L(0_+) = i_L(0_-) = 5\text{A}$$

$$\frac{\mathrm{d}i_L(0_+)}{\mathrm{d}t} = \frac{1}{L}u_C(0_+) = 0$$

微分方程对应的特征方程为

$$0.2s^2 + 0.4s + 1 = 0$$

特征根为

$$s_{1,2} = -1 \pm \mathrm{j}2$$

$s_1, s_2$ 为一对共轭复数,则电路的响应为欠阻尼情况。微分方程的特解为 $i_{Lp} = 2\text{A}$,则 $i_L(t)$ 的表达式为

$$i_L(t) = i_{Lp} + i_{Lh} = 2 + K\mathrm{e}^{-t}\sin(2t + \varphi)$$

求导数后得

$$\frac{\mathrm{d}i_L}{\mathrm{d}t} = -K\mathrm{e}^{-t}\sin(2t + \varphi) + 2K\mathrm{e}^{-t}\cos(2t + \varphi)$$

将初始条件代入 $i_L$ 和 $\dfrac{\mathrm{d}i}{\mathrm{d}t}$ 后,有

$$\begin{cases} 2 + K\sin\varphi = 5 \\ -K\sin\varphi + 2K\cos\varphi = 0 \end{cases}$$

解之,得

$$K = 3.35$$

$$\varphi = 63.43°$$

则所求为

$$i_L(t) = [2 + 3.35\mathrm{e}^{-t}\sin(2t + 63.43°)]\text{A} \qquad (t \geqslant 0)$$

$$u_C(t) = u_L(t) = L\frac{\mathrm{d}i_L}{\mathrm{d}t} = 0.67\mathrm{e}^{-t}\sin(2t - 180°)\text{V} \qquad (t \geqslant 0)$$

**例 12-21** 如图 12-59(a)所示电路,开关在 $t = 0$ 时合上,试求电容电压 $u_C$。已知 $u_C(0_-) = 2\text{V}, i_L(0_-) = 5\text{A}$。

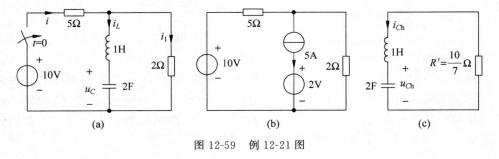

图 12-59 例 12-21 图

**解** (1)直接求解微分方程

① 列写电路的微分方程,由 KVL,有

$$5i + \frac{\mathrm{d}i_L}{\mathrm{d}t} + u_C = 10$$

$$2i_1 - u_C - \frac{di_L}{dt} = 0$$

根据 KCL,有

$$i = i_L + i_1$$

从上述三个方程中消去变量 $i$、$i_L$ 和 $i_1$ $\left(\text{还要用到关系式 } i_L = i_C = C\frac{du_C}{dt}\right)$,可得

$$7\frac{d^2 u_C}{dt^2} + 10\frac{du_C}{dt} + \frac{7}{2}u_C = 10$$

② 求初始条件。已知 $u_C(0_+) = u_C(0_-) = 2\text{V}$,还需求出 $\frac{du_C(0_+)}{dt}$,做出 $t = 0_+$ 时的等

效电路如图 12-59(b)所示。因 $C\frac{du_C(0_+)}{dt} = i_C(0_+)$,$i_C(0_+) = i_L(0_+)$,故

$$\frac{du_C(0_+)}{dt} = \frac{1}{C}i_L(0_+) = \frac{1}{2} \times 5 = 2.5\text{V/S}$$

③ 求全响应,特征方程为

$$7s^2 + 10s + \frac{7}{2} = 0$$

特征根为

$$s_{1,2} = \frac{-20 \pm \sqrt{8}}{28}, \quad s_1 = -0.61, \quad s_2 = -0.82$$

齐次方程的通解为

$$u_{Ch} = k_1 e^{-0.61t} + k_2 e^{-0.82t}$$

设微分方程的特解为 $u_{Cp} = A$,代入微分方程,得

$$A = 10 \times \frac{2}{7} = \frac{20}{7}$$

$$u_C = u_{Ch} + u_{Cp} = \left(k_1 e^{-0.61t} + k_2 e^{-0.82t} + \frac{20}{7}\right)\text{V}$$

将初始条件分别代入上式,可求出

$$k_1 = 8.54, \quad k_2 = -9.4$$

则所求响应为

$$u_C = (2.86 + 8.54e^{-0.61t} - 9.4e^{-0.82t})\text{V} \qquad (t \geqslant 0)$$

(2)用"全响应=暂态分量+强制分量"求解

① 求暂态分量。由于暂态分量是齐次微分方程的通解,而齐次方程对应的是无源电路,因此可将原电路中的电压源置零,得到如图 12-59(c)所示的电路,其中 $R'$ 为原电路中 $5\Omega$ 和 $2\Omega$ 电阻并联的等值电阻。这一电路的响应与原电路响应的暂态分量具有相同的形式。这是一个 $RLC$ 串联电路,不难得出微分方程为

$$LC\frac{d^2 u_C}{dt^2} + R'C\frac{du_C}{dt} + u_C = 0$$

将参数代入,可得

$$2\frac{d^2 u_C}{dt^2} + \frac{20}{7}\frac{du_C}{dt} + u_C = 0$$

特征方程为

$$2s^2 + \frac{20}{7}s + 1 = 0$$

特征根为

$$s_1 = -0.61, \quad s_2 = -0.82$$

故原电路响应的暂态分量为

$$u_{\text{Ch}} = k_1 e^{-0.61t} + k_2 e^{-0.82t}$$

②　求强制分量。全响应的强制分量是原电路的稳态响应，可求得

$$u_{C\text{p}} = u_C(\infty) = 10 \times \frac{2}{2+5} = \frac{20}{7} \text{V}$$

故

$$u_C = u_{\text{Ch}} + u_{C\text{p}} = \left( k_1 e^{-0.61t} + k_2 e^{-0.82t} + \frac{20}{7} \right) \text{V}$$

根据初始条件求出 $k_1$ 和 $k_2$ 后，可得全响应为

$$u_C = (8.54 e^{-0.61t} - 9.4 e^{-0.82t} + 2.86) \text{V} \qquad (t \geqslant 0)$$

还可根据"全响应＝零输入响应＋零状态响应"求解此例，读者可自行分析。由于二阶电路的求解依赖于微分方程的建立，一个含源电路和它对应的无源电路相比，无源电路微分方程的建立往往容易许多，因此在求二阶电路的全响应时采用"全响应＝暂态分量＋强制分量"似更简单些。

二阶以上的电路称为高阶电路，若采用时域分析法，则高阶电路动态过程的求解方法与二阶电路相似。由于高阶电路微分方程的建立和相应初始条件的确定（特别是各阶导数的初始值）以及高阶微分方程的求解较为不易，因此实际中对高阶电路的分析较少采用经典法，一般是应用第13章将要介绍的复频域分析法，即运算法。

## 练习题

12-13　设 $RLC$ 串联电路的零输入响应处于临界情况，现增大电容 $C$ 的数值，电路的响应将变为过阻尼还是欠阻尼情况？为什么？

12-14　试导出 $RLC$ 并联电路的零输入响应分别为过阻尼、临界阻尼和欠阻尼时参数之间应满足的关系式。

12-15　当 $RLC$ 并联电路的零输入响应处于欠阻尼情况时，调节电阻 $R$ 的参数会对衰减系数 $\alpha$ 和振荡角频率 $\omega_{\text{d}}$ 各产生什么影响？

12-16　电路如图 12-60 所示，开关 S 在 $t=0$ 时打开，求换路后的响应 $u_C(t)$ 和 $i_L(t)$。

12-17　在图 12-61 所示电路中，若 $u_C(0_-) = 10\text{V}$，$i_L(0_-) = 0$，开关 S 在 $t=0$ 时合上，求换路后的响应 $u_C(t)$ 和 $i_R(t)$。

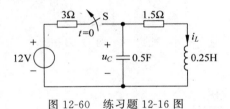

图 12-60　练习题 12-16 图

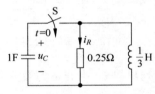

图 12-61　练习题 12-17 图

## 12.6　阶跃响应和冲激响应

本节讨论动态电路分析中两类重要的响应——阶跃响应和冲激响应的求解方法。

### 一、阶跃响应

电路对单一单位阶跃函数激励的零状态响应称为单位阶跃响应,简称为阶跃响应,并用符号 $S(t)$ 表示。

可采用两种方法求阶跃响应。

**1. 阶跃响应可视为单位直流电源激励下的零状态响应**

由于单位阶跃函数 $\varepsilon(t)$ 仅在 $t>0$ 时不等于零,因此一个 $\varepsilon(t)$ 电源相当于一个单位直流电源与一个开关的组合,如图 12-62 所示。这样,求阶跃响应可转化为求单位直流电源激励下的零状态响应。

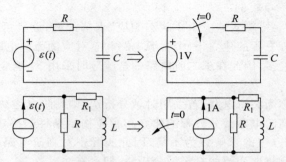

图 12-62　单位阶跃响应可视为单位直流电源与开关的组合

**例 12-22**　求图 12-63 所示电路的阶跃响应 $u_C$。

**解**　这是一阶电路零状态响应的问题,有

$$S(t)=u_C=u_C(\infty)(1-e^{\frac{-t}{\tau}})\varepsilon(t)$$

式中,$u_C(\infty)=\dfrac{R_2}{R_1+R_2}$,$\tau=\dfrac{R_1R_2}{R_1+R_2}C$。由于 $u_C(0_-)=0$,故响应 $S(t)$ 的表达式可乘以 $\varepsilon(t)$ 表示时间定义域。

**例 12-23**　求图 12-64 所示电路的阶跃响应 $i_L$ 和 $u_C$。已知 $L=4\mathrm{H}$,$C=\dfrac{1}{4}\mathrm{F}$,$R=\dfrac{8}{3}\Omega$。

图 12-63　例 12-22 图　　　　　　　图 12-64　例 12-23 图

**解**　列出以 $i_L$ 为变量的微分方程为

$$LC\frac{\mathrm{d}^2i_L}{\mathrm{d}t^2}+\frac{L}{R}\frac{\mathrm{d}i_L}{\mathrm{d}t}+i_L=1$$

注意列写方程时将电流源视为 1A 的直流电源。初始条件为

$$i_L(0_+) = i_L(0_-) = 0$$

$$\frac{\mathrm{d}i_L(0_+)}{\mathrm{d}t} = \frac{1}{L}u_L(0_+) = \frac{1}{L}u_C(0_+) = 0$$

特征方程为

$$LCs^2 + \frac{L}{R}s + 1 = 0$$

将参数代入，可得

$$s^2 + \frac{3}{2}s + 1 = 0$$

解得

$$s_{1,2} = \frac{-\frac{3}{2} \pm \sqrt{\left(\frac{3}{2}\right)^2 - 4}}{2} = -\frac{3}{4} \pm \mathrm{j}\frac{\sqrt{7}}{4}$$

电路的固有频率为一对共轭复数，响应属欠阻尼情况。齐次微分方程的解为

$$i_L = k\,\mathrm{e}^{-\frac{3}{4}t}\sin\left(\frac{\sqrt{7}}{4}t + \varphi\right)$$

微分方程的特解为

$$i_{Lp} = 1$$

则

$$S_1(t) = i_L = k\,\mathrm{e}^{-\frac{3}{4}t}\sin\left(\frac{\sqrt{7}}{4}t + \varphi\right) + 1$$

由初始条件可求出常数 $k$ 和 $\varphi$ 为

$$k = -1.51, \quad \varphi = 41.5°$$

则

$$S_1(t) = i_L = \left[-1.51\mathrm{e}^{-\frac{3}{4}t}\sin\left(\frac{\sqrt{7}}{4}t + 41.5°\right) + 1\right]\varepsilon(t)\,\mathrm{V}$$

显然有

$$u_C = u_L = L\frac{\mathrm{d}i_L}{\mathrm{d}t}$$

即

$$S_2(t) = u_C = 6.04\mathrm{e}^{-\frac{3}{4}t}\sin\frac{\sqrt{7}}{4}t\,\varepsilon(t)\,\mathrm{V}$$

**2. 比较系数法**

在单位激励 $x(t)$ 的作用下，一般 $n$ 阶电路的微分方程为

$$\frac{\mathrm{d}^n y}{\mathrm{d}t^n} + a_1\frac{\mathrm{d}^{n-1}y}{\mathrm{d}t^{n-1}} + \cdots + a_{n-1}\frac{\mathrm{d}y}{\mathrm{d}t} + a_n y = b_0\frac{\mathrm{d}^m x}{\mathrm{d}t^m} + b_1\frac{\mathrm{d}^{m-1}x}{\mathrm{d}t^{m-1}} + \cdots + b_m x \quad (12\text{-}56)$$

若 $x = \varepsilon(t)$ 且电路为零状态时，电路的响应 $y(t)$ 为阶跃响应 $S(t)$。

在写出电路的微分方程式(12-56)后，根据微分方程的类型，设定阶跃响应 $S(t)$ 表达式的形式，再将响应的表达式代入微分方程，利用比较系数的方法，确定 $S(t)$ 中各项的系数。

这一方法的实质是用系数比较的办法代替根据初始条件确定齐次微分方程通解中的积分常数以及根据激励的形式由微分方程确定特解的做法。

按照微分方程的类型,阶跃响应的表达式有两种形式。

(1) 在式(12-56)中,若 $n \geqslant m$,则 $S(t)$ 中不含有冲激函数及冲激函数各阶导数的分量。此时,阶跃响应的表达式为

$$S(t) = y_h \varepsilon(t) + A \varepsilon(t) \tag{12-57}$$

式中,$y_h$ 为齐次方程的通解;$A$ 为待定常数。

**例 12-24** 某电路的微分方程为

$$\frac{d^2 y}{dt^2} + 5 \frac{dy}{dt} + 6y = 2 \frac{dx}{dt} + 4x$$

求阶跃响应 $S(t) = y(t)$。

**解** 由于 $n > m (n = 2, m = 1)$,则 $S(t)$ 的表达式为

$$S(t) = (k_1 e^{s_1 t} + k_2 e^{s_2 t}) \varepsilon(t) + A \varepsilon(t)$$

其中特征根为

$$s_1 = -2, \quad s_2 = -3$$

由于

$$\frac{dS}{dt} = (-2k_1 e^{-2t} - 3k_2 e^{-3t}) \varepsilon(t) + (k_1 e^{-2t} + k_2 e^{-3t}) \delta(t) + A \delta(t)$$

$$= (-2k_1 e^{-2t} - 3k_2 e^{-3t}) \varepsilon(t) + (k_1 + k_2 + A) \delta(t)$$

$$\frac{d^2 S}{dt^2} = (4k_1 e^{-2t} + 9k_2 e^{-3t}) \varepsilon(t) + (-2k_1 e^{-2t} - 3k_2 e^{-3t}) \delta(t) + (k_1 + k_2 + A) \delta'(t)$$

$$= (4k_1 e^{-2t} + 9k_2 e^{-3t}) \varepsilon(t) + (-2k_1 - 3k_2) \delta(t) + (k_1 + k_2 + A) \delta'(t)$$

在上述运算中应注意不可漏掉对 $\varepsilon(t)$ 和 $\delta(t)$ 的求导;另外要注意应用关系式 $f(t)\delta(t) = f(0)\delta(t)$。

将 $\dfrac{d^2 S}{dt^2}$、$\dfrac{dS}{dt}$ 及 $S$ 代入原微分方程,整理后可得

$$6A\varepsilon(t) + (3k_1 + 2k_2 + 5A)\delta(t) + (k_1 + k_2 + A)\delta'(t) = 2\delta(t) + 4\varepsilon(t)$$

比较该方程两边的系数,可得

$$\begin{cases} 6A = 4 \\ 3k_1 + 2k_2 + 5A = 2 \\ k_1 + k_2 + A = 0 \end{cases}$$

解之,得

$$A = \frac{2}{3}, \quad k_1 = -\frac{8}{3}, \quad k_2 = \frac{10}{3}$$

故所求为

$$S(t) = \left( -\frac{8}{3} e^{-2t} + \frac{10}{3} e^{-3t} + \frac{2}{3} \right) \varepsilon(t)$$

(2) 在式(12-56)中,若 $n < m$,则 $S(t)$ 中含有冲激函数及冲激函数导数的分量。此时,$S(t)$ 的表达式为

$$S(t) = y_h \varepsilon(t) + A\varepsilon(t) + \sum_{j=0}^{m-n-1} B_j \delta^{(j)}(t) \qquad (12\text{-}58)$$

**例 12-25**  某电路的微分方程为

$$\frac{\mathrm{d}^2 y}{\mathrm{d}t^2} + 5\frac{\mathrm{d}y}{\mathrm{d}t} + 6y = 2\frac{\mathrm{d}^3 x}{\mathrm{d}t^3} + 6x$$

求电路的阶跃响应。

**解**  由于 $n < m(n=2, m=3)$，则 $S(t)$ 的表达式为

$$S(t) = (k_1 e^{s_1 t} + k_2 e^{s_2 t})\varepsilon(t) + A\varepsilon(t) + B\delta(t)$$

式中，$s_1 = -2$，$s_2 = -3$。于是有

$$\frac{\mathrm{d}S(t)}{\mathrm{d}t} = (-2k_1 e^{-2t} - 3k_2 e^{-3t})\varepsilon(t) + (k_1 + k_2 + A)\delta(t) + B\delta'(t)$$

$$\frac{\mathrm{d}^2 S(t)}{\mathrm{d}t^2} = (4k_1 e^{-2t} + 9k_2 e^{-3t})\varepsilon(t) + (-2k_1 - 3k_2)\delta(t) + (k_1 + k_2 + A)\delta'(t) + B\delta''(t)$$

将 $\dfrac{\mathrm{d}^2 S}{\mathrm{d}t^2}$、$\dfrac{\mathrm{d}S}{\mathrm{d}t}$ 及 $S(t)$ 代入原微分方程，整理后可得

$$6A\varepsilon(t) + (3k_1 + 2k_2 + 5A + 6B)\delta(t) + (k_1 + k_2 + A + 5B)\delta'(t) + B\delta''(t) = 2\delta''(t) + 6\varepsilon(t)$$

比较系数后可解出

$$A = 1, \quad B = 2, \quad k_1 = 5, \quad k_2 = -16$$

故所求响应为

$$S(t) = (5e^{-2t} - 16e^{-3t})\varepsilon(t) + \varepsilon(t) + 2\delta(t)$$

**3. 求解阶跃响应的有关说明**

（1）$S(t)$ 是阶跃响应的专用表示符号，任意的阶跃响应均可用 $S(t)$ 表示，但同一电路的不同阶跃响应须用下标加以区别，如 $S_1(t), S_2(t), \cdots$，以免混淆。

（2）由于阶跃响应是零状态响应，电路中各电量的原始值均为零，因此任一阶跃响应均能用 $\varepsilon(t)$ 函数表示时间定义域，即可将阶跃响应的表达式与 $\varepsilon(t)$ 相乘。习惯上对 $S(t)$ 多采用这种表示时间定义域的方法。这样做的好处是便于对响应进行微分或积分运算。

（3）用比较系数法求阶跃响应时，需要对 $S(t)$ 的表达式进行求导运算，特别是求高阶导数时必须十分小心，不要漏掉了某些项及弄错了符号。在求导时应注意 $\varepsilon(t)$ 为 $t$ 的函数，而不能当成常数 1。

（4）求阶跃响应除可用前面介绍的两种方法外，还可用第 13 章将要讨论的复频域分析法以及根据冲激响应计算（即将介绍，阶跃响应为冲激响应的积分）。

# 二、冲激响应

电路对单一单位冲激函数激励的零状态响应称为单位冲激响应，简称为冲激响应，并用符号 $h(t)$ 表示。冲激响应是近代电路理论的重要内容之一，极具理论价值。一般而言，只要获知了电路的冲激响应，便可确定电路在任意波形的输入作用下的零状态响应。

可用三种方法求电路的冲激响应。

**1. 将冲激响应转化为零输入响应求解**

冲激函数仅在 $0_- \sim 0_+$ 时作用，其余时刻均为零。因此仅含有冲激电源的电路，在 $t > 0$

后是一个零输入电路。在冲激电源的作用下,电路中储能元件的初值将产生突变,这说明冲激电源的作用在于给电路建立初始状态,故冲激响应可视为由冲激函数电源建立的初始状态所引起的零输入响应。

用求零输入响应的方法求冲激响应的关键在于确定电路在冲激电源作用下所建立的初始状态。求突变值 $u_C(0_+)$ 和 $i_L(0_+)$ 的方法已在 12.3 节中作了介绍,其要点是在冲激电源作用期间,电容被视为短路,电感被视作开路。求出电容中的冲激电流及电感两端的冲激电压后,再由储能元件伏安特性方程求得 $u_C(0_+)$ 和 $i_L(0_+)$。

**例 12-26**  求图 12-65(a)所示电路的冲激响应 $u_C$。已知 $R_1=4\Omega$,$R_2=2\Omega$,$L=1\mathrm{H}$,$C=\dfrac{1}{2}\mathrm{F}$。

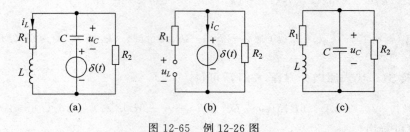

图 12-65  例 12-26 图

**解**  做出 $t=0_-\sim 0_+$ 期间的等效电路如图 12-65(b)所示,可求得(注意参考方向):

$$i_C=-\frac{\delta(t)}{R_2},\quad u_L=\delta(t)$$

则冲激电压源建立的初始状态为

$$u_C(0_+)=u_C(0_-)+\frac{1}{C}\int_{0_-}^{0_+}i_C\mathrm{d}t=-\frac{1}{R_2C}=-1\mathrm{V}$$

$$i_L(0_+)=i_L(0_-)+\frac{1}{L}\int_{0_-}^{0_+}u_L\mathrm{d}t=\frac{1}{L}=1\mathrm{A}$$

$t>0$ 的零输入电路如图 12-65(c)所示。原电路的冲激响应便是该电路的零输入响应。列出电路的微分方程为

$$\frac{\mathrm{d}^2 u_C}{\mathrm{d}t^2}+5\,\frac{\mathrm{d}u_C}{\mathrm{d}t}+6u_C=0$$

其解为

$$u_C=(K_1\mathrm{e}^{-2t}+K_2\mathrm{e}^{-3t})\varepsilon(t)$$

根据初始条件可求得

$$K_1=-4,\quad K_2=3$$

则

$$u_C=(-4\mathrm{e}^{-2t}+3\mathrm{e}^{-3t})\varepsilon(t)$$

**2. 由阶跃响应求冲激响应**

我们知道,单位冲激函数是单位阶跃函数的导数,可以证明冲激响应是阶跃响应的导数,即

$$h(t)=\frac{\mathrm{d}S(t)}{\mathrm{d}t} \tag{12-59}$$

应注意,在由阶跃响应求冲激响应时,务必将 $S(t)$ 的时间定义域用单位阶跃函数 $\varepsilon(t)$ 表示。

**例 12-27**　如图 12-66(a)所示电路,试求冲激响应 $u_L$,并画出波形。

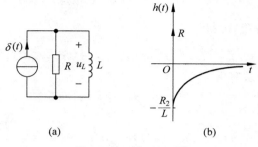

图 12-66　例 12-27 图

**解**　根据 $h(t) = \dfrac{\mathrm{d}S(t)}{\mathrm{d}t}$ 求解。求 $S(t)$ 时应将电流源视为单位阶跃函数。由于是一阶电路,阶跃响应 $S(t) = u_L(t)$ 的初值不为零,但终值为零,故

$$S(t) = u_L(0_+)\mathrm{e}^{-\frac{t}{\tau}}\varepsilon(t) = R\mathrm{e}^{-\frac{R}{L}t}\varepsilon(t)$$

$$h(t) = \frac{\mathrm{d}S(t)}{\mathrm{d}t} = R\left(-\frac{R}{L}\right)\mathrm{e}^{-\frac{R}{L}t}\varepsilon(t) + R\mathrm{e}^{-\frac{R}{L}t}\delta(t) = -\frac{R^2}{L}\mathrm{e}^{-\frac{R}{L}t}\varepsilon(t) + R\delta(t)$$

$h(t)$ 的波形如图 12-66(b)所示。

**3. 比较系数法**

类似于用比较系数法求阶跃响应,在列出电路的微分方程后,可用比较系数法求得冲激响应。

电路微分方程的一般形式是式(12-56),即

$$\frac{\mathrm{d}^n y}{\mathrm{d}t^n} + a_1 \frac{\mathrm{d}^{n-1} y}{\mathrm{d}t^{n-1}} + \cdots + a_n y = b_0 \frac{\mathrm{d}^m x}{\mathrm{d}t^m} + \frac{\mathrm{d}^{m-1} x}{\mathrm{d}t^{m-1}} + \cdots + b_m x$$

若 $x = \delta(t)$ 且电路的原始状态为零状态,则响应 $y(t)$ 为冲激响应。

根据微分方程的形式,冲激响应有两种情况。

(1) 若 $n > m$,则 $h(t)$ 中不含冲激函数及其各阶导数。$h(t)$ 的表达式为

$$h(t) = y_{\mathrm{h}}(t)\varepsilon(t) \tag{12-60}$$

$y_{\mathrm{h}}$ 是齐次微分方程的解。

(2) 若 $n \leqslant m$,则 $h(t)$ 中含有冲激函数及冲激函数的各阶导数,其一般表达式为

$$h(t) = y_{\mathrm{h}}(t)\varepsilon(t) + \sum_{l=0}^{m-n} c_l \delta^{(l)}(t) \tag{12-61}$$

**例 12-28**　某电路的微分方程为

$$\frac{\mathrm{d}y}{\mathrm{d}t} + 4y = 2\frac{\mathrm{d}^2 x}{\mathrm{d}t^2} + 3x$$

试求该电路的冲激响应 $h(t)$。

**解**　由于 $n = 1, m = 2$,故由式(12-61)得冲激响应的表达式为

$$h(t) = k\mathrm{e}^{-4t}\varepsilon(t) + c_0\delta(t) + c_1\delta'(t)$$

而

$$\frac{\mathrm{d}h(t)}{\mathrm{d}t} = -4k\,\mathrm{e}^{-4t}\varepsilon(t) + k\,\mathrm{e}^{-4t}\delta(t) + c_0\delta'(t) + c_1\delta''(t)$$

$$= -4k\,\mathrm{e}^{-4t}\varepsilon(t) + k\delta(t) + c_0\delta'(t) + c_1\delta''(t)$$

将 $\dfrac{\mathrm{d}h}{\mathrm{d}t}$、$h(t)$ 代入原微分方程,可得

$$(k + 4c_0)\delta(t) + (c_0 + 4c_1)\delta'(t) + c_1\delta''(t) = 2\delta''(t) + 3\delta(t)$$

比较方程两边各项的系数,解出

$$k = 35, \quad c_0 = -8, \quad c_1 = 2$$

则所求冲激响应为

$$h(t) = 35\mathrm{e}^{-4t}\varepsilon(t) - 8\delta(t) + 2\delta'(t)$$

**4. 冲激响应的有关说明**

(1) 冲激响应在电路的暂态分析中占有重要的地位。由于冲激响应可视为零输入响应,因此它实际上反映了电路的固有特性。

(2) 任意冲激响应均可用符号 $h(t)$ 表示,但同一电路的不同的冲激响应需予以区分,例如用下标加以区别。

(3) 由于冲激响应对应的电路处于零状态,故冲激响应的表达式均能用阶跃函数 $\varepsilon(t)$ 表示时间定义域,习惯上一般也采用这种表示法。

(4) 冲激响应是阶跃响应的导数,反之,阶跃响应是冲激响应的积分,即

$$h(t) = \frac{\mathrm{d}S(t)}{\mathrm{d}t} \Leftrightarrow S(t) = \int_{-\infty}^{t} h(t')\mathrm{d}t' = \int_{0_-}^{t} h(t')\mathrm{d}t'$$

由此可见,由冲激响应求阶跃响应是阶跃响应的又一种求法。

## 练习题

12-18　电路如图 12-67 所示,求阶跃响应 $u_C(t)$ 和 $u(t)$。

12-19　用下述方法求图 12-68 所示电路的冲激响应 $i_L(t)$。(1)转化为零输入响应求解;(2)由阶跃响应求冲激响应。

12-20　电路的微分方程为 $\dfrac{\mathrm{d}^2 y}{\mathrm{d}t^2} + \dfrac{\mathrm{d}y}{\mathrm{d}t} + y = x(t)$,求阶跃响应和冲激响应。

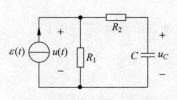

图 12-67　练习题 12-18 图

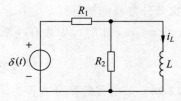

图 12-68　练习题 12-19 图

## 12.7　线性时不变网络零状态响应的基本特性

线性时不变网络的零状态响应具有许多重要特性,主要有线性特性、时不变特性以及微分和积分特性等,下面分别予以讨论。讨论均针对具有零初始状态的线性时不变网络,且认

为电路有唯一解。

## 一、线性特性

线性特性说明电路的零状态响应是激励的线性函数。该特性包括齐次性和可加性。齐次性是指当激励扩大 $m$ 倍时,零状态响应为原响应的 $m$ 倍,可表示为

$$Z_0[mx(t)] = mZ_0[x(t)] \tag{12-62}$$

式中,$Z_0$ 为引入的零状态响应算子;$x(t)$ 为电路的激励;$Z_0[x(t)]$ 表示由 $x(t)$ 引起的电路零状态响应。

可加性是指激励为 $n$ 个激励的叠加时,零状态响应则为每个激励所产生响应的叠加,可表示为

$$Z_0[x_1(t) + x_2(t)] = Z_0[x_1(t)] + Z_0[x_2(t)] \tag{12-63}$$

综上所述,线性特性的表达式为

$$Z_0[m_1 x_1(t) + m_2 x_2(t)] = m_1 Z_0[x_1(t)] + m_2 Z_0[x_2(t)] \tag{12-64}$$

## 二、微分与积分特性

微分特性是指当激励 $x(t)$ 产生的零状态响应为 $y(t)$ 时,由激励 $\dfrac{\mathrm{d}x(t)}{\mathrm{d}t}$ 产生的零状态响应为 $\dfrac{\mathrm{d}y(t)}{\mathrm{d}t}$。即若有 $Z_0[x(t)] = y(t)$,则有

$$Z_0\left[\frac{\mathrm{d}x(t)}{\mathrm{d}t}\right] = \frac{\mathrm{d}}{\mathrm{d}t}\{Z_0[x(t)]\} = \frac{\mathrm{d}y(t)}{\mathrm{d}t} \tag{12-65}$$

积分特性是指当激励 $x(t)$ 产生的零状态响应为 $y(t)$ 时,则由激励 $\displaystyle\int_{0_-}^{t} x(\xi)\mathrm{d}\xi$ 产生的零状态响应为 $\displaystyle\int_{0_-}^{t} y(\xi)\mathrm{d}\xi$。积分特性的表达式为

$$Z_0\left[\int_{0_-}^{t} x(\xi)\mathrm{d}\xi\right] = \int_{0_-}^{t} Z_0[x(\xi)]\mathrm{d}\xi = \int_{0_-}^{t} y(\xi)\mathrm{d}\xi \tag{12-66}$$

当电路的激励发生变化,且与原激励为微分或积分关系时,便可用微分或积分特性来求取零状态响应。

## 三、时不变特性

时不变特性是指若激励 $x(t)$ 引起的零状态响应为 $y(t)$,则当该激励延时 $t_0$ 为 $x(t-t_0)$ 时,其所引起的零状态响应为 $y(t-t_0)$,即原响应亦延时 $t_0$。这一特性表明,无论激励何时作用于电路,只要其波形形状不发生改变,则响应的波形形状完全相同,只不过响应波形的起始时间不同而已。时不变特性可用数学式表示,即若有 $Z_0[x(t)] = y(t)$,便有

$$Z_0[x(t-t_0)] = y(t-t_0) \tag{12-67}$$

时不变特性也可表示为

$$Z_0\{\mathcal{T}_{t_0}[x(t)]\} = \mathcal{T}_{t_0}\{Z_0[x(t)]\} \tag{12-68}$$

上式中,$\mathcal{T}_{t_0}$ 称为延迟算子,它表示将其作用的函数延迟 $t_0$ 时间。式(12-68)还表明算子 $Z_0$ 和 $\mathcal{T}_{t_0}$ 具有交换性。

**例 12-29** 已知某电路冲激响应 $h(t)$ 的波形为图 12-69(a)所示,试画出该电路在图 12-69(b)所示激励 $f(t)$ 作用下的响应 $y(t)$ 的波形。

**解** 激励函数 $f(t)$ 的表达式为

$$f(t) = \delta(t) - \delta(t-1) + 2\delta(t-1.5)$$

这表明该电路的激励为三个冲激电源之和。根据时不变特性和线性特性,激励 $-\delta(t-1)$ 和 $2\delta(t-1.5)$ 分别作用于该电路引起的响应为 $-h(t-1)$ 和 $2h(t-1.5)$ 如图 12-69(c)所示。于是电路在 $f(t)$ 激励下的响应是三个冲激电源产生的响应之和,即

$$y(t) = h(t) - h(t-1) + 2h(t-1.5)$$

由此可得电路响应的波形 $y(t)$ 如图 12-69(d)所示。

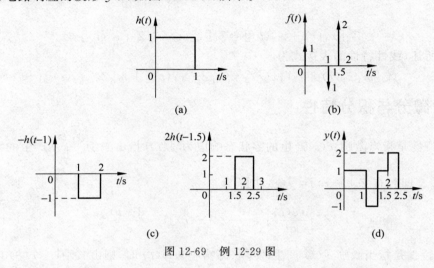

图 12-69 例 12-29 图

**例 12-30** 已知图 12-70(a)所示电路中电压源 $u_s$ 的波形如图 12-70(b)所示,试求零状态响应 $u_C$,$t \geqslant 0$。

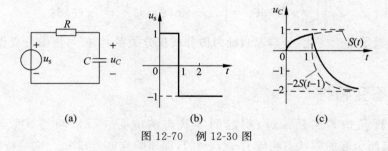

图 12-70 例 12-30 图

**解** 电源 $u_s$ 的表达式为

$$u_s = \varepsilon(t) - 2\varepsilon(t-1)$$

由于电路处于零状态,则激励 $\varepsilon(t)$ 产生的响应是阶跃响应 $S(t)$。根据线性特性、时不变特性,电路的零状态响应 $u_C$ 为

$$u_C = S(t) - 2S(t-1)$$

可求出阶跃响应为

$$S(t) = u_C(\infty)(1 - \mathrm{e}^{-\frac{t}{\tau}})\varepsilon(t) = (1 - \mathrm{e}^{-\frac{t}{RC}})\varepsilon(t)$$

$$S(t-1) = (1 - e^{-\frac{t-1}{RC}})\varepsilon(t-1)$$

于是所求响应为

$$u_C = S(t) - 2S(t-1) = (1 - e^{-\frac{t}{RC}})\varepsilon(t) - 2(1 - e^{-\frac{t-1}{RC}})\varepsilon(t-1)$$

$u_C$ 的波形如图 12-70(c)所示。

**例 12-31**　电路如图 12-71(a)所示，$N_0$ 为线性时不变无源松弛网络。已知当 $i_{s1}(t) = \delta(t)$ 时，响应 $u_2(t) = 50e^{-10t}\varepsilon(t)$ V。在图 12-71(b)所示电路中，$i_{s2}(t)$ 的波形如图 12-71(c) 所示，求零状态响应 $u_1(t)$。

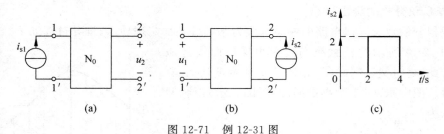

图 12-71　例 12-31 图

**解**　由题意，知电路的冲激响应为 $h(t) = u_2(t) = 50e^{-10t}\varepsilon(t)$ V。根据互易定理，$i_{s2}$ 产生的零状态响应 $u_1$ 应与其有相同波形的 $i_{s1}$ 产生的零状态响应 $u_2$ 相等。$i_{s2}$ 波形的表达式为

$$i_{s2}(t) = 2\delta(t) + 2[\varepsilon(t-2) - \varepsilon(t-4)]$$

根据积分特性或阶跃响应与冲激响应间的关系，可求得阶跃响应为

$$S(t) = \int_{0_-}^{t} h(\xi)\mathrm{d}\xi = \int_{0_-}^{t} 50e^{-10\xi}\varepsilon(\xi)\mathrm{d}\xi = 5(1 - e^{-10t})\varepsilon(t)$$

根据线性特性和时不变特性，可得所求响应为

$$u_1(t) = 2h(t) + 2S(t-2) - 2S(t-4)$$
$$= 100e^{-10t}\varepsilon(t) + 10[1 - e^{-10(t-2)}]\varepsilon(t-2) - 10[1 - e^{10(t-4)}]\varepsilon(t-4)$$

## 练习题

**12-21**　电路如图 12-72(a)所示，已知其阶跃响应为 $u_0(t) = e^{-2t}\varepsilon(t)$ V，求激励 $e_s(t)$ 的波形如图 12-72(b)所示时的电路零状态响应 $u_0(t)$。

**12-22**　已知某电路的阶跃响应 $y(t) = S(t)$，求该电路在图 12-73 所示波形激励下的零状态响应 $y(t)$。

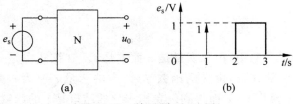

图 12-72　练习题 12-21 图

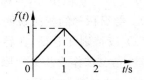

图 12-73　练习题 12-22 图

## 12.8 卷积

利用上述线性时不变网络的基本特性求电路的零状态响应是一种特殊的方法,它应用在电路的激励可表示为阶跃函数或冲激函数的多次积分或多次微分的情况时较为方便。当电路的激励为任意波形时,电路的零状态响应可由卷积积分求得。

### 一、卷积积分及其基本性质

#### 1. 卷积积分式的导出

卷积积分的定义式以电路的冲激响应为基础按叠加定理导出,推导过程如下。

将图 12-74 所示的任意激励波形用梯形曲线近似表示。为此,将时间区间 $(0,t)$ 等分成 $n$ 个宽度均为 $\Delta t$ 的小区间。图中第 $k+1$ 个小矩形(用阴影表示)用脉冲函数表示为

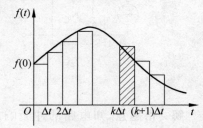

$$G_{k+1} = f(k\Delta t)P_{\Delta t}(t - k\Delta t)\Delta t \qquad (12\text{-}69)$$

注意脉冲函数 $P_{\Delta t}(t - \Delta t)$ 的宽度为 $\Delta t$,高度为 $\dfrac{1}{\Delta t}$,第 $k+1$ 个矩形的高度为 $f(k\Delta t)$,这样便容易理解(12-69)式。于是,波形 $f(t)$ 可近似表示为依次延时 $\Delta t$ 的 $n$ 个矩形脉冲之和,即

图 12-74　将任意波形 $f(t)$ 用梯形曲线近似表示

$$f(t) \approx f_\Delta(t) = \sum_{k=0}^{n-1} G_{k+1} = \sum_{k=0}^{n-1} f(k\Delta t)P_{\Delta t}(t - k\Delta t)\Delta t \qquad (12\text{-}70)$$

设由脉冲函数 $P_{\Delta t}(t)$ 引起的电路响应为 $h_\Delta(t)$,根据时不变特性,由 $P_{\Delta t}(t - k\Delta t)$ 引起的响应为 $h_\Delta(t - k\Delta t)$,于是由 $f(t)$ 引起的电路响应 $y(t)$ 近似为

$$y(t) \approx y_\Delta(t) = \sum_{k=0}^{n-1} f(k\Delta t)h_\Delta(t - k\Delta t)\Delta t \qquad (12\text{-}71)$$

当 $\Delta t \to 0$ 时,$f_\Delta(t)$ 变为 $f(t)$,$y_\Delta(t)$ 变成 $y(t)$,即电路在 $f(t)$ 激励下的响应 $y(t)$ 为

$$y(t) = \lim_{\Delta t \to 0} y_\Delta(t) = \lim_{\Delta t \to 0} \sum_{k=0}^{n-1} f(k\Delta t)h_\Delta(t - k\Delta t)\Delta t \qquad (12\text{-}72)$$

不难看出,若 $\Delta t \to 0$ 则 $n \to \infty$,$\Delta t$ 变成无穷小量 $\mathrm{d}\tau$,离散变量 $k\Delta t$ 成为连续变量 $\tau$,$h_\Delta$ 变为冲激响应,同时注意到式(12-72)是在指定的时刻 $t$ 对 $k$ 求和,则依据积分的概念,式(12-72)变成下面的积分式

$$y(t) = \int_0^t f(\tau)h(t - \tau)\mathrm{d}\tau \qquad (12\text{-}73)$$

该积分式称为卷积积分,简称为卷积。

#### 2. 卷积积分的相关说明

(1) 应特别注意到,在卷积积分式(12-73)中,积分变量是 $\tau$ 而不是 $t$,$t$ 在该式中是一个参变量,它也被作为积分上限。积分式中的 $f(\tau)$ 由激励函数 $f(t)$ 中的变量 $t$ 换为 $\tau$ 而得到,$h(t-\tau)$ 由冲激响应 $h(t)$ 中的变量 $t$ 换作 $t-\tau$ 而得到。卷积积分的结果是 $t$ 的函数。

(2) 卷积积分通常记为 $f(t) * h(t)$,读作"$f(t)$ 卷积 $h(t)$",于是式(12-73)可记为

$$y(t) = \int_0^t f(\tau)h(t-\tau)\mathrm{d}\tau = f(t) * h(t) \tag{12-74}$$

（3）卷积积分式(12-73)通常被用于计算电路对任意激励波形 $f(t)$ 作用下的零状态响应。式(12-73)表明，计算卷积积分除必须知道激励 $f(t)$ 的波形外，还必须求出电路的冲激响应 $h(t)$。

（4）根据式(12-72)，可知卷积积分的物理意义为：线性时不变网络在任意时刻 $t$ 对任意激励的响应，等于激励函数作用期间 $(0,t)$ 内无限多个连续出现的冲激响应之和。

（5）定积分是在积分区间内被积函数曲线所围的面积，显然卷积积分是在区间 $(0,t)$ 内 $f(t)h(t-\tau)$ 这一乘积所对应的曲线所围的面积，这就是卷积的几何意义。若设 $f(t) = \varepsilon(t)$，$h(t)$ 为全波整流波形，如图 12-75(a)、(b)所示，然后作变量代换，将 $f(t)$ 和 $h(t)$ 变为 $f(\tau)$ 和 $h(t-\tau)$，其中 $h(-\tau)$ 是 $h(\tau)$ 对纵轴的镜像，即把 $h(\tau)$ 的波形以纵轴为中心轴旋转 180° 而得，这一旋转过程称为"卷"或称折叠。$h(-\tau)$ 的波形如图 12-75(c)所示。将 $h(-\tau)$ 波形的起点向右平行移动至时刻 $t$ 处，便得 $h(t-\tau)$ 的波形，如图 12-75(d)所示，$h(t-\tau)$ 中的 $t$ 为参变量，随着 $t$ 的增加，$h(t-\tau)$ 波形的位置逐步沿 $\tau$ 轴右边方向（$\tau$ 轴的正方向）移动，故称 $h(t-\tau)$ 为右行扫描波，简称扫描波。相反，$f(\tau)$ 的位置在坐标系中是不变的，故称为固定波。于是乘积 $f(\tau)h(t-\tau)$ 对应的曲线对 $\tau$ 轴所围的面积便是卷积 $f(t) * h(t)$，如图 12-75(d)中的阴影部分所示。

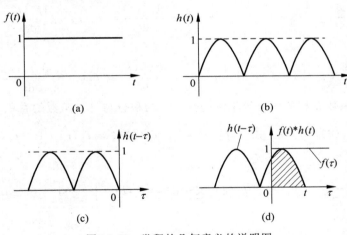

图 12-75 卷积的几何意义的说明图

### 3. 卷积的基本性质

**性质一** 卷积满足互换律。设有两个函数 $f_1(t)$ 和 $f_2(t)$，则

$$f_1(t) * f_2(t) = f_2(t) * f_1(t) \tag{12-75}$$

互换律可证明如下：

若令 $\tau = t - \xi$，则 $\xi = t - \tau$，$\mathrm{d}\tau = -\mathrm{d}\xi$，于是有

$$f_1(t) * f_2(t) = \int_0^t f_1(\tau)f_2(t-\tau)\mathrm{d}\tau$$

$$= -\int_t^0 f_1(t-\xi)f_2(\xi)\mathrm{d}\xi = \int_0^t f_2(\xi)f_1(t-\xi)\mathrm{d}\xi \tag{12-76}$$

因定积分的结果只决定于被积函数和积分的上下限，与积分变量的选择无关，于是

式(12-75)可写为

$$f_1(t) * f_2(t) = \int_0^t f_2(\tau) f_1(t-\tau) \mathrm{d}\tau = f_2(t) * f_1(t)$$

卷积积分的互换律得证。

根据卷积的互换律,网络在任意波形激励下的零状态响应既可表示为激励函数 $f(t)$ 卷积冲激响应 $h(t)$,也可表示为冲激响应卷积激励函数,即

$$y(t) = \int_0^t f(\tau) h(t-\tau) \mathrm{d}\tau = \int_0^t h(\tau) f(t-\tau) \mathrm{d}\tau \tag{12-77}$$

或

$$y(t) = f(t) * h(t) = h(t) * f(t) \tag{12-78}$$

互换律在卷积计算中经常被用到。

下面的几条性质只叙述内容,它们的证明读者可参阅有关文献或自行推导。

**性质二** 卷积积分满足结合律,结合律可表示为

$$f_1(t) * [f_2(t) * f_3(t)] = [f_1(t) * f_2(t)] * f_3(t) \tag{12-79}$$

**性质三** 卷积积分满足分配律,分配律可表示为

$$f_1(t) * [f_2(t) + f_3(t)] = f_1(t) * f_2(t) + f_1(t) * f_3(t) \tag{12-80}$$

**性质四** 两函数卷积的导数等于两函数中之一的导数与另一函数的卷积,即

$$\frac{\mathrm{d}}{\mathrm{d}t}[f_1(t) * f_2(t)] = f_1(t) * \frac{\mathrm{d}f_2(t)}{\mathrm{d}t} = f_2(t) * \frac{\mathrm{d}f_1(t)}{\mathrm{d}t} \tag{12-81}$$

推广之,有

$$\frac{\mathrm{d}^n}{\mathrm{d}t^n}[f_1(t) * f_2(t)] = f_1(t) * \frac{\mathrm{d}^n f_2(t)}{\mathrm{d}t^n} = f_2(t) * \frac{\mathrm{d}^n f_1(t)}{\mathrm{d}t^n} \tag{12-82}$$

**性质五** 两函数卷积的积分等于两函数之一的积分与另一函数的卷积,即

$$\int_{-\infty}^t [f_1(\xi) * f_2(\xi)] \mathrm{d}\xi = f_1(t) * \int_{-\infty}^t f_2(\xi) \mathrm{d}\xi = f_2(t) * \int_{-\infty}^t f_1(\xi) \mathrm{d}\xi \tag{12-83}$$

推广之,有

$$\underbrace{\int_{-\infty}^t \int_{-\infty}^t \cdots \int_{-\infty}^t}_{n} [f_1(\xi) * f_2(\xi)] \underbrace{\mathrm{d}\xi \cdots \mathrm{d}\xi}_{n} = f_1(t) * \underbrace{\int_{-\infty}^t \cdots \int_{-\infty}^t}_{n} f_2(\xi) \underbrace{\mathrm{d} \cdots \mathrm{d}\xi}_{n} \tag{12-84}$$

## 二、卷积积分的计算方法

卷积积分可用"扫描图解法"和"解析法"两种方法计算。

### 1. 扫描图解法

所谓"扫描图解法"是根据卷积的几何意义,计算右行扫描波与固定波的"交积"对 $\tau$ 轴的面积。其求解步骤是:

(1) 选取扫描波。根据卷积互换律式(12-78),既可选 $h(t)$,亦可选 $f(t)$ 为扫描波。选取哪一函数做扫描波,由是否便于计算而定,选取原则是希望扫描波比较简单。

(2) 分段写出 $h(t)$ 和 $f(t)$ 的函数表达式。

(3) 做出扫描波对纵轴的镜像。

(4) 随时间 $t$ 的增加,逐步移动扫描波,并分段计算零状态响应。

**例 12-32** 某电路的冲激响应 $h(t)$ 和输入函数 $f(t)$ 的波形如图 12-76(a)、(b)所示,试用卷积求零状态响应 $y(t)$。

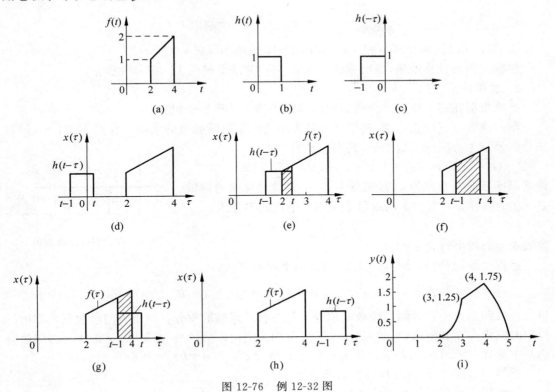

图 12-76 例 12-32 图

**解** 用扫描图解法计算。

(1) 相比较而言,$h(t)$ 的波形较为简单,故选 $h(t)$ 为扫描波;

(2) 写出 $f(t)$ 和 $h(t)$ 的分段表示式为

$$f(t)=\begin{cases} 0 & (t<2) \\ \dfrac{1}{2}t & (2<t<4) \\ 0 & (t>4) \end{cases} \qquad h(t)=\begin{cases} 0 & (t<0) \\ 1 & (0<t<1) \\ 0 & (t>1) \end{cases}$$

(3) 做出扫描波 $h(\tau)$ 对纵轴的镜像 $h(-\tau)$,如图 12-76(c)所示;

(4) 移动扫描波,根据扫描过程中 $h(t)$ 和 $f(t)$ 的交叠情况分别计算零状态响应。

① 当 $t<2$ 时,扫描波同固定波不相交,如图 12-76(d)所示,故

$$y(t)=f(t)*h(t)=0$$

② 当 $2<t<3$ 时,两波形相交,如图 12-76(e)所示,显然,积分的上限是 $t$,下限为 2,故

$$y(t)=\int_{2}^{t}\frac{\tau}{2}\mathrm{d}\tau=\frac{1}{4}\tau^{2}\bigg|_{2}^{t}=\frac{1}{4}(t^{2}-4)$$

③ 当 $3<t<4$ 时,两波形完全交叠如图 12-76(f)所示。由于 $h(t)$ 波形的宽度为 1,故积分上限为 $t$,积分下限为 $t-1$,有

$$y(t)=\int_{t-1}^{t}\frac{\tau}{2}\mathrm{d}\tau=\frac{1}{4}\tau^{2}\bigg|_{t-1}^{t}=\frac{1}{4}(2t-1)$$

④ 当 $4 < t < 5$ 时，两函数部分交叠，如图 12-76(g) 所示，显然积分的上限是 4，下限是 $t-1$，故

$$y(t) = \int_{t-1}^{4} \frac{\tau}{2} d\tau = \frac{1}{4}(15 + 2t - t^2)$$

⑤ 当 $t > 5$ 后，两波形不相交叠，如图 12-76(h) 所示，故 $y(t) = 0$。

根据上面的计算结果，做出零状态响应 $y(t)$ 的波形如图 12-76(i) 所示。

**2. 解析法**

此法根据在第 6 章中已介绍的闸门函数的特性计算卷积积分。

闸门函数有三种表示法，其中之一是表示为两个阶跃函数的乘积。在图 12-77 中，阴影部分的外沿为一闸门函数波形，其表达式为

$$G(t) = \varepsilon(\tau - a)\varepsilon(-\tau + t - b) \qquad (a < b)$$

该闸门函数的左端点为 $a$，右端点为 $t-b$，注意坐标系的横轴是 $\tau$，$t$ 为参变量。显然 $t$ 的取值必须满足下面的不等式

$$t - b > a \quad 或 \quad t > a + b$$

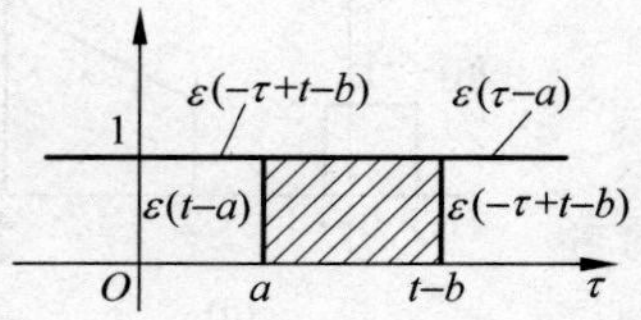

图 12-77 闸门函数波形

这表明 $t$ 的最小值为 $a+b$。

根据上面的分析，结合图 12-77 可得出下面的等式：

$$\int_0^t f(\tau)\varepsilon(\tau - a)\varepsilon(t - b - \tau)d\tau = \varepsilon(t - a - b)\int_a^{t-b} f(\tau)d\tau \tag{12-85}$$

该式将被积函数中含有闸门函数的积分转化为普通函数的积分。由于闸门函数只允许闸门界定时间内存在其他函数，故积分上、下限分别为闸门函数的两个端点；又由于 $t$ 的取值应满足不等式 $t > a + b$，故积分结果的时间定义域为 $\varepsilon[t - (a+b)] = \varepsilon(t - a - b)$。

根据式(12-85)便可进行卷积的解析计算。

用解析法计算卷积积分的步骤是：

(1) 用两阶跃函数之差表示的闸门函数写出 $f(t)$ 和 $h(t)$ 在整个时间域上的解析表达式；

(2) 仍选取 $f(t)$ 和 $h(t)$ 中波形简单者为扫描波；将扫描波中的 $t$ 用 $t-\tau$ 代换，将固定波解析式中的 $t$ 换为 $\tau$；

(3) 利用式(12-85)计算卷积积分，求出零状态响应。

**例 12-33** 试用解析法计算例 12-32。

**解** (1) 写出 $f(t)$ 和 $h(t)$ 的解析式为

$$f(t) = \frac{1}{2}t[\varepsilon(t-2) - \varepsilon(t-4)]$$

$$h(t) = [\varepsilon(t) - \varepsilon(t-1)]$$

(2) 选 $h(t)$ 为扫描波，则

$$f(\tau) = \frac{1}{2}\tau[\varepsilon(\tau-2) - \varepsilon(\tau-4)]$$

$$h(t-\tau) = [\varepsilon(t-\tau) - \varepsilon(t-\tau-1)]$$

(3) 用闸门函数特性计算卷积

$$y(t) = \int_0^t f(\tau)h(t-\tau)d\tau$$

$$= \int_0^t \frac{1}{2}\tau[\varepsilon(\tau-2) - \varepsilon(\tau-4)][\varepsilon(t-\tau) - \varepsilon(t-\tau-1)]dt$$

$$= \frac{1}{2} \int_0^t \tau \varepsilon(\tau - 2) \varepsilon(t - \tau) d\tau - \frac{1}{2} \int_0^t \tau \varepsilon(\tau - 2) \varepsilon(t - 1 - \tau) d\tau$$

$$- \frac{1}{2} \int_0^t \tau \varepsilon(\tau - 4) \varepsilon(t - \tau) d\tau + \frac{1}{2} \int_0^t \tau \varepsilon(\tau - 4) \varepsilon(t - 1 - \tau) d\tau$$

$$= \frac{1}{2} \varepsilon(t - 2) \int_2^t \tau d\tau - \frac{1}{2} \varepsilon(t - 1 - 2) \int_2^{t-1} \tau d\tau$$

$$- \frac{1}{2} \varepsilon(t - 4) \int_4^t \tau d\tau + \frac{1}{2} \varepsilon(t - 1 - 4) \int_4^{t-1} \tau d\tau$$

$$= \frac{1}{4} \varepsilon(t - 2) \tau^2 \Big|_2^t - \frac{1}{4} \varepsilon(t - 3) \tau^2 \Big|_2^{t-1} - \frac{1}{4} \varepsilon(t - 4) \tau^2 \Big|_4^t + \frac{1}{4} \varepsilon(t - 5) \tau^2 \Big|_4^{t-1}$$

$$= \frac{1}{4} (t^2 - 4) \varepsilon(t - 2) - \frac{1}{4} (t^2 - 2t - 3) \varepsilon(t - 3)$$

$$- \frac{1}{4} (t^2 - 16) \varepsilon(t - 4) + \frac{1}{4} (t^2 + 2t - 15) \varepsilon(t - 5)$$

将最后的结果用分段函数表示为

$$y(t) = 0 \qquad (t \leqslant 2)$$

$$y(t) = \frac{1}{4} (t^2 - 4) \qquad (2 \leqslant t \leqslant 3)$$

$$y(t) = \frac{1}{4} (t^2 - 4) - \frac{1}{4} (t^2 - 2t - 3) = \frac{1}{4} (2t - 1) \qquad (3 \leqslant t \leqslant 4)$$

$$y(t) = \frac{1}{4} (t^2 - 4) - \frac{1}{4} (t^2 - 2t - 3) - \frac{1}{4} (t^2 - 16)$$

$$= \frac{1}{4} (-t^2 + 2t + 15) \qquad (4 \leqslant t \leqslant 5)$$

$$y(t) = \frac{1}{4} (t^2 - 4) - \frac{1}{4} (t^2 - 2t - 3) - \frac{1}{4} (t^2 - 16) + \frac{1}{4} (t^2 - 2t - 15) = 0 \qquad (t \geqslant 5)$$

所得结果与例 12-33 完全相同。

**3. 卷积积分计算方法的说明**

（1）用扫描图解法时，所进行的是普通函数的积分；用解析法时，被积函数中一般含有阶跃函数的乘积，需利用式（12-85），使其化为普通函数的积分。

（2）在卷积积分的两种计算方法中，关键之处是积分上、下限的确定。在扫描图解法中，积分限根据两波形的交叠情况予以确定。应记住，积分变量是 $\tau$，时间 $t$ 只是一个参变量，且右行扫描波的起点总是 $t$。在解析法中，积分限根据闸门函数的特性予以确定。利用式（12-85）同时定出积分的上下限及用阶跃函数表示的积分结果的时间定义域。

（3）用解析法求得的零状态响应是用阶跃函数表示的在整个时间域中的解析式。为便于了解响应在各时间区域段中的情况及做出波形，可将最后的结果用分段函数表示，如例 12-33 所做的那样。

## 练习题

**12-23** 某电路的激励 $e_s$ 和冲激响应 $h(t)$ 的波形如图 12-78 所示。(1)用扫描图解法求零状态响应 $y(t)$;(2)用解析法求零状态响应 $y(t)$。

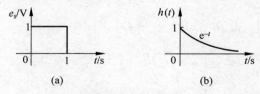

图 12-78　练习题 12-23 图

## 12.9　例题分析

**例 12-34**　在图 12-79(a)所示电路中,已知 $u_C(0_-)=U_0$,互感元件无储能。$t=0$ 时 S 合上,求开路电压 $u_{ab}(0_+)$ 及 $\dfrac{\mathrm{d}u_{ab}(0_+)}{\mathrm{d}t}$。

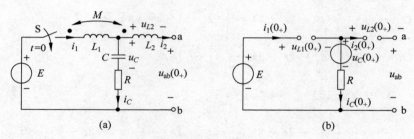

图 12-79　例 12-34 图

**解**　电压 $u_{ab}$ 的表达式为

$$u_{ab}=-u_{L2}+u_C+i_CR=-M\frac{\mathrm{d}i_1(t)}{\mathrm{d}t}+u_C+i_CR \qquad ①$$

即

$$u_{ab}(0_+)=-M\frac{\mathrm{d}i_1(0_+)}{\mathrm{d}t}+u_C(0_+)+i_C(0_+)R \qquad ②$$

显然在换路期间,储能元件的初始状态不会产生突变。即 $i_1(0_+)=i_2(0_+)=0$,$u_C(0_+)=u_C(0_-)=U_0$,为求出各电量的初始值,做出 $t=0_+$ 时的等效电路如图 12-79(b)所示。可求出

$$i_C(0_+)=0$$
$$u_{L1}(0_+)=E-u_C(0_+)=E-U_0$$

由

$$L_1\frac{\mathrm{d}i_1(0_+)}{\mathrm{d}t}=u_{L1}(0_+)（注意此时无互感电压）$$

得

$$\frac{\mathrm{d}i_1(0_+)}{\mathrm{d}t}=\frac{u_{L1}(0_+)}{L_1}=\frac{1}{L_1}(E-U_0)$$

$$u_{ab}(0_+)=-M\frac{\mathrm{d}i_1(0_+)}{\mathrm{d}t}+u_C(0_+)+i_C(0_+)R=\frac{M}{L_1}(U_0-E)+U_0$$

由①式,有

$$\frac{\mathrm{d}u_{ab}(t)}{\mathrm{d}t}=-M\frac{\mathrm{d}^2i_1(t)}{\mathrm{d}t^2}+\frac{\mathrm{d}u_C(t)}{\mathrm{d}t}+R\frac{\mathrm{d}i_C(t)}{\mathrm{d}t}$$

故

$$\frac{\mathrm{d}u_{ab}(0_+)}{\mathrm{d}t}=-M\frac{\mathrm{d}^2i_1(0_+)}{\mathrm{d}t^2}+\frac{\mathrm{d}u_C(0_+)}{\mathrm{d}t}+R\frac{\mathrm{d}i_1(0_+)}{\mathrm{d}t}\qquad(i_C=i_1)$$

由 $t>0$ 的电路,写出 KVL 方程为

$$L_1\frac{\mathrm{d}i_1(t)}{\mathrm{d}t}+u_C+i_CR=E$$

将上式两边微分后得

$$L_1\frac{\mathrm{d}^2i_1(t)}{\mathrm{d}t^2}+\frac{\mathrm{d}u_C(t)}{\mathrm{d}t}+R\frac{\mathrm{d}i_1(t)}{\mathrm{d}t}=0\qquad(i_1=i_C)$$

于是有

$$-\frac{\mathrm{d}^2i_1(0_+)}{\mathrm{d}t^2}=\frac{1}{L_1}\frac{\mathrm{d}u_C(0_+)}{\mathrm{d}t}+\frac{R}{L_1}\frac{\mathrm{d}i_1(0_+)}{\mathrm{d}t}$$

但

$$\frac{\mathrm{d}u_C(0_+)}{\mathrm{d}t}=\frac{1}{C}i_C(0_+)=0$$

前已求出

$$\frac{\mathrm{d}i_1(0_+)}{\mathrm{d}t}=\frac{1}{L_1}(E-U_0)$$

则

$$-\frac{\mathrm{d}^2i_1(0_+)}{\mathrm{d}t^2}=\frac{R}{L_1^2}(E-U_0)$$

于是所求为

$$\frac{\mathrm{d}u_{ab}(0_+)}{\mathrm{d}t}=-M\frac{\mathrm{d}^2i_1(0_+)}{\mathrm{d}t^2}+R\frac{\mathrm{d}i_1(0_+)}{\mathrm{d}t}+\frac{\mathrm{d}u_C(0_+)}{\mathrm{d}t}$$

$$=M\frac{R}{L_1^2}(E-U_0)+\frac{R}{L_1}(E-U_0)=\frac{(L_1R+MR)}{L_1^2}(E-U_0)$$

$$=R\frac{L_1+M}{L_1^2}(E-U_0)=\frac{R}{L_1^2}(L_1+M)(E-U_0)$$

**例 12-35** 电路如图 12-80(a)所示,已知 $E=20\mathrm{V}$, $R_1=10\Omega$, $R_s=20\Omega$, $R_2=2\Omega$, $L=\frac{1}{2}\mathrm{H}$, $i_L(0_-)=1\mathrm{A}$,求零输入响应 $i_L$ 和零状态响应 $i_L(t)(t\geqslant0)$。若 $i_L(0_-)=-4\mathrm{A}$,求全响应 $i_L(t)(t\geqslant0)$。

**解** (1)求零输入响应。对应的电路如图 12-80(b)所示,注意电源置零后,$R_s$ 被短接。

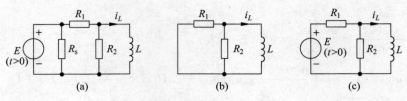

图 12-80　例 12-35 图

显然响应 $i_L$ 的初始值不为零,但终值为零,故

$$i_L = i_L(0_+)\mathrm{e}^{-\frac{t}{\tau}} \qquad (t \geqslant 0)$$

其中 $i_L(0_+) = i_L(0_-) = 1\mathrm{A}$。

$$\tau = \frac{L}{R_{eq}} = \frac{L}{R_1 /\!/ R_2} = \frac{3}{10}\mathrm{s}$$

$$i_L = \mathrm{e}^{-\frac{10}{3}t}\mathrm{A} \qquad (t \geqslant 0)$$

（2）求零状态响应。对应的电路如图 12-80(c)所示,此时 $i_L(0_-) = 0$。由于响应 $i_L$ 的初始值为零,终值不为零,故所求响应为

$$i_L = i_L(\infty)(1 - \mathrm{e}^{-\frac{t}{\tau}}) \qquad (t \geqslant 0)$$

其中

$$i_L(\infty) = \frac{E}{R_1} = 2\mathrm{A}, \quad \tau = \frac{3}{10}\mathrm{s}$$

则

$$i_L = 2(1 - \mathrm{e}^{-\frac{10}{3}t})\mathrm{A} \qquad (t \geqslant 0)$$

（3）求全响应。对应的电路仍如图 12-80(c)所示,只是 $i_L(0_-) = -4\mathrm{A}$。前已求出电路的零输入响应和零状态响应,则全响应为零输入响应和零状态响应之和。而零输入响应是初始状态的线性函数,此时 $i_L(0_-) = -4\mathrm{A}$,则零输入响应为 $-4\mathrm{e}^{-\frac{10}{3}t}\mathrm{A}$。于是所求的全响应为

$$i_L = -4\mathrm{e}^{-\frac{10}{3}t} + 2(1 - \mathrm{e}^{-\frac{10}{3}t}) = 2 - 6\mathrm{e}^{-\frac{10}{3}t}\mathrm{A} \qquad (t \geqslant 0)$$

**例 12-36**　如图 12-81(a)所示电路,已知 $u_C(0_-) = 2\mathrm{V}$。开关 S 在 $t = 0$ 时合上,求 $u_1$。

**解**　用三种方法求解。

**解法一**　用三要素法解

（1）求初始值 $u_1(0_+)$。做出 $t = 0_+$ 时的等效电路如图 12-81(b)所示。可求得

$$u_1(0_+) = 4 - 2 = 2\mathrm{V}$$

（2）求稳态值 $u_1(\infty)$。做出 $t = \infty$ 时的等效电路如图 12-59(c)所示,求得

$$u_1(\infty) = \frac{4}{7}\mathrm{V}$$

（3）求时间常数 $\tau$。先用求戴维南等效电阻的方法求出从电容元件两端看进去的等效电阻 $R_{eq}$。做出如图 12-81(d)、(e)所示的电路,求得 ab 端口开路电压和短路电流为

$$u_{oc} = \frac{24}{7}\mathrm{V}, \quad i_{sc} = 8\mathrm{A}$$

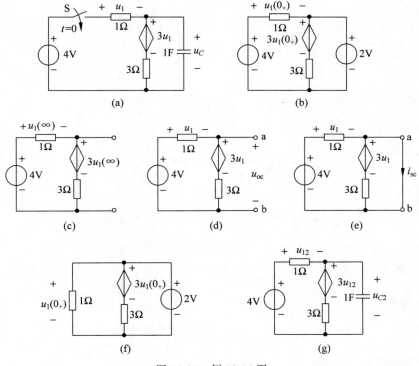

图 12-81 例 12-36 图

则

$$R_{eq} = \frac{u_{oc}}{i_{sc}} = \frac{24/7}{8} = \frac{3}{7}\,\Omega$$

$$\tau = R_{eq}C = \frac{3}{7} \times 1 = \frac{3}{7}\,s$$

（4）用三要素法公式求出响应，可得

$$u_1 = u_1(\infty) + [u_1(0_+) - u_1(\infty)]e^{-\frac{t}{\tau}}$$

$$= \frac{4}{7} + \left(2 - \frac{4}{7}\right)e^{-\frac{7}{3}t} = \left(\frac{4}{7} + \frac{10}{7}e^{-\frac{7}{3}t}\right)V \qquad (t > 0)$$

一般情况下，一阶电路的响应采用三要素法求出。求得一阶电路三要素的关键在于正确区分并做出求每一要素所对应的电路。

**解法二** 全响应＝零输入响应＋零状态响应

（1）求零输入响应 $u_{11}$。零输入情况下 $t = 0_+$ 时的等效电路如图 12-81(f) 所示，注意这一电路与前面求 $u_1(0_+)$ 所用电路的不同。显然，

$$u_1(0_+) = -2V$$

由前面所求 $\tau = 3/7$，故零输入响应为

$$u_{11} = -2e^{-\frac{7}{3}t}V \qquad (t > 0)$$

（2）求零状态响应 $u_{12}$。对应的电路如图 12-81(g) 所示，图中 $u_{C2}(0_-) = 0$。由该电路可得

$$u_{12} = 4 - u_{C2}$$

而

$$u_{C2} = u_{C2}(\infty)(1 - e^{-\frac{t}{\tau}})$$

又

$$u_{C2}(\infty) = 3u_{12}(\infty) + 3\frac{u_{12}(\infty)}{1} = 6u_{12}(\infty)$$

但

$$u_{12}(\infty) = \frac{4}{7}\text{V}$$

则

$$u_{C2}(\infty) = 6u_{12}(\infty) = 6 \times \frac{4}{7} = \frac{24}{7}\text{V}$$

于是有

$$u_{C2} = \frac{24}{7}(1 - e^{-\frac{7}{3}t})\text{V}$$

故零状态响应为

$$u_{12} = 4 - u_{C2} = \left(\frac{4}{7} + \frac{24}{7}e^{-\frac{7}{3}t}\right)\text{V}$$

（3）求全响应 $u_1$。可得

$$u_1 = u_{11} + u_{12} = -2e^{-\frac{7}{3}t} + \frac{4}{7} + \frac{24}{7}e^{-\frac{7}{3}t} = \left(\frac{4}{7} + \frac{10}{7}e^{-\frac{7}{3}t}\right)\text{V} \qquad (t \geqslant 0)$$

**解法三** 列写微分方程求解

对 $t > 0$ 的电路直接以 $u_1$ 为变量列写的微分方程为

$$\begin{cases} \dfrac{\mathrm{d}u_1}{\mathrm{d}t} + \dfrac{7}{3}u_1 = \dfrac{4}{3} \\ u_1(0_+) = 2\text{V} \end{cases}$$

则

$$u_1(t) = u_{1p} + u_{1h}$$

其中 $u_{1p}$ 为微分方程的特解，可求得

$$u_{1p} = \frac{4}{7}\text{V}$$

而齐次方程的通解为

$$u_{1h} = k\,e^{-\frac{7}{3}t}$$

于是有

$$u_1 = \frac{4}{7} + k\,e^{-\frac{7}{3}t}$$

将初始条件 $u_1(0_+) = 2$ 代入上式，可得

$$k = 10/7$$

则所求为

$$u_1 = \left( \frac{4}{7} + \frac{10}{7} \mathrm{e}^{-\frac{7}{3}t} \right) \mathrm{V} \qquad (t > 0)$$

**例 12-37** 在图 12-82 所示电路中，已知 $U_s = 5\mathrm{V}$ 时，$u_C = (8 + 6\mathrm{e}^{-\frac{1}{2}t})\mathrm{V}$，$t \geq 0$。若 $u_s = 8\mathrm{V}$，$u_C(0_-) = 4\mathrm{V}$，求 $u_C(t \geq 0)$。

图 12-82 例 12-37 图

**解** 解题的思路是设法求出网络的零输入响应和零状态响应后再予以叠加求出响应。

显然这是直流电源激励的一阶电路。先将已知响应分解为零输入响应和零状态响应，由 $u_C = (8 + 6\mathrm{e}^{-\frac{t}{2}})\mathrm{V}$ 知

$$u(0_-) = u_C(0_+) = 8 + 6 = 14\mathrm{V}, \quad u_C(\infty) = 8\mathrm{V}$$

故零输入响应为

$$u_{C1} = u_C(0_+)\mathrm{e}^{-\frac{t}{2}} = 14\mathrm{e}^{-\frac{1}{2}t}\mathrm{V}$$

零状态响应为

$$u_{C2} = u_C(\infty)(1 - \mathrm{e}^{-\frac{t}{2}}) = 8(1 - \mathrm{e}^{-\frac{t}{2}})\mathrm{V}$$

根据零输入响应是初始状态的线性函数，零状态响应是输入的线性函数，可知当 $u_C(0_-) = 4\mathrm{V}$，$U_s = 8\mathrm{V}$，零输入响应为

$$u'_{C1} = 4\mathrm{e}^{-\frac{1}{2}t}\mathrm{V}$$

零状态响应为

$$u'_{C2} = \frac{8}{5} \times 8(1 - \mathrm{e}^{-\frac{1}{2}t}) = 12.8(1 - \mathrm{e}^{-\frac{t}{2}})\mathrm{V}$$

于是

$$u_C = u'_{C1} + u'_{C2} = 4\mathrm{e}^{-\frac{1}{2}t} + 12.8(1 - \mathrm{e}^{-\frac{1}{2}t}) = (12.8 - 8.8\mathrm{e}^{-\frac{1}{2}t})\mathrm{V} \qquad (t \geq 0)$$

**例 12-38** 如图 12-83 所示电路，S 在 $t = 0$ 时闭合，已知 S 闭合前 $C_1$ 的电压为 $A$，$C_2$ 的电压为 $B$，试求响应 $u_{C2}(t \geq 0)$。

**解** 电路中虽然有两个电容，但它们为串联连接，可等效为一个电容，故该电路仍可视作一阶电路求解。用三要素法解。

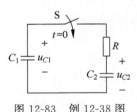

图 12-83 例 12-38 图

（1）求初始值 $u_{C2}(0_+)$。显然有

$$u_{C2}(0_+) = u_{C2}(0_-) = B$$

（2）求时间常数 $\tau$。可得

$$C_{eq} = \frac{C_1 C_2}{C_1 + C_2}, \quad \tau = RC_{eq} = R\frac{C_1 C_2}{C_1 + C_2}$$

（3）求稳态值 $u_{C2}(\infty)$。应注意虽然是零输入电路，但 $u_{C2}(\infty) \neq 0$。根据节点电荷守恒原则，有

$$u_{C1}(0_-)C_1 + u_{C2}(0_-)C_2 = u_{C1}(\infty)C_1 + u_{C2}(\infty)C_2$$

在稳态的情况下，电路中电流为零，$R$ 上无压降，有

$$u_{C1}(\infty) = u_{C2}(\infty)$$

于是得

$$u_{C2}(\infty) = \frac{u_{C1}(0_-)C_1 + u_{C2}(0_-)C_2}{C_1 + C_2} = \frac{AC_1 + BC_2}{C_1 + C_2}$$

（4）根据三要素法公式，有

$$u_{C2} = u_{C2}(\infty) + [u_{C2}(0_+) - u_{C2}(\infty)]e^{-\frac{t}{\tau}}$$

$$= \frac{AC_1 + BC_2}{C_1 + C_2} + \left[B - \frac{AC_1 + BC_2}{C_1 + C_2}\right]e^{-\frac{t}{\tau}} = \frac{AC_1 + BC_2}{C_1 + C_2} + \frac{C_1(B - A)}{C_1 + C_2}e^{-\frac{t}{\tau}} \qquad (t \geqslant 0)$$

**例 12-39**　在图 12-84 所示电路中，N 内部只含线性电阻元件。若 1V 的电压源（直流）于 $t=0$ 时作用于该电路，输出端所得零状态响应为

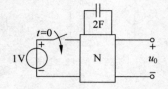

$$u_0 = \left(\frac{1}{2} + \frac{1}{8}e^{-0.25t}\right)\text{V} \qquad (t > 0)$$

问若把电路中的电容换以 2H 的电感，输出端的零状态响应 $u_0$ 将为何？

图 12-84　例 12-39 图

**解**　这是一阶电路。当为 $RC$ 电路时，由 $u_0 = \left(\frac{1}{2} + \frac{1}{8}e^{-0.25t}\right)\text{V}$，可求出电路的三要素为

$$u_0(0_+) = \frac{1}{2} + \frac{1}{8} = \frac{5}{8}\text{V}$$

$$u_0(\infty) = \frac{1}{2}\text{V}, \quad \tau = \frac{1}{0.25} = 4\text{s}$$

在 $C$ 元件换为 $L$ 元件后，如能求出新电路的三要素，便能求得 $u_0$。现由 $RC$ 电路的三要素导出 $RL$ 电路的三要素，要注意记住电路是处在零状态之下。

对 $RC$ 电路求 $u_{0C}(0_+)$ 时 [$u_{0C}(0_+)$ 是指 $RC$ 电路的 $u_0(0_+)$，下面的记法类似]，因 $u_C(0_-) = 0$，$C$ 应视为短路；求 $u_{0C}(\infty)$ 时，因是直流电路，$C$ 应视为开路。对 $RL$ 电路，求 $u_{0L}(0_+)$ 时，因 $i_L(0_-) = 0$，$L$ 应视为开路；求 $u_{0L}(\infty)$ 时，$L$ 应视为短路。由此可见，求 $u_{0L}(\infty)$ 所用的电路与求 $u_{0C}(0_+)$ 所用的电路相同；求 $u_{0L}(0_+)$ 的电路与求 $u_{0C}(\infty)$ 时的电路一样，故有

$$u_{0L}(\infty) = u_{0C}(0_+) = \frac{5}{8}\text{V}$$

$$u_{0L}(0_+) = u_{0C}(\infty) = \frac{1}{2}\text{V}$$

又 $RC$ 电路的时间常数为

$$\tau = R_{eq}C = 4\text{s}$$

得

$$R_{eq} = \frac{\tau}{C} = 2\Omega$$

则 $RL$ 电路的时间常数为

$$\tau' = \frac{L}{R_{eq}} = \frac{2}{2} = 1\text{s}$$

于是所求响应为

$$u_0 = u_{0L}(\infty) + [u_{0L}(0_+) - u_{0L}(\infty)]e^{-t}$$

$$= \frac{5}{8} + \left(\frac{1}{2} - \frac{5}{8}\right)e^{-t} = \left(\frac{5}{8} - \frac{1}{8}e^{-t}\right)\text{V} \qquad (t > 0)$$

**例 12-40** 求图 12-85(a)所示电路中的电流 $i,t>0$。已知 $I_s=3\text{A},R=3\Omega,L=1\text{H}$, $R_1=2\Omega,R_2=6\Omega,C=0.5\text{F}$。

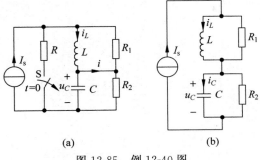

(a)　　　　　(b)

图 12-85　例 12-40 图

**解**　电路中虽有两个储能元件,但由于换路后的电路实际如图 12-85(b)所示,故所求响应可分别求解两个一阶电路而获得。显然

$$i=i_L-i_C$$

由换路前的电路,可求得

$$i_L(0_-)=\frac{R}{R+R_2}I_s=\frac{3}{3+6}\times 3=1\text{A}$$

$$u_C(0_-)=i_L(0_-)R_2=1\times 6=6\text{V}$$

由换路后的稳态电路,求得

$$i_L(\infty)=I_s=3\text{A}$$

$$u_C(\infty)=i_L(\infty)R_2=3\times 6=18\text{V}$$

由三要素法公式,有

$$i_L=i_L(\infty)+[i_L(0_+)-i_L(\infty)]\text{e}^{-\frac{R_1}{L}t}$$

$$=3+(1-3)\text{e}^{-2t}=(3-2\text{e}^{-2t})\text{A}\qquad(t\geqslant 0)$$

$$u_C=u_C(\infty)+[u_C(0_+)-u_C(\infty)]\text{e}^{-\frac{1}{R_2C}t}$$

$$=18+(6-18)\text{e}^{-\frac{1}{3}t}=(18-12\text{e}^{-\frac{1}{3}t})\text{V}\qquad(t\geqslant 0)$$

则

$$i_C=C\frac{\text{d}u_C}{\text{d}t}=\frac{1}{2}\times(-12)\times\left(-\frac{1}{3}\right)\text{e}^{-\frac{1}{3}t}=2\text{e}^{-\frac{1}{3}t}\text{A}\qquad(t>0)$$

故所求响应为

$$i=i_L-i_C=(3-2\text{e}^{-2t}-2\text{e}^{-\frac{1}{3}t})\text{A}\qquad(t>0)$$

**例 12-41**　在图 12-86 所示电路中,已知 $E_s=1\text{V},R_s=R=1\Omega,L_1=L_2=1\text{H},M=0.5\text{H}$,电路已处于稳态。开关 S 在 $t=0$ 时打开,求响应 $u_{L1},t>0$。

**解**　换路前有

$$i_{L1}(0_-)=\frac{E_s}{R_s}=1\text{A},\quad i_{L2}(0_-)=0$$

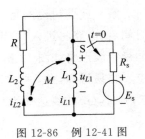

图 12-86　例 12-41 图

换路瞬间,由于 $L_1$ 和 $L_2$ 两线圈串联,故 $i_{L1}$ 和 $i_{L2}$ 发生跳变。由回路磁链守恒原则,有

$$i_{L1}(0_-)L_1 + i_{L2}(0_-)M + i_{L2}(0_-)L_2 + i_{L1}(0_-)M$$
$$= i_{L1}(0_+)L_1 + i_{L2}(0_+)M + i_{L2}(0_+)L_2 + i_{L1}(0_+)M$$

显然

$$i_{L1}(0_+) = i_{L2}(0_+)$$

有

$$i_{L1}(0_+) = i_{L2}(0_+) = \frac{i_{L1}(0_-)L_1 + i_{L2}(0_-)M + i_{L2}(0_-)L_2 + i_{L1}(0_-)M}{L_1 + L_2 + 2M} = 0.5\text{A}$$

电路的时间常数为

$$\tau = \frac{L_{eq}}{R} = \frac{L_1 + L_2 + 2M}{R} = 3\text{s}$$

显然响应具有初值不为零但终值为零的特点,故

$$i_{L1} = i_{L2} = i_{L1}(0_+)e^{-\frac{t}{\tau}} = 0.5e^{-\frac{1}{3}t}\text{A} \qquad (t > 0)$$

因为需求 $i_{L1}$ 的导数,故需将两电感电流表示为全时间域上的函数,于是有

$$i_{L1} = i_{L1}(0_-)\varepsilon(-t) + i_{L1}(0_+)e^{-\frac{t}{\tau}}\varepsilon(t) = [\varepsilon(-t) + 0.5e^{-\frac{1}{3}t}\varepsilon(t)]\text{A}$$

$$i_{L2} = 0.5e^{-\frac{1}{3}t}\varepsilon(t)\text{A}$$

$$u_{L1} = L_1\frac{di_{L1}}{dt} + M\frac{di_{L2}}{dt} = -\delta(t) - \frac{1}{3} \times 0.5e^{-\frac{1}{3}t}\varepsilon(t) + 0.5e^{-\frac{1}{3}t}\delta(t)$$

$$+ 0.5 \times 0.5 \times \left(-\frac{1}{3}\right)e^{-\frac{1}{3}t}\varepsilon(t) + 0.5 \times 0.5e^{-\frac{1}{3}t}\delta(t)$$

$$= [-0.25\delta(t) - 0.25e^{-\frac{1}{3}t}\varepsilon(t)]\text{V}$$

$u_{L1}$ 中的冲激分量与 $i_{L1}$ 产生的跳变相对应。

**例 12-42** 在图 12-87(a)所示电路中,激励电压源 $e_s$ 的波形如图 12-87(b)所示,试求电容电压 $u_C(t)$ 的稳定波形,设 $RC > T$。

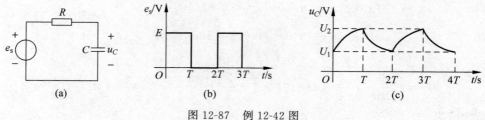

图 12-87 例 12-42 图

**解** 此题讨论的是一阶电路重复性暂态过程的问题。在电源开始作用于电路经过一段时间后,电路将进入"稳定"的暂态过程。电路的时间常数为 $\tau = RC$。当 $RC > T$ 时,$u_C(t)$ 的稳定波形将如图 12-87(c)所示。应注意图中波形的起点应理解为波形达到稳定的起始点。容易得知,在 $0 < t < T$ 期间,为电容的充电过程且为全响应,其初始值为 $U_1$,稳定值为 $E$,则 $u_C(t)$ 的表达式为

$$u_C(t) = E + (U_1 - E)e^{-\frac{t}{\tau}} \qquad \text{①}$$

在 $T<t<2T$ 期间,为电容的放电过程且为零输入响应,其初始值为 $U_2$,则 $u_C(t)$ 的表达式为

$$u_C(t)=U_2\mathrm{e}^{-\frac{t}{\tau}} \qquad ②$$

当 $t=T$ 时,$u_C=U_2$,由①式可得

$$U_2=E+(U_1-E)\mathrm{e}^{-\frac{T}{\tau}} \qquad ③$$

当 $t=2T$ 时,$u_C=U_1$,由②式可得

$$U_1=U_2\mathrm{e}^{-\frac{2T}{\tau}} \qquad ④$$

联立③、④两式,解得

$$U_1=\frac{E(1-\mathrm{e}^{-\frac{T}{\tau}})\mathrm{e}^{-\frac{T}{\tau}}}{1-\mathrm{e}^{-\frac{2T}{\tau}}}$$

$$U_2=\frac{E(1-\mathrm{e}^{-\frac{T}{\tau}})}{1-\mathrm{e}^{-\frac{2T}{\tau}}}$$

**例 12-43**　在图 12-88 所示电路中,已知 $R=R_1=1\Omega,R_2=2\Omega,C_1=1\mathrm{F},C_2=2\mathrm{F},E_s=3\mathrm{V}$,电路已处于稳态。$t=0$ 时 S 合上。试求电流 $i(t>0)$。

**解**　可以看出换路后的电路为一阶电路,若能求得 $u_{C1}$,便可求得 $i$。可求得

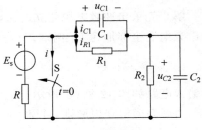

图 12-88　例 12-43 图

$$u_{C1}(0_-)=E_s\frac{R_1}{R+R_1+R_2}=3\times\frac{1}{1+1+2}=\frac{3}{4}\mathrm{V}$$

$$u_{C2}(0_-)=E_s\frac{R_2}{R+R_1+R_2}=3\times\frac{2}{1+1+2}=\frac{3}{2}\mathrm{V}$$

换路后,$C_1$ 和 $C_2$ 为并联,两电容电压产生跳变。由节点电荷守恒原则,有

$$u_{C1}(0_-)C_1-u_{C2}(0_-)C_2=u_{C1}(0_+)C_1-u_{C2}(0_+)C_2$$

因 $u_{C1}(0_+)=-u_{C2}(0_+)$,故有

$$u_{C1}(0_+)=\frac{u_{C1}(0_-)C_1-u_{C2}(0_-)C_2}{C_1+C_2}=\frac{1\times\frac{3}{4}-\frac{3}{2}\times2}{1+2}=-\frac{3}{4}\mathrm{V}$$

$$\tau=R_{eq}C_{eq}=\frac{R_1R_2}{R_1+R_2}(C_1+C_2)=2\mathrm{s}$$

则

$$u_{C1}=u_{C1}(0_+)\mathrm{e}^{-\frac{t}{\tau}}=u_{C1}(0_+)\mathrm{e}^{-\frac{1}{\tau}t}=-\frac{3}{4}\mathrm{e}^{-\frac{1}{2}t}\mathrm{V} \qquad (t>0)$$

写出 $u_{C1}$ 在整个时间域上的表达式为

$$u_{C1}=\frac{3}{4}\varepsilon(-t)-\frac{3}{4}\mathrm{e}^{-\frac{1}{2}t}\varepsilon(t)$$

则

$$i_{C1}=C_1\frac{\mathrm{d}u_{C1}}{\mathrm{d}t}=-\frac{3}{4}\delta(-t)+\frac{3}{8}\mathrm{e}^{-\frac{1}{2}t}\varepsilon(t)-\frac{3}{4}\mathrm{e}^{-\frac{1}{2}t}\delta(t)$$

$$=\left[-\frac{3}{2}\delta(t)+\frac{3}{8}\mathrm{e}^{-\frac{1}{2}t}\varepsilon(t)\right]\mathrm{A}$$

于是得

$$i = \frac{E_s}{R} - i_{C1} - \frac{u_{C1}}{R_1} = \left[ 3\varepsilon(t) + \frac{3}{2}\delta(t) + \frac{3}{8}e^{-\frac{1}{2}t}\varepsilon(t) \right] \text{A}$$

分析此题和例 12-41 时应注意两点：①某跳变量对应的时间函数的导数中必含有冲激函数；②当需求某一跳变量对应的时间函数的导数时，必须写出该函数在整个时间域上的表达式。

**例 12-44**  求图 12-89 所示电路中的冲激响应 $i_{L1}$ 和 $u_{L1}$。

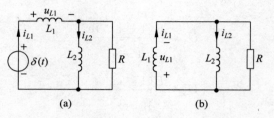

图 12-89  例 12-44 图

**解**  先求出冲激电源建立的初始状态。在冲激电源作用时，电感相当于开路。可见冲激电源电压全部加在 $L_1$ 两端，于是有

$$i_{L1}(0_+) = i_{L1}(0_-) + \frac{1}{L_1}\int_{0_-}^{0_+} \delta(t)\,dt = \frac{1}{L_1}$$

零输入电路如图 12-89(b)所示。应注意该电路在暂态过程结束后，两电感中的电流并不为零。由回路磁链守恒原则，可得

$$i_{L1}(\infty)L_1 + i_{L2}(\infty)L_2 = i_{L1}(0_+)L_1 + i_{L2}(0_+)L_2$$

因

$$i_{L1}(\infty) = i_{L2}(\infty), \quad i_{L2}(0_+) = 0$$

故

$$i_{L1}(\infty) = \frac{i_{L1}(0_+)L_1 + i_{L2}(0_+)L_2}{L_1 + L_2} = \frac{1}{L_1 + L_2}$$

由三要素法公式，可得

$$\begin{aligned}
h_1(t) = i_{L1}(t) &= i_{L1}(\infty) + [i_{L1}(0_+) - i_{L1}(\infty)]e^{-\frac{t}{\tau}} \\
&= \frac{1}{L_1 + L_2} + \left[ \frac{1}{L_1} - \frac{1}{L_1 + L_2} \right] e^{-\frac{R(L_1+L_2)}{L_1 L_2}t} \\
&= \left[ \frac{1}{L_1 + L_2} + \frac{L_2}{L_1(L_1 + L_2)} e^{-\frac{R(L_1+L_2)}{L_1 L_2}t} \right] \varepsilon(t)
\end{aligned}$$

又求得

$$h_2(t) = u_{L1} = L_1 \frac{di_{L1}}{dt}$$

$$= L_1 \frac{d}{dt}\left[ \frac{\varepsilon(t)}{L_1 + L_2} + \frac{L_2}{(L_1 + L_2)L_1} e^{-\frac{R(L_1+L_2)}{L_1 L_2}t}\varepsilon(t) \right] = \delta(t) - \frac{R}{L_1} e^{-\frac{R(L_1+L_2)}{L_1 L_2}t}\varepsilon(t)$$

**例 12-45**　图 12-90(a)所示电路已处于稳态。已知 $E_s=5\text{V}, I_s=8\text{A}, R_s=7\Omega, R=8\Omega,$ $R_1=6\Omega, L=4\text{H}, C=\dfrac{1}{4}\text{F}$。$t=0$ 时 S 由 1 合向 3，试求电压 $u_C(t\geqslant0)$。

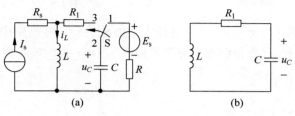

图 12-90　例 12-45 图

**解**　由换路前的电路可求出 $u_C(0_-)=5\text{V}, i_L(0_-)=8\text{A}$。换路后，所求全响应为

$$u_0=u_{Cp}+u_{Ch} \qquad (t\geqslant0)$$

其中 $u_{Cp}$ 为电路微分方程的特解，也是稳态解。由电路可见，$u_{Cp}=0$。$u_{Ch}$ 为齐次微分方程的解，与输入无关，故可由图 12-90(b)所示的零输入电路建立齐次方程，可得

$$LC\frac{\mathrm{d}^2u_{Ch}}{\mathrm{d}t^2}+R_1C\frac{\mathrm{d}u_{Ch}}{\mathrm{d}t}+u_{Ch}=0$$

将电路参数代入后得

$$\frac{\mathrm{d}^2u_{Ch}}{\mathrm{d}t^2}+\frac{3\mathrm{d}u_{Ch}}{2\mathrm{d}t}+u_{Ch}=0$$

特征方程为

$$s^2+\frac{3}{2}s+1=0$$

得

$$s_{1,2}=-\frac{3}{4}\pm\mathrm{j}\frac{\sqrt{7}}{4}$$

则

$$u_{Ch}=k\mathrm{e}^{-\frac{3}{4}t}\sin\left(\frac{\sqrt{7}}{4}t+\varphi\right)$$

于是有

$$u_C=u_{Cp}+u_{Ch}=k\mathrm{e}^{-\frac{3}{4}t}\sin\left(\frac{\sqrt{7}}{4}t+\varphi\right)$$

由初始条件 $u_C(0_+)$ 和 $\dfrac{\mathrm{d}u_C(0_+)}{\mathrm{d}t}$ 求常数 S 和 $\varphi$，可求出

$$\begin{cases}u_C(0_+)=u_C(0_-)=5\text{V}\\[2mm]\dfrac{\mathrm{d}u_C(0_+)}{\mathrm{d}t}=0\end{cases}$$

于是有

$$\begin{cases}k\sin\varphi=5\\[2mm]-\dfrac{3}{4}k\sin\varphi+\dfrac{k\sqrt{7}}{4}\cos\varphi=0\end{cases}$$

解之,得

$$k = 7.56, \quad \varphi = 41.4°$$

$$u_C = 7.56\mathrm{e}^{-\frac{3}{4}t}\sin\left(\frac{\sqrt{7}}{4}t + 41.4°\right)\mathrm{V}$$

由此例可见,求电路的全响应 $y(t)$ 可按下述方法进行:将电路中的全部电源置零,由无源电路列出齐次方程,从而得到齐次方程的通解 $y_h(t)$;再由换路后的稳态电路求稳态解即微分方程的特解 $y_p(t)$,则全响应为

$$y(t) = y_p(t) + y_h(t)$$

最后根据初始条件决定积分常数。

**例 12-46** 电路如图 12-91 所示,已知 $C_1 = C_2 = 1\mathrm{F}, R_1 = 0.5\Omega, R_2 = 1\Omega, e_s = 10\varepsilon(t)\mathrm{V}$。求零状态响应 $u_0(t)$。

**解** 这是一个含理想运放的二阶电路,先建立以 $u_0$ 为求解变量的微分方程。节点①的 KCL 方程为

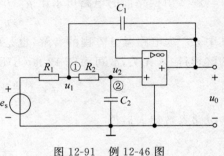

图 12-91 例 12-46 图

$$\frac{e_s - u_1}{R_1} + \frac{u_2 - u_1}{R_2} + C_1\frac{\mathrm{d}(u_0 - u_1)}{\mathrm{d}t} = 0$$

节点②的 KCL 方程为

$$\frac{u_1 - u_2}{R_2} = C_2\frac{\mathrm{d}u_2}{\mathrm{d}t}$$

根据理想运放的特性,有

$$u_2 = u_0$$

从上述三式中消去 $u_1$ 和 $u_2$ 并代入元件参数,可得

$$\frac{\mathrm{d}^2 u_0}{\mathrm{d}t^2} + 3\frac{\mathrm{d}u_0}{\mathrm{d}t} + 2u_0 = 20\varepsilon(t)$$

初始条件为

$$u_0(0_+) = u_2(0_+) = u_2(0_-) = 0$$

$$\frac{\mathrm{d}u_0}{\mathrm{d}t} = \frac{1}{R_2 C_2}[u_1(0_+) - u_2(0_+)] = 0$$

微分方程的特征方程为

$$s^2 + 3s + 2 = 0$$

特征根为

$$s_1 = -1, \quad s_2 = -2$$

微分方程的解为

$$u_0(t) = K_1\mathrm{e}^{-t} + K_2\mathrm{e}^{-2t} + u_{0p}$$

其中特解为

$$u_{0p} = 10\mathrm{V}$$

根据初始条件可求得

$$K_1 = -20, \quad K_2 = -10$$

于是所求零状态响应为

$$u_0(t) = (-20e^{-t} + 10e^{-2t} + 10)\varepsilon(t)\text{V}$$

**例 12-47** 图 12-92(a)所示电路的响应为 $i$，已知冲激响应 $h(t)$ 的波形如图 12-92(b)所示，若激励源 $i_s$ 的波形如图 12-92(c)所示，求电路的零状态响应 $i$。

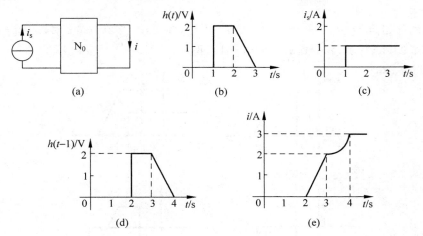

图 12-92 例 12-47 图之一

**解** 用两种方法求解。

**解法一** 根据线性时不变特性和微分、积分特性求解。由于图 12-92(c)所示激励波形的导数为

$$i'_s = \frac{\mathrm{d}\varepsilon(t-1)}{\mathrm{d}t} = \delta(t-1)$$

故零状态响应为

$$i = \int_1^t h(\tau - 1)\mathrm{d}\tau$$

显然 $h(t-1)$ 的波形是 $h(t)$ 波形延时 1s 所得，如图 12-92(d)所示。于是有

$$i = \int_1^t h(\tau - 1)\mathrm{d}\tau$$

$$= \int_1^t \{2[\varepsilon(\tau-2) - \varepsilon(\tau-3)] + 2(4-\tau)[\varepsilon(\tau-3) - \varepsilon(\tau-4)]\}\mathrm{d}\tau$$

$$= \int_1^t 2\varepsilon(\tau-2)\mathrm{d}\tau - \int_1^t 2\varepsilon(\tau-3)\mathrm{d}\tau + \int_1^t 2(4-\tau)\varepsilon(\tau-3)\mathrm{d}\tau - \int_1^t 2(4-\tau)\varepsilon(\tau-4)\mathrm{d}\tau$$

$$= 2\varepsilon(t-2)\tau\Big|_2^t - 2\varepsilon(t-3)\tau\Big|_3^t - 2\times\frac{1}{2}\varepsilon(t-3)(4-\tau)^2\Big|_3^t$$

$$\quad + 2\times\frac{1}{2}\varepsilon(t-4)(4-\tau)^2\Big|_4^t$$

$$= 2(t-2)\varepsilon(t-2) - 2(t-3)\varepsilon(t-3) - (t^2-8t+15)\varepsilon(t-3) + (4-t)^2\varepsilon(t-4)$$

由上式不难得出 $i$ 的分段函数式为

$$i = \begin{cases} 0 & (t \leqslant 2) \\ 2t-4 & (2 \leqslant t \leqslant 3) \\ -t^2 + 8t - 13 & (3 \leqslant t \leqslant 4) \\ 3 & (t \geqslant 4) \end{cases}$$

由此做出 $i$ 的波形如图 12-92(e)所示。

**解法二**　用卷积积分计算,采用扫描图解法。因 $i_s$ 的波形较简单,选 $i_s$ 为扫描波。当 $t \leqslant 2$ 时,$i_s$ 和 $h(t)$ 不相交叠,如图 12-93(a)所示,故

$$i = 0$$

注意,时间的起始点 $t = 0$ 在 $\tau = -1$ 处,当 $\tau = 1$ 时,$t = 2\mathrm{s}$。当 $2 \leqslant t \leqslant 3$ 时,$i_s$ 和 $h(t)$ 的交叠情况如图 12-93(b)所示,积分区间为 $(1, t-1)$,得

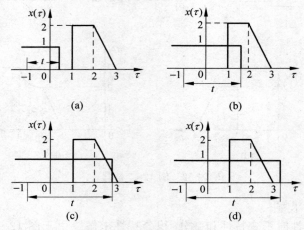

图 12-93　例 12-47 图之二

$$i = \int_1^{t-1} 2 \times 1 \mathrm{d}\tau = 2\tau \Big|_1^{t-1} = 2t - 4$$

注意积分上下限的确定。积分变量是 $\tau$,积分的上、下限应在 $\tau$ 轴上取值。

当 $3 \leqslant t \leqslant 4$ 时,$i_s$ 和 $h(t)$ 的交叠情况如图 12-93(c)所示,则

$$i = \int_1^2 2 \times 1 \mathrm{d}\tau + \int_2^{t-1} 2(3-\tau)\mathrm{d}\tau = -t^2 + 8t - 13$$

当 $t \geqslant 4$ 时,$i_s$ 和 $h(t)$ 的交叠情况如图 12-93(d)所示,则

$$i = \int_1^2 2 \times 1 \mathrm{d}\tau + \int_2^3 2(3-\tau)\mathrm{d}\tau = 3$$

计算结果与解法一的结果相同。

## 习题

12-1　以电容电压或电感电流为变量,写出题 12-1 图所示各电路的微分方程。

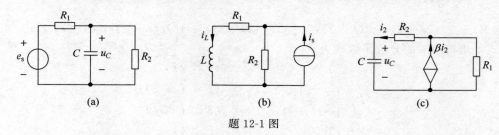

题 12-1 图

12-2 电路如题 12-2 图所示,若在 $t=0$ 时发生换路,试求图中所标示的各电压、电流的初始值。

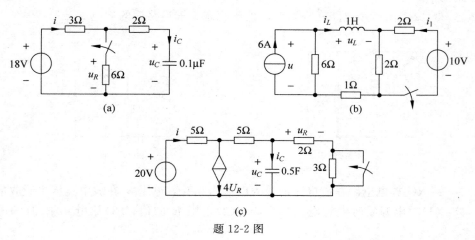

题 12-2 图

12-3 如题 12-3 图所示电路,在换路前电路处于稳定状态,求 S 闭合后电路中所标出电压、电流的初始值和稳态值以及 $\dfrac{\mathrm{d}u_C}{\mathrm{d}t}(0_+)$ 和 $\dfrac{\mathrm{d}i_L}{\mathrm{d}t}(0_+)$。

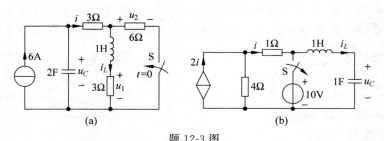

题 12-3 图

12-4 题 12-4 图所示电路在换路前各电容电压均为零。求电路换路后图中所标示的各电压、电流的初值以及 $\dfrac{\mathrm{d}u_{C1}}{\mathrm{d}t}(0_+)$、$\dfrac{\mathrm{d}u_{C2}}{\mathrm{d}t}(0_+)$。

12-5 题 12-5 图所示电路已处于稳态,开关 S 在 $t=0$ 时打开,求图(a)电路中的 $i_{L1}(0_+)$、$i_{L2}(0_+)$、$\dfrac{\mathrm{d}i_{L1}}{\mathrm{d}t}(0_+)$ 和 $\dfrac{\mathrm{d}i_{L2}(0_+)}{\mathrm{d}t}$ 及题 12-5(b)图电路中的 $i_{L1}(0_+)$、$i_{L2}(0_+)$、$\dfrac{\mathrm{d}i_{L1}(0_+)}{\mathrm{d}t}$ 和 $\dfrac{\mathrm{d}i_{L2}(0_+)}{\mathrm{d}t}$。已知 $E_s=15\mathrm{V}$,$I_s=6\mathrm{A}$,$R_0=1\Omega$,$R_1=R_3=6\Omega$,$R_2=3\Omega$,$L_1=1\mathrm{H}$,$L_2=2\mathrm{H}$。

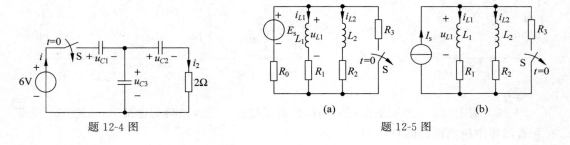

题 12-4 图        题 12-5 图

12-6 在题 12-6 图所示电路中，$I_s = 2A, L_1 = 1H, L_2 = 2H, M = 0.5H, R_1 = 1\Omega, R_2 = 1\Omega$。换路前电路已处于稳态。求初值 $i_{L1}(0_+)$ 和 $i_{L2}(0_+)$。

12-7 题 12-7 图所示电路在换路前已处于稳态。求换路后的响应 $u_C$。

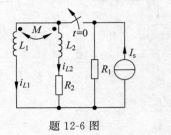
题 12-6 图

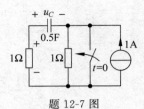
题 12-7 图

12-8 某 $RC$ 放电电路在放电时的最大电流为 0.5A，电阻 $R$ 在放电过程中吸收的能量为 5J。求：(1)放电开始时电容电压的大小；(2)电阻 $R$ 的值；(3)放电 0.1s 时的电容电压值。

12-9 电路如题 12-9 图所示，换路前电路已处于稳态。求换路后电容电压 $u_C(t)$ 及 $u_C$ 下降到人体安全电压 36V 时所需的时间。

12-10 在题 12-10 图所示电路中，电流表的内阻 $R_i = 10\Omega$，电压表的内阻 $R_v = 10^4\Omega$。在换路前电路已处于稳态。(1)求换路后的电感电流 $i_L(t)$ 及电压表的端电压 $u_v(t)$；(2)若电压表所能承受的反向电压最大为 500V，则采用何措施可使电压表免受损坏？

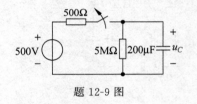
题 12-9 图

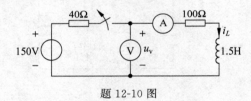
题 12-10 图

12-11 题 12-11 图所示电路在 S 打开前已处于稳态，求 S 打开后的响应 $i$。

12-12 在题 12-12 图所示电路中，$E = 1V, R_1 = 1\Omega, R_2 = 2\Omega, L = 1H, \alpha = 2$。已知换路前电路已处于稳态，求换路后的电流 $i_R$。

12-13 求题 12-13 图所示电路在换路后的电流 $i$。已知在换路前电路已处于稳态。

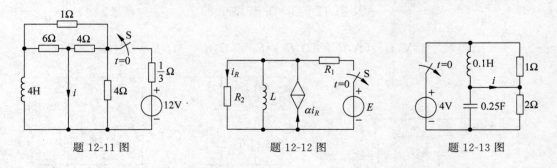

题 12-11 图      题 12-12 图      题 12-13 图

12-14 题 12-14 图所示电路在换路前已处于稳态。求换路后的电流 $i_{L1}(t)$ 及 9Ω 电阻在暂态过程中所消耗的能量。

12-15 在题 12-15 图所示电路中,电容原未充电。求换路后的电压 $u_C(t)$ 和 $u_R(t)$,并画出波形。

12-16 可利用 $RC$ 充电电路来控制时间继电器的延时。将题 12-16 图所示电路中的电容电压 $u_C$ 接至继电器,若要求开关合上 2s 后且 $u_C$ 为 30V 时继电器动作,求电阻 $R$ 的值。

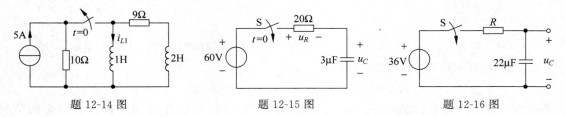

题 12-14 图        题 12-15 图        题 12-16 图

12-17 在题 12-17 图所示电路中,开关断开后 0.2s 时的电容电压为 8V,求电容 $C$ 的值。

12-18 题 12-18 图所示电路在换路前已处于稳态。求开关打开后的电流 $i_L(t)$ 和电压 $u(t)$。

12-19 题 12-19 图所示电路为延时继电器的原理线路。当通过继电器 J 的电流 $i_J$ 达到 10mA 后,开关 $S_J$ 即被吸合。为使延时时间可在一定范围内调节,在电路中串入一个可调电阻 $R$。若 $R_J=500\Omega$,$L=0.5H$,$E_s=15V$,$R$ 的调节范围为 $0\sim500\Omega$,试求 $i_J$ 的表达式及继电器的延时调节范围。

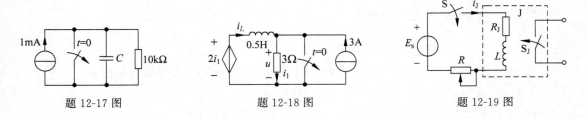

题 12-17 图        题 12-18 图        题 12-19 图

12-20 某电路输入电压 $u_i$ 的波形如题 12-20 图(a)所示。试设计一个线性无源网络,使其输出端口电压 $u_o$ 波形如题 12-20 图(b)所示。

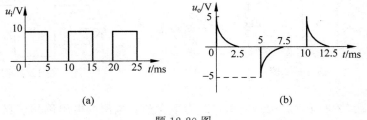

(a)        (b)

题 12-20 图

12-21 已知题 12-21 图所示电路的零状态响应为 $u_L=4e^{-4t}\varepsilon(t)$,$u=2(1-e^{-4t})\varepsilon(t)$。试确定参数 $R_1$,$R_2$ 和 $L$。

12-22 题 12-22 图所示电路在换路前已处于稳态。求 S 闭合后的电压 $u$,并绘出波形。

12-23 如题 12-23 图所示电路,$N_R$ 为无源电阻网络,当 $i_L(0)=0$,$i_s(t)=4\varepsilon(t)$A 时,有 $i_L(t)=(2-2e^{-2t})\varepsilon(t)$A,试求当 $i_L(0)=5$A,$i_s(t)=3\varepsilon(t)$A 时的 $i_L(t)$。

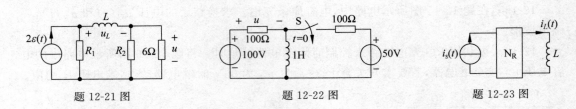

题 12-21 图　　　　　　题 12-22 图　　　　　　题 12-23 图

12-24　在题 12-24 图所示电路中，$N_R$ 为无源线性电阻网络，$i_s(t)$ 为直流电源，$u_s(t)$ 为正弦电源，电路中电容电压全响应为

$$u_C(t) = 3e^{-3t} + 2 - 2\sin(314t + 30°)V \quad t \geqslant 0$$

试求：(1)$u_C(t)$ 的零状态响应；(2)当正弦电源为零时，在同样的初始条件下的全响应 $u_C(t)$。

12-25　题 12-25 图所示电路在换路前已处于稳态。开关 S 在 $t=0$ 时打开，求：(1)响应 $i_L$、$i_1$ 和 $i_2$；(2)$i_L$ 的零状态响应和零输入响应；(3)$i_L$ 的自由分量和强制分量。

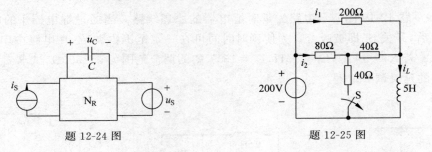

题 12-24 图　　　　　　　　　　题 12-25 图

12-26　题 12-26 图所示网络 N 只含线性电阻元件。已知 $i_L$ 的零状态响应为 $i_L = 6(1 - e^{-0.5t})\varepsilon(t)$。若用 $C$ 替代 $L$，且 $C=4F$，求零状态响应 $u_C$。

12-27　在题 12-27 图所示电路中，$N_0$ 为线性无源电阻网络。当 $u_C(0_-)=12V$，$I_s=0$ 时，响应 $u(t)=4e^{-\frac{1}{3}t}$。求在同样初始状态下 $I_s=3A$ 时的全响应 $i_C(t)$。

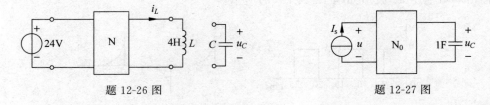

题 12-26 图　　　　　　　　　　题 12-27 图

12-28　如题 12-28 图(a)所示电路，$N_0$ 为不含独立电源的电阻网络。已知当 $i_s=0$ 时，$U_1=10V$，当 $i_s=3A$ 时，$U_1=16V$。求图(b)所示电路的零状态响应 $u_C$。

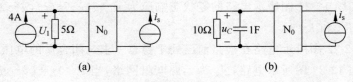

(a)　　　　　　　　　　(b)

题 12-28 图

12-29　电路如题 12-29 图所示,开关闭合前其处于稳态。用三要素法求换路后的电流 $i_L(t)$ 和电压 $u(t)$。

12-30　题 12-30 图所示电路在 S 闭合前已处于稳态。先用三要素法求 S 闭合后的电流 $i_1$ 和 $i_2$,再求出开关中流过的电流 $i_k$。

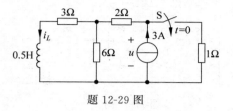

题 12-29 图

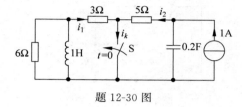

题 12-30 图

12-31　题 12-31 图所示电路在开关 S 打开前已处于稳态。求开关打开后的开关电压 $u_k(t)$。

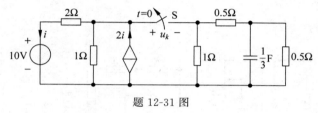

题 12-31 图

12-32　如题 12-32 图所示电路,开关 S 闭合并已处于稳态。若 $t=0$ 时开关打开,试对 $t>0$ 求开关两端的电压 $u_k(t)$。

12-33　题 12-33 图所示电路在换路前处于稳态。试求 $t=0$ 时 S 闭合后的电流 $i$。

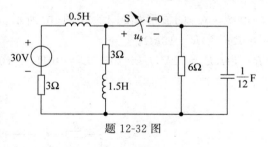

题 12-32 图

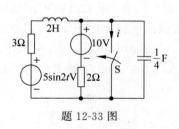

题 12-33 图

12-34　题 12-34 图所示电路已处于稳态,$t=0$ 时 S 合上,求响应 $u_0$。

12-35　电路如题 12-35 图所示,开关闭合前其已处于稳定状态。求开关闭合后的电压 $u_{ab}(t),t>0$。

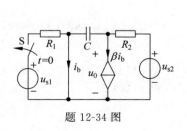

题 12-34 图

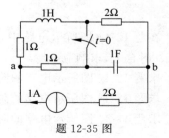

题 12-35 图

12-36 求题 12-36 图所示电路的零状态响应 $u_0(t)$。又若在换路后欲使电路立即进入稳定状态,求电路参数之间的关系。

12-37 求题 12-37 图所示电路在开关合上后的零状态响应 $u_C(t)$。

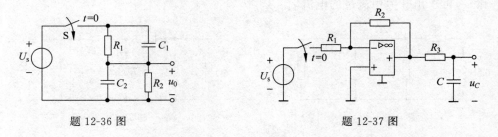

题 12-36 图　　　　　　　　　题 12-37 图

12-38 在题 12-38 图所示电路中,$u_s = 10\text{V}, C = 1\mu\text{F}, u_C(0_-) = 0, R = 1\text{k}\Omega, R_0 = 1\Omega$,求开关闭合后的电流 $i(t)$。

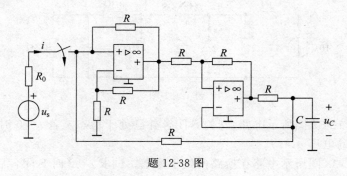

题 12-38 图

12-39 题 12-39 图(a)所示 $RC$ 电路的电源 $e_s(t)$ 的波形如题 12-41 图(b)所示。试大致画出下述情形下 $u_o(t)$ 的波形:(1)$R = 100\Omega$;(2)$R = 10\text{k}\Omega$。

12-40 在题 12-40 所示电路中,已知 $R = 8\Omega, E_s = 32\text{V}, L_1 = 10\text{H}, L_2 = 40\text{H}, i_{L1}(0_-) = 2\text{A}, i_{L2}(0_-) = 1\text{A}$,试求全响应 $i_{L1}(t)$、$i_{L2}(t)$。

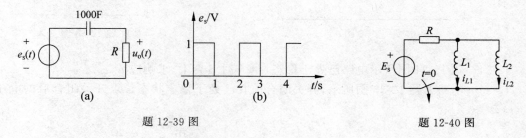

题 12-39 图　　　　　　　　　题 12-40 图

12-41 在题 12-41 图所示电路中,已知 $u_{C1}(0_-) = u_{C2}(0_-) = u_{C3}(0_-) = 0, u_C(0_-) = 1\text{V}, S$ 在 $t = 0$ 时合上,求响应 $u_C$。

12-42 求题 12-42 图所示电路的阶跃响应 $u_C(t)$ 和 $i(t)$。

12-43 求题 12-43 图所示电路的阶跃响应 $i_L(t)$ 和 $u_1(t)$。

12-44 求题 12-44 图所示电路的阶跃响应 $u_C$ 和 $i$。

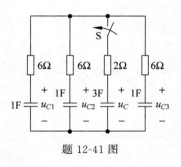

题 12-41 图

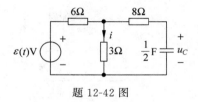

题 12-42 图

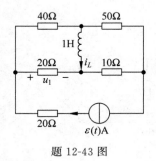

题 12-43 图

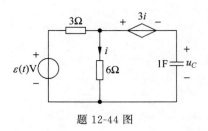

题 12-44 图

12-45 题 12-45 图中 N 为线性时不变无源网络。在阶跃电压源激励下，2-2′端接电阻 $R=2\Omega$ 时，零状态响应 $u_0'=\frac{1}{4}(1-e^{-t})\varepsilon(t)$；换接电容 $C=1F$ 时，零状态响应 $u_0''=\frac{1}{2}(1-e^{-\frac{t}{4}})\varepsilon(t)$。试求图（b）电路中的零状态响应 $u_0$。

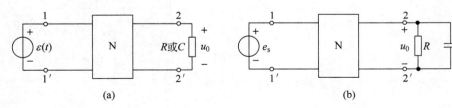

题 12-45 图

12-46 求题 12-46 图所示零状态电路中的 $u_C(0_+)$ 和 $i_L(0_+)$。

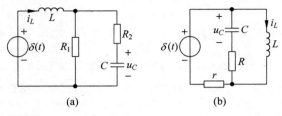

题 12-46 图

12-47 如题 12-47 图所示电路，已知 $u_C(0_-)=-4V$，$i_L(0_-)=1A$，求 $u_C(0_+)$、$i_L(0_+)$、$\frac{du_C}{dt}(0_+)$、$\frac{di_L}{dt}(0_+)$。

12-48 求题 12-48 图所示电路中的 $i_L(0_+)$、$u_C(0_+)$ 及 $\dfrac{\mathrm{d}u_R}{\mathrm{d}t}(0_+)$。

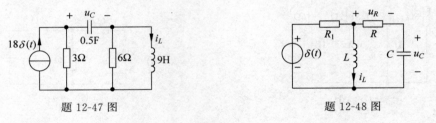

题 12-47 图 题 12-48 图

12-49 求题 12-49 图所示电路的冲激响应。

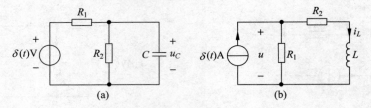

(a) (b)

题 12-49 图

12-50 求题 12-50 图所示电路的阶跃响应和冲激响应。

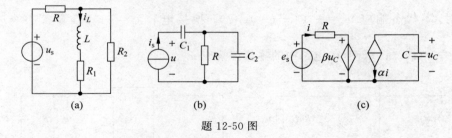

(a) (b) (c)

题 12-50 图

12-51 求下列微分方程的阶跃响应和冲激响应。

(1) $\dfrac{\mathrm{d}^2 y}{\mathrm{d}t^2} + \dfrac{\mathrm{d}y}{\mathrm{d}t} + y = \dfrac{\mathrm{d}x}{\mathrm{d}t} + x$

(2) $\dfrac{\mathrm{d}^3 y}{\mathrm{d}t^3} + 3\dfrac{\mathrm{d}^2 y}{\mathrm{d}t^2} + 3\dfrac{\mathrm{d}y}{\mathrm{d}t} + y = \dfrac{\mathrm{d}^2 x}{\mathrm{d}t^2} + 2x$

(3) $\dfrac{\mathrm{d}^2 y}{\mathrm{d}t^2} + 4\dfrac{\mathrm{d}y}{\mathrm{d}t} + 3y = \dfrac{\mathrm{d}^3 x}{\mathrm{d}t^3} + 2x$

12-52 电路如题 12-52 图所示，$N_0$ 为线性时不变零状态网络。已知图(a)中当 $i_s = \delta(t)$ 时，响应 $u_0(t) = 3\mathrm{e}^{-6t}\varepsilon(t)$，求图(b)中当 $i_s = 2\varepsilon(t) + \delta(t) + 3\delta(t-1)$ 时的响应 $u_0'(t)$。

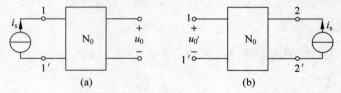

(a) (b)

题 12-52 图

12-53 求题 12-53 图所示电路的冲激响应和阶跃响应。

12-54 求题 12-54 图所示电路的冲激响应 $i_L(t)$ 和 $u(t)$。

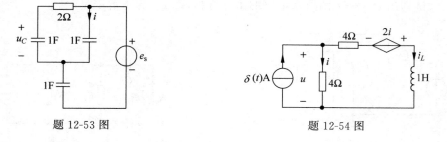

题 12-53 图 　　　　　　　　题 12-54 图

12-55 题 12-55 图所示电路原已达稳态,求换路后的响应 $u_R(t)$。

12-56 求题 12-56 图所示电路的零输入响应 $u_C(t)$,已知 $u_C(0_-)=10\text{V},i_L(0_-)=2\text{A}$。

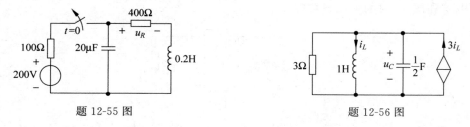

题 12-55 图 　　　　　　　　题 12-56 图

12-57 题 12-57 图所示电路可产生强大的瞬间电流。开关 S 位于 a 端时电路已处于稳态,当 $t=0$ 时 S 从 a 合向 b 端,求电流 $i_L$ 及其最大值。已知 $E_s=10^5\text{V},R=5\times10^{-4}\,\Omega$, $L=6\times10^{-9}\text{H},C=1500\mu\text{F}$。

12-58 求题 12-58 图所示电路的零状态响应 $i_L$、$u_C$。

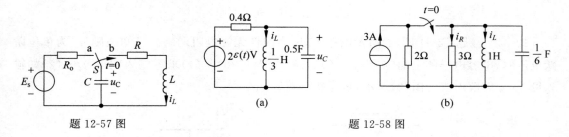

题 12-57 图 　　　　　　　　题 12-58 图

12-59 求题 12-59 图所示电路的阶跃响应。

12-60 求题 12-60 图所示电路的冲激响应 $u_C$ 和 $i_L$。

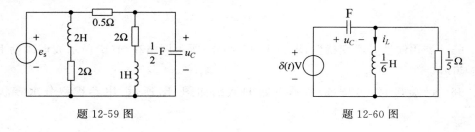

题 12-59 图 　　　　　　　　题 12-60 图

**12-61**　求题 12-61 图所示含理想运算放大器电路的阶跃响应,已知 $R_1 = 0.5\Omega, R_2 = 1\Omega, C_1 = C_2 = 1F$。

**12-62**　试列出题 12-62 图所示电路的微分方程(以 $u_C$ 为求解变量)。

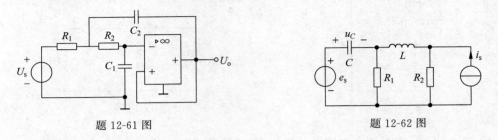

题 12-61 图　　　　　　　　　题 12-62 图

**12-63**　如题 12-63 图(a)所示网络,已知阶跃响应 $u_0$ 的波形如图(b)所示,试求激励波形如图(c)和图(d)时的零状态响应 $u_0$。

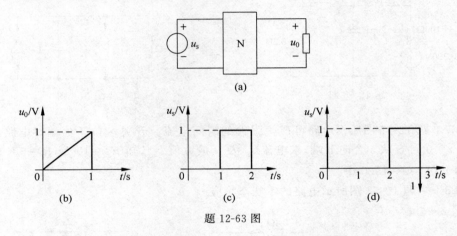

(a)

(b)　　　　　　　(c)　　　　　　　(d)

题 12-63 图

**12-64**　在题 12-64 图(a)所示电路中,N 为线性无源电阻网络。已知激励 $u_s$ 为单位阶跃电压时,电容电压的全响应为 $u_C = (3 + 5e^{-2t})V(t > 0)$。(1)求零输入响应 $u_C$;(2)如输入电压 $u_s$ 的波形改为图(b)所示,求零状态响应 $u_C$。

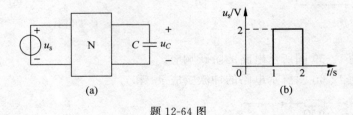

(a)　　　　　　　　　　(b)

题 12-64 图

**12-65**　利用线性时不变特性,求题 12-65 图(a)所示网络在图(b)所示波形激励下的零状态响应 $u_C$。

**12-66**　已知题 12-66 图(a)所示电路的激励如图(b)所示,用卷积积分求零状态响应 $i$。

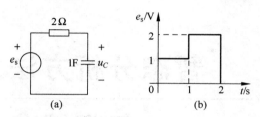

题 12-65 图

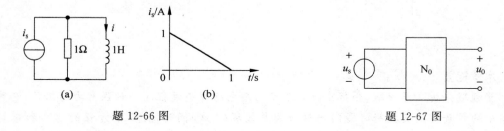

题 12-66 图　　　　　　　　　　　题 12-67 图

12-67　电路如题 12-67 图所示。$N_0$ 为线性时不变无源零状态网络。已知当 $u_s = \varepsilon(t)$ 时,响应 $u_0(t) = \dfrac{1}{4}(1 - e^{-2t})\varepsilon(t)$。求当 $u_s = 2e^{-2t}\varepsilon(t)$ 时的响应 $u_0(t)$。

12-68　在题 12-68(a)图所示电路中,电压源的电压 $u_s(t)$ 的波形如题 12-68(b)图所示,电感电流 $i_L(t)$ 的初始值为零。试求电感电流 $i_L(t)$, $t \geqslant 0$。

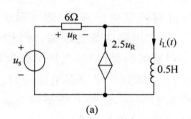

题 12-68 图

# 第 13 章

# 暂态分析方法之二
## ——复频域分析法

**本章提要**

复频域分析法是求解、分析线性时不变动态电路暂态过程的一种强有力的工具,它利用数学中的拉普拉斯变换将时域问题转换为复频域($s$ 域)问题,把微分方程的建立和求解转换为代数方程的建立和求解,从而简化了分析过程。

本章的主要内容有:拉普拉斯变换及其基本性质;部分分式法求拉氏反变换;运算法;网络函数等。

## 13.1　拉普拉斯变换

用时域分析法(经典法)进行暂态过程的分析需确定初始条件、列写和求解微分方程。从实用的角度看,经典法只适用于一、二阶电路。随着电路阶数的增加,微分方程的列写、初始条件的求出和微分方程的求解(主要是齐次方程通解的获得)将变得十分烦琐和复杂。利用数学中的拉普拉斯变换将时域问题转换为复频域问题,可使动态电路的暂态分析不必确定初始条件、不需列写和求解微分方程而获得所需的响应,这种方法被称为复频域分析法,也称为运算法。下面首先回顾数学中的拉普拉斯变换的相关内容。

### 一、拉普拉斯变换对

在数学中,拉普拉斯变换是一种广义的积分变换,常简称为拉氏变换。拉氏正变换和拉氏反变换构成了拉氏变换对。拉氏正变换的定义式为

$$F(s) = \int_{-\infty}^{\infty} f(t)e^{-st}\,dt \tag{13-1}$$

式中,$s = \sigma + j\omega$ 为一复变数,$\sigma$ 是一正实数,$\omega$ 为角频率,故称 $s$ 为复频率。这一定积分将时域中的函数 $f(t)$ 变换为复频域(也称 $s$ 域)中的函数 $F(s)$,其中 $f(t)$ 称为原函数,$F(s)$ 称为象函数。由于积分区间是 $(-\infty, \infty)$,故称式(13-1)为双边拉氏正变换。实用中,$f(t)$ 的作用区间通常为 $(0, \infty)$,这种函数称为单边函数,则式(13-1)可写为

$$F(s) = \int_{0_-}^{\infty} f(t)e^{-st}\,dt \tag{13-2}$$

称上式为单边拉氏正变换,该式中的积分下限为 $0_-$ 是考虑到 $t = 0$ 时 $f(t)$ 中可能含有冲激函数 $\delta(t)$ 或对偶冲激函数 $\delta'(t)$ 等。本书只讨论单边函数的拉氏变换。

由象函数 $F(s)$ 求原函数 $f(t)$ 称为拉氏反变换。拉氏反变换的定义式为

$$f(t) = \frac{1}{2\pi \mathrm{j}} \int_{\sigma-\mathrm{j}\infty}^{\sigma+\mathrm{j}\infty} F(s) \mathrm{e}^{\mathrm{j}\omega t} \mathrm{d}s \tag{13-3}$$

拉氏正变换可记为

$$F(s) = \mathcal{L}[f(t)] \tag{13-4}$$

式中，$\mathcal{L}[\ ]$表示求方括号中原函数的象函数。

拉氏反变换可记为

$$f(t) = \mathcal{L}^{-1}[F(s)] \tag{13-5}$$

式中，$\mathcal{L}^{-1}[\ ]$表示求方括号中象函数的原函数。

式(13-2)与式(13-3)或式(13-4)与式(13-5)构成拉氏变换对。

## 二、几种常用函数的象函数

**1. 单位阶跃函数的象函数**

$$\mathcal{L}[\varepsilon(t)] = \int_{0_-}^{\infty} \varepsilon(t) \mathrm{e}^{-st} \mathrm{d}t = \int_{0_-}^{\infty} \mathrm{e}^{-st} \mathrm{d}t = -\frac{1}{s} \mathrm{e}^{-st} \Big|_{0_-}^{\infty} = \frac{1}{s}$$

**2. 单位冲激函数的象函数**

$$\mathcal{L}[\delta(t)] = \int_{0_-}^{\infty} \delta(t) \mathrm{e}^{-st} \mathrm{d}t = \int_{0_-}^{0_+} \delta(t) \mathrm{d}(t) = 1$$

**3. 指数函数的象函数**

$$\mathcal{L}[\mathrm{e}^{at}] = \int_{0_-}^{\infty} \mathrm{e}^{-at} \mathrm{e}^{-st} \mathrm{d}t = \int_{0_-}^{\infty} \mathrm{e}^{(a-s)t} \mathrm{d}t = \frac{1}{s-a} \mathrm{e}^{(a-s)t} \Big|_{0}^{\infty} = \frac{1}{s-a}$$

式中，指数中的系数 $a$ 可正可负，可为实数，亦可为复数。$\mathrm{e}^{at}\varepsilon(t)$ 称为单边指数函数。

**4. 正弦函数的象函数**

$$\mathcal{L}[\sin\omega t] = \int_{0_-}^{\infty} \sin\omega t \, \mathrm{e}^{-st} \mathrm{d}t = \int_{0_-}^{\infty} \frac{1}{2\mathrm{j}} [\mathrm{e}^{\mathrm{j}\omega t} - \mathrm{e}^{-\mathrm{j}\omega t}] \mathrm{e}^{-st} \mathrm{d}t$$

$$= \frac{1}{2\mathrm{j}} \int_{0}^{\infty} [\mathrm{e}^{-(s-\mathrm{j}\omega)t} - \mathrm{e}^{-(s+\mathrm{j}\omega)t}] \mathrm{d}t$$

$$= \frac{1}{2\mathrm{j}} \left( \frac{1}{s-\mathrm{j}\omega} - \frac{1}{s+\mathrm{j}\omega} \right) = \frac{\omega}{s^2+\omega^2}$$

在上述计算中用到了尤拉公式。

**5. 余弦函数的象函数**

$$\mathcal{L}[\cos\omega t] = \int_{0_-}^{\infty} \frac{1}{2} (\mathrm{e}^{\mathrm{j}\omega t} + \mathrm{e}^{-\mathrm{j}\omega t}) \mathrm{e}^{-st} \mathrm{d}t = \frac{1}{2} \int_{0_-}^{\infty} [\mathrm{e}^{-(s-\mathrm{j}\omega)t} + \mathrm{e}^{-(s+\mathrm{j}\omega)t}] \mathrm{d}t$$

$$= \frac{1}{2} \left( \frac{1}{s-\mathrm{j}\omega} + \frac{1}{s+\mathrm{j}\omega} \right) = \frac{s}{s^2+\omega^2}$$

**6. 衰减的正弦函数的象函数**

$$\mathcal{L}[\mathrm{e}^{-at}\sin\omega t] = \int_{0_-}^{\infty} \mathrm{e}^{-at} \sin\omega t \cdot \mathrm{e}^{-st} \mathrm{d}t = \int_{0_-}^{\infty} \frac{1}{2\mathrm{j}} [\mathrm{e}^{\mathrm{j}\omega t} - \mathrm{e}^{-\mathrm{j}\omega t}] \mathrm{e}^{-(a+s)t} \mathrm{d}t$$

$$= \frac{1}{2\mathrm{j}} \int_{0_-}^{\infty} \{ \mathrm{e}^{-[s-(\mathrm{j}\omega-a)]t} - \mathrm{e}^{-[s+(\mathrm{j}\omega+a)]t} \} \mathrm{d}t$$

$$= \frac{1}{2\mathrm{j}} \left[ \frac{1}{s+(a-\mathrm{j}\omega)} - \frac{1}{s+(a+\mathrm{j}\omega)} \right] = \frac{\omega}{(s+a)^2+\omega^2}$$

式中，$a>0$。

上述函数的象函数经常用到，最好能记住。许多常用函数(包括上述六种函数)的象函数可通过查表的方法获得。表 13-1 列出了部分较常用函数的拉普拉斯变换式。

表 13-1　拉普拉斯变换简表

| 原函数 $f(t)$ | 象函数 $F(s)$ | 原函数 $f(t)$ | 象函数 $F(s)$ |
|---|---|---|---|
| $\varepsilon(t)$ | $\dfrac{1}{s}$ | $\cos\omega t$ | $\dfrac{s}{s^2+\omega^2}$ |
| $\delta(t)$ | $1$ | $e^{-at}\sin\omega t$ | $\dfrac{\omega}{(s+a)^2+\omega^2}$ |
| $\delta^{(n)}(t)$ | $\dfrac{1}{s_n}$ | $e^{-at}\cos$ | $\dfrac{s+a}{(s+a)^2+\omega^2}$ |
| $e^{at}$ | $\dfrac{1}{s-a}$ | $\omega t$ | |
| $t^n(n=1,2,\cdots)$ | $\dfrac{n!}{s^{n+1}}$ | $\sqrt{t}$ | $\dfrac{\sqrt{\pi}}{2\sqrt{s^3}}$ |
| $t^n e^{at}(n=1,2,\cdots)$ | $\dfrac{n!}{(s-a)^{n+1}}$ | $\dfrac{1}{\sqrt{t}}$ | $\sqrt{\dfrac{\pi}{s}}$ |
| $\sin\omega t$ | $\dfrac{\omega}{s^2+\omega^2}$ | $t\sin\omega t$ | $\dfrac{2\omega s}{(s^2+\omega^2)^2}$ |
| | | $t\cos\omega t$ | $\dfrac{s^2-\omega^2}{(s^2+\omega^2)^2}$ |

## 三、拉氏反变换

进行拉氏反变换可采用两种方法，即围线积分法和部分分式展开法。围线积分法即按式(13-3)计算，所进行的是复变函数的积分运算，这种计算较为复杂。部分分式展开法运用于象函数为有理函数的情况，它是将象函数分解为多个简单分式之和后再求取原函数。由于电路中的电压和电流的象函数一般为有理函数，因此本书只介绍部分分式展开法。对于具有简单分式形式的象函数，可通过查拉氏变换简表的方法获得原函数。

**例 13-1**　已知象函数 $F(s)=\dfrac{\sqrt{3}}{(s+1)^2+3}$，求原函数 $f(t)$。

**解**
$$F(s)=\frac{\sqrt{3}}{(s+1)^2+3}=\frac{\sqrt{3}}{(s+1)^2+(\sqrt{3})^2}$$

查表得
$$f(t)=\mathcal{L}^{(-1)}[F(s)]=e^{-t}\sin\sqrt{3}\,t$$

## 四、拉氏变换的有关说明

(1) 拉氏变换是一种积分变换，变换结果是复变数 $s$ 的函数，即拉氏变换是将一个时间域中的函数 $f(t)$ 变换为复频域中的复变函数 $F(s)$。

(2) 并非是任意函数 $f(t)$ 都可进行拉氏变换。拉氏变换的存在是有条件的，这些条件是

① 在 $t\geqslant 0$ 时，$f(t)$ 和 $\dfrac{\mathrm{d}f(t)}{\mathrm{d}t}$ 除去有限个第一类间断点外，处处连续；

② 存在足够大的正常数 $M$ 及 $a$，使得 $|f(t)|\leqslant Me^{at}(0<t<\infty)$。

函数 $f(t)=\mathrm{e}^{t^2}$ 的拉氏变换不存在是一个例子,其拉氏变换的积分不收敛。

本书后面所涉及的原函数均假设满足上述条件。

(3) 拉氏变换包括拉氏正变换和拉氏反变换。拉氏变换对可记为

$$f(t)\leftrightarrow F(s)$$

该式的含义是,$f(t)$ 的象函数是 $F(s)$,$F(s)$ 的原函数是 $f(t)$。

(4) 进行拉氏变换时,习惯约定用小写字母表示原函数,用大写字母表示象函数。例如电压 $u(t)$ 和电流 $i(t)$ 的象函数分别为 $U(s)$ 和 $I(s)$。

## 练习题

13-1 求下列函数的象函数:

(1) $\mathrm{e}^{-2t+1}$ (2) $3t^6$ (3) $2t^3\mathrm{e}^{-6t}$ (4) $3\mathrm{e}^{-2t}\cos 2t$

13-2 求下列函数的原函数:

(1) $\dfrac{3}{2s+3}$ (2) $\dfrac{2}{s^2+6}$ (3) $\dfrac{2s}{(s+3)^2+4}$

## 13.2 拉普拉斯变换的基本性质

本节介绍体现拉普拉斯变换基本性质的若干定理。这里只表述这些定理的内容而不加以证明。

### 一、线性定理

拉氏变换具有线性特性,它满足可加性和齐次性。设

$$\mathcal{L}[f_1(t)]=F_1(s), \quad \mathcal{L}[f_2(t)]=F_2(s)$$

则

$$\mathcal{L}[k_1f_1(t)+k_2f_2(t)]=k_1F(s)+k_2F_2(s) \tag{13-6}$$

式中 $k_1$ 和 $k_2$ 均为常数。

**例 13-2** 试求 $f(t)=k_1\mathrm{e}^{-at}+k_2\mathrm{e}4^{-bt}$ 的象函数。

**解** 由线性定理,有

$$\mathcal{L}[f(t)]=\mathcal{L}[k_1\mathrm{e}^{at}+k_2\mathrm{e}^{-bt}]=k_1\,\mathcal{L}[\mathrm{e}^{-at}]+k_2\,\mathcal{L}[\mathrm{e}^{-bt}]$$

$$=\frac{k_1}{s+a}+\frac{k_2}{s+b}=\frac{k_1(s+b)+k_2(s+a)}{(s+a)(s+b)}$$

### 二、微分定理

设 $\mathcal{L}[f(t)]=F(s)$,则微分定理指出

$$\mathcal{L}\left[\frac{\mathrm{d}f(t)}{\mathrm{d}t}\right]=sF(s)-f(0_-) \tag{13-7}$$

推广之,有

$$\mathcal{L}\left[\frac{\mathrm{d}^n f(t)}{\mathrm{d}t^n}\right]=s^n F(s)-\sum_{k=0}^{n-1}s^{n-k-1}f^{(k)}(0_-) \tag{13-8}$$

式中，$f(0_-)$ 为 $f(t)$ 的原始值，$f^{(k)}(0_-)$ 为 $f(t)$ $k$ 次导数的原始值。

**例 13-3** 设一微分方程为

$$\begin{cases} \dfrac{\mathrm{d}y(t)}{\mathrm{d}t} + 2y(t) = 3\delta(t) \\ y(0_-) = 3 \end{cases}$$

求 $y(t)$。

**解** 对微分方程两边取拉氏变换，根据微分定理和线性定理，有

$$sY(s) - y(0_-) + 2Y(s) = 3$$

即

$$(s+2)Y(s) = 3 + y(0_-) = 6$$

则

$$Y(s) = \frac{6}{s+2}$$

取拉氏反变换，得

$$y(t) = 6\mathrm{e}^{-2t} \qquad (t > 0)$$

## 三、积分定理

设 $\mathcal{L}[f(t)] = F(s)$，则积分定理指出

$$\mathcal{L}\left[\int_{-\infty}^{t} f(x)\mathrm{d}x\right] = \frac{F(s)}{s} + \frac{f^{-1}(0_-)}{s} \tag{13-9}$$

式中

$$f^{-1}(0_-) = \int_{-\infty}^{0_-} f(x)\mathrm{d}x$$

**例 13-4** 电感的伏安关系式为

$$i_L = \frac{1}{L}\int_{-\infty}^{t} u_L(x)\mathrm{d}x$$

试求 $i_L$ 的拉氏变换式。

**解** 对题给电感的伏安关系式两边取拉氏变换，按积分定理，有

$$I_L(s) = \frac{1}{L}\left[\frac{U_L(s)}{s} + \frac{u_L^{-1}(0_-)}{s}\right]$$

其中

$$u_L^{-1}(0_-) = \int_{-\infty}^{0_-} u_L(x)\mathrm{d}x = \Psi_L(0_-)$$

$$I_L(s) = \frac{U_L(s)}{sL} + \frac{1}{sL}\Psi_L(0_-) = \frac{1}{sL}U_L(s) + \frac{1}{s}i_L(0_-)$$

从微分定理和积分定理可以看出，在应用拉普拉斯变换时，直接用时域中 $0_-$ 时的值（原始值），而不必考虑 $0_+$ 时的值（初始值）。这是它的一个突出优点。

## 四、初值定理和终值定理

### 1. 初值定理

设 $\mathcal{L}[f(t)] = F(s)$，$f(t)$ 的一阶导数 $f'(t)$ 也可进行拉氏变换，极限 $\lim\limits_{s\to\infty} sF(s)$ 存在，

则有

$$f(0_+) = \lim_{t \to 0_+} f(t) = \lim_{s \to \infty} sF(s) \tag{13-10}$$

初值定理表明,若已知象函数,便可由式(13-10)求出原函数的初始值。

**例 13-5** 已知象函数为

$$F(s) = \frac{s}{(s+1)(3s+2)}$$

试求原函数 $f(t)$ 的初值 $f(0_+)$。

**解** 由初值定理

$$f(0_+) = \lim_{s \to \infty} sF(s) = \lim_{s \to \infty} s \frac{s}{(s+1)(3s+2)}$$

$$= \lim_{s \to \infty} \frac{s^2}{3s^2 + 5s + 2} = \lim_{s \to \infty} \frac{1}{3 + \dfrac{5}{s} + \dfrac{2}{s^2}} = \frac{1}{3}$$

**2. 终值定理**

设 $\mathcal{L}[f(t)] = F(s)$,$f(t)$ 的一阶导数 $f'(t)$ 也可进行拉氏变换,若极限 $\lim\limits_{s \to 0} sF(s)$ 存在,则有

$$f(\infty) = \lim_{t \to \infty} f(t) = \lim_{s \to 0} sF(s) \tag{13-11}$$

终值定理表明,若已知象函数,且 $s \to 0$ 时,$sF(s)$ 的极限存在,便可由式(13-11)求出原函数的终值。

**例 13-6** 已知某象函数为

$$F(s) = \frac{2}{s(s+4)(2s+3)}$$

试求原函数 $f(t)$ 的终值 $f(\infty)$。

**解** 由终值定理,有

$$f(\infty) = \lim_{s \to 0} sF(s) = \lim_{s \to 0} s \frac{2}{s(s+4)(2s+3)} = \lim_{s \to 0} s \frac{2}{(s+4)(2s+3)} = \frac{1}{6}$$

# 五、时域延时定理

设 $\mathcal{L}[f(t)\varepsilon(t)] = F(s)$,则时域位移定理指出

$$\mathcal{L}[f(t-t_0)\varepsilon(t-t_0)] = e^{-t_0 s} F(s) \tag{13-12}$$

这表明,若函数的出现时间延迟 $t_0$,其象函数需乘以 $e^{-t_0 s}$。$e^{-t_0 s}$ 称为延迟因子。

**例 13-7** 求 $f(t) = e^{-t+2}\varepsilon(t-2)$ 的象函数。

**解** 因为

$$\mathcal{L}[e^{-t}\varepsilon(t)] = \frac{1}{s+1}$$

根据时域位移定理,有

$$F(s) = \mathcal{L}[f(t)] = \mathcal{L}[e^{-t+2}\varepsilon(t-2)] = \mathcal{L}[e^{-t(t-2)}\varepsilon(t-2)] = e^{-t_0 s} F(s) = e^{-2s} \frac{1}{s+1}$$

**例 13-8** 求 $f(t) = e^{-t}\varepsilon(t-1)$ 的象函数。

**解** 要注意 $e^{-t}\varepsilon(t-1)$ 并非是 $e^{-t}\varepsilon(t)$ 延时 1s 后的结果。因为 $e^{-1}\varepsilon(t)$ 延时 1s 出现对

应的表达式应为 $e^{-(t-1)}\varepsilon(t-1)$。为利用时域延时定理,需对题给函数加以处理,有

$$f(t)=e^{-t}\varepsilon(t-1)=e^{-1}e^{1}e^{-t}\varepsilon(t-1)=e^{-1}e^{-(t-1)}\varepsilon(t-1)$$

因为

$$\mathcal{L}[e^{-t}\varepsilon(t)]=\frac{1}{s+1}$$

故

$$F(s)=\mathcal{L}[f(t)]=\mathcal{L}[e^{-1}e^{-(t-1)}\varepsilon(t-1)]=e^{-1}e^{-t_0 s}F(s)=e^{-1}e^{-s}\frac{1}{s+1}=\frac{e^{-(s+1)}}{s+1}$$

## 六、复频域位移定理

设 $\mathcal{L}^{-1}[F(s)]=f(t)$,则复频域位移定理指出

$$\mathcal{L}^{-1}[F(s-s_0)]=e^{s_0 t}f(t) \tag{13-13}$$

式中,$s_0$ 为任意常数。这表明若象函数位移 $s_0$,则原函数应乘以因子 $e^{s_0 t}$。$e^{s_0 t}$ 称为位移因子。

**例 13-9** 已知 $\mathcal{L}[t^n]=\dfrac{n!}{s^{n+1}}$,试求 $F(s)=\dfrac{3}{(s+2)^4}$ 的原函数 $f(t)$。

**解** 为利用复频域位移定理,将 $F(s)$ 变形为

$$F(s)=\frac{3!}{[s-(-2)]^{3+1}}\times\frac{3}{3!}=\frac{1}{2}\times\frac{3!}{[s-(-2)]^{3+1}}$$

显然 $s_0=-2$,根据式(13-13),有

$$f(t)=\mathcal{L}^{-1}[F(s)]=\frac{1}{2}e^{-2t}t^3$$

## 七、卷积定理

设 $\mathcal{L}[f_1(t)]=F_1(s)$,$\mathcal{L}[f_2(t)]=F_2(s)$,则卷积定理指出

$$\mathcal{L}[f_1(t)*f_2(t)]=F_1(s)F_2(s) \tag{13-14}$$

这表明利用拉氏变换,可将时域中的卷积积分的运算化为复频域内的乘法运算。

**例 13-10** 已知某网络的冲激响应为 $h(t)=2e^{-t}\varepsilon(t)$,求该网络在激励 $f(t)=\varepsilon(t)+3\delta(t)$ 作用下的零状态响应 $y(t),t>0$。

**解** $$y(t)=f(t)*h(t)$$

对上式两边取拉氏变换,有

$$Y(s)=\mathcal{L}[f(t)*h(t)]$$

根据卷积定理,得

$$Y(s)=F(s)H(s)=\mathcal{L}[h(t)]\mathcal{L}[f(t)]$$

$$=\frac{2}{s+1}\left(\frac{1}{s}+3\right)=\frac{2(1+3s)}{s(s+1)}=\frac{2}{s}+\frac{4}{s+1}$$

$$y(t)=\mathcal{L}^{-1}[Y(s)]=\mathcal{L}^{-1}\left(\frac{2}{s}+\frac{4}{s+1}\right)=2\varepsilon(t)+4e^{-t}\varepsilon(t)$$

可以看出,利用卷积定理求零状态响应比直接计算卷积积分要简便许多。

## 练习题

**13-3** 已知某象函数为

$$F(s) = \frac{3s^3 + 2s^2}{2s^3 + 3s^2 + 2s + 6}$$

求原函数的初值 $f(0_+)$ 和终值 $f(\infty)$。

**13-4** 求下列函数的象函数：

(1) $2\delta(t) + 3\varepsilon(t-1) - 2\varepsilon(t-3)$ (2) $3t^3 + 2t^2 + t$ (3) $e^{-2t}\varepsilon(t-1)$

(4) $\sin(2t + 30°)$

**13-5** 求下列象函数的原函数：

(1) $\dfrac{e^{-3s}}{s+1}$ (2) $\dfrac{2}{(s+3)^3}$

**13-6** 已知某电路的冲激响应为 $h(t) = 3e^{-t}\varepsilon(t)$，求电路在激励为 $2[\varepsilon(t) - \varepsilon(t-1)]$ 时的零状态响应 $y(t)$ 的象函数 $Y(s)$。

## 13.3 用部分分式展开法求拉氏反变换

对于电工技术中最常见的有理函数形式的象函数，通常采用部分分式展开法，将其分解为多个简单象函数之和后获取原函数，本节介绍这一方法。

有理函数 $F(s)$ 的一般形式为

$$F(s) = \frac{F_1(s)}{F_2(s)} = \frac{b_m s^m + b_{m-1} s^{m-1} + \cdots + b_1 s + b_0}{a_n s^n + a_{n-1} s^{n-1} + \cdots + a_1 s + a_0} \qquad (13\text{-}15)$$

式中，$a_i (i = 0, 1, \cdots, n)$，$b_j (j = 0, 1, \cdots, m)$ 均为常数。若 $n > m$，则 $F(s)$ 为真分式；若 $n \leqslant m$，则 $F(s)$ 为假分式。假分式可简单地通过代数式除法而化为一个 $s$ 的多项式与一个真分式之和。因此，下面只讨论 $F(s)$ 为真分式（即 $n > m$）时的部分分式展开法。

将式(13-15)的分子、分母均除以 $a_n$，使分母 $s^n$ 项前的系数为 1，便有

$$F(s) = \frac{F_1/a_n}{F_2/a_n} = \frac{B_m s^m + B_{m-1} s^{m-1} + \cdots + B_1 s + B_0}{s^n + A_{n-1} s^{n-1} + \cdots + A_1 s + A_0} = \frac{F_B(s)}{F_A(s)} \qquad (13\text{-}16)$$

部分分式法的关键是如何将有理函数式(13-16)展开为部分分式。所谓部分分式是指形如 $\dfrac{C_k}{(s-s_0)^k}$ 的真分式，其中 $C_k$、$s_0$ 为常数（$k = 1, 2, 3, \cdots$）。下面分两种情况讨论用部分分式法求拉氏反变换。

### 一、$F(s)$ 只有简单极点时的拉氏反变换

**1. $F(s)$ 只有简单极点时部分分式的形式**

若 $F(s)$ 的分母多项式对应的一元 $n$ 次方程 $F_A(s) = 0$ 只含有单根时，则 $F(s)$ 的部分分式展开式为

$$F(s) = \frac{F_B(s)}{F_A(s)} = \frac{C_1}{s - s_1} + \frac{C_2}{s - s_2} + \cdots + \frac{C_h}{s - s_k} + \cdots + \frac{C_n}{s - s_n}$$

$$= \sum_{k=1}^{n} \frac{C_k}{s - s_k} \tag{13-17}$$

式中，$s_1, s_2, \cdots, s_k, \cdots, s_n$ 为方程 $F_A(s) = 0$ 的 $n$ 个单根，它们可为实数，也可为复数。这些单根称为 $F(s)$ 的简单极点(因为当 $s = s_k$ 时，$F(s) \to \infty$)。$C_1, C_2, \cdots, C_k, \cdots, C_n$ 为待定常数。

由于象函数 $\dfrac{C_k}{s - s_k}$ 对应的原函数是 $C_k e^{s_k t}$，故式(13-17)对应的原函数为

$$f(t) = \mathcal{L}[F(s)] = \sum_{k=1}^{n} C_k e^{s_k t} \tag{13-18}$$

**2. $F(s)$ 只有简单极点时部分分式中系数 $C_k$ 的确定**

式(13-17)中待定常数 $C_k$ 可用两种方法确定。

(1) 确定系数 $C_k$ 的方法之一

将式(13-17)两边同乘 $s - s_k$，有

$$(s - s_k) \frac{F_B(s)}{F_A(s)} = \frac{C_1}{s - s_1}(s - s_k) + \frac{C_2}{s - s_2}(s - s_k) + \cdots + C_k$$

$$+ \cdots + \frac{C_n}{s - s_n}(s - s_k)$$

若令 $s = s_k$，则上式右边除 $C_k$ 项外，其余各项均为零，有

$$C_k = (s - s_k) \frac{F_B(s)}{F_A(s)} \bigg|_{s = s_k} \tag{13-19}$$

于是 $F(s)$ 的部分分式展开式为

$$F(s) = \sum_{k=1}^{n} \frac{C_k}{s - s_k} = \sum_{k=1}^{n} \left[ (s - s_k) \frac{F_B(s)}{F_A(s)} \bigg|_{s = s_k} \right] \frac{1}{s - s_k} \tag{13-20}$$

**例 13-11**  求 $F(s) = \dfrac{6s + 8}{s^2 + 4s + 3}$ 的原函数。

**解**  $F_B(s) = 6s + 8$，$F_A(s) = s^2 + 4s + 3$。令 $F_A(s) = (s + 1)(s + 3) = 0$，解出两个单根为

$$s_1 = -1, \quad s_2 = -3$$

即

$$F(s) = \frac{C_1}{s + 1} + \frac{C_2}{s + 3}$$

由式(13-19)，有

$$C_1 = (s - s_1) \frac{F_B(s)}{F_A(s)} \bigg|_{s = s_1} = \frac{6s + 8}{s + 3} \bigg|_{s = -1} = 1$$

$$C_2 = (s - s_2) \frac{F_B(s)}{F_A(s)} \bigg|_{s = s_2} = \frac{6s + 8}{s + 1} \bigg|_{s = -3} = 5$$

故

$$F(s) = \frac{1}{s+1} + \frac{5}{s+3}$$

由式(13-18),可得原函数为

$$f(t) = \mathrm{e}^{-t} + 5\mathrm{e}^{-3t}$$

（2）确定系数 $C_k$ 的方法之二

不难看出式(13-19)的分子、分母均为零,对该式应用洛必达法则,有

$$C_k = \lim_{s \to s_k} \frac{(s - s_k)F_B(s)}{F_A(s)}$$

$$= \lim_{s \to s_k} \frac{F_B(s) + (s - s_k)F_B'(s)}{F_A'(s)} = \lim_{s \to s_k} \frac{F_B(s)}{F_A'(s)} = \frac{F_B(s_k)}{F_A'(s_k)} \tag{13-21}$$

式中,$F_A'(s_k)$ 为 $F_A(s)$ 的一阶导数在 $s = s_k$ 处的取值。于是 $F(s)$ 的部分分式展开式为

$$F(s) = \sum_{k=1}^{n} C_k \frac{1}{s - s_k} = \sum_{k=1}^{n} \frac{F_B(s_k)}{F_A'(s_k)} \cdot \frac{1}{s - s_k} \tag{13-22}$$

**例 13-12** 试用式(13-21)将 $F(s) = \dfrac{6s+8}{s^2+4s+3}$ 展开为部分分式后求原函数。

**解** 题给的 $F(s)$ 为例 13-11 中的象函数。应用式(13-21),有

$$C_1 = \frac{F_B(s_1)}{F_A'(s_1)} = \frac{6s+8}{2s+4}\bigg|_{s=s_1=-1} = \frac{6 \times (-1) + 8}{2 \times (-1) + 4} = \frac{2}{2} = 1$$

$$C_2 = \frac{F_B(s_2)}{F_A'(s_2)} = \frac{6s+8}{2s+4}\bigg|_{s=s_2=-3} = \frac{6 \times (-3) + 8}{2 \times (-3) + 4} = \frac{-10}{-2} = 5$$

与例 13-11 中所得结果相同,则

$$f(t) = \mathcal{L}^{-1}[F(s)] = \mathrm{e}^{-t} + 5\mathrm{e}^{-3t}$$

**例 13-13** 求 $F(s) = \dfrac{s}{s^3 + 2s^2 + 2s + 1}$ 的原函数。

**解** $F_B(s) = s$,$F_A(s) = s^3 + 2s^2 + 2s + 1$。令

$$F_A(s) = s^3 + 2s^2 + 2s + 1 = (s+1)(s^2 + s + 1) = 0$$

可解出三个单根为

$$s_1 = -1, \quad s_2 = -0.5 + \mathrm{j}0.866, \quad s_3 = -0.5 - \mathrm{j}0.866$$

显然 $s_2$、$s_3$ 为一对共轭复数。实系数代数方程的复数根均以共轭对的形式出现。则

$$F(s) = \frac{C_1}{s+1} + \frac{C_2}{s + (0.5 - \mathrm{j}0.866)} + \frac{C_3}{s + (0.5 + \mathrm{j}0.866)}$$

由式(13-21),可求得系数 $C_k$ 为

$$C_1 = \frac{s}{3s^2 + 4s + 2}\bigg|_{s=-1} = -1$$

$$C_2 = \frac{s}{3s^2 + 4s + 2}\bigg|_{s=-0.5+\mathrm{j}0.866} = 0.577\underline{/-30°}$$

$$C_3 = \frac{s}{3s^2 + 4s + 2}\bigg|_{s=-0.5-\mathrm{j}0.866} = 0.577\underline{/30°}$$

可见,$C_2$、$C_3$ 也是一对共轭复数,因此在计算 $C_2$、$C_3$ 时,只需计算系数 $C_2$,将 $C_2$ 辐角的符

号变号便是 $C_3$。

$$F(s) = -\frac{1}{s+1} + \frac{0.577\underline{/-30°}}{s+0.5-j0.866} + \frac{0.577\underline{/30°}}{s+0.5+j0.866}$$

故

$$f(t) = \mathcal{L}^{-1}[F(s)]$$
$$= -e^{-t} + 0.577e^{-j30°}e^{-(0.5-j0.866)t} + 0.577e^{j30°}e^{-(0.5+j0.866)t}$$
$$= -e^{-t} + 2 \times 0.577e^{-0.5t} \times \frac{e^{-j(0.866t-30°)} + e^{j(0.866t-30°)}}{2}$$
$$= -e^{-t} + 1.15e^{-0.5t}\cos(0.866t - 30°)$$

## 二、$F(s)$ 含有多重极点时的拉氏反变换

### 1. $F(s)$ 含有多重极点时部分分式的形式

若 $F(s)$ 的分母多项式对应的一元 $n$ 次方程 $F_A(s)=0$ 有 $n-q$ 个单根 $s_1, s_2, \cdots, s_{n-q}$ 和 $q$ 次重根 $s_n$，则 $F(s)$ 的部分分式展开式为

$$F(s) = \frac{F_B(s)}{F_A(s)} = \frac{C_1}{s-s_1} + \frac{C_2}{s-s_2}$$
$$+ \cdots + \frac{C_{n-q}}{s-s_{n-q}} + \frac{k_1}{(s-s_n)} + \frac{k_2}{(s-s_n)^2} + \cdots + \frac{k_q}{(s-s_n)^q}$$
$$= \sum_{j=1}^{n-q} \frac{C_j}{s-s_j} + \sum_{i=1}^{q} \frac{k_i}{(s-s_n)^i} \tag{13-23}$$

式中对应于简单极点 $s_i$ 的部分分式有 $n-q$ 项，其系数为 $C_j$；对应于多重极点 $s_n$ 的部分分式有 $q$ 项，其系数为 $k_i$。

由于象函数 $\dfrac{n!}{(s-s_n)^{n+1}}$ 对应的原函数是 $t^n e^{s_n t}$，故式(13-23)对应的原函数为

$$f(t) = \sum_{j=1}^{n-q} C_j e^{s_j t} + \sum_{i=1}^{q} \frac{k_i}{(i-1)!} t^{i-1} e^{s_n t} \tag{13-24}$$

### 2. $F(s)$ 含有多重极点时部分分式中系数的确定

（1）系数 $C_j$ 的确定

对应于简单极点 $s_j$ 的系数 $C_j$ 仍用式(13-19)或式(13-21)确定，即

$$C_j = (s-s_j)\frac{F_B(s)}{F_A(s)}\bigg|_{s=s_j}$$

或

$$C_j = \frac{F_B(s_j)}{F'_A(s_j)}$$

（2）系数 $k_i$ 的确定

对应于多重极点 $s_n$ 的系数 $k_i$ 用下式确定：

$$k_i = \frac{1}{(q-i)!}\lim_{s \to s_n}\left\{\frac{d^{(q-i)}}{ds^{(q-i)}}\left[(s-s_n)^q \frac{F_B(s)}{F_A(s)}\right]\right\} \tag{13-25}$$

该式的推导过程从略。

式(13-25)表明,对分母为$(s-s_n)^i$的部分分式,其系数$k_i$需用求$q-i$次导数的方法求得。

**例 13-14**　试求$F(s)=\dfrac{s-2}{s(s+1)^2}$的原函数。

**解**　$F(s)$有一个单根$s_1=0$和一个二重根$s_2=-1$,则$F(s)$可分解为

$$F(s)=\frac{C_1}{s}+\frac{k_1}{s+1}+\frac{k_2}{(s+1)^2}$$

由式(13-19),有

$$C_1=s\frac{s-2}{s(s+1)^2}\bigg|_{s_1=0}=\frac{s-2}{(s+1)^2}\bigg|_{s_1=0}=-2$$

又由式(13-25),有

$$k_1=\frac{1}{(2-1)!}\lim_{s\to-1}\left\{\frac{\mathrm{d}^{(2-1)}}{\mathrm{d}s^{(2-1)}}\left[(s+1)^2\times\frac{s-2}{s(s+1)^2}\right]\right\}=\lim_{s\to-1}\left[\frac{\mathrm{d}}{\mathrm{d}s}\left(\frac{s-2}{s}\right)\right]=2$$

$$k_2=\frac{1}{(2-2)!}\lim_{s\to-1}\left\{\frac{\mathrm{d}^{(2-2)}}{\mathrm{d}s^{(2-2)}}\left[(s+1)^2\times\frac{s-2}{s(s+1)^2}\right]\right\}=\lim_{s\to-1}\frac{s-2}{s}=3$$

应注意到　$0!=1,\dfrac{\mathrm{d}^0}{\mathrm{d}t^0}=1$。于是有

$$F(s)=\frac{-2}{s}+\frac{2}{s+1}+\frac{3}{(s+1)^2}$$

$$f(t)=-2+2\mathrm{e}^{-t}+3t\mathrm{e}^{-t}$$

## 三、部分分式展开法的说明

(1)用部分分式法求拉氏反变换的步骤是:

① 若$F(s)$为假分式,需用多项式除法将其化为一个$s$的多项式与一个真分式之和;

② 使$F(s)$分母中$s$最高次方的项的系数为1;

③ 求$F(s)$的极点;

④ 用式(13-19)或式(13-21)求$F(s)$简单极点对应的系数$C_j$,用式(13-25)求$F(s)$多重极点对应的系数$k_i$,将$F(s)$展开为部分分式之和;

⑤ 根据拉氏变换的基本性质,求出各部分分式(均为常见函数)对应的原函数。

(2)部分分式法的关键在于将有理函数分解为部分分式,而求部分分式展开式的关键又在于求取展开式中各项的系数。应注意部分分式展开式的形式及展开式中系数的求取方法是根据象函数极点的性质(即为简单极点还是为多重极点)而加以区别的。

(3)复数形式的简单极点是以共轭对的形式出现的,共轭复数的简单极点对应的系数也必是共轭复数。当象函数的简单极点中有一对共轭复数时,原函数中必有一个指数函数与正弦函数(余弦函数)的乘积项与之对应。设某一共轭简单极点为$\alpha\pm\mathrm{j}\beta$,相应的展开式共轭系数为$A\underline{/\pm\varphi}$;则原函数中对应的指数函数与余弦函数的乘积项为$2A\mathrm{e}^{\alpha t}\cos(\beta t\pm\varphi)$。注意

$$\mathcal{L}^{-1}\left[\frac{A\underline{/\varphi}}{s+(\alpha+\mathrm{j}\beta)}+\frac{A\underline{/-\varphi}}{s+(\alpha-\mathrm{j}\beta)}\right]=2A\mathrm{e}^{-\alpha t}\cos(\beta t-\varphi)$$

$$\mathcal{L}^{-1}\left[\frac{A\underline{/-\varphi}}{s+(\alpha+\mathrm{j}\beta)}+\frac{A\underline{/\varphi}}{s+(\alpha-\mathrm{j}\beta)}\right]=2A\mathrm{e}^{-at}\cos(\beta t+\varphi)$$

这一结果应作为结论记住,以便在实用中简化计算。

（4）应注意对应于多重极点的系数 $k_i$ 需通过计算 $q-i$ 次导数得到。运算中求导的最高阶数是 $q-1$ 阶,比如某象函数有一个五重极点,则求 $k_i$ 时求导运算的最高阶数是 $5-1=4$ 阶。

**例 13-15** 求象函数 $F(s)=\dfrac{2s^2+5}{2s^2+7s+6}$ 的原函数。

**解** 题给的 $F(s)$ 为一个假分式,需用多项式除法将其化为多项式与真分式之和,可得

$$F(s)=1-\frac{7s+1}{2s^2+7s+6}$$

上式真分式分母中 $s$ 最高次方的项为 $2s^2$,其系数不为1,需将真分式的分子、分母均除以2,得

$$F(s)=1-\frac{3.5s+0.5}{s^2+3.5s+3}=1-\frac{3.5s+0.5}{(s+2)(s+1.5)}$$

$F(s)$ 的部分分式展开式为

$$F(s)=1-\left(\frac{C_1}{s+2}+\frac{C_2}{s+1.5}\right)$$

其中

$$C_1=\frac{3.5s+0.5}{s+1.5}\bigg|_{s=-2}=13$$

$$C_2=\frac{3.5s+0.5}{s+2}\bigg|_{s=-1.5}=\frac{-4.75}{0.5}=-9.5$$

即

$$F(s)=1-\frac{13}{s+2}+\frac{9.5}{s+1.5}$$

$$f(t)=\mathcal{L}^{-1}[F(s)]=\delta(t)-13\mathrm{e}^{-2t}+9.5\mathrm{e}^{-1.5t}$$

## 练习题

13-7 用部分分式展开法求下列象函数的原函数:

(1) $F(s)=\dfrac{4s+6}{s^2+5s+6}$   (2) $F(s)=\dfrac{2s^2+3s}{(s+1)(s^2+2s+2)}$

## 13.4 用运算法求解暂态过程

### 一、运算法

用经典法解暂态过程的最大不便是需列写电路的微分方程(包括找出必需的初始条件)并求解,尤其是在电路为高阶的情况下。而根据拉氏变换的微分、积分性质及线性性质,可将时域中的微积分方程的求解转化为 $s$ 域中代数方程的求解,如例13-3所作的那样。这种

采用拉氏变换求解微积分方程的方法称为运算法。为避开写微分方程,可将动态电路的时域模型转化为复频域($s$ 域)中的运算模型(也称运算电路)后,再运用合适的网络分析方法进行分析计算,而获得动态过程的解。

## 二、基氏定律及元件伏安关系式的运算形式

### 1. 基氏定律的运算形式

(1) KCL 的运算形式

在时域中,KCL 方程为

$$\sum i = 0$$

将上式两边取拉氏变换,并应用拉氏变换的线性性质,可得

$$\sum I(s) = 0 \tag{13-26}$$

上式表明,流入或流出电路任一节点的电流象函数之代数和为零。式(12-26)是 KCL 在 $s$ 域中的表达式,称为 KCL 的运算形式。

(2) KVL 的运算形式

在时域中,KVL 方程为

$$\sum u = 0$$

对上式两边取拉氏变换,并应用拉氏变换的线性性质,可得

$$\sum U(s) = 0 \tag{13-27}$$

上式表明,电路任一回路中沿回路参考方向的电压象函数之代数和为零。式(13-27)是 KVL 在 $s$ 域中的表达式,称为 KVL 的运算形式。

显然,$s$ 域中的基氏定律与时域中的基氏定律在形式上是相同的。

### 2. 元件伏安关系式的运算形式

(1) 电阻元件

在时域中,电阻元件的伏安关系式为

$$u_R = R i_R$$

对上式两边取拉氏变换,可得

$$U(s) = R I(s) \tag{13-28}$$

式(13-28)表明电阻元件上电压的象函数等于电阻乘以电流的象函数。式(13-28)称为欧姆定律的运算形式。图 13-1(b)所示为电阻元件在 $s$ 域中的模型。

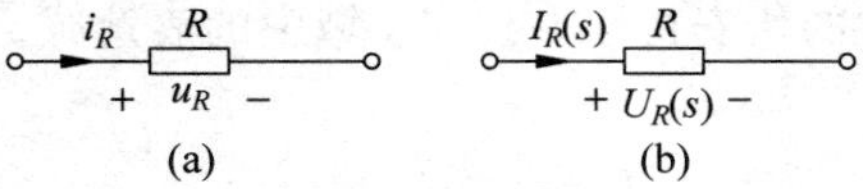

图 13-1　时域和 $s$ 域中电阻元件的模型

显然,$s$ 域中的欧姆定律与时域中的欧姆定律具有相同的形式。

(2) 电感元件

时域中电感元件的伏安关系式为

$$u_L = L \frac{\mathrm{d} i_L}{\mathrm{d} t}$$

对上式两边取拉氏变换,得

$$U_L(s) = sLI_L(s) - Li_L(0_-) \tag{13-29}$$

上式便是电感元件的伏安关系式在 $s$ 域中的表达式。若电感电流的原始值 $i_L(0_-)=0$,则式(13-29)为

$$U_L(s) = sLI_L(s) \tag{13-30}$$

将上式与电感元件伏安关系式的相量形式 $\dot{U}=j\omega L\dot{I}$ 比较,可知两者具有相似的形式, $s$ 与 $j\omega$ 相当, $sL$ 与复感抗 $j\omega L$ 相当,故称 $sL$ 为运算感抗。

但要注意对应于式(13-29),电感元件在 $s$ 域中的电路模型如图 13-2(b)所示。该模型由运算感抗 $sL$ 和电压源 $Li_L(0_-)$(称为附加电压源)串联而成,称为电感元件电压源形式的 $s$ 域模型。注意附加电压源 $Li_L(0_-)$ 的参考方向与电流 $i_L(0_-)$ 的参考方向间为非关联方向。根据电源的等效变换,可将这一戴维南支路变换为诺顿支路,如图 13-2(c)所示,图中电流源 $\frac{1}{s}i_L(0_-)$ 称为附加电流源,该电路也称为电感元件电流源形式的 $s$ 域模型。事实上,由式(13-29)可得

$$I_L(s) = \frac{1}{sL}U_L(s) + \frac{1}{s}i_L(0_-) \tag{13-31}$$

式中, $\frac{1}{sL}$ 为运算感抗的倒数,称为运算感纳。根据式(13-31)亦可做出图 13-2(c)。

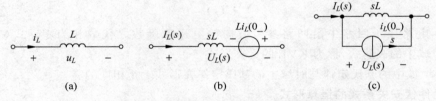

(a)          (b)          (c)

图 13-2   时域和 $s$ 域中电感元件的模型

(3) 电容元件

时域中电容元件的伏安关系式为

$$i_C = C\frac{\mathrm{d}u_C}{\mathrm{d}t}$$

对上式两边取拉氏变换,有

$$I_C(s) = sCU_C(s) - Cu_C(0_-) \tag{13-32}$$

式(13-32)便是电容元件的伏安特性方程在 $s$ 域中的表达式。若电容原始电压 $u_C(0_-)=0$,则式(13-32)为

$$I_C(s) = sCU_C(s) \tag{13-33}$$

将上式与电容元件伏安关系的相量形式 $\dot{I}_C = j\omega C\dot{U}_C$ 比较,可知两者形式相似, $sC$ 与容纳 $\omega C$ 相当,故称 $sC$ 为运算容纳。

对应于式(13-32),电容元件在 $s$ 域中的电路模型如图 13-3(b)所示。该模型是一个诺顿支路,称为电容元件电流源形式的 $s$ 域模型,且电流源 $Cu_C(0_-)$ 称为附加电流源,其参考方向与电压 $u_C(0_-)$ 的参考方向间为非关联方向。

由式(13-32)可得

$$U_C(s) = \frac{1}{sC}I_C(s) + \frac{1}{s}u_C(0_-) \tag{13-34}$$

式中，$\dfrac{1}{sC}$ 为运算容纳 $sC$ 的倒数，称为运算容抗。根据式(13-34)可做出电容元件电压源形式的 $s$ 域模型如图 13-3(c)所示，图中附加电压源 $\dfrac{1}{s}u_C(0_-)$ 的方向与电流 $I_C(s)$ 的方向间为关联参考方向。事实上，根据电源的等效变换，由图 13-3(b)不难做出图 13-3(c)。

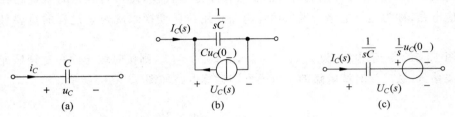

图 13-3　时域和 $s$ 域中电容元件的模型

（4）互感元件

时域中互感元件的端口特性方程（与图 13-4(a)中的电压、电流的参考方向对应）：

$$\begin{cases} u_1 = L_1 \dfrac{\mathrm{d}i_1}{\mathrm{d}t} + M \dfrac{\mathrm{d}i_2}{\mathrm{d}t} \\[2mm] u_2 = M \dfrac{\mathrm{d}i_1}{\mathrm{d}t} + L_2 \dfrac{\mathrm{d}i_2}{\mathrm{d}t} \end{cases}$$

对上面两式取拉氏变换，有

$$\begin{cases} U_1(s) = sL_1 I_1(s) - L_1 i_1(0_-) + sM I_2(s) - M i_2(0_-) \\[2mm] U_2(s) = sM I_1(s) - M i_1(0_-) + sL_2 I_2(s) - L_2 i_2(0_-) \end{cases} \tag{13-35}$$

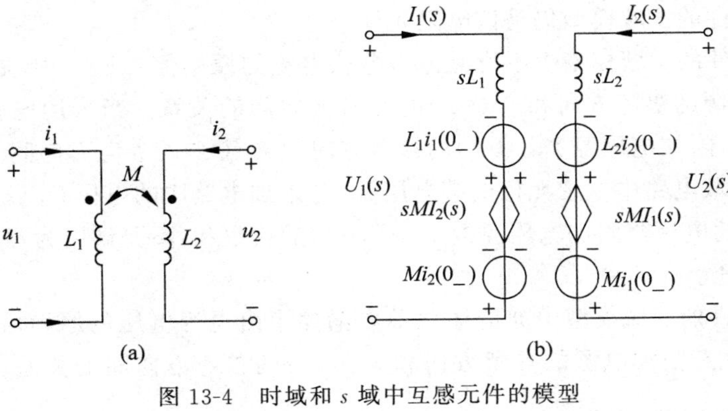

图 13-4　时域和 $s$ 域中互感元件的模型

式(13-35)称为运算形式的互感元件的特性方程，式中 $sM$ 称为运算互感抗。根据该式，做出互感元件在 $s$ 域中的电路模型如图 13-4(b)所示。时域中互感元件的每一线圈与 $s$ 域中的一条含四个元件的串联支路对应，这条串联支路中包括了两个附加电压源和一个受控电压源。要特别注意这些电源极性的正确确定。实际中较稳妥的方法是，根据具体电路中互感元件电压、电流的参考方向写出运算形式的互感元件的特性方程后,再做出其 $s$ 域模型,这样可避免出错。

以上所述是将时域元件模型转换为复频域元件模型,可以说后者是前者的复频域等效电路。

## 三、运算电路

### 1. 运算电路的做出

将时域电路中的各元件用其对应的 $s$ 域模型逐一代换,便可得到该时域电路在复频域中的对应电路,称为运算电路。做出运算电路是用拉氏变换求解暂态过程的重要且必要的步骤。

如图 13-5(a)所示电路,设 $i_L(0_-)=I_0$ , $u_C(0_-)=U_0$ ,则按时域元件和复频域元件的一一对应关系,可做出该时域电路的 $s$ 域模型即运算电路如图 13-5(b)所示。

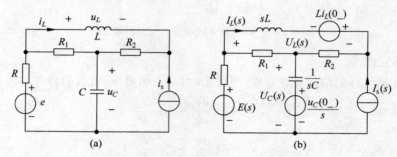

图 13-5　由时域电路做出运算电路示例

### 2. 运算电路的相关说明

(1)每一元件的伏安关系式及电路模型都与元件电压电流的参考方向相关,参考方向发生变化,元件的伏安关系式和电路模型并随之发生变化。

(2)电阻元件的 $s$ 域模型仍是该电阻元件。

(3)电感元件的 $s$ 域模型中不可漏掉由电感电流的原始值 $i_L(0_-)$ 所决定的附加电源,且需注意附加电源的参考方向和 $i_L(0_-)$ 的参考方向间的关系。当采用电感元件电压源形式的 $s$ 域模型时,附加电压源 $Li_L(0_-)$ 的参考方向和 $i_L(0_-)$ 的参考方向间为非关联参考方向。还应注意时域电路中电感元件的端电压 $u_L$ 与附加电路中的电压 $U_L(s)$ 对应,而 $U_L(s)$ 为运算感抗 $sL$ 的电压与附加电压源电压 $Li_L(0_-)$ 的代数和,不要误以为 $U_L(s)$ 仅仅是运算感抗 $sL$ 的端电压。

(4)电容元件的 $s$ 域模型中亦应注意不要漏掉了由电容电压的原始值 $u_L(0_-)$ 决定的附加电源,并要注意附加电源的参考方向和 $u_C(0_-)$ 的参考方向间的关系。当采用电容元件电压源形式的 $s$ 域模型时,附加电压源 $\frac{1}{s}u_C(0_-)$ 的参考方向与 $u_C(0_-)$ 的参考方向一致。还要注意时域电路中的电容电压 $u_C$ 与运算电路中的电压 $U_C(s)$ 对应,而 $U_C(s)$ 为运算容抗 $\frac{1}{sC}$ 的电压与附加电压源的电压 $\frac{1}{s}u_C(0_-)$ 的代数和。

(5)电感、电容元件均有电压源形式和电流源形式这两种 $s$ 域模型,作运算电路时采用电压源形式或电流源形式的 $s$ 域模型都是可以的。通常为避免电路结构复杂化,多采用电压源形式的 $s$ 域模型,但并非绝对如此。

(6) 在运算电路中,电感、电容元件既可用运算感抗、运算容抗表示,亦可用运算感纳和运算容纳表示。通常习惯在运算电路中将电感元件表示为运算感抗 $sL$,电容元件表示为运算容抗 $\dfrac{1}{sC}$。

(7) 时域电路中独立电源的 $s$ 域模型称为运算形式的电源,即电源的运算形式为时域中的电源函数取拉氏变换而得。在图 13-5(a) 中,若 $e=E$,$i_s=I_m\sin\omega t$,则在图 13-5(b) 中,两个运算电源为 $E(s)=\mathcal{L}[e(t)]=\dfrac{E}{s}$,$I(s)=\mathcal{L}[i_s]=\dfrac{\omega}{s^2+\omega^2}I_m$。

(8) 互感元件的 $s$ 域模型较复杂,通常的做法是先写出其运算形式的特性方程,再由此做出 $s$ 域模型。

## 四、用运算法解电路的暂态过程

由于 KCL、KVL 的运算形式与基氏定律在直流电路中的形式相同,及电感、电容元件的运算感抗、运算容抗的伏安关系式与欧姆定律的形式相当,故在直流电路中采用的所有分析方法均能用于运算电路。这表明能用已熟知的各种网络分析方法求解运算电路,从而得出所求响应的象函数,再根据拉氏反变换求出响应的时域解。于是暂态过程的分析便完全避开了求 $t=0_+$ 时的初始条件(包括响应的各阶导数的初始值)及电路微分方程的建立和求解。这就是运算法在解电路暂态过程中应用的优点。

**1. 用运算法解暂态过程的步骤**

(1) 由给定的换路前的时域电路求电路的原始状态,即求出电容的原始电压 $u_C(0_-)$ 和各电感的原始电流 $i_L(0_-)$;

(2) 对换路后的时域电路做出运算电路图;

(3) 采用适当的网络分析方法求解运算电路,得出待求响应的象函数;

(4) 采用部分分式法对求得的响应之象函数作拉氏反变换,得到电路响应的时域解。

**2. 运算法的计算实例**

**例 13-16** 在图 13-6(a) 所示电路中,S 闭合前两电容均未充电,试求 S 闭合后的电路响应 $u_R$ 和 $i_{C2}$。

**解** (1) 由题意可知该电路的原始状态为零,即 $u_{C1}(0_-)=u_{C2}(0_-)=0$。

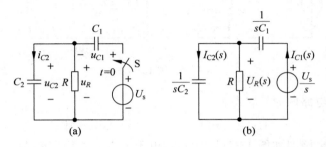

图 13-6 例 13-16 图

（2）做出运算电路如图 13-6(b)所示。由于两电容的原始电压均为零，故它们的 $s$ 域模型中的附加电源亦均为零；又因为时域电路中的电源是直流电源，故运算电源的电压为 $\dfrac{U_s}{s}$。

（3）所得运算电路是一串并联电路，由串并联电路的计算方法，可得

$$U_R(s) = \frac{U_s}{s}\frac{\dfrac{R\dfrac{1}{sC_2}}{R+\dfrac{1}{sC_2}}}{\dfrac{1}{sC_1}+\dfrac{R\dfrac{1}{sC_2}}{\dfrac{1}{sC_2}+R}} = \frac{C_1 U_s}{C_1+C_2}\frac{1}{s+\dfrac{1}{R(C_1+C_2)}}$$

$$I_{C2}(s) = sC_2 U_R(s) = \frac{C_1 C_2 U_s}{C_1+C_2}\frac{s}{s+\dfrac{1}{R(C_1+C_2)}}$$

$$= \frac{C_1 C_2 U_s}{C_1+C_2} - \frac{C_1 C_2 U_s}{R(C_1+C_2)^2}\frac{1}{s+\dfrac{1}{R(C_1+C_2)}}$$

（4）对响应的象函数作拉氏反变换，得

$$u_R = \mathcal{L}^{-1}[U_R(s)] = \frac{C_1 C_2 U_s}{C_1+C_2}\mathrm{e}^{-\frac{1}{R(C_1+C_2)}t}\varepsilon(t)$$

$$i_{C2} = \mathcal{L}^{-1}[I_{C2}(s)] = \frac{C_1 C_2 U_s}{C_1+C_2}\delta(t) - \frac{C_1 C_2 U_s}{R(C_1+C_2)^2}\mathrm{e}^{-\frac{1}{R(C_1+C_2)}t}\varepsilon(t)$$

应注意响应的表达式均用 $\varepsilon(t)$ 函数作时间定义域，这是因为所求电路的响应在 $t<0$ 时均为零。

**例 13-17** 图 13-7(a)所示电路在 S 打开前处于稳定状态。已知 $L_1=L_2=\dfrac{1}{2}\mathrm{H}$，试求 S 断开后的电感电流 $i_{L1}$ 和电压 $u_{L1}$。

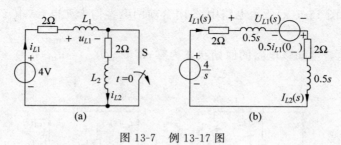

图 13-7　例 13-17 图

**解** （1）求出电路的原始状态为

$$i_{L1}(0_-) = 4/2 = 2\mathrm{A}, \quad i_{L2}(0_-) = 0$$

（2）做出运算电路图如图 13-7(b)所示。由于 $i_{L2}(0_-)$ 等于零，故 $L_2$ 的 $s$ 域模型中附加电压源为零。应注意对应于 $u_{L1}$ 的运算电压 $U_{L1}(s)$ 为运算感抗 $sL_1$ 和附加电压源

$Li_{L1}(0_-)$ 的电压之和,且附加电压源 $L_1 i_{L1}(0_-)$ 与 $i_{L1}(0_-)$ 为非关联参考方向。

(3) 所得运算电路是一个简单串联电路,可得

$$I_{L1}(s) = \frac{\dfrac{4}{s} + 0.5 i_{L1}(0_-)}{4 + 0.5s + 0.5s} = \frac{\dfrac{4}{s} + 1}{s + 4} = \frac{1}{s}$$

$$U_{L1}(s) = 0.5s I_{L1}(s) - 0.5 i_{L1}(0_-) = 0.5 - 1 = -0.5$$

(4) 作拉氏反变换,求出电路的响应为

$$i_{L1} = \mathcal{L}^{-1}[I_{L1}(s)] = \mathcal{L}^{-1}\left[\frac{1}{s}\right] = 1\text{A} \qquad (t > 0)$$

$$u_{L1} = \mathcal{L}^{-1}[U_{L1}(s)] = \mathcal{L}[-0.5] = -0.5\delta(t)$$

**例 13-18** 电路如图 13-8(a)所示,试用运算法求零状态响应 $u_C(t)$。

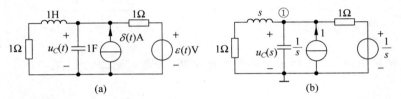

图 13-8 例 13-18 图

**解** 因是零状态电路,做出运算电路如图 13-8(b)所示。用节点分析法求解,对节点① 列写节点法方程,有

$$\left(\frac{1}{s+1} + \frac{1}{1/s} + 1\right) U_C(s) = 1 + \frac{1}{s}$$

可解出

$$U_C(s) = \frac{1 + \dfrac{1}{s}}{s + 1 + \dfrac{1}{s+1}} = \frac{s^2 + 2s + 1}{s(s^2 + 2s + 2)} = \frac{1}{2}\left[\frac{1}{s} + \frac{(s+1)+1}{(s+1)^2 + 1}\right]$$

作拉氏反变换,可得

$$u_C(t) = \frac{1}{2}[1 + e^{-t}(\cos t + \sin t)]\varepsilon(t) = [0.5 + 0.707 e^{-t}\cos(t - 45°)]\varepsilon(t)\text{V}$$

**3. 运算法的相关说明**

(1) 运算法只适用于线性时不变电路。

(2) 用运算法求解暂态过程的最大优点是,无论电路的阶数是多少,都只需求出电路的原始状态,而不必求响应的初始值及其各阶导数的初值,同时也无须列写和求解微分方程。因此对二阶及高阶电路应用运算法能使求解过程大为简化。

(3) 采用运算法的重要一步是求出 $t = 0_-$ 时的原始值,并正确地做出 $t > 0$ 时的运算电路图,而做出运算电路的关键是掌握电感、电容元件的 $s$ 域模型。最易出现的错误是将模型中由原始状态决定的附加电源漏掉或弄错参考方向。同时需注意对电路中的独立电源作拉氏变换。

(4) 要注意电感、电容元件上时域中的电压、电流与 $s$ 域中的电压、电流的对应关系。如在例 13-17 中,时域电路中的 $u_L$ 和运算电路中的 $U_L(s)$ 相对应,而 $U_L(s)$ 为运算感抗电

压与附加电压源 $L_1 i_{L1}(0_-)$ 的电压之代数和。

（5）原则上讲,求解运算电路可采用直流电阻电路中的所有网络分析方法。

## 练习题

13-8　试做出图 13-9 所示电容元件的运算模型。

13-9　互感元件如图 13-10 所示,做出其运算模型。

图 13-9　练习题 13-8 图　　　　　图 13-10　练习题 13-9 图

13-10　试做出图 13-11 所示电路的运算模型,已知 $u_C(0_-)=U_0$, $i_L(0_-)=I_0$。

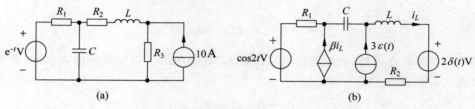

(a)　　　　　　　　　　(b)

图 13-11　练习题 13-10 图

13-11　图 13-12 所示电路已处于稳态,开关在 $t=0$ 时断开,试用运算法求响应 $u_C(t)$。

13-12　用运算法求图 13-13 所示电路的冲激响应 $i_L(t)$。

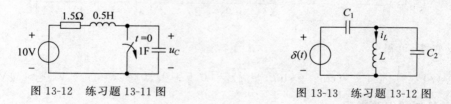

图 13-12　练习题 13-11 图　　　　　图 13-13　练习题 13-12 图

## 13.5　网络函数

### 一、网络函数的定义和分类

#### 1. 网络函数的定义

在单激励的网络中,将零状态响应的拉氏变换式 $Y(s)$ 与激励拉氏变换式 $X(s)$ 之比定义为网络函数 $H(s)$,即

$$H(s) \overset{\text{def}}{=} \frac{Y(s)}{X(s)} \tag{13-36}$$

网络函数体现的是网络的零状态响应与输入间的关系。显而易见,若网络函数为已知,

则给定输入后,便可求得网络的零状态响应,即

$$Y(s) = H(s)X(s)$$

由式(13-36)可导出一个重要结论。设网络的输入为单位冲激函数,即 $X(t) = \delta(t)$,则 $X(s) = \mathcal{L}[\delta(t)] = 1$,于是有

$$H(s) = \frac{Y(s)}{X(s)} = \frac{Y(s)}{1} = Y(s) \tag{13-37}$$

而此时的 $Y(s)$ 为冲激响应的拉氏变换式,这表明网络函数等于冲激响应的拉氏变换式。这为求取网络函数提供了一种方法,即可由计算冲激响应获取网络函数。

可以看出,网络函数的定义式实际上是时域中计算零状态响应的卷积积分在 $s$ 域中的一种体现形式。事实上,由卷积积分公式

$$y(t) = x(t) * h(t)$$

将上式两边取拉氏变换,由卷积定理可得

$$Y(s) = X(s)H(s)$$

则

$$H(s) = \frac{Y(s)}{X(s)}$$

**2. 网络函数的分类**

网络的响应可以是网络中任一端口处的电压或电流,而激励可以是电压源或电流源。这样网络函数可分为两类六种情况。下面结合图 13-14 说明六种网络函数的定义。

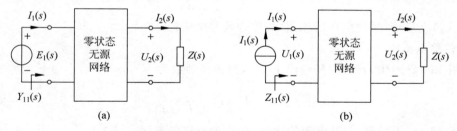

图 13-14 六种网络函数的说明用图

(1) 策动点函数

若网络的响应与激励均在同一端口,则网络函数被称为策动点函数,此时包括两种情况。

① 策动点导纳

在图 13-14(a)中,若响应是激励电压源所在端口的电流,则网络函数为

$$H(s) = Y(s) = \frac{I_1(s)}{E_1(s)} \tag{13-38}$$

由于 $Y(s)$ 具有导纳的量纲,故称为策动点导纳。

可以看出,$Y(s)$ 也是从输入端口看进去的等效运算导纳。

② 策动点阻抗

在图 13-14(b)中,若响应是激励电流源所在端口的电压,则网络函数为

$$H(s) = Z(s) = \frac{U_1(s)}{I_1(s)} \tag{13-39}$$

由于 $Z(s)$ 具有阻抗的量纲,故称为策动点阻抗。可以看出,$Z(s)$ 也是输入端口看进去的等效运算阻抗,与 $Y(s)$ 互为倒数。

注意,对电源而言,策动点函数中的端口电压、电流均为非关联参考方向。

(2) 转移函数

若响应和激励分别在不同的端口,则网络函数被称为转移函数,共包括四种情况。

① 转移导纳

在图 13-14(a) 中,若响应是电流 $I_2(s)$,则网络函数为

$$H(s) = Y_{21}(s) = \frac{I_2(s)}{E_1(s)} \tag{13-40}$$

由于 $Y_{21}(s)$ 具有导纳的量纲,故称为转移导纳。

② 转移阻抗

在图 13-14(b) 中,若响应是电压 $U_2(s)$,则网络函数为

$$H(s) = Z_{21}(s) = \frac{U_2(s)}{I_1(s)} \tag{13-41}$$

由于 $Z_{L1}(s)$ 具有阻抗的量纲,故称为转移阻抗。

③ 转移电压比

在图 13-14(a) 中,若响应是电压 $U_2(s)$,则转移函数为

$$H(s) = H_u(s) = \frac{U_2(s)}{E_1(s)} \tag{13-42}$$

由于 $H_u(s)$ 无量纲,是两电压的比值,故称为转移电压比。

④ 转移电流比

在图 13-14(b) 中,若响应是电流 $I_2(s)$,则转移函数为

$$H(s) = H_i(s) = \frac{I_2(s)}{I_1(s)} \tag{13-43}$$

由于 $H_i(s)$ 无量纲,是两电流的比值,故称为转移电流比。

## 二、网络函数的相关说明

(1) 应注意网络函数的概念只适用于单一激励的零状态网络。

(2) 根据响应和激励的性质及两者所处的端口位置,网络函数可分为两类六种情况。这六种网络函数可用下式统一表示为

$$H(s) = \frac{\text{零状态响应的象函数}}{\text{激励的象函数}} \tag{13-44}$$

(3) 网络函数实际上是网络冲激响应的象函数,即网络函数与冲激响应构成拉氏变换对。由于冲激响应可视为零输入响应,故网络函数仅取决于网络结构和参数,而与外施激励无关。这说明网络函数体现的是网络的固有特性。

(4) 由于网络函数对应的是零状态网络,故对应的运算电路中电感、电容元件的 $s$ 域模型中的附加电源为零。可以看出,若将运算感抗、容抗中的 $s$ 换为 $j\omega$,则运算电路变为相量形式的电路,$H(s)$ 也随之变为 $H(j\omega)$,故 $H(j\omega)$ 为正弦稳态电路的网络函数。通常将

$H(j\omega)$ 称为频域中的网络函数,而将 $H(s)$ 称为 $s$ 域或复频域中的网络函数。我们可得出一个结论:正弦稳态电路的网络函数 $H(j\omega)$ 可由运算电路得出,即求得 $H(s)$ 后,将其中的 $s$ 用 $j\omega$ 代换便可,反之亦然。$H(j\omega)$ 可视为 $H(s)$ 的特例。

**例 13-19** 已知某电路在输入 $e_s(t)=2\varepsilon(t)$V 作用下的零状态响应为 $u_0(t)=6(1-\mathrm{e}^{-2t})\varepsilon(t)$V,求该电路在输入 $e_s(t)=10\sqrt{2}\sin(5t+30°)$V 作用下的稳态响应 $u_0(t)$。

**解** 由零状态响应的线性特性可知,该电路的阶跃响应 $S(t)$ 为

$$S(t)=3(1-\mathrm{e}^{-2t})\varepsilon(t)\text{V}$$

又由阶跃响应与冲激响应 $h(t)$ 间的关系,可得冲激响应为

$$h(t)=\frac{\mathrm{d}S(t)}{\mathrm{d}t}=6\mathrm{e}^{-2t}\varepsilon(t)\text{V}$$

于是电路的网络函数为

$$H(s)=\mathcal{L}^{-1}[h(t)]=\frac{6}{s+2}$$

激励的象函数为

$$E_s(s)=\mathcal{L}[2\mathrm{e}^{-3t}]=\frac{2}{s+3}$$

则零状态响应的象函数为

$$U_0(s)=H(s)E_s(s)=\frac{12}{(s+2)(s+3)}$$

$$=\frac{12}{s+2}-\frac{12}{s+3}$$

于是所求零状态响应为

$$u_0(t)=\mathcal{L}^{-1}[U_0(s)]=[(12\mathrm{e}^{-2t}-12\mathrm{e}^{-3t})\varepsilon(t)]\text{V}$$

## 三、求取网络函数的方法

可用三种方法求取网络函数。

### 1. 直接由网络函数的定义求

可应用各种网络分析方法求解运算电路,获得所需的电路响应后,再由网络函数的定义式求出网络函数。为计算简便起见,通常取运算电路中的激励为单位电流源或单位电压源。

**例 13-20** 求图 13-15 所示电路的策动点导纳 $Y_{11}(s)$ 和转移电压比

$$H_u(s)=\frac{U_C(s)}{E(s)}$$

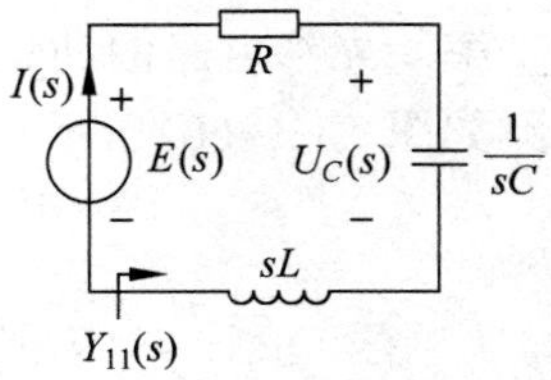

**解** (1)求策动点导纳

策动点导纳 $Y_{11}(s)$ 实际上是电源端口的入端导纳 $Y(s)$,故

$$Y_{11}(s)=\frac{I(s)}{E(s)}=\frac{1}{Z(s)}=\frac{1}{R+sL+\dfrac{1}{sC}}=\frac{sC}{LCs^2+RCs+1}$$

图 13-15 例 13-20 图

(2)求转移电压比

令 $E(s)=1$,由于是串联电路,按正比分压公式,有

$$U_C(s) = E(s) \frac{\frac{1}{sC}}{R + sL + \frac{1}{sC}} = \frac{E(s)}{LCs^2 + RCs + 1}$$

$$H_u(s) = \frac{U_C(s)}{E(s)} = U_C(s) = \frac{1}{LCs^2 + RCs + 1}$$

**例 13-21** 求图 13-16(a)所示电路的网络函数 $H(s) = \dfrac{U_R(s)}{I(s)}$。已知 $i = e^{-3t} \varepsilon(t)$。

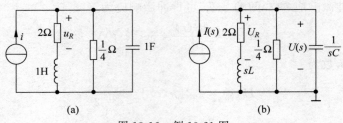

图 13-16 例 13-21 图

**解** 先将零状态时域电路变为运算电路,如图 13-16(b)所示。由于网络函数与输入无关,可不必理会原时域电路中的电源波形,而令 $I(s) = 1$,由节点分析法可得

$$\left( \frac{1}{2+s} + 4 + s \right) U(s) = I(s) = 1$$

则

$$U(s) = \frac{1}{s + 4 + \frac{1}{s+2}} = \frac{s+2}{s^2 + 6s + 9}$$

但

$$U_R(s) = \frac{2}{2+s} U(s) = \frac{2}{s+2} \times \frac{s+2}{s^2 + 6s + 9} = \frac{2}{s^2 + 6s + 9}$$

$$H(s) = \frac{U_R(s)}{1} = \frac{2}{s^2 + 6s + 9}$$

**2. 由时域电路的冲激响应求网络函数**

由于网络函数和冲激响应构成拉氏变换对,求网络函数可转化为求冲激响应,冲激响应的象函数便是所求网络函数。

**例 13-22** 求图 13-17(a)所示电路的转移阻抗 $H(s) = \dfrac{U_C(s)}{I(s)}$。

**解** 先求电路的冲激响应,将冲激响应转化为零输入响应求解。做出 $0_- \sim 0_+$ 的等效电路如图 13-17(b)所示。求得

$$u_L = \frac{R_2 R_3}{R_1 + R + R_3} \delta(t) = \frac{4}{3} \delta(t)$$

$$i_C = \delta(t)$$

则

$$i_L(0_+) = \frac{1}{L} \int_{0_-}^{0_+} u_L \, dt = \frac{4}{3} \text{A}$$

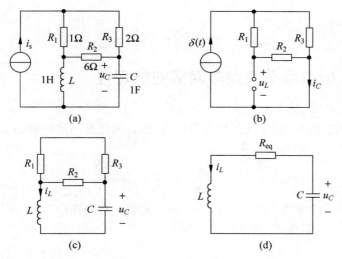

图 13-17 例 13-22 图

$$u_C(0_+) = \frac{1}{C}\int_{0_-}^{0_+} i_C \,\mathrm{d}t = 1\text{V}$$

零输入电路如图 13-17(c)所示，该电路又可等效为图 13-17(d)所示电路，图中 $R_{eq} = (R_1 + R_3)//R_2$。这是 $RLC$ 串联电路，可求得其零输入响应(即冲激响应)为

$$h(t) = u_C = \left(1 - \frac{1}{3}t\right)\mathrm{e}^{-t}\varepsilon(t)$$

$h(t)$ 的象函数便是所需的网络函数，即

$$H(s) = \frac{U_C(s)}{I(s)} = \mathcal{L}[h(t)] = \mathcal{L}\left[\mathrm{e}^{-t}\varepsilon(t) - \frac{1}{3}t\mathrm{e}^{-t}\varepsilon(t)\right]$$

$$= \frac{1}{s+1} - \frac{1}{3}\times\frac{1}{(s+1)^2} = \frac{3s+2}{3(s+1)^2}$$

**3. 由描述电路的微分方程求网络函数**

**例 13-23** 已知描述某网络的微分方程为

$$\frac{\mathrm{d}^2 y(t)}{\mathrm{d}t^2} + 4\frac{\mathrm{d}y(t)}{\mathrm{d}t} + 3y(t) = 2x(t) + \frac{\mathrm{d}x(t)}{\mathrm{d}t}$$

求该网络的网络函数。

**解** 可用两种方法求出网络函数。

**解法一** 先用比较系数法求出冲激响应，再对冲激响应取拉氏变换，可得

$$h(t) = \frac{1}{2}(\mathrm{e}^{-t} + \mathrm{e}^{-3t})\varepsilon(t)$$

则网络函数为

$$H(s) = \frac{Y(s)}{X(s)} = \mathcal{L}[h(t)] = \frac{1}{2}\left(\frac{1}{s+1} + \frac{1}{s+3}\right) = \frac{s+2}{s^2+4s+3}$$

**解法二** 令网络为零状态，对微分方程两边取拉氏变换，可得

$$s^2 Y(s) + 4sY(s) + 3Y(s) = 2X(s) + sX(s)$$

$$Y(s)(s^2 + 4s + 3) = (s+2)X(s)$$

于是,网络函数为

$$H(s) = \frac{Y(s)}{X(s)} = \frac{s+2}{s^2+4s+3}$$

## 四、零点、极点及零极点与网络的稳定性

### 1. 零点、极点与零、极点图

对于线性时不变网络,由于其元件参数均为常数,因此其网络函数必定是 $s$ 的实系数有理函数。网络函数的一般形式可表示为

$$H(s) = \frac{A(s)}{B(s)} = \frac{a_m s^m + a_{m-1}s^{m-1} + \cdots + a_0}{b_n s^n + b_{n-1}s^{n-1} + \cdots + b_0} \tag{13-45}$$

式中 $a_i(i=0,1,\cdots,m)$ 和 $b_j(j=0,1,\cdots,n)$ 均为实数。若将式(13-45)的分子多项式 $A(s)$ 和分母多项式 $B(s)$ 分解因式,则该式又可写为

$$H(s) = K\frac{(s-z_m)(s-z_{m-1})\cdots(s-z)}{(s-p_n)(s-p_{n-1})\cdots(s-p_1)} = K\frac{\prod\limits_{i=1}^{m}(s-z_i)}{\prod\limits_{j=1}^{n}(s-p_j)} \tag{13-46}$$

式中,$K=a_m/b_n$ 为实系数。

在式(13-46)中,当 $s=z_i$ 时,有 $H(z_i)=0$,因此称 $z_i(i=1,2,\cdots,m)$ 为网络函数 $H(s)$ 的零点。而当 $s=p_j$ 时,有 $H(p_j)\rightarrow\infty$,因此称 $p_j(j=1,2,\cdots,n)$ 为网络函数 $H(s)$ 的极点。

按照网络函数的定义,网络的零状态响应的象函数为 $Y(s)=H(s)X(s)$,因此网络函数 $H(s)$ 的零点和极点对零状态响应有着十分重要的影响。事实上,根据网络函数的零点和极点就可以知晓网络零状态响应的行为特性。

网络函数的零点和极点的分布情况可以绘制于 $s$ 复平面上,称为零、极点图,且一般在图中用"○"表示零点,用"×"表示极点。

**例 13-24** 某电路的网络函数为 $H(s) = \dfrac{s^2+3s-4}{s^3+6s^2+16s+16}$,求其零点和极点并画出零、极点图。

**解** 将 $H(s)$ 的分子和分母多项式作因式分解,可得

$$H(s) = \frac{(s+4)(s-1)}{(s+2)(s^2+4s+8)}$$

$$= \frac{(s+4)(s-1)}{(s+2)(s+2-j2)(s+2+j2)}$$

因此该网络函数有两个零点和三个极点,分别是

$$z_1 = 1, \qquad z_2 = -4$$
$$p_1 = -2, \quad p_2 = -2+j2, \quad p_3 = -2-j2$$

其中有一对共轭复数极点。做出零、极点图如图 13-18 所示。

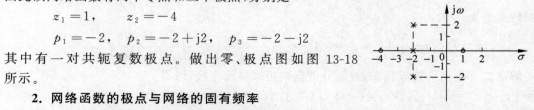

### 2. 网络函数的极点与网络的固有频率

网络微分方程的特征根也称为网络的固有频率。固有 　　图 13-18 例 13-24 的零、极点图

频率只取决于网络的结构和参数,而与激励及初始状态无关。很显然,网络固有频率的个数与网络微分方程的阶数相同,或者说与网络的阶数相同。

网络函数的极点与网络的固有频率密切相关。一般而言,网络函数不为零的极点一定是网络的固有频率。但是某些电路具体的网络函数的极点并非包含了电路全部的固有频率,或说某些固有频率并未以极点的形式体现出来。如图 13-19 所示电路,其网络函数(策动点阻抗)$z_{11}(s)$ 为

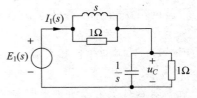

图 13-19  说明极点与固有频率的关系用图

$$z_{11}(s) = \frac{E_1(s)}{I_1(s)} = \frac{1}{1+1/s} + \frac{1}{s+1} = 1$$

这一网络函数没有极点,但并不表明该电路不存在固有频率。显而易见,这是一个二阶电路,它应有两个固有频率。若以电压 $u_C$ 为求解变量建立微分方程,可得

$$\frac{d^2 u_C}{dt^2} + 2\frac{du_C}{dt} + u_C = \frac{de_1}{dt} + e_1$$

其特征方程为 $s^2+2s+1=0$,其特征根 $s_{1,2}=-1$,为二重根,这表明该电路有两个相同的固有频率 $-1$。

当网络函数的极点数目小于电路的阶数时,可通过建立电路的微分方程或求电路其他网络函数之极点的并集来获得全部固有频率。

**3. 极点与网络的稳定性**

在电路的分析和设计中均涉及稳定性的概念。网络是稳定的,是指当时间趋于无穷大时,网络中各支路的电压、电流均为有限值。反之,若有某些支路的电压或电流随时间的增加而不断增长,则称网络是不稳定的。在不稳定的情况下,网络元件会因过大的电压、电流而遭受损坏。

零输入响应体现的是网络的固有特性,于是网络的稳定性便可由零输入响应予以体现。因为网络函数与冲激响应构成拉氏变换对,而冲激响应又可转化为零输入响应,因此零输入响应的特性与网络函数的极点密切相关,或者说可由极点来讨论和确定网络的稳定性。事实上,单输入-单输出网络的稳定性由网络函数的极点在 $s$ 平面上的位置决定。下面分三种情况进行讨论。

(1) 极点全部位于 $s$ 平面的左半开平面

此时网络函数的极点全部处于右半平面中且不包含位于虚轴上的极点,又可分三种情况。

① 极点均为单阶极点

设网络函数为真分式,其共有 $n$ 个极点且全部为单阶的,第 $j$ 个极点为 $p_j<0(j=1,2,\cdots,n)$,将网络函数展开为部分分式后再作拉氏反变换,可得网络的冲激响应为

$$h(t) = \mathcal{L}^{-1}[H(s)] = \mathcal{L}^{-1}\left[\sum_{j=1}^{n}\frac{C_j}{s-p_j}\right] = \sum_{j=1}^{n}C_j e^{p_j t}$$

此时冲激响应为 $n$ 项衰减的指数函数之和,当 $t\to\infty$ 时,$h(t)\to 0$,网络为稳定的。例如当网络函数只有一个单阶极点时,设 $H(s)=\dfrac{C_1}{s+a}$,$a>0$,则冲激响应为 $h(t)=C_1 e^{-at}$,极点在 $s$

平面上的位置及 $h(t)$ 的波形如图 13-20(a)所示。

② 极点中含多重极点

若网络函数有 $k$ 重极点 $p_j$，则其部分分式展开式中将有形如 $\dfrac{C_{jp}}{(s-p_j)^p}(p=0,1,\cdots,k)$

的项，该项对应的拉氏反变换的结果为 $\dfrac{C_{jp}}{(p-1)!}t^{p-1}\mathrm{e}^{p_jt}$，当 $t\to\infty$ 时，此项亦趋于零。例如

网络函数只有一个二阶极点时，设 $H(s)=\dfrac{C_1}{(s+a)^2}$，$a>0$，则冲激响应为 $h(t)=C_1t\mathrm{e}^{-at}$，极

点在 $s$ 平面上的位置及 $h(t)$ 的波形如图 13-20(b)所示。

③ 极点中含复数极点

复数极点以共轭对的形式出现。设网络函数极点中的共轭复数极点为 $p_{j,j+1}=-a\pm$ $\mathrm{j}\omega_1(a>0,\omega_1>0)$，则与之对应的原函数项为 $C_j\mathrm{e}^{(-a+\mathrm{j}\omega_1)t}+C_{j+1}\mathrm{e}^{(-a-\mathrm{j}\omega_1)t}$，这是一按衰减的指数规律变化的正弦波，当 $t\to\infty$ 时，该波形的幅值趋于零。例如网络函数仅有一对共轭复数极点时，设 $H(s)=\dfrac{C_1}{s+(a-\mathrm{j}\omega_1)}+\dfrac{C_2}{s+(a+\mathrm{j}\omega_1)}$，$a>0$，$\omega_1>0$，则冲激响应为 $h(t)=Ce^{-at}\cos(\omega_1t+\varphi)$，极点在 $s$ 平面上的位置及 $h(t)$ 的波形如图 13-20(c)所示。

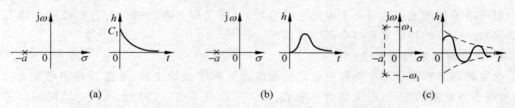

(a)　　　　　　　　　(b)　　　　　　　　　(c)

图 13-20　极点位于 $s$ 平面的左半开平面时，网络是稳定的

综上所述，当网络函数的全部极点均位于 $s$ 平面的左半开平面上时，网络的冲激响应为有界的，即网络是稳定的。

（2）极点位于 $s$ 平面的右半开平面

当网络函数的极点中有极点位于 $s$ 平面的右半开平面上时，网络冲激响应的幅值将随时间的增加而不断增大，因此网络是不稳定的。例如考虑最简单的情况，网络函数只有一个单阶极点，设 $H(s)=\dfrac{C_1}{s-a}$，$a>0$，则对应的冲激响应为 $h(t)=C_1\mathrm{e}^{at}$，这是一个增长的指数函数，当 $t\to\infty$ 时，$h(t)$ 无界。此种情况下极点在 $s$ 平面上的位置和 $h(t)$ 的波形如图 13-21(a)所示。又如设网络函数有一对共轭复数极点，$H(s)=\dfrac{C_1}{s-a+\mathrm{j}\omega_1}+\dfrac{C_2}{s-a-\mathrm{j}\omega_1}$，$a>0$，$\omega_1>0$，则对应的冲激响应为 $h(t)=Ce^{at}\cos(\omega_1t+\varphi)$，这是一个按增长的指数规律变化的正弦波，当 $t\to\infty$ 时，$h(t)\to\infty$。此时极点在 $s$ 平面上的位置及 $h(t)$ 的波形如图 13-21(b)所示。

（3）极点位于虚轴上

当极点位于虚轴上时，极点必是共轭纯虚数，这包括单阶共轭极点和多阶共轭极点两种情况。

① 单阶共轭极点位于虚轴上

若网络函数的极点除了位于虚轴上的共轭极点外，其余的都位于左半开平面上，则由于

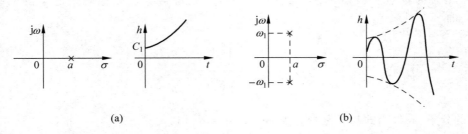

图 13-21　当有极点位于 $s$ 平面的右半开平面时,网络是不稳定的

后者所对应的冲激响应分量均会随时间的增加而逐渐趋于零,而前者所对应的冲激响应分量是等幅的正弦波形,因此网络的冲激响应 $h(t)$ 为有界函数,于是网络是稳定的。

考虑最简单的情况,设网络函数仅有一对共轭纯虚数极点,且 $H(s)=\dfrac{Cs}{s^2+\omega_1^2}$,两个极点为 $p_{1,2}=\pm j\omega_1$,则冲激响应为 $h(t)=C\cos\omega_1 t$。此时极点位于 $s$ 平面上的位置和冲激响应的波形如图 13-22(a)所示。

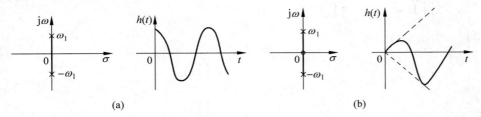

图 13-22　极点位于虚轴上时的情况

② 多阶共轭极点位于虚轴上

当网络函数的纯虚数共轭极点为多阶时,由于其对应的冲激响应分量是无界的,因此无论其他的极点位于 $s$ 平面的何处,网络的冲激响应 $h(t)$ 为无界函数,网络是不稳定的。

例如设网络函数有一对二阶的纯虚数共轭极点,$H(s)=\dfrac{2\omega s}{(s^2+\omega_1^2)^2}$,二阶共轭极点为 $p_{1,2}=\pm j\omega_1$,则网络的冲激响应为 $h(t)=t\sin\omega_1 t$,当 $t\to\infty$ 时,有 $h(t)\to\infty$。此时极点位于 $s$ 平面上的位置及冲激响应的波形如图 13-22(b)所示。

## 五、零点、极点与频率响应

频率响应包括幅频特性和相频特性。一般通过正弦稳态电路的网络函数 $H(j\omega)$ 研究频率响应。根据前面的讨论,可知 $H(j\omega)$ 是 $s$ 域中网络函数 $H(s)$ 的特例,若把 $H(s)$ 中的 $s$ 用 $j\omega$ 代换便可得到 $H(j\omega)$。下面分析网络函数的零点和极点对频率响应的影响。

网络函数 $H(s)$ 的分子和分母多项式因式分解后可写为下面的形式

$$H(s)=K\frac{\prod\limits_{i=1}^{m}(s-z_i)}{\prod\limits_{j=1}^{n}(s-p_j)}$$

$z_i$ 和 $p_j$ 分别为零点和极点。在上式中令 $s = j\omega$,则可得到正弦稳态情况下的网络函数 $H(j\omega)$,即

$$H(j\omega) = K \frac{\prod\limits_{i=1}^{m}(j\omega - z_i)}{\prod\limits_{j=1}^{n}(j\omega - p_j)} \tag{13-47}$$

上式中的分子、分母因式均为复数。令 $j\omega - z_i = A_i e^{j\varphi_i}$,$j\omega - p_j = B_j e^{j\theta_j}$,在零、极点图上分别做出相应的矢量如图13-23所示,其中 $A_i$ 和 $B_j$ 分别为零点 $z_i$ 和极点 $p_j$ 至 $j\omega$ 点所作矢量的长度,$\varphi_i$ 和 $\theta_j$ 分别为相应矢量与水平轴之间的夹角,且逆时针方向为正,反之为负。将上述两矢量的极坐标表达式代入式(13-47),有

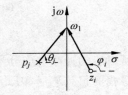

图 13-23　$s$ 平面上的 $j\omega - z_i$ 和 $j\omega - p_j$ 矢量

$$H(j\omega) = K \frac{\prod\limits_{i=1}^{m}A_i e^{j\varphi_i}}{\prod\limits_{j=1}^{n}B_j e^{j\theta_j}} = K \frac{\prod\limits_{i=1}^{m}A_i}{\prod\limits_{j=1}^{n}B_j} e^{j\left(\sum\limits_{1}^{m}\varphi_i - \sum\limits_{1}^{n}\theta_j\right)} \tag{13-48}$$

于是可得响应的幅频特性为

$$|H(j\omega)| = K \frac{\prod\limits_{i=1}^{m}A_i}{\prod\limits_{j=1}^{n}B_j} \tag{13-49}$$

相频特性为

$$\angle H(j\omega) = \sum\limits_{i=1}^{m}\varphi_i - \sum\limits_{j=1}^{n}\theta_j \tag{13-50}$$

由式(13-49)可知,幅模 $|H(j\omega)|$ 与各零点至 $j\omega$ 点矢量长度的乘积成正比,与各极点至 $j\omega$ 点矢量长度的乘积成反比。又由式(13-50)可知,辐角 $\angle H(j\omega)$ 为各零点至 $j\omega$ 点的矢量辐角的和与各极点至 $j\omega$ 点的矢量辐角的和之差。

**例 13-25**　已知某网络函数的零、极点分布如图13-24(a)所示,且 $|H(j1)| = \dfrac{1}{\sqrt{2}}$,试求该网络函数并定性画出幅频特性和相频特性。

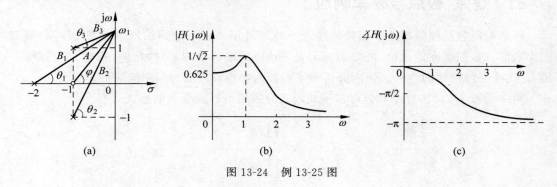

图 13-24　例 13-25 图

**解** 由零、极点图可得

$$H(s) = \frac{K(s+1)}{(s+2)\left[s-(-1+j)\right]\left[s-(-1-j)\right]} = \frac{K(s+1)}{(s+2)(s^2+2s+2)}$$

根据题意,当 $s = j\omega = j1$ 时,$|H(j1)| = 1/\sqrt{2}$,即

$$\left| \frac{K(j+1)}{(j+2)(-1+j2+2)} \right| = 1/\sqrt{2}$$

可求得 $K = 5/2 = 2.5$,于是所求网络函数为

$$H(s) = \frac{2.5(s+1)}{(s+2)(s^2+2s+2)}$$

又由式(13-49),幅频特性可表示为

$$|H(j\omega)| = \frac{KA}{B_1 B_2 B_3}$$

当 $\omega=0$ 时,$A=1$,$B_1=2$,$B_2=\sqrt{2}$,$B_3=\sqrt{2}$,于是得 $|H(j0)|=5/8=0.625$;当 $\omega=0.5$ 时,$A=\sqrt{1.25}$,$B_1=\sqrt{4.25}$,$B_2=\sqrt{3.25}$,$B_3=\sqrt{1.25}$,于是得 $|H(j0.5)|=0.673$;当 $\omega=1$ 时,$|H(j1)|=1/\sqrt{2}=0.707$;当 $\omega=2$ 时,$|H(j2)|=0.280$,$\cdots$,当 $\omega\to\infty$ 时,$|H(j\infty)|=0$,由此做出幅频特性如图 13-24(b)所示,由图可见,当 $\omega=1$ 时,$|H(j\omega)|=0.707$ 为最大值。

又由式(13-50),相频特性可表示为

$$\measuredangle H(j\omega) = \varphi - \theta_1 - \theta_2 - \theta_3$$

当 $\omega=0$ 时,$\measuredangle H(j0)=0$,当 $\omega=1$ 时,$\measuredangle H(j1)=\varphi-\theta_1-\theta_2-\theta_3=45°-26.56°-63.4°-0°=-45°$;当 $\omega=2$ 时,$\measuredangle H(j2)=\varphi-\theta_1-\theta_2-\theta_3=63.43°-45°-71.57°-45°=98.14°$;$\cdots$,当 $\omega\to\infty$,$\measuredangle H(j\infty)=-180°$。由此做出相频特性如图 13-24(c)所示。

## 六、零点和零传输

在网络的输入不为零但输出为零时,称为零传输。在正弦稳态的情况下,当网络函数的零点为纯虚数,即 $z_i=j\omega_i$,且电源的角频率 $\omega=\omega_i$ 时,将实现零传输。如在图 13-25 所示电路中,其输出为 $u_0$,网络函数 $H(s)$ 的两个零点为 $z_1=\dfrac{-1}{\sqrt{L_1 C_1}}$ 和 $z_2=\dfrac{-1}{\sqrt{L_2 C_2}}$,则 $H(j\omega)$ 的两个零点为 $z_1'=j\dfrac{1}{\sqrt{L_1 C_1}}$ 和 $z_2'=j\dfrac{1}{\sqrt{L_2 C_2}}$。当电路的正弦输入的 $i_s$ 的角频率为 $\omega_1=\dfrac{1}{\sqrt{L_1 C_1}}$ 或 $\omega_2=\dfrac{1}{\sqrt{L_2 C_2}}$ 时,网络函数的幅模 $|H(j\omega)|=0$,于是有 $u_0=0$,这表明实现了零传输。

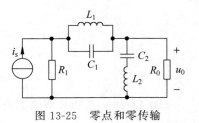

图 13-25 零点和零传输

## 七、无源网络综合初步

已知电路的结构、参数与激励,求电路的响应或输出,称为电路分析。与之相反,为实现特定的输出而求相应的电路结构和参数,则称为网络综合或电路设计。网络综合包括有源网络综合和无源网络综合。关于网络综合的理论和方法在相关的专业文献里有全面的介

绍,下面仅举例简略说明根据网络函数进行无源网络综合的相关概念和方法。

这里所涉及的无源网络综合是指用线性时不变正电阻、正电容及正电感等元件来构造一个电路,使之具有给定的网络函数。

**例 13-26** 已知某网络函数(策动点阻抗)为

$$H(s) = Z(s) = \frac{s+1}{s^2 + 2s + 2}$$

试构造相应的电路。

**解** 先将网络函数变形,将分子、分母同除$(s+1)$,可得

$$H(s) = Z(s) = \frac{s+1}{s^2 + 2s + 2} = \frac{1}{1 + s + \cfrac{1}{s+1}} = \frac{1}{Y(s)}$$

式中$Y(s) = 1 + s + \cfrac{1}{s+1}$,于是所需构造的电路由三条支路构成,即一个$1\Omega$的电阻与$1F$的电容并联再与一条$1\Omega$电阻与$1H$电感串联的支路并联,如图 13-26 所示。

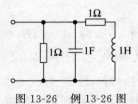

图 13-26  例 13-26 图

**例 13-27** 已知某电路的电压传输比为

$$H(s) = \frac{U_2(s)}{U_1(s)} = \frac{s^2}{2s^2 + 2s + 1}$$

试构造该电路。

**解** 注意该网络函数是电压传输比,考虑最简单的情况,对应的是一串联电路。为此将$H(s)$的分子、分母同除$s$,可得

$$H(s) = \frac{s}{2s + 2 + 1/s} = \frac{s}{1/s + s + s + 2}$$

于是所构造的电路为四个元件串联而成,如图 13-27(a)所示。应注意与同一网络函数对应的电路可能有多个,例如与本例网络函数对应的也可以是图 13-27(b)所示的电路,读者可验证之。

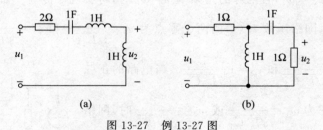

(a)                              (b)

图 13-27  例 13-27 图

**例 13-28** 已知某网络的电流传输比为

$$H(s) = \frac{I_2(s)}{I_1(s)} = \frac{s+1}{2s + 2s + 1}$$

试构造该网络。

**解** 由于网络函数是电流传输比,可根据并联电路分流公式的形式将网络函数变形,为此将$H(s)$的分子、分母同除$s$,可得

$$H(s) = \frac{1+1/s}{2s+2+1/s} = \frac{1+1/s}{2s+1+1+1/s}$$

由此构造的电路如图 13-28(a)所示。

也可将 $H(s)$ 按下述方法变形：先将原有理分式的分子、分母同除$(s+1)$,可得

$$H(s) = \cfrac{1}{2s + \cfrac{1}{s+1}}$$

再将上式的分子、分母同除 $s$,又得

$$H(s) = \cfrac{1/s}{2 + \cfrac{1}{s(s+1)}} = \cfrac{1/s}{1+1/s+\cfrac{s}{s+1}} = \cfrac{1/s}{1+\cfrac{1}{s}+\cfrac{1}{1+1/s}}$$

由此构造的电路如图 13-28(b)所示。

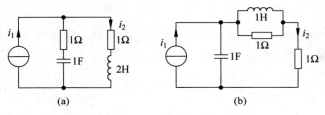

图 13-28　例 13-28 图

## 练习题

13-13　求图 13-29 所示电路的网络函数 $H_1(s) = \dfrac{I_1(s)}{U_1(s)}$, $H_2(s) = \dfrac{U_2(s)}{U_1(s)}$。

13-14　电路如图 13-30 所示,先求其冲激响应 $i_L(t)$,再由冲激响应求网络函数 $H(s) = I_L(s)/U_1(s)$。

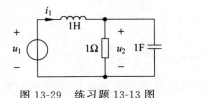

图 13-29　练习题 13-13 图　　　　　　图 13-30　练习题 13-14 图

13-15　某网络的冲激响应为 $h(t) = y(t) = (te^{-3t} - 3e^{-2t})\varepsilon(t)$,求电路的激励函数为 $x(t) = 10\sqrt{2}\sin(5t + 60°)$时的正弦稳态响应 $y(t)$。

13-16　求下列网络函数的零点和极点,并做出零极点图。

(1) $H(s) = \dfrac{3s+3}{s^2+6s+8}$　　　(2) $H(s) = \dfrac{s^2+s}{s^3+2s^2+s+2}$

13-17　设某网络的电压传输比为 $H(s) = \dfrac{U_2(s)}{U_1(s)} = \dfrac{s^2}{2s^2+1}$,试构造该网络。

## 13.6 例题分析

**例 13-29** 电路如图 13-31(a)所示,响应电流为电流 $i$。求该电路的冲激响应及阶跃响应。

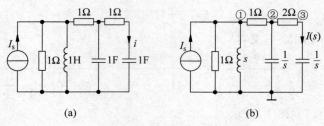

图 13-31 例 13-29 图

**解** （1）求冲激响应。此时 $i_s = \delta(t)$,电路处于零状态。做出运算电路如图 13-31(b)所示,用节点法求解。列出节点方程为

$$\begin{cases} \left(1 + \dfrac{1}{s} + 1\right) U_1(s) - U_2(s) = 1 \\ -U_1(s) + \left(1 + \dfrac{1}{2} + s\right) U_2(s) - \dfrac{1}{2} U_3(s) = 0 \\ -\dfrac{1}{2} U_2(s) + \left(\dfrac{1}{2} + s\right) U_3(s) = 0 \end{cases}$$

可解出

$$U_3(s) = \frac{s}{4s^3 + 8s^2 + 5s + 1} = -\frac{1}{s+1} + \frac{1}{s + \dfrac{1}{2}} - \frac{1}{4} \frac{1}{\left(s + \dfrac{1}{2}\right)^2}$$

作拉氏反变换,得

$$u_3 = \left(-e^{-t} + e^{-\frac{1}{2}t} - \frac{1}{4} t e^{-\frac{1}{2}t}\right) \varepsilon(t)$$

则所求冲激响应为

$$h(t) = i = \frac{du_3(t)}{dt} = \left(e^{-t} - \frac{3}{4} e^{-\frac{1}{2}t} + \frac{1}{8} t e^{-\frac{1}{2}t}\right) \varepsilon(t)$$

当然求解这一运算电路时,也可用其他的方法,例如采用等效变换法而无须列写方程组。此题电路为三阶电路,若采用经典分析法求解显然是不足取的。

（2）求阶跃响应。阶跃响应是冲激响应的积分,即

$$S(t) = \int_0^t h(\tau) d\tau \qquad (*)$$

由前面冲激响应的求解过程可见,$h(t)$ 是电压 $u_3$ 的导数,则阶跃响应等于 $u_3$,即

$$S(t) = u_3 = \left(-e^{-t} + e^{-\frac{1}{2}t} + \frac{1}{4} t e^{-\frac{1}{2}t}\right) \varepsilon(t)$$

将 $h(t)$ 的表达式代入（*）式计算也可得出同样的结果。

**例 13-30** 如图 13-32(a)所示电路,用运算法求 S 打开后的电流 $i_{L1}$ 及 $u, t > 0$。

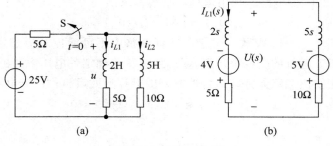

图 13-32 例 13-30 图

**解** 由换路前的电路,求得两电感的原始电流为

$$i_{L1}(0_-) = \frac{25}{5 + \dfrac{5 \times 10}{5 + 10}} \times \frac{10}{10 + 5} = 2\text{A}$$

$$i_{L2}(0_-) = \frac{25}{5 + \dfrac{5 \times 10}{5 + 10}} \times \frac{5}{10 + 5} = 1\text{A}$$

做出换路后的运算电路如图 13-32(b)所示,求得

$$I_{L1}(s) = \frac{4 - 5}{2s + 5s + 10 + 5} = -\frac{1}{7s + 15} = -\frac{1}{7} \times \frac{1}{s + \dfrac{15}{7}}$$

$$U(s) = (2s + 5)I_{L1}(s) - 4 = -\frac{30}{7} - \frac{5}{49} \times \frac{1}{s + \dfrac{15}{7}}$$

则所求响应为

$$i_{L1} = \mathcal{L}^{-1}[I_{L1}(s)] = -\frac{1}{7}\mathrm{e}^{-\frac{15}{7}t} \qquad (t > 0)$$

$$u_L = \mathcal{L}^{-1}[U(s)] = -\frac{30}{7}\delta(t) - \frac{5}{49}\mathrm{e}^{-\frac{15}{7}t}\varepsilon(t)$$

**例 13-31** 在图 13-33(a)所示电路中,已知 $E_s = 1\text{V}, R = R_s = 1\Omega, L_1 = L_2 = 1\text{H}, M = 0.5\text{H}$,S 在 $t = 0$ 时打开,用运算法求响应 $u_{L1}, t > 0$。

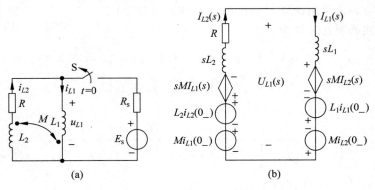

图 13-33 例 13-31 图

**解** 这是例 12-41 的电路。现用运算法求解。求出

$$i_{L1}(0_-)=1\text{A}, \quad i_{L2}(0_-)=0$$

做出运算电路如图 13-33(b)所示。注意在运算电路中不可漏掉对应于原始互感电流的附加电压源及取决于互感抗的受控电压源,还应注意正确确定各电压源的极性。为避免出错,较稳妥的方法是先写出互感元件端口特性方程的运算形式后再作运算电路。图中

$$L_2 i_{L2}(0_-)=0, \quad M i_{L2}(0_-)=0$$

且

$$I_{L1}(s)=I_{L2}(s)=I_L(s)$$

于是有

$$I_L(s)(R+sL_1+sL_2)=L_1 i_{L1}(0_-)+M i_{L2}(0_-)$$
$$-sMI_L(s)+M i_{L1}(0_-)+L_2 i_{L2}(0_-)-sMI_L(s)$$

则

$$I_L(s)=\frac{L_1 i_{L1}(0_-)+M i_{L1}(0_-)}{R+sL_1+sL_2+2sM}=\frac{1.5}{1+3s}$$

$$U_{L1}(s)=sL_1 I_L(s)+sMI_L(s)-L_1 i_{L1}(0_-)-M i_{L2}(0_-)$$

$$=(sL_1+sM)I_L(s)-L_1 i_{L1}(0_-)=\frac{1.5}{1+3s}\times 1.5s-1$$

$$=-\frac{1}{4}-\frac{1}{4}\times\frac{1}{s+\frac{1}{3}}$$

则所求响应为

$$u_{L1}=\mathcal{L}^{-1}[U_{L1}(s)]=\left[-\frac{1}{4}\delta(t)-\frac{1}{4}e^{-\frac{1}{3}t}\varepsilon(t)\right]\text{V}$$

由例 13-30 和例 13-31 可见,对于初始状态发生突变的电路,用运算法求响应时,也无须求出跳变量。

**例 13-32** 如图 13-34 所示电路,设电流 $i_3$ 为响应。
(1)求网络函数 $H(s)=\dfrac{I_3(s)}{E_s(s)}$;(2)若 $e_s=300e^{-t}\cos 6t\,\text{V}$,求零状态响应;(3)求 $e_s=(20+100\sin 2t)\text{V}$ 时的稳态响应。

**解** (1) 求网络函数。选定各网孔电流的参考方向如图所示。注意到求网络函数时对应的是零状态网络,可以列出运算形式的网孔方程为

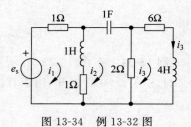

图 13-34 例 13-32 图

$$(2+s)I_1(s)-(s+1)I_2(s)=E_s(s)-(s+1)I_1(s)+\left(s+\frac{1}{s}+3\right)I_2(s)-2I_3(s)=0$$
$$-2I_2(s)+(8+4s)I_3(s)=0$$

解出 $I_3(s)$ 为

$$I_3(s)=\frac{2(s+1)E_s(s)}{(s+2)\left(s+\frac{1}{s}+3\right)(8+4s)-(s+1)^2(8+4s)-4(s+1)}$$

$$=\frac{sE_s(s)}{2(s+2)(3s+2)}$$

故所求网络函数为

$$H(s) = \frac{I_3(s)}{E_s(s)} = \frac{s}{2(s+2)(3s+2)}$$

（2）求零状态响应。此时

$$E_s(s) = \mathcal{L}[e_s] = \mathcal{L}[300e^{-t}\cos6t] = \frac{300(s+1)}{(s+1)^2+6^2}$$

则零状态响应的象函数为

$$I_3(s) = H(s)E_s(s) = \frac{s}{2(s+2)(3s+2)}\frac{300(s+1)}{(s+1)^2+6^2}$$

$$= \frac{50s(s+1)}{(s+2)\left(s+\dfrac{2}{3}\right)(s+1+j6)(s+1-j6)}$$

$$= 50\left(-\frac{\dfrac{3}{74}}{s+2} - \frac{\dfrac{3}{650}}{s+\dfrac{2}{3}} + \frac{0.0835e^{j74.2°}}{s+1+j6} + \frac{0.0835e^{-j74.2°}}{s+1-j6}\right)$$

故零状态响应为

$$i_3 = \mathcal{L}^{-1}[I_3(s)] = [-2.03e^{-2t} - 0.23e^{-\frac{2}{3}t} + 8.35e^{-t}\cos(6t-74.2°)]\varepsilon(t)\,\text{A}$$

（3）求稳态响应。因为是线性时不变电路，故可应用叠加定理。此时有

$$e_s = e_{s1} + e_{u2} = 20 + 100\sin2t$$

先计算由 $e_{s1}=20$ 所引起的零状态响应 $i_3'$，有

$$I_3'(s) = H(s)E_{s1}(s) = \frac{s}{2(s+2)(3s+2)} \times \frac{20}{s} = \frac{10}{(s+2)(3s+2)}$$

$$= -\frac{5}{2} \times \frac{1}{s+2} + \frac{5}{2} \times \frac{1}{s+\dfrac{2}{3}}$$

$$i_3' = \mathcal{L}^{-1}[I_3'(s)] = \frac{5}{2}(e^{-\frac{2}{3}t} - e^{-2t})\varepsilon(t)$$

当 $t \to \infty$ 时，$i_3'=0$，这表明由 $e_{s1}$ 引起的稳态响应为零。

由 $e_{s2}=100\sin2t$ 产生的稳态响应既可由直接计算稳态网络而得到，也可由网络函数获取。现用后一种方法求正弦稳态响应。正弦稳态响应的相量为

$$\dot{I}_3'' = H(j\omega)\dot{E}_{s2}$$

将 $H(s)$ 中的 $s$ 换为 $j\omega$ 便得 $H(j\omega)$，于是

$$\dot{I}_3'' = \frac{j\omega}{2(j\omega+2)(3j\omega+2)} \times 100\underline{/0°}$$

将 $\omega=2$ 代入上式，有

$$\dot{I}_3'' = \frac{j2}{2(j2+2)(j6+2)} \times 100 = 5.59\underline{/-26.6°}\,\text{A}$$

则正弦稳态响应为

$$i_3'' = 5.59\sin(2t-26.6°)\,\text{A}$$

于是 $e_s = 20 + 100\sin 2t$ 产生的稳态响应为

$$i_3 = i''_3 = 5.59\sin(2t - 26.6°)\,\text{A}$$

**例 13-33** 图 13-35 所示链形网络中共有 $n$ 个等值电容,且 $R = 1\Omega, L = 1\text{H}, C = 1\text{F}$,设网络响应为 $u_o$,求网络函数 $H(s) = \dfrac{U_o(s)}{U_i(s)}$。

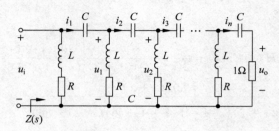

图 13-35 例 13-33 图

**解** 由于链形网络的每一环节均相同,故可采用逐步推算的方法求解。先从网络的末端向首端逐一化简求出入端阻抗,以便逐一推算出各支路的电压、电流。末端两并联支路的等效阻抗为

$$(R + sL) \mathbin{/\!/} \left(1 + \frac{1}{sC}\right) = \frac{(1 + s)\left(1 + \dfrac{1}{s}\right)}{1 + s + 1 + \dfrac{1}{s}} = 1$$

由此可以看出,网络中任一电容后所接的等效阻抗均为 1。这表明网络的入端阻抗为

$$Z(s) = 1$$

再由网络的首端向末端推算出末端电压。

$$I_1(s) = \frac{U_i(s)}{1 + \dfrac{1}{s}} = \frac{s}{s + 1}U_i(s)$$

$$U_1(s) = I_1(s) \times 1 = \frac{s}{s + 1}U_i(s)$$

$$I_2(s) = \frac{U_1(s)}{1 + \dfrac{1}{s}} = \frac{s^2}{(s + 1)^2}U_i(s)$$

$$U_2(s) = I_2(s) \times 1 = \frac{s^2}{(s + 1)^2}U_i(s)$$

逐步推算下去,可得

$$U_o(s) = \frac{s^n}{(s + 1)^n}U_i(s)$$

则所求网络函数为

$$H(s) = \frac{U_o(s)}{U_i(s)} = \frac{s^n}{(s + 1)^n}$$

**例 13-34** 已知图 13-36 所示网络的传递函数为

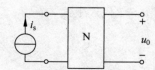

图 13-36 例 13-34 图

$$H(s) = \frac{6s - 6}{s^2 + 5s + 4}$$

若 $i_s = e^{-2t}\varepsilon(t)\mathrm{A}$，$u_0(0) = 4\mathrm{V}$，$\dfrac{\mathrm{d}u_0(0)}{\mathrm{d}t} = -4\mathrm{V/s}$，求响应 $u_0$，$t \geqslant 0$。

**解**　本题所求为全响应。应注意直接由传递函数求得的是零状态响应。因此需设法求出网络的零输入响应，再由网络函数求出零状态响应，两者的叠加即为全响应。

（1）求零输入响应。由给定的网络函数可知，其有两个极点 $s_1 = -4$ 和 $s_2 = -1$，由于极点就是齐次微分方程的特征根，故网络的固有频率为 $s_1$ 和 $s_2$。于是零输入响应的形式为

$$u_{01} = K_1 e^{s_1 t} + K_2 e^{s_2 t} = K_1 e^{-4t} + K_2 e^{-t}$$

（2）求零状态响应。显然，零状态响应的象函数为

$$U_{02}(s) = H(s)\mathscr{L}[i_s] = \frac{6s - 6}{s^2 + 5s + 4}\mathscr{L}[e^{-2t}\varepsilon(t)]$$

$$= \frac{6s - 6}{s^2 + 5s + 4} \times \frac{1}{s + 2} = \frac{-5}{s + 4} - \frac{4}{s + 1} + \frac{9}{s + 2}$$

则零状态响应为

$$u_{02} = \mathscr{L}^{-1}[u_{02}(s)] = (-5e^{-4t} - 4e^{-t} + 9e^{-2t})\mathrm{V}$$

（3）求全响应。全响应为

$$u_0 = u_{01} + u_{02} = (K_1 e^{-4t} + K_2 e^{-t}) + (-5e^{-4t} - 4e^{-t} + 9e^{-2t})$$

$$= (K_1 - 5)e^{-4t} + (K_2 - 4)e^{-t} + 9e^{-2t}$$

根据初始条件，可求出

$$K_1 = 2, \quad K_2 = 2$$

则所求为

$$u_0 = (-3e^{-4t} - 2e^{-t} + 9e^{-2t})\mathrm{V} \qquad (t \geqslant 0)$$

**例 13-35**　在图 13-37 所示电路中，已知单位阶跃响应为 $u_0(t) = (10e^{-5t} - 5e^{-2t})\varepsilon(t)\mathrm{V}$，若使零状态响应为 $u_0(t) = 3e^{-2t}\varepsilon(t)$，求此时的电路激励 $u_s(t)$。

**解**　由阶跃响应与冲激响应间的关系，可得电路的冲激响应为

$$h(t) = \frac{\mathrm{d}S(t)}{\mathrm{d}t} = (10e^{-2t} - 25e^{-5t})\varepsilon(t) + 5\delta(t)$$

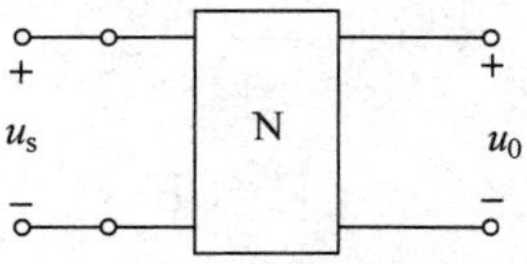

于是电路的网络函数为

图 13-37　例 13-35 图

$$H(s) = \mathscr{L}^{-1}[h(t)] = \frac{10}{s + 2} - \frac{25}{s + 5} + 5 = \frac{5(s^2 + 4s + 10)}{(s + 2)(s + 5)}$$

由 $H(s) = U_0(s)/U_s(s)$，可得 $U_s(s) = U_0(s)/H(s)$，但 $U_0(s) = 3/(s + 2)$，因此有

$$U_s(s) = \frac{U_0(s)}{H(s)} = \frac{3/(s + 2)}{5(s^2 + 4s + 10)/(s + 2)(s + 5)} = \frac{3(s + 5)}{5(s^2 + 4s + 10)}$$

$$= \frac{3}{5} \cdot \frac{s + 5}{(s + 2 - j\sqrt{6})(s + 2 + j\sqrt{6})}$$

对 $U_s(s)$ 求拉氏反变换，可得

$$u_s(t) = 0.475e^{-2t}\cos(\sqrt{6}\,t - 50.7°)\mathrm{V}$$

## 习题

**13-1** 求下述函数的拉氏变换。

(1) $e^{-at}\cos 3t\varepsilon(t)$

(2) $(t^2+1)e^{-2t}\varepsilon(t)$

(3) $e^{-at}\cos(\omega t+\varphi)\varepsilon(t)$

(4) $e^{-t}\sin(2t+30°)\varepsilon(t)$

(5) $\delta(t)+2\delta''(t)+te^{-t}\varepsilon(t)$

(6) $\sin(\omega t-60°)\varepsilon\left(t-\dfrac{\pi}{3}\right)$

(7) $e^{-t}\varepsilon(t-2)$

(8) $e^{-2t}\sin(4t-120°)\varepsilon\left(t-\dfrac{\pi}{6}\right)$

**13-2** 求下述象函数的拉氏反变换。

(1) $\dfrac{s+2}{s(s^2-1)}$

(2) $\dfrac{2s}{3s^2+6s+6}$

(3) $\dfrac{e^{-s}}{4s(s^2+1)}$

(4) $\dfrac{s^3+2s}{s^2+2s+1}$

(5) $\dfrac{s^2+3s+5}{s^3+6s^2+11s+6}$

(6) $\dfrac{3s+1}{5s^2(s-2)^2}$

(7) $\dfrac{1}{s^2-1+(s+1)^3}$

(8) $\dfrac{se^{-3s}}{s^2+2}$

(9) $\dfrac{s^2+3s+7}{(s+1)(s^2+4s+8)}$

(10) $\dfrac{1-e^{-4s}}{3s^3+2s^2}$

(11) $\dfrac{s^2}{(s^2+s+2)(s+3)}$

(12) $\dfrac{2s-1}{(s-1)(s+2)^2}$

**13-3** 计算下述象函数对应的原函数的初值和终值。

(1) $\dfrac{3s+2}{4s^2+3s+2}$

(2) $\dfrac{s^2+5}{s^3+4s^2+2s}$

(3) $\dfrac{2s^2+2}{(s+1)(s^2+s+1)}$

**13-4** 已知 $F(s)=\dfrac{2s+2}{3s^2+6s+6}$，求 $f(0_+)$ 和一阶导数的初始值 $f^{(1)}(0_+)$。

**13-5** 用拉氏变换法解下述微分方程。

(1) $2\dfrac{\mathrm{d}y}{\mathrm{d}t}+4y=e^{-t}\varepsilon(t)$    $y(0_-)=2$

(2) $\dfrac{\mathrm{d}^2y}{\mathrm{d}t^2}+3\dfrac{\mathrm{d}y}{\mathrm{d}t}+2y=0$

$y(0_-)=0,\dfrac{\mathrm{d}y(0_-)}{\mathrm{d}t}=1$

(3) $\dfrac{\mathrm{d}^2y}{\mathrm{d}t^2}-3\dfrac{\mathrm{d}y}{\mathrm{d}t}+2y=t\varepsilon(t)$

$y(0_-)=1,\dfrac{\mathrm{d}y(0_-)}{\mathrm{d}t}=2$

**13-6** 求题 13-6 图所示波形的象函数。

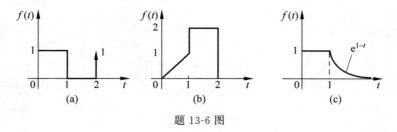

题 13-6 图

**13-7～13-19** 题均用运算法求解。

**13-7** 在题 13-7 图所示电路中，开关 S 原先打开，且电路达稳定状态。在 $t=0$ 时将开关闭合，求响应 $i$。

**13-8** 如题 13-8 图所示电路，已知 $u_{C1}(0_-)=1\mathrm{V}$，$u_{C2}(0_-)=0$，$t=0$ 时开关 S 闭合，求响应 $i_{C1}$ 和 $i_R$，并绘出波形。

**13-9** 在题 13-9 图所示电路中，开关 S 闭合前两电容均未充电，试求 S 闭合后的电流 $i$。

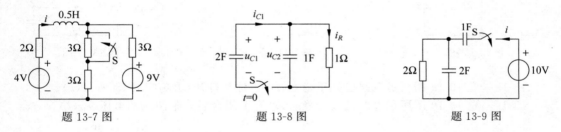

题 13-7 图　　　　题 13-8 图　　　　题 13-9 图

**13-10** 在题 13-10 图所示电路中已知 $u_S=[3-3\varepsilon(t)]\mathrm{V}$，求响应 $u_C(t)$，$t\geqslant0$。

**13-11** 如题 13-11 图所示电路，已知 $i_{L1}(0_-)=i_{L2}(0_-)=0$，$t=0$ 时 S 闭合，求 $i_{L1}$ 和 $i_{L2}$。

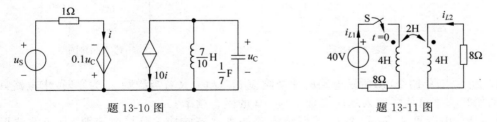

题 13-10 图　　　　　　题 13-11 图

**13-12** 题 13-12 图所示电路在 S 断开前已处于稳态。试求 S 断开后的电压 $u$。

**13-13** 如题 13-13 图所示电路，已知 $L=\dfrac{1}{4}\mathrm{H}$，$C=1\mathrm{F}$，$R=\dfrac{1}{5}\Omega$，$e_s=3+2\delta(t-1)+4\varepsilon(t)$，求响应 $u$。

**13-14** 在题 13-14 图所示零状态电路中，开关 S 闭合后经过多少时间，有 $i=2i_1$，此时 $i$ 为多大？已知 $E=1\mathrm{V}$，$R=1\Omega$，$R_1=1\Omega$，$R_2=2\Omega$，$L=2\mathrm{H}$，$C=1\mathrm{F}$。

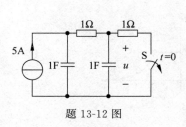

题 13-12 图

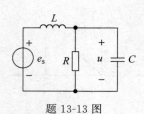

题 13-13 图

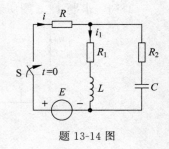

题 13-14 图

13-15 在题 13-15 图所示电路中,$R=1\Omega$,$L=\dfrac{1}{3}$H,$C=1$F,求冲激响应 $i_L$。

13-16 求题 13-16 图所示电路的冲激响应 $u$。

13-17 在题 13-17 图所示电路中,$R=\sqrt{\dfrac{L}{C}}=1\Omega$,试求冲激响应 $u$。

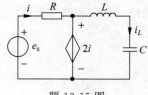

题 13-15 图

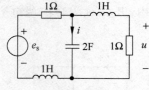

题 13-16 图

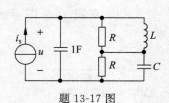

题 13-17 图

13-18 题 13-18 图所示电路已处于稳态,$t=0$ 时 S 打开,求响应 $i_L(t)$ 和 $u(t)$。

13-19 题 13-19 图所示电路已处于稳态,求开关闭合后电阻两端的电压 $u_R(t)$。

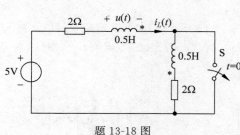

题 13-18 图

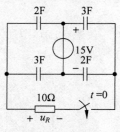

题 13-19 图

13-20 求题 13-20 图所示电路的冲激响应 $u_{C2}(t)$。又若当激励 $e_s$ 为零时,求电路具有何种初始状态才可使零输入响应仅含 $s_2=-3$ 的固有频率?

13-21 用运算法求题 13-21 图所示电路的零状态响应 $u(t)$,电流源 $i_s(t)$ 的波形如题 13-21 图(b)所示。

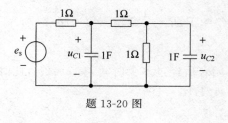

题 13-20 图

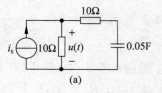

题 13-21 图

13-22　求题 13-13 图所示电路的驱动点阻抗 $Z(s)$ 和转移电压比 $H(s) = \dfrac{U(s)}{E_s(s)}$。

13-23　求题 13-15 图所示电路的驱动点导纳 $Y(s)$ 和转移导纳 $H(s) = \dfrac{I_L(s)}{E(s)}$，并做出驱动点导纳 $Y(s)$ 的零、极点图。

13-24　求题 13-24 图所示电路的网络函数 $H(s) = \dfrac{U(s)}{I_s(s)}$。

13-25　试求题 13-25 图所示电路的网络函数 $H(s) = \dfrac{I(s)}{U_s(s)}$，并求阶跃响应 $i(t)$。

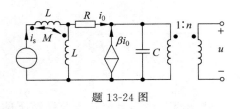

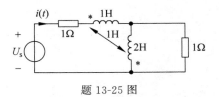

题 13-24 图　　　　　　　　　　　　题 13-25 图

13-26　在题 13-26 图所示电路中，$N_R$ 为线性时不变电阻网络，$i_L(0_-) = 0$。当 $t = 0$ 时开关合上，已知 $u_s = 10\text{V}$ 时，响应 $i_L(t) = 2(1 - e^{-2t})\varepsilon(t)\text{A}$，$i_2(t) = (1 + e^{-2t})\varepsilon(t)\text{A}$。求 $u_s = e^{-t}\text{V}$ 时零状态响应 $i_L(t)$ 和 $i_2(t)$。

13-27　题 13-27 图所示电路中的 $N_0$ 为线性时不变无源网络，已知当 $e_s = \varepsilon(t)$ 时的阶跃响应 $u_0(t) = (0.5e^{-2t} + e^{-3t})\varepsilon(t)$，若使零状态响应 $u_0(t) = 2e^{-t}\varepsilon(t)$，求相应的输入 $e_s(t)$。

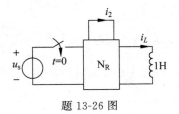

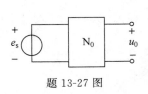

题 13-26 图　　　　　　　　　　　　题 13-27 图

13-28　题 13-28 图(a)所示电路中的激励 $i_s(t)$ 和零状态响应 $u_0(t)$ 的波形分别如题 13-28 图(b)和题 13-28 图(c)所示，求电路的结构和参数。

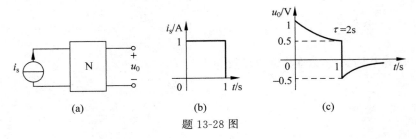

题 13-28 图

13-29　已知输入 $u_s = e^{-t}\varepsilon(t)$，二阶系统的转移函数 $H(s) = \dfrac{s+5}{s^2 + 5s + 6}$，初始条件 $y(0) = 2$，$\dfrac{\mathrm{d}y(0)}{\mathrm{d}t} = 1$。求系统的全响应 $y(t)$、零输入响应、零状态响应、自由分量和强制分量。

**13-30**    在一线性时不变网络的输入端施加一单位阶跃电压,其输出端电压的零状态响应为 $u_0 = 2e^{-t} - 2e^{-3t}$。若在输入端施加正弦电压 $u = 10\sqrt{2}\sin(4t + 30°)\,\mathrm{V}$,则其输出端的正弦稳态响应电压是多少?

**13-31**    在题 13-31 图(a)所示电路中,响应为电流 $i(t)$。(1)求网络函数 $H(s) = \dfrac{I(s)}{I_s(s)}$ 及冲激响应 $h(t)$;(2)若电流源电流 $i_s(t)$ 的波形如题 13-31 图(b)所示,求零状态响应 $i(t)$。

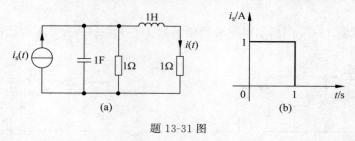

题 13-31 图

**13-32**    电路如题 13-32 图所示,N 为线性无源松弛网络。已知电路在正弦稳态下的网络函数 $H(\mathrm{j}\omega) = \dfrac{\dot{U}_0}{\dot{U}_s} = \dfrac{-\omega^2}{2 - \omega^2 + \mathrm{j}3\omega}$,试求:(1)$u_s = \delta(t)$ 时的冲激响应 $u_0$;(2)$u_s = e^{-3t}\varepsilon(t)$ 时的零状态响应 $u_0$。

**13-33**    在题 13-33 图所示电路中,$N_0$ 为零状态无源网络。当输入电压 $u_i$ 为单位阶跃函数时,响应 $i_o = (-2e^{-t} + 4e^{-3t})\varepsilon(t)$;若在同样的条件下,使 $i_o = 2e^{-t}\varepsilon(t)$,则输入电压 $u_i$ 应为何值?

**13-34**    题 13-34 图所示滤波器电路的冲激响应为 $h(t) = u_0(t) = \sqrt{2}e^{-\frac{\sqrt{2}}{2}t}\sin\dfrac{\sqrt{2}}{2}t$,$(t > 0)$,试求:(1)参数 $L$ 和 $C$;(2)若激励 $u_s(t) = 8\sqrt{2}\sin(3t + 30°)\,\mathrm{V}$,求滤波器的正弦稳态响应;(3)3dB 带宽。

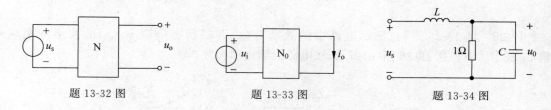

题 13-32 图          题 13-33 图          题 13-34 图

**13-35**    已知某网络的策动点导纳函数为

$$H(s) = \frac{s^2 + 5s}{s^2 + 5s + 6}$$

试构造该网络。

# 第 14 章

# 暂态分析方法之三
## ——状态变量分析法

**本章提要**

    状态变量分析法是分析、研究动态电路暂态过程的又一种十分有效的方法。这一方法通过建立关于电路的状态变量和输入量的一阶微分方程组并求解而求得状态变量后,再获取电路的输出量(响应)。状态变量分析法非常适宜于用计算机对大型网络进行暂态分析。

    本章的主要内容有:状态、状态变量、状态方程和输出方程的概念;状态方程的建立方法;输出方程的列写方法;状态方程和输出方程的解法等。

## 14.1 状态变量分析法的相关概念

### 一、状态和状态变量

**1. 状态及状态变量的定义**

    一个系统在 $t \geqslant t_0$ 的行为若能由一组最少信息的变量集合 $x(t_0) = \{x_1(t_0), x_2(t_0), \cdots, x_n(t_0)\}$ 所决定,则这一组变量 $x(t)$ 称为该系统在 $t = t_0$ 时的状态。相应地,变量 $x_1(t)$,$x_2(t), \cdots, x_n(t)$ 称为系统的状态变量。在电网络中,若已知 $t \geqslant t_0$ 时所施加的激励以及 $t = t_0$ 时的状态,便可求得 $t > t_0$ 时电网络中的任意响应。

**2. 状态和状态变量的说明**

    (1) 状态变量是能决定网络现在和将来行为的一组最少变量的集合,这也意味着状态变量是能确定网络响应的一组必要而充分的信息,且是一组线性无关的变量。

    (2) 状态变量在任一时刻的值便是网络在这一时刻的状态。

    (3) 在电网络中,独立的电容电压 $u_C$ 或电荷 $q_C$ 和独立的电感电流 $i_L$ 或磁链 $\Psi_L$ 是能满足上述状态变量定义的一组变量。在线性时不变电路中,一般以电容电压 $u_C$ 和电感电流 $i_L$ 作为状态变量,也可以电容电荷 $q_C$ 和电感磁链 $\Psi_L$ 作为状态变量。而在线性时变电路中,常以 $q_C$ 和 $\Psi_L$ 作为状态变量。在非线性电路中,则是视元件的类型来选取状态变量,如电容元件是电荷控制型的,则选 $q_C$ 为状态变量;若电容为电压控制型的,则选 $u_C$ 为状态变量等。

    (4) 一个网络的状态变量的数目是一确定的数,其等于网络所含独立动态元件的个数,即 $n$ 阶网络的状态变量数共有 $n$ 个。设网络有 $m$ 个动态元件,则状态变量的个数为

$$n = m - p - q \tag{14-1}$$

式中，$p$ 为网络中纯电感割集或电感-电流源割集的个数；$q$ 为网络中纯电容回路或电容-电压源回路的个数。

## 二、状态方程

### 1. 状态方程及其标准形式

以状态变量为求解对象的一阶微分方程(组)称为状态变量方程，简称状态方程。在状态方程中，只含有状态变量及激励函数，不能含有非状态变量。

状态方程的标准形式是，每一状态方程的左边是一个状态变量的一阶导数项，且该导数项的系数为 1；方程的右边是状态变量及激励函数项(或激励函数的导数项)的组合。如图 14-1 所示的 $RC$ 电路，由 KVL，有

$$RC\frac{\mathrm{d}u_C}{\mathrm{d}t} + u_C = u_s$$

则其状态方程的标准形式为

$$\frac{\mathrm{d}u_C}{\mathrm{d}t} = -\frac{1}{RC}u_C + \frac{1}{RC}u_s$$

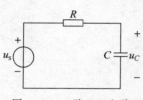

图 14-1　一阶 $RC$ 电路

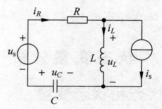

图 14-2　一个二阶电路

### 2. 状态方程的矩阵形式

如图 14-2 所示的二阶电路，根据 KCL 和 KVL，有

$$\begin{cases} C\dfrac{\mathrm{d}u_C}{\mathrm{d}t} = -i_L - i_s \\[2mm] R(i_L + i_s) + L\dfrac{\mathrm{d}i_L}{\mathrm{d}t} - u_C = u_s \end{cases}$$

可得状态方程组为

$$\begin{cases} \dfrac{\mathrm{d}u_C}{\mathrm{d}t} = -\dfrac{1}{C}i_L - \dfrac{1}{C}i_s \\[2mm] \dfrac{\mathrm{d}i_L}{\mathrm{d}t} = \dfrac{1}{L}u_C - \dfrac{R}{L}i_L + \dfrac{1}{L}u_s - \dfrac{R}{L}i_s \end{cases}$$

写成矩阵形式为

$$\begin{bmatrix} \dfrac{\mathrm{d}u_C}{\mathrm{d}t} \\[3mm] \dfrac{\mathrm{d}i_L}{\mathrm{d}t} \end{bmatrix} = \begin{bmatrix} 0 & -\dfrac{1}{C} \\[2mm] \dfrac{1}{L} & -\dfrac{R}{L} \end{bmatrix} \begin{bmatrix} u_C \\[2mm] i_L \end{bmatrix} + \begin{bmatrix} 0 & -\dfrac{1}{C} \\[2mm] \dfrac{1}{L} & -\dfrac{R}{L} \end{bmatrix} \begin{bmatrix} u_s \\[2mm] i_s \end{bmatrix}$$

一般而言，若一个 $n$ 阶网络有 $l$ 个激励源，则其状态方程的矩阵形式为

$$\dot{\boldsymbol{X}} = \boldsymbol{A}\boldsymbol{X} + \boldsymbol{B}\boldsymbol{f} \tag{14-2}$$

式中，$\boldsymbol{X}$ 为 $n$ 个状态变量构成的 $n$ 维列向量，即

$$\boldsymbol{X} = \begin{bmatrix} x_1 & x_2 & \cdots & x_n \end{bmatrix}^{\mathrm{T}} \tag{14-3}$$

$\dot{\boldsymbol{X}}$ 为由 $n$ 个状态变量的一阶导数组成的 $n$ 维列向量，即

$$\dot{\boldsymbol{X}} = \frac{\mathrm{d}\boldsymbol{X}}{\mathrm{d}t} = \begin{bmatrix} \dfrac{\mathrm{d}x_1}{\mathrm{d}t} & \dfrac{\mathrm{d}x_2}{\mathrm{d}t} & \cdots & \dfrac{\mathrm{d}x_n}{\mathrm{d}t} \end{bmatrix}^{\mathrm{T}} \tag{14-4}$$

$\boldsymbol{f}$ 为由 $l$ 个激励源函数构成的 $l$ 维列向量，即

$$\boldsymbol{f} = \begin{bmatrix} f_1 & f_2 & \cdots & f_l \end{bmatrix}^{\mathrm{T}} \tag{14-5}$$

$\boldsymbol{A}$ 为一个 $n$ 阶方阵，即

$$\boldsymbol{A} = \begin{bmatrix} a_{11} & a_{12} & \cdots & a_{1n} \\ a_{21} & a_{22} & \cdots & a_{2n} \\ \vdots & \vdots & & \vdots \\ a_{n1} & a_{n2} & \cdots & a_{nn} \end{bmatrix} \tag{14-6}$$

$\boldsymbol{B}$ 为一个 $n \times l$ 阶矩阵，即

$$\boldsymbol{B} = \begin{bmatrix} b_{11} & b_{12} & \cdots & b_{1l} \\ b_{21} & b_{22} & \cdots & b_{2l} \\ \vdots & \vdots & & \vdots \\ b_{n1} & b_{n2} & \cdots & b_{nl} \end{bmatrix} \tag{14-7}$$

$\boldsymbol{A}$ 和 $\boldsymbol{B}$ 矩阵中的元素均为常数，仅取决于电路的结构和参数。

**3. 状态方程的说明**

（1）状态方程是以状态变量为求解变量的方程，这种方程中除了状态变量和激励函数之外，不能含有非状态变量。

（2）状态方程一般应写为标准形式，即每一方程中必须有且只能有某一状态变量的一阶导数项，且该导数项位于方程的左边，方程的右边为各状态变量项与激励函数项（也可包括激励函数的导数项）的组合。

（3）$n$ 阶网络的状态方程为由 $n$ 个方程构成的一阶微分方程组，可写为矩阵形式。在矩阵形式的状态方程式（14-2）中，系数矩阵 $\boldsymbol{A}$ 为 $n$ 阶方阵，而系数矩阵 $\boldsymbol{B}$ 为 $n \times l$ 阶矩阵，其中 $l$ 为网络所含独立激励源（包括独立电压源和独立电流源）的个数。

## 三、状态空间和状态轨迹

**1. 状态空间**

以 $n$ 个线性无关的状态变量为基底构成的线性空间称为状态空间。例如图 14-3(a) 所示的二阶电路，其有两个状态变量 $u_C$ 和 $i_L$，则其对应的状态空间是一个二维空间，即是由变量 $u_C$ 和 $i_L$ 构成的直角坐标系，也称状态平面，如图 14-3(b) 所示。

**2. 状态轨迹**

在任一瞬时 $t_0$，各状态变量的值称为电路的状态，$t_0$ 时刻的状态与状态空间中一个确定的点对应。当时间 $t$ 从 0 变化至 $\infty$ 时，电路的状态在状态空间中所形成的曲线称为状态轨迹。如图 14-3(a) 所示的二阶电路，设 $R = 3\Omega$，$L = 4\mathrm{H}$，$C = \dfrac{1}{12}\mathrm{F}$，$u_C(0) = 1\mathrm{V}$，$i_L(0) = 1\mathrm{A}$，

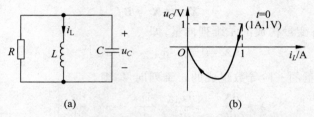

图 14-3　$RLC$ 并联电路及其状态平面和状态轨迹

则解出两个状态变量为

$$u_C(t) = (-0.625e^{-3t} + 1.625e^{-t})\varepsilon(t)\,\text{V}$$

$$i_L(t) = (7.5e^{-3t} - 6.5e^{-t})\varepsilon(t)\,\text{A}$$

据此可做出相应的状态轨迹如图 14-3(b)中所示。

　　从状态轨迹不仅可直观地了解网络状态的变化规律,而且能判断网络的稳定性。图 14-3(b)所示的状态轨迹与网络的过阻尼情况对应,$u_C$ 和 $i_L$ 均按指数规律衰减,状态轨迹由初始点渐近地趋向于坐标原点,网络是稳定的。当电路为欠阻尼时,$u_C$ 和 $i_L$ 为振幅衰减的正弦曲线,状态轨迹如图 14-4(a)所示,其由初始点螺旋式地旋入坐标原点,网络也是渐近稳定的。当电阻 $R = 0$ 时,$u_C$ 和 $i_L$ 均按正弦规律变化,状态轨迹为一封闭的椭圆曲线,如图 14-4(b)所示,网络也处于稳定状态。

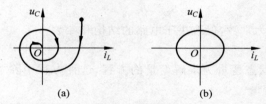

图 14-4　二阶电路欠阻尼和临界阻尼时的状态轨迹

　　当网络不稳定时,其状态轨迹是发散的,即当 $t \to \infty$ 时,状态轨迹趋向于无穷远处。

## 四、输出方程

### 1. 输出方程及形式

　　用状态变量及激励函数表示的网络响应(即输出量)称为输出方程。网络的输出量可以是状态变量,也可以是非状态变量。由于状态变量可从状态方程直接解出,故输出量通常是指非状态变量。

　　输出方程的形式是:其左边为输出量,右边为状态变量项和激励函数项的组合。

　　在图 14-2 中,若选 $u_L$ 和 $i_R$ 为输出量,由 KCL 和 KVL 有

$$\begin{cases} i_R - i_L - i_s = 0 \\ u_L + i_R R - u_C = u_s \end{cases}$$

则输出方程为

$$\begin{cases} i_R = i_L + i_s \\ u_L = u_C - R i_L + u_s - R i_s \end{cases}$$

其矩阵形式为

$$\begin{bmatrix} i_R \\ u_L \end{bmatrix} = \begin{bmatrix} 0 & 1 \\ 1 & -R \end{bmatrix} \begin{bmatrix} u_C \\ i_L \end{bmatrix} + \begin{bmatrix} 0 & 1 \\ 1 & -R \end{bmatrix} \begin{bmatrix} u_s \\ i_s \end{bmatrix}$$

**2. 输出方程的说明**

（1）输出方程是关于网络的输出量与状态变量、激励源之间关系的方程，输出量一般指的是非状态变量。

（2）输出方程通常写成标准形式，即方程的左边只有输出量一项，方程的右边为状态变量项与激励函数项的组合。注意，在输出方程中不能出现状态变量的导数项。

（3）输出方程的矩阵形式为

$$Y = CX + Df \tag{14-8}$$

式中，$Y$ 为由 $r$ 个输出量构成的 $r$ 维列向量，即

$$Y = \begin{bmatrix} y_1 & y_2 & \cdots & y_r \end{bmatrix}^T \tag{14-9}$$

$C$ 为 $r \times n$ 阶矩阵，即

$$C = \begin{bmatrix} C_{11} & C_{12} & \cdots & C_{1n} \\ C_{21} & C_{22} & \cdots & C_{2n} \\ \vdots & \vdots & & \vdots \\ C_{r1} & C_{r2} & \cdots & C_{rn} \end{bmatrix} \tag{14-10}$$

$D$ 为 $r \times l$ 阶矩阵，即

$$D = \begin{bmatrix} d_{11} & d_{12} & \cdots & d_{1l} \\ d_{21} & d_{22} & \cdots & d_{2l} \\ \vdots & \vdots & & \vdots \\ d_{r1} & d_{r2} & \cdots & d_{rl} \end{bmatrix} \tag{14-11}$$

$C$、$D$ 矩阵中的元素均为常数，且仅决定于网络的结构和参数。$X$ 为 $n$ 维状态变量列向量，$f$ 为 $l$ 维激励函数列向量。

（4）网络的输出方程一般为一个方程组，方程组的方程数目与输出量的个数相等，而输出量的个数视具体问题而定，不像状态变量的个数那样是一个定数。

（5）由于网络的响应常常是非状态变量，故一般而言，输出方程的列写是必要的。

## 练习题

14-1 列写图 14-5 所示电路的状态方程和输出方程，设输出量为 $u_{R1}$ 和 $i_{R2}$。

14-2 试画出图 14-6 所示电路在换路后的状态轨迹。

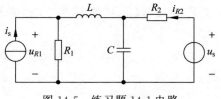

图 14-5 练习题 14-1 电路

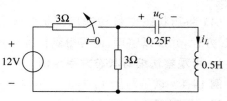

图 14-6 练习题 14-2 电路

## 14.2 状态方程的编写方法

本节介绍状态方程的编写方法,包括观察法、电源替代法和系统法。

### 一、用观察法编写状态方程

所谓用观察法编写状态方程是指对网络选定一个特定树后,列写基本割集的 KCL 方程和基本回路的 KVL 方程而得到状态方程的方法。

**1. 常态树的概念**

前已提到,在用观察法编写状态方程时,需选定一个特定树。对于不含纯电容回路(或电压源—电容回路)和纯电感割集(或电流源—电感割集)的网络,这种特定树被称为"常态树"。所谓常态树是指树支中包括了电路中全部电容元件支路,但不包含任一电感支路的树。相应地,能选出常态树的网络被称为常态网络。

根据状态方程的标准形式,不难得出选常态树的理由。由于在每一个状态方程中,应该有且只能有一项 $\dfrac{\mathrm{d}u_c}{\mathrm{d}t}$ 或 $\dfrac{\mathrm{d}i_L}{\mathrm{d}t}$。对每一单电容树支的基本割集所列写的 KCL 方程中,只有一项是状态变量的一阶导数,即电容电流 $C\dfrac{\mathrm{d}u_c}{\mathrm{d}t}$,其余各项均为连支电流,即电感电流(状态变量)和电阻、电源电流。根据这个 KCL 方程,在消去非状态变量后,便可得到所需的状态方程的标准形式。类似地,对每一单电感连支的基本回路所列写的 KVL 方程中,只有一项是状态变量的一阶导数,即电感电压 $L\dfrac{\mathrm{d}i_L}{\mathrm{d}t}$,其余各项均为树支电压,即电容电压(状态变量)和电阻、电源电压。由这个 KVL 方程,在消去非状态变量后,便得到所需的状态方程。

**2. 观察法编写状态方程的步骤**

(1) 选 $u_C$ 和 $i_L$ 为状态变量。判断网络是否为常态网络,若是,则选一个常态树;除了让所有的电容支路为树支,所有的电感支路为连支外,还应使树支中包括尽量多的电压源,连支中包括尽量多的电流源,这样可减少消除非状态变量的工作量。一般地,树支中还包括一些电阻支路,连支中也包括一些电阻支路。

(2) 列写单电容树支基本割集的 KCL 方程和单电感连支基本回路的 KVL 方程。

(3) 将非状态变量用状态变量和激励函数表示。若非状态变量在树支上,则列写该树支所对应的基本割集的 KCL 方程;若非状态变量在连支上,则列写该连支所对应的基本回路的 KVL 方程,将这些 KCL、KVL 方程联立求解,便能将非状态变量用状态变量和激励函数表示。

(4) 将用状态变量和激励函数表示的非状态变量代入第(2)步所写的 KCL 方程和 KVL 方程,并加以整理,便可得到标准形式的状态方程。

**3. 用观察法编写状态方程示例**

**例 14-1** 试编写图 14-7(a)所示电路的状态方程。

**解** 用观察法编写状态方程。

(1) 这是一常态网络,选如图 14-7(b)所示的常态树。

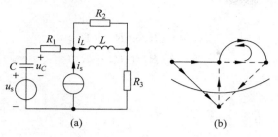

图 14-7　例 14-1 图

（2）单电容树支对应的基本割集的 KCL 方程为

$$C \frac{\mathrm{d}u_C}{\mathrm{d}t} - i_s + i_{R3} = 0 \qquad ①$$

单电感连支对应的基本回路的 KVL 方程为

$$L \frac{\mathrm{d}i_L}{\mathrm{d}t} - u_{R2} = 0 \qquad ②$$

（3）应消去的非状态变量为 $i_{R3}$ 和 $u_{R2}$。$i_{R3}$ 支路为连支，写出该连支对应的基本回路的 KVL 方程为

$$R_3 i_{R3} - u_s - u_C + u_{R1} + u_{R2} = 0 \qquad ③$$

$u_{R2}$ 支路为树支，写出该树支对应的基本割集的 KCL 方程为

$$\frac{u_{R2}}{R_2} + i_L - i_{R3} = 0 \qquad ④$$

③式中还有一非状态变量 $u_{R1}$，而 $u_{R1}$ 支路为树支，写出该树支对应的基本割集的 KCL 方程为

$$\frac{u_{R1}}{R_1} + i_s - i_{R3} = 0 \qquad ⑤$$

联立③、④、⑤式，可解出

$$u_{R2} = \frac{R_2}{R_1 + R_2 + R_3}(u_C + R_2 i_L + u_s + R_1 i_s) - R_2 i_L \qquad ⑥$$

$$i_{R3} = \frac{1}{R_1 + R_2 + R_3}(u_C + R_2 i_L + u_s + R_1 i_s) \qquad ⑦$$

（4）将⑥、⑦两式代入①、②两式，可得

$$C \frac{\mathrm{d}u_C}{\mathrm{d}t} = -i_{R3} + i_s = -\frac{1}{R_1 + R_2 + R_3}(u_C + R_2 i_L + u_s + R_1 i_s) + i_s \qquad ⑧$$

$$L \frac{\mathrm{d}i_L}{\mathrm{d}t} = u_{R2} = \frac{R_2}{R_1 + R_2 + R_3}(u_C + R_2 i_L + u_s + R_1 i_s) - R_2 i_L \qquad ⑨$$

整理后得状态方程为

$$\begin{cases} \dfrac{\mathrm{d}u_C}{\mathrm{d}t} = -\dfrac{1}{C(R_1 + R_2 + R_3)}u_C - \dfrac{R_2}{C(R_1 + R_2 + R_3)}i_L \\ \qquad\quad -\dfrac{1}{C(R_1 + R_2 + R_3)}u_s + \dfrac{R_2 + R_3}{C(R_1 + R_2 + R_3)}i_s \\[4pt] \dfrac{\mathrm{d}i_L}{\mathrm{d}t} = \dfrac{R_2}{L(R_1 + R_2 + R_3)}u_C - \dfrac{R_1 R_2 + R_2 R_3}{L(R_1 + R_2 + R_3)}i_L \\ \qquad\quad +\dfrac{R_2}{L(R_1 + R_2 + R_3)}u_s + \dfrac{R_1 R_2}{L(R_1 + R_2 + R_3)}i_s \end{cases}$$

若令

$$\Delta_1 = C(R_1 + R_2 + R_3)$$
$$\Delta_2 = L(R_1 + R_2 + R_3)$$

该状态方程的矩阵形式为

$$
\begin{bmatrix} \dfrac{\mathrm{d}u_C}{\mathrm{d}t} \\[3mm] \dfrac{\mathrm{d}i_L}{\mathrm{d}t} \end{bmatrix} = \begin{bmatrix} -\dfrac{1}{\Delta_1} & -\dfrac{R_2}{\Delta_1} \\[3mm] \dfrac{R_2}{\Delta_2} & -\dfrac{R_1 R_2 + R_2 R_3}{\Delta_2} \end{bmatrix} \begin{bmatrix} u_C \\[3mm] i_L \end{bmatrix} + \begin{bmatrix} -\dfrac{1}{\Delta_1} & \dfrac{R_2 + R_3}{\Delta_1} \\[3mm] \dfrac{R_2}{\Delta_2} & \dfrac{R_1 R_2}{\Delta_2} \end{bmatrix} \begin{bmatrix} u_s \\[3mm] i_s \end{bmatrix}
$$

由此例可见,用观察法编写状态方程时,消去非状态变量时所需的工作量较大,通常需解一个多元一次代数方程组。

## 二、用电源替代法编写状态方程

### 1. 电源替代法概述

考察状态方程的一般形式可知,线性网络的状态方程实际上是将状态变量的一阶导数表示为状态变量 $u_C$、$i_L$ 及电源函数的线性组合,若将电容、电感元件分别用电压源和电流源替代,则状态变量的一阶导数便是电路各电源的线性组合,于是可用任一种网络分析法(通常用叠加原理)求出状态方程。这就是用电源替代法编写状态方程的基本思想。所谓"电源替代"指的是将电路中独立的储能元件用独立电源替代(替换)。

### 2. 电源替代法编写状态方程一般步骤

(1) 将独立的电容元件用电压为 $u_C$ 的电压源替代,将独立的电感元件用电流为 $i_L$ 的电流源替代。

(2) 用任一网络分析法(通常可采用叠加原理)求解上述替代后的网络,求出原网络中各独立电容元件的电流 $i_C$ 和各独立电感元件的电压 $u_L$。显然,各 $i_C$ 和 $u_L$ 均是电路中各电源(包括替代储能元件的电源)的线性组合。

(3) 将第(2)步得到的电容电流和电感电压方程加以整理,便得到所需的状态方程。

### 3. 用电源替代法编写状态方程举例

**例 14-2** 试用电源替代法编写图 14-8(a)所示网络的状态方程。

**解** 此例电路与例 14-1 电路相同。现用电源替代法编写其状态方程。

(1) 将电容元件用电压为 $u_C$ 的电压源替代,电感元件用电流为 $i_L$ 的电流源替代,得图 14-8(b)所示网络。

(2) 用叠加原理求图 14-8(b)所示电路中的电流 $i_C$ 和电压 $u_L$。应注意选取 $i_C$ 和 $u_L$ 分别与 $u_C$ 和 $i_L$ 为关联正向。对图 14-8(c)所示电路,可求得

$$i'_C = -\frac{u_s + u_C}{R_1 + R_2 + R_3}$$

$$u'_L = -R_2 i'_C = \frac{R_2}{R_1 + R_2 + R_3}(u_C + u_s)$$

对图 14-8(d)所示电路,可求得

$$i''_C = \frac{R_2 + R_3}{R_1 + R_2 + R_3} i_s, \quad u''_L = \frac{R_1 R_2}{R_1 + R_2 + R_3} i_s$$

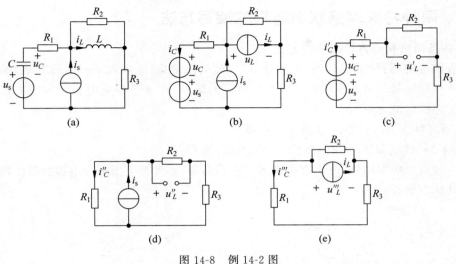

图 14-8  例 14-2 图

对图 14-8(e)所示电路,可求得

$$i'''_C = -\frac{R_2}{R_1+R_2+R_3}i_L , \quad u'''_L = -\frac{R_1+R_3}{R_1+R_2+R_3}R_2i_L$$

于是有

$$i_C = C\frac{\mathrm{d}u_C}{\mathrm{d}t} = i'_C + i''_C + i'''_C$$

$$= -\frac{u_C+u_s}{R_1+R_2+R_3} + \frac{R_2+R_3}{R_1+R_2+R_3}i_s - \frac{R_2}{R_1+R_2+R_3}i_L$$

$$= -\frac{1}{R_1+R_2+R_3}u_C - \frac{R_2}{R_1+R_2+R_3}i_L - \frac{1}{R_1+R_2+R_3}u_s + \frac{R_2+R_3}{R_1+R_2+R_3}i_s$$

$$u_L = L\frac{\mathrm{d}i_L}{\mathrm{d}t} = u'_L + u''_L + u'''_L$$

$$= \frac{R_2(u_C+u_s)}{R_1+R_2+R_3} + \frac{R_1R_2i_s}{R_1+R_2+R_3} - \frac{(R_1+R_3)R_2}{R_1+R_2+R_3}i_L$$

$$= \frac{R_2}{R_1+R_2+R_3}u_C - \frac{R_1R_2+R_2R_3}{R_1+R_2+R_3}i_L + \frac{R_2}{R_1+R_2+R_3}u_s + \frac{R_1R_2}{R_1+R_2+R_3}i_s$$

(3) 将上面求出的 $i_C$ 和 $u_L$ 的表达式加以整理,得状态方程为

$$\begin{cases} \dfrac{\mathrm{d}u_C}{\mathrm{d}t} = -\dfrac{1}{C(R_1+R_2+R_3)}u_C - \dfrac{R_2}{C(R_1+R_2+R_3)}i_L \\ \qquad\quad -\dfrac{1}{C(R_1+R_2+R_3)}u_s + \dfrac{R_1+R_3}{C(R_1+R_2+R_3)}i_s \\ \dfrac{\mathrm{d}i_L}{\mathrm{d}t} = \dfrac{R_2}{L(R_1+R_2+R_3)}u_C - \dfrac{R_1R_2+R_2R_3}{L(R_1+R_2+R_3)}i_L \\ \qquad\quad +\dfrac{R_2}{L(R_1+R_2+R_3)}u_s + \dfrac{R_1R_2}{L(R_1+R_2+R_3)}i_s \end{cases}$$

与例 14-1 所得结果完全一样。

## 三、两种特殊网络状态方程的编写方法

### 1. 病态网络状态方程的编写方法

含有纯电容回路(或电压源-电容电路)或纯电感割集(或电流源—电感割集)的病态网络状态方程的编写与常态网络状态方程的编写的区别,在于非独立电容元件的电压和非独立电感元件的电流为非状态变量。

1)用观察法编写病态网络的状态方程

**例 14-3** 试编写图 14-9(a)所示网络的状态方程。

**解** 这是一病态网络,既含有电流源—电感割集,亦含有电压源—电容回路。现用观察法编写其状态方程。

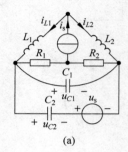
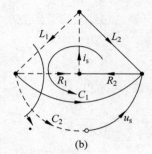

图 14-9 例 14-3 图

(1)选 $L_1$ 和 $C_1$ 为独立的储能元件,则 $i_{C1}$ 和 $u_{C1}$ 为状态变量。选如图 14-9(b)所示的树,其中非独立电感 $L_2$ 支路为树支,非独立电容 $C_2$ 支路为连支。

(2)写出单电容树支对应的基本割集的 KCL 方程为

$$C_1 \frac{\mathrm{d}u_{C1}}{\mathrm{d}t} + i_{C2} + i_{R1} - i_{L1} = 0 \qquad ①$$

写出单电感连支对应的基本回路的 KVL 方程为

$$L_1 \frac{\mathrm{d}i_{L1}}{\mathrm{d}t} + u_{C1} - u_{L2} = 0 \qquad ②$$

(3)为消去①、②两式中的非状态变量 $i_{C2}$、$i_{R1}$ 及 $u_{L2}$,写出连支 $C_2$ 对应的基本回路的 KVL 方程为

$$u_{C2} + u_s - u_{C1} = 0$$

将上式两边同乘 $C_2$ 并求导一次,得

$$C_2 \frac{\mathrm{d}u_{C2}}{\mathrm{d}t} = C_2 \frac{\mathrm{d}u_{C1}}{\mathrm{d}t} - C_2 \frac{\mathrm{d}u_s}{\mathrm{d}t}$$

即

$$i_{C2} = C_2 \frac{\mathrm{d}u_{C1}}{\mathrm{d}t} - C_2 \frac{\mathrm{d}u_s}{\mathrm{d}t} \qquad ③$$

写出连支 $R_1$ 对应的基本回路的 KVL 方程为

$$R_1 i_{R1} - u_{R2} - u_{C1} = 0 \qquad ④$$

该式中又出现一非状态变量 $u_{R2}$,写出树支 $R_2$ 对应的基本割集的 KCL 方程为

$$i_{R1} + i_{R2} = i_s$$

即

$$i_{R2} = i_s - i_{R1} \qquad ⑤$$

将⑤式代入④式,得

$$i_{R1} = \frac{1}{R_1 + R_2} u_{C1} + \frac{R_2}{R_1 + R_2} i_s \qquad ⑥$$

写出树支 $L_2$ 对应的基本割集的 KCL 方程为

$$i_{L2} + i_{L1} - i_s = 0$$

将上式两边同乘 $L_2$ 后再求导一次,得

$$u_{L2} = L_2 \frac{\mathrm{d}i_{L2}}{\mathrm{d}t} = -L_2 \frac{\mathrm{d}i_{L1}}{\mathrm{d}t} + L_2 \frac{\mathrm{d}i_s}{\mathrm{d}t} \qquad ⑦$$

(4)将③、⑥两式代入①式,有

$$C_1 \frac{\mathrm{d}u_{C1}}{\mathrm{d}t} + C_2 \frac{\mathrm{d}u_{C1}}{\mathrm{d}t} - C_2 \frac{\mathrm{d}u_s}{\mathrm{d}t} + \frac{1}{R_1 + R_2} u_{C1} + \frac{R_2}{R_1 + R_2} i_s - i_{L1} = 0$$

整理后可得

$$\begin{aligned}
\frac{\mathrm{d}u_{C1}}{\mathrm{d}t} = {} & \frac{-1}{(C_1 + C_2)(R_1 + R_2)} u_{C1} + \frac{1}{C_1 + C_2} i_{L1} \\
& - \frac{R_2}{(C_1 + C_2)(R_1 + R_2)} i_s + \frac{C_2}{C_1 + C_2} \frac{\mathrm{d}u_s}{\mathrm{d}t}
\end{aligned} \qquad ⑧$$

将⑦式代入②式,有

$$L_1 \frac{\mathrm{d}i_{L1}}{\mathrm{d}t} + u_{C1} - \left( -L_2 \frac{\mathrm{d}i_{L1}}{\mathrm{d}t} + L_2 \frac{\mathrm{d}i_s}{\mathrm{d}t} \right) = 0$$

整理后可得

$$\frac{\mathrm{d}i_{L1}}{\mathrm{d}t} = -\frac{1}{L_1 + L_2} u_{C1} + \frac{L_2}{L_1 + L_2} \frac{\mathrm{d}i_s}{\mathrm{d}t} \qquad ⑨$$

⑧和⑨式为所求的状态方程,写成矩阵形式为

$$\begin{bmatrix} \dfrac{\mathrm{d}u_{C1}}{\mathrm{d}t} \\[2mm] \dfrac{\mathrm{d}i_{L1}}{\mathrm{d}t} \end{bmatrix} = \begin{bmatrix} \dfrac{-1}{(C_1 + C_2)(R_1 + R_2)} & \dfrac{1}{C_1 + C_2} \\[2mm] -\dfrac{1}{L_1 + L_2} & 0 \end{bmatrix} \begin{bmatrix} u_{C1} \\[2mm] i_{L1} \end{bmatrix}$$

$$+ \begin{bmatrix} 0 & \dfrac{-R_2}{(C_1 + C_2)(R_1 + R_2)} \\[2mm] 0 & 0 \end{bmatrix} \begin{bmatrix} u_s \\[2mm] i_s \end{bmatrix} + \begin{bmatrix} \dfrac{C_2}{C_1 + C_2} & 0 \\[2mm] 0 & \dfrac{L_2}{L_1 + L_2} \end{bmatrix} \begin{bmatrix} \dfrac{\mathrm{d}u_s}{\mathrm{d}t} \\[2mm] \dfrac{\mathrm{d}i_s}{\mathrm{d}t} \end{bmatrix}$$

由于是病态网络,故状态方程中出现了电源函数的导数。

2)用电源替代法编写病态网络的状态方程

用电源替代法编写病态网络状态方程的方法与编写常态网络状态方程的方法基本相同,只是非独立储能元件不用电源替代而应保留在网络中。

**例 14-4** 试编写图 14-10(a)所示网络的状态方程。

**解** 这是例 14-3 的电路,现用电源替代法编写其状态方程。

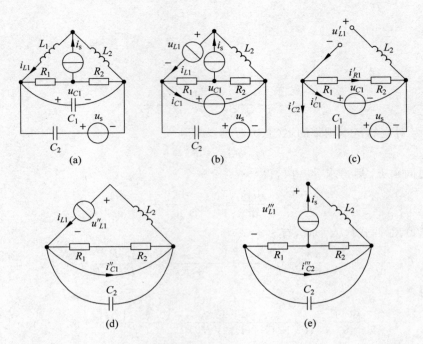

图 14-10    例 14-4 图

（1）仍选 $u_{C1}$ 和 $i_{L1}$ 为状态变量。将 $L_1$ 用电流源 $i_{L1}$ 替代，$C_1$ 用电压源 $u_{C1}$ 替代，$L_2$ 和 $C_2$ 仍保留在网络中，可得图 14-10(b)所示电路。

（2）用叠加原理求图 14-10(b)电路中的 $i_{C1}$ 和 $u_{L1}$。电压源单独作用的电路如图 14-10(c)所示，可求得

$$i'_{C1} = -i_{R1} - i'_{C2} = -\frac{u_{C1}}{R_1 + R_2} - C_2 \frac{\mathrm{d}(u_{C1} - u_s)}{\mathrm{d}t} = -\frac{1}{R_1 + R_2} u_{C1} - C_2 \frac{\mathrm{d}u_{C1}}{\mathrm{d}t} + C_2 \frac{\mathrm{d}u_s}{\mathrm{d}t}$$

$$u'_{L1} = -u_{C1}$$

电流源 $i_{L1}$ 单独作用的电路如图 14-10(d)所示，可求得

$$i''_{C1} = i_{L1}$$

$$u''_{L1} = -L_2 \frac{\mathrm{d}i_{L1}}{\mathrm{d}t}$$

电流源 $i_s$ 单独作用的电路如图 14-10(e)所示，可求出

$$i'''_{C1} = \frac{-R_2}{R_1 + R_2} i_s, \quad u'''_{L1} = L_2 \frac{\mathrm{d}i_s}{\mathrm{d}t}$$

则

$$C_1 \frac{\mathrm{d}u_{C1}}{\mathrm{d}t} = i_{C1} = i'_{C1} + i''_{C1} + i'''_{C1}$$

$$= \left( -\frac{1}{R_1 + R_2} u_{C1} - C_2 \frac{\mathrm{d}u_{C1}}{\mathrm{d}t} + C_2 \frac{\mathrm{d}u_s}{\mathrm{d}t} \right) + i_{L1} - \frac{R_2}{R_1 + R_2} i_s$$

$$L_1 \frac{\mathrm{d}i_{L1}}{\mathrm{d}t} = u_{L1} = u'_{L1} + u''_{L1} + u'''_{L1} = -u_{C1} - L_2 \frac{\mathrm{d}i_{L1}}{\mathrm{d}t} + L_2 \frac{\mathrm{d}i_s}{\mathrm{d}t}$$

（3）将第（2）步求得的 $i_{C1}$ 和 $u_{L1}$ 的表达式加以整理，可得状态方程为

$$\begin{cases} \dfrac{\mathrm{d}u_{C1}}{\mathrm{d}t} = -\dfrac{1}{(C_1+C_2)(R_1+R_2)}u_{C1} + \dfrac{1}{C_1+C_2}i_{L1} - \dfrac{R_2}{(C_1+C_2)(R_1+R_2)}i_s + \dfrac{C_2}{C_1+C_2}\dfrac{\mathrm{d}u_s}{\mathrm{d}t} \\[4mm] \dfrac{\mathrm{d}i_{L1}}{\mathrm{d}t} = -\dfrac{1}{L_1+L_2}u_{C1} + \dfrac{L_2}{L_1+L_2}\dfrac{\mathrm{d}i_s}{\mathrm{d}t} \end{cases}$$

与例 14-3 所得结果完全一样。

**2. 含受控源网络状态方程的编写方法**

编写含受控源网络的状态方程时，可采用观察法或电源替代法，与在不含受控源网络中采取的做法相似。在观察法中应将受控源的控制量用状态变量和激励函数表示；而在电源替代法中需注意对受控源的处理。下面举例说明用电源替代法编写含受控源网络状态方程的方法。

**例 14-5**　试编写图 14-11（a）所示网络的状态方程。

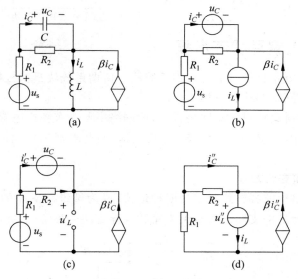

图 14-11　例 14-5 图

**解**　用电源替代法编写状态方程。

（1）将电容元件和电感元件分别用电压源和电流源替代，所得电路如图 14-11（b）所示。

（2）让电压源单独作用，受控电流源予以保留，注意其控制量为 $i'_C$，电路如图 14-11（c）所示。可得

$$i'_C = -\beta i'_C - \frac{u_C}{R_2} = -\frac{u_C}{R_2(1+\beta)}$$

$$u'_L = \beta i'_C R_1 - u_C + u_s = -\frac{R_1\beta}{R_2(1+\beta)}u_C - u_C + u_s = -\frac{R_2+(R_1+R_2)\beta}{R_2(1+\beta)}u_C + u_s$$

让电流源单独作用，受控电流源仍予保留，注意其控制量为 $i''_C$，如图 14-11（d）所示。可求出

$$i''_C = i_L - \beta i''_C$$

即

$$i''_C = \frac{1}{1+\beta} i_L$$

$$u''_L = -i''_C R_1 = -\frac{R_1}{1+\beta} i_L$$

于是有

$$C \frac{\mathrm{d}u_C}{\mathrm{d}t} = i_C = i'_C + i''_C = -\frac{1}{R_2(1+\beta)} u_C + \frac{1}{1+\beta} i_L$$

$$L \frac{\mathrm{d}i_L}{\mathrm{d}t} = u_L = u'_L + u''_L = -\frac{R_2 + (R_1 + R_2)\beta}{R_2(1+\beta)} u_C + u_s - \frac{R_1}{1+\beta} i_L$$

(3) 将第(2)步所得结果加以整理,可得状态方程为

$$\begin{cases} \dfrac{\mathrm{d}u_C}{\mathrm{d}t} = -\dfrac{1}{R_2 C(1+\beta)} u_C + \dfrac{1}{C(1+\beta)} i_L \\[3mm] \dfrac{\mathrm{d}i_L}{\mathrm{d}t} = -\dfrac{R_2 + (R_1 + R_2)\beta}{R_2 L(1+\beta)} u_C - \dfrac{R_1}{L(1+\beta)} i_L + \dfrac{1}{L} u_s \end{cases}$$

## 四、用系统法编写状态方程

计算机辅助动态电路分析时适宜采用系统法。所谓系统法是指根据网络拓扑的概念采用规范法的方法建立网络的状态方程。

下面对系统法的讨论针对常态网络进行,即网络中不含有纯由电容构成的回路(包括电压源-电容回路)和纯由电感构成的割集(包括电流源-电感割集),同时网络中也不含有受控源。

### 1. 支路的形式和支路方程

为便于讨论,网络中的各支路限定为四种形式,或为戴维南支路的形式,或为诺顿支路的形式,其中含电阻元件的支路分为电阻支路和电导支路两种情况,如图 14-12 所示。

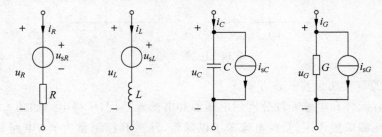

图 14-12  四种支路形式

上述四种支路的支路特性方程为

$$\begin{cases} u_R = R i_R + u_{sR} \\[2mm] u_L = L \dfrac{\mathrm{d}i_L}{\mathrm{d}t} + u_{sL} \\[2mm] i_C = C \dfrac{\mathrm{d}u_C}{\mathrm{d}t} + i_{sC} \\[2mm] i_G = G u_G + i_{sG} \end{cases} \tag{14-12}$$

网络中的各支路一般总能通过戴维南-诺顿等效变换或电源转移的方法转化为上述四种形式。

**2. 矩阵形式状态方程的导出**

（1）选一棵"常态树"

即把所有的电容都选作树支，同时树支中还可包括一些电导；把所有的电感都选作连支，同时连支中还包括一些电阻。当网络中不含电容回路和电感割集时（称为常态网络），则总能选出上述的一棵"常态树"。

（2）写出各相关矩阵

列写基本割集矩阵 $\boldsymbol{Q}_f$ 阵和支路电压列向量及支路电流列向量，各矩阵中的支路均按先连支后树支的顺序排列。支路电压列向量和支路电流列向量的分块形式为

$$\boldsymbol{U}_b = \begin{bmatrix} \boldsymbol{U}_l \\ \cdots \\ \boldsymbol{U}_t \end{bmatrix} = \begin{bmatrix} \boldsymbol{U}_R \\ \cdots \\ \boldsymbol{U}_L \\ \cdots \\ \boldsymbol{U}_C \\ \cdots \\ \boldsymbol{U}_G \end{bmatrix} \qquad \boldsymbol{I}_b = \begin{bmatrix} \boldsymbol{I}_l \\ \cdots \\ \boldsymbol{I}_t \end{bmatrix} = \begin{bmatrix} \boldsymbol{I}_R \\ \cdots \\ \boldsymbol{I}_L \\ \cdots \\ \boldsymbol{I}_C \\ \cdots \\ \boldsymbol{I}_G \end{bmatrix}$$

$\boldsymbol{Q}_f$ 阵的分块形式为

$$\boldsymbol{Q}_f = [\boldsymbol{E} \mid \boldsymbol{1}]$$

又定义关于元件参数的四个对角矩阵为

$$\boldsymbol{R} \stackrel{\text{def}}{=} \text{diag}[R_1, R_2, \cdots] \qquad \boldsymbol{L} \stackrel{\text{def}}{=} \text{diag}[L_1, L_2, \cdots]$$

$$\boldsymbol{C} \stackrel{\text{def}}{=} \text{diag}[C_1, C_2, \cdots] \qquad \boldsymbol{G} \stackrel{\text{def}}{=} \text{diag}[G_1, G_2, \cdots]$$

定义电压源列向量和电流源列向量为

$$\boldsymbol{E}_s \stackrel{\text{def}}{=} \begin{bmatrix} \boldsymbol{U}_{sR} \\ \cdots \\ \boldsymbol{U}_{sL} \end{bmatrix} \qquad \boldsymbol{I}_s \stackrel{\text{def}}{=} \begin{bmatrix} \boldsymbol{I}_{sC} \\ \cdots \\ \boldsymbol{I}_{sG} \end{bmatrix}$$

（3）由 KCL、KVL 及支路特性方程导出状态方程

KCL 方程为

$$\boldsymbol{Q}_f \boldsymbol{I}_b = \boldsymbol{0} \quad \text{或} \quad [\boldsymbol{E} \mid \boldsymbol{1}] \begin{bmatrix} \boldsymbol{I}_l \\ \cdots \\ \boldsymbol{I}_t \end{bmatrix} = \boldsymbol{0}$$

由上式可得到

$$\boldsymbol{I}_t = -\boldsymbol{E}\boldsymbol{I}_l \tag{14-13}$$

若将 $\boldsymbol{E}$ 阵分块，则式（14-13）可写为

$$\begin{bmatrix} \boldsymbol{I}_C \\ \cdots \\ \boldsymbol{I}_G \end{bmatrix} = -\begin{bmatrix} \boldsymbol{E}_{CR} & \vdots & \boldsymbol{E}_{CL} \\ \boldsymbol{E}_{GR} & \vdots & \boldsymbol{E}_{GL} \end{bmatrix} \begin{bmatrix} \boldsymbol{I}_R \\ \cdots \\ \boldsymbol{I}_L \end{bmatrix} \tag{14-14}$$

KVL 方程为

$$\boldsymbol{B}_f \boldsymbol{U}_b = \boldsymbol{0} \quad \text{或} \quad [\boldsymbol{1} \mid -\boldsymbol{E}^{\text{T}}] \begin{bmatrix} \boldsymbol{U}_l \\ \cdots \\ \boldsymbol{U}_t \end{bmatrix} = \boldsymbol{0}$$

由上式可得

$$\boldsymbol{U}_l = \boldsymbol{E}^{\text{T}} \boldsymbol{U}_t \tag{14-15}$$

将式(14-15)中的 $\boldsymbol{E}$ 阵分块后,该式可写为

$$
\begin{bmatrix} \boldsymbol{U}_R \\ \cdots \\ \boldsymbol{U}_L \end{bmatrix} = \begin{bmatrix} \boldsymbol{E}_{CR}^{\mathrm{T}} & \boldsymbol{E}_{GR}^{\mathrm{T}} \\ \cdots & \cdots \\ \boldsymbol{E}_{CL}^{\mathrm{T}} & \boldsymbol{E}_{GL}^{\mathrm{T}} \end{bmatrix} \begin{bmatrix} \boldsymbol{U}_C \\ \cdots \\ \boldsymbol{U}_G \end{bmatrix} \tag{14-16}
$$

支路特性方程的矩阵形式为

$$
\begin{cases} \boldsymbol{U}_R = \boldsymbol{R}\boldsymbol{I}_R + \boldsymbol{U}_{sR} \\ \boldsymbol{U}_L = \boldsymbol{L} \dfrac{\mathrm{d}\boldsymbol{I}_L}{\mathrm{d}t} + \boldsymbol{U}_{sL} \\ \boldsymbol{I}_C = \boldsymbol{C} \dfrac{\mathrm{d}\boldsymbol{U}_C}{\mathrm{d}t} + \boldsymbol{I}_{sC} \\ \boldsymbol{I}_G = \boldsymbol{G}\boldsymbol{U}_G + \boldsymbol{I}_{sG} \end{cases} \tag{14-17}
$$

将支路特性方程式(14-17)代入式(14-14)和式(14-16),经整理后可得到下述方程:

$$
\begin{bmatrix} \boldsymbol{L} \dfrac{\mathrm{d}\boldsymbol{I}_L}{\mathrm{d}t} \\ \cdots \\ \boldsymbol{C} \dfrac{\mathrm{d}\boldsymbol{U}_C}{\mathrm{d}t} \end{bmatrix} = \begin{bmatrix} \boldsymbol{0} & \boldsymbol{E}_{CL}^{\mathrm{T}} \\ \cdots & \cdots \\ -\boldsymbol{E}_{CL} & \boldsymbol{0} \end{bmatrix} \begin{bmatrix} \boldsymbol{I}_L \\ \cdots \\ \boldsymbol{U}_C \end{bmatrix} + \begin{bmatrix} \boldsymbol{0} & \boldsymbol{E}_{GL}^{\mathrm{T}} \\ \cdots & \cdots \\ -\boldsymbol{E}_{CR} & \boldsymbol{0} \end{bmatrix} \begin{bmatrix} \boldsymbol{I}_R \\ \cdots \\ \boldsymbol{U}_G \end{bmatrix} + \begin{bmatrix} \boldsymbol{0} & \boldsymbol{0} & \boldsymbol{0} & -\boldsymbol{1} \\ -\boldsymbol{1} & \boldsymbol{0} & \boldsymbol{0} & \boldsymbol{0} \end{bmatrix} \begin{bmatrix} \boldsymbol{I}_{sC} \\ \boldsymbol{I}_{sG} \\ \boldsymbol{U}_{sR} \\ \boldsymbol{U}_{sL} \end{bmatrix} \tag{14-18}
$$

$$
\begin{bmatrix} \boldsymbol{R}\boldsymbol{I}_R \\ \boldsymbol{G}\boldsymbol{U}_G \end{bmatrix} = \begin{bmatrix} \boldsymbol{0} & \boldsymbol{E}_{CR}^{\mathrm{T}} \\ \cdots & \cdots \\ -\boldsymbol{E}_{GL} & \boldsymbol{0} \end{bmatrix} \begin{bmatrix} \boldsymbol{I}_L \\ \cdots \\ \boldsymbol{U}_C \end{bmatrix} + \begin{bmatrix} \boldsymbol{0} & \boldsymbol{E}_{GR}^{\mathrm{T}} \\ \cdots & \cdots \\ -\boldsymbol{E}_{GR} & \boldsymbol{0} \end{bmatrix} \begin{bmatrix} \boldsymbol{I}_R \\ \cdots \\ \boldsymbol{U}_G \end{bmatrix} + \begin{bmatrix} \boldsymbol{0} & \boldsymbol{0} & -\boldsymbol{1} & \boldsymbol{0} \\ \boldsymbol{0} & -\boldsymbol{1} & \boldsymbol{0} & \boldsymbol{0} \end{bmatrix} \begin{bmatrix} \boldsymbol{I}_{sC} \\ \cdots \\ \boldsymbol{I}_{sG} \\ \cdots \\ \boldsymbol{U}_{sR} \\ \cdots \\ \boldsymbol{U}_{sL} \end{bmatrix} \tag{14-19}
$$

为消去式(14-18)中的非状态变量 $\boldsymbol{I}_R$ 和 $\boldsymbol{U}_G$,从式(14-19)中解出

$$
\begin{bmatrix} \boldsymbol{I}_R \\ \boldsymbol{U}_G \end{bmatrix} = \begin{bmatrix} \boldsymbol{1} & -\boldsymbol{R}^{-1}\boldsymbol{E}_{GR}^{\mathrm{T}} \\ \cdots & \cdots \\ \boldsymbol{G}^{-1}\boldsymbol{E}_{GR} & \boldsymbol{1} \end{bmatrix}^{-1} \begin{bmatrix} \boldsymbol{0} & \boldsymbol{R}^{-1}\boldsymbol{E}_{CR}^{\mathrm{T}} \\ \cdots & \cdots \\ -\boldsymbol{G}^{-1}\boldsymbol{E}_{GL} & \boldsymbol{0} \end{bmatrix} \begin{bmatrix} \boldsymbol{I}_L \\ \cdots \\ \boldsymbol{U}_C \end{bmatrix}
$$

$$
+ \begin{bmatrix} \boldsymbol{1} & -\boldsymbol{R}^{-1}\boldsymbol{E}_{GR}^{\mathrm{T}} \\ \cdots & \cdots \\ \boldsymbol{G}^{-1}\boldsymbol{E}_{GR} & \boldsymbol{1} \end{bmatrix}^{-1} \begin{bmatrix} \boldsymbol{0} & \boldsymbol{0} & -\boldsymbol{R}^{-1} & \boldsymbol{0} \\ \boldsymbol{0} & -\boldsymbol{G}^{-1} & \boldsymbol{0} & \boldsymbol{0} \end{bmatrix} \begin{bmatrix} \boldsymbol{I}_{sC} \\ \cdots \\ \boldsymbol{I}_{sG} \\ \cdots \\ \boldsymbol{U}_{sR} \\ \cdots \\ \boldsymbol{U}_{sL} \end{bmatrix} \tag{14-20}
$$

将式(14-20)代入式(14-18),经整理后即得所需的矩阵形式的状态方程

$$
\begin{bmatrix} \dfrac{\mathrm{d}\boldsymbol{I}_L}{\mathrm{d}t} \\ \cdots \\ \dfrac{\mathrm{d}\boldsymbol{U}_C}{\mathrm{d}t} \end{bmatrix} = \boldsymbol{A} \begin{bmatrix} \boldsymbol{I}_L \\ \cdots \\ \boldsymbol{U}_C \end{bmatrix} + \boldsymbol{B} \begin{bmatrix} \boldsymbol{I}_{sC} \\ \cdots \\ \boldsymbol{I}_{sG} \\ \cdots \\ \boldsymbol{U}_{sR} \\ \cdots \\ \boldsymbol{U}_{sL} \end{bmatrix} \tag{14-21}
$$

其中

$$A = \begin{bmatrix} 0 & L^{-1}E_{CL}^{T} \\ -C^{-1}E_{CL} & 0 \end{bmatrix} + \begin{bmatrix} 0 & L^{-1}E_{GL}^{T} \\ -C^{-1}E_{CR} & 0 \end{bmatrix} \begin{bmatrix} 1 & -R^{-1}E_{GR}^{T} \\ G^{-1}E_{GR} & 1 \end{bmatrix}^{-1} \begin{bmatrix} 0 & R^{-1}E_{CR}^{T} \\ -G^{-1}E_{GL} & 0 \end{bmatrix}$$

$$B = \begin{bmatrix} 0 & L^{-1}E_{GL}^{T} \\ -C^{-1}E_{CR} & 0 \end{bmatrix} \begin{bmatrix} 1 & -R^{-1}E_{CL}^{T} \\ G^{-1}E_{GR} & 1 \end{bmatrix}^{-1} \begin{bmatrix} 0 & 0 & -R^{-1} & 0 \\ 0 & -G^{-1} & 0 & 0 \end{bmatrix} + \begin{bmatrix} 0 & 0 & 0 & -L^{-1} \\ -C^{-1} & 0 & 0 & 0 \end{bmatrix}$$

## 五、关于编写状态方程的说明

（1）本书介绍的观察法和电源替代法适用于手工编写较简单网络的状态方程。用计算机编写大型复杂网络的状态方程则需用规则化的系统方法（简称系统法）。所谓系统法是指根据网络拓扑的概念采用规范化的方法编写状态方程。

（2）用观察法编写状态方程时，必须经过消去非状态变量这一步骤，且需求解一个多元一次方程组。当网络稍许复杂，非状态变量较多时，消除非状态变量的工作将变得十分烦琐。而电源替代法则避开了消除非状态变量的步骤，从这个意义上讲，电源替代法较观察法更为简便和实用。

（3）编写状态方程时，首先必须选择状态变量。状态变量的个数等于网络中独立储能元件的个数，或等于网络的阶数。既可选电容电压和电感电流作为状态变量，亦可选电容电荷和电感磁链作为状态变量。在线性时不变网络中，一般以电容电压和电感电流作为状态变量，在线性时变网络中，以电容电荷和电感磁链作为状态变量比较好；而在非线性网络中，则需视元件类型的情况，选取电容电荷或电容电压以及电感磁链或电感电流作为状态变量。

（4）要注意区分常态网络和病态网络。编写病态网络的状态方程时，非独立电容元件的电压和非独立电感元件的电流不能作为状态变量。在病态网络的状态方程中可能会出现激励函数的导数项。

（5）状态方程应整理成标准形式。

## 练习题

14-3 电路如图 14-13 所示，试选一棵"常态树"后编写其状态方程，并写成矩阵的形式。

14-4 用电源替代法编写图 14-13 所示电路的状态方程。

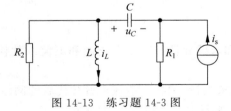

图 14-13 练习题 14-3 图

## 14.3 输出方程的编写方法

建立状态方程的目的是为了求取网络的响应即输出量，故通常在建立状态方程的同时亦需建立网络的输出方程。一般可以采用"观察法"或"电源替代法"编写输出方程，下面仅介绍用"电源替代法"编写输出方程的方法。

## 一、编写输出方程的电源替代法

编写输出方程的电源替代法和编写状态方程的电源替代法十分相似。由于输出方程是将输出量表示为状态变量和激励函数的线性组合,因而可将对应于状态变量的独立储能元件用电压源或电流源替代,求解替代后的网络,便可得出输出方程。

用电源替代法编写输出方程的步骤如下:

(1)将独立电容元件用电压为 $u_C$ 的电压源替代,将独立电感元件用电流为 $i_L$ 的电流源替代;显然替代后的网络与用电源替代法编写状态方程时所用到的替代网络是完全相同的。

(2)用各种网络分析法(常用叠加原理)求解上述替代后的网络,解出作为未知量的输出量。

(3)将所得输出方程整理为标准形式。

## 二、编写输出方程举例

**例 14-6** 试编写图 14-14(a)所示网络的输出方程,输出量为 $i_{R1}$ 和 $i_{R2}$。

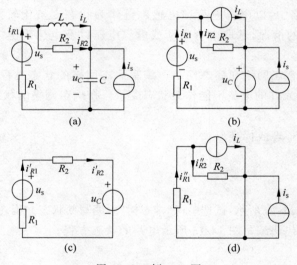

图 14-14 例 14-6 图

**解** (1)将电容元件和电感元件分别用电压源和电流源替代,所得电路如图 14-14(b)所示。

(2)将 $i_{R1}$ 和 $i_{R2}$ 作为未知量,用叠加定理求解替代后的网络。

当电压源作用时,电路如图 14-14(c)所示,可求得

$$i'_{R1} = i'_{R2} = \frac{u_s - u_C}{R_1 + R_2}$$

当电流源作用时,电路如图 14-14(d)所示,可求得

$$i''_{R1} = \frac{R_2}{R_1 + R_2} i_L, \quad i''_{R2} = -\frac{R_1}{R_1 + R_2} i_L$$

于是有

$$i_{R1} = i'_{R1} + i''_{R1} = \frac{u_s - u_C}{R_1 + R_2} + \frac{R_2}{R_1 + R_2} i_L$$

$$i_{R2} = i'_{R2} + i''_{R2} = \frac{u_s - u_C}{R_1 + R_2} - \frac{R_1}{R_1 + R_2} i_L$$

（3）将所得输出方程整理为标准形式，有

$$\begin{cases} i_{R1} = -\dfrac{1}{R_1 + R_2} u_C + \dfrac{R_2}{R_1 + R_2} i_L + \dfrac{1}{R_1 + R_2} u_s \\ i_{R2} = -\dfrac{1}{R_1 + R_2} u_C + \dfrac{R_1}{R_1 + R_2} i_L + \dfrac{1}{R_1 + R_2} u_s \end{cases}$$

输出方程的矩阵形式为

$$\begin{bmatrix} i_{R1} \\ i_{R2} \end{bmatrix} = \begin{bmatrix} -\dfrac{1}{R_1 + R_2} & \dfrac{R_2}{R_1 + R_2} \\ -\dfrac{1}{R_1 + R_2} & -\dfrac{R_1}{R_1 + R_2} \end{bmatrix} \begin{bmatrix} u_C \\ i_L \end{bmatrix} + \begin{bmatrix} \dfrac{1}{R_1 + R_2} & 0 \\ \dfrac{1}{R_1 + R_2} & 0 \end{bmatrix} \begin{bmatrix} u_s \\ i_s \end{bmatrix}$$

**例 14-7** 编写图 14-15(a)所示网络的输出方程，输出量为 $u_{R1}$。

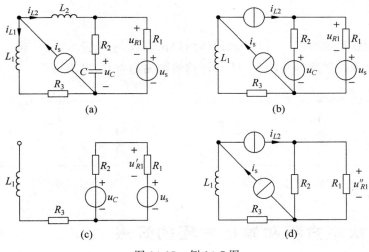

图 14-15　例 14-7 图

**解** 在该电路中有一电流源—电感割集，故独立的电感元件只有一个，选 $L_2$ 为独立的电感元件。

（1）将独立储能元件用电源替代，所得电路如图 14-15(b)所示。

（2）电压源作用时的电路如图 14-15(c)所示，可得

$$u'_{R1} = \frac{R_2}{R_1 + R_2}(u_C - u_s)$$

电流源作用时的电路如图 14-15(d)所示，可得

$$u''_{R1} = \frac{R_1 R_2}{R_1 + R_2} i_{L2}$$

于是有

$$u_{R1} = u'_{R1} + u''_{R1} = \frac{R_2}{R_1 + R_2}(u_C - u_s) + \frac{R_1 R_2}{R_1 + R_2}i_{L2}$$

（3）将输出方程整理为标准形式，有

$$u_{R1} = \frac{R_2}{R_1 + R_2}u_C + \frac{R_1 R_2}{R_1 + R_2}i_{L2} - \frac{R_2}{R_1 + R_2}u_s$$

## 三、编写输出方程的相关说明

（1）编写网络的输出方程也可采用"观察法"，即直接对网络列写基本割集的 KCL 方程和基本回路的 KVL 方程而后解方程组，消去非状态变量从而得到输出方程，这一方法和用观察法编写状态方程时消去非状态变量的做法是完全相同的。由于需解一个多元一次方程组，在网络较复杂、非状态变量较多的情况下，计算的工作量较大。

（2）对同一网络而言，用电源替代法编写状态方程及用电源替代法编写输出方程时，所采用的替代电路是完全一样的，故状态方程、输出方程的编写可同时进行。

（3）观察法一般用于手工计算，而电源替代法既可用于手工编写状态方程，也适用于计算机辅助分析。

## 练习题

14-5　用观察法编写图 14-16 所示网络的输出方程，输出量为 $i_1(t)$ 和 $u_2(t)$。

14-6　用电源替代法编写图 14-17 所示网络的输出方程，输出量为 $i_1(t)$ 和 $i_2(t)$。

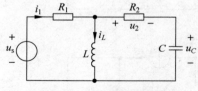

图 14-16　练习题 14-5 电路

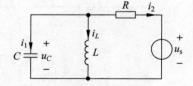

图 14-17　练习题 14-6 电路

## 14.4　状态方程和输出方程的解法

状态方程有时域解法、复频域解法及数值解法等多种解法，这里只介绍状态方程的复频域解法即拉氏变换解法。

## 一、用复频域解法求解状态方程

### 1. 状态方程的 $s$ 域解

线性时不变状态方程的矩阵形式为

$$\dot{\boldsymbol{X}} = \boldsymbol{A}\boldsymbol{X} + \boldsymbol{B}\boldsymbol{f}$$

对上式两边取拉氏变换，有

$$s\boldsymbol{X}(s) - \boldsymbol{X}(0_-) = \boldsymbol{A}\boldsymbol{X}(s) + \boldsymbol{B}\boldsymbol{f}(s) \tag{14-22}$$

或

$$(s\mathbf{1} - \mathbf{A})\mathbf{X}(s) = \mathbf{X}(0_-) + \mathbf{B}\mathbf{f}(s)$$

于是状态方程的 $s$ 域解为

$$\mathbf{X}(s) = (s\mathbf{1} - \mathbf{A})^{-1}[\mathbf{X}(0_-) + \mathbf{B}\mathbf{f}(s)] \tag{14-23}$$

令

$$\mathbf{\Phi}(s) \overset{\text{def}}{=\!=} (s\mathbf{1} - \mathbf{A})^{-1} \tag{14-24}$$

则式(14-23)可写为

$$\mathbf{X}(s) = \mathbf{\Phi}(s)\mathbf{X}(0_-) + \mathbf{\Phi}(s)\mathbf{B}\mathbf{f}(s) \tag{14-25}$$

**2. 状态方程 $s$ 域解的有关说明**

(1) 式(14-25)可写为

$$\mathbf{X}(s) = \mathbf{\Phi}(s)\mathbf{X}(0_-) + \mathbf{\Phi}(s)\mathbf{B}\mathbf{f}(s) = \mathbf{X}_0(s) + \mathbf{X}_1(s) \tag{14-26}$$

式中

$$\mathbf{X}_0(s) = \mathbf{\Phi}(s)\mathbf{X}(0_-) \tag{14-27}$$

$$\mathbf{X}_1(s) = \mathbf{\Phi}(s)\mathbf{B}\mathbf{f}(s) \tag{14-28}$$

$\mathbf{X}_0(s)$ 取决于网络的原始状态向量 $\mathbf{X}(0_-)$，与激励无关，显然 $\mathbf{X}_0(s)$ 是状态向量零输入响应的 $s$ 域表达式；$\mathbf{X}_1(s)$ 取决于网络的激励向量 $\mathbf{f}(s)$，$\mathbf{X}_1(s)$ 是状态向量零状态响应的 $s$ 域表达式。

(2) 对式(14-26)两边取拉氏反变换，便可求得状态方程的时域解，即

$$\mathbf{X}(t) = \mathcal{L}^{-1}[\mathbf{X}(s)] = \mathcal{L}^{-1}[\mathbf{X}_0(s)] + \mathcal{L}^{-1}[\mathbf{X}_1(s)]$$
$$= \mathcal{L}^{-1}[\mathbf{\Phi}(s)\mathbf{X}(0_-)] + \mathcal{L}^{-1}[\mathbf{\Phi}(s)\mathbf{B}\mathbf{f}(s)] \tag{14-29}$$

(3) 式(14-24)所定义的矩阵 $\mathbf{\Phi}(s)$ 称为预解矩阵。可以看出，用拉氏变换法求解状态方程的关键是求取矩阵 $\mathbf{\Phi}(s)$。

**3. 用拉氏变换法解状态方程的步骤**

(1) 求预解矩阵 $\mathbf{\Phi}(s)$。求 $\mathbf{\Phi}(s)$ 是一个计算逆矩阵的过程，即

$$\mathbf{\Phi}(s) = (s\mathbf{1} - \mathbf{A})^{-1} = \frac{1}{|s\mathbf{1} - \mathbf{A}|}\mathbf{\Phi}_r(s) \tag{14-30}$$

式中，$|s\mathbf{1} - \mathbf{A}|$ 为行列式，它是矩阵 $\mathbf{A}$ 的特征多项式，$\mathbf{\Phi}_r(s)$ 为 $[s\mathbf{1} - \mathbf{A}]$ 的伴随矩阵。

(2) 对激励函数向量 $\mathbf{f}(t)$ 作拉氏变换，即

$$\mathbf{f}(s) = \mathcal{L}[\mathbf{f}(t)]$$

(3) 作矩阵乘法 $\mathbf{\Phi}(s)\mathbf{X}(0_-)$ 和 $\mathbf{\Phi}(s)\mathbf{B}\mathbf{f}(s)$，得到状态方程 $s$ 域解的矩阵形式，即式(14-25)。

(4) 对式(14-25)作拉氏反变换，便可求出状态方程时域解的矩阵形式。

**4. 用拉氏变换解状态方程举例**

**例 14-8**　已知一状态方程为

$$\begin{bmatrix} \dfrac{\mathrm{d}u_C}{\mathrm{d}t} \\ \dfrac{\mathrm{d}i_L}{\mathrm{d}t} \end{bmatrix} = \begin{bmatrix} -7 & -2 \\ 6 & 1 \end{bmatrix} \begin{bmatrix} u_C \\ i_L \end{bmatrix}$$

$$\begin{bmatrix} u_C(0_-) \\ i_L(0_-) \end{bmatrix} = \begin{bmatrix} 2 \\ 1 \end{bmatrix}$$

求状态变量向量 $[u_C \quad i_L]^{\mathrm{T}}$。

**解** (1) 求预解矩阵 $\boldsymbol{\Phi}(s)$。有

$$s\mathbf{1}-\boldsymbol{A}=\begin{bmatrix} s & 0 \\ 0 & s \end{bmatrix}-\begin{bmatrix} -7 & -2 \\ 6 & 1 \end{bmatrix}=\begin{bmatrix} s+7 & 2 \\ -6 & s-1 \end{bmatrix}$$

特征多项式为

$$|\,s\mathbf{1}-\boldsymbol{A}\,|=\begin{vmatrix} s+7 & 2 \\ -6 & s-1 \end{vmatrix}=(s+7)(s-1)+12=s^2+6s+5=(s+5)(s+1)$$

预解矩阵的伴预矩阵为

$$\boldsymbol{\Phi}_{\mathrm{r}}(s)=\begin{bmatrix} s-1 & -2 \\ 6 & s+7 \end{bmatrix}$$

则预解矩阵为

$$\boldsymbol{\Phi}(s)=\begin{bmatrix} s\mathbf{1}-\boldsymbol{A} \end{bmatrix}^{-1}=\frac{1}{|\,s\mathbf{1}-\boldsymbol{A}\,|}\boldsymbol{\Phi}_{\mathrm{r}}(s)=\frac{1}{(s+5)(s+1)}\begin{bmatrix} s-1 & -2 \\ 6 & s+7 \end{bmatrix}$$

(2) 由于激励函数为零,则 $f(s)=0$。

(3) 根据式(14-25),得状态方程的 $s$ 域解为

$$\begin{bmatrix} U_C(s) \\ I_L(s) \end{bmatrix}=\boldsymbol{\Phi}(s)\begin{bmatrix} u_C(0_-) \\ i_L(0_-) \end{bmatrix}+\boldsymbol{\Phi}(s)\boldsymbol{B}f(s)=\boldsymbol{\Phi}(s)\begin{bmatrix} u_C(0_-) \\ i_L(0_-) \end{bmatrix}$$

$$=\frac{1}{(s+5)(s+1)}\begin{bmatrix} s-1 & -2 \\ 6 & s+7 \end{bmatrix}\begin{bmatrix} 2 \\ 1 \end{bmatrix}$$

$$=\frac{1}{(s+5)(s+1)}\begin{bmatrix} 2s-4 \\ s+19 \end{bmatrix}=\begin{bmatrix} \dfrac{2s-4}{(s+5)(s+1)} \\ \dfrac{s+19}{(s+5)(s+1)} \end{bmatrix}=\begin{bmatrix} \dfrac{7}{2} \\ s+5 \end{bmatrix}\begin{matrix} -\dfrac{3}{2} \\ s+1 \end{matrix}\begin{bmatrix} -\dfrac{7}{2} \\ s+5 \end{bmatrix}\begin{matrix} +\dfrac{9}{2} \\ s+1 \end{matrix}$$

(4) 作拉氏反变换,可求出状态变量向量为

$$\begin{bmatrix} u_C \\ i_L \end{bmatrix}=\mathcal{L}^{-1}\begin{bmatrix} U_C(s) \\ I_L(s) \end{bmatrix}=\begin{bmatrix} \dfrac{7}{2}\mathrm{e}^{-5t}-\dfrac{2}{3}\mathrm{e}^{-t} \\ -\dfrac{7}{2}\mathrm{e}^{-5t}+\dfrac{9}{2}\mathrm{e}^{-t} \end{bmatrix}$$

**例 14-9** 已知状态方程为

$$\begin{bmatrix} \dfrac{\mathrm{d}x_1}{\mathrm{d}t} \\ \dfrac{\mathrm{d}x_2}{\mathrm{d}t} \end{bmatrix}=\begin{bmatrix} 3 & 3 \\ -4 & -3 \end{bmatrix}\begin{bmatrix} x_1 \\ x_2 \end{bmatrix}+\begin{bmatrix} 2 \\ 0 \end{bmatrix}\delta(t)$$

$$\begin{bmatrix} x_1(0_-) \\ x_2(0_-) \end{bmatrix}=\begin{bmatrix} 1 \\ -1 \end{bmatrix}$$

求状态变量 $x_1(t)$ 和 $x_2(t)$。

**解** (1) 求预解矩阵。$\boldsymbol{A}$ 的特征多项式为

$$|\,s\mathbf{1}-\boldsymbol{A}\,|=\begin{vmatrix} s-3 & -3 \\ 4 & s+3 \end{vmatrix}=(s-3)(s+3)+12=s^2-9+12=s^2+3$$

预解矩阵为

$$\boldsymbol{\Phi}(s) = \frac{1}{|s\mathbf{1}-\boldsymbol{A}|} \boldsymbol{\Phi}_{\mathrm{r}}(s) = \frac{1}{s^2+3} \begin{bmatrix} s+3 & 3 \\ -4 & s-3 \end{bmatrix} = \begin{bmatrix} \dfrac{s+3}{s^2+3} & \dfrac{3}{s^2+3} \\ \dfrac{-4}{s^2+3} & \dfrac{s-3}{s^2+3} \end{bmatrix}$$

(2) 对激励函数作拉氏变换,有

$$f(s) = \mathcal{L}[\delta(t)] = 1$$

(3) 由式(14-25),得状态方程的 $s$ 域解为

$$\begin{bmatrix} x_1(s) \\ x_2(s) \end{bmatrix} = \boldsymbol{\Phi}(s)\boldsymbol{X}(0_-) + \boldsymbol{\Phi}(s)\boldsymbol{B}f(s)$$

$$= \frac{1}{s^2+3} \begin{bmatrix} s+3 & 3 \\ -4 & s-3 \end{bmatrix} \begin{bmatrix} 1 \\ -1 \end{bmatrix} + \frac{1}{s^2+3} \begin{bmatrix} s+3 & 3 \\ -4 & s-3 \end{bmatrix} \begin{bmatrix} 2 \\ 0 \end{bmatrix} \times 1$$

$$= \begin{bmatrix} \dfrac{s}{s^2+3} \\ \dfrac{-s-1}{s^2+3} \end{bmatrix} + \begin{bmatrix} \dfrac{2s+6}{s^2+3} \\ \dfrac{-8}{s^2+3} \end{bmatrix} = \begin{bmatrix} \dfrac{3s+6}{s^2+3} \\ \dfrac{-s-9}{s^2+3} \end{bmatrix} = \begin{bmatrix} \dfrac{\frac{3}{2}+\mathrm{j}\sqrt{3}}{s+\mathrm{j}\sqrt{3}} + \dfrac{\frac{3}{2}-\mathrm{j}\sqrt{3}}{s-\mathrm{j}\sqrt{3}} \\ \dfrac{\frac{1-\mathrm{j}\sqrt{3}}{2}}{s+\mathrm{j}\sqrt{3}} + \dfrac{\frac{1+\mathrm{j}\sqrt{3}}{2}}{s-\mathrm{j}\sqrt{3}} \end{bmatrix}$$

(4) 作拉氏反变换,可得状态方程的时域解为

$$\begin{bmatrix} x_1(t) \\ x_2(t) \end{bmatrix} = \mathcal{L}^{-1} \begin{bmatrix} \dfrac{2.29\underline{/49°}}{s+\mathrm{j}\sqrt{3}} + \dfrac{2.29\underline{/-49°}}{s-\mathrm{j}\sqrt{3}} \\ \dfrac{2.65\underline{/-79°}}{s+\mathrm{j}\sqrt{3}} + \dfrac{2.65\underline{/79°}}{s-\mathrm{j}\sqrt{3}} \end{bmatrix} = \begin{bmatrix} 4.58\cos(\sqrt{3}\,t - 49°) \\ 5.3\cos(\sqrt{3}\,t + 79°) \end{bmatrix} \quad (t \geqslant 0)$$

**5. 解状态方程的有关说明**

(1) 解状态方程可用拉氏变换法和时域解法及数值解法,由于拉氏变换法较为简便,实用中大多用拉氏变换法求解状态方程。

(2) 用拉氏变换法解状态方程的关键是求出预解矩阵中 $\boldsymbol{\Phi}(s)$。求 $\boldsymbol{\Phi}(s)$ 实际上是计算一个逆矩阵,即

$$\boldsymbol{\Phi}(s) = [s\mathbf{1}-\boldsymbol{A}]^{-1} = \frac{1}{|s\mathbf{1}-\boldsymbol{A}|} \boldsymbol{\Phi}_{\mathrm{r}}(s)$$

$|s\mathbf{1}-\boldsymbol{A}|$ 为矩阵 $\boldsymbol{A}$ 的特征多项式,方程 $|s\mathbf{1}-\boldsymbol{A}| = 0$ 的根称为 $\boldsymbol{A}$ 阵的特征值,不难看出,状态变量中零输入响应分量的变化规律是由特征值的性质所决定的;特征值实际就是网络的固有频率。

## 二、输出方程的解法

输出方程可用直接代入法和拉氏变换法求解。

**1. 用直接代入法求解输出方程**

由于输出方程是关于状态变量和激励函数的代数方程,故在求出状态变量的时域解后,可将其直接代入输出方程,通过矩阵的运算而求出输出量。这一方法称为直接代入法。

**例 14-10** 已知某网络的输出方程为

$$\begin{bmatrix} y_1(t) \\ y_2(t) \end{bmatrix} = \begin{bmatrix} 3 & 1 \\ 2 & 1 \end{bmatrix} \begin{bmatrix} x_1(t) \\ x_2(t) \end{bmatrix} + \begin{bmatrix} 3 & 0 \\ 3 & 1 \end{bmatrix} \begin{bmatrix} \dfrac{2}{3} \\ e^{-t} \end{bmatrix}$$

且求得状态变量向量为

$$\begin{bmatrix} x_1(t) \\ x_2(t) \end{bmatrix} = \begin{bmatrix} 2e^{-3t} + 3e^{-5t} + e^{-t} \\ -e^{-3t} + 1 \end{bmatrix}$$

求输出向量。

**解** 将已求得的状态变量向量代入输出方程,可求出输出向量为

$$\begin{bmatrix} y_1(t) \\ y_2(t) \end{bmatrix} = \begin{bmatrix} 3 & 1 \\ 2 & 1 \end{bmatrix} \begin{bmatrix} 2e^{-3t} + 3e^{-5t} + e^{-t} \\ -e^{-3t} + 1 \end{bmatrix} + \begin{bmatrix} 3 & 0 \\ 3 & 1 \end{bmatrix} \begin{bmatrix} \dfrac{2}{3} \\ e^{-t} \end{bmatrix}$$

$$= \begin{bmatrix} 6e^{-3t} + 9e^{-5t} + 3e^{-t} - e^{-3t} + 1 \\ 4e^{-3t} + 6e^{-5t} + 2e^{-t} - e^{-3t} + 1 \end{bmatrix} + \begin{bmatrix} 2 \\ 2 + e^{-t} \end{bmatrix}$$

$$= \begin{bmatrix} 5e^{-3t} + 9e^{-5t} + 3e^{-t} + 3 \\ 3e^{-3t} + 6e^{-5t} + 3e^{-t} + 3 \end{bmatrix}$$

**2. 用拉氏变换法求解输出方程**

$$\boldsymbol{Y}(t) = \boldsymbol{C}\boldsymbol{X}(t) + \boldsymbol{D}\boldsymbol{f}(t)$$

对上式两边取拉氏变换,有

$$\boldsymbol{Y}(s) = \boldsymbol{C}\boldsymbol{X}(s) + \boldsymbol{D}\boldsymbol{f}(s) \tag{14-31}$$

将状态变量的 $s$ 域解式(14-25)代入上式,有

$$\boldsymbol{Y}(s) = \boldsymbol{C}\big[\boldsymbol{\Phi}(s)\boldsymbol{X}(0_-) + \boldsymbol{\Phi}(s)\boldsymbol{B}\boldsymbol{f}(s)\big] + \boldsymbol{D}\boldsymbol{f}(s)$$

$$= \boldsymbol{C}\boldsymbol{\Phi}(s)\boldsymbol{X}(0_-) + \big[\boldsymbol{C}\boldsymbol{\Phi}(s)\boldsymbol{B} + \boldsymbol{D}\big]\boldsymbol{f}(s) = \boldsymbol{Y}_0(s) + \boldsymbol{Y}_1(s) \tag{14-32}$$

式中

$$\boldsymbol{Y}_0(s) = \boldsymbol{C}\boldsymbol{\Phi}(s)\boldsymbol{X}(0_-) \tag{14-33}$$

$$\boldsymbol{Y}_1(s) = \big[\boldsymbol{C}\boldsymbol{\Phi}(s)\boldsymbol{B} + \boldsymbol{D}\big]\boldsymbol{f}(s) \tag{14-34}$$

$\boldsymbol{Y}_0(s)$ 只取决于原始状态,与激励无关,为零输入响应;$\boldsymbol{Y}_1(s)$ 只取决于激励,与原始状态无关,为零状态响应。

根据式(14-32),可在不必求出状态变量的情况下,直接求得输出向量的象函数。对式(14-32)可取拉氏反变换,得输出向量的时域表达式为

$$\boldsymbol{Y}(t) = \mathcal{L}^{-1}\big[\boldsymbol{Y}(s)\big] = \mathcal{L}^{-1}\big[\boldsymbol{Y}_0(s)\big] + \mathcal{L}^{-1}\big[\boldsymbol{Y}_1(s)\big] \tag{14-35}$$

**例 14-11** 已知某网络的状态方程为

$$\begin{cases} \begin{bmatrix} \dfrac{\mathrm{d}x_1}{\mathrm{d}t} \\ \dfrac{\mathrm{d}x_2}{\mathrm{d}t} \end{bmatrix} = \begin{bmatrix} -3 & 2 \\ 1 & -2 \end{bmatrix} \begin{bmatrix} x_1 \\ x_2 \end{bmatrix} + \begin{bmatrix} 2 \\ 1 \end{bmatrix} \varepsilon(t) \\[4mm] \begin{bmatrix} x_1(0_-) \\ x_2(0_-) \end{bmatrix} = 0 \end{cases}$$

输出方程为

$$\begin{bmatrix} y_1(t) \\ y_2(t) \end{bmatrix} = \begin{bmatrix} 3 & 0 \\ 1 & 4 \end{bmatrix} \begin{bmatrix} x_1 \\ x_2 \end{bmatrix} + \begin{bmatrix} -1 \\ 2 \end{bmatrix} \varepsilon(t)$$

试求输出量 $y_1(t)$ 和 $y_2(t)$。

**解** 由于不必求状态变量，因此可根据式（14-32）直接求出输出量的象函数。因 $\boldsymbol{X}(0_-)=0$，故 $\boldsymbol{Y}_0(s)=0$，于是有

$$\boldsymbol{Y}(s)=\boldsymbol{Y}_1(s)=[\boldsymbol{C\Phi}(s)\boldsymbol{B}+\boldsymbol{D}]f(s)$$

先计算预解矩阵 $\boldsymbol{\Phi}(s)$，应注意 $\boldsymbol{\Phi}(s)$ 是根据状态方程的 $\boldsymbol{A}$ 矩阵计算的。特征多项式为

$$|s\boldsymbol{1}-\boldsymbol{A}|=\begin{vmatrix} s+3 & -2 \\ -1 & s+2 \end{vmatrix}=(s+3)(s+2)-2=s^2+5s+4=(s+4)(s+1)$$

预解矩阵为

$$\boldsymbol{\Phi}(s)=\frac{1}{|s\boldsymbol{1}-\boldsymbol{A}|}\boldsymbol{\Phi}_r(s)=\frac{1}{(s+4)(s+1)}\begin{bmatrix} s+2 & 2 \\ 1 & s+3 \end{bmatrix}$$

$$=\begin{bmatrix} \dfrac{\frac{2}{3}}{s+4}+\dfrac{\frac{1}{3}}{s+1} & -\dfrac{\frac{2}{3}}{s+4}+\dfrac{\frac{2}{3}}{s+1} \\[3mm] -\dfrac{\frac{1}{3}}{s+4}+\dfrac{\frac{1}{3}}{s+1} & \dfrac{\frac{1}{3}}{s+4}+\dfrac{\frac{2}{3}}{s+1} \end{bmatrix}$$

于是输出量的象函数为

$$\boldsymbol{Y}(s)=[\boldsymbol{C\Phi}(s)\boldsymbol{B}+\boldsymbol{D}]f(s)$$

$$=\begin{bmatrix} 3 & 0 \\ 1 & 4 \end{bmatrix}\begin{bmatrix} \dfrac{\frac{2}{3}}{s+4}+\dfrac{\frac{1}{3}}{s+1} & -\dfrac{\frac{2}{3}}{s+4}+\dfrac{\frac{2}{3}}{s+1} \\[3mm] -\dfrac{\frac{1}{3}}{s+4}+\dfrac{\frac{1}{3}}{s+1} & \dfrac{\frac{1}{3}}{s+4}+\dfrac{\frac{2}{3}}{s+1} \end{bmatrix}\begin{bmatrix} 2 \\ 1 \end{bmatrix}\frac{1}{s}+\begin{bmatrix} -1 \\ 2 \end{bmatrix}\frac{1}{s}$$

$$=\begin{bmatrix} \dfrac{2}{s+4}+\dfrac{4}{s+1} \\[3mm] -\dfrac{2}{3(s+4)}+\dfrac{20}{3(s+1)} \end{bmatrix}\frac{1}{s}+\begin{bmatrix} -1 \\ 2 \end{bmatrix}\frac{1}{s}$$

$$=\begin{bmatrix} \dfrac{2}{s(s+4)}+\dfrac{4}{s(s+1)}-\dfrac{1}{s} \\[3mm] \dfrac{-2}{3s(s+4)}+\dfrac{20}{3(s+1)s}+\dfrac{2}{s} \end{bmatrix}=\begin{bmatrix} \dfrac{7}{2s}-\dfrac{1}{2(s+4)}-\dfrac{4}{s+1} \\[3mm] \dfrac{17}{3s}+\dfrac{1}{6(s+4)}-\dfrac{20}{3(s+1)} \end{bmatrix}$$

作拉氏反变换，可得输出向量为

$$\begin{bmatrix} y_1(t) \\ y_2(t) \end{bmatrix}=\mathcal{L}^{-1}[\boldsymbol{Y}(s)]=\begin{bmatrix} \dfrac{7}{2}-\dfrac{1}{2}\mathrm{e}^{-4t}-4\mathrm{e}^{-t} \\[3mm] \dfrac{17}{3}+\dfrac{1}{6}\mathrm{e}^{-4t}-\dfrac{20}{3}\mathrm{e}^{-t} \end{bmatrix}\varepsilon(t)$$

**3. 求解输出方程的相关说明**

（1）当既需求状态变量又需求输出量时，用直接代入法求输出量较为便利，即先解状态

方程,求得状态变量后,将其代入输出方程的时域表达式,求出输出量。

(2) 若只需求输出量时,可根据式(14-32),用拉氏变换法解输出方程。当然,也可先解状态方程,再求输出量。

(3) 由输出方程可求出网络函数。注意到网络函数对应的是零状态网络,则式(14-32)中 $Y_0(s)=0$,且网络中只有一个输出和一个激励,于是有

$$Y(s)=[C\boldsymbol{\Phi}(s)B+D]f(s)$$

则网络函数为

$$H(s)=\frac{Y(s)}{f(s)}=C\boldsymbol{\Phi}(s)B+D \tag{14-36}$$

由此可见,无论是解状态方程、解出方程,还是求网络函数,必要且重要的一步是求取预解矩阵 $\boldsymbol{\Phi}(s)$,因此必须熟练地掌握求 $\boldsymbol{\Phi}(s)$ 矩阵的方法。

## 14.5 例题分析

**例 14-12** 电路如图 14-18(a)所示,试编写其矩阵形式的状态方程,状态变量为电容电荷和电感磁链。

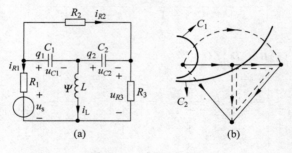

图 14-18 例 14-12 图

**解** 用观察法建立状态方程。选一棵"常态树"如图 14-18(b)所示。对电容树支的基本割集和电感连支的基本回路分别建立 KCL 方程和 KVL 方程,有

$$\begin{cases} \dfrac{\mathrm{d}q_1}{\mathrm{d}t}=-i_{R1}-i_{R2} \\[2mm] \dfrac{\mathrm{d}q_2}{\mathrm{d}t}=-i_L-i_{R1}-i_{R2} \\[2mm] \dfrac{\mathrm{d}\Psi}{\mathrm{d}t}=u_{C2}+u_{R2} \end{cases} \tag{①}$$

上述方程中 $i_{R1}$、$i_{R2}$、$u_{R3}$ 为非状态变量,列写 $R_1$ 连支、$R_2$ 连支的基本回路 KVL 及 $R_3$ 树支的基本割集的 KCL 方程,有

$$\begin{cases} R_1 i_{R1}+u_s-u_{R3}-u_{C1}-u_{C2}=0 \\ R_2 i_{R2}-u_{C1}-u_{C2}=0 \\ i_{R1}+i_L+u_{R3}/R_3=0 \end{cases}$$

从上述方程中解出各非状态变量为

$$
\begin{cases}
i_{R1} = \dfrac{u_{C1} + u_{C2} - i_L}{R_1 + R_3} + \dfrac{R_3}{R_1(R_1 + R_3)}u_s \\[3mm]
i_{R2} = \dfrac{u_{C1} + u_{C2}}{R_2} \\[3mm]
u_{R3} = -\dfrac{R_3}{R_1 + R_3}(u_{C1} + u_{C2} + i_L) + \dfrac{R_3}{R_1 + R_3}u_s
\end{cases}
\qquad ②
$$

将②式代入方程①,经整理后可得矩阵形式的状态方程为

$$
\begin{bmatrix} \dfrac{\mathrm{d}q_1}{\mathrm{d}t} \\[3mm] \dfrac{\mathrm{d}q_2}{\mathrm{d}t} \\[3mm] \dfrac{\mathrm{d}\Psi}{\mathrm{d}t} \end{bmatrix}
=
\begin{bmatrix}
-\dfrac{R_1 + R_2 + R_3}{C_1 R_2(R_1 + R_2)} & -\dfrac{R_1 + R_2 + R_3}{C_1 R_2(R_1 + R_3)} & \dfrac{R_3}{L(R_1 + R_3)} \\[4mm]
-\dfrac{R_1 + R_2 + R_3}{C_2 R_2(R_1 + R_3)} & -\dfrac{R_1 + R_2 + R_3}{C_2 R_2(R_1 + R_3)} & -\dfrac{R_1}{L(R_1 + R_3)} \\[4mm]
-\dfrac{R_3}{C_1(R_1 + R_3)} & \dfrac{R_1}{C_2(R_1 + R_3)} & -\dfrac{R_1 R_3}{L(R_1 + R_3)}
\end{bmatrix}
\begin{bmatrix} q_1 \\[3mm] q_2 \\[3mm] \Psi \end{bmatrix}
+
\begin{bmatrix} \dfrac{1}{R_1 + R_3} \\[3mm] \dfrac{1}{R_1 + R_3} \\[3mm] \dfrac{R_3}{R_1 + R_3} \end{bmatrix} u_s
$$

**例 14-13** 试编写图 14-19(a)所示电路标准形式的状态方程。

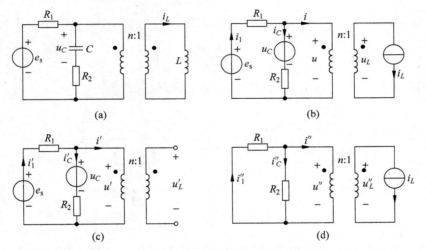

图 14-19 例 14-13 图

**解** 用电源替代法编写状态方程。尽管电路中含有一个理想变压器,但处理方法和不含变压器的网络基本相同,只需将理想变压器的特性方程结合进去即可。做出替代后的电路如图 14-19(b)所示,由此电路求出 $i_C$ 和 $u_L$,用叠加定理求解。先让电压源作用,将电流源 $i_L$ 置零,电路如图 14-19(c)所示。显然有

$$i' = 0$$

$$i'_C = \frac{e_s - u_C}{R_1 + R_2} = -\frac{u_C}{R_1 + R_2} + \frac{e_s}{R_1 + R_2}$$

$$u' = u_C + R_2 i'_C = \frac{R_1}{R_1 + R_2}u_C + \frac{R_2}{R_1 + R_2}e_s$$

$$u'_L = \frac{1}{n}u' = \frac{R_1}{n(R_1 + R_2)}u_C + \frac{R_2}{n(R_1 + R_2)}e_s$$

再让电流源单独作用,电路如图 14-19(d)所示,求出

$$i'' = \frac{1}{n} i_L$$

$$i''_C = -\frac{R_1}{R_1 + R_2} i'' = -\frac{R_1}{n(R_1 + R_2)} i_L$$

$$u'' = R_2 i''_C = -\frac{R_1 R_2}{n(R_1 + R_2)} i_L$$

$$u''_L = \frac{1}{n} u'' = -\frac{R_1 R_2}{n^2 (R_1 + R_2)} i_L$$

于是有

$$i_C = i'_C + i''_C = -\frac{1}{R_1 + R_2} u_C - \frac{R_1}{n(R_1 + R_2)} i_L + \frac{1}{R_1 + R_2} e_s$$

$$u_L = u'_L + u''_L = \frac{R_1}{n(R + R_{12})} u_C - \frac{R_1 R_2}{n^2 (R_1 + R_2)} i_L + \frac{R_2}{n(R_1 + R_2)} e_s$$

所求状态方程为

$$\begin{bmatrix} \dfrac{\mathrm{d}u_C}{\mathrm{d}t} \\[2mm] \dfrac{\mathrm{d}i_L}{\mathrm{d}t} \end{bmatrix} = \begin{bmatrix} -\dfrac{1}{(R_1 + R_2)C} & -\dfrac{R_1}{n(R_1 + R_2)C} \\[2mm] \dfrac{R_1}{n(R_1 + R_2)L} & -\dfrac{R_1 R_2}{n^2 (R_1 + R_2)L} \end{bmatrix} \begin{bmatrix} u_C \\[2mm] i_L \end{bmatrix} + \begin{bmatrix} \dfrac{1}{(R_1 + R_2)C} \\[2mm] \dfrac{R_2}{n(R_1 + R_2)L} \end{bmatrix} e_s$$

**例 14-14**　试编写图 14-20(a)所示网络的状态方程。

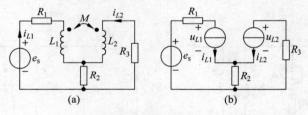

图 14-20　例 14-14 图

**解**　这是一个含有互感的电路,用电源替代法编写状态方程。做出替代后的电路如图 14-20(b)所示,由此电路求出 $u_{L1}$ 和 $u_{L2}$,根据 KCL 和 KVL,有

$$u_{L1} = -R_2(i_L + i_{L2}) - R_1 i_{L1} + e_s = -(R_1 + R_2) i_{L1} - R_2 i_{L2} + e_s \qquad ①$$

$$u_{L2} = -(i_{L1} + i_{L2})R_2 - R_3 i_{L2} = -R_2 i_{L1} - (R_2 + R_3) i_{L2} \qquad ②$$

必须注意,互感元件两线圈的电压为

$$u_{L1} = L_1 \frac{\mathrm{d}i_{L1}}{\mathrm{d}t} + M \frac{\mathrm{d}i_{L2}}{\mathrm{d}t} \qquad ③$$

$$u_{L2} = M \frac{\mathrm{d}i_{L1}}{\mathrm{d}t} + L_2 \frac{\mathrm{d}i_{L2}}{\mathrm{d}t} \qquad ④$$

将③、④两式分别代入①、②两式,得

$$L_1 \frac{\mathrm{d}i_{L1}}{\mathrm{d}t} + M \frac{\mathrm{d}i_{L2}}{\mathrm{d}t} = -(R_1 + R_2) i_{L1} - R_2 i_{L2} + e_s \qquad ⑤$$

$$M \frac{\mathrm{d}i_{L1}}{\mathrm{d}t} + L_2 \frac{\mathrm{d}i_{L2}}{\mathrm{d}t} = -R_2 i_{L1} - (R_2 + R_3) i_{L2} \qquad ⑥$$

由⑥式得

$$\frac{\mathrm{d}i_{L2}}{\mathrm{d}t} = -\frac{M}{L_2}\frac{\mathrm{d}i_{L1}}{\mathrm{d}t} - \frac{R_2}{L_2}i_{L1} - \frac{R_2 + R_3}{L_3}i_{L2} \qquad ⑦$$

将⑦式代入⑤式，整理后得

$$\frac{\mathrm{d}i_{L1}}{\mathrm{d}t} = \frac{1}{L_1 L_2 - M^2}\{[MR_2 - L_2(R_1 + R_2)]i_{L1} + [M(R_2 + R_3) - L_2 R_2]i_{L2} + L_2 e_s\}$$

由⑤式得

$$\frac{\mathrm{d}i_{L1}}{\mathrm{d}t} = -\frac{M}{L_1}\frac{\mathrm{d}i_{L2}}{\mathrm{d}t} - \frac{R_1 + R_2}{L_1}i_{L1} - \frac{R_2}{L_1}i_{L2} + \frac{1}{L_1}e_s \qquad ⑧$$

将⑧式代入⑥式，整理后得

$$\frac{\mathrm{d}i_{L2}}{\mathrm{d}t} = \frac{1}{L_1 L_2 - M^2}\{[M(R_1 + R_2) - L_1 R_2]i_{L1} + [MR_2 - L_1(R_2 + R_3)]i_{L2} - M e_s\}$$

于是矩阵形式的状态方程为

$$\begin{bmatrix} \dfrac{\mathrm{d}i_{L1}}{\mathrm{d}t} \\[2mm] \dfrac{\mathrm{d}i_{L2}}{\mathrm{d}t} \end{bmatrix} = \begin{bmatrix} \dfrac{MR_2 - L_2(R_1 + R_2)}{\Delta} & \dfrac{M(R_2 + R_3) - L_2 R_2}{\Delta} \\[3mm] \dfrac{M(R_1 + R_2) - L_1 R_2}{\Delta} & \dfrac{MR_2 - L_1(R_2 + R_3)}{\Delta} \end{bmatrix} \times \begin{bmatrix} i_{L1} \\ i_{L2} \end{bmatrix} + \begin{bmatrix} \dfrac{L_2}{\Delta} \\[2mm] -\dfrac{M}{\Delta} \end{bmatrix} e_s$$

式中

$$\Delta = L_1 L_2 - M^2$$

**例 14-15** 已知图 14-21(a)所示网络的状态方程为

$$\begin{bmatrix} \dfrac{\mathrm{d}u_{C1}}{\mathrm{d}t} \\[2mm] \dfrac{\mathrm{d}u_{C2}}{\mathrm{d}t} \end{bmatrix} = \begin{bmatrix} -1 & -1 \\ -0.5 & -1.5 \end{bmatrix}\begin{bmatrix} u_{C1} \\ u_{C2} \end{bmatrix} + \begin{bmatrix} 1 \\ 0.5 \end{bmatrix} e_s$$

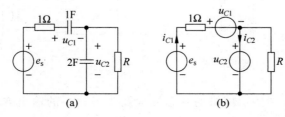

图 14-21 例 14-15 图

试确定网络中 $R$ 之值。

**解** 将电容元件用电源替代后的网络如图 14-21(b)所示。由 KCL 及 KVL 易得出

$$i_{C1} = \frac{e_s - u_{C1} - u_{C2}}{1} = -u_{C1} - u_{C2} + e_s$$

$$i_{C2} = i_{C1} - \frac{u_{C2}}{R} = -u_{C1} - \left(1 + \frac{1}{R}\right)u_{C2} + e_s$$

则状态方程为

$$\begin{bmatrix} \dfrac{\mathrm{d}u_{C1}}{\mathrm{d}t} \\ \dfrac{\mathrm{d}u_{C2}}{\mathrm{d}t} \end{bmatrix} = \begin{bmatrix} -1 & -1 \\ -\dfrac{1}{2} & -\dfrac{1}{2}\left(1+\dfrac{1}{R}\right) \end{bmatrix} \begin{bmatrix} u_{C1} \\ u_{C2} \end{bmatrix} + \begin{bmatrix} 1 \\ -\dfrac{1}{2} \end{bmatrix} e_s$$

与题给状态方程比较,可得

$$-\frac{1}{2}\left(1+\frac{1}{R}\right) = -1.5, \quad R = 0.5\,\Omega$$

## 习题

14-1 列写题 14-1 图所示网络的状态方程。

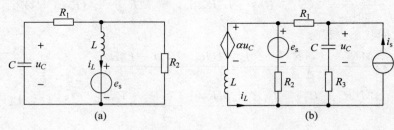

题 14-1 图

14-2 试写题 14-2 图所示网络的状态方程。

14-3 以电容电荷和电感磁链为状态变量,写出题 14-3 图所示网络的状态方程。

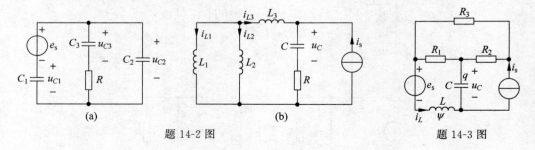

题 14-2 图          题 14-3 图

14-4 写出题 14-4 图所示网络的状态方程及关于 $u$、$i$ 的输出方程,并求网络的固有频率。

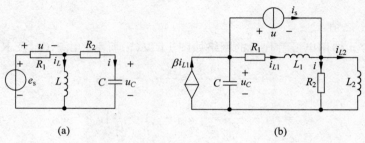

题 14-4 图

14-5　求解下列状态方程。

(1) $\begin{bmatrix} \dot{x}_1 \\ \dot{x}_2 \end{bmatrix} = \begin{bmatrix} -1 & 1 \\ 0 & -2 \end{bmatrix} \begin{bmatrix} x_1 \\ x_2 \end{bmatrix} + \begin{bmatrix} 1 & 1 \\ 0 & 1 \end{bmatrix} \begin{bmatrix} \varepsilon(t) \\ \delta(t) \end{bmatrix}$，且 $\begin{bmatrix} x_1(0_-) \\ x_2(0_-) \end{bmatrix} = \begin{bmatrix} 1 \\ 2 \end{bmatrix}$

(2) $\begin{bmatrix} \dot{x}_1 \\ \dot{x}_2 \end{bmatrix} = \begin{bmatrix} -12 & \dfrac{2}{3} \\ -36 & -1 \end{bmatrix} \begin{bmatrix} x_1 \\ x_2 \end{bmatrix} + \begin{bmatrix} \dfrac{1}{3} \\ 1 \end{bmatrix} \varepsilon(t)$，且 $\begin{bmatrix} x_1(0_-) \\ x_2(0_-) \end{bmatrix} = \begin{bmatrix} 2 \\ 1 \end{bmatrix}$

14-6　列写题 14-6 图所示电路的状态方程。若电路中 $u_s(t) = 12\varepsilon(t)\mathrm{V}$，$u_C(0_-) = 1\mathrm{V}$，$i_L(0_-) = 2\mathrm{A}$，解状态方程求出 $u_C(t)$ 和 $i_L(t)$。

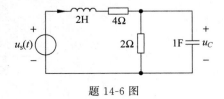

题 14-6 图

14-7　列写题 14-7 图所示网络的状态方程并求解，已知 $u_C(0) = 5\mathrm{V}$，$i_L(0) = 2\mathrm{A}$。

14-8　在题 14-8 图所示电路中，已知 $R_1 = 1\Omega$，$R_2 = 2\Omega$，$L = 0.1\mathrm{H}$，$C = 0.5\mathrm{F}$，$e_s = 0.1\mathrm{e}^{-5t}\varepsilon(t)$，且电路处于零状态。试列写状态方程及关于 $i$ 的输出方程并求解。

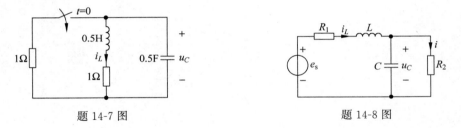

题 14-7 图　　　　　　　　　　题 14-8 图

14-9　试列写题 14-9 图所示网络的状态方程，并求出两网络的固有频率。

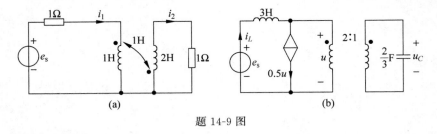

(a)　　　　　　　　　　(b)

题 14-9 图

14-10　零状态电路如题 14-10 图所示，试列写该电路的状态方程，并用复频域法求解状态方程，求出响应 $i_{L1}(t)$，$i_{L2}(t)$。

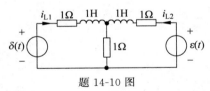

题 14-10 图

14-11　电路如题 14-11 图所示,已知 $\beta=2,R=4\Omega,C=0.5\text{F},L_1=3\text{H},L_2=1\text{H},M=1\text{H},e_s=2\text{e}^{-2t}\text{V}$,试列写该电路的状态方程。

14-12　对题 14-12 图所示网络,(1)写出状态方程及关于 $i_1$ 和 $i_2$ 的输出方程;(2)求出网络的固有频率;(3)如何选配一组初始状态,使得网络的零输入响应仅含最小的固有频率;(4)在 $t=0$ 时,网络有 1J 的能量,如何选配一组初始状态,使得网络的零输入响应中仅含最大固有频率。

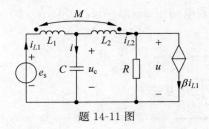
题 14-11 图

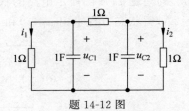
题 14-12 图

# 第 15 章

# 双 口 网 络

**本章提要**

双口网络是典型且常见的多端网络。在工程技术中,通常是从端口特性即端口电压、电流之间关系的角度来研究双口网络的问题。

本章的主要内容有:双口网络的方程和参数;双口网络参数间的关系;双口网络的等效电路;复合双口网络;有载双口网络;回转器与负阻抗变换器等。

## 15.1 双口网络及其方程

具有多个引出端钮的网络称为多端网络。在许多情况下,人们对多端网络的内部情况并不感兴趣,所关心和研究的是网络的各引出端钮上电压、电流的相互关系,即所谓的端口特性。本章主要讨论常见且在工程实际中有着重要应用的多端网络——双口网络。

### 一、多端网络端口的定义

多端网络的引出端钮一般以成对的方式出现。若在任何情况下流入一个端钮的电流均从另一个端钮流出,则这样的一对端钮称为一个端口,这一概念曾在第 2 章予以表述。如图 15-1 所示的四端网络,若在任何时刻均有 $i_1 = -i_3$,则端钮 1 和 3 构成一个端口,否则两者不可称为是一个端口。

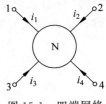

图 15-1　四端网络

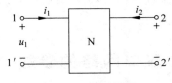

图 15-2　双口网络

### 二、双口网络及其端口变量

**1. 双口网络**

形成两个端口的四端网络为双口网络。显然,双口网络是四端网络的特例。双口网络一般用图 15-2 所示的图形来表示。通常把双口网络中接输入信号的端口称为输入端口,把用于输出信号的端口称作输出端口。

双口网络 N 可以由任意的元件构成。本章只讨论松弛的双口网络,即由线性时不变元件构成的且不含独立电源及动态元件的初始储能为零的双口网络。

**2. 双口网络的端口变量及其参考方向**

通常人们所关心的是双口网络的端口特性,即两个端口上电压和电流的关系。把端口的电压、电流称为双口网络的端口变量,这样,双口网络的端口变量一共是四个。

我们约定在今后的讨论中,双口网络在端口处接支路加以考察时,每一端口的电压、电流均采用图 15-2 所示的参考方向,即每一端口的电流均从电压的正极性端流入网络。

## 三、双口网络的方程

双口网络的端口特性是用双口网络方程来表示的。在双口网络方程中把四个端口变量中的两个变量表示为另两个变量的函数。譬如可以把图 15-2 中的两个端口电压用两个端口电流来表示,即把两个端口电流当作已知电流源的输出,把两个端口电压作为响应,如图 15-3 所示。由于 N 为线性无独立电源的网络,根据叠加定理,不失一般性,可得到下述 $s$ 域中的方程组:

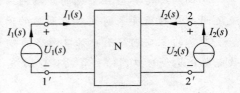

图 15-3　$Z$ 参数方程的导出

$$\begin{cases} U_1(s) = K_1(s)I_1(s) + K_2(s)I_2(s) \\ U_2(s) = K_3(s)I_1(s) + K_4(s)I_2(s) \end{cases} \tag{15-1}$$

该方程组中的系数 $K_1(s)$、$K_2(s)$、$K_3(s)$ 和 $K_4(s)$ 均是 $s$ 的函数,它们只和 N 的结构、元件参数有关。这些系数均具有阻抗的量纲,故式(15-1)又可写为

$$\begin{cases} U_1(s) = Z_{11}(s)I_1(s) + Z_{12}(s)I_2(s) \\ U_2(s) = Z_{21}(s)I_1(s) + Z_{22}(s)I_2(s) \end{cases} \tag{15-2}$$

上式中的系数 $Z_{11}(s)$、$Z_{12}(s)$、$Z_{21}(s)$ 和 $Z_{22}(s)$ 称为双口网络的 $Z$ 参数,相应地,式(15-2)被称为双口网络的 $Z$ 参数方程。可以看出,若 $Z$ 参数为已知,只要知道两个端口的电流,根据式(15-2)便可求出两个端口的电压。

按照类似的方法,将四个端口变量进行不同的组合,可得到六种形式的双口网络方程。这些方程中的系数均称为双口网络的参数,并冠以相应的名称。下面将讨论各种双口网络参数及其求取方法。

## 15.2　双口网络的参数

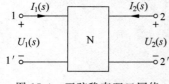

图 15-4　正弦稳态双口网络

共有六种形式的双口网络方程,对应的有六种双口网络参数。下面只讨论最常用的四种参数,即 $Z$ 参数、$Y$ 参数、$H$ 参数和 $T$ 参数。不失一般性,我们的讨论均针对图 15-4 所示的正弦稳态双口网络进行,并把端口 1-1′ 称为输入端口,端口 2-2′ 称为输出端口。

## 一、Z 参数

### 1. Z 参数方程

若选两个端口电压 $U_1(s)$ 和 $U_2(s)$ 为应变量,两个端口电流 $I_1(s)$ 和 $I_2(s)$ 为自变量,则得到的双口网络方程便是 Z 参数方程,即

$$\begin{cases} U_1(s) = Z_{11}(s)I_1(s) + Z_{12}(s)I_2(s) \\ U_2(s) = Z_{21}(s)I_1(s) + Z_{22}(s)I_2(s) \end{cases} \tag{15-3}$$

式(15-3)可写成矩阵形式

$$\begin{bmatrix} U_1(s) \\ U_2(s) \end{bmatrix} = \begin{bmatrix} Z_{11}(s) & Z_{12}(s) \\ Z_{21}(s) & Z_{22}(s) \end{bmatrix} \begin{bmatrix} I_1(s) \\ I_2(s) \end{bmatrix} \tag{15-4}$$

或

$$\boldsymbol{U}(s) = \boldsymbol{Z}(s)\boldsymbol{I}(s) \tag{15-5}$$

式中,$\boldsymbol{Z}(s) = \begin{bmatrix} Z_{11}(s) & Z_{21}(s) \\ Z_{21}(s) & Z_{22}(s) \end{bmatrix}$ 称为 Z 参数矩阵。

在正弦稳态情况下,Z 参数方程可写为相量形式

$$\begin{cases} \dot{U}_1 = Z_{11}\dot{I}_1 + Z_{12}\dot{I}_2 \\ \dot{U}_2 = Z_{21}\dot{I}_1 + Z_{22}\dot{I}_2 \end{cases}$$

### 2. 确定 Z 参数的方法

根据 Z 参数方程,不难得到确定(计算)双口网络 Z 参数的方法。在式(15-3)中,若令 $I_2(s)=0$,可得到

$$Z_{11}(s) = \frac{U_1(s)}{I_1(s)} \bigg|_{I_2(s)=0} \tag{15-6}$$

$$Z_{21}(s) = \frac{U_2(s)}{I_1(s)} \bigg|_{I_2(s)=0} \tag{15-7}$$

式(15-6)表明,参数 $Z_{11}(s)$ 是输出端口电流 $I_2(s)$ 为零时的输入端口的电压与电流之比。这说明可在输出端口开路的情况下,用在输入端口加电流源求输入端口电压的方法求得 $Z_{11}(s)$。式(15-7)表明,参数 $Z_{21}(s)$ 是输出端口电流 $I_2(s)$ 为零时的输出端口的电压与输入端口的电流之比。因此,可在输出端口开路的情况下,用在输入端口加电流源求输出端口电压的方法求得 $Z_{21}(s)$。

在式(15-3)中,若令 $I_1(s)=0$,可得到

$$Z_{12}(s) = \frac{U_1(s)}{I_2(s)} \bigg|_{I_1(s)=0} \tag{15-8}$$

$$Z_{22}(s) = \frac{U_2(s)}{I_2(s)} \bigg|_{I_1(s)=0} \tag{15-9}$$

式(15-8)和式(15-9)表明,可在输入端口开路的情况下,用在输出端口加电流源分别求输入端口电压和输出端口电压的方法求得 $Z_{12}(s)$ 和 $Z_{22}(s)$。

由于 Z 参数均可在双口网络某一个端口开路的情况下予以确定,故又将 Z 参数称为开

路阻抗参数。

确定 $Z$ 参数的具体方法如下：

（1）将输出端口开路，在输入端口施加一单位电流源 $I_1(s)=1\mathrm{A}$，求出两个端口的电压 $U_1(s)$ 和 $U_2(s)$，则

$$Z_{11}(s) = \frac{U_1(s)}{I_1(s)}\bigg|_{I_2(s)=0} = U_1(s)\big|_{I_2(s)=0}$$

$$Z_{21}(s) = \frac{U_2(s)}{I_1(s)}\bigg|_{I_2(s)=0} = U_2(s)\big|_{I_2(s)=0}$$

（2）将输入端口开路，在输出端口施加一单位电流源 $I_2(s)=1\mathrm{A}$，求出两个端口的电压 $U_1(s)$ 和 $U_2(s)$，则

$$Z_{12}(s) = \frac{U_1(s)}{I_2(s)}\bigg|_{I_1(s)=0} = U_1(s)\big|_{I_1(s)=0}$$

$$Z_{22}(s) = \frac{U_2(s)}{I_2(s)}\bigg|_{I_1(s)=0} = U_2(s)\big|_{I_1(s)=0}$$

**例 15-1** 如图 15-5(a)所示双口网络，试确定其 $s$ 域中的 $Z$ 参数，并写出 $Z$ 参数方程。

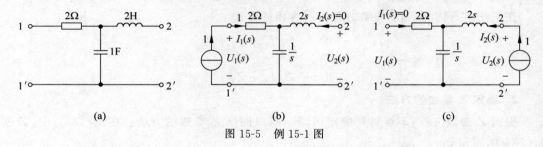

图 15-5　例 15-1 图

**解**　先将输出端口开路，做出松弛网络的运算模型，在输入端口施加单位电流源如图 15-5(b)所示，可求得

$$U_1(s)\big|_{I_2(s)=0} = \left(2+\frac{1}{s}\right)I_1(s) = \left(2+\frac{1}{s}\right) = Z_{11}(s)$$

$$U_2(s)\big|_{I_2(s)=0} = \frac{1}{s}I_1(s) = \frac{1}{s} = Z_{21}(s)$$

再将输入端口开路，在输出端口施加单位电流源如图 15-5(c)所示，可求得

$$U_1(s)\big|_{I_1(s)=0} = \frac{1}{s}I_2(s) = \frac{1}{s} = Z_{12}(s)$$

$$U_2(s)\big|_{I_1(s)=0} = \left(2s+\frac{1}{s}\right)I_2(s) = \left(2s+\frac{1}{s}\right) = Z_{22}(s)$$

所求 $Z$ 参数方程为

$$\begin{cases} U_1(s) = \left(2+\dfrac{1}{s}\right)I_1(s) + \dfrac{1}{s}I_2(s) \\ U_2(s) = \dfrac{1}{s}I_1(s) + \left(2s+\dfrac{1}{s}\right)I_2(s) \end{cases}$$

此题也可直接根据电路写出其 $Z$ 参数方程后获得 $Z$ 参数。由运算电路，将两个端口的电压用两个端口的电流表示，可得

$$\begin{cases} U_1(s) = 2I_1(s) + \dfrac{1}{s}\left[I_1(s) + I_2(s)\right] = \left(2 + \dfrac{1}{s}\right)I_1(s) + \dfrac{1}{s}I_2(s) \\[3mm] U_2(s) = 2sI_2(s) + \dfrac{1}{s}\left[I_1(s) + I_2(s)\right] = \dfrac{1}{s}I_1(s) + \left(2s + \dfrac{1}{s}\right)I_2(s) \end{cases}$$

由此得到的 $Z$ 参数方程和 $Z$ 参数与前面相同。在许多情况下,直接写出双口网络的方程而得到相应参数比按定义式求取参数可能要简便。

**例 15-2** 如图 15-6(a)所示双口网络,试确定其 $Z$ 参数及写出 $Z$ 参数方程的矩阵形式。

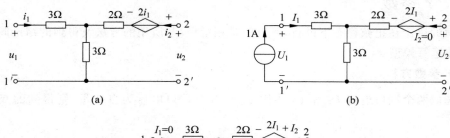

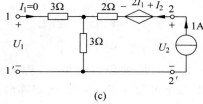

图 15-6 例 15-2 图

**解** 因是电阻性电路,双口网络参数为实数,因此可在直流稳态下求取 $Z$ 参数。先将输出端口开路,在输入端口施加单位直流电流源如图 15-6(b)所示,可求得

$$U_1\big|_{I_2=0} = (3+3)I_1 = 6I_1 = 6\Omega = Z_{11}$$

$$U_2\big|_{I_2=0} = 2I_1 + 3I_1 = 5I_1 = 5\Omega = Z_{21}$$

再将输入端口开路,在输出端口施加单位直流电流源如图 15-6(c)所示,可求得

$$U_1\big|_{I_1=0} = 3I_2 = 3\Omega = Z_{12}$$

$$U_2\big|_{I_1=0} = 2I_2 + 3I_2 = 5\Omega = Z_{22}$$

$Z$ 参数方程的矩阵形式为

$$\begin{bmatrix} u_1 \\ u_2 \end{bmatrix} = \begin{bmatrix} 6 & 3 \\ 5 & 5 \end{bmatrix} \begin{bmatrix} i_1 \\ i_2 \end{bmatrix}$$

和前例相似,可直接由电路写出 $Z$ 参数方程。由图 15-6(a)电路,可得

$$u_1 = 3i_1 + 3(i_1 + i_2) = 6i_1 + 3i_2$$

$$u_2 = 2i_1 + 2i_2 + 3(i_1 + i_2) = 5i_1 + 5i_2$$

**3. 互易情况下的 $Z$ 参数**

若双口网络为互易网络(即网络中无独立电源,亦无受控电源等耦合元件),根据互易定理,当 $I_1(s)\big|_{I_2(s)=0} = I_2(s)\big|_{I_1(s)=0}$ 时,必定有 $U_2(s)\big|_{I_2(s)=0} = U_1(s)\big|_{I_1(s)=0}$,又由

$$Z_{21}(s) = \dfrac{U_2(s)}{I_1(s)}\bigg|_{I_2(s)=0}, \qquad Z_{21}(s) = \dfrac{U_1(s)}{I_2(s)}\bigg|_{I_1(s)=0}$$

有

$$Z_{12}(s) = Z_{21}(s)$$

这表明互易双口网络只有三个独立的 $Z$ 参数,其 $Z$ 参数矩阵为对称矩阵。例 15-1 中的双口网络显然是一个互易网络,其 $Z$ 参数的特点符合上述结论。对非互易网络而言,一般 $Z_{12}(s) \neq Z_{21}(s)$,例如例 15-2 的双口网络。

如果互易双口网络的参数 $Z_{11}(s) = Z_{22}(s)$,则称为对称互易双口网络。对称互易双口网络具有这种特性,即两个端口可不加区别,无论从哪个端口看进去,其电气性能是完全相同的。

## 二、Y 参数

下面的讨论在正弦稳态下进行,针对的是相量模型,所用的方法及得到的结论同样适用于 $s$ 域或运算模型。

### 1. Y 参数方程

若选取两个端口电流 $\dot{I}_1$ 和 $\dot{I}_2$ 为因变量,两个端口电压为自变量,则得到的双口网络方程为

$$\begin{cases} \dot{I}_1 = Y_{11}\dot{U}_1 + Y_{12}\dot{U}_2 \\ \dot{I}_2 = Y_{21}\dot{U}_1 + Y_{22}\dot{U}_2 \end{cases} \tag{15-10}$$

方程中的系数 $Y_{11}$、$Y_{12}$、$Y_{21}$ 和 $Y_{22}$ 具有导纳的量纲,称为双口网络的 $Y$ 参数,相应地,式(15-10)称为双口网络的 $Y$ 参数方程。式(15-10)的矩阵形式为

$$\begin{bmatrix} \dot{I}_1 \\ \dot{I}_2 \end{bmatrix} = \begin{bmatrix} Y_{11} & Y_{12} \\ Y_{21} & Y_{22} \end{bmatrix} \begin{bmatrix} \dot{U}_1 \\ \dot{U}_2 \end{bmatrix}$$

或

$$\dot{\boldsymbol{I}} = \boldsymbol{Y}\dot{\boldsymbol{U}} \tag{15-11}$$

式中,$\boldsymbol{Y} = \begin{bmatrix} Y_{11} & Y_{12} \\ Y_{21} & Y_{22} \end{bmatrix}$,称为 $Y$ 参数矩阵。

### 2. 确定 Y 参数的方法

按类似于确定 $Z$ 参数的方法,由式(15-10)可得

$$\begin{cases} Y_{11} = \dfrac{\dot{I}_1}{\dot{U}_1}\bigg|_{\dot{U}_2=0} \\[3mm] Y_{21} = \dfrac{\dot{I}_2}{\dot{U}_1}\bigg|_{\dot{U}_2=0} \\[3mm] Y_{12} = \dfrac{\dot{I}_1}{\dot{U}_2}\bigg|_{\dot{U}_1=0} \\[3mm] Y_{22} = \dfrac{\dot{I}_2}{\dot{U}_2}\bigg|_{\dot{U}_1=0} \end{cases} \tag{15-12}$$

此组式子表明,应在输入端口和输出端口分别短路(使 $\dot{U}_1$ 和 $\dot{U}_2$ 分别为零)的情况下求得 $Y$ 参数,因此 $Y$ 参数也称为短路导纳参数。

确定 $Y$ 参数的具体做法如下：

（1）将输出端口短路，在输入端口施加单位电压源 $\dot{U}=1\underline{/0°}\,\mathrm{V}$，求出两个端口的电流 $\dot{I}_1$ 和 $\dot{I}_2$，则

$$Y_{11}=\frac{\dot{I}_1}{\dot{U}_1}\Big|_{\dot{U}_2=0}=\dot{I}_1\big|_{\dot{U}_2=0}$$

$$Y_{21}=\frac{\dot{I}_2}{\dot{U}_1}\Big|_{\dot{U}_2=0}=\dot{I}_2\big|_{\dot{U}_2=0}$$

（2）将输入端口短路，在输出端口施加单位电压源 $\dot{U}_2=1\underline{/0°}\,\mathrm{V}$，求出两个端口的电流 $\dot{I}_1$ 和 $\dot{I}_2$，则

$$Y_{12}=\frac{\dot{I}_1}{\dot{U}_2}\Big|_{\dot{U}_1=0}=\dot{I}_1\big|_{\dot{U}_1=0}$$

$$Y_{22}=\frac{\dot{I}_2}{\dot{U}_2}\Big|_{\dot{U}_1=0}=\dot{I}_2\big|_{\dot{U}_1=0}$$

**例 15-3** 求图 15-7（a）所示双口网络的 $Y$ 参数矩阵。

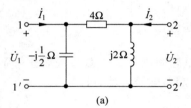

(a)

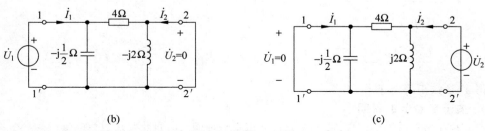

(b)      (c)

图 15-7 例 15-3 图

**解** 将输出端口短路，在输入端口施加单位电压源 $\dot{U}_1=1\underline{/0°}\,\mathrm{V}$，如图 15-7（b）所示，可求得

$$\dot{I}_1\big|_{\dot{U}_2=0}=\frac{\dot{U}_1}{4\,/\!/\,\left(-\mathrm{j}\dfrac{1}{2}\right)}=\left(\frac{1}{4}+\mathrm{j}2\right)\,\mathrm{A}$$

$$\dot{I}_2\big|_{\dot{U}_2=0}=-\frac{\dot{U}_1}{4}=-\frac{1}{4}\,\mathrm{A}$$

注意到电流 $\dot{I}_2$ 的参考方向就不难理解 $\dot{I}_2$ 的计算式中的负号。

$$Y_{11} = \frac{\dot{I}_1}{\dot{U}_1}\bigg|_{\dot{U}_2=0} = \dot{I}_1\big|_{\dot{U}_2=0} = \left(\frac{1}{4}+\mathrm{j}2\right)\mathrm{S}$$

$$Y_{21} = \frac{\dot{I}_2}{\dot{U}_1}\bigg|_{\dot{U}_2=0} = \dot{I}_2\big|_{\dot{U}_2=0} = -\frac{1}{4}\mathrm{S}$$

再将输入端口短路,在输出端口施加单位电压源 $\dot{U}_2 = 1\underline{/0°}\mathrm{V}$,如图 15-7(c)所示,可求得

$$\dot{I}_1\big|_{\dot{U}_1=0} = -\frac{\dot{U}_2}{4} = -\frac{1}{4}\mathrm{A}$$

$$\dot{I}_2\big|_{\dot{U}_1=0} = \frac{\dot{U}_2}{4} + \frac{\dot{U}_2}{\mathrm{j}2} = \left(\frac{1}{4}-\mathrm{j}\frac{1}{2}\right)\mathrm{A}$$

$$Y_{12} = \frac{\dot{I}_1}{\dot{U}_2}\bigg|_{\dot{U}_1=0} = \dot{I}_1\big|_{\dot{U}_1=0} = -\frac{1}{4}\mathrm{S}$$

$$Y_{22} = \frac{\dot{I}_2}{\dot{U}_2}\bigg|_{\dot{U}_1=0} = \dot{I}_2\big|_{\dot{U}_1=0} = \left(\frac{1}{4}-\mathrm{j}\frac{1}{2}\right)\mathrm{S}$$

所求 $Y$ 参数矩阵为

$$Y = \begin{bmatrix} Y_{11} & Y_{12} \\ Y_{21} & Y_{22} \end{bmatrix} = \begin{bmatrix} \dfrac{1}{4}+\mathrm{j}2 & -\dfrac{1}{4} \\ -\dfrac{1}{4} & \dfrac{1}{4}-\mathrm{j}\dfrac{1}{2} \end{bmatrix}$$

此题的第二种解法是由电路写出其 $Y$ 参数方程后获得 $Y$ 参数矩阵。由图 15-7(a)所示电路,将两个端口电流用两个端口电压表示,可得

$$\dot{I}_1 = \frac{\dot{U}_1}{-\mathrm{j}\dfrac{1}{2}} + \frac{\dot{U}_1-\dot{U}_2}{4} = \mathrm{j}2\dot{U}_1 + \frac{1}{4}\dot{U}_1 - \frac{1}{4}\dot{U}_2 = \left(\frac{1}{4}+\mathrm{j}2\right)\dot{U}_1 - \frac{1}{4}\dot{U}_2$$

$$\dot{I}_2 = \frac{\dot{U}_2}{\mathrm{j}2} + \frac{\dot{U}_2-\dot{U}_1}{4} = -\mathrm{j}\frac{1}{2}\dot{U}_2 + \frac{1}{4}\dot{U}_2 - \frac{1}{4}\dot{U}_1 = -\frac{1}{4}\dot{U}_1 + \left(\frac{1}{4}-\mathrm{j}\frac{1}{2}\right)\dot{U}_2$$

则所得 $Y$ 参数矩阵与前相同。

**3. 关于 $Y$ 参数的说明**

(1) 对互易双口网络而言,$Y_{12}=Y_{21}$(读者可自行证明),但对非互易双口网络,一般 $Y_{12} \neq Y_{21}$;

(2) 若互易双口网络还有 $Y_{11}=Y_{22}$,则该双口网络也是对称的;

(3) 根据 $Z$ 参数方程和 $Y$ 参数方程,有下述关系式成立:

$$Y = Z^{-1} \tag{15-13}$$

或

$$Z = Y^{-1}$$

这表明 $Z$ 参数矩阵和 $Y$ 参数矩阵互为逆阵。

# 三、$H$ 参数(混合参数)

**1. $H$ 参数方程(混合参数方程)**

若以输入电压和输出电流为应变量,输入电流和输出电压为自变量,得到的双口网络方程为

$$\begin{cases} \dot{U}_1 = h_{11}\dot{I}_1 + h_{12}\dot{U}_2 \\ \dot{I}_2 = h_{21}\dot{I}_1 + h_{22}\dot{U}_2 \end{cases} \tag{15-14}$$

方程中的系数 $h_{11}$ 具有阻抗的量纲，$h_{22}$ 具有导纳的量纲，而 $h_{12}$ 及 $h_{21}$ 无量纲。由于这些系数具有不同的量纲，故称为混合参数，又称为 $H$ 参数。相应地，式(15-14)称为双口网络的混合参数方程或 $H$ 参数方程。

式(15-14)的矩阵形式为

$$\begin{bmatrix} \dot{U}_1 \\ \dot{I}_2 \end{bmatrix} = \begin{bmatrix} h_{11} & h_{22} \\ h_{21} & h_{22} \end{bmatrix} \begin{bmatrix} \dot{I}_1 \\ \dot{U}_2 \end{bmatrix} \tag{15-15}$$

令 $\boldsymbol{H} = \begin{bmatrix} h_{11} & h_{22} \\ h_{21} & h_{22} \end{bmatrix}$，称为 $H$ 参数矩阵。

**2. 确定 $H$ 参数的方法**

由式(15-14)可得

$$\begin{cases} h_{11} = \dfrac{\dot{U}_1}{\dot{I}_1}\bigg|_{\dot{U}_2=0} \\[4mm] h_{21} = \dfrac{\dot{I}_2}{\dot{I}_1}\bigg|_{\dot{U}_2=0} \\[4mm] h_{12} = \dfrac{\dot{U}_1}{\dot{U}_2}\bigg|_{\dot{I}_1=0} \\[4mm] h_{22} = \dfrac{\dot{I}_2}{\dot{U}_2}\bigg|_{\dot{I}_1=0} \end{cases} \tag{15-16}$$

该式表明，可在输出端口短路及输入端口开路的情况下(即分别令 $\dot{U}_2=0$ 及 $\dot{I}_1=0$)，求得双口网络的 $H$ 参数。

确定 $H$ 参数的具体做法如下：

(1) 将输出端口短路，在输入端口施加单位电流源 $\dot{I}=1\underline{/0°}$ A，求出输入端口电压 $\dot{U}_1$ 和输出端口电流 $\dot{I}_2$，则

$$h_{11} = \frac{\dot{U}_1}{\dot{I}_1}\bigg|_{\dot{U}_2=0} = \dot{U}_1\big|_{\dot{U}_2=0}$$

$$h_{21} = \frac{\dot{I}_2}{\dot{I}_1}\bigg|_{\dot{U}_2=0} = \dot{I}_2\big|_{\dot{U}_2=0}$$

(2) 将输入端口开路，在输出端口施加单位电压源 $\dot{U}=1\underline{/0°}$ V，求出输入端口电压 $\dot{U}_1$ 和输出端口电流 $\dot{I}_2$，则

$$h_{12} = \frac{\dot{U}_1}{\dot{U}_2}\bigg|_{\dot{I}_1=0} = \dot{U}_1\big|_{\dot{I}_1=0}$$

$$h_{22} = \frac{\dot{I}_2}{\dot{U}_2}\bigg|_{i_1=0} = \dot{I}_2\big|_{i_1=0}$$

**例 15-4** 试确定图 15-8(a)所示双口网络的 $H$ 参数矩阵。

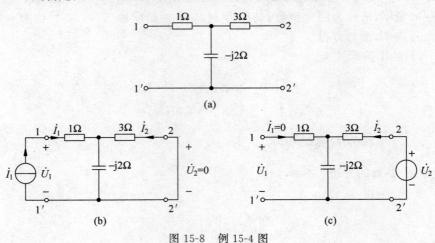

图 15-8 例 15-4 图

**解** 先将输出端口短路,在输入端口加单位电流源 $\dot{I}_1 = 1\underline{/0°}\text{A}$,得到的电路如图 15-8(b) 所示。可求出

$$\dot{U}_1\big|_{\dot{U}_2=0} = \left[1 + \frac{3(-j2)}{3-j2}\right]\dot{I}_1 = (1.92 - j1.38)\text{V}$$

$$\dot{I}_2\big|_{\dot{U}_2=0} = -\frac{-j2}{3-j2}\dot{I}_1 = (-0.31 + j0.46)\text{A}$$

$$h_{11} = \frac{\dot{U}_1}{\dot{I}_1}\bigg|_{\dot{U}_2=0} = \dot{U}_1\big|_{\dot{U}_2=0} = (1.92 - j1.38)\Omega$$

$$h_{21} = \frac{\dot{I}_2}{\dot{I}_1}\bigg|_{\dot{U}_2=0} = \dot{I}_2\big|_{\dot{U}_2=0} = -0.31 + j0.46 \quad (\text{无量纲})$$

再将输入端口开路,在输出端口施加单位电压源 $\dot{U} = 1\underline{/0°}\text{V}$,如图 15-8(c)所示,可求出

$$\dot{U}_1\big|_{i_1=0} = \frac{-j2}{3-j2}\dot{U}_2 = (0.31 - j0.46)\text{V}$$

$$\dot{I}_2\big|_{i_1=0} = \frac{1}{3-j2}\dot{U}_2 = (0.23 + j0.15)\text{A}$$

$$h_{12} = \frac{\dot{U}_1}{\dot{U}_1}\bigg|_{i_1=0} = \dot{U}_1\big|_{i_1=0} = 0.31 - j0.46 \quad (\text{无量纲})$$

$$h_{22} = \frac{\dot{I}_2}{\dot{U}_2}\bigg|_{i_1=0} = \dot{I}_2\big|_{i_1=0} = (0.23 + j0.15)\text{S}$$

**3. 互易情况下的 $H$ 参数**

对互易双口网络,根据互易定理,若

$$\dot{I}_1\big|_{\dot{U}_2=0} = \dot{U}_2\big|_{\dot{I}_1=0}$$

必有

$$-\dot{I}_2\big|_{\dot{U}_2=0} = \dot{U}\big|_{\dot{I}_1=0}$$

注意端口电压、电流的参考方向,于是有

$$h_{12} = -h_{21}$$

如 $\boldsymbol{H} = \begin{bmatrix} 0.3+j0.1 & j2 \\ -j2 & 1+j2 \end{bmatrix}$ 对应的双口网络便是互易网络。

## 四、$T$ 参数(传输参数)

### 1. $T$ 参数方程(传输参数方程)

若以输入端口的电压、电流作应变量,输出端口的电压、电流作自变量,得到的双口网络方程为

$$\begin{cases} \dot{U}_1 = A\dot{U}_2 + B(-\dot{I}_2) \\ \dot{I}_1 = C\dot{U}_2 + D(-\dot{I}_2) \end{cases} \tag{15-17}$$

方程中的系数 $A$ 和 $D$ 没有量纲,$B$ 具有阻抗的量纲,$C$ 具有导纳的量纲。由于该方程将输入端口变量表示为输出端口变量的函数,说明的是两个端口电量的传输情况,故系数 $A$、$B$、$C$、$D$ 称为双口网络的传输参数(或 $T$ 参数,$T$ 为 Transmission 的缩写),相应地,将式(15-17)称为双口网络的传输参数方程。

式(15-17)中变量 $\dot{I}_2$ 前均有一负号,对应于图 15-4 所示的关联参考方向,这是因为在起初讨论 $T$ 参数时,$\dot{I}_2$ 的参考方向与现在设定的相反。

式(15-17)的矩阵形式为

$$\begin{bmatrix} \dot{U}_1 \\ \dot{I}_1 \end{bmatrix} = \begin{bmatrix} A & B \\ C & D \end{bmatrix} \begin{bmatrix} \dot{U}_2 \\ -\dot{I}_2 \end{bmatrix} \tag{15-18}$$

令 $\boldsymbol{T} = \begin{bmatrix} A & B \\ C & D \end{bmatrix}$,称为 $T$ 参数矩阵。

### 2. 确定 $T$ 参数的方法

由式(15-17)可得

$$\begin{cases} A = \dfrac{\dot{U}_1}{\dot{U}_2}\bigg|_{\dot{I}_2=0} \\[3mm] C = \dfrac{\dot{I}_1}{\dot{U}_2}\bigg|_{\dot{I}_2=0} \\[3mm] B = \dfrac{\dot{U}_1}{-\dot{I}_2}\bigg|_{\dot{U}_2=0} \\[3mm] D = \dfrac{\dot{I}_1}{-\dot{I}_2}\bigg|_{\dot{U}_2=0} \end{cases} \tag{15-19}$$

该式表明,可分别在输出端口开路和输出端口短路的情况下(即分别令 $\dot{U}_2=0$ 和 $\dot{I}_2=0$)确定双口网络的 $T$ 参数。

确定 $T$ 参数的具体做法如下:在输入端口施加一电压源 $\dot{U}_1$($\dot{U}_1$ 不必取具体值),将输出开路,求出输入端口电流 $\dot{I}_1\big|_{\dot{I}_2=0}$ 和输出端口电压 $\dot{U}_2\big|_{\dot{I}_2=0}$,然后再将输出端口短路(输入端口仍施加电压 $\dot{U}_1$),求出输入端口电流 $\dot{I}_1\big|_{\dot{U}_2=0}$ 和输出端口电流 $\dot{I}_2\big|_{\dot{U}_2=0}$,再根据式(15-19)求出 $T$ 参数。

注意求 $T$ 参数的方法与求 $Z$、$Y$、$H$ 参数方法的区别。

**例 15-5** 试确定图 15-9(a)所示双口网络的 $T$ 参数矩阵。

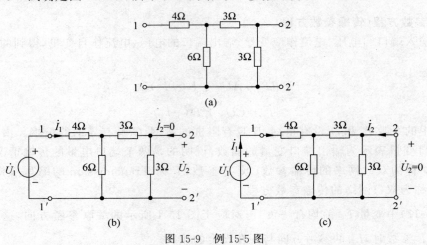

图 15-9 例 15-5 图

**解** 将输出端口开路,在输入端施加一电压源 $\dot{U}_1$,如图 15-9(b)所示。可求得

$$\dot{I}_1\big|_{\dot{I}_2=0}=\frac{\dot{U}_1}{4+6\,/\!/\,6}=\frac{1}{7}\dot{U}_1$$

$$\dot{U}_2\big|_{\dot{I}_2=0}=\frac{1}{2}\times\frac{3}{4+6\,/\!/\,6}\dot{U}_1=\frac{3}{14}\dot{U}_1$$

$$A=\frac{\dot{U}_1}{\dot{U}_2}\bigg|_{\dot{I}_2=0}=\frac{\dot{I}_1}{\frac{3}{14}\dot{U}_1}=\frac{14}{3}$$

$$C=\frac{\dot{I}_1}{\dot{U}_2}\bigg|_{\dot{I}_2=0}=\frac{\frac{1}{7}\dot{U}_1}{\frac{3}{14}\dot{U}_1}=\frac{2}{3}\text{S}$$

在输入端口仍施加电源 $\dot{U}_1$,将输出端口短路,如图 15-9(c)所示,可求得

$$\dot{I}_2\big|_{\dot{U}_2=0}=-\frac{\dot{U}_1}{4+6\,/\!/\,3}\times\frac{6}{6+3}=-\frac{1}{9}\dot{U}_1$$

$$\dot{I}_1\big|_{\dot{U}_2=0}=\frac{\dot{U}_1}{4+6\,/\!/\,3}=\frac{1}{6}\dot{U}_1$$

$$B = -\frac{\dot{U}_1}{\dot{I}_2}\bigg|_{\dot{U}_2=0} = -\frac{\dot{U}_1}{-\frac{1}{9}\dot{U}_1} = 9\,\Omega$$

$$D = -\frac{\dot{I}_1}{\dot{I}_2}\bigg|_{\dot{U}_2=0} = \frac{-\frac{1}{6}\dot{U}_1}{-\frac{1}{9}\dot{U}_1} = \frac{3}{2}$$

所求 $T$ 参数矩阵为

$$T = \begin{bmatrix} A & B \\ C & D \end{bmatrix} = \begin{bmatrix} \dfrac{14}{3} & 9 \\ \dfrac{2}{3} & \dfrac{3}{2} \end{bmatrix}$$

**3. 互易情况下的 $T$ 参数**

可以证明,对互易双口网络,其传输参数满足关系式

$$AD - BC = 1$$

## 五、关于双口网络参数的说明

(1) 双口网络的参数除了上述四种外,还有两种,即 $G$ 参数和 $T'$ 参数(反向传输参数)。与 $G$ 参数对应的双口网络方程为

$$\begin{cases} \dot{I}_1 = g_{11}\dot{U}_1 + g_{12}\dot{I}_2 \\ \dot{U}_2 = g_{21}\dot{U}_1 + g_{22}\dot{I}_2 \end{cases} \tag{15-20}$$

$G$ 参数矩阵和 $H$ 参数矩阵互为逆阵,即 $G = H^{-1}$ 或 $H = G^{-1}$;与 $T'$ 参数对应的双口网络方程为

$$\begin{cases} \dot{U}_2 = A'\dot{U}_1 + B'\dot{I}_1 \\ (-\dot{I}_2) = C'\dot{U}_1 + D'\dot{I}_1 \end{cases} \tag{15-21}$$

$T'$ 参数矩阵和 $T$ 参数矩阵互为逆阵,即 $T' = T^{-1}$ 或 $T = T'^{-1}$。

(2) 应熟记各种双口网络方程。

(3) 注意本书对双口网络两个端口的电压、电流参考方向的约定,各种双口网络方程都是与这一参考方向的约定相对应的。

(4) 某些双口网络的某种或某几种参数可能不存在。图 15-10 便是这方面的两个例子。

(5) 互易双口网络的各种参数中独立参数的个数为三个,而非互易网络独立参数的个数为四个。

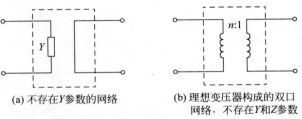

(a) 不存在 $Y$ 参数的网络  (b) 理想变压器构成的双口
网络,不存在 $Y$ 和 $Z$ 参数

图 15-10 不存在某些参数的双口网络示例

（6）双口网络的互易条件可以用各种参数表示，它们分别是

$$Z_{12} = Z_{21}; \quad Y_{12} = Y_{21}; \quad h_{12} = -h_{21};$$
$$AD - BC = 1; \quad g_{12} = -g_{21}; \quad A'D' - B'C' = 1$$

## 六、用实验方法测取双口网络的参数

双口网络的参数可用实验的方法予以测定。

### 1. 用实验方法测取 Z 参数

将 Z 参数方程重写如下：

$$\begin{cases} \dot{U}_1 = Z_{11}\dot{I}_1 + Z_{12}\dot{I}_2 & (15\text{-}22\text{a}) \\ \dot{U}_2 = Z_{21}\dot{I}_1 + Z_{22}\dot{I}_2 & (15\text{-}22\text{b}) \end{cases}$$

若将输出端开路，即 $\dot{I}_2 = 0$，此时的输入端阻抗称为输入开路阻抗，用 $Z_{1\text{o}}$ 表示，由式(15-22a)，有

$$Z_{1\text{o}} = \left. \frac{\dot{U}_1}{\dot{I}_1} \right|_{\dot{I}_2=0} = Z_{11} \quad (15\text{-}23)$$

将输出端短路，即 $\dot{U}_2 = 0$，此时的输入端阻抗称为输入短路阻抗，用 $Z_{1\text{s}}$ 表示，由式(15-22a)，有

$$Z_{1\text{s}} = \left. \frac{\dot{U}_1}{\dot{I}_1} \right|_{\dot{U}_2=0} = Z_{11} + Z_{12}\frac{\dot{I}_2}{\dot{I}_1}$$

又由式(15-22b)，有

$$\left. \frac{\dot{I}_2}{\dot{I}_1} \right|_{\dot{U}_2=0} = -\frac{Z_{21}}{Z_{22}}$$

于是

$$Z_{1\text{s}} = \left. \frac{\dot{U}_1}{\dot{I}_1} \right|_{\dot{U}_2=0} = Z_{11} - \frac{Z_{12}Z_{21}}{Z_{22}} \quad (15\text{-}24)$$

再将输入端开路，即 $\dot{I}_1 = 0$，此时输出端口的阻抗称为输出开路阻抗，用 $Z_{2\text{o}}$ 表示，由式(15-22b)，有

$$Z_{2\text{o}} = \left. \frac{\dot{U}_2}{\dot{I}_2} \right|_{\dot{I}_1=0} = Z_{22} \quad (15\text{-}25)$$

又将输入端短路，即 $\dot{U}_1 = 0$，此时输出端的阻抗称为输出短路阻抗，用 $Z_{2\text{s}}$ 表示，由式(15-22b)，有

$$Z_{2\text{s}} = \left. \frac{\dot{U}_2}{\dot{I}_2} \right|_{\dot{U}_1=0} = Z_{22} + Z_{21}\frac{\dot{I}_1}{\dot{I}_2}$$

又由式(15-22a)，有

$$\left. \frac{\dot{I}_1}{\dot{I}_2} \right|_{\dot{U}_1=0} = -\frac{Z_{12}}{Z_{11}}$$

于是

$$Z_{2s} = \frac{\dot{U}_1}{\dot{I}_1}\bigg|_{\dot{U}_1=0} = Z_{22} - \frac{Z_{12}Z_{21}}{Z_{11}} \tag{15-26}$$

将式(15-23)~式(15-26)联立,便可求出双口网络的 $Z$ 参数。

若是互易双口网络,由于 $Z_{12} = Z_{21}$,可求出

$$Z_{11} = Z_{1o}, \quad Z_{22} = Z_{2o}$$

$$Z_{12} = Z_{21} = \sqrt{Z_{2o}(Z_{1o} - Z_{1s})}$$

又若双口网络是对称的,由于 $Z_{11} = Z_{22}$,则

$$Z_{11} = Z_{22} = Z_{1o}, \quad Z_{12} = Z_{21} = \sqrt{Z_{1o}(Z_{1o} - Z_{1s})}$$

这表明只需在输出端进行开路及短路实验便可求出 $Z$ 参数。

**2. 用实验方法求双口网络的 $T$ 参数**

将 $T$ 参数方程重写如下:

$$\begin{cases} \dot{U}_1 = A\dot{U}_2 + B(-\dot{I}_2) \\ \dot{I}_1 = C\dot{U}_2 + D(-\dot{I}_2) \end{cases} \tag{15-27}$$

将输出端开路,则输入开路阻抗为(方程(15-27)的两式相除)

$$Z_{1o} = \frac{\dot{U}_1}{\dot{I}_1}\bigg|_{\dot{I}_2=0} = \frac{A}{C} \tag{15-28}$$

又将输出端短路,则输入短路阻抗为

$$Z_{1s} = \frac{\dot{U}_1}{\dot{I}_1}\bigg|_{\dot{U}_2=0} = \frac{B}{D} \tag{15-29}$$

由式(15-27)解出 $\dot{U}_2$ 和 $\dot{I}_2$,得

$$\begin{cases} \dot{U}_2 = \dfrac{D}{\Delta T}\dot{U}_1 + \dfrac{B}{\Delta T}(-\dot{I}_1) \\ \dot{I}_2 = \dfrac{C}{\Delta T}\dot{U}_1 + \dfrac{A}{\Delta T}(-\dot{I}_1) \end{cases}$$

式中,$\Delta T = AD - BC$。将输入端开路,则输出开路阻抗为

$$Z_{2o} = \frac{\dot{U}_2}{\dot{I}_2}\bigg|_{\dot{I}_1=0} = \frac{\dfrac{D}{\Delta T}}{\dfrac{C}{\Delta T}} = \frac{D}{C} \tag{15-30}$$

将输入端短路,则输出短路阻抗为

$$Z_{2s} = \frac{\dot{U}_2}{\dot{I}_2}\bigg|_{\dot{U}_1=0} = \frac{\dfrac{B}{\Delta T}}{\dfrac{A}{\Delta T}} = \frac{B}{A} \tag{15-31}$$

将式(15-28)~式(15-31)四式联立,便可解出 $T$ 参数。

若是互易双口网络,由于 $AD - BC = 1$,可求得

$$A = \pm \sqrt{\frac{Z_{1o}}{Z_{2o} - Z_{2s}}}, \quad B = AZ_{2s}$$

$$C = \frac{A}{Z_{1o}}, \quad D = \frac{Z_{2o}}{Z_{1o}}A$$

若双口网络又是对称的,由于 $A = D$,则 $Z_{1o} = Z_{2o}$,$Z_{1s} = Z_{2s}$,于是

$$A = D = \sqrt{\frac{Z_{1o}}{Z_{1o} - Z_{1s}}}, \quad B = AZ_{1s}, \quad C = \frac{A}{Z_{1o}}$$

## 练习题

15-1 求图 15-11 所示双口网络的 $Z$ 参数和 $Y$ 参数。

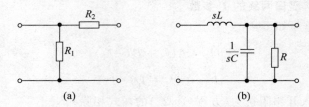

图 15-11 练习题 15-1 图

15-2 求图 15-12 所示双口网络的 $Z$ 参数和 $Y$ 参数。

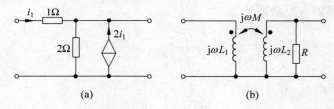

图 15-12 练习题 15-2 图

15-3 求图 15-13 所示双口网络的 $H$ 参数和 $T$ 参数。

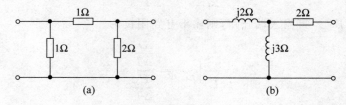

图 15-13 练习题 15-3 图

## 15.3 双口网络参数间的关系

一般情况下,对一个双口网络可以求出它的六种参数。显然这六种参数之间可以互换,即可由某种参数得到另一种参数。

## 一、双口网络各种参数互换的方法

### 1. 变换网络方程法

这一方法的具体做法是,若已知某种参数,则写出它对应的双口网络方程,然后进行方程变换,使之成为所求参数对应的双口网络方程,再进行系数比较,便可达到目的。比如已知某双口网络的 $Z$ 参数,欲求 $Y$ 参数,则可写出 $Z$ 参数方程:

$$\begin{cases} \dot{U}_1 = Z_{11}\dot{I}_1 + Z_{12}\dot{I}_2 \\ \dot{U}_2 = Z_{21}\dot{I}_1 + Z_{22}\dot{I}_2 \end{cases}$$

然后对此方程进行变换,使之转化为 $Y$ 参数方程,也就是由 $Z$ 参数方程解出 $\dot{I}_1$ 和 $\dot{I}_2$。可解得

$$\begin{cases} \dot{I}_1 = \dfrac{Z_{22}}{Z_{11}Z_{22} - Z_{12}Z_{21}}\dot{U}_1 - \dfrac{Z_{12}}{Z_{11}Z_{22} - Z_{12}Z_{21}}\dot{U}_2 \\ \dot{I}_2 = \dfrac{-Z_{21}}{Z_{11}Z_{22} - Z_{12}Z_{21}}\dot{U}_1 + \dfrac{Z_{11}}{Z_{11}Z_{22} - Z_{12}Z_{21}}\dot{U}_2 \end{cases}$$

进行系数比较,不难得到

$$Y_{11} = \frac{Z_{22}}{\Delta Z}, \quad Y_{12} = -\frac{Z_{12}}{\Delta Z}$$

$$Y_{21} = -\frac{Z_{21}}{\Delta Z}, \quad Y_{22} = \frac{Z_{11}}{\Delta Z}$$

式中,$\Delta Z = Z_{11}Z_{22} - Z_{12}Z_{21}$。

又如已知双口网络的 $T$ 参数,欲求 $H$ 参数,可写出 $T$ 参数方程:

$$\begin{cases} \dot{U}_1 = A\dot{U}_2 + B(-\dot{I}_2) \\ \dot{I}_1 = C\dot{U}_2 + D(-\dot{I}_2) \end{cases}$$

将此方程转化为 $H$ 参数方程:

$$\begin{cases} \dot{U}_1 = \dfrac{B}{D}\dot{I}_1 + \dfrac{AD - BC}{D}\dot{U}_2 \\ \dot{I}_2 = -\dfrac{1}{D}\dot{I}_1 + \dfrac{C}{D}\dot{U}_2 \end{cases}$$

则用 $T$ 参数表示的 $H$ 参数为

$$h_{11} = \frac{B}{D}, \quad h_{12} = \frac{AD - BC}{D}$$

$$h_{21} = -\frac{1}{D}, \quad h_{22} = \frac{C}{D}$$

### 2. 查表法

$Z$、$Y$、$H$、$T$、$G$、$T'$ 六种参数间的关系列于表 15-1 中,可由此表得出任意两种参数间的关系。

**例 15-6** 已知某双口网络的 $Y$ 参数矩阵为 $\boldsymbol{Y} = \begin{bmatrix} 8 & -6 \\ -6 & 5 \end{bmatrix}$,求 $H$ 参数矩阵。

**解** 查表 15-1 可求得

**表 15-1  双口网络的参数互换表**

| 参数 | Z | Y | H | T | G | T′ | 互易条件 |
|---|---|---|---|---|---|---|---|
| **Z** | $\begin{smallmatrix} Z_{11} & Z_{12} \\ Z_{21} & Z_{22} \end{smallmatrix}$ | $\begin{smallmatrix} \dfrac{Y_{22}}{\Delta Y} & -\dfrac{Y_{12}}{\Delta Y} \\[4pt] -\dfrac{Y_{21}}{\Delta Y} & \dfrac{Y_{11}}{\Delta Y} \end{smallmatrix}$ | $\begin{smallmatrix} \dfrac{\Delta H}{h_{22}} & \dfrac{h_{12}}{h_{22}} \\[4pt] -\dfrac{h_{21}}{h_{22}} & \dfrac{1}{h_{22}} \end{smallmatrix}$ | $\begin{smallmatrix} \dfrac{A}{C} & \dfrac{\Delta T}{C} \\[4pt] \dfrac{1}{C} & \dfrac{D}{C} \end{smallmatrix}$ | $\begin{smallmatrix} \dfrac{1}{g_{11}} & -\dfrac{g_{12}}{g_{11}} \\[4pt] \dfrac{g_{21}}{g_{11}} & \dfrac{\Delta G}{g_{11}} \end{smallmatrix}$ | $\begin{smallmatrix} \dfrac{D'}{C'} & -\dfrac{1}{C'} \\[4pt] -\dfrac{\Delta T'}{C'} & \dfrac{A'}{C'} \end{smallmatrix}$ | $Z_{12}=Z_{21}$ |
| **Y** | $\begin{smallmatrix} \dfrac{Z_{22}}{\Delta Z} & -\dfrac{Z_{12}}{\Delta Z} \\[4pt] -\dfrac{Z_{21}}{\Delta Z} & \dfrac{Z_{11}}{\Delta Z} \end{smallmatrix}$ | $\begin{smallmatrix} Y_{11} & Y_{12} \\ Y_{21} & Y_{22} \end{smallmatrix}$ | $\begin{smallmatrix} \dfrac{1}{h_{11}} & -\dfrac{h_{12}}{h_{11}} \\[4pt] \dfrac{h_{21}}{h_{11}} & \dfrac{\Delta H}{h_{11}} \end{smallmatrix}$ | $\begin{smallmatrix} \dfrac{D}{B} & -\dfrac{\Delta T}{B} \\[4pt] -\dfrac{1}{B} & \dfrac{A}{B} \end{smallmatrix}$ | $\begin{smallmatrix} \dfrac{\Delta G}{g_{22}} & \dfrac{g_{12}}{g_{22}} \\[4pt] -\dfrac{g_{21}}{g_{22}} & \dfrac{1}{g_{22}} \end{smallmatrix}$ | $\begin{smallmatrix} \dfrac{A'}{B'} & -\dfrac{1}{B'} \\[4pt] -\dfrac{\Delta T'}{B'} & \dfrac{D'}{B'} \end{smallmatrix}$ | $Y_{12}=Y_{21}$ |
| **H** | $\begin{smallmatrix} \dfrac{\Delta Z}{Z_{22}} & \dfrac{Z_{12}}{Z_{22}} \\[4pt] -\dfrac{Z_{21}}{Z_{22}} & \dfrac{1}{Z_{22}} \end{smallmatrix}$ | $\begin{smallmatrix} \dfrac{1}{Y_{11}} & -\dfrac{Y_{12}}{Y_{11}} \\[4pt] \dfrac{Y_{21}}{Y_{11}} & \dfrac{\Delta Y}{Y_{11}} \end{smallmatrix}$ | $\begin{smallmatrix} h_{11} & h_{12} \\ h_{21} & h_{22} \end{smallmatrix}$ | $\begin{smallmatrix} \dfrac{B}{D} & \dfrac{\Delta T}{D} \\[4pt] -\dfrac{1}{D} & \dfrac{C}{D} \end{smallmatrix}$ | $\begin{smallmatrix} \dfrac{g_{22}}{\Delta G} & -\dfrac{g_{12}}{\Delta G} \\[4pt] -\dfrac{g_{21}}{\Delta G} & \dfrac{g_{11}}{\Delta G} \end{smallmatrix}$ | $\begin{smallmatrix} \dfrac{B'}{A'} & \dfrac{1}{A'} \\[4pt] -\dfrac{\Delta T'}{A'} & \dfrac{C'}{A'} \end{smallmatrix}$ | $h_{12}=-h_{21}$ |
| **T** | $\begin{smallmatrix} \dfrac{Z_{11}}{Z_{21}} & \dfrac{\Delta Z}{Z_{21}} \\[4pt] \dfrac{1}{Z_{21}} & \dfrac{Z_{22}}{Z_{21}} \end{smallmatrix}$ | $\begin{smallmatrix} -\dfrac{Y_{22}}{Y_{21}} & -\dfrac{1}{Y_{21}} \\[4pt] -\dfrac{\Delta Y}{Y_{21}} & -\dfrac{Y_{11}}{Y_{21}} \end{smallmatrix}$ | $\begin{smallmatrix} -\dfrac{\Delta H}{h_{21}} & -\dfrac{h_{11}}{h_{21}} \\[4pt] -\dfrac{h_{22}}{h_{21}} & -\dfrac{1}{h_{21}} \end{smallmatrix}$ | $\begin{smallmatrix} A & B \\ C & D \end{smallmatrix}$ | $\begin{smallmatrix} \dfrac{1}{g_{21}} & \dfrac{g_{22}}{g_{21}} \\[4pt] \dfrac{g_{11}}{g_{21}} & \dfrac{\Delta G}{g_{21}} \end{smallmatrix}$ | $\begin{smallmatrix} \dfrac{D'}{\Delta T'} & \dfrac{B'}{\Delta T'} \\[4pt] \dfrac{C'}{\Delta T'} & \dfrac{A'}{\Delta T'} \end{smallmatrix}$ | $\Delta T=1$ |
| **G** | $\begin{smallmatrix} \dfrac{1}{Z_{11}} & -\dfrac{Z_{12}}{Z_{11}} \\[4pt] \dfrac{Z_{21}}{Z_{11}} & \dfrac{\Delta Z}{Z_{11}} \end{smallmatrix}$ | $\begin{smallmatrix} \dfrac{\Delta Y}{Y_{22}} & \dfrac{Y_{12}}{Y_{22}} \\[4pt] -\dfrac{Y_{21}}{Y_{22}} & \dfrac{1}{Y_{22}} \end{smallmatrix}$ | $\begin{smallmatrix} \dfrac{h_{22}}{\Delta H} & -\dfrac{h_{12}}{\Delta H} \\[4pt] -\dfrac{h_{21}}{\Delta H} & \dfrac{h_{11}}{\Delta H} \end{smallmatrix}$ | $\begin{smallmatrix} \dfrac{C}{A} & -\dfrac{\Delta T}{A} \\[4pt] \dfrac{1}{A} & \dfrac{B}{A} \end{smallmatrix}$ | $\begin{smallmatrix} g_{11} & g_{12} \\ g_{21} & g_{22} \end{smallmatrix}$ | $\begin{smallmatrix} \dfrac{C'}{D'} & -\dfrac{1}{D'} \\[4pt] \dfrac{\Delta T'}{D'} & \dfrac{B'}{D'} \end{smallmatrix}$ | $g_{12}=g_{21}$ |
| **T′** | $\begin{smallmatrix} \dfrac{Z_{22}}{Z_{12}} & \dfrac{\Delta Z}{Z_{12}} \\[4pt] \dfrac{1}{Z_{12}} & \dfrac{Z_{11}}{Z_{12}} \end{smallmatrix}$ | $\begin{smallmatrix} -\dfrac{Y_{11}}{Y_{12}} & -\dfrac{1}{Y_{12}} \\[4pt] -\dfrac{\Delta Y}{Y_{12}} & -\dfrac{Y_{22}}{Y_{12}} \end{smallmatrix}$ | $\begin{smallmatrix} -\dfrac{1}{h_{12}} & -\dfrac{h_{11}}{h_{12}} \\[4pt] -\dfrac{h_{22}}{h_{12}} & -\dfrac{\Delta H}{h_{12}} \end{smallmatrix}$ | $\begin{smallmatrix} \dfrac{D}{\Delta T} & \dfrac{B}{\Delta T} \\[4pt] \dfrac{C}{\Delta T} & \dfrac{A}{\Delta T} \end{smallmatrix}$ | $\begin{smallmatrix} \dfrac{\Delta G}{g_{12}} & \dfrac{g_{22}}{g_{12}} \\[4pt] \dfrac{g_{11}}{g_{12}} & \dfrac{1}{g_{12}} \end{smallmatrix}$ | $\begin{smallmatrix} A' & B' \\ C' & D' \end{smallmatrix}$ | $\Delta T'=1$ |

注：表中的 △ 代表矩阵的行列式，如 $\Delta Z=\begin{vmatrix} Z_{11} & Z_{12} \\ Z_{21} & Z_{22} \end{vmatrix}=Z_{11}Z_{22}-Z_{12}Z_{21}$

$$h_{11} = \frac{1}{Y_{11}} = \frac{1}{8}$$

$$h_{12} = -\frac{Y_{12}}{Y_{11}} = -\frac{-6}{8} = \frac{3}{4}$$

$$h_{21} = \frac{Y_{21}}{Y_{11}} = \frac{-6}{8} = -\frac{3}{4}$$

$$h_{22} = \frac{\Delta Y}{Y_{11}} = \frac{5 \times 8 - (-6) \times (-6)}{8} = \frac{1}{2}$$

则所求 $H$ 参数矩阵为

$$H = \begin{bmatrix} \dfrac{1}{8} & \dfrac{3}{4} \\ -\dfrac{3}{4} & \dfrac{1}{2} \end{bmatrix}$$

## 二、关于进行双口网络参数互换的说明

（1）掌握进行参数互换的"网络方程变换法"是基本要求，这一方法的关键是熟记各种双口网络方程；

（2）在进行参数互换时，应注意某些网络可能有某种或某几种参数不存在的情况，即当参数互换式中的分母为零时，便表示这一参数不存在。

### 练习题

15-4　已知某双口网络的 $Z$ 参数矩阵为

$$Z = \begin{bmatrix} 3 & 2 \\ -3 & 6 \end{bmatrix}$$

试用网络方程变换法求 $Y$、$H$、$T$ 参数矩阵。

15-5　若某双口网络的 $T$ 参数矩阵为

$$T = \begin{bmatrix} 6 & 2 \\ \dfrac{29}{2} & 5 \end{bmatrix}$$

试用查表法求 $Z$、$Y$、$H$ 参数矩阵。

## 15.4　双口网络的等效电路

如同单口网络一样，一个复杂的双口网络可用一个简单的双口网络等效。两个双口网络等效的条件是对应端口的特性完全相同。下面分互易和非互易两种情况讨论双口网络的等效电路。

## 一、互易双口网络的等效电路

### 1. 互易双口网络等效电路的形式
由于互易双口网络的每种参数中只有三个独立参数，因此其等效电路由三个元件构

成,形式为Ⅱ形网络和 T 形网络,如图 15-14 所示。注意两种等效电路均为三端网络,即有一个端子为两个端口所共用;等效电路中的元件均为阻抗元件或导纳元件,不包括受控源。

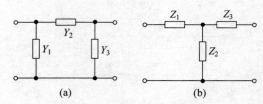

图 15-14　互易双口网络的等效电路

**2. 互易双口网络等效电路中参数的求法**

T 形和Ⅱ形等效电路中的参数可以用双口网络的参数表示,换句话说,已知双口网络的某种参数,便可求出等效电路中的参数。这里的关键是导出双口网络的参数与等效电路的参数之间的关系式。具体做法是,若已知双口网络的某种参数,则先求出等效电路对应的该种双口网络参数,这时双口网络参数是用等效电路参数表示的。然后反过来将等效电路参数用双口网络参数表示,便为所求。例如已知某双口网络的 $Y$ 参数矩阵,欲求其Ⅱ形等效电路,则先求出Ⅱ形等效电路的 $Y$ 参数为

$$Y_{11} = Y_1 + Y_2, \quad Y_{12} = Y_{21} = -Y_2, \quad Y_{22} = Y_2 + Y_3$$

由上面三式解出

$$Y_1 = Y_{11} + Y_{12}, \quad Y_2 = -Y_{21} = -Y_{12}, \quad Y_3 = Y_{21} + Y_{22}$$

于是可得双口网络用 $Y$ 参数表示的Ⅱ形等效电路如图 15-15(a)所示。

又如已知某双口网络的 $Z$ 参数矩阵,欲求其 T 形等效电路,则求出 T 形等效电路的 $Z$ 参数为

$$Z_{11} = Z_1 + Z_2, \quad Z_{12} = Z_{21} = Z_2, \quad Z_{22} = Z_2 + Z_3$$

由上面三式可解出

$$Z_1 = Z_{11} - Z_{12}, \quad Z_2 = Z_{12} = Z_{21}, \quad Z_3 = Z_{22} - Z_{12}$$

于是双口网络用 $Z$ 参数表示的 T 形等效电路如图 15-15(b)所示。

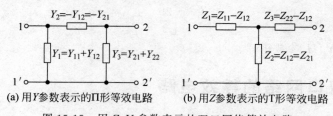

(a) 用$Y$参数表示的Ⅱ形等效电路　　　(b) 用$Z$参数表示的T形等效电路

图 15-15　用 $Z$、$Y$ 参数表示的双口网络等效电路

**例 15-7**　已知某互易双口网络的 $T$ 参数矩阵为 $\boldsymbol{T} = \begin{bmatrix} 4 & 7 \\ 1 & 2 \end{bmatrix}$,试求其 T 形等效电路。

**解**　先导出 $T$ 参数与 T 形等效电路参数间的关系。对图 15-14(b)所示的 T 形电路,求出其 $T$ 参数为

$$A = \frac{Z_1 + Z_3}{Z_2}, \quad B = \frac{Z_1 Z_2 + Z_1 Z_3 + Z_2 Z_3}{Z_2}$$

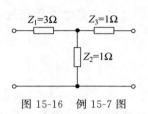

$$C = \frac{1}{Z_2}, \quad D = \frac{Z_2 + Z_3}{Z_2}$$

上述四个式子中只有三个是独立的,可任选三个联立后解出

$$Z_1 = \frac{A-1}{C}, \quad Z_2 = \frac{1}{C} \quad Z_3 = \frac{D-1}{C}$$

将给定的 $T$ 参数代入,求得 T 形等效电路参数为

$$Z_1 = \frac{4-1}{1}\Omega = 3\Omega, \quad Z_2 = 1\Omega, \quad Z_3 = 1\Omega$$

所求 T 形等效电路如图 15-16 所示。

图 15-16    例 15-7 图

## 二、非互易双口网络的等效电路

### 1. 非互易双口网络等效电路的形式

由于非互易双口网络每种参数中的四个参数均是独立的,故其等效电路应由四个元件构成,且其中至少有一个受控源,也可有两个受控源。

### 2. 非互易双口网络等效电路的导出

非互易双口网络的等效电路一般由双口网络的参数方程导出。

根据等效电路形式的不同,有两种具体做法。

(1) 等效电路中含有两个受控源

可根据双口网络的各种参数方程直接得出其等效电路,此时等效电路中一般含有两个受控源。

如根据 $Z$ 参数方程式可得出等效电路如图 15-17 所示;根据 $Y$ 参数方程式(15-10)得出的等效电路如图 15-18 所示;根据 $H$ 参数方程式(15-14)得出的等效电路如图 15-19 所示。在电子技术中,晶体管通常所采用的便是这种用 $H$ 参数表示的等效电路。

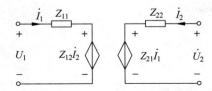

图 15-17    用 $Z$ 参数表示的双口网络的等效电路

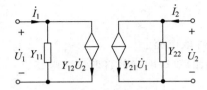

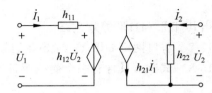

图 15-18    用 $Y$ 参数表示的双口网络的等效电路      图 15-19    用 $H$ 参数表示的双口网络的等效电路

(2) 等效电路中只含有一个受控源

将双口网络的各种参数方程经过适当变形,由此做出的等效电路可只含有一个受控源,且电路的形式为 T 形或 $\Pi$ 形。

如 $Z$ 参数方程经过适当变形后为

$$
\begin{cases}
\dot{U}_1 = Z_{11}\dot{I}_1 + Z_{12}\dot{I}_2 - (Z_{12}\dot{I}_1 - Z_{12}\dot{I}_1) = (Z_{11} - Z_{12})\dot{I}_1 + Z_{12}(\dot{I}_1 + \dot{I}_2) \\
\dot{U}_2 = Z_{21}\dot{I}_1 + Z_{22}\dot{I}_2 + (Z_{12}\dot{I}_2 - Z_{12}\dot{I}_2) + (Z_{12}\dot{I}_1 - Z_{12}\dot{I}_1) \\
\qquad = (Z_{22} - Z_{12})\dot{I}_2 + (Z_{21} - Z_{12})\dot{I}_1 + Z_{12}(\dot{I}_1 + \dot{I}_2)
\end{cases}
$$

由此得到的只含有一个受控源的等效电路如图 15-20 所示。

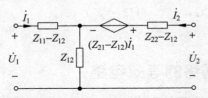

图 15-20　双口网络的含一个受控源的 T 形等效电路

类似地,还可导出用 $Y$ 参数表示的只含一个受控源的 Π 形等效电路。读者可自行推导。

## 三、关于双口网络等效电路的说明

(1) 含有受控源的等效电路是双口网络等效电路的一般形式,无论双口网络是互易的还是非互易的,均可做出如图 15-17 或图 15-18 等所示的含受控源的等效电路,只不过在互易的条件下这种等效电路并不是最简形式。事实上,根据图 15-20,若有 $Z_{12} = Z_{21}$(满足互易条件),受控源的输出为零,等效电路便成为图 15-15(b)的形式。

(2) 根据 $T$ 参数方程或 $T'$ 参数方程难以直接做出等效电路。这是因为这两种方程的自变量和应变量均分别是同一端口的电压、电流。若要做出用 $T$ 参数或 $T'$ 参数表示的等效电路,可采用参数互换的方法。

### 练习题

15-6　已知某双口网络的 $Z$ 参数矩阵为

$$
\boldsymbol{Z} = \begin{bmatrix} 3 & 1 \\ 1 & 6 \end{bmatrix}
$$

试做出其 T 形和 Π 形等效电路。

15-7　双口网络如图 15-21 所示,试做出其 T 形等效电路。

15-8　试导出只含有一个受控源且用 $Y$ 参数表示的双口网络的 Π 形等效电路。

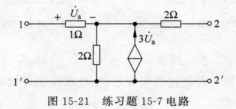

图 15-21　练习题 15-7 电路

## 15.5 复合双口网络

两个或多个双口网络可采用一定的方式连接起来,构成一个新的双口网络,称为复合双口网络。双口网络之间的连接有串联、关联、级联和串并联等方式。下面分别予以讨论。

### 一、双口网络的串联

#### 1. 串联方式及串联双口网络的 $Z$ 参数

两个双口网络 $N_a$ 和 $N_b$ 按图 15-22 所示的方式连接起来,便构成了双口网络的串联。设 $N_a$ 和 $N_b$ 的 $Z$ 参数矩阵分别为

$$\boldsymbol{Z}_a = \begin{bmatrix} Z_{11a} & Z_{12a} \\ Z_{21a} & Z_{22a} \end{bmatrix}$$

$$\boldsymbol{Z}_b = \begin{bmatrix} Z_{11b} & Z_{12b} \\ Z_{21b} & Z_{22b} \end{bmatrix}$$

则 $N_a$ 和 $N_b$ 串联后得到的复合双口网络的 $Z$ 参数矩阵为

$$\boldsymbol{Z} = \boldsymbol{Z}_a + \boldsymbol{Z}_b \qquad (15\text{-}32)$$

式 (15-32) 可证明如下:若串联后,1a-1a′,2a-2a′,1b-1b′,2b-2b′仍为端口,则由图 15-22 可得 $N_a$ 和 $N_b$ 的 $Z$ 参数方程分别为

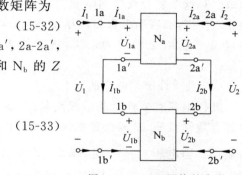

图 15-22 双口网络的串联

$$\begin{bmatrix} \dot{U}_{1a} \\ \dot{U}_{2a} \end{bmatrix} = \begin{bmatrix} Z_{11a} & Z_{12a} \\ Z_{21a} & Z_{22a} \end{bmatrix} \begin{bmatrix} \dot{I}_{1a} \\ \dot{I}_{2a} \end{bmatrix} \qquad (15\text{-}33)$$

$$\begin{bmatrix} \dot{U}_{1b} \\ \dot{U}_{2b} \end{bmatrix} = \begin{bmatrix} Z_{11b} & Z_{12b} \\ Z_{21b} & Z_{22b} \end{bmatrix} \begin{bmatrix} \dot{I}_{1b} \\ \dot{I}_{2b} \end{bmatrix} \qquad (15\text{-}34)$$

该复合双口网络的 $Z$ 参数方程为

$$\begin{bmatrix} \dot{U}_1 \\ \dot{U}_2 \end{bmatrix} = \begin{bmatrix} Z_{11} & Z_{12} \\ Z_{21} & Z_{22} \end{bmatrix} \begin{bmatrix} \dot{I}_1 \\ \dot{I}_2 \end{bmatrix} = \boldsymbol{ZI} \qquad (15\text{-}35)$$

由图 15-22,有

$$\begin{bmatrix} \dot{U}_1 \\ \dot{U}_2 \end{bmatrix} = \begin{bmatrix} \dot{U}_{1a} + \dot{U}_{1b} \\ \dot{U}_{2a} + \dot{U}_{2b} \end{bmatrix} = \begin{bmatrix} \dot{U}_{1a} \\ \dot{U}_{2a} \end{bmatrix} + \begin{bmatrix} \dot{U}_{1b} \\ \dot{U}_{2b} \end{bmatrix} \qquad (15\text{-}36)$$

将式(15-33)、式(15-34)代入式(15-36)得

$$\begin{bmatrix} \dot{U}_1 \\ \dot{U}_2 \end{bmatrix} = \begin{bmatrix} Z_{11a} & Z_{12a} \\ Z_{21a} & Z_{22a} \end{bmatrix} \begin{bmatrix} \dot{I}_{1a} \\ \dot{I}_{2a} \end{bmatrix} + \begin{bmatrix} Z_{11b} & Z_{12b} \\ Z_{21b} & Z_{22b} \end{bmatrix} \begin{bmatrix} \dot{I}_{1b} \\ \dot{I}_{2b} \end{bmatrix}$$

但

$$\begin{bmatrix} \dot{I}_{1a} \\ \dot{I}_{2a} \end{bmatrix} = \begin{bmatrix} \dot{I}_{1b} \\ \dot{I}_{2b} \end{bmatrix} = \begin{bmatrix} \dot{I}_1 \\ \dot{I}_2 \end{bmatrix} \qquad (15\text{-}37)$$

故

$$\begin{bmatrix} \dot{U}_1 \\ \dot{U}_2 \end{bmatrix} = \begin{bmatrix} Z_{11a} + Z_{11b} & Z_{12a} + Z_{12b} \\ Z_{21a} + Z_{21b} & Z_{22a} + Z_{22b} \end{bmatrix} \begin{bmatrix} \dot{I}_1 \\ \dot{I}_2 \end{bmatrix} \tag{15-38}$$

将式(15-38)与式(15-35)比较,得到

$$Z = \begin{bmatrix} Z_{11a} + Z_{11b} & Z_{12a} + Z_{12b} \\ Z_{21a} + Z_{21b} & Z_{22a} + Z_{22b} \end{bmatrix} = \boldsymbol{Z}_a + \boldsymbol{Z}_b$$

### 2. 串联方式的有效性试验

(1) 有效性试验的必要性

在上述式(15-32)的证明中,有个重要前提,即串联后原有的端口仍为端口,这是完全必要的。如在图 15-23 中,流入 1a 端钮的电流是 2A,而流出 1a′端钮的电流是 1.5A,这样 1a 和 1a′两个端钮不构成一个端口,同样,1b 和 1b′,2a 和 2a′,2b 和 2b′均分别不构成端口。对这个复合双口网络而言,$\boldsymbol{Z} \neq \boldsymbol{Z}_a + \boldsymbol{Z}_b$,读者可验证之。因此,在两个双口网络串联后,应检查原有各端口是否还满足端口的定义,这种检查称为有效性试验。

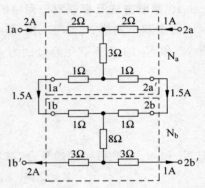

图 15-23　两个双口网络串联后,原有端口不再是端口的示例

(2) 有效性试验的方法

进行串联有效性试验的线路如图 15-24 所示。试验的方法说明如下:先进行输入端口的有效性试验,试验线路如图 15-24(a)所示,此时因输出端口均开路,原输入端口必仍为端口。当电压 $\dot{U}_m = 0$ 时,端钮 2a′和 2b 为自然等位点,用导线将这两个端钮连接后,导线中的电流为零,这说明输出端口串联后,网络的各电流不变,原输入端口仍为端口。按类似的方法对输出端口进行有效性试验,试验线路如图 15-24(b)所示,当该图中电压的 $\dot{U}_n = 0$ 时,1a′和 1b 用导线连接后,原输出端口仍为端口。概而言之,只有在图 15-24 中电压 $\dot{U}_m = \dot{U}_n = 0$ 的情况下(此时称满足有效性条件),串联后原端口仍为端口,才有 $\boldsymbol{Z} = \boldsymbol{Z}_a + \boldsymbol{Z}_b$ 成立。

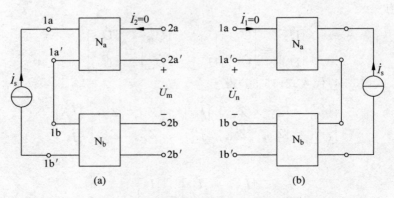

图 15-24　串联双口网络的有效性试验

**3. 关于双口网络串联方式的说明**

（1）为利用公式 $\boldsymbol{Z} = \boldsymbol{Z}_a + \boldsymbol{Z}_b$，两个双口网络串联时必须进行有效性试验。

（2）利用双口网络串联的概念，可将一个复杂的双口网络视为两个或多个较简单的双口网络的串联，从而简化双口网络参数的计算。

（3）不难证明，两个 T 形三端双口网络按图 15-25 所示方式串联时恒满足有效性条件，不必进行有效性试验。注意两个双口网络连在一起的端钮均是各个三端网络中作为输入、输出端口公共端的端钮。如图 15-26（a）所示的两个三端双口网络的串联便是这种连接方式，恒满足有效性条件。但同样两个三端双口网络按图 15-26（b）所示的方式串联时，便不满足有效条件。

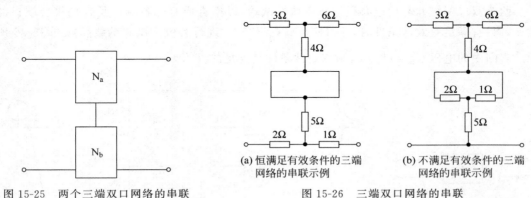

图 15-25 两个三端双口网络的串联

（a）恒满足有效条件的三端网络的串联示例

（b）不满足有效条件的三端网络的串联示例

图 15-26 三端双口网络的串联

**例 15-8** 试求图 15-27（a）所示双口网络的 Z 参数矩阵。

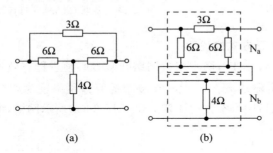

(a)

(b)

图 15-27 例 15-8 图

**解** 该双口网络可视为两个双口网络串联而成，如图 15-27（b）所示。由于这是两个三端网络的串联，满足有效性条件。可求得

$$\boldsymbol{Z}_a = \begin{bmatrix} \dfrac{18}{5} & \dfrac{12}{5} \\ \dfrac{12}{5} & \dfrac{18}{5} \end{bmatrix}, \quad \boldsymbol{Z}_b = \begin{bmatrix} 4 & 4 \\ 4 & 4 \end{bmatrix}$$

则所求 Z 参数矩阵为

$$\boldsymbol{Z} = \boldsymbol{Z}_a + \boldsymbol{Z}_b = \frac{1}{5} \begin{bmatrix} 38 & 32 \\ 32 & 38 \end{bmatrix}$$

## 二、双口网络的并联

### 1. 并联方式及并联双口网络的 $Y$ 参数

两个双口网络按图 15-28 所示的方式连接起来，便构成了双口网络的并联。设 $N_a$ 和 $N_b$ 的 $Y$ 参数矩阵分别为 $Y_a$ 和 $Y_b$，若并联后原端口仍为端口，则 $N_a$ 和 $N_b$ 并联后的复合双口网络的 $Y$ 参数矩阵为

$$Y = Y_a + Y_b \tag{15-39}$$

读者可仿照式(15-32)的证明方法对式(15-39)加以证明。

### 2. 并联方式的有效性试验

两个双口网络并联后也必须进行有效性试验，以检查原有的各端口是否仍符合端口的定义。只有满足有效性条件时，才可应用式(15-39)。进行有效性试验的线路如图 15-29 所示。若图中的电压 $\dot{U}_m = \dot{U}_n = 0$，则有效性条件是满足的。

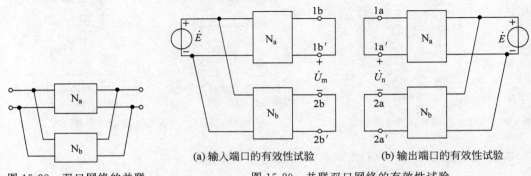

(a) 输入端口的有效性试验　　　　　(b) 输出端口的有效性试验

图 15-28　双口网络的并联　　　　　图 15-29　并联双口网络的有效性试验

### 3. 关于双口网络并联方式的说明

(1) 为利用公式 $Y = Y_a + Y_b$，两个双口网络并联时必须进行有效性试验。

(2) 利用双口网络并联的概念，可将一个复杂的双口网络视为两个或多个较简单的双口网络的并联，从而简化双口网络参数的计算。如图 15-30(a)所示网络，可看作是图 15-30(b)中两个双口网络的并联。

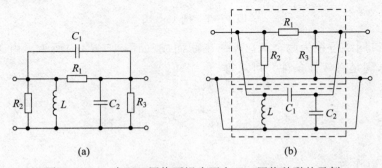

(a)　　　　　　　　　　(b)

图 15-30　一个双口网络可视为两个双口网络并联的示例

(3) 两个 T 形三端网络按图 15-31(a)所示方式并联时，恒满足有效性条件，不必进行有效性试验；但若按图 15-31(b)所示方式并联，则不满足有效性条件。

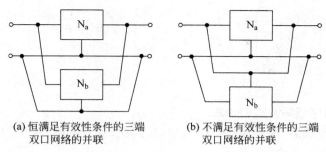

(a) 恒满足有效性条件的三端
双口网络的并联

(b) 不满足有效性条件的三端
双口网络的并联

图 15-31 三端双口网络的并联

## 三、双口网络的级联

### 1. 级联方式及级联双口网络的 $T$ 参数

两个双口网络按图 15-32 所示的方式连接起来,便构成了双口网络的级联。设 $N_a$ 和 $N_b$ 的 $T$ 参数矩阵分别为

$$\boldsymbol{T}_{1a} = \begin{bmatrix} A_a & B_a \\ C_a & D_a \end{bmatrix}, \quad \boldsymbol{T}_{1b} = \begin{bmatrix} A_b & B_b \\ C_b & D_b \end{bmatrix}$$

则 $N_a$ 和 $N_b$ 级联后的复合双口网络的 $T$ 参数矩阵为

$$\boldsymbol{T} = \boldsymbol{T}_a \boldsymbol{T}_b \tag{15-40}$$

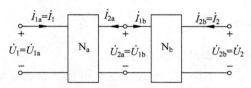

图 15-32 双口网络的级联

式(15-40)可证明如下:

$N_a$ 和 $N_b$ 的 $T$ 参数方程分别为

$$\begin{bmatrix} \dot{U}_{1a} \\ \dot{I}_{1a} \end{bmatrix} = \begin{bmatrix} A_a & B_a \\ C_a & D_a \end{bmatrix} \begin{bmatrix} \dot{U}_{2a} \\ -\dot{I}_{2a} \end{bmatrix} \tag{15-41}$$

$$\begin{bmatrix} \dot{U}_{1b} \\ \dot{I}_{1b} \end{bmatrix} = \begin{bmatrix} A_b & B_b \\ C_b & D_b \end{bmatrix} \begin{bmatrix} \dot{U}_{2b} \\ -\dot{I}_{2b} \end{bmatrix} \tag{15-42}$$

由于 $\dot{U}_{2a} = \dot{U}_{1b}$,$\dot{I}_{2a} = -\dot{I}_{1b}$,将式(15-42)代入式(15-41),得

$$\begin{bmatrix} \dot{U}_{1a} \\ \dot{I}_{1a} \end{bmatrix} = \begin{bmatrix} A_a & B_a \\ C_a & D_a \end{bmatrix} \begin{bmatrix} A_b & B_b \\ C_b & D_b \end{bmatrix} \begin{bmatrix} \dot{U}_{2b} \\ -\dot{I}_{2b} \end{bmatrix}$$

但 $\begin{bmatrix} \dot{U}_{1a} \\ \dot{I}_{1a} \end{bmatrix} = \begin{bmatrix} \dot{U}_1 \\ \dot{I}_1 \end{bmatrix}$ 及 $\begin{bmatrix} \dot{U}_{2b} \\ -\dot{I}_{2b} \end{bmatrix} = \begin{bmatrix} \dot{U}_2 \\ -\dot{I}_2 \end{bmatrix}$,故有

$$\begin{bmatrix} \dot{U}_1 \\ \dot{I}_1 \end{bmatrix} = \begin{bmatrix} A_a & B_a \\ C_a & D_a \end{bmatrix} \begin{bmatrix} A_b & B_b \\ C_b & D_b \end{bmatrix} \begin{bmatrix} \dot{U}_2 \\ -\dot{I}_2 \end{bmatrix} = T \begin{bmatrix} \dot{U}_2 \\ -\dot{I}_2 \end{bmatrix}$$

式中,$T = \begin{bmatrix} A_a & B_a \\ C_a & D_a \end{bmatrix} \begin{bmatrix} A_b & B_b \\ C_b & D_b \end{bmatrix} = T_{1a} T_{1b}$。

**2. 关于双口网络级联方式的说明**

(1) 双口网络级联后,原各端口仍恒为端口,因此,双口网络的级联不必进行有效性试验,计算公式 $T = T_a T_b$ 恒成立。

(2) 利用双口网络级联的概念,可将任一复杂的双口网络视作两个或多个较简单的双口网络的级联。如图 15-33(a)所示网络,可视为两个双口网络的级联及图 15-33(b)中三个双口网络的级联,等等。

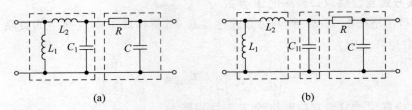

(a)                             (b)

图 15-33   一个双口网络可视为多个双口网络级联的示例

## 四、双口网络的串并联

**1. 串并联方式及串并联双口网络的 $H$ 参数**

图 15-34 所示为双口网络的串并联方式。所谓串并联指的是输入端口采用串联方式,而输出端口采用并联方式。设 $N_a$ 及 $N_b$ 的 $H$ 参数矩阵分别为 $H_a$ 和 $H_b$,若原端口仍为端口,则串并联复合双口网络的 $H$ 参数矩阵为

$$H = H_a + H_b \tag{15-43}$$

**2. 串并联方式的有效性试验**

两个双口网络采用串并联方式后,必须进行有效性试验,仅当有效性条件满足时,才可应用公式 $H = H_a + H_b$。进行有效性试验的线路如图 15-35 所示,当图中的电压 $\dot{U}_m = \dot{U}_n = 0$ 时,有效性条件得以满足。

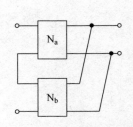

图 15-34   双口网络的串并联

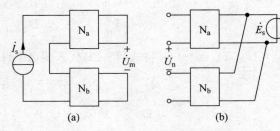

(a)               (b)

图 15-35   双口网络串并联的有效性试验

**3. 关于双口网络串并联方式的说明**

(1) 两个双口网络串并联时必须进行有效性试验;

(2) 两个 T 形三端双口网络按图 15-36(a)所示方式进行串并联时不必进行有效性试验,图 15-36(b)便是这种连接方式的一个具体例子。

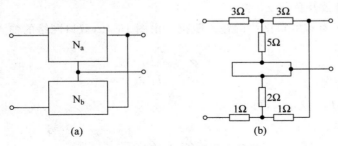

图 15-36　三端双口网络的串并联

## 练习题

15-9　双口网络如图 15-37 所示,试将该网络分解为两个双口网络的串联后求其 $Z$ 参数。

15-10　将图 15-38 所示双口网络分解为两个双口网络的并联后求其 $Y$ 参数。

15-11　将图 15-39 所示双口网络视为多个双口网络的级联后求其传输参数。

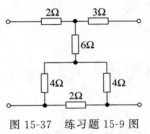

图 15-37　练习题 15-9 图

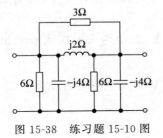

图 15-38　练习题 15-10 图

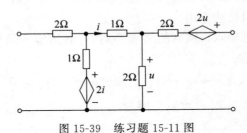

图 15-39　练习题 15-11 图

## 15.6　有载双口网络

带有负载的双口网络称为有载双口网络,如图 15-40 所示。

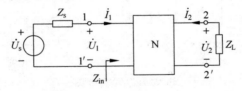

图 15-40　有载双口网络

## 一、有载双口网络的输入阻抗和输出阻抗

### 1. 输入阻抗

从有载双口网络输入端口看进去的阻抗称为双口网络的输入阻抗。这一输入阻抗可用双口网络的各种参数及负载 $Z_L$ 表示。

用 $Z$ 参数表示有载双口网络的输入阻抗。由图 15-40，双口网络的输入阻抗为

$$Z_{in} = \frac{\dot{U}_1}{\dot{I}_1}$$

根据方程 $\dot{U}_1 = Z_{11}\dot{I}_1 + Z_{12}\dot{I}_2$，可得

$$\frac{\dot{U}_1}{\dot{I}_1} = Z_{11} + Z_{12}\frac{\dot{I}_2}{\dot{I}_1} \tag{15-44}$$

在图 15-40 中，$\dot{U}_2 = -\dot{I}_2 Z_L$，故方程 $\dot{U}_2 = Z_{21}\dot{I}_1 + Z_{22}\dot{I}_2$ 可写为

$$-Z_L\dot{I}_2 = Z_{21}\dot{I}_1 + Z_{22}\dot{I}_2$$

于是

$$\frac{\dot{I}_2}{\dot{I}_1} = -\frac{Z_{21}}{Z_{22} + Z_L} \tag{15-45}$$

将式(15-45)代入式(15-44)，便得到用 $Z$ 参数表示的输入阻抗为

$$Z_{in} = Z_{11} - \frac{Z_{12}Z_{21}}{Z_{22} + Z_L} \tag{15-46}$$

由此可见，双口网络的输入阻抗既和网络的参数有关，也与负载阻抗有关，这表明双口网络有变换阻抗的作用。

在已知双口网络的 $Z$ 参数时，可利用输入阻抗的概念，方便地求解输入或输出端口的电压、电流。

**例 15-9**　在图 15-41(a)所示电路中，已知 $\dot{E}_s = 12\underline{/0°}\,V$，$Z_s = (5-j2)\Omega$，$Z_L = (5+j4)\Omega$，双口网络 N 的 $Z$ 参数矩阵为

$$\mathbf{Z} = \begin{bmatrix} -4 & -8 \\ -2 & 4 \end{bmatrix}$$

试求电流 $\dot{I}_1$ 和 $\dot{I}_2$。

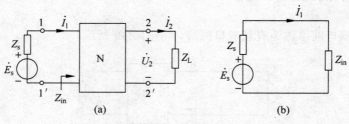

图 15-41　例 15-9 图

**解** 求输入端口的电流 $\dot{I}_1$ 时,根据双口网络输入阻抗的概念,将 1-1′ 端口右边的网络用一个阻抗 $Z_{\text{in}}$ 表示,如图 15-41(b)所示,且

$$Z_{\text{in}} = Z_{11} - \frac{Z_{12}Z_{21}}{Z_{22} + Z_{\text{L}}} = -4 - \frac{-8 \times (-2)}{4 + 5 + \text{j}4} = (-5.48 + \text{j}0.66)\,\Omega$$

$$\dot{I}_1 = \frac{\dot{E}_{\text{s}}}{Z_{\text{s}} + Z_{\text{in}}} = \frac{12\underline{/0^\circ}}{5 - \text{j}2 - 5.48 + \text{j}0.66} = 8.43\underline{/109.7^\circ}\,\text{A}$$

再根据 $Z$ 参数方程求输出端口的电流 $\dot{I}_2$。要注意此时 $\dot{I}_2$ 的方向与约定的双口网络输出端口电流的方向相反且 $\dot{U}_2 = Z_{\text{L}}\dot{I}_2$,于是有

$$\dot{U}_2 = Z_{21}\dot{I}_1 + Z_{22}(-\dot{I}_2)$$

或

$$Z_{\text{L}}\dot{I}_2 = Z_{21}\dot{I}_1 - Z_{22}\dot{I}_2$$

$$\dot{I}_2 = \frac{Z_{21}}{Z_{22} + Z_{\text{L}}}\dot{I}_1 = \frac{-2}{4 + \text{j}4 + 5} \times 8.43\underline{/109.7^\circ}$$

$$= -1.71\underline{/85.7^\circ} = 1.71\underline{/-94.3^\circ}\,\text{A}$$

**2. 用 $T$ 参数表示的双口网络输入阻抗**

根据双口网络的 $T$ 参数方程式(15-17),可得图 15-40 所示双口网络的输入阻抗为

$$Z_{\text{in}} = \frac{\dot{U}_1}{\dot{I}_1} = \frac{A\dot{U}_2 + B(-\dot{I}_2)}{C\dot{U}_2 + D(-\dot{I}_2)}$$

因 $\dot{U}_2 = -\dot{I}_2 Z_{\text{L}}$ 有

$$Z_{\text{in}} = \frac{A(-\dot{I}_2 Z_{\text{L}}) + B(-\dot{I}_2)}{C(-\dot{I}_2 Z_{\text{L}}) + D(-\dot{I}_2)} = \frac{AZ_{\text{L}} + B}{CZ_{\text{L}} + D} \tag{15-47}$$

若是对称双口网络,因 $A = D$,则输入阻抗为

$$Z_{\text{in}} = \frac{AZ_{\text{L}} + B}{CZ_{\text{L}} + A} \tag{15-48}$$

类似地,可导出由 $Y$ 参数和 $H$ 参数表示的输入阻抗。读者可自行推导。

**3. 输出阻抗**

有载双口网络的输出阻抗 $Z_{\text{ou}}$ 为从输出端口看进去的无源网络的等效阻抗,如图 15-42 所示。按类似于输入阻抗导出的方法,可得用 $Z$ 参数表示的输出阻抗为

$$Z_{\text{ou}} = Z_{22} - \frac{Z_{12}Z_{21}}{Z_{11} + Z_{\text{s}}} \tag{15-49}$$

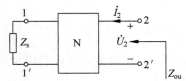

图 15-42 有载双口网络的输出阻抗

用传输参数表示的输出阻抗为

$$Z_{\text{ou}} = \frac{DZ_{\text{s}} + B}{CZ_{\text{s}} + A} \tag{15-50}$$

## 二、有载双口网络的特性阻抗

如图 15-43 所示对称双口网络,可选择一个负载阻抗 $Z_{\text{c}}$,使双口网络的输入阻抗等于该负载阻抗,此时称负载和双口网络匹配,并称 $Z_{\text{c}}$ 为对称双口网络的特性阻抗。

根据式(15-48),在匹配的情况下,有

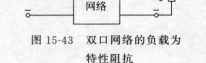

图 15-43 双口网络的负载为特性阻抗

$$Z_{\text{in}} = \frac{AZ_{\text{c}} + B}{CZ_{\text{c}} + A} = Z_{\text{c}}$$

可解出

$$Z_{\text{c}} = \sqrt{\frac{B}{C}} \tag{15-51}$$

这表明特性阻抗仅由对称双口网络的参数决定。

特性阻抗还可用开路阻抗和短路阻抗表示。由

$$Z_{1\text{o}} = Z_{2\text{o}} = Z_{\text{o}} = \frac{D}{C} = \frac{A}{C}$$

及

$$Z_{1\text{s}} = Z_{2\text{s}} = Z_{\text{s}} = \frac{B}{A}$$

有

$$Z_{\text{o}} Z_{\text{s}} = \frac{A}{C} \frac{B}{A} = \frac{B}{C} = Z_{\text{c}}^2$$

$$Z_{\text{c}} = \sqrt{Z_{\text{o}} Z_{\text{s}}} \tag{15-52}$$

## 三、对称双口网络的传播系数

### 1. 传播系数的定义

在对称双口网络匹配的情况下,由图 15-43,负载阻抗上的电压为

$$\dot{U}_2 = -Z_{\text{c}} \dot{I}_2 = -\sqrt{\frac{B}{C}} \dot{I}_2$$

则双口网络的 $T$ 参数方程为

$$\begin{cases} \dot{U}_1 = A\dot{U}_2 + B(-\dot{I}_2) = A\dot{U}_2 + B\sqrt{\frac{C}{B}}\dot{U}_2 = (A + \sqrt{BC})\dot{U}_2 \\ \dot{I}_1 = C\dot{U}_2 + D(-\dot{I}_2) = C\left(-\sqrt{\frac{B}{C}}\dot{I}_2\right) + A(-\dot{I}_2) = (A + \sqrt{BC})\dot{I}_2 \end{cases} \tag{15-53}$$

式(15-53)表明,输入电压与输出电压之比及输入电流与输出电流之比均为同一复常数,即

$$\frac{\dot{U}_1}{\dot{U}_2} = \frac{\dot{I}_1}{\dot{I}_2} = A + \sqrt{BC} = e^{\beta + j\alpha} = e^{\gamma} \tag{15-54}$$

式中,$\gamma = \ln(A + \sqrt{BC}) = \beta + \mathrm{j}\alpha$,称为对称双口网络的传播系数。显然传播系数 $\gamma$ 仅由双口网络的参数决定。

### 2. 传播系数的意义

设对称双口网络的输入电压、电流及输出电压、电流分别为

$$\dot{U}_1 = U_1 \mathrm{e}^{\mathrm{j}\varphi_{u1}}, \qquad \dot{I}_1 = I_1 \mathrm{e}^{\mathrm{j}\varphi_{i1}}$$

$$\dot{U}_2 = U_2 \mathrm{e}^{\mathrm{j}\varphi_{u2}}, \qquad \dot{I}_2 = I_2 \mathrm{e}^{\mathrm{j}\varphi_{i2}}$$

则

$$\frac{U_1}{U_2} = \frac{I_1}{I_2} = \mathrm{e}^{\beta}$$

$$\alpha = \varphi_{u1} - \varphi_{u2} = \varphi_{i1} - \varphi_{i2}$$

由此可见,传播系数 $\gamma = \beta + \mathrm{j}\alpha$ 体现了对称双口网络在匹配情况下输入相量和输出相量的相对关系。换句话说,在已知对称双口网络某一端口电压、电流的情况下,可由传播系数很快得出另一端口的电压和电流。如已知 $\dot{U}_1$ 和 $\dot{I}_1$,则可得

$$U_2 = U_1 \mathrm{e}^{-\beta}, \qquad \varphi_{u2} = \varphi_{u1} - \alpha$$

$$I_2 = I_1 \mathrm{e}^{-\beta}, \qquad \varphi_{i2} = \varphi_{i1} - \alpha$$

即

$$\dot{U}_2 = U_1 \mathrm{e}^{-\beta} \underline{/\varphi_{u1} - \alpha}, \qquad \dot{I}_2 = I_1 \mathrm{e}^{-\beta} \underline{/\varphi_{i1} - \alpha}$$

称 $\alpha$ 为相移系数,其单位是 rad;称 $\beta$ 为衰减系数,其单位为 Np(奈培)或 dB(分贝),这两种单位对应着 $\beta$ 不同的计算式,即

$$\beta(\mathrm{Np}) = \ln \frac{U_1}{U_2} \tag{15-55}$$

$$\beta(\mathrm{dB}) = 20\lg \frac{U_1}{U_2} \tag{15-56}$$

由此可得两种单位间的换算公式为

$$1\mathrm{Np} = 8.686\mathrm{dB}$$

或

$$1\mathrm{dB} = 0.115\mathrm{Np}$$

因 1Np 比 1dB 大得多,通常用 dB 作单位。

### 3. 用传播系数表示对称双口网络方程

先导出传播系数和 $T$ 参数之间的关系。由对称双口网络的互易性,有 $A^2 - BC = 1$,即

$$(A + \sqrt{BC})(A - \sqrt{BC}) = 1$$

将 $\mathrm{e}^{\gamma} = A + \sqrt{BC}$ 代入上式,得到

$$\mathrm{e}^{-\gamma} = A - \sqrt{BC}$$

据此可求出

$$A = \frac{\mathrm{e}^{\gamma} + \mathrm{e}^{-\gamma}}{2} = \mathrm{ch}\gamma \tag{15-57}$$

又

$$\sqrt{BC} = \frac{1}{2}(e^{\gamma} - e^{-\gamma}) = \text{sh}\gamma$$

及

$$Z_c = \sqrt{\frac{B}{C}}$$

由上面两式又可求出

$$B = Z_c \text{sh}\gamma$$

$$C = \text{sh}\gamma/Z_c$$

于是用传播系数表示的对称双口网络的 $T$ 参数方程为

$$\begin{cases} \dot{U}_1 = \dot{U}_2 \text{ch}\gamma + Z_c \text{sh}\gamma(-\dot{I}_2) \\ \dot{I}_1 = \dfrac{\dot{U}_2}{Z_c} \text{sh}\gamma + \text{ch}\gamma(-\dot{I}_2) \end{cases} \tag{15-58}$$

**4. 关于传播系数的说明**

（1）如同特性阻抗一样，传播系数的概念只适用于对称双口网络。

（2）在一般情况下，传播系数为一复数，即 $\gamma = \beta + j\alpha$；若是电阻性双口网络，则 $\gamma = \beta$ 为一实数。

（3）传播系数可用实验的方法予以测定，根据式(15-58)，有

$$Z_{1o} = \frac{\dot{U}_1}{\dot{I}_1}\bigg|_{\dot{I}_2=0} = \frac{Z_c}{\text{th}\gamma}$$

$$Z_{1s} = \frac{\dot{U}_1}{\dot{I}_1}\bigg|_{\dot{U}_2=0} = Z_c \text{th}\gamma$$

$$\text{th}\gamma = \sqrt{Z_{1s}/Z_{1o}} \tag{15-59}$$

这表明只需在输出端口做一次短路实验和一次开路实验便可求出传播系数。

**例 15-10** 试求图 15-44 所示对称双口网络的传播系数。

**解** 先求出该双口网络的 $T$ 参数。可求得

$$A = D = -5, \quad B = j5, \quad C = -j12$$

则传播系数为

$$\begin{aligned} \gamma &= \ln(A + \sqrt{BC}) = \ln(-5 + \sqrt{24}) \\ &= \ln(-0.101) = \ln(0.101 e^{j\pi}) \\ &= \ln 0.101 + \ln e^{j\pi} = -2.29 + j\pi \end{aligned}$$

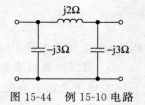

图 15-44　例 15-10 电路

## 练习题

15-12　如图 15-45 所示电路，已知 $\dot{U}_s = 100\underline{/0°}\text{V}$，$Z_s = (6+j8)\Omega$，$Z_L = (12+j16)\Omega$，双口网络 N 的传输参数矩阵为

$$\boldsymbol{T} = \begin{bmatrix} 3 & 3+j4 \\ j2 & 6 \end{bmatrix}$$

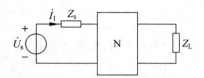

图 15-45 练习题 15-12 电路

求电流 $\dot{I}_1$ 及负载阻抗消耗的功率。

## 15.7 回转器与负阻抗变换器

### 一、回转器

**1. 回转器的电路符号及其特性方程**

理想回转器是一种四端元件或二端口元件,其电路符号如图 15-46 所示。在图示的参考方向下,回转器的端口电压、电流的关系式为

$$\begin{cases} u_1 = -r i_2 \\ u_2 = r i_1 \end{cases} \tag{15-60}$$

或表示为

$$\begin{cases} i_1 = g u_2 \\ i_2 = -g u_1 \end{cases} \tag{15-61}$$

式中,$r$ 和 $g$ 分别具有电阻和电导的量纲,称为回转电阻和回转电导,简称回转常数。

**2. 关于回转器的说明**

(1) 在图 15-46 中,上方的箭头是自左指向右,若箭头是自右指向左,如图 15-47 所示,则回转器的特性方程为

$$\begin{cases} u_1 = r i_2 \\ u_2 = -r i_1 \end{cases} \tag{15-62}$$

或

$$\begin{cases} i_1 = -g u_2 \\ i_2 = g u_1 \end{cases} \tag{15-63}$$

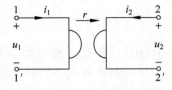

图 15-46 回转器的电路符号之一

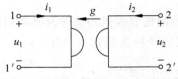

图 15-47 回转器的电路符号之二

这表明回转器特性方程中的正、负号与其电路符号中上方箭头的指向有关,实际应用中需注意这一点。

(2) 在回转器的电路符号中,上方的箭头上应标注回转常数,标写回转电阻 $r$ 或回转电

导 $g$ 均可,且 $g = \dfrac{1}{r}$。

(3)回转器的特性方程(15-60)和(15-61)的矩阵形式为

$$\begin{bmatrix} u_1 \\ u_2 \end{bmatrix} = \begin{bmatrix} 0 & -r \\ r & 0 \end{bmatrix} \begin{bmatrix} i_1 \\ i_2 \end{bmatrix}$$

$$\begin{bmatrix} i_1 \\ i_2 \end{bmatrix} = \begin{bmatrix} 0 & g \\ -g & 0 \end{bmatrix} \begin{bmatrix} u_1 \\ u_2 \end{bmatrix}$$

这表明回转器的 $Z$ 参数和 $Y$ 参数矩阵分别为

$$\boldsymbol{Z} = \begin{bmatrix} 0 & -r \\ r & 0 \end{bmatrix}, \quad \boldsymbol{Y} = \begin{bmatrix} 0 & g \\ -g & 0 \end{bmatrix}$$

(4)回转器具有将一个电容元件"回转"为一个电感元件或反之的特性。在图 15-48 所示正弦稳态电路中,由式(15-60)或式(15-61)及 $\dot{I}_2 = -\mathrm{j}\omega C \dot{U}_2$,有

$$\dot{U}_1 = -r\dot{I}_2 = \mathrm{j}r\omega C\dot{U}_2 = \mathrm{j}r^2\omega C\dot{I}_1$$

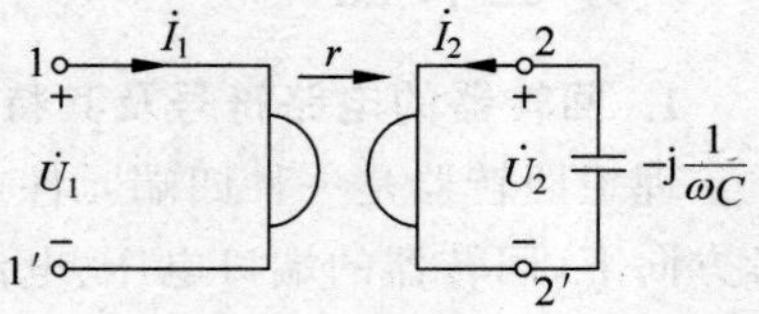

图 15-48　用回转器实现电感

或

$$\dot{I}_1 = g\dot{U}_2 = -g\,\frac{1}{\mathrm{j}\omega C}\dot{I}_2 = g^2\,\frac{1}{\mathrm{j}\omega C}\dot{U}_1$$

则电路的输入阻抗为

$$Z_{\text{in}} = \frac{\dot{U}_1}{\dot{I}_1} = \mathrm{j}r^2\omega C = \mathrm{j}\,\frac{1}{g^2}\omega C$$

这表明从该电路的输入端看,相当于一个电感元件,等效电感值为 $L = r^2 C = \dfrac{1}{g^2} C$。回转器的这一特性在微电子工业中有着重要的应用,即利用回转器和电容实现电感的集成。

(5)根据图 15-46 所示的参考方向及特性方程式(15-60),回转器的功率为

$$p = u_1 i_1 + u_2 i_2 = -r i_1 i_2 + r i_1 i_2 = 0$$

这表明回转器在任何时刻的功率为零,即它既不消耗功率又不产生功率,为无源线性元件。

(6)可以证明互易定理不适用于回转器。

## 二、负阻抗变换器

### 1. 负阻抗变换器的符号及其端口特性

负阻抗变换器简称为 NIC(Negative Impedance Converter),亦是一种二端口元件,其符号如图 15-49 所示。在图示参考方向下,NIC 的端口特性方程用传输参数可表示为

图 15-49　负阻抗变换器的符号

$$\begin{bmatrix} \dot{U}_1 \\ \dot{I}_1 \end{bmatrix} = \begin{bmatrix} 1 & 0 \\ 0 & -k \end{bmatrix} \begin{bmatrix} \dot{U}_2 \\ -\dot{I}_2 \end{bmatrix} \tag{15-64}$$

**2. 关于负阻抗变换器的说明**

（1）从特性方程式（15-64）可见，经 NIC 变换后，$\dot{U}_2 = \dot{U}_1$，电压的大小和方向均未发生变化，但 $\dot{I}_1 = -k(-\dot{I}_2) = k\dot{I}_2 = -k\dot{I}_2'$，或 $\dot{I}_2' = -\dfrac{1}{k}\dot{I}_1$，即电流经变换后改变了方向，因此式（15-64）定义的 NIC 称为电流反向型的。

（2）另一种负阻抗变换器称为电压反向型的 NIC，在图 15-49 所示的参考方向下，其端口特性为

$$\begin{bmatrix} \dot{U}_1 \\ \dot{I}_1 \end{bmatrix} = \begin{bmatrix} -k & 0 \\ 0 & 1 \end{bmatrix} \begin{bmatrix} \dot{U}_2 \\ -\dot{I}_2 \end{bmatrix} \tag{15-65}$$

由式（15-65）可见，经变换后，电流的大小和方向均未变化，但电压的极性却发生了改变。

（3）负阻抗变换器具有把正阻抗变换为负阻抗的性质。对图 15-50 所示的电路，设 NIC 为电压反向型的，则电路的输入阻抗为

$$Z_{in} = \frac{\dot{U}_1}{\dot{I}_1} = \frac{-k\dot{U}_2}{-\dot{I}_2} = k\frac{\dot{U}_2}{\dot{I}_2}$$

又由图 15-50 所示的参考方向，有 $\dot{U}_2 = -\dot{I}_2 Z_2$，因此有

$$Z_{in} = -kZ_2$$

由此可见，该电路的输入阻抗是负载阻抗 $Z_2$ 的 $k$ 倍的负值，这也意味着 NIC 具有把正阻抗变换为负阻抗的能力。譬如说，当 $Z_2$ 为电阻 $R$ 时，1-1′端口的等效阻抗为负电阻 $-kR$。

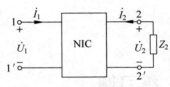

图 15-50　接负载的负阻抗变换器

**例 15-11**　在图 15-51 所示电路中，若回转电阻 $r = 10^3\,\Omega$，$R = 10^4\,\Omega$，$C = 10\,\mu F$，求入端等效电路的元件参数。

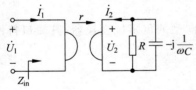

图 15-51　例 15-11 电路

**解**　回转器的箭头方向由左指向右，则其特性方程为

$$\begin{cases} \dot{U}_1 = -r\dot{I}_2 \\ \dot{U}_2 = r\dot{I}_1 \end{cases}$$

负载导纳为

$$Y = \frac{1}{R} + j\omega C = -\frac{\dot{I}_2}{\dot{U}_2}$$

于是电路的输入阻抗为

$$Z_{in} = \frac{\dot{U}_1}{\dot{I}_1} = \frac{-r\dot{I}_2}{\dot{U}_2/r} = r^2\left[-\frac{\dot{I}_2}{\dot{U}_2}\right] = r^2 Y = \frac{r^2}{R} + j\omega r^2 C = R' + j\omega L$$

将参数代入后求得

$$R' = \frac{r^2}{R} = \frac{1000^2}{10^4} = 100\Omega$$

$$L = r^2 C = 1000^2 \times 10 \times 10^{-6} = 10\text{H}$$

这表明电路入端的等效电路为 $100\Omega$ 的电阻与 $10\text{H}$ 电感的串联。

**例 15-12**  图 15-52 所示电路中虚线框内的部分为一个负阻抗变换器,试求其用传输参数表示的特性方程。若其输出端口接负载阻抗 $Z_\text{L}$,求电路的输入阻抗 $Z_\text{in}$。

**解**  由理想运放的"虚短"和"虚断"原理,可得

$$\dot{U}_1 = \dot{U}_2$$

$$\dot{I}_1 = \frac{R_2}{R_1} \dot{I}_2 = K\dot{I}_2$$

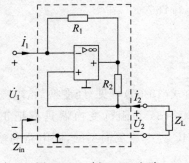

其中,$K = \dfrac{R_2}{R_1}$。则所求传输参数方程为

$$\begin{bmatrix} \dot{U}_1 \\ \dot{I}_1 \end{bmatrix} = \begin{bmatrix} 1 & 0 \\ 0 & -K \end{bmatrix} \begin{bmatrix} \dot{U}_2 \\ -\dot{I}_2 \end{bmatrix}$$

当输出端接负载阻抗 $Z_\text{L}$ 后,电路的输入阻抗为

图 15-52  例 15-12 电路

$$Z_\text{in} = \frac{\dot{U}_1}{\dot{I}_1} = \frac{\dot{U}_2}{K\dot{I}_2} = \frac{-Z_\text{L}\dot{I}_2}{(R_2/R_1)\dot{I}_2} = -\frac{R_1}{R_2} Z_\text{L}$$

## 练 习 题

**15-13**  试导出图 15-46 所示回转器的传输参数方程。

**15-14**  若图 15-47 所示回转器的 2-2′ 端口接阻抗 $Z_\text{L} = (6+\text{j}8)\Omega$,求从回转器的 1-1′ 端口看进去的阻抗值。

**15-15**  电路如图 15-53 所示,图中的 NIC 为电压反向型的负阻抗变换器,其端口特性方程为

$$\begin{bmatrix} \dot{U}_1 \\ \dot{I}_1 \end{bmatrix} = \begin{bmatrix} -10 & 0 \\ 0 & 1 \end{bmatrix} \begin{bmatrix} \dot{U}_2 \\ -\dot{I}_1 \end{bmatrix}$$

若 $\dot{U}_\text{s} = 100\underline{/0^\circ}\text{V}, Z_\text{s} = (10+\text{j}10)\Omega, Z_\text{L} = (2+\text{j}2)\Omega$,求电流 $\dot{I}_1$ 和 $\dot{I}_2$。

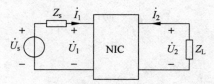

图 15-53  练习题 15-15 图

## 15.8 例题分析

**例 15-13** 求图 15-54(a)所示双口网络的短路导纳矩阵 $Y$ 和传输矩阵 $T$。

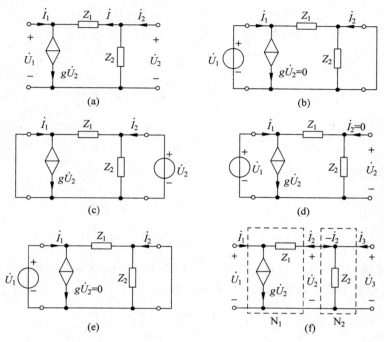

图 15-54 例 15-13 图

**解** （1）求 $Y$ 矩阵,用两种方法求解

① 由 $Y$ 参数的定义求。先写出 $Y$ 参数方程:

$$\begin{cases} \dot{I}_1 = Y_{11}\dot{U}_1 + Y_{12}\dot{U}_2 \\ \dot{I}_2 = Y_{21}\dot{U}_1 + Y_{22}\dot{U}_2 \end{cases}$$

对初学者来说,由定义求双口网络的参数时先写出相应的双口网络方程是必要的。将输出端口短路($\dot{U}_2=0$),在输入端口加一个电压源 $\dot{U}_1$,所得电路如图 15-54(b)所示,求得

$$\dot{I}_1\big|_{\dot{U}_2=0} = \frac{\dot{U}_1}{Z_1}$$

$$\dot{I}_2\big|_{\dot{U}_2=0} = -\dot{I}_1\big|_{\dot{U}_2=0} = -\frac{\dot{U}_1}{Z_1}$$

由 $Y$ 参数方程,不难得到

$$Y_{11} = \frac{\dot{I}_1}{\dot{U}_1}\bigg|_{\dot{U}_2=0} = \frac{1}{Z_1}$$

$$Y_{21} = \frac{\dot{I}_2}{\dot{U}_1}\bigg|_{\dot{U}_2=0} = -\frac{1}{Z_1}$$

再将输入端口短路($\dot{U}_1 = 0$),在输出端口加一电压源 $\dot{U}_2$,所得电路如图 15-54(c)所示,求得

$$\dot{I}_2\big|_{\dot{U}_1=0} = \left(\frac{1}{Z_1} + \frac{1}{Z_2}\right)\dot{U}_2$$

$$\dot{I}_1\big|_{\dot{U}_1=0} = g\dot{U}_2 - \frac{1}{Z_1}\dot{U}_2 = \left(-\frac{1}{Z_1} + g\right)\dot{U}_2$$

则

$$Y_{22} = \frac{\dot{I}_2}{\dot{U}_2}\bigg|_{\dot{U}_1=0} = \frac{1}{Z_1} + \frac{1}{Z_2}$$

$$Y_{12} = \frac{\dot{I}_1}{\dot{U}_1} = -\frac{1}{Z_2} + g$$

故所求 $Y$ 参数矩阵为

$$\boldsymbol{Y} = \begin{bmatrix} Y_{11} & Y_{12} \\ Y_{21} & Y_{22} \end{bmatrix} = \begin{bmatrix} \dfrac{1}{Z_1} & -\dfrac{1}{Z_1} + g \\ -\dfrac{1}{Z_1} & \dfrac{1}{Z_1} + \dfrac{1}{Z_2} \end{bmatrix}$$

② 由原始端口方程求。具体做法是根据 KCL 和 KVL,直接由网络写出用两个端口电压表示的端口电流方程。由图 15-54(a)所示电路,有

$$\dot{I}_1 = g\dot{U}_2 - I = g\dot{U}_2 - \frac{\dot{U}_2 - \dot{U}_1}{Z_1} = \frac{1}{Z_1}\dot{U}_1 + \left(g - \frac{1}{Z_1}\right)\dot{U}_2$$

$$\dot{I}_2 = I + \frac{\dot{U}_2}{Z} = \frac{\dot{U}_2 - \dot{U}_1}{Z_1} + \frac{\dot{U}_2}{Z_2} = -\frac{1}{Z_1}\dot{U}_1 + \left(\frac{1}{Z_1} + \frac{1}{Z_2}\right)\dot{U}_2$$

将上述两方程与 $Y$ 参数方程比较,可得

$$\boldsymbol{Y} = \begin{bmatrix} \dfrac{1}{Z_1} & -\dfrac{1}{Z_1} + g \\ -\dfrac{1}{Z_1} & \dfrac{1}{Z_1} + \dfrac{1}{Z_2} \end{bmatrix}$$

可以看出,有时用这一方法比用定义求解更为简便。

(2) 求 $\boldsymbol{T}$ 矩阵,用四种方法求解

① 由 $T$ 参数的定义求 $T$ 参数方程为

$$\begin{cases} \dot{U}_1 = A\dot{U}_2 + B(-\dot{I}_2) \\ \dot{I}_1 = C\dot{U}_2 + D(-\dot{I}_2) \end{cases}$$

将输出端口开路($\dot{I}_2 = 0$),在输入端口加一电压源 $\dot{U}_1$,所得电路如图 15-54(d)所示,求得

$$\dot{U}_2\big|_{\dot{I}_2=0} = \frac{Z_2}{Z_1 + Z_2}\dot{U}_1$$

$$\dot{I}_1\big|_{\dot{I}_2=0} = g\dot{U}_2 + \frac{\dot{U}_1}{Z_1 + Z_2} = g\frac{Z_2}{Z_1 + Z_2}\dot{U}_1 + \frac{1}{Z_1 + Z_2}\dot{U}_1 = \frac{1 + gZ_2}{Z_1 + Z_2}\dot{U}_1$$

$$A = \frac{\dot{U}_1}{\dot{U}_2}\Big|_{i_2=0} = \frac{Z_1 + Z_2}{Z_2} = 1 + \frac{Z_1}{Z_2}$$

$$C = \frac{\dot{I}_1}{\dot{U}_2}\Big|_{i_2=0} = \frac{(gZ_2 + 1)/(Z_1 + Z_2)}{Z_2/(Z_1 + Z_2)} = g + \frac{1}{Z_2}$$

再将输出端口短路($\dot{U}_2 = 0$)，在输入端口仍加电压源$\dot{U}_1$，所得电路如图 15-54(e)所示，求得

$$\dot{I}_1\big|_{\dot{U}_2=0} = \frac{\dot{U}_1}{Z_1}$$

$$\dot{I}_2\big|_{\dot{U}_2=0} = -\dot{I}_1\big|_{\dot{U}_2=0} = -\frac{\dot{U}_1}{Z_1}$$

$$B = \frac{\dot{U}_1}{-\dot{I}_2}\Big|_{\dot{U}_2=0} = \frac{\dot{U}_1}{\frac{1}{Z_1}\dot{U}_1} = Z_1$$

$$D = \frac{\dot{I}_1}{-\dot{I}_2}\Big|_{\dot{U}_2=0} = \frac{\dot{U}_1/Z_1}{\dot{U}_1/Z_1} = 1$$

故 $T$ 参数矩阵为

$$\boldsymbol{T} = \begin{bmatrix} A & B \\ C & D \end{bmatrix} = \begin{bmatrix} 1 + Z_1/Z_2 & Z_1 \\ g + 1/Z_2 & 1 \end{bmatrix}$$

② 由 $T$ 参数和 $Y$ 参数间的关系求。可将 $Y$ 参数方程变为 $T$ 参数方程，得

$$\begin{cases} \dot{U}_1 = -\dfrac{Y_{22}}{Y_{21}}\dot{U}_2 + \left(-\dfrac{1}{Y_{21}}\right)(-\dot{I}_2) \\ \dot{I}_1 = \dfrac{Y_{12}Y_{21} - Y_{11}Y_{22}}{Y_{21}}\dot{U}_2 + \left(-\dfrac{Y_{11}}{Y_{21}}\right)(-\dot{I}_2) \end{cases}$$

根据已求出的 $Y$ 参数，得

$$A = -\frac{Y_{22}}{Y_{21}} = -\frac{1/Z_1 + 1/Z_2}{-1/Z_1} = 1 + \frac{Z_1}{Z_2}$$

$$B = -\frac{1}{Y_{21}} = Z_1$$

$$C = \frac{Y_{12}Y_{21} - Y_{11}Y_{22}}{Y_{21}} = \frac{\left(-\dfrac{1}{Z_1} + g\right)\left(-\dfrac{1}{Z_1}\right) - \dfrac{1}{Z_1}\left(\dfrac{1}{Z_1} + \dfrac{1}{Z_2}\right)}{-\dfrac{1}{Z_1}} = \frac{1}{Z_2} + g$$

$$D = -\frac{Y_{11}}{Y_{21}} = -\frac{1/Z_1}{-1/Z_1} = 1$$

③ 由原始端口方程求。根据图 15-54(a)所示电路，有

$$\dot{U}_1 = \dot{U}_2 - Z_1\dot{I} = \dot{U}_2 - Z_1\left(\dot{I}_2 - \frac{\dot{U}_2}{Z_2}\right) = \left(1 + \frac{Z_1}{Z_2}\right)\dot{U}_2 + Z_1(-\dot{I}_2)$$

$$\dot{I}_1 = g\dot{U}_2 - \dot{I} = g\dot{U}_2 - \left(\dot{I}_2 - \frac{\dot{U}_2}{Z_2}\right) = \left(g + \frac{1}{Z_2}\right)\dot{U}_2 + (-\dot{I}_2)$$

将上述方程与 $T$ 参数方程比较,得

$$T = \begin{bmatrix} 1+Z_1/Z_2 & Z_1 \\ g+1/Z_2 & 1 \end{bmatrix}$$

④ 按级联方式求解。将原双口网络视为图 15-54(f)所示的两个双口网络 $N_1$ 与 $N_2$ 的级联。写出 $N_1$ 的原始端口方程为

$$\dot{U}_1 = \dot{U}_2 + Z_1(-\dot{I}_2)$$

$$\dot{I}_1 = g\dot{U}_2 + (-\dot{I}_2)$$

则

$$T_1 = \begin{bmatrix} 1 & Z_1 \\ g & 1 \end{bmatrix}$$

写出 $N_2$ 的原始端口方程为

$$\dot{U}_2 = \dot{U}_3$$

$$-\dot{I}_2 = \frac{1}{Z_2}\dot{U}_3 + (-\dot{I}_3)$$

则

$$T_2 = \begin{bmatrix} 1 & 0 \\ \dfrac{1}{Z_2} & 1 \end{bmatrix}$$

于是

$$T = T_1 T_2 = \begin{bmatrix} 1 & Z_1 \\ g & 1 \end{bmatrix} \begin{bmatrix} 1 & 0 \\ \dfrac{1}{Z_2} & 1 \end{bmatrix} = \begin{bmatrix} 1+\dfrac{Z_1}{Z_2} & Z_1 \\ g+\dfrac{1}{Z_2} & 1 \end{bmatrix}$$

**例 15-14** 求图 15-55(a)所示 $RC$ 梯形网络的传输矩阵。

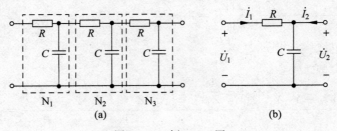

图 15-55 例 15-14 图

**解** 该网络可视为图 15-55(a)所示三个网络的级联,显然,每一网络的传输矩阵相同,均为 $T_1$。于是所求传输矩阵为

$$T = T_1^3$$

由图 15-55(b),有

$$\dot{U}_1 = \dot{I}_1 R + \dot{U}_2 = (j\omega C\dot{U}_2 - \dot{I}_2)R + \dot{U}_2 = (1+j\omega C)\dot{U}_2 + R(-\dot{I}_2)$$

$$\dot{I}_1 = j\omega C\dot{U}_2 + (-\dot{I}_2)$$

则

$$\boldsymbol{T}_1 = \begin{bmatrix} 1+\mathrm{j}\omega C & R \\ \mathrm{j}\omega C & 1 \end{bmatrix}$$

故所求传输矩阵为

$$\boldsymbol{T} = \boldsymbol{T}_1^3 = \begin{bmatrix} 1+\mathrm{j}\omega C & R \\ \mathrm{j}\omega C & 1 \end{bmatrix}^3 = \begin{bmatrix} A & B \\ C & D \end{bmatrix}$$

$$A = (1-5\omega^2 R^2 C^2) + \mathrm{j}\omega CR(6-\omega^2 R^2 C^2)$$

$$B = (3R-\omega^2 R^2 C^2) + \mathrm{j}4\omega CR^2$$

$$C = (-4\omega^2 C^2 R) + \mathrm{j}\omega C(3-\omega^2 R^2 C^2)$$

$$D = (1-\omega^2 R^2 C^2) + \mathrm{j}3\omega RC$$

**例 15-15** 求图 15-56(a)所示双口网络的 $Z$ 参数矩阵和 $Y$ 参数矩阵并做出 T 形等效电路。

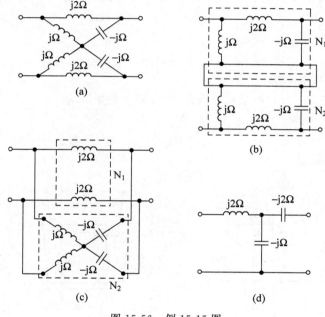

图 15-56　例 15-15 图

**解** （1）求 $Z$ 参数矩阵。可将该双口网络视为图 15-56(b)所示的两个双口网络的串联，显然这样两个三端网络的串联满足有效性条件。这两个串联的双口网络完全相同,不难求出

$$\boldsymbol{Z}_1 = \boldsymbol{Z}_2 = \begin{bmatrix} \dfrac{1}{2}\mathrm{j} & -\dfrac{1}{2}\mathrm{j} \\ -\dfrac{1}{2}\mathrm{j} & -\dfrac{3}{2}\mathrm{j} \end{bmatrix}$$

故所求 $Z$ 参数矩阵为

$$\boldsymbol{Z} = \boldsymbol{Z}_1 + \boldsymbol{Z}_2 = \begin{bmatrix} \mathrm{j} & -\mathrm{j} \\ -\mathrm{j} & -3\mathrm{j} \end{bmatrix}$$

（2）求 Y 参数矩阵。原双口网络可视为图 15-56(c)所示的两个双口网络的并联。不难验证这种并联方式满足有效性条件（但若电路参数变化，则有效性条件不一定满足）。可求出

$$Y_1 = \begin{bmatrix} -\text{j}0.25 & \text{j}0.25 \\ \text{j}0.25 & -\text{j}0.25 \end{bmatrix}$$

$$Y_2 = \begin{bmatrix} -\text{j}0.5 & 0 \\ 0 & \text{j}0.5 \end{bmatrix}$$

故所求 Y 参数矩阵为

$$Y = Y_1 + Y_2 = \begin{bmatrix} -\text{j}0.75 & \text{j}0.25 \\ \text{j}0.25 & \text{j}0.25 \end{bmatrix}$$

应注意，在将复杂双口网络化为复合双口网络时，务必进行有效性试验（仅级联方式不必进行这种试验）。

（3）作 T 形等效电路。由 Z 参数求出 T 形等效电路的参数为

$$Z_1 = Z_{11} - Z_{12} = \text{j} - (-\text{j}) = \text{j}2\,\Omega$$
$$Z_2 = Z_{12} = -\text{j}\,\Omega$$
$$Z_3 = Z_{22} - Z_{21} = -\text{j}3 - (-\text{j}) = -\text{j}2\,\Omega$$

其等效电路如图 15-56(d)所示。

**例 15-16** 若图 15-57(a)所示双口网络 N 的 Y 参数矩阵为

$$Y = \begin{bmatrix} Y_{11} & Y_{12} \\ Y_{21} & Y_{22} \end{bmatrix}$$

求网络 N′的 Y 参数矩阵。

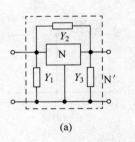
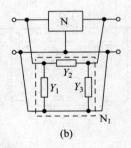

(a)　　　　　　(b)

图 15-57　例 15-16 图

**解** 该双口网络 N′可视为图 15-57(b)所示两个双口网络的并联。不难看出，这一复合双口网络恒满足有效性条件。求出双口网络 $N_1$ 的 Y 参数矩阵为

$$Y_1 = \begin{bmatrix} Y_1 + Y_2 & -Y_2 \\ -Y_2 & Y_2 + Y_3 \end{bmatrix}$$

则网络 N′的参数矩阵为

$$Y' = Y + Y_1 = \begin{bmatrix} Y_{11} + Y_1 + Y_2 & Y_{12} - Y_2 \\ Y_{21} - Y_2 & Y_{22} + Y_2 + Y_3 \end{bmatrix}$$

**例 15-17** 求图 15-58 所示双口网络的 Y 参数矩阵。

**解** 双口网络 N 的 Y 参数方程为

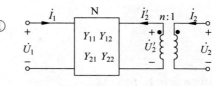

$$\begin{cases} \dot{I}_1 = Y_{11}\dot{U}_1 + Y_{12}\dot{U}'_2 \\ \dot{I}'_2 = Y_{21}\dot{U}_1 + Y_{22}\dot{U}'_2 \end{cases} \quad ①$$

图 15-58 例 15-17 图

按图中标示的参考方向,理想变压器的特性方程为

$$\begin{cases} \dot{U}'_2 = n\dot{U}_2 \\ \dot{I}'_2 = \dfrac{1}{n}\dot{I}_2 \end{cases} \quad ②$$

将②式代入①式得

$$\begin{cases} \dot{I}_1 = Y_{11}\dot{U}_1 + nY_{12}\dot{U}_2 \\ \dfrac{1}{n}\dot{I}_2 = Y_{21}\dot{U}_1 + nY_{22}\dot{U}_2 \end{cases}$$

整理得

$$\begin{cases} \dot{I}_1 = Y_{11}\dot{U}_1 + nY_{12}\dot{U}_2 \\ \dot{I}_2 = nY_{21}\dot{U}_1 + n^2Y_{22}\dot{U}_2 \end{cases} \quad ③$$

③式即为图 15-58 所示双口网络的 $Y$ 参数方程,故所求参数矩阵为

$$Y = \begin{bmatrix} Y_{11} & nY_{12} \\ nY_{21} & n^2Y_{22} \end{bmatrix}$$

**例 15-18** 求图 15-59(a)所示双口网络 $s$ 域中的 $Y$ 参数矩阵。

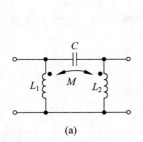
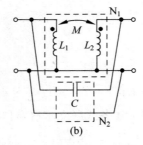
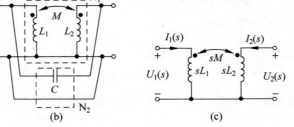

(a)      (b)      (c)

图 15-59 例 15-18 图

**解** 这一双口网络含有互感元件,为简化计算,仍利用复合双口网络的概念求解。该网络可视为图 15-59(b)所示两个双口网络 $N_1$ 和 $N_2$ 的并联,显然这种并联满足有效性条件。由图 15-59(c)所示双口网络,有

$$\begin{cases} U_1(s) = sL_1 I_1(s) + sM I_2(s) \\ U_2(s) = sM I_1(s) + sL_2 I_2(s) \end{cases}$$

由该方程组解出

$$\begin{cases} I_1(s) = \dfrac{L_2}{s(L_1 L_2 - M^2)} U_1(s) - \dfrac{M}{s(L_1 L_2 - M^2)} U_2(s) \\ I_2(s) = -\dfrac{M}{s(L_1 L_2 - M^2)} U_1(s) + \dfrac{L_1}{s(L_1 L_2 - M^2)} U_2(s) \end{cases}$$

则 $N_1$ 的 $Y$ 参数矩阵为

$$Y_1 = \begin{bmatrix} \dfrac{L_2}{\Delta} & -\dfrac{M}{\Delta} \\[2mm] -\dfrac{M}{\Delta} & \dfrac{L_1}{\Delta} \end{bmatrix}$$

式中,$\Delta = s(L_1 L_2 - M^2)$。求出 N$_2$ 的 Y 参数矩阵为

$$Y_2 = \begin{bmatrix} sC & -sC \\ -sC & sC \end{bmatrix}$$

于是所求 Y 参数矩阵为

$$Y = Y_1 + Y_2 = \begin{bmatrix} sC + \dfrac{L_2}{\Delta} & -sC - \dfrac{M}{\Delta} \\[2mm] -sC - \dfrac{M}{\Delta} & sC + \dfrac{L_1}{\Delta} \end{bmatrix}$$

**例 15-19**　在图 15-60 所示电路中,N 为线性互易双口网络,$\dot{E}_s = 10\underline{/0^\circ}$V。当开关 S 打开时,测得 $\dot{I}_1 = \sqrt{2}\underline{/45^\circ}$A,$\dot{U}_2 = 10\sqrt{2}\underline{/-45^\circ}$V;当开关 S 闭合且接上负载阻抗 $Z_L = (10+\mathrm{j}5)\Omega$ 时,测得 $\dot{I}_1 = 1\underline{/0^\circ}$A,试确定 N 的 Z 参数。

**解**　根据题意,由 Z 参数方程,当开关 S 打开时,$\dot{I}_2 = 0$,有

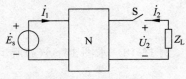

图 15-60　例 15-19 电路

$$10\underline{/0^\circ} = Z_{11} \times \sqrt{2}\underline{/45^\circ}$$

$$10\sqrt{2}\underline{/-45^\circ} = Z_{21} \times \sqrt{2}\underline{/45^\circ}$$

当开关 S 闭合时,又有

$$10\underline{/0^\circ} = Z_{11} \times 1\underline{/0^\circ} + Z_{12}\dot{I}_2$$

$$-\dot{I}_2(10+\mathrm{j}5) = Z_{21} \times 1\underline{/0^\circ} + Z_{22}\dot{I}_2$$

因 N 为互易网络,便有 $Z_{12} = Z_{21}$,将上述各式联立求解,可得

$$Z_{11} = 5\sqrt{2}\underline{/-45^\circ} = (5-\mathrm{j}5)\Omega$$

$$Z_{12} = Z_{21} = 10\underline{/-90^\circ} = -\mathrm{j}10\Omega$$

$$Z_{22} = -\mathrm{j}15\Omega$$

**例 15-20**　电路如图 15-61(a)所示,已知当开关 S 闭合时,虚线框所示的双口网络的 Y 参数矩阵为 $Y = \begin{bmatrix} 1 & -2/3 \\ -2/3 & 1 \end{bmatrix}$。若将开关 S 断开,并在 1-1′ 端口加电压 $U_1 = 3$V,求 2-2′ 端口的开路电压 $U_2$。

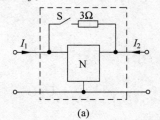

(a)

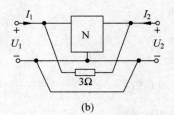

(b)

图 15-61　例 15-20 电路

**解**　图 15-61(a)中虚线框所表示的双口网络可看作是图 15-61(b)所示两个双口网络的并联。题给的 $Y$ 参数表明该双口网络为对称的互易双口网络,则 N 亦为对称的互易双口网络。设 N 的 $Y$ 参数矩阵为 $\boldsymbol{Y}'$,仅由 3Ω 电阻构成的双口网络的 $Y$ 参数矩阵为 $\boldsymbol{Y}''$,则有 $\boldsymbol{Y}=\boldsymbol{Y}'+\boldsymbol{Y}''$。可求得

$$\boldsymbol{Y}'' = \begin{bmatrix} \dfrac{1}{3} & -\dfrac{1}{3} \\[2mm] -\dfrac{1}{3} & \dfrac{1}{3} \end{bmatrix}$$

于是得

$$\boldsymbol{Y}' = \boldsymbol{Y} - \boldsymbol{Y}'' = \begin{bmatrix} 1 & -\dfrac{2}{3} \\[2mm] -\dfrac{2}{3} & 1 \end{bmatrix} - \begin{bmatrix} \dfrac{1}{3} & -\dfrac{1}{3} \\[2mm] -\dfrac{1}{3} & \dfrac{1}{3} \end{bmatrix} = \begin{bmatrix} \dfrac{2}{3} & -\dfrac{1}{3} \\[2mm] -\dfrac{1}{3} & \dfrac{2}{3} \end{bmatrix}$$

当开关 S 断开时,有

$$I_2 = Y'_{21}U_1 + Y'_{22}U_2$$

令 $I_2=0$,则得

$$U_2 = -\frac{Y'_{21}}{Y'_{22}}U_1 = 1.5\,\mathrm{V}$$

**例 15-21**　在图 15-62 所示电路中,已知双口网络 $N_0$ 的 $T$ 参数矩阵为

$$\boldsymbol{T} = \begin{bmatrix} 2 & 0 \\[1mm] 2/3 & 1/2 \end{bmatrix}$$

问负载 $R_L$ 为何值时获得最大功率? 这一最大功率是多少?

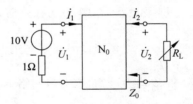

图 15-62　例 15-21 图

**解**　当负载 $R_L$ 获得最大功率时,$R_L$ 应等于从输出端口看进去的戴维南等效阻抗 $Z_0$。为求 $Z_0$,需求出输出端口的开路电压 $\dot{U}_{2oc}$ 和短路电流 $\dot{I}_{2sc}$。由题给条件,知双口网络 $N_0$ 的传输参数方程为

$$\begin{cases} \dot{U}_1 = 2\dot{U}_2 & \text{①} \\[2mm] \dot{I}_1 = \dfrac{2}{3}\dot{U}_2 + \dfrac{1}{2}(-\dot{I}_2) & \text{②} \end{cases}$$

输入端口的电压 $\dot{U}_1$ 和电流 $\dot{I}_1$ 之间的关系式为

$$\dot{U}_1 = 10 - \dot{I}_1 \qquad\qquad\qquad \text{③}$$

当输出端口开路时($\dot{I}_2=0$),由①、②式,有

$$\dot{U}_{2oc} = \frac{1}{2}\dot{U}_1 \qquad\qquad\qquad \text{④}$$

$$\dot{I}_1 = \frac{2}{3}\dot{U}_{2oc} \qquad\qquad\qquad \text{⑤}$$

将③式代入④式,有

$$\dot{U}_{2oc} = \frac{1}{2}(10 - \dot{I}_1) = 5 - \frac{1}{2}\dot{I}_1 \qquad\qquad\qquad \text{⑥}$$

再将⑤式代入⑥式,得

$$\dot{U}_{2oc} = 5 - \frac{1}{2} \times \frac{2}{3} \dot{U}_{2oc}$$

$$\dot{U}_{2oc} = \frac{15}{4} V$$

当输出端口短路时($\dot{U}_2 = 0$),由①、②、③式,按类似于求 $\dot{U}_{oc}$ 的方法,求出输出端口的短路电流为

$$\dot{I}_{2sc} = -20A$$

注意到输出端口电压、电流的参考方向,得

$$Z_0 = -\frac{\dot{U}_{2oc}}{\dot{I}_{2sc}} = -\frac{\frac{15}{4}}{-20} = \frac{3}{16} \Omega$$

则当 $R_L = Z_0 = \frac{3}{16} \Omega$ 时,$R_L$ 获得最大功率。这一最大功率为

$$P_{max} = \frac{U_{2oc}^2}{4R_L} = \frac{\left(\frac{15}{4}\right)^2}{4 \times \frac{3}{16}} = 18.75 W$$

**例 15-22** 在图 15-63(a)所示电路中,N 为线性无源对称双口网络。已知 $Z_1 = Z_2 = 0.5Z_3 = Z$,2-2′端口的开路电压为 $\dot{U}_{2o} = -\frac{1}{6}\dot{U}_s$,2-2′端口的短路电流为 $\dot{I}_{sc} = -\frac{\dot{U}_s}{11Z}$。若 $\dot{U}_s$ 和 $Z$ 均为已知,求双口网络 N 的 $Z$ 参数。

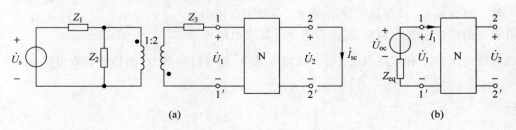

图 15-63　例 15-22 电路

**解**　分两步求解。首先求出 N 的 1-1′端口左侧的等效电路。由戴维南定理及理想变压器的特性,可求得 1-1′端口的开路电压为

$$\dot{U}_{oc} = \frac{Z_2}{Z_1 + Z_2} \dot{U}_s \times (-2) = \frac{Z}{2Z} \dot{U}_s \times (-2) = -\dot{U}_s$$

等效阻抗为

$$Z_{eq} = Z_3 + 4 \times \frac{Z_1 Z_2}{Z_1 + Z_2} = 2Z + 4 \times \frac{Z}{2} = 4Z$$

由此做出等效电路如图 15-63(b)所示。设 N 的 $Z$ 参数矩阵为 $\boldsymbol{Z}_N = \begin{bmatrix} Z_a & Z_b \\ Z_b & Z_a \end{bmatrix}$,则有

$$\left.\begin{aligned}\dot{U}_{oc} - Z_{eq}\dot{I}_1 &= Z_a\dot{I}_1 \\ -\dot{U}_s/6 &= Z_b\dot{I}_1\end{aligned}\right\}$$

由上面两式得到

$$\frac{Z_b}{Z_a + 4Z} = \frac{1}{6} \tag{①}$$

根据题给的条件，又有

$$\left.\begin{aligned}\dot{U}_{oc} - Z_{eq}\dot{I}_1 &= Z_a\dot{I}_1 + Z_b(-\dot{I}_{sc}) \\ 0 &= Z_b\dot{I}_1 + Z_a\dot{I}_{sc}\end{aligned}\right\}$$

由上面两式又得到

$$\frac{11Z + Z_b}{Z_a} = \frac{Z_a + 4Z}{Z_b} \tag{②}$$

联立①、②两式解得

$$Z_a = 2Z, \quad Z_b = Z$$

则所求 N 的 $Z$ 参数矩阵为

$$\boldsymbol{Z}_N = \begin{bmatrix} 2Z & Z \\ Z & 2Z \end{bmatrix}$$

## 习题

15-1 求题 15-1 图所示双口网络的 $Z$ 参数。

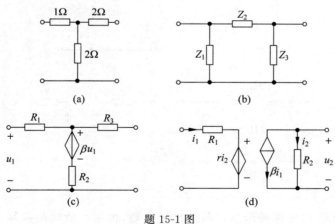

题 15-1 图

15-2 求题 15-2 图所示双口网络的 $Y$ 参数和 $Z$ 参数。

15-3 若题 15-3 图所示双口网络的 $Z$ 参数矩阵为

$$\boldsymbol{Z} = \begin{bmatrix} 10 & 8 \\ 5 & 10 \end{bmatrix}$$

试求参数 $R_1$、$R_2$、$R_3$ 和 $r$ 的值。

15-4 求题 15-4 图所示双口网络的 $H$ 参数。

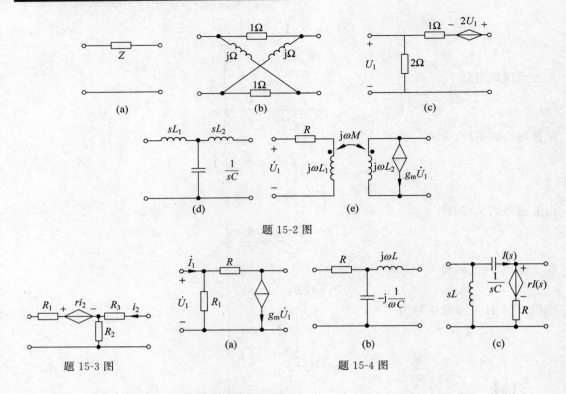

题 15-2 图

题 15-3 图    题 15-4 图

**15-5** 求题 15-5 图所示双口网络的 $T$ 参数。

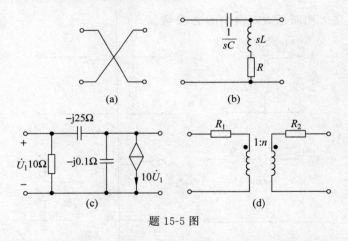

题 15-5 图

**15-6** 先求出题 15-6 图所示双口网络的 $Z$ 参数,再用参数间的换算关系求出 $Y$ 参数、$H$ 参数和 $T$ 参数。

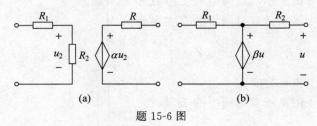

题 15-6 图

15-7 求题 15-7 图所示各电路的 $Z$、$Y$、$H$、$T$ 等四种参数。若某种参数不存在,请予以说明。

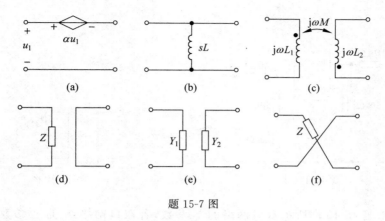

题 15-7 图

15-8 求题 15-8 图所示网络的 T 形和 Π 形等效电路。

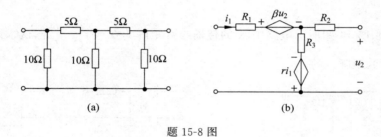

题 15-8 图

15-9 对某双口网络进行测试,测得两个端口的开路入端阻抗分别为 $Z_{K1} = j30\,\Omega$, $Z_{K2} = j8\,\Omega$,短路入端阻抗 $Z_{s1} = j25.5\,\Omega$,试求该双口网络 T 形等效电路。

15-10 将题 15-10 图所示网络化为简单网络的复合连接。(1)求出图(a)～图(c)所示电路的 $Y$ 参数并做出 Π 形等效电路。(2)求出图(d)～图(e)所示电路的 $T$ 参数。

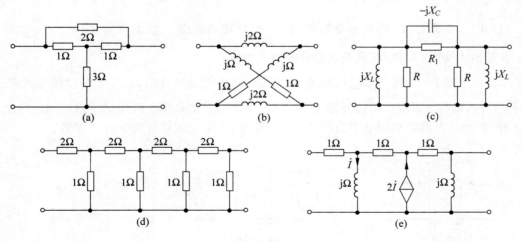

题 15-10 图

15-11  试求题 15-11 图所示含理想运放的双口网络的 $Z$ 参数矩阵和 $T$ 参数矩阵。

15-12  求题 15-12 图所示双口网络的 $Z$ 参数,已知双口网络 N 的 $Z$ 参数矩阵为 $\boldsymbol{Z}_N =$ $\begin{bmatrix} 3 & 2 \\ 2 & 2 \end{bmatrix}$。

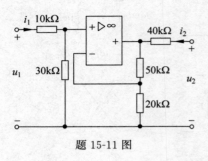

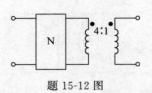

题 15-11 图　　　　　　　　　　　　　题 15-12 图

15-13  求题 15-13 图所示双口网络的 $Y$ 参数,若双口网络 N 的 $Y$ 参数矩阵为 $\boldsymbol{Y}_N =$ $\begin{bmatrix} 1 & 2 \\ 2 & 1 \end{bmatrix}$。

15-14  题 15-14 图所示电路中 N 的传输参数矩阵为 $\boldsymbol{T} = \begin{bmatrix} A & B \\ C & D \end{bmatrix}$,试求两个复合双口网络的传输参数矩阵。

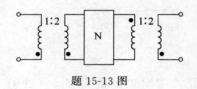

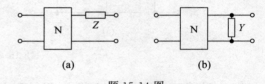

题 15-13 图　　　　　　　　　　　　　　(a)　　　　　　　　(b)

题 15-14 图

15-15  在题 15-15 图所示电路中,已知 $\boldsymbol{Y}_A = \begin{bmatrix} y_{11} & y_{12} \\ y_{21} & y_{22} \end{bmatrix}$,且 $y_{12} = y_{21}$,求双口网络的 $Y$ 参数。

15-16  在题 15-16 图所示电路中,若 N 双口网络的 $Z$ 参数矩阵为 $\boldsymbol{Z}_N = \begin{bmatrix} 1 & 2 \\ 3 & 1 \end{bmatrix}$,欲使 $R_L$ 获得最大功率,求 $R_L$ 的值及它获得的最大功率。

15-17  题 15-17 图所示双口网络 N 既是互易的也是对称的,在 1-1′ 端口接电源 $\dot{E}_s =$ $20\underline{/0°}\text{V}$ 时,测得 2-2′ 端口间的开路电压为 $\dot{U}_{oc} = 20\underline{/45°}\text{V}$。现将负载 $Z_L = (1+j1)\Omega$ 接至 2-2′ 间,欲使该负载能从网络中吸取最大平均功率,试决定该双口网络的 $Z$ 参数。

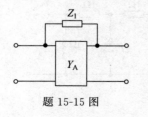

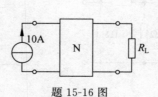

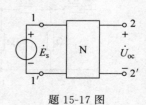

题 15-15 图　　　　　　　　题 15-16 图　　　　　　　题 15-17 图

15-18　在题 15-18 图所示双口网络中,已知双口网络 N 的 Y 参数为 $Y_{11}=Y_{22}=1$,$Y_{12}=Y_{21}=2$。若在 2-2′ 端接一个 $R=5\Omega$ 的电阻,求从 1-1′ 端口看进去的等效电阻 $R_{in}$。

15-19　题 15-19 图中 N 为双口互易网络,已知 $R=0$ 时,$I_1=3.2A$,$I_2=1.6A$;$R\to\infty$ 时,$U_2=24V$。(1)求该双口网络的 H 参数;(2)当 $R=5\Omega$ 时,求 $I_1$ 和 $I_2$。

15-20　双口网络如题 15-20 图所示。(1)求该双口网络的 Z 参数并做出其 T 型等效电路;(2)若在 $cd$ 端口接一电阻 $R$,求 $R$ 为何值时其获得最大功率。

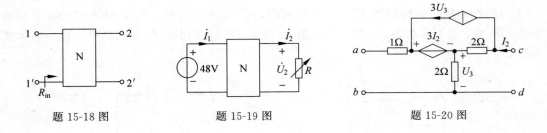

题 15-18 图　　　题 15-19 图　　　题 15-20 图

15-21　在题 15-21 所示正弦稳态电路中,已知电源电压 $\dot{U}_s=12\underline{/0°}V$。负载电阻 $R_L=6\Omega$,无源双口网络 $N_0$ 的 Z 参数为 $Z_{11}=3\Omega$,$Z_{12}=2\Omega$,$Z_{21}=-3\Omega$,$Z_{22}=6\Omega$。求 $R_L$ 消耗的功率及电源发出的功率。

15-22　在题 15-22 图所示电路中,已知 $\boldsymbol{H}=\begin{bmatrix}2&\dfrac{1}{2}\\5&\dfrac{2}{5}\end{bmatrix}$,正弦电压源 $\dot{U}_s=100\underline{/0°}V$,试求负载 $Z_L=(4+j3)\Omega$ 所消耗的功率。

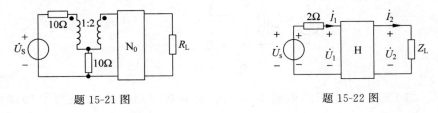

题 15-21 图　　　　　题 15-22 图

15-23　在题 15-23 图(a)中,N 为对称双口网络。已知 $\dot{U}_1=15\underline{/0°}V$ 时,2-2′ 端口的开路电压 $\dot{U}_{2o}=7.5\underline{/0°}V$,2-2′ 端口的短路电流 $\dot{I}_{2s}=1\underline{/180°}A$。现将 N 的 1-1′ 端口接戴维南支路,如题 15-23 图(b)所示,试求图(b)中 2-2′ 端口的开路电压 $\dot{U}_{oc}$。

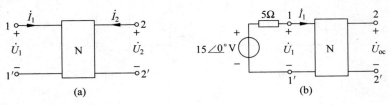

(a)　　　　　(b)

题 15-23 图

15-24 电路如题 15-24 图所示,已知双口网络 $N_0$ 的开路阻抗矩阵为 $Z =$
$\begin{bmatrix} 1+j2 & j2 \\ j2 & 1-j\dfrac{1}{2} \end{bmatrix}$,现在其输入端和输出端分别串联电容和电感如题 15-24 图(b)所示,试求
图(b)所示双口网络的 $Z$ 参数矩阵 $Z'$ 及电压传输比 $U_2/U_1$。

15-25 如题 15-25 图所示级联二端口网络,已知 $N_a$ 的传输参数矩阵为

$$T_a = \begin{bmatrix} 4/3 & 2 \\ 1/6 & 1 \end{bmatrix}$$

$N_b$ 为电阻性对称二端口网络,当 3-3′端短路时,$I_1 = 5.5A$,$I_3 = -2A$。试求(1)$N_b$ 的传输
参数矩阵 $T_b$;(2)若在 3-3′端接一个电阻$R$,则 $R$ 为何值时其获得最大功率? 这一最大功
率是多少?

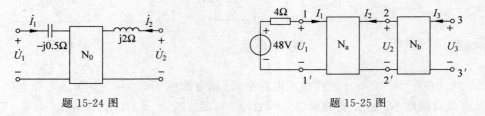

题 15-24 图　　　　　　　　　题 15-25 图

15-26 电路如题 15-26 图所示,$N_R$ 为由线性电阻元件组成的对称双口网络,$R_2$ 的值
可在 $0\sim\infty$ 间调节。已知当 $R_2 = \dfrac{1}{3}\Omega$ 时,$U_1 = 2V$,$I_2 = 1.5A$,求当 $R_2 = 0$ 时,$U_1$ 和 $I_2$
的值。

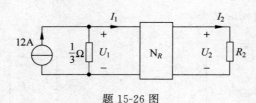

题 15-26 图

15-27 题 15-27 图(a)所示电路中 N 为互易对称双口网络,若在 1-1′端口接电压源
$\dot{E}_s = 10\underline{/0°}\,\mathrm{V}$ 时,测得 2-2′端口的开路电压为 $\dot{U}_{oc} = 10\underline{/45°}\,\mathrm{V}$。若在 2-2′端口接负载 $Z_L =$
$(1+j)\Omega$ 时,如题 15-27 图(b)所示,该负载能从网络中吸收最大功率,试求该双口网络的传
输参数矩阵 $T$。

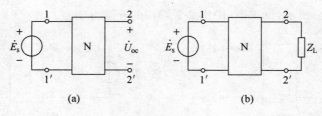

(a)　　　　　　　　　(b)

题 15-27 图

15-28 在题 15-28 图所示电路中，N 为电抗元件（电感、电容元件）构成的双口网络。当输出端接电阻 $R_2$，从输入端看进去的阻抗 $Z'_{11} = R_1$；试证明当输入端接电阻 $R_1$ 时，从输出端看进去的阻抗 $Z'_{22} = R_2$。

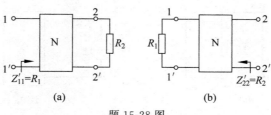

题 15-28 图

15-29 求题 15-29 图所示双口网络的特性阻抗和传播系数。

15-30 求题 15-30 图所示双口网络的传输参数矩阵 $\boldsymbol{T}$。

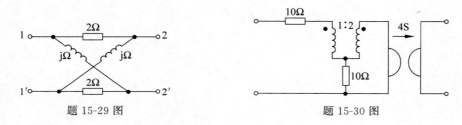

题 15-29 图          题 15-30 图

15-31 在题 15-31 图所示电路中，N 为对称双口网络。测得图(a)和图(b)电路的输入导纳分别为 $Y_a$ 和 $Y_b$，试求网络 N 的 Y 参数矩阵。

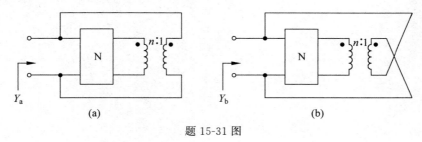

题 15-31 图

15-32 如题 15-32 图所示电路，双口网络 N 的 Y 参数矩阵为 $\boldsymbol{Y} = \begin{bmatrix} \dfrac{1}{3} & -2 \\ -2 & \dfrac{1}{2} \end{bmatrix} \text{s}$。当 $t < 0$ 时，开关 S 在"1"位，电路处于稳定状态。$t = 0$ 时，开关从"1"投向"2"位，求换路后的响应 $u_R(t)$。

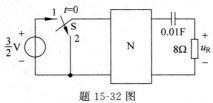

题 15-32 图

15-33　在题 15-33 图(a)所示电路中,N 为对称互易双口网络。当 $u_{s1}(t) = \delta(t)$ V 时, $i_1(t) = e^{-t}\varepsilon(t)$ A,$i_2(t) = te^{-2t}\varepsilon(t)$ A。在题 15-33(b)中,已知 $i_{s1}(t) = te^{-2t}\varepsilon(t)$ A,$i_{s2}(t) = te^{-t}\varepsilon(t)$ A,试求零状态响应 $u_1(t)$、$u_2(t)$。

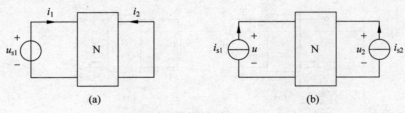

(a)　　　　　　　　　　　　(b)

题 15-33 图

# 第 16 章

# 均匀传输线的稳态分析

**本章提要**

本章介绍特殊的分布参数电路——均匀传输线的正弦稳态分析方法。主要内容有：均匀传输线的基本方程；均匀传输线方程的正弦稳态解；均匀传输线的正向行波和反向行波；均匀传输线的副参数；终端接负载的均匀传输线；无损耗传输线；均匀传输线的集中参数等效电路等。

## 16.1  均匀传输线的基本方程

本书的前面各章讨论的都是集中参数电路的分析方法。从严格的意义上讲,所有的实际电路都是分布参数电路,即对导体而言,电阻和电感是按一定的规律分布在它的各个部分；任意两段导体之间均存在着电容和漏电导。将实际电路视为集中参数电路是一种理想化的方法,是一种近似模拟,是为了简化实际电路的分析计算过程。应特别指出,这种近似处理方法是有条件的,若条件不满足,如此处理将导致不良甚至错误的结果。

在第 1 章中就已指出,在一些情况下必须考虑电磁波传播速度的有限性,即不可忽略电磁波传播的时延效应。对实际电路,可根据电路的最高工作频率所对应的波长 $\lambda$ 与电路的实际尺寸 $l$ 的相对大小加以判断,即满足关系式"$\lambda \geqslant 100l$"时,可将电路视为集中参数电路,否则应对电路采用分布参数电路的分析方法。一般而言,在下述两种情况下就应考虑电路是否应当作分布参数电路处理：一是当电路的尺寸较大、电压较高而工作频率较低时；二是当电路的尺寸较小,而信号的频率很高时。例如输电线路的长度 $l = 1000 \text{km}$,线路上的电压(电流)的频率为 50Hz(工频)时,对应的波长 $\lambda = 6000 \text{km}$,这属于第一种情况。显然,此输电线路应视为分布参数电路处理。又如雷达天线通过一对 10m 长的传输线与主机相连,若天线上接收的信号的频率为 100MHz,其对应的波长为 3m,这属于第二种情况,亦必须将此电路当作分布参数电路。但若天线上的信号频率为 10kHz,其对应的波长为 30km,则此电路又应视为集中参数电路。

### 一、均匀传输线的概念

#### 1. 传输线上的电压、电流

传输线有多种形式,如双线架空线、两芯电缆和同轴电缆等。当传输线中有电流通过时,将因导线具有电阻而引起沿线的电压降;若电流是交变的,则它所产生的交变磁场将沿全线产生感应电压。因此,传输线上各处的线间电压不同,即导线间的电压是沿线连续改变的。

因一对传输线具有电容效应,即两条导线构成一个电容,所以线间存在位移电流。频率越高,此位移电流越大。另外,线间还存在漏电流,电压越高则漏电流越大。由于线间各处存在位移电流和漏电流,导致传输线各处的电流不同,这表明电流也是沿线连续改变的。

**2. 传输线的参数**

由于传输线上各处的电压、电流具有不同的值,因此不能像集中参数电路那样将整条导线的电阻、电感、电容用集中参数来表示,而必须认为导线的每一微小长度元 $dx$($dx$ 趋于无穷小)均具有电阻和电感,而导线间则具有电导和电容,这样就可以将传输线视为由无穷多个集中参数元件所构成的一种极限情况,从而建立分布参数电路模型,以采用传统的电路理论的分析方法加以讨论。

为建立起传输线的电路模型,设定传输线具有四种参数,即

$R_0$——单位长度的电阻,其与电流产生的压降对应;

$L_0$——单位长度的电感,其与磁场产生的感应电压对应;

$G_0$——单位长度导线间的电导,其与导线间的漏电流对应;

$C_0$——单位长度导线间的电容,其与导线间的位移电流对应。

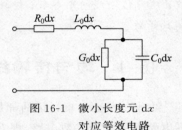

图 16-1 微小长度元 $dx$ 对应等效电路

采用上述四种参数后,每一微小长度元 $dx$ 便可用图 16-1 所示的电路等效表示,传输线可视为由无限多个这样的电路级联而成。

**3. 均匀传输线**

若传输线的各种参数是沿线均匀分布的,即每一单位长度元 $dx$ 都具有相同的参数,则这种传输线就称为均匀传输线,否则就是非均匀传输线。均匀传输线是一种理想情况,实际的传输线由于各种因素的影响而造成参数分布的不均匀性。譬如,输电架空线在塔杆处和非塔杆处的漏电流情况是大不相同的。为简化分析,通常将造成不均匀性的各种因素视为次要因素忽略不计,把实际传输线当作均匀传输线处理。本章只对均匀传输线进行分析讨论。

# 二、均匀传输线的电路模型

前已述及,均匀传输线的每一微元 $dx$ 可用图 16-1 所示的等效电路表示,一系列这种电路的级联便构成传输线的电路模型,如图 16-2 所示。

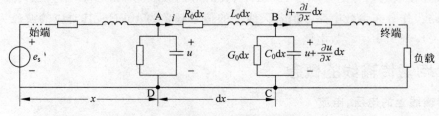

图 16-2 均匀传输线的电路模型

在此电路中,电源 $e_s$ 处称为传输线的始端,负载处称为终端,与电源正极和负载相连的导线称为来线,而另外一根导线称为回线。设传输线的长度为 $l$,长度元 $dx$ 距始端的距离为 $x$。

在一般情况下,对传输线的讨论采用上述电路模型,但在某些特定的条件下,该电路可作适当简化,譬如线间电压较低时,导线间的漏电流很小,则导线间的电导可忽略不计;又若电源的频率较低时,位移电流较小,则导线间的电容效应也可予以忽略。总之,实际中可根据电路的实际情况,在允许的误差范围内将电路的模型予以简化以便于分析。

## 三、均匀传输线的方程

### 1. 传输线方程的导出

下面由图 16-2 的电路模型导出均匀传输线的一般方程。如图 16-2 所示,设距始端 $x$ 处的微小长度元 $dx$ 中电流为 $i$,端电压为 $u$(即 $u_{AD}$),则该 $dx$ 后面下一段微元中的电流为 $i+\dfrac{\partial i}{\partial x}dx$,而端电压 $u_{BC}$ 在计及微小增量后应为 $u+\dfrac{\partial u}{\partial x}dx$。于是可列出回路 ABCDA 的 KVL 方程为

$$R_0 i\,dx + L_0\frac{\partial i}{\partial t}dx + \left(u+\frac{\partial u}{\partial x}dx\right) - u = 0$$

整理后得到

$$-\frac{\partial u}{\partial x} = R_0 i + L_0\frac{\partial i}{\partial t} \tag{16-1}$$

又列出节点 B 的 KCL 方程为

$$i - \left(i+\frac{\partial i}{\partial x}dx\right) - \left(u+\frac{\partial u}{\partial x}dx\right)G_0\,dx - (C_0\,dx)\frac{\partial}{\partial t}\left(u+\frac{\partial u}{\partial x}dx\right) = 0$$

整理并忽略二阶无穷小量后可得到

$$-\frac{\partial i}{\partial x} = G_0 u + C_0\frac{\partial u}{\partial t} \tag{16-2}$$

式(16-1)和式(16-2)联立即是均匀传输线的基本方程。

### 2. 均匀传输线方程的有关说明

(1) 均匀传输线的方程是一组偏微分方程,线上的电压、电流既是时间的函数,也是距离的函数。这与集中参数电路中的电压、电流仅与时间变量有关是大不相同的。从数学的角度看,集中参数电路对应的是常微分方程,而分布参数电路对应的则是偏微分方程。

(2) 在求解均匀传输线方程时,既要给出电压、电流的初始条件(即起始时刻的数值),也要给出边界条件(即线路初始端和终端的情况),当两类条件给定后,即可求得方程的定解。

(3) 传输线方程的解必是时间和距离的函数。

(4) 将传输线的方程加以整理,便可得到仅含单一变量 $u$ 或 $i$ 的方程,即

$$\frac{\partial^2 u}{\partial x^2} = L_0 C_0\frac{\partial^2 u}{\partial t^2} + (L_0 G_0 + R_0 C_0)\frac{\partial u}{\partial t} + R_0 G_0 u \tag{16-3a}$$

$$\frac{\partial^2 i}{\partial x^2} = L_0 C_0\frac{\partial^2 i}{\partial t^2} + (L_0 G_0 + R_0 C_0)\frac{\partial i}{\partial t} + R_0 G_0 i \tag{16-3b}$$

这两个方程称为电报方程。

## 练习题

16-1　如图 16-3 所示的均匀传输线,已知其长度为 300km,单位长度的线路参数为 $R_0 = 1\Omega/\mathrm{km}$, $G_0 = 5\times10^{-5}\mathrm{S/km}$,若在线路的始端施加 500V 的直流电压源,试分别用分布参数电路模型和集中参数电路模型计算传输线终端的电流 $I_2$。

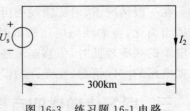

图 16-3　练习题 16-1 电路

## 16.2　均匀传输线方程的正弦稳态解

本节讨论均匀传输线在正弦波激励下的稳定状态。

### 一、均匀传输线正弦稳态解的一般形式

**1. 引入相量后的均匀传输线方程**

设传输线始端正弦电源的角频率为 $\omega$,在稳态的情况下,传输线上各处的电压、电流必定是同频率的正弦函数,于是可采用相量法加以分析。

根据相量法的有关概念,均匀传输线上的电压 $u$ 和电流 $i$ 对应的旋转相量可分别表示为 $\sqrt{2}\dot{U}(x)\mathrm{e}^{\mathrm{j}\omega t}$ 和 $\sqrt{2}\dot{I}(x)\mathrm{e}^{\mathrm{j}\omega t}$,注意 $\dot{U}(x)$ 和 $\dot{I}(x)$ 为有效值相量,且它们都是距离 $x$ 的函数。将两个旋转相量代入式 (16-1) 和式 (16-2),并注意到 $\dfrac{\partial \dot{U}(x)\mathrm{e}^{\mathrm{j}\omega t}}{\partial t} = \mathrm{j}\omega\dot{U}(x)\mathrm{e}^{\mathrm{j}\omega t}$ 和

$\dfrac{\partial \dot{I}(x)\mathrm{e}^{\mathrm{j}\omega t}}{\partial t} = \mathrm{j}\omega\dot{I}(x)\mathrm{e}^{\mathrm{j}\omega t}$ 及 $\dfrac{\partial\dot{U}(x)}{\partial x}$、$\dfrac{\partial\dot{I}(x)}{\partial x}$ 可表示为 $\dfrac{\mathrm{d}\dot{U}}{\mathrm{d}x}$ 和 $\dfrac{\mathrm{d}\dot{I}}{\mathrm{d}x}$,可得

$$\begin{cases} -\dfrac{\mathrm{d}\dot{U}}{\mathrm{d}x} = (R_0 + \mathrm{j}\omega L_0)\dot{I} \\[2mm] -\dfrac{\mathrm{d}\dot{I}}{\mathrm{d}x} = (G_0 + \mathrm{j}\omega C_0)\dot{U} \end{cases} \tag{16-4}$$

式 (16-4) 表明,在采用相量法以后,因相量 $\dot{U}$ 和 $\dot{I}$ 只是距离 $x$ 的函数,均匀传输线的方程便转化为常微分方程组,使方程的求解变得较为容易。

**2. 正弦稳态情况下,均匀传输线方程的通解**

令 $Z_0 = R_0 + \mathrm{j}\omega L_0$,$Y_0 = G_0 + \mathrm{j}\omega C_0$,则方程组 (16-4) 可写为

$$\begin{cases} -\dfrac{\mathrm{d}\dot{U}}{\mathrm{d}x} = Z_0\dot{I} \\[2mm] -\dfrac{\mathrm{d}\dot{I}}{\mathrm{d}x} = Y_0\dot{U} \end{cases} \tag{16-5}$$

式中,$Z_0$ 和 $Y_0$ 分别是均匀传输线单位长度的复阻抗和复导纳。将式 (16-5) 的两个方程均对 $x$ 求一次导数,得到

$$\begin{cases} -\dfrac{\mathrm{d}^2\dot{U}}{\mathrm{d}x^2} = Z_0\,\dfrac{\mathrm{d}\dot{I}}{\mathrm{d}x} \\[3mm] -\dfrac{\mathrm{d}^2\dot{I}}{\mathrm{d}x^2} = Y_0\,\dfrac{\mathrm{d}\dot{U}}{\mathrm{d}x} \end{cases}$$

再将式(16-5)代入上面两式,可得到下面的方程组:

$$\begin{cases} -\dfrac{\mathrm{d}^2\dot{U}}{\mathrm{d}x^2} = Z_0 Y_0 \dot{U} \\[3mm] -\dfrac{\mathrm{d}^2\dot{I}}{\mathrm{d}x^2} = Z_0 Y_0 \dot{I} \end{cases}$$

又令 $\gamma = \alpha + \mathrm{j}\beta = \sqrt{Z_0 Y_0} = \sqrt{(R_0 + \mathrm{j}\omega L_0)(G_0 + \mathrm{j}\omega C_0)}$,则得到

$$\begin{cases} -\dfrac{\mathrm{d}^2\dot{U}}{\mathrm{d}x^2} = \gamma^2 \dot{U} \\[3mm] -\dfrac{\mathrm{d}^2\dot{I}}{\mathrm{d}x^2} = \gamma^2 \dot{I} \end{cases} \qquad (16\text{-}6)$$

式(16-6)中的两个方程具有相同的形式,均是二阶常系数线性微分方程。方程中的 $\gamma$ 是一个重要的引入参数,称为传播常数,无量纲,其大小与传输线的参数及频率有关,而与电压、电流无关。传播常数 $\gamma$ 的物理意义将在后面予以论述。

式(16-6)的通解为

$$\begin{cases} \dot{U} = K_1 \mathrm{e}^{-\gamma x} + K_2 \mathrm{e}^{\gamma x} \\[2mm] \dot{I} = K_3 \mathrm{e}^{-\gamma x} + K_4 \mathrm{e}^{\gamma x} \end{cases} \qquad (16\text{-}7)$$

式中,$K_1 \sim K_4$ 为积分常数,由边界条件确定。

## 二、正弦稳态情况下均匀传输线方程的定解

均匀传输线方程的定解系由通解式(16-7)根据边界条件确定积分常数 $K_1 \sim K_4$ 后得出。下面先导出 $K_1 \sim K_4$ 这四个积分常数之间的关系式。

### 1. 积分常数间的关系式

四个积分常数分属于电压和电流的表达式,因同一线路中电压、电流间必定满足某种关系式,则这些积分常数间一定存在某种关系,即它们之间并非是线性无关的。

由式(16-5)中的第一个方程可得

$$\dot{I} = -\frac{1}{Z_0}\frac{\mathrm{d}\dot{U}}{\mathrm{d}x} \qquad (16\text{-}8)$$

又将式(16-7)中的第一个表达式对 $x$ 求导,得到

$$\frac{\mathrm{d}\dot{U}}{\mathrm{d}x} = -K_1 \gamma \mathrm{e}^{-\gamma x} + K_2 \gamma \mathrm{e}^{\gamma x}$$

将上式代入式(16-8),有

$$\dot{I} = -\frac{1}{Z_0}(-K_1 \gamma \mathrm{e}^{-\gamma x} + K_2 \gamma \mathrm{e}^{\gamma x}) = \frac{K_1}{\sqrt{\dfrac{Z_0}{Y_0}}} \mathrm{e}^{-\gamma x} - \frac{K_2}{\sqrt{\dfrac{Z_0}{Y_0}}} \mathrm{e}^{\gamma x} = \frac{K_1}{Z_\mathrm{c}} \mathrm{e}^{-\gamma x} - \frac{K_2}{Z_\mathrm{c}} \mathrm{e}^{\gamma x} \quad (16\text{-}9)$$

式中，$Z_c = \sqrt{\dfrac{Z_0}{Y_0}} = \sqrt{\dfrac{R_0 + \mathrm{j}\omega L_0}{G_0 + \mathrm{j}\omega C_0}}$，称为传输线的特性阻抗或波阻抗，其具有阻抗的量纲，也是一个与线路参数与频率有关而与电压和电流无关的复数。$Z_c$ 和 $\gamma$ 一样，是一个重要的引入参数，其物理意义将在后面讨论。

将式(16-9)与式(16-7)中电流 $\dot{I}$ 的表达式进行比较，可知下述关系式成立：

$$K_3 = K_1/Z_c, \quad K_4 = -K_2/Z_c$$

由此可见，只要求得 $K_1$ 和 $K_2$，便可求出 $K_3$ 和 $K_4$，反之亦然。这也表明，在确定传输线方程定解时，只需根据边界条件决定 $K_1$ 和 $K_2$ 便可。

**2. 由边界条件确定均匀传输线方程的定解**

确定均匀传输线方程的定解实际上归结于由传输线的边界条件决定式(16-7)中的积分常数。边界条件分为两类，则积分常数的确定也分为两种情况，下面分别予以讨论。

(1) 由传输线始端的条件确定积分常数。

设已知传输线始端的电压、电流为 $\dot{U}_1$ 和 $\dot{I}_1$，且以始端作为计算距离的起点。将 $x = 0$ 时，$\dot{U} = \dot{U}_1$ 和 $\dot{I} = \dot{I}_1$ 代入式(16-7)中的第一个方程和式(16-9)中，可得到下面的代数方程组：

$$\begin{cases} \dot{U}_1 = K_1 + K_2 \\ \dot{I}_1 = \dfrac{1}{Z_c} K_1 - \dfrac{1}{Z_c} K_2 \end{cases}$$

解之，可得

$$K_1 = \frac{1}{2}(\dot{U}_1 + Z_c \dot{I}_1), \quad K_2 = \frac{1}{2}(\dot{U}_1 - Z_c \dot{I}_1)$$

于是得到均匀传输线方程定解的表达式为

$$\begin{cases} \dot{U} = \dfrac{1}{2}(\dot{U}_1 + Z_c \dot{I}_1)\mathrm{e}^{-\gamma x} + \dfrac{1}{2}(\dot{U}_1 - Z_c \dot{I}_1)\mathrm{e}^{\gamma x} \\ \dot{I} = \dfrac{1}{2}\left(\dfrac{\dot{U}_1}{Z_c} + \dot{I}_1\right)\mathrm{e}^{-\gamma x} - \dfrac{1}{2}\left(\dfrac{\dot{U}_1}{Z_c} - \dot{I}_1\right)\mathrm{e}^{\gamma x} \end{cases} \qquad (16\text{-}10)$$

由于有

$$\begin{cases} \mathrm{ch}\gamma x = \dfrac{1}{2}(\mathrm{e}^{\gamma x} + \mathrm{e}^{-\gamma x}) \\ \mathrm{sh}\gamma x = \dfrac{1}{2}(\mathrm{e}^{\gamma x} - \mathrm{e}^{-\gamma x}) \end{cases}$$

所以式(16-10)又可表示为

$$\begin{cases} \dot{U} = \dot{U}_1 \mathrm{ch}\gamma x - Z_c \dot{I}_1 \mathrm{sh}\gamma x \\ \dot{I} = \dot{I}_1 \mathrm{ch}\gamma x - \dfrac{\dot{U}_1}{Z_c} \mathrm{sh}\gamma x \end{cases} \qquad (16\text{-}11)$$

根据该式可求得均匀传输线上离始端的距离为 $x$ 处的电压和电流相量。

(2) 由传输线终端的条件确定积分常数。

设已知传输线终端的电压、电流为 $\dot{U}_2$ 和 $\dot{I}_2$，将 $x = l$ 时(传输线全长为 $l$)，$\dot{U} = U_2$ 及

$\dot{I} = \dot{I}_2$ 代入式(16-7)的第一式和式(16-9)，可得方程组：

$$\begin{cases} \dot{U}_2 = K_1 e^{-\gamma l} + K_2 e^{-\gamma l} \\ \dot{I}_2 = \dfrac{K_1}{Z_c} e^{-\gamma l} - \dfrac{K_2}{Z_c} e^{-\gamma l} \end{cases}$$

解之，得积分常数为

$$\begin{cases} K_1 = \dfrac{1}{2}(\dot{U}_2 + Z_c \dot{I}_2) e^{\gamma l} \\ K_2 = \dfrac{1}{2}(\dot{U}_2 - Z_c \dot{I}_2) e^{-\gamma l} \end{cases}$$

则电压、电流的表达式分别为

$$\begin{cases} \dot{U} = \dfrac{1}{2}(\dot{U}_2 + Z_c \dot{I}_2) e^{\gamma(l-x)} + \dfrac{1}{2}(\dot{U}_2 - Z_c \dot{I}_2) e^{-\gamma(l-x)} \\ \dot{I} = \dfrac{1}{2}\left(\dfrac{\dot{U}_2}{Z_c} + \dot{I}_2\right) e^{\gamma(l-x)} - \dfrac{1}{2}\left(\dfrac{\dot{U}_2}{Z_c} - \dot{I}_2\right) e^{-\gamma(l-x)} \end{cases} \quad (16\text{-}12)$$

式中的 $x$ 指由传输线的始端算起的距离。若令 $x' = l - x$，则不难看出 $x'$ 是线上任一点至线路终端的距离。将 $x' = l - x$ 代入式(16-12)，得

$$\begin{cases} \dot{U} = \dfrac{1}{2}(\dot{U}_2 + Z_c \dot{I}_2) e^{\gamma x'} + \dfrac{1}{2}(\dot{U}_2 - Z_c \dot{I}_2) e^{-\gamma x'} \\ \dot{I} = \dfrac{1}{2}\left(\dfrac{\dot{U}_2}{Z_c} + \dot{I}_2\right) e^{\gamma x'} - \dfrac{1}{2}\left(\dfrac{\dot{U}_2}{Z_c} - \dot{I}_2\right) e^{-\gamma x'} \end{cases} \quad (16\text{-}13)$$

仍如前面一样，利用双曲函数将上式化为下面的形式：

$$\begin{cases} \dot{U} = \dot{U}_2 \operatorname{ch}\gamma x' + Z_c \dot{I}_2 \operatorname{sh}\gamma x' \\ \dot{I} = \dot{I}_2 \operatorname{ch}\gamma x' + \dfrac{\dot{U}_2}{Z_c} \operatorname{sh}\gamma x' \end{cases} \quad (16\text{-}14)$$

(3) 均匀传输线方程定解相量表达式的有关说明。

① 对于均匀传输线在正弦稳态时线路上任一处电压、电流的求解，在已知线路始端或终端条件的情况下，可直接套用式(16-11)～式(16-14)计算，而无须采用列写方程再行求解的方法。

② 当已知线路始端条件时，采用式(16-11)计算，此时始端为计算距离的起点；而当已知线路终端条件时，采用式(16-14)计算，此时终端为计算距离的起点。

③ 式(16-11)和式(16-14)两组式子形式上相似，但需注意两者间的差别。它们的差别体现在两处，一是分别使用始端、终端的边界条件；二是在式(16-11)中，每一方程右边的第二项前面为负号，而在式(16-14)中，每一方程右边的第二项前均为正号。

**3. 均匀传输线上电压、电流的瞬时值表达式**

根据传输线方程正弦稳态解的相量形式，不难写出电压、电流瞬时值的表达式。

由相量与正弦量的对应关系，为写出瞬时值表达式，只需设法将电压、电流稳态解的相量式写为标准形式 $A e^{\mathrm{j}\varphi}$，其中 $A$ 为实数，是正弦量的有效值；$\varphi$ 为辐角，是正弦量的初相位。下面以传输线上的电压为例，由相量式写出对应的瞬时值表达式。

由式(16-7),电压的相量式为

$$\dot{U} = K_1 e^{-\gamma x} + K_2 e^{\gamma x}$$

式中,$K_1$ 和 $K_2$ 为积分常数且为复数,若以始端的条件表示,则已求得

$$K_1 = \frac{1}{2}(\dot{U}_1 + Z_c \dot{I}_1), \quad K_2 = \frac{1}{2}(\dot{U}_1 - Z_c \dot{I}_1)$$

由于 $\dot{U}$ 为两项之和,且分别含有因子 $e^{-\gamma x}$ 和 $e^{\gamma x}$ 而难以将两项合并为一项,因此在下面的讨论中将它们视为两个独立的相量予以讨论。

设 $K_1 = |K_1| e^{j\varphi_1}$,$K_2 = |K_2| e^{j\varphi_2}$,而 $\gamma = \alpha + j\beta$ 亦为复数,于是有

$$\dot{U} = K_1 e^{-\gamma x} + K_2 e^{\gamma x} = |K_1| e^{j\varphi_1} e^{-(\alpha+j\beta)x} + |K_2| e^{j\varphi_2} e^{(\alpha+j\beta)x}$$

$$= |K_1| e^{-\alpha x} \cdot e^{j(\varphi_1-\beta x)} + |K_2| e^{\alpha x} \cdot e^{j(\varphi_2+\beta x)} = A_1 e^{j\psi_1} + A_2 e^{j\psi_2}$$

式中,$A_1 = |K_1| e^{-\alpha x}$,$\psi_1 = \varphi_1 - \beta x$;$A_2 = |K_2| e^{\alpha x}$,$\psi_2 = \varphi_2 + \beta x$,于是写出电压的瞬时值表达式为

$$u(x,t) = \sqrt{2} |K_1| e^{-\alpha x} \sin(\omega t - \beta x + \varphi_1) + \sqrt{2} |K_2| e^{\alpha x} \sin(\omega t + \beta x + \varphi_2)$$

$$(16\text{-}15)$$

按类似方法,亦容易写出传输线上电流的瞬时值表达式,即

$$i(x,t) = \sqrt{2} \frac{|K_1|}{|Z_c|} e^{-\alpha x} \sin(\omega t - \beta x + \varphi_1 - \delta)$$

$$- \sqrt{2} \frac{|K_2|}{|Z_c|} e^{\alpha x} \sin(\omega t + \beta x + \varphi_2 - \delta) \qquad (16\text{-}16)$$

式中,$\delta$ 为传输线特性阻抗 $Z_c$ 的辐角,即 $Z_c = |Z_c| \underline{/\delta}$。

## 三、均匀传输线上正弦稳态电压、电流的计算示例

**例 16-1**　某三相输电线的线路参数为 $R_0 = 0.08\Omega/\text{km}$,$\omega L_0 = 0.2\Omega/\text{km}$,$\omega C_0 = 2.2\mu\text{S}/\text{km}$,$G_0$ 忽略不计。若始端电压为 $160\text{kV}$,始端的复功率为 $(200+j36)\text{MV} \cdot \text{A}$,试求沿线电压、电流 $u(x,t)$ 和 $i(x,t)$。

**解**　由于是三相输电线,题中给出的电压为线电压,复功率为三相总的复功率。于是传输线始端相电压的有效值为

$$U_1 = \frac{U_{1l}}{\sqrt{3}} = \frac{160}{\sqrt{3}} = 92.38\text{kV}$$

始端电流的有效值为

$$I_1 = \frac{P_1}{\sqrt{3} U_{1l} \cos\varphi_1}$$

而功率因数角为

$$\varphi_1 = \arctan \frac{Q_1}{P_1} = \arctan \frac{36}{200} = \arctan 0.18 = 10.2°$$

则

$$I_1 = \frac{P_1}{\sqrt{3} U_{1l} \cos\varphi} = \frac{200 \times 10^3}{\sqrt{3} \times 160 \cos 10.2°} = 733\text{A}$$

若以 $\dot{U}_1$ 为参考相量，即 $\dot{U}_1 = 92.38\underline{/0°}\text{kV}$，则 $\dot{I}_1 = 733\underline{/-10.2°}\text{A}$。由题给线路参数，可算得

$$Z_0 = R_0 + j\omega L_0 = 0.08 + j0.2 = 0.2154\underline{/68.2°}\ \Omega/\text{km}$$

$$Y_0 = G_0 + j\omega C_0 = j\omega C_0 = j2.2\mu\text{S/km} = 2.2\underline{/90°}\ \mu\text{S/km}$$

于是可求出特性阻抗为

$$Z_c = \sqrt{\frac{Z_0}{Y_0}} = \sqrt{\frac{0.2154\underline{/68.2°}}{2.2\times10^{-6}\underline{/90°}}} = 312.9\underline{/-10.9°}\ \Omega$$

传播常数为

$$\gamma = \sqrt{Z_0 Y_0} = \sqrt{0.2154\underline{/68.2°}\times2.2\times10^{-6}\underline{/90°}} = 0.688\times10^{-3}\underline{/79.1°}$$

$$= (0.1301 + j0.6756)\times10^{-3}/\text{km} = \alpha + j\beta$$

又算出电压相量表达式中的两个积分常数为

$$K_1 = \frac{1}{2}(\dot{U}_1 + Z_c\dot{I}_1) = \frac{1}{2}(92.38 + 312.91\underline{/-10.9°}\times0.733\underline{/-10.2°})\times10^3$$

$$= \frac{1}{2}(92.38 + 229.36\underline{/-21.1°})\times10^3 = \frac{1}{2}(306.36 - j82.57)\times10^3$$

$$= 158.65\times10^3\underline{/-15.08°}$$

$$K_2 = \frac{1}{2}(\dot{U}_1 - Z_c\dot{I}_1) = \frac{1}{2}(92.38 - 312.91\underline{/-10.9°}\times0.733\underline{/-10.2°})\times10^3$$

$$= 73.49\times10^3\underline{/145.82°}$$

电流相量表达式中的两个积分常数为

$$K_3 = \frac{K_1}{Z_c} = \frac{158.65\times10^3\underline{/-15.08°}}{312.91\underline{/-10.9°}} = 0.507\times10^3\underline{/-4.18°}$$

$$K_4 = -\frac{K_2}{Z_c} = -\frac{73.49\times10^3\underline{/145.82°}}{312.91\underline{/-10.9°}} = 0.235\times10^3\underline{/-23.28°}$$

由此可写出电压和电流相量的表达式为

$$\dot{U} = K_1 e^{-\gamma x} + K_2 e^{\gamma x} = |K_1|e^{-\alpha x}\cdot e^{j(\varphi_1 - \beta x)} + |K_2|e^{\alpha x}\cdot e^{j(\varphi_2 + \beta x)}$$

$$= 158.65\times10^3 e^{-\alpha x}\cdot e^{j(-15.08° - \beta x)} + 73.49\times10^3 e^{\alpha x}\cdot e^{j(145.82° + \beta x)}\ \text{V}$$

$$\dot{I} = K_3 e^{-\gamma x} + K_4 e^{\gamma x} = |K_3|e^{-\alpha x}\cdot e^{j(\varphi_3 - \beta x)} + |K_4|e^{\alpha x}\cdot e^{j(\varphi_4 + \beta x)}$$

$$= 0.507\times10^3 e^{-\alpha x}\cdot e^{j(-4.18° - \beta x)} + 0.235\times10^3 e^{\alpha x}\cdot e^{j(-23.28° + \beta x)}\ \text{A}$$

则所求输电线上电压、电流为

$$u(x,t) = [\sqrt{2}\times158.65 e^{-\alpha x}\sin(\omega t - \beta x - 15.08°)$$

$$+ \sqrt{2}\times73.49 e^{\alpha x}\sin(\omega t + \beta x + 145.82°)]\text{kV}$$

$$i(x,t) = [\sqrt{2}\times0.507 e^{-\alpha x}\sin(\omega t - \beta x - 4.18°)$$

$$+ \sqrt{2}\times0.235 e^{\alpha x}\sin(\omega t + \beta x - 23.28°)]\text{kA}$$

**例 16-2**　三相高压输电线长 300km，特性阻抗 $Z_c = 385e^{j5.3°}\ \Omega$，传播常数 $\gamma = 1.06\times10^{-3}e^{j84.7°}/\text{km}$，输出端电压为 220kV，传输功率 150MW，功率因数为 0.90（感性）。试计算

输入端的电压、电流和传输效率。

**解** （1）求输电线终端电流

以终端相电压 $\dot{U}_2$ 为参考相量，则有

$$\dot{U}_2 = \frac{U_{2l}}{\sqrt{3}} \underline{/0°} = \frac{220}{\sqrt{3}} \underline{/0°} = 127\underline{/0°}\text{kV}$$

终端电流

$$\dot{I}_2 = \frac{P_2}{3U_2\cos\varphi_2}\underline{/-\arccos 0.9} = \frac{150}{3\times 127\times 0.9}\underline{/-25.8°} = 0.437\underline{/-25.8°}\text{kA}$$

（2）计算输电线始端电压、电流相量

根据式（16-14），有

$$\begin{cases} \dot{U}_1 = \dot{U}_2\,\text{ch}\gamma l + Z_2\dot{I}_2\,\text{sh}\gamma l \\ \dot{I}_1 = \dot{I}_2\,\text{ch}\gamma l + \dfrac{\dot{U}_2}{Z_c}\,\text{sh}\gamma l \end{cases}$$

而

$$\gamma l = 1.06\times 10^{-3}\text{e}^{\text{j}84.7°}\times 300 = 0.318\text{e}^{\text{j}84.7°} = 0.0294 + \text{j}0.3166$$

$$\text{e}^{\gamma l} = \text{e}^{(0.0294+\text{j}0.3166)} = 1.0298\text{e}^{\text{j}18.1°} = 0.9783 + \text{j}0.32165$$

$$\text{e}^{-\gamma l} = \text{e}^{-(0.0294+\text{j}0.3166)} = 0.97105\text{e}^{-\text{j}18.1°} = 0.92297 - \text{j}0.30177$$

$$\text{ch}\gamma l = \frac{1}{2}(\text{e}^{\gamma l} + \text{e}^{-\gamma l}) = 0.95063 + \text{j}0.00994 = 0.95063\text{e}^{\text{j}0.6°}$$

$$\text{sh}\gamma l = \frac{1}{2}(\text{e}^{\gamma l} - \text{e}^{-\gamma l}) = 0.02766 + \text{j}0.31171 = 0.31292\text{e}^{\text{j}84.9°}$$

则始端相电压和电流的相量为

$$\dot{U}_1 = \dot{U}_2\,\text{ch}\gamma l + \dot{I}_2 Z_c\,\text{sh}\gamma l = 127\times 0.95063\text{e}^{\text{j}0.6°} + 0.437\text{e}^{-\text{j}25.8°}\times 385\text{e}^{-\text{j}5.3°}\times 0.31292\text{e}^{\text{j}84.9°}$$
$$= 158\text{e}^{\text{j}16.02°}\text{kV}$$

$$\dot{I}_1 = \dot{I}_2\,\text{ch}\gamma l + \frac{\dot{U}_2}{Z_c}\,\text{sh}\gamma l = 0.437\text{e}^{-\text{j}25.8°}\times 0.95063\text{e}^{\text{j}0.6°} + \frac{127}{385\text{e}^{-\text{j}5.3°}}\times 0.31292\text{e}^{\text{j}84.9°}$$
$$= 0.383\text{e}^{-\text{j}11.1°}\text{kA}$$

于是始端线电压和电流为

$$U_{1l} = \sqrt{3}U_1 = \sqrt{3}\times 158 = 273.7\text{kV}$$

$$I_1 = 0.383\text{kA} = 383\text{A}$$

（3）计算始端输入功率和输电效率

始端输入功率为

$$P_1 = 3U_1 I_1\cos(\measuredangle\dot{U}_1 - \measuredangle\dot{I}_1) = 3\times 158\times 383\cos(16.02° + 11.1°) = 161.5\text{MW}$$

输电效率为

$$\eta = \frac{P_2}{P_1}\times 100\% = \frac{150}{161.5}\times 100\% = 92.9\%$$

## 练习题

16-2  已知某三相高压输电线长 200km,线路参数为 $R_0=0.06\Omega/\text{km}$,$L_0=1.2\text{mH/km}$,$C_0=6.65\times10^{-3}\mu\text{F/km}$,$G_0=0.22\times10^{-6}\text{S/km}$。若要求传输到线路终端的复功率为 $(180+\text{j}20)\text{MV}\cdot\text{A}$,且终端线电压保持为 210kV,试求线路始端的相电压和相电流。

## 16.3  均匀传输线的正向行波和反向行波

### 一、均匀传输线的正向行波

#### 1. 正向行波的概念

在前面的讨论中已得出了均匀传输线上沿线电压 $u(x,t)$、电流 $i(x,t)$ 的表达式,每一函数式的构成相似,均由两个分量叠加而成。本节讨论这两个分量所具有的含义,从而说明"行波"这一均匀传输线中的重要概念。

均匀传输线上电压式(16-15)可表示为

$$u(x,t)=u_++u_-$$

其中

$$u_+=\sqrt{2}\ |K_1|\ \text{e}^{-\alpha x}\sin(\omega t-\beta x+\varphi_1)$$

$$u_-=\sqrt{2}\ |K_2|\ \text{e}^{\alpha x}\sin(\omega t+\beta x+\varphi_2)$$

类似地,电流的分布函数也可表示为 $i(x,t)=i_+-i_-$。下面研究电压 $u$ 的第一个分量 $u_+$。

$u_+$ 是时间 $t$ 的函数,也是距离 $x$ 的函数。为清晰起见,先分别讨论 $u_+$ 是 $t$ 或 $x$ 的单值函数时的情况。设 $x=x_0$ 为一定值,则 $u_+$ 为一个标准的随时间变化的正弦函数,这表明在传输线的任一点上,电压按正弦规律变化。又设 $t=t_0$ 为一个定值时,$u_+$ 仅是 $x$ 的函数,可以看出此时的 $u_+$ 是一个衰减的正弦函数,这表明在任一固定的时刻,传输线上电压的沿线分布为振幅按指数规律衰减的正弦波,如图 16-4 所示。

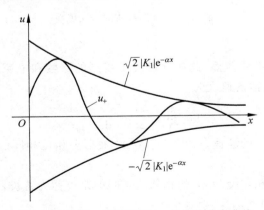

图 16-4  在任一固定时刻 $u_+$ 的沿线分布曲线

又设 $t_1>t_0$,此时 $u_+$ 仍为一个振幅衰减的正弦函数,只不过与 $t_0$ 时刻比较,其沿线分布情况发生了变化。具体地讲,是在两个不同的时刻,衰减的正弦波在横轴 $x$ 上的位置

发生了改变,或者说出现了位移,现判断发生位移的方向。为简便起见,设 $\alpha=0$,则 $u_+ = \sqrt{2}\,|K_1|\sin(\omega t-\beta x+\varphi_1)$,这表明此时 $u_+$ 为一个正弦波,现根据这一正弦波在两个不同时刻同相位的点(如极值点)的位置情况来决定位移的方向。因 $t_1 > t_0$,可设 $t_1 = t_0 + \Delta t$,则 $\Delta t > 0$;又设 $x_1 = x_0 + \Delta x$,$\Delta x$ 为位移,若要两不同时刻的正弦波的相位相同,便有

$$\omega t_0 - \beta x_0 + \varphi_1 = \omega t_1 - \beta x_1 + \varphi_1 = \omega(t_0 + \Delta t) - \beta(x_0 + \Delta x) + \varphi_1$$

即

$$\beta \Delta x = \omega \Delta t$$

或

$$\Delta x = \frac{\omega}{\beta} \Delta t \tag{16-17}$$

由于 $\Delta t$、$\omega$ 及 $\beta$ 均大于零,则 $\Delta x$ 必大于零,这表明当时间增加时,正弦波的位置向 $x$ 增加的方向移动了一段距离 $\Delta x$。由此可见,振幅衰减的正弦波 $u_+$ 是随时间的增加而由传输线的始端向终端推进(传播)的,称这种沿传输线不断发生位移的衰减的正弦波为行波,由始端移向终端的行波为正向行波或入射波。电压正向行波 $u_+$ 在两个不同时刻 $t_0$ 和 $t_1(t_1 > t_0)$ 的波形分布如图 16-5 所示。

电流函数 $i(x,t)$ 中的第一个分量 $i_+$ 具有与 $u_+$ 同样的特性,称为电流正向行波。

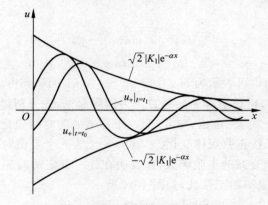

图 16-5 正向行波的沿线传播

**2. 波速的概念**

行波以一定的速度沿线传播,此速度取决于线路的参数和电源的频率。由式(16-17),$u_+$ 波形上的一点沿线传播的速度为

$$v_p = \lim_{\Delta t \to 0} \frac{\Delta x}{\Delta t} = \frac{dx}{dt} = \frac{\omega}{\beta} \tag{16-18}$$

$v_p$ 就是正向行波 $u_+$ 的波速。由于 $v_p$ 是 $u_+$ 波形上相位相同的点的运动速度,故也称为相位速度,简称相速。

通常将行波波形上相位差为 $2\pi$ 的相邻两点间的距离称为波长,并以 $\lambda$ 表示。波速也可用波长 $\lambda$ 表示,现推导如下。

由 $u_+$ 的表达式并根据波长 $\lambda$ 的定义,有

$$[\omega t - \beta(x + \lambda) + \varphi_1] - [\omega t - \beta x + \varphi_1] = 2\pi$$

于是

$$\beta\lambda = 2\pi$$

或

$$\lambda = \frac{2\pi}{\beta} \tag{16-19}$$

该式表明波长只取决于 $\beta$，或者说只与线路参数有关，而与电压、电流无关。将 $\beta = 2\pi/\lambda$ 代入式(16-18)，有

$$v_p = \frac{\omega}{\beta} = \frac{2\pi f}{2\pi/\lambda} = f\lambda = \frac{\lambda}{T} \tag{16-20}$$

当 $t = T$ 时，波的传播距离为

$$x = v_p t = \frac{\lambda}{T} T = \lambda$$

这表明在一个周期的时间内，行波的运动距离恰为一个波长。

## 二、均匀传输线的反向行波

### 1. 反向行波的概念

电压 $u(x,t)$ 中的第二项为

$$u_- = \sqrt{2}\,|K_2|\,e^{\alpha x}\sin(\omega t + \beta x + \varphi_2)$$

根据前面的分析不难看出这是一个随距离 $x$ 的增加振幅增长的正弦波，且是一个行波。该行波的传播方向分析如下。

设 $t_1 > t_0$，且 $t_1 = t_0 + \Delta t$，若要 $t_0$ 和 $t_1$ 时刻波形的相位相同，应有下式成立：

$$\omega t_0 + \beta x_0 + \varphi_2 = \omega(t_0 + \Delta t) + \beta(x_0 + \Delta x) + \varphi_2$$

于是有

$$\Delta x = -\frac{\omega}{\beta}\Delta t$$

因 $\omega$、$\beta$ 及 $\Delta t$ 均大于零，则 $\Delta x$ 必小于零，这表明当 $t$ 由 $t_0$ 增加至 $t_1$ 时，$u_-$ 波形便向 $x$ 减小的方向位移了一段距离 $|\Delta x|$。换而言之，$u_-$ 波形的传播方向与 $u_+$ 正好相反，即 $u_-$ 是由传输线的终端向始端传播，因此将 $u_-$ 称作反向行波或反射波。反向行波 $u_-$ 在 $t_0$ 和 $t_1$ 时刻 ($t_1 > t_0$)的沿线分布如图 16-6 所示。

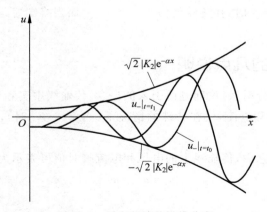

图 16-6　反向行波的沿线分布

反向行波 $u_-$ 波速的大小与正向行波相同,也为 $\omega/\beta$。

电流 $i(x,t)$ 中的第二个分量 $i_-$ 具有和 $u_-$ 相同的特性,称为电流反向行波或电流反射波。

### 2. 反射系数

在引入了入射波和反射波的概念后,则电压、电流瞬时值表达式为入射波和反射波之代数和,电压、电流的相量表达式也可写为入射波相量和反射波相量的代数和。由式(16-10),有

$$
\begin{cases}
\dot{U} = \dot{U}_+ + \dot{U}_- = \dfrac{1}{2}(\dot{U}_1 + Z_c \dot{I}_1)\mathrm{e}^{-\gamma x} + \dfrac{1}{2}(\dot{U}_1 - Z_c \dot{I}_1)\mathrm{e}^{\gamma x} \\[2mm]
\dot{I} = \dot{I}_+ - \dot{I}_- = \dfrac{1}{2}\left(\dfrac{\dot{U}_1}{Z_c} + \dot{I}_1\right)\mathrm{e}^{-\gamma x} - \dfrac{1}{2}\left(\dfrac{\dot{U}_1}{Z_c} - \dot{I}_1\right)\mathrm{e}^{\gamma x}
\end{cases}
$$

或由式(16-13),有

$$
\begin{cases}
\dot{U} = \dot{U}_+ + \dot{U}_- = \dfrac{1}{2}(\dot{U}_2 + Z_c \dot{I}_2)\mathrm{e}^{\gamma x} + \dfrac{1}{2}(\dot{U}_2 - Z_c \dot{I}_2)\mathrm{e}^{-\gamma x} \\[2mm]
\dot{I} = \dot{I}_+ - \dot{I}_- = \dfrac{1}{2}\left(\dfrac{\dot{U}_2}{Z_c} + \dot{I}_2\right)\mathrm{e}^{\gamma x} - \dfrac{1}{2}\left(\dfrac{\dot{U}_2}{Z_c} - \dot{I}_2\right)\mathrm{e}^{-\gamma x}
\end{cases}
$$

传输线上任一点的反射系数 $N$ 定义为该点的反射波与入射波的电压相量或电流相量之比,即

$$
N = \frac{\dot{U}_-}{\dot{U}_+} = \frac{\dot{I}_-}{\dot{I}_+} \tag{16-21}
$$

将以 $\dot{U}_2$ 和 $\dot{I}_2$ 表示的 $\dot{U}_-$、$\dot{U}_+$ 及 $\dot{I}_-$、$\dot{I}_+$ 代入上式,便有

$$
N = \frac{\dot{U}_2 - Z_c \dot{I}_2}{\dot{U}_2 + Z_c \dot{I}_2}\mathrm{e}^{-2\gamma x} = \frac{Z_2 - Z_c}{Z_2 + Z_c}\mathrm{e}^{-2\gamma x} \tag{16-22}
$$

式中,$Z_2 = \dot{U}_2/\dot{I}_2$ 为终端负载阻抗。容易得知,当终端阻抗 $Z_2$ 与特性阻抗 $Z_c$ 相等时,反射系数 $N=0$,则反射波不存在,此时称终端负载与传输线"匹配"。在电信工程中,通常希望达到匹配状态。应注意将这里的"匹配"与最大功率传输时的"匹配"区分开。

当终端开路即 $Z_2 = \infty$ 时,在终端处 $(x=0)N=1$;而当终端短路即 $Z_2 = 0$ 时,在终端处 $N=-1$。

## 三、关于行波的几点说明

(1) 行波是为便于分析、讨论问题而引入的概念,传输线中实际存在的只是由入射波和反射波叠加而成的电压和电流,仅在特殊的情况下(当 $Z_2 = Z_c$ 时),传输线上的电压、电流才表现为单一的行波。

(2) 采用行波的概念后,传输线上的电压和电流瞬时值可表示为

$$
\left.\begin{array}{l}
u = u_+ + u_- \\
i = i_+ - i_-
\end{array}\right\}
$$

这表明电压 $u$ 是入射波和反射波的相加,而电流 $i$ 是入射波减去反射波。从参考方向的角

度理解,可认为电压入射波 $u_+$ 和反射波 $u_-$ 的参考正向与电压 $u$ 的参考正向一致;电流入射波 $i_+$ 的参考正向与电流 $i$ 的参考正向一致,而电流反射波 $i_-$ 的参考正向则与 $i$ 的参考正向相反,如图 16-7 所示。

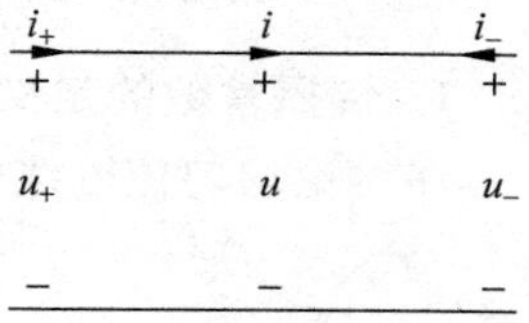

（3）由电压、电流的相量表达式或瞬时值表达式容易区分入射波分量和反射波分量。若以始端作为计算距离的起点,则 $x$ 前带有负号的分量为正向行波（入射波）,而 $x$ 前为正号的分量则为反向行波（反射波）。若以终端作为计算距离的起点,则 $x$ 前带有正号的分量为正向行波。

图 16-7　传输线上电压、电流及其入射波、反射波的参考方向

（4）正向行波和反向行波具有相同的波速,即 $v_p = \omega/\beta$,其中 $\omega$ 为电源的角频率,$\beta$ 为传播常数 $\gamma$ 的虚部。

（5）当 $Z_2 = Z_c$,即传输线终端负载阻抗与特性阻抗相等时,传输线上无反射波存在,此时称终端负载与传输线达到匹配。"匹配"是传输线技术中的一个重要概念,在一些工程应用中,常需使设备工作在"匹配"状态。

（6）在传输线的研究中,常用到"无限长线"的概念。由于线路为无限长而波速总为有限值,因而此时线路上无反射波存在。换句话说,当使用"无限长线"概念时,便意味着线路上只存在正向行波。

**例 16-3**　设某传输线上的电压为 $u(x,t) = 282\mathrm{e}^{-0.046x}\sin\left(6000t - 0.058x + \dfrac{\pi}{3}\right)\mathrm{V}$,试说明该电压是正向行波还是反向行波,并求出波速和波长。

**解**　因在 $u(x,t)$ 的表达式中只含有一个分量,且涉及距离变量 $x$ 的两处前面均带一个负号,故可认定 $u$ 为一个正向行波,这表明该传输线和终端负载达到匹配状态,线上无反射波存在。

该正向行波的波速为

$$v_p = \frac{\omega}{\beta} = \frac{6000}{0.058} = 1.034 \times 10^5 \,\mathrm{km/s}$$

波长为

$$\lambda = \frac{2\pi}{\beta} = \frac{2\pi}{0.058} = 108.3 \,\mathrm{km}$$

## 练习题

16-3　某均匀传输线的传播常数 $\gamma = 8.2 \times 10^{-4}\underline{/78°}/\mathrm{km}$,特性阻抗 $Z_c = 346.7\underline{/-8.6°}\,\Omega$,电源频率 $f = 50\mathrm{Hz}$。设线路始端的电压相量 $\dot{U}_1 = 220\underline{/0°}\,\mathrm{kV}$,电流相量为 $\dot{I}_1 = 1.22\underline{/23°}\,\mathrm{kA}$,(1)求电压和电流的正向行波和反向行波的表达式;(2)求波速 $v_p$ 及波长 $\lambda$。

## 16.4　均匀传输线的副参数

在前面的讨论中,已多次用到了传播常数 $\gamma$ 和特性阻抗 $Z_c$ 的概念。鉴于 $\gamma$ 和 $Z_c$ 是传输线技术中非常重要的两个引入参数,它们也被称为传输线的副参数,本节将对它们作进一

步的讨论。

## 一、传播常数

### 1. 传播常数的定义

在讨论均匀传输线的正弦稳态解时,为方便而引入了传播常数 $\gamma$ 的概念,其定义为

$$\gamma = \sqrt{Z_0 Y_0} = \alpha + j\beta \tag{16-23}$$

式中,$Z_0 = R_0 + j\omega L_0$,$Y_0 = G_0 + j\omega C_0$,分别为传输线单位长度的复阻抗和复导纳。将用线路的原始参数表示的 $Z_0$ 和 $Y_0$ 代入式(16-23),便有

$$\gamma = \sqrt{Z_0 Y_0} = \sqrt{(R_0 + j\omega L_0)(G_0 + j\omega C_0)} = \alpha + j\beta$$

于是可得

$$|\gamma|^2 = \alpha^2 + \beta^2 = \sqrt{(R_0^2 + \omega^2 L_0^2)(G_0^2 + \omega^2 C_0^2)}$$

$$\gamma^2 = \alpha^2 - \beta^2 + j2\alpha\beta = (R_0 G_0 - \omega^2 L_0 G_0) + j(\omega G_0 L_0 + \omega R_0 C_0)$$

从上面两式中可解出

$$\alpha = \sqrt{\frac{1}{2}\left[R_0 G_0 - \omega^2 L_0 C_0 + \sqrt{(R_0^2 + \omega^2 L_0^2)(G_0^2 + \omega^2 C_0^2)}\right]} \tag{16-24}$$

$$\beta = \sqrt{\frac{1}{2}\left[\omega^2 L_0 C_0 - R_0 G_0 + \sqrt{(R_0^2 + \omega^2 L_0^2)(G_0^2 + \omega^2 C_0^2)}\right]} \tag{16-25}$$

$\alpha$ 和 $\beta$ 随电源角频率 $\omega$ 变化的关系曲线如图 16-8 所示。

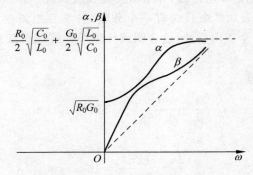

图 16-8　$\alpha$ 和 $\beta$ 的频率特性曲线

从图中可看出,$\alpha$ 随 $\omega$ 的增加而趋于一个恒定值,而 $\beta$ 则随 $\omega$ 的增高而单调地增加。

### 2. 传播常数的物理意义

传播常数有着明确的物理含义。为便于讨论,设传输线上只存在单一的正向行波。由式(16-10),传输线上的电压行波和电流行波为

$$\begin{cases} \dot{U} = \dfrac{1}{2}(\dot{U}_1 + Z_c \dot{I}_1) e^{-\gamma x} = \dot{U}_0 e^{-\gamma x} = \dot{U}_0 e^{-(\alpha + j\beta)x} \\[3mm] \dot{I} = \dfrac{1}{2}\left(\dfrac{\dot{U}_1}{Z_c} + \dot{I}_1\right) e^{-\gamma x} = \dot{I}_0 e^{-\gamma x} = \dot{I}_0 e^{-(\alpha + j\beta)x} \end{cases}$$

由以上两式可看出,行波每行进一个单位长度,其振幅就要衰减到原振幅的 $1/e^{\alpha}$,其相位将滞后于原相位 $\beta$ 弧度。通常将传播常数 $\gamma$ 的实部 $\alpha$ 称为衰减常数,虚部 $\beta$ 称作相位常数。

若线路原始参数 $R_0$ 和 $\omega L_0$ 的单位为 $\Omega/m$，$G_0$ 和 $\omega C_0$ 的单位为 $\Omega^{-1}/m$，则 $\alpha$、$\beta$ 和 $\gamma$ 的量纲为 $[m]^{-1}$。实际中 $\alpha$ 的单位取作 $Np/m$ 或 $dB/m$（$Np$ 称为奈培，$dB$ 称为分贝，按照定义，这两种单位之间的关系为 $1Np=8.686dB$，或 $1dB=0.115Np$）；$\beta$ 的单位取作 $rad/m$。若各原始参数的单位取作 $\Omega/km$ 和 $\Omega^{-1}/km$，则 $\alpha$ 和 $\beta$ 的单位分别取作 $dB/km$（$Np/km$）和 $rad/km$。

**3. 传播常数的基本特性**

（1）由式（16-24）和式（16-25）可见，$\alpha$ 和 $\beta$ 只与线路的原始参数及电源的频率有关，而与线路上的电压、电流无关，或说与传输线的负载无关。

（2）由于行波的波速 $v_p$ 和波长 $\lambda$ 只取决于 $\beta$ 和电源的频率，因此 $v_p$ 和 $\lambda$ 也与电压、电流无关。换而言之，$v_p$ 和 $\lambda$ 也只取决于线路的参数和电源的频率。

（3）当 $R_0$ 和 $G_0$ 均为零时，由式（16-24）可知 $\alpha=0$，即线路的衰减常数为零，此时的传输线称为无损耗线。对于无损耗线，其行波的波速为

$$v_p = \omega/\beta = 1/\sqrt{L_0 C_0} \tag{16-26}$$

（4）在信号的传输过程中，一般要求信号不产生畸变。信号畸变的原因是信号各次谐波振幅的衰减和相位速度的不同。若采用无损耗线（$G_0=R_0=0$），则不会产生畸变现象。对于存在损耗的线路，若要求不产生振幅畸变，则应使衰减常数 $\alpha$ 不随频率的改变而变化。为此，可令 $\dfrac{d\alpha}{d\omega}=0$，则可求得

$$\frac{R_0}{L_0} = \frac{G_0}{C_0} \tag{16-27}$$

该式就是 $\alpha$ 与频率无关的条件。满足这一关系式的传输线称为无畸变线。

对于无畸变线，可得到

$$\alpha = R_0 \sqrt{\frac{C_0}{L_0}} = \sqrt{R_0 G_0} \tag{16-28}$$

$$\beta = \omega \sqrt{L_0 C_0} \tag{16-29}$$

$$v_p = \frac{1}{\sqrt{L_0 C_0}} \tag{16-30}$$

可见无畸变线与无损耗线的行波波速相同。

顺便指出，工程应用中的架空线和电缆线的传播常数有较大差别。前者的衰减常数 $\alpha$ 和相位常数 $\beta$ 一般小于后者。例如工频（$f=50Hz$）的高压架空输电线的 $\alpha$ 约为 $(0.1\sim0.7)\times10^{-3}Np/km$，$\beta$ 约为 $(1.05\sim1.12)\times10^{-3}rad/km$；而工频电力电缆线的 $\beta$ 约为 $3\times10^{-3}rad/km$，$\alpha$ 约为 $4\times10^{-3}Np/km$。根据实际架空线的原始参数可算得其波速非常接近于光速，而电缆中的波速约为光速的 $1/4$。

## 二、特性阻抗

**1. 特性阻抗的定义**

与传播常数相似，特性阻抗 $Z_c$ 也是一个重要的引入参数，它的定义式为

$$Z_c = \sqrt{\frac{Z_0}{Y_0}} \tag{16-31}$$

将线路的原始参数代入上式,便有

$$Z_c = \sqrt{\frac{Z_0}{Y_0}} = \sqrt{\frac{R_0 + j\omega L_0}{G_0 + j\omega C_0}} = z_c \underline{/\varphi_Z}$$

式中

$$z_c = \sqrt{\frac{R_0^2 + \omega^2 L_0^2}{G_0^2 + \omega^2 C_0^2}} \tag{16-32}$$

$$\varphi_Z = \frac{1}{2} \left[ \arctan\left(\frac{\omega L_0}{R_0}\right) - \arctan\left(\frac{\omega C_0}{G_0}\right) \right] = \frac{1}{2} \arctan\left(\frac{\omega L_0 G_0 - \omega C_0 R_0}{R_0 G_0 + \omega^2 L_0 C_0}\right) \tag{16-33}$$

$z_c$ 和 $\varphi_Z$ 均是角频率 $\omega$ 的函数。$z_c$ 和 $\varphi_Z$ 的频率特性如图16-9所示。

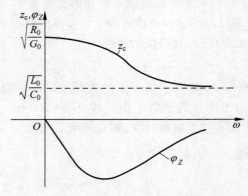

图16-9  $Z_c$ 和 $\varphi_Z$ 的频率特性

### 2. 特性阻抗的物理意义

根据式(16-10),有

$$\frac{\dot{U}_+}{\dot{I}_+} = \frac{\frac{1}{2}(\dot{U}_1 + Z_c \dot{I}_1) e^{-\gamma x}}{\frac{1}{2}\left(\frac{\dot{U}_1}{Z_c} + \dot{I}_1\right) e^{-\gamma x}} = Z_c$$

$$\frac{\dot{U}_-}{\dot{I}_-} = \frac{\frac{1}{2}(\dot{U}_1 - Z_c \dot{I}_1) e^{\gamma x}}{\frac{1}{2}\left(\frac{\dot{U}_1}{Z_c} - \dot{I}_1\right) e^{\gamma x}} = Z_c$$

$$Z_c = \frac{\dot{U}_+}{\dot{I}_+} = \frac{\dot{U}_-}{\dot{I}_-} \tag{16-34}$$

由此可见,特性阻抗 $Z_c$ 即是同向行波的电压、电流相量之比。采用以终端电压、电流表示的入射波和反射波表达式也可得出同样的结论。

由于特性阻抗可视为同向行波的电压、电流相量之比,因此又将它称为波阻抗。

### 3. 特性阻抗的基本特性

(1)与传播常数 $\gamma$ 相似,特性阻抗 $Z_c$ 只取决于线路的原始参数,而与传输线的负载无关。

（2）在直流的情况下，即 $\omega=0$ 时，有

$$Z_c = \sqrt{\frac{R_0}{G_0}}\underline{/0°}$$

即特性阻抗是一个纯电阻。

在线路的工作频率较高时，由于 $R_0 \ll \omega L_0$ 及 $G_0 \ll \omega C_0$，有

$$Z_c = \sqrt{\frac{R_0 + j\omega L_0}{G_0 + j\omega C_0}} = \sqrt{\frac{j\omega L_0\left(1 + \dfrac{R_0}{j\omega L_0}\right)}{j\omega C_0\left(1 + \dfrac{G_0}{j\omega C_0}\right)}} \approx \sqrt{\frac{L_0}{C_0}}\underline{/0°}$$

即此时 $Z_c$ 也近似表现为一个纯电阻。

（3）对于无损耗传输线，其特性阻抗

$$Z_c = \sqrt{\frac{R_0 + j\omega L_0}{G_0 + j\omega C_0}} = \sqrt{\frac{L_0}{C_0}}\underline{/0°} \tag{16-35}$$

即 $Z_c$ 为一个纯电阻，这与线路工作频率很高时的情形相似。

（4）当满足条件 $\dfrac{R_0}{L_0} = \dfrac{G_0}{C_0}$ 时，传输线为无畸变线，其特性阻抗为

$$Z_c = \sqrt{\frac{R_0 + j\omega L_0}{G_0 + j\omega C_0}} = \sqrt{\frac{L_0\left(\dfrac{R_0}{L_0} + j\omega\right)}{C_0\left(\dfrac{G_0}{C_0} + j\omega\right)}} = \sqrt{\frac{L_0}{C_0}} = \sqrt{\frac{R_0}{G_0}} \tag{16-36}$$

由此可见，无畸变线的特性阻抗亦为一个纯电阻。

（5）由图 16-9 可见，特性阻抗的模 $z_c$ 随 $\omega$ 的增加而衰减，当 $\omega=0$（直流）时最大，$z_c = \sqrt{\dfrac{R_0}{G_0}}$；当 $\omega \to \infty$ 时，$z_c = \sqrt{\dfrac{L_0}{C_0}}$，这是因为一般情况下都有 $\dfrac{R_0}{G_0} > \dfrac{L_0}{C_0}$。图 16-9 还表明，$Z_c$ 的辐角 $\varphi_Z$ 总为负值，即表现为容性。

顺便指出，实际中一般架空线的特性阻抗 $z_c$ 约为 $300 \sim 400\,\Omega$，而电力电缆约为 $50\,\Omega$，通信中使用的同轴电缆的 $z_c$ 约为 $40 \sim 100\,\Omega$，常用的有 $75\,\Omega$ 和 $50\,\Omega$ 两种。

**例 16-4** 某电缆的电压函数为

$$u(x,t) = 14.1 e^{-0.044x} \sin\left(5000t - 0.046x + \frac{\pi}{6}\right) \text{V}$$

式中，$x$ 的单位为 km，求该电缆的传播常数。又若此电缆的波阻抗为 $35.7 e^{-j11.8°}\,\Omega$，求正向电流行波瞬时值的表达式。

**解** 由电压函数的一般表达式

$$u(x,t) = U e^{-\alpha x}\sin(\omega t - \beta x + \varphi)$$

可得传播常数为

$$\gamma = \alpha + j\beta = 0.044 + j0.046 = 0.064\underline{/46.3°}/\text{km}$$

又由 $Z_c = \dfrac{\dot{U}_{+m}}{\dot{I}_{+m}}$，得 $\dot{I}_{+m} = \dfrac{\dot{U}_{+m}}{Z_c}$，而 $\dot{U}_{+m} = 14.1\underline{/30°}\text{V}$，于是

$$\dot I_{+m} = \frac{\dot U_{+m}}{Z_c} = \frac{14.1\underline{/30°}}{35.7\underline{/-11.8°}} = 0.395\underline{/41.8°}\,\text{A}$$

则电流函数为

$$i(x,t) = 0.395\mathrm{e}^{-0.044x}\sin(5000t - 0.046x + 41.8°)\,\text{A}$$

## 练习题

16-4　三相输电线的线电压为 395kV,电网频率为 50Hz,测得其周围空气中一相的介质损耗 $P_0 = 2.3\text{kW/km}$。又知线路的每相参数为 $R_0 = 0.07\Omega/\text{km}$,$L_0 = 1.33\text{mH/km}$,$C_0 = 7.82 \times 10^{-3}\mu\text{F/km}$。求该传输线的波阻抗、传播常数、波速和波长。

## 16.5　终端接负载的均匀传输线

下面分四种情况讨论终端接有不同负载的均匀传输线。

由于需讨论终端所接负载的各种情况,因此将传输线的终端作为计算距离 $x$ 的起点,这也意味着下面的讨论将采用以终端电压 $\dot U_2$ 和 $\dot I_2$ 表示的传输线上的电压、电流相量表达式(16-13)或式(16-14)。

## 一、终端负载为特性阻抗

### 1. 终端接特性阻抗时的电压、电流分布

如前所述,当终端所接负载阻抗 $Z_2 = Z_c$ 时,反射系数 $N = 0$,线路上无反射波存在,负载与线路达匹配状态。由式(16-13),有

$$\dot U = \frac{1}{2}(\dot U_2 + Z_c\dot I_2)\mathrm{e}^{\gamma x'} = \frac{1}{2}(\dot U_2 + Z_2\dot I_2)\mathrm{e}^{\gamma x'} = \dot U_2\mathrm{e}^{\gamma x'} \tag{16-37}$$

$$\dot I = \frac{1}{2}\left(\frac{\dot U_2}{Z_c} + \dot I_2\right)\mathrm{e}^{\gamma x'} = \frac{1}{2}\left(\frac{\dot U_2}{Z_2} + \dot I_2\right)\mathrm{e}^{\gamma x'} = \dot I_2\mathrm{e}^{\gamma x'} \tag{16-38}$$

上面两式的比值为

$$\frac{\dot U}{\dot I} = \frac{\dot U_2\mathrm{e}^{\gamma x'}}{\dot I_2\mathrm{e}^{\gamma x'}} = \frac{\dot U_2}{\dot I_2} = Z_c$$

上式中的 $\dot U$、$\dot I$ 为传输线上任一点的电压和电流相量,这意味着从线上任意处向终端看去的等效阻抗都等于特性阻抗 $Z_c$。换言之,只要知道了任一处的电流相量,便可由 $\dot U = \dot I Z_c$ 求得电压相量,反之亦然。

显然,在匹配的情况下,沿线的电压、电流的有效值按指数规律分布,如图 16-10 所示。

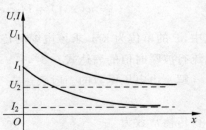

图 16-10　终端负载和线路匹配时的电压、电流沿线分布

### 2. 自然功率

当传输线工作时,总是将一定的功率由始端输送至终端。在匹配的状态下,线路传输到

终端的功率称为自然功率,这表明自然功率的概念只是针对负载和传输线匹配的情况而言。

下面分析在匹配情况下,线路所传输的自然功率及传输效率的大小。终端负载的功率(即自然功率)为 $P_2 = U_2 I_2 \cos\varphi$,始端电源发出的功率为 $P_1 = U_1 I_1 \cos\varphi$,两式中的 $\varphi$ 角均为特性阻抗(此时的负载阻抗)$Z_c$ 的辐角。由于有 $\dot{U} = \dot{U}_2 e^{\gamma x'}$ 及 $\dot{I} = \dot{I}_2 e^{\gamma x'}$,则有

$$\begin{cases} \dot{U}_1 = \dot{U}_2 e^{\gamma x'} = \dot{U}_2 e^{\gamma l} = \dot{U}_2 e^{\alpha l} e^{j\beta l} \\ \dot{I}_1 = \dot{I}_2 e^{\gamma x'} = \dot{I}_2 e^{\gamma l} = \dot{I}_2 e^{\alpha l} e^{j\beta l} \end{cases}$$

式中,$l$ 为终端至始端的距离。于是电源发出的功率可写为

$$P_1 = U_1 I_1 \cos\varphi = U_2 I_2 e^{2\alpha l} \cos\varphi = P_2 e^{2\alpha l} \tag{16-39}$$

则传输效率为

$$\eta = \frac{P_2}{P_1} = e^{-2\alpha l} \tag{16-40}$$

**3. 传输线匹配状态的有关说明**

(1) 在匹配状态下,反射系数为零,线路上无反射波存在。

(2) 若反射波不存在,则由入射波传输至终端的功率全部为负载所吸收,这表明匹配时的传输效率为最高。若负载不匹配,则入射波所传送的功率将有一部分由反射波返回至电源,此时传输效率将降低。

(3) 在电信工程中,有时不使用传输效率的概念,而用"衰减度"来衡量线路损失,此时衰减度用单位"奈培"或"分贝"表示。为计算便利,常用线路的衰减常数 $\alpha$ 和线路长度 $l$ 的乘积 $\alpha l$ 来度量。由式(16-40),有

$$\alpha l = \frac{1}{2}\ln\frac{P_1}{P_2} \quad \text{(奈培)} \tag{16-41}$$

上式表明,在匹配的情况下,线路衰减的奈培数应为 $P_1$ 和 $P_2$ 之比的自然对数的 $1/2$。若 $\alpha l = 1$ 奈培,则由式(16-41),可得

$$P_1 = e^2 P_2 = 7.4 P_2$$

又若采用"分贝"作单位,则有

$$\alpha l = 10\lg\frac{P_1}{P_2} \quad \text{(分贝)} \tag{16-42}$$

(4) 对于无限长线,其亦无反射波存在,因此它的工作情况与匹配情况下的有限长线相同。

**例 16-5** 某三相高压输电线全长 300km,其线路参数为电阻 $R_0 = 0.075\Omega/\text{km}$,感抗 $x_0 = 0.401\Omega/\text{km}$,线间容纳 $b_0 = 2.75 \times 10^{-6}\text{S/km}$,$g_0 = 0$。若线路终端电压为 220kV,试计算该输电线的自然功率和输电效率,并求出当输送自然功率时,始端的电压和电流各为多少?

**解**　先求出线路的传播常数 $\gamma$ 和特性阻抗 $Z_c$:

$$\gamma = \sqrt{(R_0 + j\omega L_0)(g_0 + j\omega C_0)} = \sqrt{(0.075 + j0.401) \times j2.75 \times 10^{-6}}$$
$$= 1.06 \times 10^{-3} e^{j84.7°}/\text{km}$$

$$Z_c = \sqrt{\frac{R_0 + j\omega L_0}{G_0 + j\omega C_0}} = \sqrt{\frac{0.075 + j0.401}{j2.75 \times 10^{-6}}} = 385 e^{-j5.3°}\Omega$$

传输线的自然功率为

$$P_2 = 3U_2I_2\cos\varphi = \frac{3U_2^2}{Z_c}\cos\varphi = 3 \times \left(\frac{220}{\sqrt{3}}\right)^2 \times \frac{\cos(-5.3°)}{385} = 125\text{MW}$$

可求得

$$\alpha l = 1.06 \times 10^{-3}\cos 5.3° \times 300 = 0.0294\text{N}$$

则输电效率为

$$\eta = e^{-2\alpha l} = e^{-0.0588} = 0.943 = 94.3\%$$

此时线路始端的电压和电流为

$$U_{1l} = U_{2l}e^{\alpha l} = 220e^{0.0294} = 226.5\text{kV}$$

$$I_1 = \frac{U_1}{Z_c} = \frac{226.5}{\sqrt{3} \times 385} = 340\text{A}$$

## 二、终端开路

### 1. 终端开路时的线路输入阻抗

由式(16-14),当终端开路时,因 $\dot{I}_2 = 0$,便有

$$\dot{U}_{oc} = \dot{U}_2\text{ch}\gamma x' \tag{16-43}$$

$$\dot{I}_{oc} = \frac{\dot{U}_2}{Z_c}\text{sh}\gamma x' \tag{16-44}$$

式中,$\dot{U}_{oc}$ 和 $\dot{I}_{oc}$ 为线路上距终端 $x'$ 处的电压、电流相量。

由上述两式可得线路上距终端 $x'$ 处的输入阻抗为

$$Z_{ocx} = \frac{\dot{U}}{\dot{I}}\bigg|_{x'} = Z_c\frac{\text{ch}\gamma x'}{\text{sh}\gamma x'} = Z_c\coth\gamma x' \tag{16-45}$$

显然,线路始端($x'=l$)的输入阻抗为 $Z_{ocl} = Z_c\coth\gamma l$,而无限长线($x' \to \infty$)的输入阻抗为 $Z_{oc\infty} = Z_c$。

终端开路时传输线的入端阻抗随距离 $x'$ 变化的曲线如图 16-11 所示。请注意图中距离的起算点(即 $x'=0$)是传输线的终端。

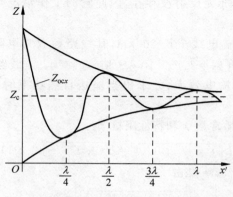

图 16-11  终端开路时传输线的输入阻抗的分布曲线

**2. 终端开路时传输线上的电压、电流分布**

下面分析终端开路时,传输线上电压、电流有效值的变化规律。由式(16-43),电压的有效值表达式为

$$
\begin{aligned}
U_{oc} &= U_2 \mid \operatorname{ch}\gamma x' \mid = U_2 \mid \operatorname{ch}(\alpha + j\beta)x' \mid \\
&= U_2 \mid (\operatorname{ch}\alpha x' \cos\beta x' + j\operatorname{sh}\alpha x' \sin\beta x') \mid \\
&= U_2 \sqrt{\operatorname{ch}^2\alpha x' \cos^2\beta x' + \operatorname{sh}^2\alpha x' \sin^2\beta x'} \\
&= U_2 \sqrt{\operatorname{ch}^2\alpha x' + \cos^2\beta x' - 1} \\
&= U_2 \sqrt{\frac{1}{2}(\operatorname{ch}2\alpha x' + \cos 2\beta x')}
\end{aligned}
\tag{16-46}
$$

同样可得电流有效值的表达式为

$$
I_{oc} = \frac{U_2}{Z_c}\sqrt{\frac{1}{2}(\operatorname{ch}2\alpha x' - \cos 2\beta x')}
\tag{16-47}
$$

为方便起见,可做出电压、电流的有效值平方的分布曲线。根据式(16-46)和式(16-47),可得

$$
U_{oc}^2 = \frac{1}{2}U_2^2(\operatorname{ch}2\alpha x' + \cos 2\beta x')
$$

$$
I_{oc}^2 = \frac{1}{2}\frac{U_2^2}{Z_c^2}(\operatorname{ch}2\alpha x' - \cos 2\beta x')
$$

$U_{oc}^2$ 和 $I_{oc}^2$ 的沿线分布曲线如图 16-12 和图 16-13 所示。

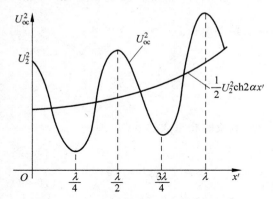

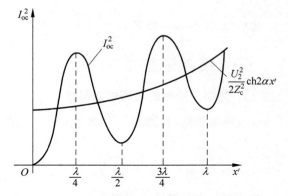

图 16-12　终端开路时 $U_{oc}^2$ 的沿线分布曲线　　　图 16-13　终端开路时 $I_{oc}^2$ 的沿线分布曲线

**3. 终端开路时电压、电流沿线分布情况的说明**

(1) 由于 $U_{oc}^2$ 和 $I_{oc}^2$ 的表达式中均含有余弦函数项 $\cos 2\beta x'$,因此沿线的电压、电流有效值的平方都是以一条衰减的曲线为中心轴由线路始端到终端按正弦规律分布。

(2) 应注意到两图中距离 $x'$ 的起算点是线路的终端。

(3) 当 $x' = 0, \dfrac{\lambda}{4}, \dfrac{\lambda}{2}, \dfrac{3}{4}\lambda, \lambda, \cdots$ 时, $U_{oc}^2$ 和 $I_{oc}^2$ 均出现极大值 $\left(\lambda = \dfrac{2\pi}{\beta}\right)$。

(4) 在终端开路时,电流总的变化趋势是有效值从始端逐渐减小,在终端处为零。从图 16-12 中还可看出,如果线路长度小于 $\dfrac{1}{4}\lambda$(一般电力线均如此),则当终端开路时,终端处

的电压将大大超过始端处的电压。此种现象称为空载线路的电容效应,在高压输电线路运行时必须注意避免。

(5) 图 16-12 和图 16-13 给出的是 $U_{oc}^2$ 和 $I_{oc}^2$ 的变化曲线,但这仅是为了做图的方便。有效值 $U_{oc}$ 和 $I_{oc}$ 的变化规律与 $U_{oc}^2$ 和 $I_{oc}^2$ 的相似,仅波动幅度较小而已。

**例 16-6** 某三相高压输电线的参数如下:$R_0=0.075\Omega/\text{km}$,感抗 $x_0=0.401\Omega/\text{km}$,线间容纳 $b_0=2.5\times10^{-6}\text{S/km}$,$G_0=0$,线路全长 $l=400\text{km}$。若始端相电压为 $180\text{kV}$,求当终端开路时,终端电压是多少?

**解** 根据线路参数可求得传播常数 $\gamma$ 为

$$\gamma=\sqrt{(R_0+jx_0)(G_0+jb_0)}=\sqrt{(0.075+j0.401)\times j2.75\times10^{-6}}$$
$$=1.06\times10^{-3}e^{j84.7°}/\text{km}$$

据此可求得

$$\alpha l=1.06\times10^{-3}\cos84.7°\times400=0.0392$$
$$\beta l=1.06\times10^{-3}\sin84.7°\times400=0.4222\text{rad}=24.2°$$
$$\text{ch}2\alpha l=\text{ch}0.0784=1.003$$
$$\cos2\beta l=\cos48.4°=0.664$$

则终端相电压有效值为

$$U_2=\frac{U_1}{\sqrt{\frac{1}{2}(\text{ch}2\alpha l+\cos2\beta l)}}=\frac{180}{\sqrt{\frac{1}{2}(1.003+0.664)}}=197.2\text{kV}$$

由此可见,当终端开路且 $l<\frac{1}{4}\lambda$ 时,终端电压将高于始端电压。

## 三、终端短路

### 1. 终端短路时的线路输入阻抗

当终端短路时,因 $\dot{U}_2=0$,则线路上任意处电压、电流的相量表达式为

$$\dot{U}_{sc}=\dot{I}_2Z_c\text{sh}\gamma x' \tag{16-48}$$

$$\dot{I}_{sc}=\dot{I}_2\text{ch}\gamma x' \tag{16-49}$$

则线路上任意处的输入阻抗为

$$Z_{scx}=\left.\frac{\dot{U}_{sc}}{\dot{I}_{sc}}\right|_{x'}=Z_c\text{th}\gamma x' \tag{16-50}$$

从始端向终端看去的输入阻抗为

$$Z_{scl}=Z_c\text{th}\gamma l$$

终端短路时传输线的入端阻抗 $Z_{sc}(x)$ 的变化曲线如图 16-14 所示,亦应注意到图中距离 $x'$ 的起算点为传输线的终端。

### 2. 终端短路时传输线上电压、电流的分布

与前面分析终端开路时的情况相似,由式(16-48)和式(16-49)可得电压、电流有效值平方的表达式为

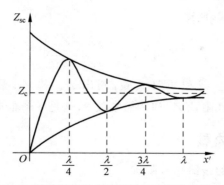

图 16-14　终端短路时传输线的输入阻抗的分布曲线

$$U_{\mathrm{sc}}^2 = \frac{1}{2} I_2^2 Z_{\mathrm{c}}^2 (\mathrm{ch}2\alpha x' - \cos 2\beta x') \tag{16-51}$$

$$I_{\mathrm{sc}}^2 = \frac{1}{2} I_2^2 (\mathrm{ch}2\alpha x' + \cos 2\beta x') \tag{16-52}$$

**3. 终端短路时的电压、电流的沿线分布的有关说明**

（1）由于开路和短路互为对偶状态，因此两种状态下的电压、电流也互为对偶，即 $U_{\mathrm{sc}}$ 和 $I_{\mathrm{oc}}$、$I_{\mathrm{sc}}$ 和 $U_{\mathrm{oc}}$ 的变化规律相似，这一点从电压、电流的表达式中也看得十分清楚。

（2）$U_{\mathrm{sc}}^2$ 和 $I_{\mathrm{sc}}^2$ 沿线分布曲线分别与 $I_{\mathrm{oc}}^2$ 和 $U_{\mathrm{oc}}^2$ 的曲线相似，见图 16-12 和图 16-13，这里不再画出。

（3）当终端短路时，从始端至终端，电压、电流的有效值总的变化趋势是逐渐减小，在终端处，$U_{\mathrm{sc}}=0$；但当 $l < \frac{1}{4}\lambda$ 时，终端处的电流将大大超过始端处的电流。

下面说明利用终端开路和短路时的入端阻抗可求得传输线的参数 $\gamma$ 和 $Z_{\mathrm{c}}$。

根据前面分析所得到的结果可知，当终端开路时，线路的输入阻抗为（线路长度 $x'=l$）

$$Z_{\mathrm{oc}} = Z_{\mathrm{c}} \coth \gamma l$$

当终端短路时，线路的输入阻抗为

$$Z_{\mathrm{sc}} = Z_{\mathrm{c}} \mathrm{th} \gamma l$$

从上述两式中可解出

$$Z_{\mathrm{c}} = \sqrt{Z_{\mathrm{oc}} Z_{\mathrm{sc}}} \tag{16-53}$$

$$\mathrm{th} \gamma l = \sqrt{Z_{\mathrm{sc}}/Z_{\mathrm{oc}}} \tag{16-54}$$

由于

$$\mathrm{th} \gamma l = \frac{\mathrm{sh} \gamma l}{\mathrm{ch} \gamma l} = \frac{\mathrm{e}^{\gamma l} - \mathrm{e}^{-\gamma l}}{\mathrm{e}^{\gamma l} + \mathrm{e}^{-\gamma l}} = \frac{\mathrm{e}^{2\gamma l} - 1}{\mathrm{e}^{2\gamma l} + 1}$$

由上式可得

$$\mathrm{e}^{2\gamma l} = \frac{1 + \mathrm{th} \gamma l}{1 - \mathrm{th} \gamma l}$$

即

$$\gamma = \frac{1}{2l} \ln \left( \frac{1 + \mathrm{th} \gamma l}{1 - \mathrm{th} \gamma l} \right)$$

将 $\mathrm{th}\gamma l=\sqrt{Z_{sc}/Z_{oc}}$ 代入上式,便得

$$\gamma=\frac{1}{2l}\ln\left(\frac{1+\sqrt{Z_{sc}/Z_{oc}}}{1-\sqrt{Z_{sc}/Z_{oc}}}\right) \tag{16-55}$$

由此可见,实际中可利用空载和短路试验,测出 $Z_{oc}$ 和 $Z_{sc}$ 后,便能根据式(16-53)和式(16-55)求得传输线的特性阻抗 $Z_c$ 和传播常数 $\gamma$,这是一个很重要的结论。

## 四、终端接任意负载

### 1. 终端接任意负载时的线路输入阻抗

为便于分析,将以终端电压、电流表示的传输线电压、电流的表达式重写如下:

$$\dot U=\dot U_2\mathrm{ch}\gamma x'+\dot I_2 Z_c\mathrm{sh}\gamma x'$$

$$\dot I=\dot I_2\mathrm{ch}\gamma x'+\frac{\dot U_2}{Z_c}\mathrm{sh}\gamma x'$$

按入端阻抗的定义,线路上任一处的输入阻抗为

$$Z_{x'}=\frac{\dot U}{\dot I}\bigg|_{x'}=\frac{\dot U_2\mathrm{ch}\gamma x'+\dot I_2 Z_c\mathrm{sh}\gamma x'}{\dot I_2\mathrm{ch}\gamma x'+\dfrac{\dot U_2}{Z_c}\mathrm{sh}\gamma x'}=Z_c\frac{Z_2+Z_c\mathrm{th}\gamma x'}{Z_c+Z_2\mathrm{th}\gamma x'} \tag{16-56}$$

式中,$Z_2=\dot U_2/\dot I_2$。

### 2. 终端接任意负载时传输线上的电压、电流分布

由于终端开路时传输线上的电压、电流的分布函数为

$$\dot U_{oc}=\dot U_2\mathrm{ch}\gamma x',\quad \dot I_{oc}=\frac{\dot U_2}{Z_c}\mathrm{sh}\gamma x'$$

而终端短路时的电压、电流表达式为

$$\dot U_{sc}=\dot I_2 Z_c\mathrm{sh}\gamma x',\quad \dot I_{sc}=\dot I_2\mathrm{ch}\gamma x'$$

因此在终端接负载 $Z_2$ 时,便有

$$\dot U=\dot U_2\mathrm{ch}\gamma x'+\dot I_2 Z_c\mathrm{sh}\gamma x'=\dot U_{oc}+\dot U_{sc} \tag{16-57}$$

$$\dot I=\dot I_2\mathrm{ch}\gamma x'+\frac{\dot U_2}{Z_c}\mathrm{sh}\gamma x'=\dot I_{sc}+\dot I_{oc} \tag{16-58}$$

这表明当终端接有任意负载时,线路上的电压、电流可分别视为终端开路和短路时的电压和电流的叠加。经过适当的数学变换,由式(16-57)和式(16-58)可得到

$$U^2=k_1[\mathrm{ch}2(Ax'+B_1)+\cos2(Ax'+B_2)] \tag{16-59}$$

$$I^2=k_2[\mathrm{ch}2(Ax'+B_1)-\cos2(Ax'+B_2)] \tag{16-60}$$

这样,当终端接有负载时,线路上电压、电流有效值平方的分布曲线与开路、短路时电压、电流有效值的平方的分布曲线有着相似的形状,如图 16-15 和图 16-16 所示。

由图 16-15 和图 16-16 可见,虽然上述两曲线与开、短路时分布曲线的形状相似,但当终端接有负载时,其终端电压、电流都不会出现为零的情况。

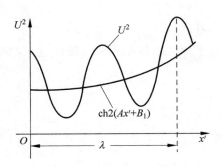

图 16-15 终端接负载时 $U^2$ 的沿线分布曲线

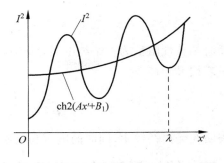

图 16-16 终端接负载时 $I^2$ 的沿线分布曲线

## 练习题

**16-5** 某三相输电线的参数为 $R_0=0.08\Omega/\text{km}, x_0=0.412\Omega/\text{km}, b_0=2.70\times10^{-6}\text{S/km},$ $G_0=0.085\times10^{-6}\text{S/km}$；线路全长 260km。若线路始端电压为 235kV，求该输电线的自然功率，并计算传输自然功率时线路终端的电压和电流各为多少？

**16-6** 某三相高压输电线的长度为 300km，其传播常数 $\gamma=7.9\times10^{-4}\text{e}^{\text{j}82°}/\text{km}$，特性阻抗 $Z_c=309.6\text{e}^{-\text{j}6.02°}\Omega$。若线路始端电压为 220kV，求终端短路时的始端电流和终端电流。

## 16.6 无损耗传输线

### 一、无损耗线的一些基本特性

#### 1. 无损耗线的定义

在无源电路中，损耗发生于电阻元件上。线路的电阻 $R_0$ 和导线间的漏电导 $G_0$ 均为零的传输线将无损耗发生，这种传输线就称为无损耗线。

任何实际的传输线都会有一定的损耗，无损耗线只是一种理想情况。但在通信工程中，由于信号的频率较高，一般有 $\omega L_0\gg R_0$ 和 $\omega C_0\gg G_0$。若认为 $R_0=0$ 和 $G_0=0$，即把传输线视作无损耗线，不仅给分析计算带来方便，实际中也不会引起大的误差。由此可见，研究无损耗线有着实际意义。

#### 2. 无损耗线的传播常数和特性阻抗

无损耗线的传播常数为

$$\gamma=\sqrt{Z_0Y_0}=\sqrt{\text{j}\omega L_0\cdot\text{j}\omega C_0}=\text{j}\omega\sqrt{L_0C_0}=\alpha+\text{j}\beta$$

上式表明，对无损耗线，$\alpha=0, \beta=\omega\sqrt{L_0C_0}$。由于衰减常数为零，因此无损耗线中的电压、电流在传播过程中其幅度是不会衰减的。又由于相位常数与 $\omega$ 成正比，则在信号传输时其相位也不会发生畸变$\left(\text{欲使相位不发生畸变，应使波速与频率无关，而波速 }v_\text{p}=\dfrac{\omega}{\beta}\text{，若 }\beta\text{ 与 }\omega\right.$ 成正比，则 $v_\text{p}$ 与频率无关$\Big)$。由此可见，使用无损耗线可避免信号传输时发生失真。

无损耗线的特性阻抗为

$$Z_c = \sqrt{\frac{Z_0}{Y_0}} = \sqrt{\frac{j\omega L_0}{j\omega C_0}} = \sqrt{\frac{L_0}{C_0}} \underline{/0°}$$

即此时的特性阻抗为一个纯电阻,其与频率无关。由于特性阻抗是同向行波的电压和电流相量之比,即有

$$Z_c = \frac{\dot{U}_+}{\dot{I}_+} = \frac{\dot{U}_-}{\dot{I}_-} = \sqrt{\frac{L_0}{C_0}} \underline{/0°}$$

这表明在无损耗线中,同向的电压和电流行波是同相位的。

## 二、终端开路时的无损耗线

### 1. 终端开路时无损耗线的电压、电流

当无损耗线终端开路时,$\dot{I}_2 = 0$,由式(16-13),有

$$\dot{U}_{oc} = \frac{1}{2}(\dot{U}_2 e^{\gamma x'} + \dot{U}_2 e^{-\gamma x'}) = \frac{1}{2}(\dot{U}_2 e^{j\beta x'} + \dot{U}_2 e^{-j\beta x'}) = \dot{U}_2 \cos\beta x' \tag{16-61}$$

$$\dot{I}_{oc} = \frac{1}{2Z_c}(\dot{U}_2 e^{\gamma x'} - \dot{U}_2 e^{-\gamma x'}) = \frac{1}{2Z_c}(\dot{U}_2 e^{j\beta x'} - \dot{U}_2 e^{-j\beta x'}) = j\frac{\dot{U}_2}{Z_c} \sin\beta x' \tag{16-62}$$

若以终端电压 $\dot{U}_2$ 为参考相量,即令 $u_2 = \sqrt{2}U_2 \sin\omega t$,则此时无损耗线的电压、电流函数式为

$$u_{oc} = \sqrt{2}U_2 \sin\omega t \cos\beta x' \tag{16-63}$$

$$i_{oc} = \sqrt{2}\frac{U_2}{Z_c} \cos\omega t \sin\beta x' \tag{16-64}$$

由上述两式可见,在任一瞬时,传输线上的电压、电流均按正弦规律分布。

### 2. 驻波的概念

下面介绍无损耗线中的一个重要概念——驻波。由式(16-63)和式(16-64)可知,在任一瞬时,电压、电流均按正弦规律沿线分布。换句话说,在上述两式中,变量 $t$ 只影响沿线分布的正弦曲线振幅的大小,因此就任一固定的时刻 $t_k$ 而言,电压、电流的表达式可写为

$$u_{oc}(x', t_k) = \sqrt{2}U_k \cos\beta x'$$

$$i_{oc}(x', t_k) = \sqrt{2}I_k \sin\beta x'$$

式中,$U_k$ 和 $I_k$ 只与 $t_k$ 有关,对一个确定的时刻 $t_k$,$U_k$ 和 $I_k$ 均为常数。现将几个不同瞬时的 $u_{oc}$ 和 $i_{oc}$ 沿线分布曲线绘于图 16-17 中。

图 16-17 中实线为电流曲线,虚线为电压曲线,分别画出了三个时刻($t_1$、$t_2$ 和 $t_3$)的两种曲线。这些曲线有以下特点:

(1) 对电压曲线而言,当 $x' = 0, \frac{\lambda}{2}, \lambda, \frac{3}{2}\lambda, \cdots$ 时,$\cos\beta x' = \pm 1$,因此在这些地方 $u_{oc} = \pm\sqrt{2}U_k$(注意 $U_k = U_2 \sin\omega t_k$,其随 $t_k$ 取值的不同而变化),即在这些点上,电压分布曲线总是出现极大值。将出现电压极值的地方称为电压的波腹。当 $x = \frac{\lambda}{4}, \frac{3}{4}\lambda, \frac{5}{4}\lambda, \cdots$ 时,$\cos\beta x' = 0$,因此这些地方 $u_{oc} = 0$,将这些电压值恒为零的地方称为电压的波节。

(2) 对电流曲线而言,在 $x' = \frac{\lambda}{4}, \frac{3}{4}\lambda, \frac{5}{4}\lambda, \cdots$ 处出现电流的波腹;在 $x' = 0, \frac{1}{2}\lambda, \lambda, \frac{3}{2}\lambda$

处出现电流的波节。

（3）出现电压波腹的地方就是出现电流波节的地方，而电流波腹处必是电压波节处。

（4）从图 16-17 中可见，电压、电流曲线的波腹、波节的位置恒定不变，只是正弦波的振幅大小不断随时间而变，这种波形称为驻波。

**3．终端开路时无损耗线的输入阻抗**

当无损耗线终端开路时，线路上任一处的输入阻抗为

$$Z_{oc} = \frac{\dot{U}_{oc}}{\dot{I}_{oc}}\bigg|_{x'} = \frac{\dot{U}_2 \cos\beta x'}{\mathrm{j}\dfrac{\dot{U}_2}{Z_c}\sin\beta x'} = -\mathrm{j}Z_c \cot\beta x' = -\mathrm{j}Z_c \cot\frac{2\pi}{\lambda}x' = \mathrm{j}X_{oc} \quad (16\text{-}65)$$

$X_{oc}$ 的沿线分布曲线如图 16-18 所示。

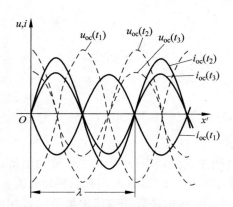

图 16-17　终端开路时的无损耗线电压、
电流的分布曲线

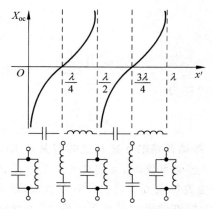

图 16-18　终端开路时无损耗线输入
电抗（$X_{oc}$）曲线

分析 $X_{oc}$ 曲线可得出如下重要结论：

（1）对终端开路的无损耗线而言，其任一处的输入阻抗均为一纯电抗，其实由 $R_0=0$ 及 $G_0=0$ 也容易得出这一结论。

（2）当 $0 < x < \dfrac{\lambda}{4}, \dfrac{\lambda}{2} < x < \dfrac{3}{4}\lambda, \cdots$ 时，$Z_{oc} = -\mathrm{j}|X_{oc}|$，输入阻抗为容性。

（3）当 $\dfrac{\lambda}{4} < x < \dfrac{\lambda}{2}, \dfrac{3}{4}\lambda < x < \lambda, \cdots$ 时，$Z_{oc} = \mathrm{j}|X_{oc}|$，输入阻抗为感性。

（4）当 $x = \dfrac{\lambda}{4}, \dfrac{3}{4}\lambda, \cdots$ 时，即在电压波节（电流波腹）处，$Z_{oc} = 0$，相当于发生串联谐振。

（5）当 $x = 0, \dfrac{1}{2}\lambda, \lambda, \cdots$ 时，即在电流波节（电压波腹）处，$Z_{oc} = \infty$，相当于发生并联谐振。

上述结论在实际中有着重要的实用价值，如在高频技术中可以用长度小于 $\dfrac{1}{4}\lambda$ 的无损耗线代替电容等，见例 16-7。

**例 16-7**　现欲用长度小于 $\dfrac{1}{4}\lambda$ 的开路无损耗线作为电容器，设工作频率为 200MHz，传

输线的特性阻抗为 $300\Omega$,若所需电容为 $20\mu F$,求线路的长度。

**解** 在工作频率较高时,常用的电容器难以作为电容元件正常工作,这时可以考虑采用无损耗线作为电容元件。设无损耗线置于空气介质中,则波速为 $v_p=3\times10^8\text{m/s}$,可求得该传输线的波长为

$$\lambda=\frac{v_p}{f}=\frac{3\times10^8}{200\times10^6}=1.5\text{m}$$

又由无损耗线开路时输入阻抗的计算公式(16-65)得

$$Z_{oc}=-jZ_c\cot\frac{2\pi}{\lambda}x$$

可得

$$x=\frac{\lambda}{2\pi}\text{arccot}\frac{z_{oc}}{z_c}$$

而此时

$$Z_{oc}=-j\frac{1}{\omega C}=-j\frac{1}{200\times10^6\times20\times10^{-12}}=-j250\Omega$$

则所需线长为

$$x=\frac{\lambda}{2\pi}\text{arccot}\frac{Z_{oc}}{Z_c}=\frac{1.5}{2\pi}\text{arccot}\frac{250}{300}=0.209\text{m}$$

**4. 终端开路的无损耗线的有关说明**

(1) 终端开路时,无损耗线上的电压、电流沿线按正弦规律分布,且正弦波的幅值、零点所处的位置恒定不变,仅振幅(有效值)的大小随时间不断变化,这种正弦波称为驻波。

(2) 驻波的极值处称为波腹,零值处称为波节。电压的波腹和电流的波节位置相同,反之亦然,即电压、电流在 $x$ 轴上的相位差为 $\frac{1}{4}\lambda$。

(3) 由于在任何瞬时驻波上波节处的电压或电流恒为零,因此波节处的功率也为零,这意味着相邻的电压与电流波节之间的能量被封闭于本区域 $\left(\frac{1}{4}\lambda\text{ 的长度}\right)$ 内,而不能与其他区域中的能量进行交换。换言之,当传输线上出现驻波时,将无能量传输至终端。

(4) 当无损耗线开路时,线上任一处的输入阻抗均为一纯电抗,这一电抗的性质随线路长度的变化或表现为一个容抗或为一个感抗。在电压波节处,此电抗为零,相当于短路;而在电流波节处,此电抗为无穷大,相当于开路。这些性质具有实用意义。

## 三、终端短路时的无损耗线

**1. 终端短路时的无损耗线上的电压、电流**

当终端短路时,负载 $Z_2=0,\dot U_2=0$。由式(16-13),可得

$$\dot U_{sc}=\frac{1}{2}(Z_c\dot I_2e^{j\beta x'}-Z_c\dot I_2e^{-j\beta x'})=jZ_c\dot I_2\sin\beta x' \tag{16-66}$$

$$\dot I_{sc}=\frac{1}{2}(\dot I_2e^{j\beta x'}+\dot I_2e^{-j\beta x'})=\dot I_2\cos\beta x' \tag{16-67}$$

则电压、电流瞬时值表达式为(若以终端电流 $\dot I_2$ 为参考相量)

$$u_{sc} = \sqrt{2}\, Z_c I_2 \cos\omega t \sin\beta x' \qquad (16\text{-}68)$$

$$i_{sc} = \sqrt{2}\, I_2 \sin\omega t \cos\beta x' \qquad (16\text{-}69)$$

和终端开路时的情形相似,此时线路上的电压、电流在任一瞬时均按正弦规律沿线分布,且表现为驻波形式。

**2. 终端短路时无损耗线的输入阻抗**

由式(16-66)和式(16-67),可得终端短路时无损耗线的输入阻抗为

$$Z_{sc} = \left.\frac{\dot{U}_{sc}}{\dot{I}_{sc}}\right|_{x'} = \frac{\mathrm{j}Z_c \dot{I}_2 \sin\beta x'}{\dot{I}_2 \cos\beta x'} = \mathrm{j}Z_c \tan\beta x' = \mathrm{j}X_{sc} \qquad (16\text{-}70)$$

$X_{sc}$ 的沿线分布曲线如图 16-19 所示。

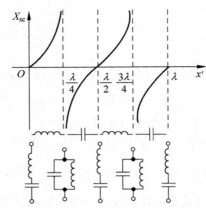

图 16-19 无损耗线终端短路时的输入阻抗分布曲线

当终端短路时,无损耗线上任一处的输入阻抗亦为一纯电抗,其所具有的特点与开路时的无损耗线相似,读者可自行分析。

**3. 终端短路的 $\dfrac{1}{4}\lambda$ 长的无损耗线的一些实际应用**

由式(16-70)可见,当 $x = \dfrac{1}{4}\lambda$ 时,无损耗短路线的入端阻抗 $Z_{sc} = \mathrm{j}Z_c \tan\beta x = \mathrm{j}Z_c \tan\dfrac{2\pi x}{\lambda}$ $= \infty$,这一性质在超高频电信工程中有着重要的应用。

(1) 将 $\dfrac{1}{4}\lambda$ 长的短路无损耗线用作高频电路的绝缘支撑

一定长度的传输线通常需要绝缘支撑。若采用一般绝缘介质作绝缘支柱,则因介质损耗过大而失去作用。此时可采用 $\dfrac{1}{4}\lambda$ 长的短路传输线作支架,如图 16-20 所示。由于这种短路无损耗线的输入阻抗极大,能很好地起到绝缘支撑的作用且功率损失又小。

(2) 用 $\dfrac{1}{4}\lambda$ 长的短路无损耗线测量传输线上的电压分布

实际中还可用 $\dfrac{1}{4}\lambda$ 长的短路无损耗线和电流表测量传输线上任意处的电压,如图 16-21 所示。由于电流表内阻很小,其接于 $\dfrac{1}{4}\lambda$ 长的无损耗线末端,则形成短路无损耗线,图中

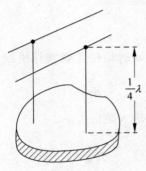

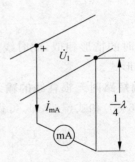

图 16-20 $\frac{1}{4}\lambda$ 长的短路无损耗线作绝缘支撑　　图 16-21 用 $\frac{1}{4}\lambda$ 长的短路无损耗线测量传输线电压

$$\dot{U}_1 = jZ_c\dot{I}_{mA}\sin\frac{2\pi x}{\lambda} = jZ_c\dot{I}_{mA}\sin\frac{\pi}{2} = jZ_c\dot{I}_{mA}$$

因此由毫安表读数便可求得传输线间的电压 $\dot{U}_1$。由于 $\frac{1}{4}\lambda$ 短路线的入端阻抗极大,因此这一测量装置对线路的工作状态产生的影响甚微。若用一般电压表直接测量,则因电压表的内阻(一般远非无穷大)的影响而降低测量的准确性。

当然,可以看出用开路无损耗线也可使其输入阻抗为无穷大,从而将其用于上述类似场合,但所需的开路无损耗线的长度应用 $\frac{1}{2}\lambda$,显然不及用 $\frac{1}{4}\lambda$ 长的短路线经济实用。

从前面的分析可看出,一定长度的开路或短路的无损耗线可作电容或电感元件使用,还可用在许多特定的实际场合,具有重要的工程应用价值。

## 四、终端接特性阻抗的无损耗线

### 1. 终端负载为特性阻抗时无损耗线上的电压、电流

无损耗线的特性阻抗 $Z_c = \sqrt{\dfrac{L_0}{C_0}}$ 为一纯电阻,因此在匹配的情况下,负载阻抗 $Z_2 = Z_c =$

$\sqrt{\dfrac{L_0}{C_0}} = R_2$ 亦应为一纯电阻。将此时 $\dot{U}_2 = R_2\dot{I}_2 = Z_c\dot{I}_2$ 代入式(16-13),可得

$$\dot{U} = \frac{1}{2}(\dot{U}_2 + Z_2\dot{I}_2)e^{j\beta x'} = \dot{U}_2 e^{j\beta x'} \tag{16-71}$$

$$\dot{I} = \frac{1}{2}\left(\frac{\dot{U}_2}{Z_c} + \dot{I}_2\right)e^{j\beta x'} = \dot{I}_2 e^{j\beta x'} \tag{16-72}$$

电压、电流的沿线分布为

$$u = \sqrt{2}U_2\sin(\omega t + \beta x') \tag{16-73}$$

$$i = \sqrt{2}I_2\sin(\omega t + \beta x') \tag{16-74}$$

由上述两式可见,此时线路上的电压、电流均为一无衰减的正向行波(因 $x'$ 的起点为终点处),任意处的电压和电流相位相同,各处的电压有效值都相同,电流的有效值也相同,且都分别与终端负载的电压、电流相等。

**2. 终端负载为特性阻抗时无损耗线的输入阻抗**

由式(16-71)和式(16-72)知,此时线路上任一处的输入阻抗为

$$Z_{\text{in}} = \left.\frac{\dot{U}}{\dot{I}}\right|_{x'} = \frac{\dot{U}_2 \mathrm{e}^{\mathrm{j}\beta x'}}{\dot{I}_2 \mathrm{e}^{\mathrm{j}\beta x'}} = \frac{\dot{U}_2}{\dot{I}_2} = Z_2 = R_2 = Z_c$$

上式表明线路上任一处的输入阻抗均为一常数,且恒等于负载阻抗(电阻)或特性阻抗。这一结论是匹配时一般传输线输入阻抗的一个特殊情况。

**3. 终端负载为特性阻抗的无损耗线的有关说明**

(1) 当终端接特性阻抗时,无损耗线上的电压、电流均为由线路始端向终端行进的正向行波,且振幅(有效值)在行进过程中不发生衰减。应注意此时电压、电流的沿线分布曲线不再表现为驻波形式。

(2) 此时线路始端电源发出的功率由电压、电流正向行波传送至终端,因无线路损耗,始端功率全部传递到终端被负载吸收。在电信工程中一般要求传输线在匹配状态下工作,这样便可获得较理想的传输效率,道理即在于此。

(3) 当无损耗线终端接以特性阻抗时,线路上任意处的输入阻抗均为特性阻抗 $Z_c$。注意此时特性阻抗为一个纯电阻。

**例 16-8** 某无损耗线位于空气介质中,其特性阻抗为 350Ω,全长 6m。若在始端接一电压为 8V,内阻为 50Ω,频率为 60MHz 的正弦电源,试求当终端接以 350Ω 的电阻时距始端 2m 处的电压、电流分布。

**解** 先求出该无损耗线的波长。在空气介质中,无损耗线的波速为 $3 \times 10^8 \mathrm{m/s}$,则波长 $\lambda$ 为

$$\lambda = \frac{v_p}{f} = \frac{3 \times 10^8}{60 \times 10^6} = 5\mathrm{m}$$

此时终端接以负载 $Z_2 = R_2 = 350\Omega$,与传输线的特性阻抗 $Z_c$ 相等,这表明传输线处于匹配状态。这样,线路任意处的输入阻抗均等于特性阻抗,即 $Z_{\text{in}} = Z_c = 350\Omega$。求始端电压 $\dot{U}_1$ 和电流 $\dot{I}_1$ 可采用图 16-22 所示的集中参数等效电路,由此可求得(以电源电压为参考相量)

$$\dot{U}_1 = \frac{\dot{U}_s}{R_s + Z_{\text{in}}} Z_{\text{in}} = \frac{8/\underline{0^\circ}}{50 + 350} \times 350 = 7/\underline{0^\circ}\mathrm{V}$$

$$\dot{I}_1 = \frac{\dot{U}_1}{Z_{\text{in}}} = \frac{7/\underline{0^\circ}}{350} = 0.02/\underline{0^\circ}\mathrm{A}$$

由于终端接特性阻抗的无损耗线处电压的有效值相同,电流的有效值也相同,因此终端处 $U_2 = U_1 = 7\mathrm{V}, I_2 = I_1 = 0.02\mathrm{A}$。又由式(16-71),有

$$\dot{U}_1 = \dot{U}_2 \mathrm{e}^{\mathrm{j}\beta x} = \dot{U}_2 \mathrm{e}^{\mathrm{j}\beta l}$$

而 $\beta = \dfrac{2\pi}{\lambda} = \dfrac{2\pi}{5}$,则 $\dot{U}_1 = \dot{U}_2 \mathrm{e}^{\mathrm{j}6 \times \frac{2}{5}\pi} = \dot{U}_2 \mathrm{e}^{\mathrm{j}\left(2\pi + \frac{2}{5}\pi\right)} = \dot{U}_2 \mathrm{e}^{\mathrm{j}\frac{2}{5}\pi}$,于是

$$\dot{U}_2 = \dot{U}_1 \mathrm{e}^{-\mathrm{j}\frac{2}{5}\pi} = 7\mathrm{e}^{-\mathrm{j}\frac{2}{5}\pi}\mathrm{V}$$

$$\dot{I}_2 = \dot{I}_1 \mathrm{e}^{-\mathrm{j}\frac{2}{5}\pi} = 0.02\mathrm{e}^{-\mathrm{j}\frac{2}{5}\pi}\mathrm{A}$$

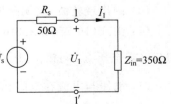

图 16-22 例 16-8 计算用图

由题意,距始端 2m 处,即是距终端$(6-2)=4$m 处的电压、电流相量为

$$\dot{U}_x = \dot{U}_2 e^{j\beta x'} = 7e^{-j\frac{2}{5}\pi} \cdot e^{j\frac{2}{5}\pi \times 4} = 7e^{j\frac{6}{5}\pi} \text{V}$$

$$\dot{I}_x = \dot{I}_2 e^{j\beta x'} = 0.02 e^{j\frac{6}{5}\pi} \text{A}$$

则所求函数为

$$u = 7\sqrt{2}\sin\left(\omega t + \frac{6}{5}\pi\right) \text{V}, \quad i = 0.02\sqrt{2}\sin\left(\omega t + \frac{6}{5}\pi\right) \text{A}$$

## 五、终端接电抗元件的无损耗线

### 1. 终端接电抗元件时无损耗线上电压、电流的分布

当线路终端接以纯电抗负载 $Z_2 = jX_2$ 时,终端电压 $\dot{U}_2 = jX_2\dot{I}_2$,又由式(16-13),此时无损耗线上的电压、电流为

$$\dot{U} = \frac{1}{2}(\dot{U}_2 + Z_c\dot{I}_2)e^{j\beta x'} + \frac{1}{2}(\dot{U}_2 - Z_c\dot{I}_2)e^{-j\beta x'} = \dot{U}_2\left(\cos\beta x' + \frac{Z_c}{X_2}\sin\beta x'\right) \tag{16-75}$$

$$\dot{I}_2 = \frac{1}{2}\left(\frac{\dot{U}_2}{Z_c} + \dot{I}_2\right)e^{j\beta x'} - \frac{1}{2}\left(\frac{\dot{U}_2}{Z_c} - \dot{I}_2\right)e^{-j\beta x'} = \dot{I}_2\left(\cos\beta x' - \frac{X_2}{Z_c}\sin\beta x'\right) \tag{16-76}$$

利用三角函数公式,上述两式可表示为

$$\dot{U} = \frac{\dot{U}_2}{X_2}(X_2\cos\beta x' + Z_c\sin\beta x') = \frac{\dot{U}_2}{\sin\delta}\sin(\beta x' + \delta)$$

$$\dot{I} = \frac{\dot{I}_2}{Z_c}(Z_c\cos\beta x' - X_2\sin\beta x') = \frac{\dot{I}_2}{\cos\delta}\cos(\beta x' + \delta)$$

式中,$\delta = \arctan\dfrac{X_2}{Z_c}$,则电压、电流的沿线分布为(若以 $\dot{I}_2$ 为参考相量)

$$u = \sqrt{2}\,\frac{U_2}{\sin\delta}\cos\omega t\sin(\beta x' + \delta) \tag{16-77}$$

$$i = \sqrt{2}\,\frac{I_2}{\cos\delta}\sin\omega t\cos(\beta x' + \delta) \tag{16-78}$$

由此可得出如下结论:

(1)当终端负载为纯电抗元件时,无损耗线上的电压、电流均为驻波,即与无损耗线开路、短路时的情形相似。

(2)由于此时终端负载上电压、电流均不为零,因此与开路、短路时的无损耗线不同,终端处既不是电压、电流的波节,也不是电压、电流的波腹。

(3)因出现驻波,故无能量传输至终端负载。

(4)由式(16-75)和式(16-76)可见,当终端接纯电抗元件时,无损耗线上任意处的电压均与终端电压 $\dot{U}_2$ 同相位,任意处的电流均与终端电流 $\dot{I}_2$ 同相位。

(5)电压与电流在空间相位和时间相位上均相差 $\dfrac{\pi}{2}$。

### 2. 终端接纯电抗时无损耗线的输入阻抗

由式(16-75)和式(16-76),此时无损耗线任意处的输入阻抗为

$$Z_{in} = \frac{\dot{U}}{\dot{I}} = \frac{\dot{U}_2\left(\cos\beta x' + \dfrac{Z_c}{X_2}\sin\beta x'\right)}{\dot{I}_2\left(\cos\beta x' - \dfrac{X_2}{Z_c}\sin\beta x'\right)} = \frac{jX_2\dot{I}_2(X_2 Z_c\cos\beta x' + Z_c^2\sin\beta x')}{\dot{I}_2(X_2 Z_c\cos\beta x' - X_2^2\sin\beta x')}$$

$$= jZ_c\frac{X_2\cos\beta x' + Z_c\sin\beta x'}{Z_c\cos\beta x' - X_2\sin\beta x'} = jZ_c\tan(\beta x' + \delta) \tag{16-79}$$

式中, $\delta = \arctan\dfrac{X_2}{Z_c}$。由于此时 $Z_c$ 为一个纯电阻,因此输入阻抗 $Z_{in}$ 为一个纯电抗,这与开路和短路时的无损耗线的情形亦相同。$Z_{in}$ 的沿线分布曲线亦与终端开、短路时的情形相似,读者可自行画出。

## 六、终端接任意负载时的无损耗线

### 1. 终端接任意负载时无损耗线的电压、电流

设终端负载为 $Z_2$,其电压、电流分别为 $\dot{U}_2$ 和 $\dot{I}_2$,则由式(16-13),可得线路上的电压、电流相量为

$$\dot{U} = \frac{1}{2}(\dot{U}_2 + Z_c\dot{I}_2)e^{j\beta x'} + \frac{1}{2}(\dot{U}_2 - Z_c\dot{I}_2)e^{-j\beta x'} = \dot{U}_2\cos\beta x' + j\dot{I}_2 Z_c\sin\beta x' \tag{16-80}$$

$$\dot{I} = \frac{1}{2}\left(\frac{\dot{U}_2}{Z_c} + \dot{I}_2\right)e^{j\beta x'} - \frac{1}{2}\left(\frac{\dot{U}_2}{Z_c} - \dot{I}_2\right)e^{-j\beta x'} = \dot{I}_2\cos\beta x' + j\frac{\dot{U}_2}{Z_c}\sin\beta x' \tag{16-81}$$

又设终端电压为参考相量,即 $\dot{U}_2 = U_2\underline{/0°}\,V$,终端电流 $\dot{I}_2 = I_2\underline{/\varphi_2}\,A$,则无损耗线上电压、电流为

$$u = \sqrt{2}U_2\sin\omega t\cos\beta x' + \sqrt{2}Z_c I_2\sin(\omega t + \varphi_2)\sin\beta x' \tag{16-82}$$

$$i = \sqrt{2}I_2\sin(\omega t + \varphi_2)\cos\beta x' + \sqrt{2}\frac{U_2}{Z_c}\cos\omega t\sin\beta x' \tag{16-83}$$

上述两式是无损耗线上电压、电流的一般函数表达式。事实上,前述各种情况下(终端开路、短路、接纯电抗元件等)的电压、电流表达式均可由此两式得出。可看出,在任何瞬时,无损耗线上的电压、电流均按正弦规律分布。

### 2. 终端接任意负载时无损耗线的输入阻抗

当终端接负载 $Z_L = \dot{U}_2/\dot{I}_2$ 时,由式(16-80)和式(16-81),无损耗线任意处的输入阻抗为

$$Z_{in} = \frac{\dot{U}}{\dot{I}}\bigg|_{x'} = \frac{\dot{U}_2\cos\beta x' + j\dot{I}_2 Z_c\sin\beta x'}{\dot{I}_2\cos\beta x' + j\dfrac{\dot{U}_2}{Z_c}\sin\beta x'} = \frac{Z_2 + jZ_c\tan\beta x'}{1 + j\dfrac{Z_2}{Z_c}\tan\beta x'} \tag{16-84}$$

**例 16-9** 某无损耗传输线的电源频率为 100MHz,特性阻抗为 50Ω,介质为空气。若在线路终端接一个 50pF 的电容元件,试求出距终端最近的电流波腹和电压波腹出现的位置。

**解** 由于是空气介质,由波速 $v_p = 3\times10^8\,m/s$,可求得波长为

$$\lambda = \frac{v_p}{f} = \frac{3\times10^8}{100\times10^6} = 3\,m$$

终端负载为一个纯电抗,其值为

$$Z_2 = jX_2 = -j\frac{1}{\omega C} = -j\frac{1}{2\pi \times 100 \times 10^6 \times 100 \times 10^{-12}} = -j\frac{50}{\pi}\Omega$$

由终端接电抗元件时线路上电压、电流的分布为

$$u = \sqrt{2}\frac{U}{\sin\delta}\cos\omega t\sin(\beta x' + \delta)$$

$$i = \sqrt{2}\frac{I}{\cos\delta}\sin\omega t\cos(\beta x' + \delta)$$

可知电压波腹(电流波节)出现处的 $x'$ 值由下式计算:

$$\beta x' + \delta = \frac{k\pi}{2} \qquad (k = 1, 3, 5, \cdots)$$

电流波腹(电压波节)出现处的 $x$ 值由下式求出

$$\beta x' + \delta = \frac{k+1}{2}\pi \qquad (k = 0, 1, 3, 5, \cdots)$$

由此可求得距终端最近的电压波腹的位置 $x'_u$ 为

$$\beta x'_u + \delta = \frac{\pi}{2}$$

$$x'_u = \frac{1}{\beta}\left(\frac{\pi}{2} - \delta\right) = \frac{\lambda}{2\pi}\left(\frac{\pi}{2} - \arctan\frac{X_2}{Z_c}\right)$$

$$= \frac{3}{2\pi}\left(\frac{\pi}{2} - \arctan\frac{-50/\pi}{50}\right) = 0.897\text{m} \qquad \left(\text{注意此时 } X_2 = -\frac{50}{\pi}\Omega\right)$$

距终端最近的电流波腹的位置 $x'_i$ 为

$$\beta x'_i + \delta = 0$$

$$x'_i = -\frac{\delta}{\beta} = -\frac{\arctan\dfrac{X_2}{Z_c}}{2\pi/\lambda} = -\frac{\arctan\left(\dfrac{-50/\pi}{50}\right)}{2\pi/3} = 0.147\text{m}$$

## 练习题

16-7  某无损耗线的长度为 38m,线路参数为 $L = 1.56\mu\text{H/m}, C = 5.86\text{pF/m}$,又知信号源的频率为 50MHz。试求线路终端开路和短路情况下的始端输入阻抗。

16-8  已知某无损耗线的特性阻抗为 377Ω,信号源的频率为 300MHz。若将该无损耗线用作 100pF 的电容器,则在终端开路和短路的情况下,线路的最短长度分别应是多少?

## 16.7  均匀传输线的集中参数等效电路

### 一、均匀传输线的双口网络参数

若将传输线的始端作为输入端口,终端视为输出端口,则整个传输线可看作一个双口网络,这个双口网络的有关参数不难由传输线的电压、电流的相量表达式得到。将用双曲函数表示的传输线的稳态解重写如下:

$$
\begin{cases}
\dot{U}_1 = \mathrm{ch}\gamma l \cdot \dot{U}_2 + Z_\mathrm{c}\mathrm{sh}\gamma l \cdot (-\dot{I}_2) \\
\dot{I}_1 = \dfrac{1}{Z_\mathrm{c}}\mathrm{sh}\gamma l \cdot \dot{U}_2 + \mathrm{ch}\gamma l \cdot (-\dot{I}_2)
\end{cases}
\tag{16-85}
$$

式中,电流 $\dot{I}_2$ 前加一负号是为了与第 15 章所讨论的双口网络的端口电压、电流的参考方向一致,而将本章前面所设的传输线终端电流方向反向所致。将式(16-85)与双口网络的传输参数方程比较,可知表征传输线的双口网络的传输参数为

$$
\begin{cases}
A = \mathrm{ch}\gamma l \\
B = Z_\mathrm{c}\mathrm{sh}\gamma l \\
C = \dfrac{1}{Z_\mathrm{c}}\mathrm{sh}\gamma l \\
D = A = \mathrm{ch}\gamma l
\end{cases}
\tag{16-86}
$$

根据第 15 章所讨论的双口网络参数间互换的方法,可方便地由式(16-86)得到 $Z$、$Y$、$H$ 等参数,读者可自行推导。

## 二、均匀传输线的 T 形等效电路

### 1. 均匀传输线 T 形等效电路的参数

在许多情况下,所需求解的只是传输线始端或终端的电压、电流,此时可将传输线用集中参数的双口网络表征并采用已在第 15 章中述及的双口网络的 T 形或Π形等效电路。T 形等效电路如图 16-23 所示。

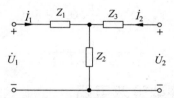

图 16-23　均匀传输线的 T 形等效电路

若已知传输线的 $\gamma$、$Z_\mathrm{c}$ 及 $l$ 等量,则 T 形等效电路中的各参数为

$$
\begin{cases}
Z_1 = \dfrac{A-1}{C} = \dfrac{\mathrm{ch}\gamma l - 1}{\mathrm{sh}\gamma l}Z_\mathrm{c} \\
Z_2 = \dfrac{1}{C} = \dfrac{Z_\mathrm{c}}{\mathrm{sh}\gamma l} \\
Z_3 = Z_1 = \dfrac{\mathrm{ch}\gamma l - 1}{\mathrm{sh}\gamma l}Z_\mathrm{c}
\end{cases}
\tag{16-87}
$$

### 2. T 形等效电路参数的简化

由于双曲函数的计算较为烦琐,在一定的条件下,可将传输线 T 形等效电路中的参数予以简化。若是中、短距离的传输线,在 $\gamma l \ll 1$ 时,便可采用简化等效参数的方法。双曲正弦函数、余弦函数的级数展开式为

$$
\mathrm{sh}\gamma l = \gamma l + \frac{(\gamma l)^3}{3!} + \frac{(\gamma l)^5}{5!} + \cdots
$$

$$
\mathrm{ch}\gamma l = 1 + \frac{(\gamma l)^2}{2!} + \frac{(\gamma l)^4}{4!} + \cdots
$$

在略去上述两级数中二次方以上的项后(即各式只保留一项),T形等效电路中的各参数可简化为

$$\begin{cases} Z_1 = Z_3 \approx \dfrac{1}{2}\gamma l Z_c = \dfrac{1}{2}l(R_0 + j\omega L_0) \\ Z_2 = \dfrac{Z_c}{\gamma l} = \dfrac{1}{l(G_0 + j\omega C_0)} \end{cases}$$ (16-88)

推导中利用了关系式 $\gamma = \sqrt{(R_0 + j\omega L_0)(G_0 + j\omega C_0)}$ 和 $Z_c = \sqrt{\dfrac{R_0 + j\omega L_0}{G_0 + j\omega C_0}}$。

## 三、均匀传输线的∏形等效电路

均匀传输线的∏形等效电路如图 16-24 所示。等效电路中的各参数为

$$\begin{cases} Y_1 = \dfrac{\text{ch}\gamma l - 1}{Z_c \text{sh}\gamma l} \\ Y_2 = \dfrac{1}{Z_c \text{sh}\gamma l} \\ Y_3 = Y_1 = \dfrac{\text{ch}\gamma l - 1}{Z_c \text{sh}\gamma l} \end{cases}$$ (16-89)

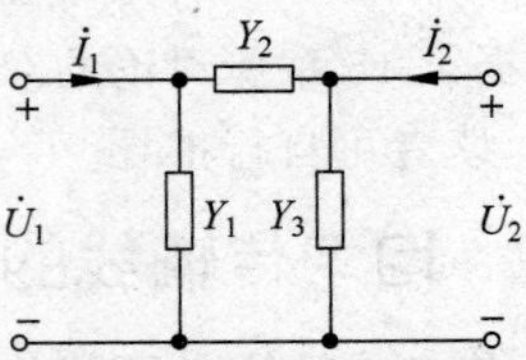

图 16-24 均匀传输线的∏形等效电路

当传输线不太长时($\gamma l \ll 1$),亦可采用类似 T 形电路简化参数的方法,可得到∏形网络的简化参数为

$$\begin{cases} Y_1 = Y_3 \approx \dfrac{1}{2}l(G_0 + j\omega C_0) \\ Y_2 = \dfrac{1}{l(R_0 + j\omega L_0)} \end{cases}$$ (16-90)

## 四、均匀传输线的链型等效电路

### 1. 链型等效电路及其参数

当仅研究传输线始端和终端的情况时,可将线路用上述 T 形或∏形网络等效,但难以用这种等效电路来分析电压、电流的沿线分布情况。为满足实用上的要求,可将整个传输线视具体需要等分为 $n$ 段,将每一段用一个 T 形或∏形等效电路代替,如图 16-25 所示。

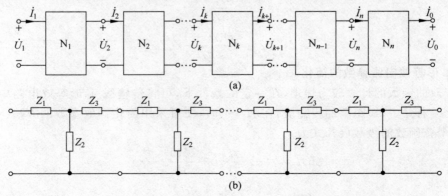

图 16-25 将均匀传输线用 $n$ 个双口网络等效

图 16-25(a) 中的双口网络 $N_k$ 为对应于第 $k$ 段的等效电路,整条传输线由 $n$ 个这样的网络级联而成。$N_k$ 可以是 T 形网络,也可以是 Π 形网络,图 16-25(b) 即是由 $n$ 个 T 形网络级联而成的等效电路,也称为链型等效电路。显然每一段的等效电路都相同,参数完全一样。对每一段线路所对应的双口网络,由式(16-86),其传输参数为

$$\begin{cases} A = D = \mathrm{ch}\left(\gamma\,\dfrac{l}{n}\right) \\[2mm] B = Z_{\mathrm{c}}\mathrm{sh}\left(\gamma\,\dfrac{l}{n}\right) \\[2mm] C = \dfrac{1}{Z_{\mathrm{c}}}\mathrm{sh}\left(\gamma\,\dfrac{l}{n}\right) \end{cases} \tag{16-91}$$

由式(16-87),T 形等效电路中的参数为

$$\begin{cases} Z_1 = \dfrac{\mathrm{ch}\left(\gamma\,\dfrac{l}{n}\right) - 1}{\mathrm{sh}\left(\gamma\,\dfrac{l}{n}\right)} Z_{\mathrm{c}} \\[6mm] Z_2 = \dfrac{Z_{\mathrm{c}}}{\mathrm{sh}\left(\gamma\,\dfrac{l}{n}\right)} \\[6mm] Z_3 = \dfrac{\mathrm{ch}\left(\gamma\,\dfrac{l}{n}\right) - 1}{\mathrm{sh}\left(\gamma\,\dfrac{l}{n}\right)} Z_{\mathrm{c}} \end{cases} \tag{16-92}$$

又由式(16-88),可得到采用近似方法后的简化参数为

$$\begin{cases} Z_1 = Z_3 \approx \dfrac{1}{2}\gamma Z_{\mathrm{c}}\dfrac{l}{n} = \dfrac{1}{2}\dfrac{l}{n}(R + \mathrm{j}\omega L_0) \\[4mm] Z_2 = \dfrac{Z_{\mathrm{c}}}{\gamma l / n} = \dfrac{1}{l(G_0 + \mathrm{j}\omega C_0)/n} \end{cases} \tag{16-93}$$

按照类似的方法,可导出 Π 形链型等效电路中的参数表达式,这里不再赘述。

若已知双口网络的参数,可求出其代表的均匀传输线的参数 $\gamma$ 和 $Z_{\mathrm{c}}$。根据式(16-91),有

$$\left. \begin{aligned} \gamma &= \frac{n}{l}\ln(A + \sqrt{BC}\,) \\ Z_{\mathrm{c}} &= \sqrt{BC} \end{aligned} \right\} \tag{16-94}$$

**2. 由链型等效电路求解传输线指定处的电压、电流**

前已指出,导出传输线的链型等效电路是为了便于用集中参数电路的分析方法研究传输线上指定处电压、电流的变化规律。在实验中,可用集中参数元件构成的链型等效电路模型模拟实际的传输线。显然对于一定长度的传输线,模拟时分段越多越好,即段数 $n$ 值越大越能逼近真实情况。

若长为 $l$ 的传输线被分为 $n$ 段,则每段的长度为 $l/n$,根据式(16-11),可得链型电路中第 $k$ 个环节处的电压、电流的相量式为

$$\begin{cases} \dot{U}_{k+1} = \dot{U}_1 \operatorname{ch}\left(k\gamma\,\dfrac{l}{n}\right) - Z_c \dot{I}_1 \operatorname{sh}\left(k\gamma\,\dfrac{l}{n}\right) \\[4mm] \dot{I}_{k+1} = \dot{I}_1 \operatorname{ch}\left(k\gamma\,\dfrac{l}{n}\right) - \dfrac{\dot{U}_1}{Z_c} \operatorname{sh}\left(k\gamma\,\dfrac{l}{n}\right) \end{cases} \tag{16-95}$$

上式是根据始端电压 $\dot{U}_1$、电流 $\dot{I}_1$，求 $\dot{U}_{k+1}$ 和 $\dot{I}_{k+1}$，若是已知终端电压 $\dot{U}_2$、电流 $\dot{I}_2$，则有

$$\begin{cases} \dot{U}_{k+1} = \dot{U}_2 \operatorname{ch}\left(k\gamma\,\dfrac{l}{n}\right) + Z_c \dot{I}_2 \operatorname{sh}\left(k\gamma\,\dfrac{l}{n}\right) \\[4mm] \dot{I}_{k+1} = \dot{I}_2 \operatorname{ch}\left(k\gamma\,\dfrac{l}{n}\right) + \dfrac{\dot{U}_2}{Z_c} \operatorname{sh}\left(k\gamma\,\dfrac{l}{n}\right) \end{cases} \tag{16-96}$$

应注意式(16-96)中的 $k$ 值应以终端作为起点，即终端处的第一个环节 $k=1$。始端处的第一个环节 $k=n$，正好与图 16-25(a)中的 $k$ 值计算顺序相反。

## 16.8 例题分析

**例 16-10** 某电信电缆全长 200km，其传播常数 $\gamma = (0.044 + j0.048)/\mathrm{km}$，特性阻抗 $Z_c = 27.8\underline{/-18^\circ}\,\Omega$。若电缆始端电压 $u_s = 2\sqrt{2}\sin 10^4 t\,\mathrm{V}$，求在匹配的情况下沿线电压、电流的分布及信号由始端传送至终端的时间延迟是多少？

**解** 电缆工作在匹配状态下时，线路上无反射波存在。由题给条件可知线路的衰减常数 $\alpha = 0.044\mathrm{N/km}$，相位常数 $\beta = 0.046\mathrm{rad/km}$，始端电压相量 $\dot{U}_1 = 2\underline{/0^\circ}\,\mathrm{V}$。由此可得线路上任意处 $x$ 点的电压、电流相量为

$$\dot{U}_x = \dot{U}_1 \mathrm{e}^{-\gamma x} = 2\mathrm{e}^{-0.044x} \cdot \mathrm{e}^{-\mathrm{j}0.048x}\,\mathrm{V}$$

$$\dot{I}_x = \frac{\dot{U}_x}{Z_c} = \frac{2}{27.8\underline{/-18^\circ}}\mathrm{e}^{-0.044x} \cdot \mathrm{e}^{-\mathrm{j}0.048x} = 0.072\mathrm{e}^{-0.044x} \cdot \mathrm{e}^{-\mathrm{j}(0.048x+18^\circ)}\,\mathrm{A}$$

于是可得电压、电流的沿线分布为

$$u(x,t) = 2\sqrt{2}\,\mathrm{e}^{-0.044x}\sin(10^4 t - 0.048x)\,\mathrm{V}$$

$$i(x,t) = 72\sqrt{2}\,\mathrm{e}^{-0.044x}\sin(10^4 t - 0.048x + 18^\circ)\,\mathrm{mA}$$

求得波速为

$$v_p = \frac{\omega}{\beta} = \frac{10000}{0.048} = 208333\,\mathrm{km/s}$$

时间延迟

$$t = \frac{l}{v_p} = \frac{200}{208333} = 0.96\,\mathrm{ms}$$

**例 16-11** 某传输线长 100km，其终端接以特性阻抗。若已知其始端和终端的电压、电流相量分别为 $\dot{U}_1 = 15\underline{/0^\circ}\,\mathrm{V}$，$\dot{I}_1 = 0.25\underline{/16^\circ}\,\mathrm{A}$，$\dot{U}_2 = 8\underline{/-75^\circ}\,\mathrm{V}$，$\dot{I}_2 = 0.75\underline{/-59^\circ}\,\mathrm{A}$，试求该传输线的传播常数和特性阻抗。

**解** 这也是一个工作于匹配状态的传输线，线上无反射波存在，任意处的电压、电流相量之比均为特性阻抗，因此有

$$Z_c = \frac{\dot{U}_1}{\dot{I}_1} = \frac{\dot{U}_2}{\dot{I}_2} = 60\underline{/-16°}\,\Omega$$

在匹配状态时,有 $\dot{U}_x = \dot{U}_2 e^{\gamma x}$,即 $\dot{U}_1 = \dot{U}_2 e^{\gamma x} = \dot{U}_2 e^{\alpha l} \cdot e^{j\beta l}$,可得

$$U_1 = U_2 e^{\alpha l}, \quad \varphi_{u1} = \varphi_{u2} + \beta l$$

则

$$\alpha = \frac{1}{l}\ln\frac{U_1}{U_2} = \frac{1}{100}\ln\frac{15}{8} = 6.286 \times 10^{-3}\,\text{N/km}$$

$$\beta = \frac{1}{l}(\varphi_{u1} - \varphi_{u2}) = \frac{1}{100}\left(0 + \frac{75°}{360°} \times 2\pi\right) = 13.09 \times 10^{-3}\,\text{rad/km}$$

所求传播常数为

$$\gamma = \alpha + j\beta = (6.286 + j13.09) \times 10^{-3}\,/\text{km}$$

**例 16-12**　一置于空气中的无损耗线全长 4.5m,特性阻抗为 200Ω,始端接电源为 $u_s = 20\sqrt{2}\sin2 \times 10^8\pi t\,\text{V}$,电源内阻为 100Ω,当终端接负载 $Z_2 = -j500\,\Omega$ 时,求离始端 1m 处的电压相量。

**解**　这是终端接负载的无损耗线。由式(16-84),线路始端的输入阻抗计算式为

$$Z_{in} = \frac{Z_2 + jZ_c\tan\beta l}{1 + j\dfrac{Z_2}{Z_c}\tan\beta l}$$

为求得 $Z_{in}$,先需计算出线路的相位常数 $\beta$。在空气介质中,无损耗线的波速为 $v_p = 3 \times 10^8\,\text{m/s}$,则波长为

$$\lambda = \frac{v_p}{f} = \frac{3 \times 10^8}{100 \times 10^6} = 3\,\text{m}$$

相位常数为

$$\beta = \frac{2\pi}{\lambda} = \frac{2}{3}\pi/\text{m}$$

$$Z_{in} = \frac{Z_2 + jZ_c\tan\left(\dfrac{2\pi}{3} \times 4.5\right)}{1 + j\dfrac{Z_2}{Z_c}\tan\left(\dfrac{2\pi}{3} \times 4.5\right)} = \frac{Z_2 + jZ_c\tan3\pi}{1 + j\dfrac{Z_2}{Z_c}\tan3\pi} = Z_2$$

这表明无论终端负载为何,线路始端的输入阻抗恒等于终端阻抗。

由于现在已知的是线路始端的有关条件,因此需使用采用始端电压、电流的计算公式。由式(16-10),用始端电压、电流表示的无损耗线上任意处的电压相量式为

$$\dot{U}_x = \dot{U}_1\cos\beta x - j\dot{I}_1 Z_c\sin\beta x$$

求始端电压、电流相量 $\dot{U}_1$ 和 $\dot{I}_1$ 的电路如图 16-26 所示。可求得

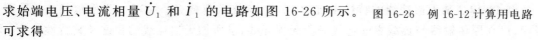

图 16-26　例 16-12 计算用电路

$$\dot{U}_1 = \frac{Z_{in}}{Z_s + Z_{in}}\dot{U}_s = \frac{-j500}{100 - j500} \times 20\underline{/0°}$$

$$= 19.61\underline{/-11.31°}\,\text{V}$$

$$\dot I_1 = \frac{\dot U_1}{Z_{in}} = \frac{19.61\underline{/-11.31°}}{-j500} = 0.0392\underline{/78.69°}\text{A}$$

离线路始端 1m 处的电压相量为

$$\dot U_x = \dot U_1 \cos\beta x - j\dot I_1 Z_c \sin\beta x$$

$$= 19.61\underline{/-11.31°} \times \cos\left(\frac{2}{3}\pi \times 1\right) - j0.0392\underline{/78.69°} \times 300 \times \sin\left(\frac{2}{3}\pi \times 1\right)$$

$$= -9.806\underline{/-11.31°} + 10.184\underline{/-11.31°} = 0.378\underline{/-11.31°}\text{V}$$

**例 16-13**　置于空气中的无损耗线长为 3.5m，特性阻抗 $Z_{c1} = 75\Omega$，始端电源电压为 $u_s = 2\sqrt{2}\sin 2\pi \times 10^8 t$ V，终端负载 $Z_2 = 50\Omega$。在该线距终端 1m 处接有另一长为 0.75m、特性阻抗 $Z_{c2} = 150\Omega$ 且终端短路的无损耗线。试求电源处的电流 $\dot I_1$。

**解**　如能求出电源处的线路输入阻抗 $Z_{in}$，便可由 $\dot I_1 = \dfrac{\dot U_s}{Z_{in}}$ 算出始端电流。根据题意，可做出如图 16-27 所示的电路。从 2-2′端口向短路无损耗线看进去的输入阻抗为

$$Z_{sc} = jZ_{c2}\tan\beta x$$

由于是空气介质中的无损耗线，波速 $v_p = 3 \times 10^8$ m/s，则可算出

$$\beta = \frac{\omega}{v_p} = \frac{2 \times 10^8 \pi}{3 \times 10^8} = \frac{2}{3}\pi\text{rad/m}$$

$$\lambda = \frac{v_p}{f} = \frac{3 \times 10^8}{10^8} = 3\text{m}$$

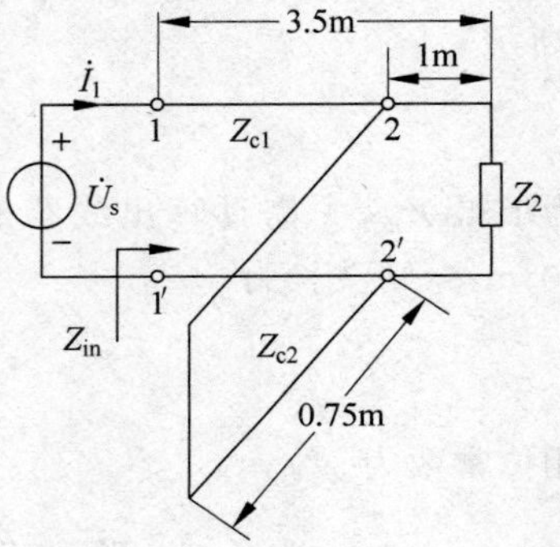

可见波阻抗为 $Z_{c2}$ 的无损耗长度恰为 $\dfrac{1}{4}\lambda$，由于其终端短路，则

$$Z_{sc} = \infty$$

这表明此短路无损耗线相当于开路，它的连接与否对特性阻抗为 $Z_{c1}$ 的无损耗线的工作状况不产生影响。因此由式(16-84)，可得电源处输入阻抗为

图 16-27　例 16-13 图

$$Z_{in} = \frac{Z_2 + jZ_{c1}\tan\beta x}{1 + j\dfrac{Z_2}{Z_{c1}}\tan\beta x} = \frac{50 + j75\tan\left(\dfrac{2\pi}{3} \times 3.5\right)}{1 + j\dfrac{50}{75}\tan\left(\dfrac{2\pi}{3} \times 3.5\right)} = \frac{50 + j129.9}{1 + j1.155} = 91.1\underline{/20°}\Omega$$

则所求为

$$\dot I_1 = \frac{\dot U_s}{Z_{in}} = \frac{2\underline{/0°}}{91.1\underline{/20°}}\text{A} = 22\underline{/-20°}\text{mA}$$

**例 16-14**　某无损耗线的特性阻抗为 100Ω，其终端负载 $Z_2 = 25\Omega$。为使负载与传输线匹配，可在原传输线与负载之间连接一段无损耗线，求所加无损耗线的长度及其特性阻抗。

**解**　根据题意可做出如图 16-28 所示的传输线电路。为使 $Z_2$ 与特性阻抗为 $Z_{c1} = 100\Omega$ 的传输线匹配，需在 $Z_2$ 与 $l_1$ 之间插入一段长为 $l_2$，特性阻抗为 $Z_{c2}$ 的无损耗传输线。根据式(16-84)，从 2-2′端口看进去的输入阻抗为

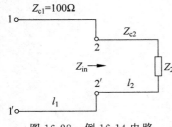

图 16-28 例 16-14 电路

$$Z_{in} = \frac{Z_2 + jZ_{c2}\tan\beta x}{1 + j\dfrac{Z_2}{Z_{c2}}\tan\beta x} = \frac{Z_2 + jZ_{c2}\tan\dfrac{2\pi}{\lambda}l_2}{1 + j\dfrac{Z_2}{Z_{c2}}\tan\dfrac{2\pi}{\lambda}l_2}$$

可看出,插入的 $l_2$ 线实际上应起到"变换器"的作用。依题意,当负载与传输线匹配时,应有下式成立:

$$Z_{in} = Z_{c1}$$

由于 $Z_{c1}$ 为一纯电阻,则 $Z_{in}$ 必须为一实数。不难得出,当 $l = \dfrac{\lambda}{4}$ 时,有 $\tan\dfrac{2\pi}{\lambda}\cdot\dfrac{\lambda}{4} = \tan\dfrac{\pi}{2} = \infty$,此时 $Z_{in}$ 为一实数,且 $Z_{in} = Z_{c2}^2/Z_2$,于是有

$$Z_{c2}^2/Z_2 = Z_{c1}$$

即

$$Z_{c2} = \sqrt{Z_{c1}Z_2} = \sqrt{100 \times 25} = 50\Omega$$

本例说明了一个具有应用意义的结论,四分之一波长的无损耗线可用作"阻抗变换器",作为传输线和负载之间的匹配元件。

**例 16-15** 有三对传输线在同一对端点相连接,如图 16-29 所示。设第一对线投射向连接点的行波功率为 $P_i$,求在连接点处反射回第一对线的功率是多少? 若不考虑波进入第二对和第三对线后的反射,则进入第二对和第三对线的入射功率是多少?

**解** (1)求第一对线的反射功率。设在连接点处的电压、电流分别为

$$\dot{U}_1 = \dot{U}_{1+} + \dot{U}_{1-}, \quad \dot{I}_1 = \dot{I}_{1+} + \dot{I}_{1-}$$

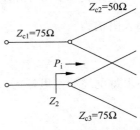

图 16-29 例 16-15 图

由于第二对线和第三对线均无反射波,则连接点处该两对线的输入阻抗均分别应等于其波阻抗,因此连接点处第一对线的负载阻抗应是两个波阻抗的并联,即

$$Z_2 = \frac{Z_{c2}Z_{c3}}{Z_{c2} + Z_{c3}} = \frac{50 \times 75}{50 + 75} = 30\Omega$$

第一对线终端的反射系数为

$$N = \frac{Z_2 - Z_{c1}}{Z_2 + Z_{c1}} = \frac{30 - 75}{30 + 75} = -\frac{3}{7}$$

因 $U_{1-} = NU_{1+}$,$I_{1-} = NI_{1+}$,则反射功率为

$$P_{1-} = U_{1-}I_{1-} = N^2 U_{1+}I_{1+} = N^2 P_{1+} = N^2 P_i = \frac{9}{49}P_i$$

(2)求第二对线和第三对线的入射功率。设连接点处进入第二对线和第三对线的电流分别为 $\dot{I}_{2+}$ 和 $\dot{I}_{3+}$,则

$$I_{2+} = \frac{U_1}{Z_{c2}}, \quad I_{3+} = \frac{U_1}{Z_{c3}}$$

两对线的入射功率分别为

$$P_{2+} = U_1 I_{2+} = \frac{U_1^2}{Z_{c2}}, \quad P_{3+} = U_1 I_{3+} = \frac{U_1^2}{Z_{c3}}$$

即

$$\frac{P_{2+}}{P_{3+}} = \frac{Z_{c2}}{Z_{c3}}$$

又根据功率守恒,有

$$P_{2+} + P_{3+} = P_i - P_{1-} = P_{1+} - \frac{9}{49}P_{1+} = \frac{40}{49}P_{1+}$$

联立求解上述两式,可得

$$P_{2+} = \frac{24}{49}P_{1+}, \quad P_{3+} = \frac{16}{49}P_{1+}$$

**例 16-16**  某电缆的特性阻抗为 $80\Omega$,介质为空气,终端接负载 $Z_2 = 50\Omega$,线路始端所接电源 $u_s = 3\sqrt{2}\sin 2\pi \times 10^8 t\,\text{V}$,电源内阻为 $40\Omega$。若线路损耗可忽略,求当线路长度为 $0.75\text{m}$ 时,负载的功率和电压有效值。

**解**  这是一接有负载的无损耗线,因是空气介质,其波速为 $v_p = 3 \times 10^8\,\text{m/s}$,则波长为

$$\lambda = v_p/\lambda = 3 \times 10^8/10^8 = 3\text{m}$$

电缆长度为 $0.75\text{m}$,即 $l = \frac{1}{4}\lambda$,为四分之一波长的线路。由例 16-14 的结果,知电缆的输入阻抗为

$$Z_{in} = \frac{Z_c^2}{Z_2} = \frac{80^2}{50} = 128\Omega$$

则求得电缆始端电流为

$$I_1 = \frac{U_1}{R_s + Z_{in}} = \frac{3}{40 + 128} = \frac{1}{56}\text{A}$$

由于是无损耗线,线路始端的功率全部输送至终端负载,则负载所吸收的功率为

$$P_2 = P_1 = I_1^2 Z_{in} = \left(\frac{1}{56}\right)^2 \times 128\text{W} = 40.1\text{mW}$$

又因 $P_2 = U_2^2/Z_2$,则终端负载电压为

$$U_2 = \sqrt{P_2 Z_2} = \sqrt{40.1 \times 10^{-3} \times 50} = 1.43\text{V}$$

## 习题

16-1  某架空通信线路全长 $100\text{km}$,工作频率为 $800\text{Hz}$,线路的 $\gamma = 17.6 \times 10^{-3}\,e^{j82°}/\text{km}$,$Z_c = 585\,e^{j6.1°}\,\Omega$。若线路终端电压 $\dot{U}_2 = 10\underline{/0°}\,\text{V}$,电流 $\dot{I}_2 = \sqrt{2} \times 10^{-2}\underline{/30°}\,\text{A}$,求始端电压、电流的瞬时值表达式。

16-2  某三相输电线全长 $240\text{km}$,线路参数为 $R_0 = 0.08\Omega/\text{km}$,$\omega L_0 = 0.4\Omega/\text{km}$,$\omega C_0 = 2.8\mu\text{S/km}$,$G_0 = 0$。终端电压为 $195\text{kV}$,终端的复功率为 $(160 + j16)\text{MV·A}$,试计算(1)始端的电压、电流的有效值;(2)始端的复功率及线路的自然功率;(3)若负载突然切断,始端电压维持不变,则终端电压为何值?

16-3  已知某电缆的参数为 $R_0 = 184\Omega/\text{km}$,$L_0 = 0.7 \times 10^{-3}\text{H/km}$,$C_0 = 0.031\mu\text{F/km}$,$G_0 = 0.5 \times 10^{-6}\text{S/km}$,工作频率为 $800\text{Hz}$。若允许的衰减度为 $0.5\text{Np}$,试求该线路的长度。

16-4 某传输线全长 100km,其参数为 $R_0 = 8\Omega/\text{km}, G_0 = 89.6 \times 10^{-6}\text{S/km}, L_0 = 1\text{mH/km}, C_0 = 11.2 \times 10^{-3}\mu\text{F/km}$。若线路始端电压为 $u = 100\sin 2\pi \times 10^4 t\,\text{V}$,终端接以特性阻抗,试求(1)线路的自然功率和效率;(2)线上与终端电压 $u_2$ 同相位的点的位置。

16-5 一传输线长度为 70.8km,线路参数为 $R_0 = 1\Omega/\text{km}, \omega C_0 = 4 \times 10^{-4}\text{S/km}, G_0 = 0, L_0 = 0$。若终端负载 $Z_2 = Z_c$,终端电压 $U_2 = 3\text{V}$,求始端电压和电流。

16-6 某无损耗线的长度为 60m,工作频率为 $10^6\text{Hz}, Z_c = 100\Omega$。若使线路始端的输入阻抗为零,则终端负载为何值?

16-7 某无损耗传输线信号源的频率为 60MHz,线路长度为 41m,$L_0 = 1.68\mu\text{H/m}$,$C_0 = 6.68\text{pF/m}$,试求下述三种情况下始端的输入阻抗:(1)终端短路;(2)终端开路;(3)终端接 4pF 电容。

16-8 一空气绝缘的无损耗线的特性阻抗为 $50\Omega$,工作频率为 100MHz。当终端短路时,若欲使其输入相当于一个 $10^{-10}\text{F}$ 的电容,则电缆最短的长度应是多少?

16-9 将两段无损耗传输线连接起来,如题 16-9 图所示。若使这两段线均不产生反射,试求应接的阻抗 $Z_1$ 和 $Z_2$。

16-10 两段无损耗线连接,如题 16-10 图所示,已知 $Z_{c1} = 75\Omega, Z_{c2} = 50\Omega$,终端负载 $Z_2 = (50 + j50)\Omega$,试求输入阻抗 $Z_{in}$。

16-11 某无损耗线的特性阻抗 $Z_c = 100\Omega$,负载 $Z_2 = (150 + j50)\Omega$,为在终端 2-2′ 处不产生反射,需在该线终端与负载之间连接一段无损耗线,如题 16-11 图所示。求接入线路的长度 $l$ 和特性阻抗 $Z_{c1}$。

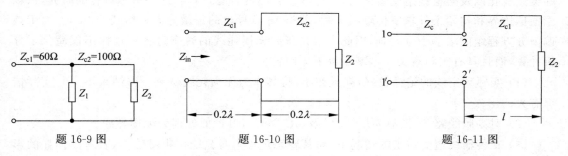

题 16-9 图　　　　　题 16-10 图　　　　　题 16-11 图

16-12 某电缆的损耗为零,以空气为介质,其特性阻抗为 $60\Omega$,负载阻抗 $Z_2 = 12\Omega$。电缆始端接正弦电源 $u_s = \sin 150\pi \times 10^6 t\,\text{V}$,电源内阻为 $300\Omega$。试求当电缆长度为 2m 时,终端负载的电压和功率。

# 第 17 章

# 均匀传输线的暂态分析

**本章提要**

本章讨论均匀传输线的暂态过程，研究无损耗线的暂态分析方法。主要内容有：无损耗线偏微分方程的通解；无损耗线中波的发生与反射；用柏德生法则求解无损耗线的暂态过程等。

## 17.1 无损耗线偏微分方程的通解

与前面讨论的集中参数电路相似，当发生换路时，如电源、负载的接入或切除，负载参数的突然变化以及架空线遭受雷击时，传输线上将出现暂态过程。这一暂态过程的研究，依赖于根据边界和初始条件求解传输线方程，即第 16 章导出的偏微分方程组式(16-3)。由于该偏微分方程组的求解十分困难，因此本章只研究无损耗线的暂态过程。这样不仅简化了分析计算，而且具有实际意义。这基于以下原因：

（1）实际架空线的绝缘较好，损耗亦小，将其作为无损耗线研究所得结果不会与实际情况有大的出入。

（2）对高频线路，一般有 $\omega L_0 \gg R_0$ 及 $\omega C_0 \gg G_0$，可近似处理为无损耗线。

（3）在传输线遭受雷击的情况下，对其暂态过程本身只能作粗略估算，若考虑损耗的影响，只会增加分析的难度，且无大的实际意义。

### 一、无损耗线方程的运算形式

由传输线方程式(16-3)，无损耗线的电路方程为

$$\begin{cases} \dfrac{\partial^2 u}{\partial x^2} = L_0 C_0 \dfrac{\partial^2 u}{\partial t^2} \\[3mm] \dfrac{\partial^2 i}{\partial x^2} = L_0 C_0 \dfrac{\partial^2 i}{\partial t^2} \end{cases} \tag{17-1}$$

对该方程两边进行拉氏变换，注意到在进行自变量 $t$ 的拉氏变换时，变量 $x$ 是参变量，即

$$\mathcal{L}\{u(x,t)\} = \int_0^\infty u(x,t)\mathrm{e}^{-st}\mathrm{d}t = U(x,s)$$

$$\mathcal{L}\{i(x,t)\} = \int_0^\infty i(x,t)\mathrm{e}^{-st}\mathrm{d}t = I(x,s)$$

于是方程(17-1)的运算形式为

$$
\begin{cases}
\partial^2 U(x,s)/\partial x^2 = L_0 C_0 [s^2 U(x,s) - su(x,0_-) - u'(x,0_-)] \\
\partial^2 I(x,s)/\partial x^2 = L_0 C_0 [s^2 I(x,s) - si(x,0_-) - i'(x,0_-)]
\end{cases}
\tag{17-2}
$$

设传输线处于零初始状态,即 $u$、$i$ 及其一阶导数的原始值均为零,又因式(17-2)中不含有对复参数 $s$ 的导数,因此该式可转化为下述常微分方程:

$$
\left.
\begin{array}{l}
\mathrm{d}^2 U(x,s)/\mathrm{d}x^2 = L_0 C_0 s^2 U(x,s) \\
\mathrm{d}^2 I(x,s)/\mathrm{d}x^2 = L_0 C_0 s^2 I(x,s)
\end{array}
\right\}
\tag{17-3}
$$

设 $\gamma(s) = s\sqrt{L_0 C_0}$,并称为复频域传播常数,则式(17-3)又可写为

$$
\mathrm{d}^2 U(x,s)/\mathrm{d}x^2 - \gamma^2(s)U(x,s) = 0 \tag{17-4}
$$

$$
\mathrm{d}^2 I(x,s)/\mathrm{d}x^2 - \gamma^2(s)I(x,s) = 0 \tag{17-5}
$$

上述两式便是零状态无损耗线方程的运算形式。由此可见,进行拉氏变换后,传输线的偏微分方程就转化为常微分方程。

## 二、无损耗线方程的复频域解

无损耗线方程的运算形式是二阶常系数线性微分方程,应注意到该常微分方程的变量是 $x$,而 $s$ 是参变量。式(17-4)和式(17-5)的解为

$$
U(x,s) = U_+(s)\mathrm{e}^{-\gamma(s)x} + U_-(s)\mathrm{e}^{\gamma(s)x} \tag{17-6}
$$

$$
I(x,s) = I_+(s)\mathrm{e}^{-\gamma(s)x} + I_-(s)\mathrm{e}^{\gamma(s)x} \tag{17-7}
$$

式中,$U_+(s)$、$U_-(s)$ 及 $I_+(s)$、$I_-(s)$ 均为待定的积分常数,由边界条件予以确定。

实际求解时,通常是先求得象函数 $U(x,s)$ 或 $I(x,s)$,再求出另一变量的象函数。如先求出 $U(x,s)$ 后,由式(16-2)得

$$
-\frac{\partial u}{\partial x} = L_0 \frac{\partial i}{\partial t}
$$

对上式两边取拉氏变换,可得

$$
I(x,s) = -\frac{1}{L_0 s} \frac{\mathrm{d}U(x,s)}{\mathrm{d}x}
$$

将式(17-6)代入上式,可求出

$$
\begin{aligned}
I(x,s) &= -\frac{1}{L_0 s}[-U_+(s)\gamma(s)\mathrm{e}^{-\gamma(s)x} + U_-(s)\gamma(s)\mathrm{e}^{\gamma(s)x}] \\
&= \frac{U_+(s)}{Z_c(s)}\mathrm{e}^{-\gamma(s)x} - \frac{U_-(s)}{Z_c(s)}\mathrm{e}^{\gamma(s)x}
\end{aligned}
\tag{17-8}
$$

式中,$Z_c(s) = \dfrac{L_0 s}{\gamma(s)} = \sqrt{\dfrac{L_0}{C_0}} = Z_c$。$Z_c(s)$ 称为无损耗线的复频域特性阻抗,可看出它正好等于无损耗线在正弦稳态时的特性阻抗,这是一个很重要的概念。

## 三、无损耗线方程的时域解

### 1. 无损耗线方程解的一般形式

对已求得的象函数 $U(x,s)$ 和 $I(x,s)$ 作拉氏反变换,即可得到无损耗线方程的时域解。

复频域传播常数 $\gamma(s)$ 又可表示为

$$\gamma(s) = s\sqrt{L_0 C_0} = \frac{s}{1/\sqrt{L_0 C_0}} = \frac{s}{v_p} \tag{17-9}$$

式中

$$v_p = 1/\sqrt{L_0 C_0} \tag{17-10}$$

则 $U(x,s)$ 和 $I(x,s)$ 可写为

$$U(x,s) = U_+(s)\mathrm{e}^{-sx/v_p} + U_-(s)\mathrm{e}^{sx/v_p}$$

$$I(x,s) = \frac{U_+(s)}{Z_c}\mathrm{e}^{-sx/v_p} - \frac{U_-(s)}{Z_c}\mathrm{e}^{-sx/v_p}$$

设 $\mathcal{L}^{-1}[U_+(s)] = f_+(t)$，$\mathcal{L}^{-1}[U_-(s)] = f_-(t)$，根据拉氏变换的时域位移定理,上述两式的拉氏反变换的结果为

$$u(x,t) = f_+\left(t - \frac{x}{v_p}\right) + f_-\left(t + \frac{x}{v_p}\right) \tag{17-11}$$

$$i(x,t) = \frac{1}{Z_c}f_+\left(t - \frac{x}{v_p}\right) - \frac{1}{Z_c}f_-\left(t + \frac{x}{v_p}\right) \tag{17-12}$$

上述两式便是无损耗线时域解的一般形式。

**2. 关于无损耗线时域解的说明**

(1) 在时域解中,$f_+$ 和 $f_-$ 是象函数 $U_+$ 和 $U_-$ 的原函数,而 $U_+$ 和 $U_-$ 是常微分方程复频域解的积分常数,它们由传输线的初始条件和边界条件所决定,因此 $f_+$ 和 $f_-$ 为两个任意函数,其具体形式完全取决于初始条件和边界条件。

(2) 由于 $f_+$ 和 $f_-$ 为任意函数,而 $v_p$ 为一常数,因此若 $f_+$ 是 $\left(t - \frac{x}{v_p}\right)$ 的函数,则 $f_+$ 也是 $(x - v_p t)$ 的函数,同样 $f_-$ 也可表示为 $(x + v_p t)$ 的函数,于是式(17-11)和式(17-12)也可写成下述形式

$$u(x,t) = f_+(x - v_p t) + f_-(x + v_p t) \tag{17-13}$$

$$i(x,t) = \frac{1}{Z_c}f_+(x - v_p t) - \frac{1}{Z_c}f_-(x + v_p t) \tag{17-14}$$

研究具体问题时,既可采用式(17-11)和式(17-12),也可采用式(17-13)和式(17-14)。

# 四、传输线暂态过程中的行波

传输线方程时域解(通解)$u(x,t)$ 和 $i(x,t)$ 均由两个分量构成,这两个分量均有特定的物理含义,下面分别予以讨论。

**1. 暂态过程中的正向行波**

时域解 $u(x,t)$,$i(x,t)$ 的表达式式(17-11)和式(17-12)也可写为

$$\begin{cases} u(x,t) = u_+(x,t) + u_-(x,t) \\ i(x,t) = i_+(x,t) - i_-(x,t) \end{cases} \tag{17-15}$$

式中

$$u_+(x,t) = f_+\left(t - \frac{x}{v_p}\right), \quad u_-(x,t) = f_-\left(t + \frac{x}{v_p}\right)$$

$$i_+ (x,t) = \frac{1}{Z_c} f_+ \left( t - \frac{x}{v_p} \right), \quad i_- (x,t) = \frac{1}{Z_c} f_- \left( t + \frac{x}{v_p} \right)$$

以 $u(x,t)$ 为例进行研究，先分析 $u(x,t)$ 的第一项 $u_+(x,t) = f_+\left(t - \dfrac{x}{v_p}\right)$。$f_+$ 的值由

变量 $\left(t - \dfrac{x}{v_p}\right)$ 决定。在 $t_0$ 时刻，在 $x_0$ 处的函数值为 $f_+\left(t_0 - \dfrac{x_0}{v_p}\right)$，在 $t = t_0 + \mathrm{d}t$ 时刻，函数

值为 $f_+\left[(t_0 + \mathrm{d}t) - \dfrac{x_0}{v_p}\right]$，若需两不同时刻的函数值不变，即

$$f_+ \left( t_0 - \frac{x_0}{v_p} \right) = f_+ \left[ (t_0 + \mathrm{d}t) - \frac{x}{v_p} \right]$$

就应有下式成立：

$$t_0 - \frac{x_0}{v_p} = (t_0 + \mathrm{d}t) - \frac{x}{v_p}$$

即

$$x = x_0 + v_p \mathrm{d}t = x_0 + \mathrm{d}x$$

其中 $\mathrm{d}x = v_p \mathrm{d}t$。由于 $v_p$ 及 $\mathrm{d}t$ 均大于零，则 $\mathrm{d}x > 0$，因此 $x > x_0$，这表明传输线上 $f_+$ 的数值保持不变的点随着时间的增加而不断向 $x$ 增加的方向移动，且移动的速度为

$$v_p = \frac{\mathrm{d}x}{\mathrm{d}t} = \frac{1}{\sqrt{L_0 C_0}} \tag{17-16}$$

$v_p$ 称为波速。由此可见，$f_+$ 即 $u_+$ 具有和正弦稳态情况下的正向行波同样的性质，即它对应的波形随着时间 $t$ 的增加由线路始端以速度 $v_p$ 向终端行进，故将 $u_+$ 称为电压正向行波。$i_+$ 的形式与 $u_+$ 相似，两者仅差一个常数 $\dfrac{1}{Z_c}$，它也是一个正向行波，称为电流正向行波。正向行波的示意图如图 17-1 所示。注意图中的波形形状为任意给出，仅为说明概念而已。

**2. 暂态过程中的反向行波**

$u(x,t)$ 中的第二项为 $u_-(x,t) = f_-\left(t + \dfrac{x}{v_p}\right)$，按照与上面相仿的分析方法，可知 $f_-$ 为一个随时间 $t$ 的增加而向 $x$ 减小的方向行进的波形，其行进速度也为 $v_p$，称 $u_-$ 为电压反向行波。类似地，将 $i_-$ 称为电流反向行波。反向行波的示意图如图 17-2 所示。

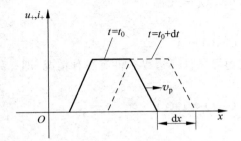

图 17-1 传输线暂态过程中的正向行波

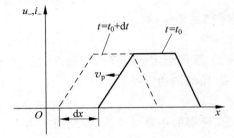

图 17-2 传输线暂态过程中的反向行波

**3. 关于无损耗线暂态过程中行波的说明**

（1）与正弦稳态传输线的情况相似，当换路发生过渡过程时，传输线上的电压、电流一

般均分别由正向行波(也称入射波)和反向行波(也称反射波)叠加而成。

(2) 在正弦稳态时,行波的速度 $v_p = \omega/\beta$,其既与线路参数有关,也与工作频率有关。

而对无损耗线而言,暂态过程中行波的速度 $v_p = \dfrac{1}{\sqrt{L_0 C_0}}$ 是一常数,只与线路的原始参数有

关而与工作频率无关。

(3) 可以看出有下式成立

$$\frac{u_+(x,t)}{i_+(x,t)} = \frac{u_-(x,t)}{i_-(x,t)} = \sqrt{\frac{L_0}{C_0}} = Z_c \tag{17-17}$$

即同向电压、电流行波之比等于线路的特性阻抗,这与正弦稳态时无损耗线的情况完全相同。

(4) 从式(17-15)可知,正向电压、电流行波及反向电压行波与传输线上的电压、电流的参考方向相同,而反向电流行波与线上电流的参考方向相反,这一点也与正弦稳态时的情形相似。

(5) 在实际的许多暂态过程中,正向行波和反向行波并不一定同时存在,在后面的分析中将看到这一点。

## 17.2  无损耗线暂态过程中波的发生与反射

17.1 节从定性分析的角度出发,利用拉普拉斯变换,将传输线的偏微分方程转化为常微分方程,导出了无损耗线暂态解的一般形式,并得出了传输线暂态过程的一些重要性质和结论。前面已多次指出,暂态解的具体形式取决于传输线的初始条件和边界条件。本节通过几个实例,说明如何根据给定的初始条件和边界条件确定传输线方程的复频域解,并进而通过所得到的时域解对暂态过程中波的发生、传播和反射等现象进行讨论。

### 一、根据初始和边界条件确定无损耗线方程的复频域解及时域解

**1. 确定传输线方程复频域解及时域解的基本步骤**

(1) 决定初始条件,即换路时刻 $t=0$ 时线路上 $x$ 处的电压、电流值

$$u(x,0) = U(x), \quad i(x,0) = I(x)$$

若是零初始条件,则

$$u(x,0) = 0, \quad i(x,0) = 0$$

(2) 根据给定的线路始端和终端的情况确定边界条件。边界条件有三种情况,即

① 始端的边界条件为

$$u(0,t) = u_1(t), \quad i(0,t) = i_1(t)$$

② 终端的边界条件为(设线路长为 $l$)

$$u(l,t) = u_2(t), \quad i(l,t) = i_2(t)$$

③ 线路不均匀处的边界条件为

$$u(x_k,t) = u_k(t), \quad i(x_k,t) = i_k(t)$$

所谓线路不均匀处通常是指两段具有不同原始参数的线路连接处,连接点为 $x=x_k$。

（3）求取边界条件的象函数。

（4）求出传输线方程复频域解的一般表达式，其中积分常数待定。

（5）将初始条件和边界条件的象函数代入传输线方程复频域解的表达式，从而得一关于复变量 $s$ 的代数方程组。

（6）解代数方程组，求出传输线方程复频域解中的积分常数。

（7）将已求取的积分常数代入方程复频域解的一般表达式中，即得在确定的初始和边界条件下的方程复频域解。

（8）进行拉氏反变换，由复频域解得方程的时域解。

可以看出，上述过程的实质是由初始条件和边界条件确定方程解的积分常数。

**2. 零初始条件下无损耗线方程的复频域解**

为简便计，下面以零初始条件的一般无损耗线为例说明传输线方程复频域解的确定方法。

设无损耗线的长度 $x=l$，线路的原始参数为 $L_0$、$C_0$，其始端接有内阻抗不为零的激励 $u_s$，终端接有任意负载 $Z_2$，线路图如图 17-3(a)所示。

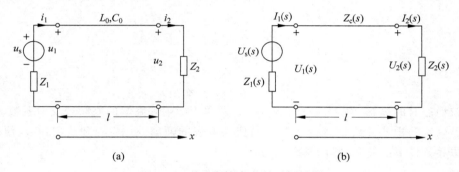

图 17-3 接有任意负载的无损耗线

又设线路始端的边界条件为

$$u(0,t)=u_1(t), \quad i(0,t)=i_1(t)$$

其象函数为

$$\mathcal{L}[u_1(t)]=U_1(s), \quad \mathcal{L}[i_1(t)]=I_1(s)$$

线路终端的边界条件为

$$u(l,t)=u_2, \quad i(l,t)=i_2$$

其象函数为

$$\mathcal{L}[u_2]=U_2(s), \quad \mathcal{L}[i_2]=I_2(s)$$

若电源的象函数为 $U_s(s)$，复频域内阻抗为 $Z_1(s)$，线路特性阻抗为 $Z_c(s)$，负载阻抗为 $Z_2(s)$，则做出复频域电路如图 17-3(b)所示。

通常已知的是信号源 $U_s(s)$，内阻 $Z_1(s)$ 及线路特性阻抗 $Z_c(s)$ 和负载阻抗 $Z_2(s)$。为求出方程通解式(17-6)、式(17-7)中的积分常数 $U_+(s)$ 和 $U_-(s)$，依据复频域电路，对线路始端有

$$U_1(s)=U_s(s)-I_1(s)Z_1(s) \tag{17-18}$$

对线路终端有

$$U_2(s) = I_2(s)Z_2(s) \tag{17-19}$$

又根据式(17-6)和式(17-7),可得始端和终端电压、电流的象函数分别为

$$\begin{cases} U_1(s) = U_+(s) + U_-(s) \\ I_1(s) = \dfrac{U_+(s)}{Z_c(s)} - \dfrac{U_-(s)}{Z_c(s)} \end{cases} \tag{17-20}$$

$$U_2(s) = U_+(s)\mathrm{e}^{-s\frac{l}{v_p}} + U_-(s)\mathrm{e}^{s\frac{l}{v_p}}$$

$$I_2(s) = \frac{U_+(s)}{Z_c}\mathrm{e}^{-s\frac{l}{v_p}} - \frac{U_-(s)}{Z_c}\mathrm{e}^{s\frac{l}{v_p}} \tag{17-21}$$

将式(17-20)和式(17-21)代入式(17-18)及式(17-19),便得到待求变量为 $U_+(s)$ 和 $U_-(s)$ 的二元一次方程组。解之可得两个待求积分常数为

$$U_+(s) = \frac{Z_c(s)U_s(s)}{[Z_1(s) + Z_c(s)][1 - N_1(s)N_2(s)\mathrm{e}^{-2sl/v_p}]} \tag{17-22}$$

$$U_-(s) = U_+(s)N_2(s)\mathrm{e}^{-2sl/v_p} \tag{17-23}$$

式中

$$N_1(s) = \frac{Z_1(s) - Z_c(s)}{Z_1(s) + Z_c(s)} \tag{17-24}$$

$$N_2(s) = \frac{Z_2(s) - Z_c(s)}{Z_2(s) + Z_c(s)} \tag{17-25}$$

仿照正弦稳态时的概念,将 $N_1(s)$ 和 $N_2(s)$ 分别称为始端和终端的复频域反射系数。

将已确定的积分常数 $U_+(s)$ 和 $U_-(s)$ 代入方程的通解式(17-6)和式(17-7),便得到在特定的边界条件下的复频域解,其结果为

$$U(x,s) = U_+(s)\mathrm{e}^{-\gamma x} + U_-(s)\mathrm{e}^{\gamma x}$$

$$= \frac{Z_c(s)U_s(s)[\mathrm{e}^{-s\frac{x}{v_p}} + N_2(s)\mathrm{e}^{-2s\frac{l}{v_p}}\mathrm{e}^{s\frac{x}{v_p}}]}{[Z_1(s) + Z_c(s)][1 - N_1(s)N_2(s)\mathrm{e}^{-2s\frac{l}{v_p}}\mathrm{e}^{s\frac{x}{v_p}}]} \tag{17-26}$$

$$I(x,s) = \frac{U_+(s)}{Z_c(s)}\mathrm{e}^{-\gamma x} - \frac{U_-(s)}{Z_c(s)}\mathrm{e}^{\gamma x}$$

$$= \frac{U_s(s)[\mathrm{e}^{-s\frac{x}{v_p}} - N_2(s)\mathrm{e}^{-2s\frac{l}{v_p}}\mathrm{e}^{s\frac{x}{v_p}}]}{[Z_1(s) + Z_c(s)][1 - N_1(s)N_2(s)\mathrm{e}^{-2s\frac{l}{v_p}}]} \tag{17-27}$$

在求得复频域解的表达式后,再利用拉氏反变换就可得到时域解。

## 二、无损耗线与理想电源接通时波的发生和传播

传输线暂态过程较为简单的一种情况是零初始条件的无损耗线与理想电压源接通后所发生的过渡过程。下面通过示例分析这类暂态过程并说明传输线在换路后行波发出和传播的情况。

### 1. 无限长线与直流电压源接通后的方程暂态解

**例 17-1** 设零初始条件的无损耗线由始端延伸至无限远处。在 $t=0$ 时,电压为 $E_0$ 的

理想直流电压源与线路接通,试求该传输线的暂态解 $u(x,t)$ 和 $i(x,t)$。

**解** 线路的情况如图 17-4 所示。由于线路的末端在无限远处,因此不可能存在反射波。线路始端的边界条件为

$$u_1(0,t)=u_1(t)=E_0\varepsilon(t)$$

式中,$\varepsilon(t)$ 为单位阶跃函数。$u_1(t)$ 的象函数为 $\mathcal{L}[u_1(t)]=\dfrac{E_0}{s}$。

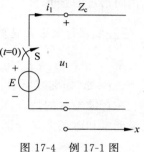

图 17-4 例 17-1 图

由于无反射波,则由式(17-6)、式(17-7),复频域解的形式为

$$U(x,s)=U_+(s)\mathrm{e}^{-s\frac{x}{v_\mathrm{p}}}$$

$$I(x,s)=\frac{U_+(s)}{Z_\mathrm{c}(s)}\mathrm{e}^{-s\frac{x}{v_\mathrm{p}}}$$

将始端边界条件代入第一式,有

$$U_+(s)=E_0/s$$

于是该无损耗线的复频域解为

$$U(x,s)=\frac{E_0}{s}\mathrm{e}^{-s\frac{x}{v_\mathrm{p}}}$$

$$I(x,s)=\frac{1}{\sqrt{L_0/C_0}}\frac{E_0}{s}\mathrm{e}^{-s\frac{x}{v_\mathrm{p}}}$$

根据拉氏变换的时域位移定理作拉氏反变换,得时域解为

$$u(x,t)=E_0\varepsilon\left(t-\frac{x}{v_\mathrm{p}}\right)$$

$$i(x,t)=\frac{E_0}{\sqrt{L_0/C_0}}\varepsilon\left(t-\frac{x}{v_\mathrm{p}}\right)$$

由单位延迟阶跃函数的性质,当 $t-\dfrac{x}{v_\mathrm{p}}>0$ 或 $x<v_\mathrm{p}t$ 时,$u(x,t)=E_0$,$i(x,t)=\dfrac{E_0}{\sqrt{L_0/C_0}}$,而当 $t-\dfrac{x}{v_\mathrm{p}}<0$,即 $x>v_\mathrm{p}t$ 时,$u(x,t)=0$,$i(x,t)=0$。于是可做出 $u(x,t)$ 和 $i(x,t)$ 的波形如图 17-5 所示。

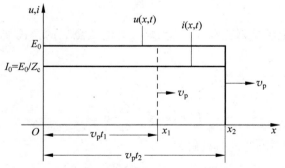

图 17-5 无限长无损耗线上的电压、电流行波

**2. 无限长无损耗线暂态过程的有关说明**

(1) 在这种传输线中,只存在正向行波即入射波。当开关闭合后,该行波即以速度 $v_\mathrm{p}$

由线路始端向终端行进。

（2）由于是无损耗线，行波在行进过程中无衰减，因而在接通直流电源后，线上形成的是正向行进的矩形波。凡是行波经过的区域（$0 < x < v_p t$），其电压为 $E_0$，电流为 $I_0 = \dfrac{E_0}{\sqrt{L_0/C_0}}$；凡行波未到达的地方（$x > v_p t$），电压、电流均为零。在图 17-5 中，画出了两个不同时刻 $t_1$ 和 $t_2 (t_1 < t_2)$ 电压、电流矩形波的图形。在 $t_1$ 时刻，矩形波的前沿（称波前）到达 $x_1 = v_p t_1$ 处（如虚线所示）；在 $t_2$ 时刻，波前到达 $x_2 = v_p t_2$ 处。

在行波经过的地方，电压和电流将分别建立起电场和磁场。单位长度的线路所建立的电场能量和磁场能量分别为

$$W_{C0} = \frac{1}{2} C_0 E_0^2, \quad W_{L0} = \frac{1}{2} L_0 I_0^2$$

因为有 $I_0 = \dfrac{E_0}{\sqrt{L_0/C_0}}$，则

$$W_{L0} = \frac{1}{2} L_0 I_0^2 = \frac{1}{2} L_0 \left( \frac{E_0}{\sqrt{L_0/C_0}} \right)^2 = \frac{1}{2} C_0 E_0^2 = W_{C0}$$

这表明单位线长内存储的电场能量和磁场能量相等。

**3. 无限长线与任意波形的理想电压源的接通**

**例 17-2**　设零初始条件的无限长无损耗线与具有任意波形的理想电压源 $e$ 在 $t = 0$ 时接通，如图 17-6 所示，试求其暂态解 $u(x,t), i(x,t)$，并画出行波的波形。

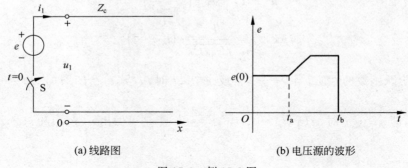

(a) 线路图　　　　　　　　　　(b) 电压源的波形

图 17-6　例 17-2 图

**解**　显然传输线上无反射波存在。设 $E(s)$ 为电压源 $e$ 的拉氏变换式，则沿线电压、电流的象函数为

$$U(x,s) = E(s) e^{-s \frac{x}{v_p}}$$

$$I(x,s) = \frac{E(s)}{Z_c} e^{-s \frac{x}{v_p}}$$

作拉氏反变换，可得暂态响应的时域解为

$$u(x,t) = e\left( t - \frac{x}{v_p} \right) u\left( t - \frac{x}{v_p} \right)$$

$$i(x,t) = \frac{1}{Z_c} e\left( t - \frac{x}{v_p} \right) u\left( t - \frac{x}{v_p} \right)$$

可以看出,此时 $u(x,t)$ 和 $i(x,t)$ 两者仅差一比例系数,它们的波形形状相同。虽然上述暂态解与例 17-1 解的形式相似,但显然前者只是后者的特例。为得出更为普遍的结论,下面对本例的暂态解进行讨论。

先画出线上任意固定点处电压、电流随时间的变化曲线。在开关合上的一瞬间,线路始端($x=0$ 处)电压、电流的波形如图 17-7(a)所示。在 $x=x_1$ 处,$u(x_1,t)$、$i(x_1,t)$ 的波形如图 17-7(b)所示,即整个波形向 $t$ 轴正方向移动了一段距离 $t_1=v_p/x_1$。

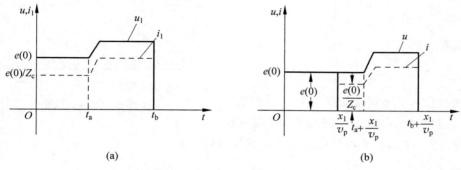

图 17-7 例 17-2 的 $u$、$i$ 随时间变化的波形

再讨论在任一固定时刻 $u$、$i$ 的沿线分布曲线。当 $t=t_1$ 时,$u$、$i$ 的表达式为

$$u(t_1,x)=e\left(t_1-\frac{x}{v_p}\right)\varepsilon\left(t_1-\frac{x}{v_p}\right)$$

$$i(t_1,x)=\frac{1}{Z_c}e\left(t_1-\frac{x}{v_p}\right)\varepsilon\left(t_1-\frac{x}{v_p}\right)$$

显而易见,由于变量 $x$ 前有一负号,则 $u$、$i$ 的分布曲线与时间函数 $u_1(t)$ 和 $i_1(t)$ 的波形相似,但曲线却发生倒转,即波前(在 $x_1=v_p t_1$ 处)电压、电流分别等于始端初始电压 $e(0)$ 和 $i(0)$,如图 17-8 所示。又设 $t=t_2$,且 $t_2>t_1$,此时的分布曲线亦绘于图 17-8 中。

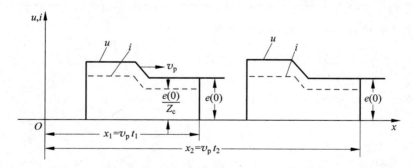

图 17-8 例 17-2 的 $u$、$i$ 沿线分布曲线

## 三、终端接有任意负载的无损耗线

实际的传输线线长有限且终端接有不同的负载。在这种传输线的暂态过程中,不仅有正向行波的发生,而且在线路的不均匀处(如终端负载处或具有不同特性阻抗的两传输线的连接处)还将产生波的反射,即线路上的暂态过程是一个波的多次反射的过程。下面对终端接有几种不同负载的无损耗线的暂态过程加以讨论,着重说明波的反射问题。

**1. 终端接有电阻负载的无损耗线的暂态过程**

**例 17-3** 线长为 $l$，处于零初始状态的无损耗线终端接有电阻负载 $R_2$，且信号源的内阻 $R_1 = Z_c$，如图 17-9 所示，试求换路后的电压、电流 $u(x,t)$ 和 $i(x,t)$。

**解** 信号源为直流电压源，其拉氏变换式为

$$E(s) = E/s$$

信号源的内阻 $R_1 = Z_c$，则始端的反射系数为

$$N_1(s) = \frac{R_1 - Z_c}{R_1 + Z_c} = 0$$

终端的反射系数为

$$N_2(s) = \frac{R_2 - Z_c}{R_2 + Z_c} = n_2$$

将边界条件代入无损耗线暂态解的一般表达式式(17-6)、式(17-7)，解出积分常数，或直接由式(17-26)、式(17-27)，可得该传输线的暂态复频域解为

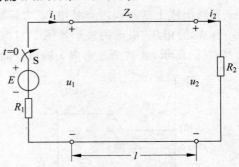

图 17-9　例 17-3 线路图

$$U(x,s) = \frac{E}{2s}\left[e^{-s\frac{x}{v_p}} + N_2(s)e^{-2s\frac{l}{v_p}}e^{s\frac{x}{v_p}}\right]$$

$$I(x,s) = \frac{E}{2sZ_c}\left[e^{-s\frac{x}{v_p}} - N_2(s)e^{-2s\frac{l}{v_p}}e^{s\frac{x}{v_p}}\right]$$

利用时域位移定理对上述两式作拉氏反变换，可得时域解为

$$u(x,t) = \frac{E}{2}\left[\varepsilon\left(t - \frac{x}{v_p}\right) + n_2\varepsilon\left(t + \frac{x}{v_p} - \frac{2l}{v_p}\right)\right]$$

$$i(x,t) = \frac{E}{2Z_c}\left[\varepsilon\left(t - \frac{x}{v_p}\right) - n_2\varepsilon\left(t + \frac{x}{v_p} - \frac{2l}{v_p}\right)\right]$$

下面对上述结果进行讨论。

(1) 电压和电流分布函数均由两项构成，即均为正向行波和反向行波之代数和。

(2) 由上述表达式，可知该暂态过程分为三个阶段：

① 当 $0 < t < \dfrac{l}{v_p}$ 时，线路上只有正向行波，即

$$u(x,t) = \frac{E}{2}\varepsilon\left(t - \frac{x}{v_p}\right)$$

$$i(x,t) = \frac{E}{2Z_c}\varepsilon\left(t - \frac{x}{v_p}\right)$$

这是因为正向行波尚未到达终端负载处，线路上未有反射波发生。这一阶段中，正向行波以速度 $v_p$ 由始端向终端推进，如图 17-10(a)所示。

② 当 $\dfrac{l}{v_p} < t < \dfrac{2l}{v_p}$ 时，反射波由终端负载处发出，以速度 $v_p$ 向始端行进。反射波到达的地方，电压或电流为正向行波和反向行波之和；反射波未到达的区域，则仍只有正向行波分量，如图 17-10(b)所示。

③ 当 $t > \dfrac{2l}{v_p}$ 时，由终端发出的反射波已达始端，因始端电源内阻 $R_1 = Z_c$，即始端处于匹

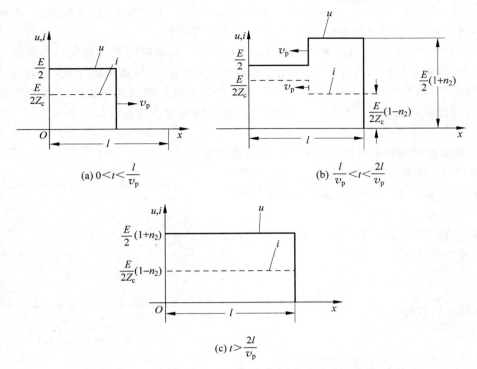

(a) $0 < t < \dfrac{l}{v_p}$ 　　(b) $\dfrac{l}{v_p} < t < \dfrac{2l}{v_p}$

(c) $t > \dfrac{2l}{v_p}$

图 17-10　例 17-3 暂态过程中的电压、电流分布曲线

配状态，始端反射系数 $N_1 = 0$，则始端不再有反射波发出，可认为暂态过程已结束，线路处于稳定状态，线上的电压、电流为

$$u(x,t) = \frac{E}{2}(1 + n_2) \quad \left(t > \frac{2l}{v_p}\right)$$

$$i(x,t) = \frac{E}{2Z_c}(1 - n_2) \quad \left(t > \frac{2l}{v_p}\right)$$

分布曲线如图 17-10(c)所示。

（3）因 $n_2 = \dfrac{R_2 - Z_c}{R_2 + Z_c}$，则随 $R_2$ 取值的不同，终端反射系数 $n_2$ 值有三种情况，即当 $R_2 > Z_c$ 时，$n_2 > 0$；当 $R_2 = Z_c$ 时，$n_2 = 0$；当 $R_2 < Z_c$ 时，$n_2 < 0$。由该传输线暂态时域解的表达式可见，终端反射系数 $n_2$ 的取值将影响反射波幅的大小，图 17-10 的分布曲线实际上对应的是 $R_2 > Z_c$，即 $n_2 > 0$ 的情形。$n_2 = 0$ 和 $n_2 < 0$ 的分布曲线读者可自行分析绘出。

（4）在该线时域解的表达式中，若令 $x = l$，则得到终端电压、电流的表达式

$$u_2 = \frac{ER_2}{R_2 + Z_c}\varepsilon\left(t - \frac{l}{v_p}\right)$$

$$i_2 = \frac{E}{R_2 + Z_c}\varepsilon\left(t - \frac{l}{v_p}\right)$$

这表明终端电压、电流的变化较始端延迟时间 $\dfrac{l}{v_p}$，因此在工程技术中，可在负载与信号源之间插入一段和信号源内阻抗相匹配的无损耗线用作超高频电路的延迟线。

（5）当 $R_2 = Z_c$ 时，$n_2 = 0$，负载与传输线匹配，此时线上无反射波，即换路后，入射波一到达终端负载处，暂态过程便告结束，传输线进入稳定状态。

（6）本例中设电源内阻抗与线路匹配，即 $R_1 = Z_c$，从而使问题的研究更为简便。在这种情况下，始端反射系数为零，当终端的反射波到达始端时全部被电源吸收，始端无新的反射波发出。但如果始端不是处于匹配状态，则当终端的反射波到达始端后，又会产生新的反射，这一过程称为波的多次反射。一般情况下，传输线的暂态过程就是一个波的多次反射的过程。

**2. 终端接有纯电容负载的无损耗线的暂态过程**

**例 17-4**  将例 17-3 中无损耗线的负载换为纯电容负载，如图 17-11 所示，试求其暂态过程的时域解 $u(x,t)$，$i(x,t)$。

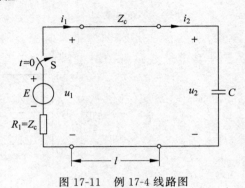

**解**  始端的反射系数 $N_1(s)$ 仍为零。始端负载复频域阻抗为

$$Z_2(s) = \frac{1}{sC}$$

终端反射系数为

$$N_2(s) = \frac{Z_2(s) - Z_c}{Z_2(s) + Z_c} = -\frac{s - \dfrac{1}{Z_c C}}{s + \dfrac{1}{Z_c C}}$$

图 17-11  例 17-4 线路图

将 $Z_2(s)$ 和 $N_2(s)$ 代入式(17-26)、式(17-27)，得复频域解为

$$U(x,s) = \frac{E}{2s}e^{-s\frac{x}{v_p}} - \frac{E\left(s - \dfrac{1}{Z_c C}\right)}{2S\left(s + \dfrac{1}{Z_c C}\right)}e^{-s\frac{2l}{v_p}}e^{s\frac{x}{v_p}}$$

$$I(x,s) = \frac{E}{2Z_c s}e^{-s\frac{x}{v_p}} + \frac{E\left(s - \dfrac{1}{Z_c C}\right)}{2Z_c s\left(s + \dfrac{1}{Z_c C}\right)}e^{-s\frac{2l}{v_p}}e^{s\frac{x}{v_p}}$$

作拉氏反变换则得时域解为

$$u(x,t) = \frac{E}{2}\varepsilon\left(t - \frac{x}{v_p}\right) + \frac{E}{2}\left[1 - 2e^{-\frac{1}{\tau}\left(t + \frac{x}{v_p} - \frac{2l}{v_p}\right)}\right]\varepsilon\left(t + \frac{x}{v_p} - \frac{2l}{v_p}\right)$$

$$i(x,t) = \frac{E}{2Z_c}\varepsilon\left(t - \frac{x}{v_p}\right) - \frac{E}{2Z_c}\left[1 - 2e^{-\frac{1}{\tau}\left(t + \frac{x}{v_p} - \frac{2l}{v_p}\right)}\right]\varepsilon\left(t + \frac{x}{v_p} - \frac{2l}{v_p}\right)$$

式中，$\tau = Z_c C$。

与例 17-3 相似，该传输线的暂态过程分为三个阶段，即

（1）当 $0 < t < \dfrac{l}{v_p}$ 时，线上只存在正向行波（矩形波），入射波以速度 $v_p$ 向终端推进，如图 17-12(a)所示。

（2）当 $\dfrac{l}{v_p} < t < \dfrac{2l}{v_p}$ 时，正向行波到达终端负载处产生的反射波以速度 $v_p$ 向始端推进。

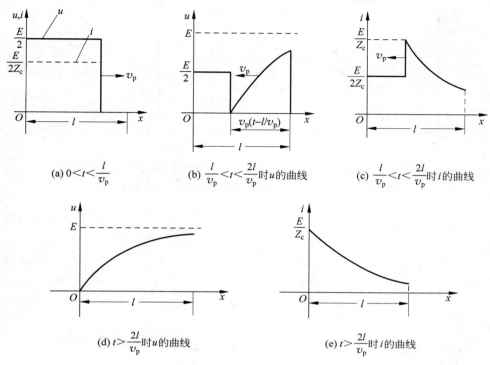

图 17-12 例 17-4 暂态过程中的电压、电流曲线

反射波未到达的地方只有矩形正向波,反射波经过的区域,电压、电流为正向、反向行波的叠加,如图 17-12(b)、(c)所示。

(3) 当 $t > \dfrac{2l}{v_p}$ 时,反射波到达始端后,因始端匹配,则不产生新的反射波,电压、电流的分布曲线如图 17-12(d)、(e)所示。

在线路的终端处,将 $x = l$ 代入时域解的表达式,可得负载电容上电压、电流的表达式为

$$u_2(t) = E\big[1 - \mathrm{e}^{-\frac{1}{\tau}\left(t - \frac{l}{v_p}\right)}\big]\varepsilon\left(t - \frac{l}{v_p}\right)$$

$$i_2(t) = \frac{E}{Z_c}\mathrm{e}^{-\frac{1}{\tau}\left(t - \frac{l}{v_p}\right)}\varepsilon\left(t - \frac{l}{v_p}\right)$$

终端处的电压、电流随时间的变化曲线如图 17-13 所示。由图可见,当正向行波到达终端的瞬时,电容电压为零而电流为始端电流的两倍。

终端处的电压 $u_2$ 和 $i_2$ 也可用下节将要介绍的柏德生法则并结合一阶电路的三要素法予以求解,且可进而获得电压、电流的沿线分布函数。

**3. 终端接感性负载的无损耗线的暂态过程**

**例 17-5** 若例 17-3 中的无损耗线终端接感性负载,如图 17-14 所示,试求其暂态过程的时域解 $u(x,t)$ 和 $i(x,t)$。

**解** 因 $R_1 = Z_c$,则始端的反射系数 $N_1 = 0$。终端负载的运算阻抗为

$$Z_2(s) = R + sL$$

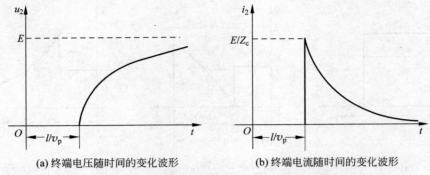

(a) 终端电压随时间的变化波形　　　(b) 终端电流随时间的变化波形

图 17-13　例 17-4 中终端负载电容上的电压、电流变化波形

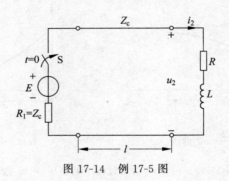

图 17-14　例 17-5 图

终端的反射系数为

$$N_2(s) = \frac{Z_2(s) - Z_c}{Z_2(s) + Z_c} = \frac{R + sL - Z_c}{R + sL + Z_c}$$

将 $Z_2(s)$ 和 $N_2(s)$ 代入式(17-26)及式(17-27),可得暂态过程的复频域解为

$$U(x,s) = \frac{E}{2s}e^{-s\frac{x}{v_p}} + \frac{E(R + sL - Z_c)}{2s(R + sL + Z_c)}e^{-s\frac{2l-x}{v_p}}$$

$$= \frac{E}{2s}e^{-s\frac{x}{v_p}} + \left\{\frac{(R - Z_c)E}{(R + Z_c)2s} + \frac{2Z_c E}{2(R + Z_c)[s + (R + Z_c)]/L}\right\}e^{-s\frac{2l-x}{v_p}}$$

作拉氏反变换可得时域解为

$$u(x,t) = \frac{E}{2}\varepsilon\left(t - \frac{x}{v_p}\right) + \frac{E}{2}\left[\frac{R - Z_c}{R + Z_c} + \frac{2Z_c}{R + Z_c}e^{-\frac{1}{\tau}\left(t - \frac{2l-x}{v_p}\right)}\right]\varepsilon\left(t - \frac{2l-x}{v_p}\right)$$

式中,时间常数 $\tau = L/(R + Z_c)$。

同样方法可求得

$$i(x,t) = \frac{E}{2Z_c}\varepsilon\left(t - \frac{x}{v_p}\right) - \frac{E}{2Z_c}\left[\frac{R - Z_c}{R + Z_c} + \frac{2Z_c}{R + Z_c}e^{-\frac{1}{\tau}\left(t - \frac{2l-x}{v_p}\right)}\right]\varepsilon\left(t - \frac{2l-x}{v_p}\right)$$

由时域解表达式,可做出电压、电流的沿线分布曲线。该传输线的波过程分为三个阶段。

当 $0 < t < \dfrac{l}{v_p}$ 时,线路上只有正向行波,该矩形波的幅度为 $\dfrac{E}{2}$,其以速度 $v_p$ 向终端推进。

当 $\dfrac{l}{v_p} < t < \dfrac{2l}{v_p}$ 时,正向行波到达终端负载处后产生的反射波以速度 $v_p$ 向始端推进。反

射波未达到之处只有矩形正向行波；反射波经过的区域，电压和电流为正向、反向行波的叠加，如图 17-15(a)、(b)所示。

当 $t > \dfrac{2l}{v_p}$ 时，因始端匹配，则反射波到达始端后将不产生新的反射波，电压、电流的分布曲线如图 17-15(c)、(d)所示。

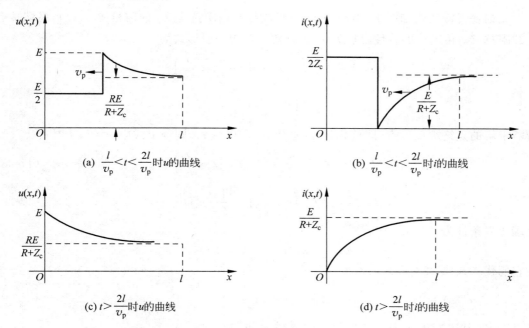

(a) $\dfrac{l}{v_p} < t < \dfrac{2l}{v_p}$ 时 $u$ 的曲线　　　　(b) $\dfrac{l}{v_p} < t < \dfrac{2l}{v_p}$ 时 $i$ 的曲线

(c) $t > \dfrac{2l}{v_p}$ 时 $u$ 的曲线　　　　(d) $t > \dfrac{2l}{v_p}$ 时 $i$ 的曲线

图 17-15　例 17-5 暂态过程中的电压、电流曲线

将 $x = l$ 代入电压和电流的时域表达式中，可得终端处电压、电流的表达式为

$$u_2(t) = \frac{E}{R + Z_c}\left[R + Z_c \mathrm{e}^{-\frac{1}{\tau}\left(t - \frac{l}{v_p}\right)}\right]\varepsilon\left(t - \frac{l}{v_p}\right)$$

$$i_2(t) = \frac{E}{R + Z_c}\left[1 - \mathrm{e}^{-\frac{1}{\tau}\left(t - \frac{l}{v_p}\right)}\right]\varepsilon\left(t - \frac{l}{v_p}\right)$$

当 $t > \dfrac{l}{v_p}$ 后，传输线上的电压、电流的分布，可看成是终端电压 $u_2(t)$ 和电流 $i_2(t)$ 的波形以波速 $v_p$ 向始端推进的结果。

## 练习题

17-1　若例 17-5 中无损耗线的负载换为电阻 $R$ 与电容 $C$ 的串联，试写出暂态过程中线路上的电压、电流分布函数 $u(x,t)$ 和 $i(x,t)$。

## 17.3　采用柏德生法则研究无损耗线的暂态过程

在无损耗线的暂态过程中，在线路的不均匀处将产生波的反射和折射(也称透射)。在波行进到终端和始端时，一般将发生波的反射；而当波行进到波阻抗不相等的两传输线的连接处时,则将产生波的反射和折射。波由一条传输线进入另一条传输线,称为波的折射(透射)。对于发生波的反射和折射的无损耗线,既可以采用前述的利用初始条件和边界条件求出满足传输线方程特解的一般方法进行研究,还可通过所谓的"柏德生法则"加以分析。

## 一、柏德生法则的导出

无损耗传输线仍如图 17-3(a)所示,其始端接有内阻抗为 $Z_1$ 的信号源 $u_s(t)$,终端接有负载阻抗 $Z_2$,传输线的特性阻抗为 $Z_c$。其暂态解的一般形式为

$$u(x,t) = f_+\left(t - \frac{x}{v_p}\right) + f_-\left(t + \frac{x}{v_p}\right)$$

$$i(x,t) = \frac{1}{Z_c}f_+\left(t - \frac{x}{v_p}\right) - \frac{1}{Z_c}f_-\left(t + \frac{x}{v_p}\right)$$

现需求解的是终端反射点(即负载处)的电压 $u_2$ 和电流 $i_2$,则令上式中 $x=l$,于是有

$$u(l,t) = f_+\left(t - \frac{l}{v_p}\right) + f_-\left(t + \frac{l}{v_p}\right) \tag{17-28}$$

$$i(l,t) = \frac{1}{Z_c}f_+\left(t - \frac{l}{v_p}\right) - \frac{1}{Z_c}f_-\left(t + \frac{l}{v_p}\right) \tag{17-29}$$

终端边界条件为

$$u(l,t) = u_2(t), \quad i(l,t) = i_2(t)$$

将它们代入式(17-28)和式(17-29),可得

$$u_2(t) = 2f_+\left(t - \frac{l}{v_p}\right) - Z_c i_2(t) \quad (17-30)$$

可以看出,上述方程与图 17-16 所示的电路对应,这表明对负载而言,无损耗传输线可用一个电压为 $2f_+\left(t - \frac{l}{v_p}\right)$、内阻抗为 $Z_c$ 的电压源支路来代替;换言之,研究传输线负载(反射点)处的电压、电流,可用求解集中参数电路的方法来解决。这种方法称为柏德生法则。

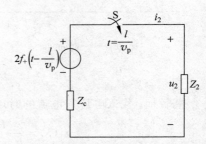

图 17-16　求解传输线负载电压、电流的集中参数等效电路

## 二、柏德生法则的有关说明

(1)柏德生法则的求解对象是传输线反射点处的暂态电压和电流,其实质是将分布参数电路暂态过程的分析转化为集中参数电路过渡过程的求解。

(2)在柏德生法则的集中参数等效电路图 17-16 中,理想电压源的电压是传输线上正向行波电压的两倍,这意味着在应用柏德生法则之前需确定正向行波电压 $f_+\left(t - \frac{l}{v_p}\right)$。

(3)若线路的反射点处连接的不是集中参数负载,而是另一具有不同特性阻抗的传输线,则在该点将产生反射波和透射(折射)波,这一透射波便是第二条传输线的入射波。在该透射波未从第二条线的终端反射回来之前,这条线上的透射波所经过的区域任意处的电压、电流之比均等于该线的特性阻抗。因此在第二条线路终端的反射波未到达之前,便可在集中参数等效电路中用与其特性阻抗相等的集中参数负载代替这一传输线,则这一集中参数

负载中的电压、电流就是第二条传输线中的折射波电压、电流。

（4）在由柏德生法则确定了反射点处的电压 $u_2(t)$ 后，则反射波亦容易决定。由式（17-28），可知终端处的反射波为

$$f_-\left(t+\frac{l}{v_\mathrm{p}}\right)=u_2(t)-f_+\left(t-\frac{l}{v_\mathrm{p}}\right)$$

此反射波由终端向始端推进，在距始端 $x$ 处的值要比终端处（$x=l$）的值延时 $\dfrac{l-x}{v_p}$，因此可得反射波的表达式为

$$f_-\left(t+\frac{x}{v_\mathrm{p}}\right)=u_2\left(t-\frac{l-x}{v_\mathrm{p}}\right)-f_+\left(t-\frac{l}{v_\mathrm{p}}-\frac{l-x}{v_\mathrm{p}}\right)$$

$$=u_2\left(t+\frac{x}{v_\mathrm{p}}-\frac{l}{v_\mathrm{p}}\right)-f_+\left(t+\frac{x}{v_\mathrm{p}}-\frac{2l}{v_\mathrm{p}}\right) \tag{17-31}$$

（5）柏德生法则系由无损耗线方程的通解导出，因此这一法则仅适用于无损耗线暂态过程的求解。

## 三、柏德生法则应用示例

**例 17-6** 试用柏德生法则求解例 17-4。

**解** 在例 17-4 中，终端所接为纯电容负载，需求出暂态过程中的电压、电流函数 $u(x,t)$ 和 $i(x,t)$。先分析暂态过程中波的反射的情况。在换路后，在 $0<t<\dfrac{l}{v_\mathrm{p}}$ 时，线路上只有正向行波；在正向行波到达终端后，在电容处产生波的反射。在 $\dfrac{l}{v_\mathrm{p}}<t<\dfrac{2l}{v_\mathrm{p}}$ 时，线路上任意处的电压、电流为入射波和反射波之和。在反射波到达始端电源处后，由于始端电源内阻抗与线路波阻抗相等而处于匹配状态，则在始端处不再产生波的反射。据此分析，只需求出始端的入射波和终端的反射波后，再用阶跃函数表示它们作用于线路的时间，便可得到 $u(x,t)$ 和 $i(x,t)$。

（1）先求出始端的入射波

在 $t=0$ 时发生换路，线路上出现正向行波，在 $0<t<\dfrac{l}{v_\mathrm{p}}$ 时，因线上只有入射波，任意处的输入阻抗均等于波阻抗 $Z_\mathrm{c}$，因此求正向行波（入射波）的等效电路如图 17-17 所示。由于 $Z_1=Z_\mathrm{c}$，则有

$$u_{1+}=\frac{Z_\mathrm{c}}{Z_1+Z_\mathrm{c}}E=\frac{E}{2}, \quad i_{1+}=\frac{u_{1+}}{Z_\mathrm{c}}=\frac{E}{2Z_\mathrm{c}}$$

则正向行波为

$$u_+=u_{1+}\,\varepsilon\left(t-\frac{x}{v_\mathrm{p}}\right)=\frac{E}{2}\varepsilon\left(t-\frac{x}{v_\mathrm{p}}\right)$$

$$i_+=i_{1+}\,\varepsilon\left(t-\frac{x}{v_\mathrm{p}}\right)=\frac{E}{2Z_\mathrm{c}}\varepsilon\left(t-\frac{x}{v_\mathrm{p}}\right)$$

（2）用柏德生法则求终端电压、电流

根据柏德生法则，可做出求终端电压 $u_2$、电流 $i_2$ 的集中参数等效电路如图 17-18 所示。

若以原传输线的换路时刻作为时间的起点,则入射波到达终端的时刻为 $t=l/v_p$,故该等效电路的换路时刻也应是 $t=l/v_p$。等效电路中电源的电压表达式应为

$$e=2f_+\left(t-\frac{l}{v_p}\right)=2u_{1+}\,\varepsilon\left(t-\frac{l}{v_p}\right)=E\varepsilon\left(t-\frac{l}{v_p}\right)$$

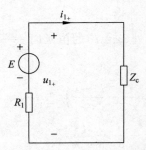

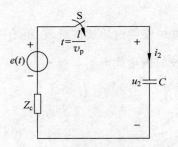

图 17-17　例 17-6 在 $0<t<\dfrac{l}{v_p}$ 时的等效电路　　　图 17-18　例 17-6 的柏德生法则等效电路

这是一个一阶电路,其时间常数为

$$\tau=RC=Z_cC$$

电容上的电压、电流为

$$u_2=\left[1-e^{-\frac{1}{\tau}\left(t-\frac{l}{v_p}\right)}\right]e=E\left[1-e^{-\frac{1}{\tau}\left(t-\frac{l}{v_p}\right)}\right]\varepsilon\left(t-\frac{l}{v_p}\right)$$

$$i_2=\frac{E}{Z_c}e^{-\frac{1}{\tau}\left(t-\frac{l}{v_p}\right)}\varepsilon\left(t-\frac{l}{v_p}\right)$$

（3）求 $u(x,t)$ 和 $i(x,t)$

传输线上任一处的电压、电流为正向行波和反向行波的叠加。由式(17-31),可得反向行波为

$$u_-=u_2\left(t+\frac{x}{v_p}-\frac{l}{v_p}\right)-u_+\left(t+\frac{x}{v_p}-\frac{2l}{v_p}\right)$$

$$=E\left[1-e^{-\frac{1}{\tau}\left(t+\frac{x}{v_p}-\frac{2l}{v_p}\right)}\right]\varepsilon\left(t+\frac{x}{v_p}-\frac{2l}{v_p}\right)-\frac{E}{2}\varepsilon\left(t+\frac{x}{v_p}-\frac{2l}{v_p}\right)$$

$$i_-=i_2\left(t+\frac{x}{v_p}-\frac{l}{v_p}\right)-i_+\left(t+\frac{x}{v_p}-\frac{2l}{v_p}\right)$$

$$=\frac{E}{Z_c}e^{-\frac{1}{\tau}\left(t+\frac{x}{v_p}-\frac{2l}{v_p}\right)}\varepsilon\left(t+\frac{x}{v_p}-\frac{2l}{v_p}\right)-\frac{E}{2Z_c}\varepsilon\left(t+\frac{x}{v_p}-\frac{2l}{v_p}\right)$$

则

$$u(x,t)=u_++u_-=\frac{E}{2}\varepsilon\left(t-\frac{x}{v_p}\right)+\frac{E}{2}\left[1-2e^{-\frac{1}{\tau}\left(t+\frac{x}{v_p}-\frac{2l}{v_p}\right)}\right]\varepsilon\left(t+\frac{x}{v_p}-\frac{2l}{v_p}\right)$$

$$i(x,t)=i_+-i_-=\frac{E}{2Z_c}\varepsilon\left(t-\frac{x}{v_p}\right)-\frac{E}{2Z_c}\left[1-2e^{-\frac{1}{\tau}\left(t+\frac{x}{v_p}-\frac{2l}{v_p}\right)}\right]\varepsilon\left(t+\frac{x}{v_p}-\frac{2l}{v_p}\right)$$

这与例 17-4 所得结果完全相同。应注意 $i(x,t)$ 是正向行波和反向行波之差。

**例 17-7**　线长为 $l$ 的无损耗线如图 17-19(a)所示,求换路后在 $0\sim\dfrac{2l}{v_p}$ 的时间间隔里终

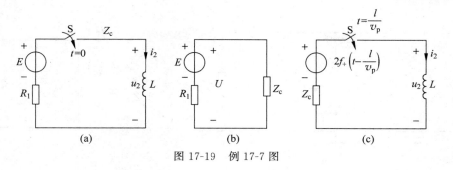

图 17-19  例 17-7 图

端电感元件的电压和电流。

**解**  直接由柏德生法则求终端电压和电流。首先求出正向行波电压,计算所用的电路如图 17-19(b)所示,可求得正向行波电压的大小为

$$U = \frac{Z_c}{R_1 + Z_c} E$$

依据柏德生法则,做出图 17-19(c)所示的等效电路,图中电压源电压为

$$2f_+\left(t - \frac{l}{v_p}\right) = \frac{2Z_c E}{R_1 + Z_c}\varepsilon\left(t - \frac{l}{v_p}\right)$$

该一阶电路的时间常数为

$$\tau = \frac{L}{R} = \frac{L}{Z_c}$$

于是可求出终端负载的电压、电流为

$$u_2 = 2f_+\left(t - \frac{l}{v_p}\right)e^{-\frac{1}{\tau}\left(t - \frac{l}{v_p}\right)} = \frac{2Z_c E}{R_1 + Z_c}e^{-\frac{1}{\tau}\left(t - \frac{l}{v_p}\right)}\varepsilon\left(t - \frac{l}{v_p}\right)$$

$$i_2 = \left[1 - e^{-\frac{1}{\tau}\left(t - \frac{l}{v_p}\right)}\right] \cdot \frac{2f_+\left(t - \frac{l}{v_p}\right)}{Z_c} = \frac{2E}{R_1 + Z_c}\left[1 - e^{-\frac{1}{\tau}\left(t - \frac{l}{v_p}\right)}\right]\varepsilon\left(t - \frac{l}{v_p}\right)$$

应注意此例中线路始端并不处于匹配状态(与例 17-6 不同),当终端反射波行进至始端后又将发生反射,因此上述表达式只适用于始端新的反射波到达终端之前,即 $0 < t < \frac{2l}{v_p}$ 的时间间隔内,这一时间限定要求已在题中给出。

## 四、无损耗线连接处波的反射与透射

在两条具有不同波阻抗的无损耗线的连接处,波在传播时,既发生反射,同时也发生透射,即在此不均匀处,电压、电流的入射波将从第一根传输线推进至第二根传输线中。

在两根无损耗线的连接处,可接有集中参数元件。研究线路不均匀处的波的反射和透射可采用柏德生法则。

**例 17-8**  如图 17-20(a)所示无损耗线电路,在两根传输线的连接处,线间接有电阻 $R$ 与电容 $C$ 并联的集中参数元件,试求两根无损耗线上的电压、电流分布函数。

**解**  简便起见,以便集中研究波的反射和透射,在此例中,设在第一根传输线的始端和第二根传输线的终端分别接有与该传输线的波阻抗相匹配的电阻,这样,在波的传输过程中只在两根传输线的连接处产生波的反射和透射,而不会在第一根线的始端和第二根线的终

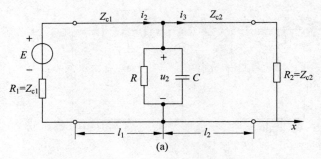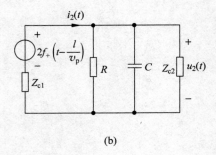

图 17-20  例 17-8 图

端产生波的反射和多次反射。

由柏德生法则,做出求第一根传输线终端电压 $u_2(t)$ 和电流 $i_2(t)$ 的集中参数等效电路如图 17-20(b)所示。其中电压源的电压为

$$2f_+\left(t-\frac{l_1}{v_p}\right)=E\varepsilon\left(t-\frac{l_1}{v_p}\right)$$

而第一根线上电压的正向行波为

$$u_{2+}=f_+\left(t-\frac{x}{v_p}\right)=\frac{E}{2}\varepsilon\left(t-\frac{x}{v_p}\right)$$

该一阶电路的时间常数为

$$\tau=(R\ /\!/\ Z_{c1}\ /\!/\ Z_{c2})C=\frac{RZ_{c1}Z_{c2}}{RZ_{c1}+RZ_{c2}+Z_{c1}Z_{c2}}$$

根据三要素法,可求得第一根线终端处的电压为

$$u_2(t)=\frac{RZ_{c2}E}{RZ_{c1}+RZ_{c2}+Z_{c1}Z_{c2}}\left[1-\mathrm{e}^{-\frac{1}{\tau}\left(t-\frac{l_1}{v_p}\right)}\right]\varepsilon\left(t-\frac{l_1}{v_p}\right)$$

第一根传输线上的电压反射波为

$$u_{2-}=u_2\left(t+\frac{x}{v_p}-\frac{l_1}{v_p}\right)-f_+\left(t+\frac{x}{v_p}-\frac{2l_1}{v_p}\right)$$

$$=\frac{RZ_{c2}E}{RZ_{c1}+RZ_{c2}+Z_{c1}Z_{c2}}\left[1-\mathrm{e}^{-\frac{1}{\tau}\left(t+\frac{x}{v_p}-\frac{2l_1}{v_p}\right)}\right]\varepsilon\left(t+\frac{x}{v_p}-\frac{2l_1}{v_p}\right)-\frac{E}{2}\varepsilon\left(t+\frac{x}{v_p}-\frac{2l_1}{v_p}\right)$$

$$=\frac{E}{Z(RZ_{c1}+RZ_{c2}+Z_{c1}Z_{c2})}\left[(RZ_{c2}-RZ_{c1}-Z_{c1}Z_{c2})-2RZ_{c2}\mathrm{e}^{-\frac{1}{\tau}\left(t+\frac{x}{v_p}-\frac{2l_1}{v_p}\right)}\right]\varepsilon\left(t+\frac{x}{v_p}-\frac{2l_1}{v_p}\right)$$

于是可得第一根传输线上的电压、电流分布函数为

$$u'_2(x,t)=u_{2+}+u_{2-}$$

$$=\frac{E}{2}\varepsilon\left(t-\frac{x}{v_p}\right)+\frac{E\left[(RZ_{c2}-RZ_{c1}-Z_{c1}Z_{c2})-2RZ_{c2}\mathrm{e}^{-\frac{1}{\tau}\left(t+\frac{x}{v_p}-\frac{2l_1}{v_p}\right)}\right]}{2(RZ_{c1}+RZ_{c2}+Z_{c1}Z_{c2})}\varepsilon\left(t+\frac{x}{v_p}-\frac{2l_1}{v_p}\right)$$

$$i_1(x,t)=\frac{u_{2+}}{Z_{c1}}-\frac{u_{2-}}{Z_{c1}}$$

$$=\frac{E}{2Z_{c1}}\varepsilon\left(t-\frac{x}{v_p}\right)-\frac{E\left[(RZ_{c2}-RZ_{c1}-Z_{c1}Z_{c2})-2RZ_{c2}\mathrm{e}^{-\frac{1}{\tau}\left(t+\frac{x}{v_p}-\frac{2l_1}{v_p}\right)}\right]}{2Z_{c1}(RZ_{c1}+RZ_{c2}+Z_{c1}Z_{c2})}\varepsilon\left(t+\frac{x}{v_p}-\frac{2l_1}{v_p}\right)$$

由图 17-20(a)可知,第一根线终端处的电压 $u_2(t)$ 直接透射进入第二根线,成为第二根线的入射波电压,但其推进至线路的 $x$ 处还需延迟 $(x-l_1)/v_p$,于是第二根传输线上的电压、电流分布函数为

$$
\begin{cases}
u_3(x,t)=u_2\left(t-\dfrac{x-l_1}{v_p}\right)=\dfrac{RZ_{c2}E\left[1-\mathrm{e}^{-\frac{1}{\tau}\left(t-\frac{x}{v_p}\right)}\right]}{RZ_{c1}+RZ_{c2}+Z_{c1}Z_{c2}}\varepsilon\left(t-\dfrac{x}{v_p}\right) \\
i_3(x,t)=\dfrac{u_3(x,t)}{Z_{c2}}=\dfrac{RE\left[1-\mathrm{e}^{-\frac{1}{\tau}\left(t-\frac{x}{v_p}\right)}\right]}{RZ_{c1}+RZ_{c2}+Z_{c1}Z_{c2}}\varepsilon\left(t-\dfrac{x}{v_p}\right)
\end{cases}
\quad (x>l_1)
$$

第一根传输线上的电压、电流的分布曲线以及透射到第二根传输线上的电压、电流的分布曲线如图 17-21(a)、(b)所示。

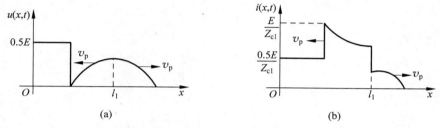

(a)　　　　　　　　　　　　　(b)

图 17-21　例 17-8 传输线上的电压、电流的分布曲线

## 练习题

17-2　无损耗传输线电路如图 17-22 所示,其终端接有电阻与电感并联的负载,用柏德生法则求终端处的电压 $u_2(t)$ 及电压反射波。

17-3　在图 17-23 所示无损耗线电路中,两根无损耗线的连接处并联有集中参数电感元件 $l$。求电感处的电压 $u_2(t)$ 及第一根传输线的电压反射波和第二根线的电压透射波。

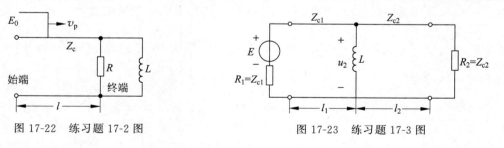

图 17-22　练习题 17-2 图　　　　　　图 17-23　练习题 17-3 图

## 17.4　例题分析

**例 17-9**　某无损耗线全长 50km,其参数 $L_0=1.35\mathrm{mH/km}$, $C_0=8250\mathrm{pF/km}$。设终端开路,当 $t=0$ 时线路始端与一个 $E=70\mathrm{kV}$ 的恒定电压源接通。试计算:

(1) 从换路开始到终端反射波到达始端所需的时间 $T$;

(2) 在 $t = \dfrac{T}{4}$、$\dfrac{T}{2}$、$\dfrac{3}{4}T$ 和 $T$ 时,线路全线所储存的电场能量和磁场能量。

**解** (1) 正、反向行波行进距离 $x$ 所需的时间为 $t = \dfrac{x}{v_p}$,其中

$$v_p = \frac{1}{\sqrt{L_0 C_0}} = \frac{1}{\sqrt{1.35 \times 10^{-3} \times 8250 \times 10^{-12}}} = 3 \times 10^5 \, \text{km/s} = 3 \times 10^8 \, \text{m/s}$$

则从换路开始到反射波从终端到达始端所需的时间为

$$T = \frac{2l}{v_p} = \frac{2 \times 50 \times 10^3}{3 \times 10^8} \text{s} = \frac{1}{3} \, \text{ms}$$

(2) 线路终端的反射系数为(此时 $Z_2 = \infty$)

$$N_2 = \frac{Z_2 - Z_c}{Z_2 + Z_c} = 1$$

始端的反射系数为

$$N_1 = \frac{Z_1 - Z_c}{Z_1 + Z_c} = \frac{0 - Z_c}{0 + Z_c} = -1$$

线路的特性阻抗为

$$Z_c = \sqrt{\frac{L_0}{C_0}} = \sqrt{\frac{1.35 \times 10^{-3}}{8250 \times 10^{-12}}} = 405 \Omega$$

① 当 $t = \dfrac{T}{4}$ 时,线路上只有正向行波,且正向行波刚好到达线路的中点即 $x = \dfrac{l}{2} = 25 \text{km}$ 处。正向行波电压、电流为

$$u_+ = E = 70 \text{kV} \quad \left(0 < x < \frac{l}{2}\right)$$

$$i_+ = \frac{u_+}{Z_c} = \frac{70 \times 10^3}{405} = 172.84 \text{A} \quad \left(0 < x < \frac{l}{2}\right)$$

而在 $\dfrac{l}{2} < x < l$ 的区间内,电压、电流均为零,则 $t = \dfrac{T}{4}$ 时,全线的电场能量为

$$W_C \Big|_{t = \frac{T}{4}} = \frac{1}{2} C_0 u_+^2 \times \frac{l}{2} = \frac{1}{2} \times 8250 \times 10^{-12} \times (70 \times 10^3)^2 \times 25 \times 10^3 = 505 \text{kJ}$$

全线的磁场能量为

$$W_L \Big|_{t = \frac{T}{4}} = \frac{1}{2} L_0 i_+^2 \times \frac{l}{2} = \frac{1}{2} \times 1.35 \times 10^{-3} \times (172.84)^2 \times 25 \times 10^3 = 505 \text{kJ}$$

② 当 $t = \dfrac{T}{2}$ 时,正向行波到达终端,沿线各处的电压均为 $u_+ = E = 75 \text{kV}$,各处的电流均为 $i_+ = 172.84 \text{A}$,显然此时全线的电场能量和磁场能量是 $t = \dfrac{T}{4}$ 时的两倍,即

$$W_C \Big|_{t = \frac{T}{4}} = W_L \Big|_{t = \frac{T}{2}} = 2 W_C \Big|_{t = \frac{T}{4}} = 2 \times 505 = 1010 \text{kJ}$$

③ 当 $Z = \dfrac{3}{4}T$ 时,电压、电流的反射波到达线路的中点处($x = 25 \text{km}$)。电压反射波的大小为

$$u_- = N_2 u_+ = u_+ = 70\text{kV}$$

电流反射波的大小为

$$i_- = N_2 i_+ = i_+ = 172.84\text{A}$$

则在 $\dfrac{l}{2} < x < l$ 的区域内，各处的电压、电流为

$$u = u_+ + u_- = 70 + 70 = 140\text{kV}$$

$$i = i_+ - i_- = 0$$

而在 $0 < x < \dfrac{l}{2}$ 的区域内，由于反射波尚未到达，则各处的电压仍为 70kV，各处的电流为 172.84A。于是可求得此时全线储存的电场能量和磁场能量为

$$W_C \Big|_{t=\frac{3}{4}T} = \frac{1}{2} C_0 u^2 \times \frac{1}{2} l + \frac{1}{2} C_0 u_+^2 \times \frac{1}{2} l$$

$$= \Big[ \frac{1}{2} \times 8250 \times 10^{-12} \times (140 \times 10^3)^2 \times 25 \times 10^3$$

$$+ \frac{1}{2} \times 8250 \times 10^{-12} \times (70 \times 10^3)^2 \times 25 \times 10^3 \Big] \text{J} = 2526\text{kJ}$$

$$W_L \Big|_{t=\frac{3}{4}T} = \frac{1}{2} L_0 i^2 \times \frac{1}{2} l + \frac{1}{2} L_0 i_+^2 \times \frac{l}{2}$$

$$= \frac{1}{2} \times 1.35 \times 10^{-3} \times 172.84^2 \times 25 \times 10^3 \text{J} = 505\text{kJ}$$

④ 当 $t = T$ 时，反射波刚好到达始端，此时全线各处的电压、电流为

$$u = u_+ + u_- = 70 + 70 = 140\text{kV}$$

$$i = i_+ - i_- = 0$$

则全线储存的电场能量和磁场能量分别为

$$W_C \Big|_{t=T} = \frac{1}{2} C_0 u^2 l = \frac{1}{2} \times 8250 \times 10^{-12} \times (140 \times 10^3)^2 \times 50 \times 10^3 \text{J} = 4042.5\text{kJ}$$

$$W_L \Big|_{t=T} = \frac{1}{2} C_0 i^2 l = 0$$

**例 17-10**　现用 1.5m 长的延迟电缆以实现 1μs 的时间延迟，且要求该电缆与电阻为 400Ω 的负载匹配。求延迟电缆的线路参数 $L_0$ 和 $C_0$。

**解**　无损耗线中波的行进距离为

$$x = v_p t \tag{①}$$

而波速 $v_p = \dfrac{1}{\sqrt{L_0 C_0}}$。又因要求该段传输线与 400Ω 的负载匹配，则有

$$Z_c = \sqrt{L_0 / C_0} = 400\Omega \tag{②}$$

将 $x = 1.5\text{m}$，$t = 1\mu\text{s}$ 代入①式，并联立求解①、②两式，得

$$C_0 = \frac{1}{600} \times 10^{-6} \text{F/m} = 0.0017\mu\text{F/m}$$

$$L_0 = \frac{3}{200} \times 10^{-2} \text{H/m} = 0.15\text{mH/m}$$

**例 17-11** 特性阻抗为 $300\Omega$ 的架空线与特性阻抗为 $75\Omega$ 的电缆线相连接。若有 $50\mathrm{kV}$ 的无限长矩形电压波沿架空线向与电缆的连接处传播,求电缆入口处的电压和电流。若同一幅值的电压行波沿电缆向连接处行进,则到达连接处后架空线上的电压和电流又是多少?

**解** 此例中是无限长的矩形电压行波沿线传播。具有不同波阻抗的两线连接处的第二条线的波阻抗可视为第一条线的负载。下面根据柏德生法则计算。

(1) 当电压行波由架空线传播至连接处时,由柏德生法则做出如图 17-24(a)所示的等效电路,则 $Z_{c2}$ 上的电压 $u_2$ 和电流 $i_2$ 便是电缆入口处的电压、电流。

$$u_2 = \frac{Z_{c2}}{Z_{c1} + Z_c} \times 2E_0 = \frac{75}{300 + 75} \times 2 \times 50 = 20\mathrm{kV}$$

$$i_2 = \frac{u_2}{Z_{c2}} = \frac{20 \times 10^3}{75} = 266.7\mathrm{A}$$

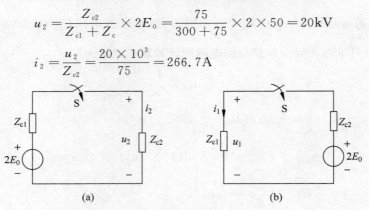

图 17-24 例 17-11 计算用图

(2) 当电压行波由电缆向架空线行进时,做出连接处的等效电路如图 17-24(b)所示,则 $u_1$ 和 $i_1$ 便是架空线入口处的电压和电流。可算得

$$u_1 = \frac{Z_{c1}}{Z_{c2} + Z_{c1}} \times 2E_0 = \frac{300}{300 + 75} \times 2 \times 50 = 80\mathrm{kV}$$

$$i_1 = \frac{u_1}{Z_{c1}} = \frac{80 \times 10^3}{300} = 266.7\mathrm{A}$$

**例 17-12** 某架空线全长 $120\mathrm{km}$,特性阻抗为 $300\Omega$,线路损耗可忽略不计,其终端接有 $R_2 = 200\Omega$,$L_2 = 0.2\mathrm{H}$ 的串联支路。当 $t = 0$ 时,线路始端与恒定电压源 $E_0 = 80\mathrm{kV}$ 接通。求终端电压和电流的时间表达式以及 $0 < t < \dfrac{2l}{v_p}$ 期间电压、电流的沿线分布。

**解** (1) 求终端电压、电流。因是求终端电压、电流,可用柏德生法则求解。根据柏德生法则,做出如图 17-25 所示的等效电路,对于一般的无损耗架空线,可认为其波速等于光速,即 $v_p = 3 \times 10^8\mathrm{m/s}$,则行波由始端传播至终端所需的时间为

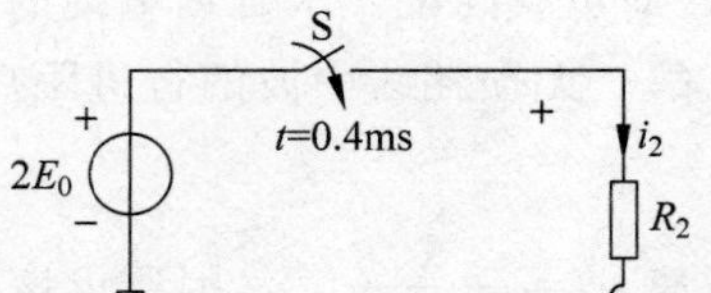

$$t = \frac{l}{v_p} = \frac{120 \times 10^3}{3 \times 10^8}\mathrm{s} = 0.4 \times 10^{-3}\mathrm{s} = 0.4\mathrm{ms}$$

图 17-25 是一个一阶电路,其时间常数为

图 17-25 例 17-12 计算用图

$$\tau = \frac{L_2}{R} = \frac{L_2}{R_2 + Z_c} = \frac{0.2}{200 + 300}\mathrm{s} = \frac{1}{2500}\mathrm{s}$$

该电路处于零初始状态,则不难写出终端电流的表达式为(时间 $t$ 以 ms 为单位)

$$i_2 = \frac{2E_0}{R_2 + Z_c}[1 - \mathrm{e}^{-\frac{1}{\tau}\left(t - \frac{l}{v_p}\right)}]\varepsilon\left(t - \frac{l}{v_p}\right)$$

$$= \frac{2 \times 80}{200 + 300}[1 - \mathrm{e}^{-2500 \times 10^{-3}(t - 0.4)}]\varepsilon(t - 0.4)$$

$$= 0.32[1 - \mathrm{e}^{-2.5(t - 0.4)}]\varepsilon(t - 0.4)\mathrm{kA}$$

终端电压的表达式为

$$u_2 = 2E_0\varepsilon(t - 0.4) - Z_c i_2(t) = 160\varepsilon(t - 0.4) - 300 \times 0.32[1 - \mathrm{e}^{-2.5(t - 0.4)}]\varepsilon(t - 0.4)$$

$$= [64 + 96\mathrm{e}^{-2.5(t - 0.4)}]\varepsilon(t - 0.4)\mathrm{kV}$$

（2）求沿线的电压分布

先求出终端的反射波电压和电流。在终端处，电压正向行波为

$$u_{2+} = E_0\varepsilon(t - 0.4) = 80\varepsilon(t - 0.4)\mathrm{kV}$$

则终端处的反射波电压为

$$u_{2-} = u_2 - u_{2+} = [-16 + 96\mathrm{e}^{-2.5(t - 0.4)}]\varepsilon(t - 0.4)\mathrm{kV}$$

终端处的电流正向行波为

$$i_{2+} = \frac{u_{2+}}{Z_c} = 0.267\varepsilon(t - 0.4)\mathrm{kA}$$

终端处的反射波电流为

$$i_{2-} = i_{2+} - i_2 = [-0.053 + 0.32\mathrm{e}^{-2.5(t - 0.4)}]\varepsilon(t - 0.4)\mathrm{kA}$$

由上述结果，可写出架空线上任意处的反射波电压、电流为

$$u_-(x, t) = u_{2-}\left(t - \frac{l - x}{v_p}\right) = u_{2-}\left(t + \frac{x}{v_p} - 0.4\right)$$

$$= [-16 + 96\mathrm{e}^{-2.5\left(t + \frac{x}{v_p} - 0.8\right)}]\varepsilon\left(t + \frac{x}{v_p} - 0.8\right)\mathrm{kV}$$

$$i_-(x, t) = i_{2-}\left(t - \frac{l - x}{v_p}\right) = i_{2-}\left(t + \frac{x}{v_p} - 0.4\right)$$

$$= [-0.053 + 0.32\mathrm{e}^{-2.5\left(t + \frac{x}{v_p} - 0.8\right)}]\varepsilon\left(t + \frac{x}{v_p} - 0.8\right)\mathrm{kA}$$

**例 17-13**　在图 17-26(a)所示线路中，幅值为 60kV 的矩形电压波沿第一输电线向与另两条线路的连接处传播，求连接处的反射波和进入另两条线路的折射波电压、电流幅值各是多少？

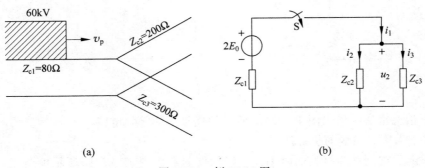

(a)　　　　　　　　　　　　　　(b)

图 17-26　例 17-13 图

**解** 根据柏德生法则,做出线路连接处的等效电路如图 17-26(b)所示,图中 $E_0$ 为矩形电压行波的幅值,即 $E_0 = 60\text{kV}$。可求得连接处的电压和电流的幅值为

$$i_1 = \frac{2E_0}{Z_{c1} + Z_{c2} \cdot Z_{c3}/(Z_{c2} + Z_{c3})} = \frac{2 \times 60}{80 + 200 \times 300/(200 + 300)} = 0.6\text{kA}$$

$$u_2 = i_1 \cdot Z_{c2} Z_{c3}/(Z_{c2} + Z_{c3}) = 0.6 \times 120 = 72\text{kV}$$

(1) 求反射波电压、电流的幅值

线路连接处的反射系数为

$$N_2 = \frac{(Z_{c2} /\!/ Z_{c3}) - Z_{c1}}{(Z_{c2} /\!/ Z_{c3}) + Z_{c1}} = \frac{120 - 80}{120 + 80} = 0.2$$

第一条线上的正向行波电压、电流分别为

$$u_{1+} = E_0 = 60\text{kV}$$

$$i_{1+} = \frac{E_0}{Z_{c1}} = \frac{60}{80} = 0.75\text{kA}$$

则连接处的反射波电压、电流的幅值为

$$u_{1-} = N_2 u_{1+} = 0.2 \times 60 = 12\text{kV}$$

$$i_{1-} = N_2 i_{1+} = 0.2 \times 0.75 = 0.15\text{kA}$$

(2) 求折射波电压、电流的幅值

在图 17-26(b)中 $Z_{c2}$ 和 $Z_{c3}$ 的电压和电流便是进入对应的两条传输线的折射波。

两条线的折射波电压为 $u_2$,即

$$u_2 = 72\text{kV}$$

折射波电流分别为

$$i_2 = \frac{Z_{c3}}{Z_{c2} + Z_{c3}} i_1 = \frac{300}{200 + 300} \times 0.6 = 0.36\text{kA}$$

$$i_3 = i_1 - i_2 = 0.6 - 0.36 = 0.24\text{kA}$$

**例 17-14** 如图 17-27(a)所示,在两条无损耗线的连接处并联有一个电容器。设幅值 $E_0 = 150\text{kV}$ 的矩形电压行波由第一条线向电容器处行进。求电压、电流的反射波和折射波表达式。

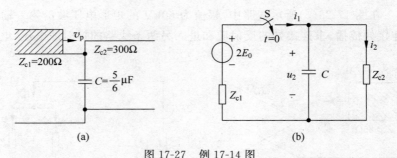

图 17-27 例 17-14 图

**解** 由柏德生法则做出图 17-27(b)所示的连接处的等效电路。

(1) 求进入第二条线的折射波

以矩形电压波到达连接处的时刻作为时间的起点。图 17-27(b)所示电路是一阶电路,其时间常数为

$$\tau = RC = \frac{Z_{c1}Z_{c2}}{Z_{c1}+Z_{c2}}C = \frac{200\times300}{200+300}\times\frac{5}{6}\times10^{-6}\,\text{s} = 0.1\text{ms}$$

在下面的表达式中时间均以 ms 为单位。用三要素法不难写出电容上电压,亦即折射波电压为

$$u_2 = \frac{2E_0 Z_{c2}}{Z_{c1}+Z_{c2}}(1-\mathrm{e}^{-\frac{t}{\tau}})\varepsilon(t) = 180(1-\mathrm{e}^{-10t})\varepsilon(t)\text{kV}$$

折射波电流为

$$i_2 = \frac{u_2}{Z_{c2}} = 0.6(1-\mathrm{e}^{-10t})\varepsilon(t)\text{kA}$$

（2）求第一条线的反射波

电容处的正向行波电压和电流为

$$u_{2+} = E_0\varepsilon(t) = 150\varepsilon(t)\text{kV}$$

$$i_{2+} = \frac{u_{2+}(t)}{Z_{c1}} = \frac{E_0}{Z_{c1}}\varepsilon(t) = 0.75\varepsilon(t)\text{kA}$$

则反射波电压为

$$u_{2-} = u_2 - u_{2+} = 180(1-\mathrm{e}^{-10t})\varepsilon(t) - 150\varepsilon(t) = (30-180\mathrm{e}^{-10t})\varepsilon(t)\text{kV}$$

为求出第一条线的反射波电流,需求出连接处总的折射电流。这一电流为

$$i_c + i_2 = C\frac{\mathrm{d}u_2}{\mathrm{d}t} + i_2 = 1.5\mathrm{e}^{-10t}\varepsilon(t) + 0.6(1-\mathrm{e}^{-10t})\varepsilon(t) = (0.6+0.9\mathrm{e}^{-10t})\varepsilon(t)\text{kA}$$

由 $i_c + i_2 = i_{2+} - i_{1-}$,可得第一条线的反射波电流为

$$i_{1-} = i_{2+} - [i_c+i_2] = 0.75\varepsilon(t) - (0.6+0.9\mathrm{e}^{-10t})\varepsilon(t) = (0.15-0.9\mathrm{e}^{-10t})\varepsilon(t)\text{kA}$$

## 习题

17-1　某无损耗线全长 $l$,特性阻抗为 $Z_c$,终端短路。在 $t=0$ 时,线路始端与直流电压源 $E_0$ 接通。设波速为 $v_p$,试写出当 $0<t<\frac{2l}{v_p}$ 时沿线电压 $u(x,t)$、电流的表达式 $i(x,t)$,并画出 $u$、$i$ 的图形。

17-2　无损耗均匀输电线全长 30km,线路参数为 $L_0=2.18\times10^{-3}$H/km, $C_0=5.1\times10^{-3}\mu$F/km。当线路终端开路时,始端与电压为 35kV 的直流电压源接通。试计算线路上任意处电压和电流随时间变化的周期 $T$;并计算从换路时起,在 $t=\frac{T}{4}$、$\frac{T}{2}$、$\frac{3}{4}T$ 和 $T$ 时单位线长的电场能量和磁场能量。

17-3　无损耗线长为 9m,特性阻抗为 $300\Omega$,终端接电阻性负载 $R_2=100\Omega$。试写出当 $0<t<\frac{3l}{v_p}$ 时的电压函数 $u(x,t)$、电流函数 $i(x,t)$,并绘出当换路后 $t$ 为下述值时的电压、电流的图形:(1) $t=0.015\mu$s;(2) $t=0.05\mu$s;(3) $t=0.075\mu$s。

17-4　一内阻为 $R_1$、电压为 $E$ 的直流电源与长为 $l$、波阻抗为 $Z_c$ 的无损耗线相连。若线路终端负载为一个纯电感 $L$,且电源与无损耗线始端已达成匹配,试写出 $t=0$ 时换路后沿线电压 $u(x,t)$、电流 $i(x,t)$ 的表达式。

17-5　某无损耗线的特性阻抗为 $75\Omega$,其始端施加幅值为 $5\mathrm{kV}$ 的脉冲电压。若在其终端加一升压延迟电缆(无损耗线)以得到幅值为 $14\mathrm{kV}$ 的开路脉冲电压,并要求所加电缆的延迟作用为 $50\times10^{-9}\mathrm{s}$,试计算该升压延迟电缆的参数 $L_0$ 和 $C_0$。

17-6　设特性阻抗分别为 $Z_{c1}$ 和 $Z_{c2}$ 的两条无损耗线彼此相连,且幅值为 $E_0$ 的无限长矩形电压波沿第一条线路向两条线路的连接处行进。求该行波到达线路连接处时的反射波和折射波电压和电流的幅值。

17-7　一特性阻抗 $Z_{c1}=400\Omega$ 的均匀传输线经过一电容 $C=1\mu\mathrm{F}$ 的电容器与另一特性阻抗为 $Z_{c2}=600\Omega$ 的均匀传输线相接后为一个 $r=100\Omega,L=0.5\mathrm{H}$ 的感性负载供电。试求当与电压为 $3\sqrt{2}\,\mathrm{kV}$ 的直流电压源接通后,在联接处的电压、电流透射波和反射波。

17-8　无限长矩形电压波沿电缆向架空线传播。已知架空线的波阻抗为 $Z_{c1}=400\Omega$,电缆的波阻抗 $Z_{c2}=60\Omega$,行波电压为 $100\mathrm{kV}$。若在电缆与架空线的连接处并联有一电容 $C=1000\mathrm{pF}$,试求波到达连接处后,电容电压的表达式。

17-9　在特性阻抗为 $Z_{c1}=500\Omega$ 的均匀长线上传播着电压波 $u=500(1-\mathrm{e}^{-25\times10^3 t})\mathrm{kV}$,这一长线经过 $5\times10^{-3}\mathrm{H}$ 的电感器与特性阻抗为 $Z_{c2}=300\Omega$ 的另一长线相连接,试求连接点处的电压透射波及反射波。

# 第 18 章

# 非线性电路分析概论

**本章提要**

本章介绍非线性电阻电路、非线性动态电路的有关概念和基本分析方法。主要内容有：非线性电路元件概述；非线性电阻电路的基本概念；非线性电阻电路方程的建立；非线性电阻电路的图解分析法；小信号分析法；非线性电阻电路的分段线性化方法；非线性动态电路状态方程的建立；非线性一阶自治电路的分段线性化方法等。

## 18.1  非线性电路元件概述

前面各章所讨论的均是线性电路，即电路中的所有元件都是线性元件。但严格地讲，一切实际电路都是非线性的，实际电路器件或多或少地都具有非线性特性。从工程计算的角度出发，许多情况下往往可以忽略元件的非线性，而认为它们是线性的，从而可以简化分析，所得到的计算结果也与实际情况能基本吻合。可以看出，将实际电路视为线性电路处理是一种近似方法，需受到一定条件的限制。当元件的非线性程度较高时，若将电路视作线性电路处理，就会带来显著的计算误差，乃至与实际结果有本质的差异，从而无法解释电路中所发生的现象。现代实际电路中的一些器件的非线性特性是不容忽略的，因此学习非线性电路的分析方法有着重要的理论与实际意义。

当电路元件的参数与电路变量无关时，其为线性元件，否则就是非线性元件。只要电路中含有一个及以上的非线性元件时，就称为非线性电路。与线性电路元件类似，非线性电路元件按其外部端子的数量分为二端非线性元件和多端非线性元件。

了解非线性电路元件的特性是学习非线性电路分析方法的基础。下面介绍二端非线性电阻、电容及电感元件的基本特性。

### 一、非线性电阻元件

由伏安特性所定义的二端元件称为电阻元件，当元件的伏安特性满足欧姆定律时，称为线性电阻元件，此时元件的定义曲线在电压-电流平面上是一条过原点的直线。若电阻元件的伏安关系由某种非线性函数所描述时，则为非线性电阻元件。其定义曲线就不是一条过原点的直线。在电路中，非线性电阻元件的符号如图 18-1 所示。

在第 1 章中曾较详细地讨论了非线性电阻元件

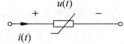

图 18-1  非线性电阻元件的电路符号

的特性。按照定义元件的非线性函数的形式，非线性电阻可划分为三种类型。当伏安关系可表示为形如 $u=f(i)$ 的函数式时，即电压是电流的单值函数时，称该元件为电流控制型电阻；当伏安关系为形如 $i=g(u)$ 的函数式时，则称为电压控制型电阻；而既是电压控制型又是电流控制型的电阻，就称为单调型电阻。PN 结二极管的伏安特性曲线如图 18-2 所示，它是一个典型的单调型非线性电阻，其伏安特性可用下面的解析式来表示：

$$i = I_s(e^{\frac{qu}{kT}} - 1)$$

从该式也可以解得

$$u = \frac{kT}{q}\ln\left(\frac{1}{I_s}i + 1\right)$$

由此可见，二极管的电流是电压的单值函数，同时其电压也是电流的单值函数，元件的伏安特性是单调增长或是单调下降的。

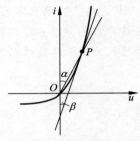

图 18-2　PN 结二极管的
伏安特性曲线

在非线性电阻电路的计算中，时常用到静态电阻和动态电阻的概念。非线性电阻伏安特性曲线上任一点 $P$（工作点）的静态电阻 $R_s$ 定义为该点的电压坐标与电流坐标之比，即

$$R_s = \frac{u}{i} \qquad (18\text{-}1)$$

在图 18-2 中，$P$ 点的静态电阻 $R_s$ 正比于 $\tan\alpha$。非线性电阻伏安特性曲线上任一点 $P$ 的动态电阻 $R_d$ 定义为该点切线的斜率，即

$$R_d = \frac{du}{di} \qquad (18\text{-}2)$$

在图 18-2 中，$P$ 点的动态电阻 $R_d$ 正比于 $\tan\beta$。

应当指出，静态电阻和动态电阻通常是电压 $u$ 和电流 $i$ 的函数，静态电阻值和动态电阻值均随工作点的变化而变化。还应看到，在同一工作点上，静态电阻和动态电阻不仅不相等，而且两者的符号也可能不同。例如对于具有"N"型和"S"型特性曲线的非线性电阻，在其特性曲线的下倾段其动态电阻为负值，即呈现"负电阻"效应。

## 二、非线性电容元件

由库伏特性所定义的二端元件称为电容元件。在库仑($q$)-电压($u$)平面上，若电容的定义曲线不是一条通过原点的直线，则该电容元件为非线性电容元件。在电路中，非线性电容元件的符号如图 18-3 所示。

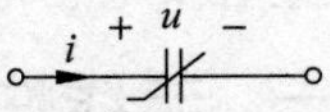

非线性电容元件的库伏特性关系式为非线性函数。和非线性电阻元件相似，非线性电容元件可分为三种类型。当电容的库伏特性可用函数式 $q=f(u)$ 表示，即电容电荷是电容电压的单值函数时，称为电压控制型电容。若电容的库伏特性可表示

$i$　$\overset{+\ \ u\ \ -}{\longmapsto\!\!|\!\!\prec\!\!\longmapsto}$

图 18-3　非线性电容元件的
电路符号

为 $u=h(q)$，即电容电压是电容电荷的单值函数时，称为电荷控制型电容。既是电压控制型又是电荷控制型的电容为单调型电容，其库伏特性是单调增长或单调下降的。

在对电路计算时，有时要用到静态电容 $C_s$ 和动态电容 $C_d$ 的概念。非线性电容元件库伏特性曲线上任一点 $P$ 的静态电容 $C_s$ 定义为该点的电荷坐标与电压坐标之比，即

$$C_s = \frac{q}{u} \tag{18-3}$$

在图 18-4 中, $P$ 的静态电容 $C_s$ 正比于 $\tan\alpha$。非线性电容元件库伏特性上任一点 $P$ 的动态电容定义为该点切线的斜率,即

$$C_d = \frac{\mathrm{d}q}{\mathrm{d}u} \tag{18-4}$$

在图 18-4 中, $P$ 点的动态电容 $C_d$ 正比于 $\tan\beta$。

显然,静态电容和动态电容一般都是电荷 $q$ 和电压 $u$ 的函数。在库伏特性曲线不同的工作点上,静态电容和动态电容具有不同的值。

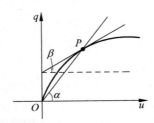

图 18-4　非线性电容的库伏特性曲线及静态电容、动态电容的概念

## 三、非线性电感元件

由韦安特性所定义的二端元件称为电感元件。在磁链 $(\Psi_L)$-电流 $(i)$ 平面上,线性电感元件的特性曲线是一条通过原点的直线。若韦安特性曲线不是一条通过原点的直线,与之对应的就是非线性电感元件。非线性电感元件的电路符号如图 18-5 所示。

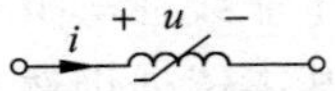

按韦安特性的性状,非线性电感元件可分为三种类型。若电感磁链可表示为电感电流的单值函数,即电感的韦安特性可用形如 $\Psi_L = f(i)$ 的函数式描述时,称为电流控制型电感。若电感电流可表示为电感磁链的单值函数,即电感的韦安特性可用形如 $i = h(\Psi)$ 的函数式描述时,称为磁链控制型电感。若电感的韦安特性是单调函数时,则称为单调型电感。单调型电感既是电流控制型的又是磁链控制型的。

图 18-5　非线性电感元件的电路符号

为了计算电路的方便,时常引用静态电感和动态电感的概念。电感的韦安特性上任一点 $P$ 的静态电感 $L_s$ 和动态电感 $L_d$ 的定义式分别为

$$L_s = \frac{\Psi_L}{i} \tag{18-5}$$

$$L_d = \frac{\mathrm{d}\Psi_L}{\mathrm{d}i} \tag{18-6}$$

在图 18-6 中,非线性电感元件韦安特性曲线上 $P$ 点的静态电感 $L_s$ 正比于 $\tan\alpha$,动态电感 $L_d$ 正比于 $\tan\beta$。

实际上所使用的非线性电感元件大多都含有铁磁材料制成的铁心,而铁磁材料具有磁滞特性,因此这种带有铁心的非线性电感元件的韦安特性曲线具有图 18-7 所示的回线的形状。容易看出,与这种磁滞回线韦安特性所对应的非线性电感既不是电流控制型的,也不是磁链控制型的。

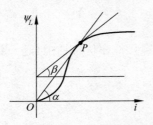

图 18-6 非线性电感的韦安特性曲线和静态
电感、动态电感的概念

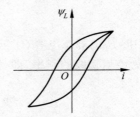

图 18-7 带铁心的非线性电感元件
的韦安特性曲线

## 练习题

18-1 某非线性电阻元件的伏安特性关系式为 $i = 1 + \dfrac{1}{2}u + \dfrac{1}{3}u^2$，试求 $u_1 = 1\mathrm{V}$ 和 $u_2 = 2\mathrm{V}$ 处的静态电阻值和动态电阻值。

18-2 一非线性电阻的伏安特性表达式为 $u = 120i + 2i^2$。(1)试分别求出 $i_1 = 3\mathrm{A}$，$i_2 = 3\sin 100t\,\mathrm{A}$ 时对应的电压 $u_1$、$u_2$ 的值；(2)若忽略伏安关系式中的 $i^2$ 项，即把此电阻视为 120Ω 的线性电阻，当 $i = 10\mathrm{mA}$ 时，由此产生的误差为多少？(3)由此题的分析可得出哪些结论？

## 18.2 非线性电阻电路方程的建立

对于非线性电阻电路所建立的电路方程是一组非线性代数方程。编写非线性电阻电路方程的基本依据仍然是两类基本约束，即基尔霍夫定律和元件特性。原则上讲，列写线性电阻电路方程的各种方法可推广用于非线性电阻电路，但这种推广要有一定的限制条件。若条件不满足，则某种建立方程的方法的应用就会遇到困难，有可能得不出所需的电路方程。由于在非线性电阻电路中应用基氏定律与线性电阻电路没有什么不同，因此出现上述情况的根本原因是非线性电阻的非线性特性。由此可见，建立非线性电阻电路方程与建立线性电路方程的差异是因元件特性的不同而造成的。所以需根据非线性电阻的元件特性的具体情况来进行非线性电阻电路方程的编写工作。

### 一、代入消元法建立电路方程

这种方法是分别对电路中的独立节点列写 KCL 方程和对独立回路列写 KVL 方程，再将元件特性方程代入后消去尽可能多的电路变量，从而得到最简(方程数目最少)的电路方程。

**例 18-1** 非线性电阻电路如图 18-8 所示，其中非线性电阻的伏安关系式为 $u_2 = 15i_2^{1/3}$，试列写电路方程。

**解** 列写节点①的 KCL 方程为

$$-i_1 + i_2 + i_3 = 0$$

列写两个回路的 KVL 方程为

$$u_1 + u_2 = E$$
$$u_2 = u_3$$

元件的特性方程为

$$u_1 = R_1 i_1, \quad u_2 = 15 i_2^{1/3}, \quad u_3 = R_3 i_3$$

将元件特性代入 KVL 方程,并结合 KCL 化简,消去变量 $i_1$ 和 $i_3$ 后,可得电路方程为

$$15(R_1 + R_3) i_2^{1/3} + R_1 R_3 i_2 = R_3 E$$

该方程中的变量为非线性电阻的电流 $i_2$。

**例 18-2**  电路如图 18-9 所示,其中非线性电阻的伏安关系为 $i_2 = 3u_2^2$, $u_4 = 2i_4^3$, 试编写电路方程。

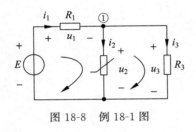

图 18-8  例 18-1 图

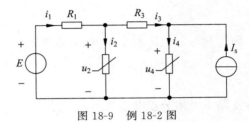

图 18-9  例 18-2 图

**解**  两个独立节点的 KCL 方程为

$$-i_1 + i_2 + i_3 = 0 \qquad\qquad ①$$
$$-i_3 + i_4 - I_s = 0 \qquad\qquad ②$$

两个独立回路的 KVL 方程为

$$R_1 i_1 + u_2 - E = 0 \qquad\qquad ③$$
$$-u_2 + R_3 i_3 + u_4 = 0 \qquad\qquad ④$$

由②式得

$$i_3 = i_4 - I_s \qquad\qquad ⑤$$

将上式和元件特性 $i_2 = 3u_2^2$ 代入①式,得

$$i_1 = 3u_2^2 + i_4 - I_s \qquad\qquad ⑥$$

将⑤式代入③式,可得

$$R_1(3u_2^2 + i_4 - I_s) + u_2 - E = 0 \qquad\qquad ⑦$$

又将⑤、⑥式及元件特性 $u_4 = 2i_4^2$ 代入④式,得

$$u_2 = R_3(i_4 - I_s) + 2i_4^3 \qquad\qquad ⑧$$

将⑧式代入⑦式后得到

$$3R_1(R_3 i_4 + 2i_4^3 - R_3 I_s)^2 + 2i_4^3 + (R_1 + R_4)i_4 = E + (R_1 + R_3)I_s$$

该方程便是所需列写的电路方程,方程中的变量是非线性电阻中的变量 $i_4$。

## 二、用节点电压法建立电路方程

也可用节点电压法或回路电流法建立非线性电阻电路的方程,不过选用何种方法要受到非线性电阻元件特性的限制。若电路中的非线性电阻都是电压控制型的,则宜选用节点电压法编写电路方程。

**例 18-3**  在图 18-10 所示电路中,三个非线性电阻的伏安特性分别为

$$i_3 = 3u_3^2, \quad i_4 = 5u_4^{\frac{1}{2}} + u_4, \quad i_5 = 2u_5^{\frac{2}{3}}$$

试写出该电路的节点电压方程。

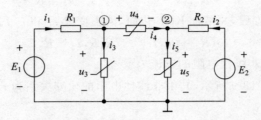

图 18-10  例 18-3 图

**解**  列写节点①和②的 KCL 方程为

$$-i_1 + i_3 + i_4 = 0$$
$$-i_2 - i_4 + i_5 = 0$$

将各支路电流用节点电压表示,可得

$$i_1 = \frac{E_1 - u_{n1}}{R_1}, \quad i_2 = \frac{E_2 - u_{n2}}{R_2}, \quad i_3 = 3u_3^2 = 3u_{n1}^2$$

$$i_4 = 5u_4^{1/2} + u_4 = 5(u_{n1} - u_{n2})^{1/2} + (u_{n1} - u_{n2}), \quad i_5 = 2u_5^{2/3} = 2u_{n2}^{2/3}$$

将上述各支路电流代入 KCL 方程,即可得到所需的节点电压方程

$$\begin{cases} \left(1 + \dfrac{1}{R_1}\right) u_{n1} + 3u_{n1}^3 + 5(u_{n1} - u_{n2})^{1/2} - u_{n2} = \dfrac{E_1}{R_1} \\[3mm] -u_{n1} - 5(u_{n1} - u_{n2})^{1/2} + \left(1 + \dfrac{1}{R_2}\right) u_{n2} + 2u_{n2}^{2/3} = \dfrac{E_2}{R_2} \end{cases}$$

当电路中既有电压控制型电阻,又有电流控制型电阻时,建立节点电压方程就会较为复杂,需寻求另外的途径来编写方程。

## 三、用回路电流法建立电路方程

若电路中的非线性电阻都是电流控制型的,宜采用回路电流法建立电路方程。

**例 18-4**  电路如图 18-11 所示,其中两个非线性电阻的伏安关系式为

$$u_1 = 3i_1^2 + 2i_1^{2/3}, \quad u_2 = 6i_2^3$$

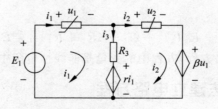

图 18-11  例 18-4 图

试编写该电路的回路电流方程。

**解** 两个回路电流即是两个非线性电阻中的电流。列写两个回路的 KVL 方程为

$$u_1 + R_3 i_3 + r i_1 = E_1$$
$$u_2 + \beta u_1 - R_3 i_3 - r i_1 = 0$$

将电流 $i_3$ 用回路电流表示，并将非线性电阻的元件特性代入 KVL 方程，整理后可得电路的回路电流方程为

$$\begin{cases} 3i_1^2 + 2i_1^{2/3} + (R_3 + r)i_1 - R_3 i_2 = E_1 \\ 3\beta i_1^2 + 2\beta i_1^{2/3} - (R_3 + r)i_1 + 6i_2^3 + R_3 i_2 = 0 \end{cases}$$

例 18-4 电路中的两个非线性电阻均是电流控制型电阻，因此能较容易地写出回路电流方程。若电路中含有电压控制型电阻，则回路电流方程的编写就会较为复杂，需另寻途径解决问题。

## 四、建立非线性电阻电路方程的有关说明

（1）用代入消元法建立方程时，是直接依据 KCL、KVL 和元件特性，用代入消元的方法消去尽可能多的电流、电压变量，从而得到方程数目最少的电路方程。当电路中既有电压控制型又有电流控制型非线性电阻时，可采用这种方法建立电路方程。

（2）当电路中的非线性电阻都是电压控制型时，适宜采用节点电压法编写电路方程。

（3）当电路中的非线性电阻均为电流控制型时，则适宜用回路电流法编写电路方程。

（4）本节介绍的几种建立电路方程的方法均属于"观察法"，在手工建立较简单电路的方程时可以采用这些方法。建立非线性电阻电路的方程也可采用系统化的普遍方法，"系统法"适宜用于计算机。限于篇幅，本书对系统法的介绍从略。

（5）对非线性电阻电路所建立的是非线性代数方程，一般难以获得其解析解，但可以在计算机上用数值方法求得其解。

## 练习题

18-3 电路如图 18-12 所示，其中非线性电阻的伏安关系为 $i_3 = 10u_3^{3/5} + u_3$，试编写其电路方程。

18-4 在图 18-13 所示电路中，非线性电阻的特性方程为 $i_2 = 5u_2^2 + 3u_2^3$，$i_3 = 6u_3^{2/3}$，试建立电路的节点电压法方程。

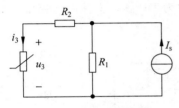

图 18-12　练习题 18-3 图

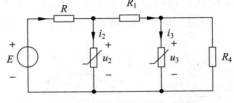

图 18-13　练习题 18-4 图

## 18.3　非线性电阻电路的三个基本概念

工作点、驱动点图(DP 图)和转移特性图(TC 图)是非线性电阻电路的三个基本概念。

### 一、工作点

对非线性电阻电路所建立的是一组非线性代数方程式,其一般形式为

$$\begin{cases} f_1(x_1,x_2,\cdots,x_n,t)=0 \\ f_2(x_1,x_2,\cdots,x_n,t)=0 \\ \qquad\qquad\vdots \\ f_n(x_1,x_2,\cdots,x_n,t)=0 \end{cases} \tag{18-7}$$

式中 $x_1,x_2,\cdots,x_n$ 为 $n$ 个独立的电路电压、电流变量。当电路中有时变电源时,方程中就显含参数 $t$。若电路中仅有直流电源时,方程式(18-7)中将不含时间变量 $t$,其所对应的是直流非线性电阻电路。由于交流电阻电路在任一瞬时 $t_k$ 可视为一个直流电阻电路,因此只要能求出直流电路的解来,就一定能求得交流电路的解,只不过工作量大一些而已。

在直流的情况下,方程式(18-7)的解 $(x_1,x_2,\cdots,x_n)$ 称为电路的工作点。由于式(18-7)中的每一个方程可看成是 $n$ 维空间中的一个曲面,则工作点 $(x_1,x_2,\cdots,x_n)$ 就可视为这 $n$ 个曲面的交点。这些曲面的交点可能有一个、多个或无限多个,也可能不存在交点,因此电路的工作点可有一个、多个或无限多个,也可能没有工作点。

电路工作点个数的情况可用图 18-14 说明。

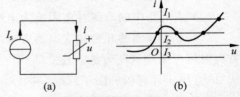

图 18-14　非线性电阻电路工作点的说明

图 18-14(a)所示电路中的非线性电阻的伏安特性如图 18-14(b)中的曲线所示。当直流电流源 $I_s=I_1$ 时,$I_s$ 特性和非线性电阻伏安特性有一个交点,即电路有一个工作点。当 $I_s=I_2$ 时,电路有三个工作点;若 $I_s=I_3$,两条特性曲线无交点,则此时电路无工作点。

### 二、驱动点图(DP 图)

一个非线性电阻电路可能含有多个电源,若将其中的一个电源抽取出来,可形成一个二端网络 N。若抽取的电源是电压源,则所得电路如图 18-15(a)所示;若抽取出来的是电流源,则电路如图 18-16(a)所示。所谓非线性电阻电路的驱动点图是指上述电路中二端网络 N 中的电源取特定值时,其端口的电压、电流关系曲线,这一端口的伏安关系曲线称为驱动点特性曲线图(Driving-Point Characteristic Plots),简称为 DP 图。上述两电路的 DP 图分别如图 18-15(b)和图 18-16(b)所示。

图 18-15　端口激励为电压源的网络及其 DP 图

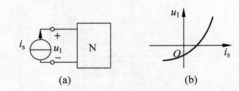

图 18-16　端口激励为电流源的网络及其 DP 图

对同一个非线性电阻电路,当选取的二端网络 N 不同时,所获取的 DP 图也将不同。如图 18-17(a)所示的电路,当分别抽取电压源和电流源后,所形成的二端网络如图 18-17(b)和图 18-17(c)所示。若令 N 中的电压源 $u_s$ 和电流源 $i_s$ 分别为零(取定值),则所得到的 DP 图如图 18-17(d)和图 18-17(e)所示。

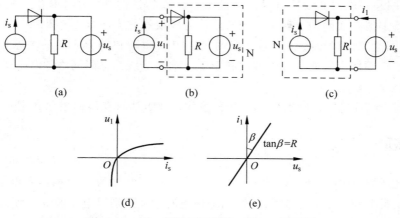

(a)　　　　　　(b)　　　　　　(c)

(d)　　　　　　(e)

图 18-17　同一网络的不同端口的 DP 图示例

## 三、转移特性图(TC 图)

对一个非线性电阻电路,若抽取出两条支路,其中一条是电源支路,另一条为任意支路,则可形成一个双口网络 N。接电源的端口称为驱动端口或输入端口,另一端称为响应端口或输出端口。输入可以是电压源或电流源,输出则为响应端口的电压或电流。

所谓非线性电阻电路的转移特性图,是指上述双口网络 N 中的各电源取特定值时,输出量和输入量之间的关系曲线,这一曲线称为转移特性曲线图(Transfer-Characteristic Plots,TC 图)。按输入量和输出量的不同组合,转移特性图共有四种类型,分别如图 18-18(a)~(d)所示。

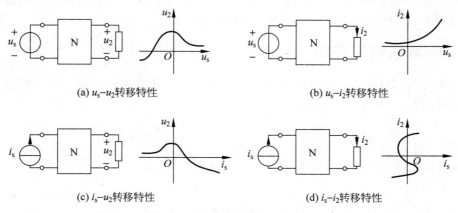

(a) $u_s$-$u_2$转移特性　　　　　　(b) $u_s$-$i_2$转移特性

(c) $i_s$-$u_2$转移特性　　　　　　(d) $i_s$-$i_2$转移特性

图 18-18　转移特性图的四种类型

对同一个非线性电阻电路,若选取不同的双口网络 N,所得到的转移特性图也将不同。

### 四、非线性电阻电路三个基本概念的有关说明

（1）工作点的概念针对的是直流电阻网络。由于一般难以求出非线性函数方程的解析解来，通常是用图解法或分段线性化方法求解非线性电阻电路的工作点。

（2）DP图是一端口非线性电阻网络的端口伏安特性曲线。求DP图时应将网络中的独立电源取特定值。实际中也通常用图解法或分段线性化方法求DP图。

（3）TC图是二端口非线性电阻网络两个端口的激励和响应之间的关系曲线。求TC图时也应将双口网络内部的独立电源取特定值。求取非线性电阻网络的TC图常采用图解法和分段线性化方法。

（4）求解非线性电阻网络的图解法和分段线性化方法将在后面予以介绍。

## 练习题

18-5　电路如图18-19所示，其中非线性电阻的伏安特性为$u_1 = 4i_1^2$，求电路的工作点。

18-6　在图18-20所示电路中，二极管是理想的。试分别以电压源$u_s$和电流源$i_s$为端口求DP图。做DP图时分别令$i_s = 0$（$u_s$为激励时）和$u_s = 0$（$i_s$为激励时）。

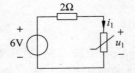

图18-19　练习题18-5图

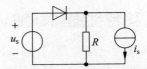

图18-20　练习题18-6图

## 18.4　非线性电阻电路的图解分析法

许多情况下很难得到非线性电阻元件伏安关系的函数表达式，对元件的描述往往借助于其特性曲线，因此图解法就成为分析计算非线性电阻电路的一种重要而常用的方法。图解法可用于求非线性电阻电路的工作点、DP图和TC图。

### 一、图解法求工作点

下面用图18-21(a)所示的电路来说明用图解法求非线性电阻电路工作点的概念和方法。该电路的KCL和KVL方程为

$$i_1 = -i_2$$
$$u_1 = u_2$$

两个非线性电阻的元件特性方程为

$$f_1(u_1, i_1) = 0$$
$$f_2(u_2, i_2) = 0$$

$f_1$曲线和$f_2$曲线分别如图18-21(b)和图18-22(c)所示。

将KCL和KVL方程代入元件特性中，可得到

$$f_1(u_1, i_1) = 0 \tag{18-8}$$

$$f_2(u_1, -i_1) = 0 \qquad (18\text{-}9)$$

将上述两式联立求得 $u_1$ 和 $i_1$ 后便可确定工作点。应注意到式(18-8)的曲线就是图 18-21(b)所示的曲线,而式(18-9)对应的曲线如图 18-21(d)所示,它是图 18-21(c)所示的曲线对横轴的镜像曲线。由于工作点必须同时满足式(18-8)和式(18-9),因此将这两条曲线同时作于同一坐标系中,后两者的交点 $Q$ 就是电路的工作点,如图 18-21(e)所示。图 18-21(d)所示的镜像曲线一般称为负载线,与之对应的非线性电阻称为负载,一般将特性曲线较简单的非线性电阻选作负载。上述做图求工作点的方法通常称为"负载线法"。

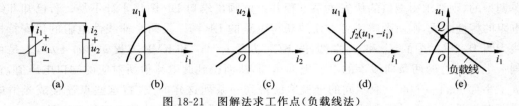

图 18-21　图解法求工作点(负载线法)

**例 18-5**　电路如图 18-22(a)所示,其中非线性电阻的伏安关系曲线如图 18-22(b)所示,用图解法求该电路的工作点。

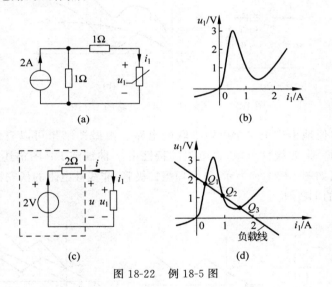

图 18-22　例 18-5 图

**解**　先将电路的线性部分等效为戴维南电路,如图 18-22(c)所示,虚线框内的部分可视为一个非线性电阻负载,则负载线方程为

$$u = 2i + 2$$

或写为

$$u_1 = -2i_1 + 2$$

做出负载线并将其与图 18-22(b)所示的非线性电阻特性曲线画于同一坐标系中,如图 18-22(d)所示。两条曲线共有三个交点,即该电路有三个工作点。由图 18-22(d)可得三个工作点的坐标为

$$Q_1(0.3\text{A}, 1.7\text{V}), \quad Q_2(1.0\text{A}, 1.0\text{V}), \quad Q_3(1.6\text{A}, 0.5\text{V})$$

## 二、图解法求 DP 图

### 1. 非线性电阻串联时的 DP 图

图 18-23(a)所示为两个非线性电阻的串联。按 KCL 和 KVL,有

$$i_1 = i_2$$

$$u = u_1 + u_2$$

由于一般情况下难以得到非线性电阻的伏安关系函数式,或者有电阻是电压控制型又是非单调型的,则要求得端口的伏安关系方程并由此画出端口 DP 图将十分不易。若已知非线性电阻的特性曲线,则由图解法可方便地获得电路的 DP 图。设两个非线性电阻的伏安特性曲线为图 18-23(b)中的 $f_1$ 和 $f_2$ 曲线,按 KCL 方程 $i_1 = i_2$ 和 KVL 方程 $u = u_1 + u_2$,于是可将同一电流值时的两条曲线上的电压坐标相加,从而得到此电流值所对应的端口电压值,它是 $u$-$i$ 平面上的一个点。取不同的电流值就得到一系列这样的点,将这些点连接成光滑的曲线便获得端口伏安关系曲线,即图 18-23(b)中的 $f$ 曲线,这也就是端口的 DP 图。

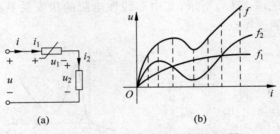

(a)                    (b)

图 18-23  图解法求串联电路的 DP 图

上述方法可方便地推广至多个电阻串联的电路。由做图结果可以看到,两个非线性电阻的串联可等效为一个非线性电阻,该电阻的特性由 $f$ 曲线或 DP 图描述。

**例 18-6**  电路如图 18-24(a)所示,D 为理想二极管,非线性电阻的伏安特性如图 18-24(b)所示,试画出电路的 DP 图。

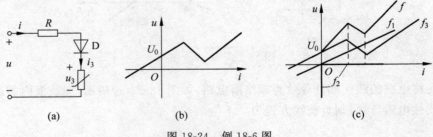

(a)              (b)              (c)

图 18-24  例 18-6 图

**解**  线性电阻 $R$ 的特性曲线是一条过原点的直线,为图 18-24(c)中的 $f_1$ 曲线。理想二极管的特性曲线是 $u$ 轴的负半轴和 $i$ 轴的正半轴,为图 18-24(c)中的曲线 $f_2$。按前述方法,取不同的电流值,在每一电流值下,将 $f_1$、$f_2$ 和 $f_3$ 三条曲线的电压坐标相加后可得端口的 DP 图,即图 18-24(c)中的 $f$ 曲线。

在例 18-6 中,将理想二极管和非线性电阻的特性曲线均用分段的直线段表示,称为曲线的分段线性化,这是一种近似方法,也是在分析非线性电路时常采用的一种方法。

**2. 非线性电阻并联时的 DP 图**

在非线性电阻并联时,若已知各元件的特性曲线,就可以用做图法求出其端口的伏安关系曲线即电路的 DP 图。

图 18-25(a)所示为两个非线性电阻的并联,各电阻的伏安特性如图 18-25(b)中的 $f_1$ 和 $f_2$ 曲线所示。由 KCL 和 KVL,有

$$u_1 = u_2 = u$$
$$i = i_1 + i_2$$

因此可将同一电压值时两条曲线上的电流坐标相加,从而得到此电压值所对应的端口电流值,它是 $u$-$i$ 平面上的一个点。取不同的电压值就得到一系列这样的点,将这些点连接成光滑的曲线便获得端口的伏安关系曲线 $f$,如图 18-25(b)所示。

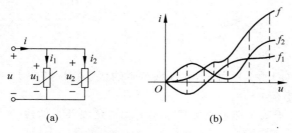

(a)                    (b)

图 18-25 图解法求非线性电阻并联的 DP 图

上述方法可容易地推广至多个非线性电阻并联的电路。可以看出,多个非线性电阻的并联可等效为一个非线性电阻,该等效电阻的伏安关系曲线为电路的 DP 图。

**3. 图解法求解非线性电阻的混联电路**

在电路中元件的连接关系既有串联又有并联的情况下,可交替运用上述串联电路和并联电路 DP 图的做图法做出混联电路端口的伏安关系曲线,并可根据做图的过程求得在给定的端口电压值(或端口电流值)下的各元件的电压与电流值。

**例 18-7** 非线性电阻的混联电路如图 18-26(a)所示,电路中三个非线性电阻的伏安特性分别为图 18-26(b)中的 $f_1$、$f_2$ 和 $f_3$ 曲线,试做出端口的 DP 图。若端口电压为 $u = U_0 = 5\text{V}$,求各非线性电阻的电压和电流。

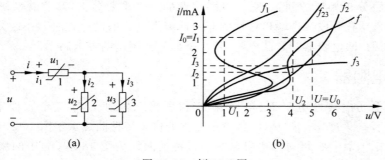

(a)                    (b)

图 18-26 例 18-7 图

**解** 先求并联部分的等效伏安特性。取一系列不同的电压值,将同一电压下的 $f_2$ 和 $f_3$ 曲线的电流坐标相加,由此得到并联部分的端口伏安特性曲线 $f_{23}$。再取一系列不同的

电流值,将同一电流时的 $f_1$ 和 $f_{23}$ 曲线的电压坐标相加,从而得到端口伏安特性曲线 $f$。 $f_{23}$ 和 $f$ 曲线如图 18-26(b)中所示。

根据图 18-26(b)中的各条特性曲线,可方便地求得在电路端口电压为给定值时的各电阻元件的电压和电流值。因端口电压 $U_0=5\text{V}$,在横轴 $u$ 轴上的 5V 处作一垂线交于 $f$ 曲线,从该交点处作一水平线交于横轴 $I$ 处,求得端口电流 $I_0=2.6\text{mA}$。该水平线又与曲线 $f_1$ 和 $f_{23}$ 相交,从这些交点处作垂线交于横轴,可求得 $U_1=1\text{V}$,$U_2=4.1\text{V}$,$U_2$ 为两并联电阻的端口电压。$U_2$ 处的垂线与曲线 $f_2$ 和 $f_3$ 相交,由交点可得电阻 2 的电流为 $I_2=1.4\text{mA}$,电阻 3 的电流为 1.6mA。于是各电阻的电压、电流值为

电阻 1(1V,2.6mA), 电阻 2(4.1V,1.4mA), 电阻 3(4.1V,1.6mA)

用图解法也可求非线性电阻电路的转移特性图(TC 图),方法上要复杂一些,本书就不作介绍了。

## 练习题

18-7 在图 18-27(a)所示电路中,非线性电阻的伏安特性如图 18-27(b)中的折线所示,用图解法求电压 $u$ 和电流 $i$。

18-8 求图 18-28 所示含理想二极管电路的端口伏安关系曲线。

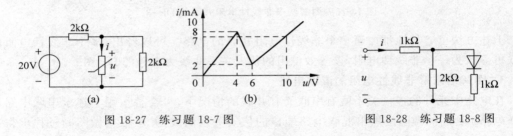

图 18-27 练习题 18-7 图　　　　图 18-28 练习题 18-8 图

## 18.5 具有分段线性端口特性的非线性电阻电路设计

已知电路的响应或特性,确定电路的结构与参数,称为电路设计,也称作电路综合。电路综合是与电路分析相反的问题,它是电路理论的一个重要分支,其有着系统的理论与方法。本节仅介绍具有分段线性端口特性的非线性电阻电路的设计方法。在这类电路的设计中,要用到所谓的"凹电阻器"和"凸电阻器"。下面先介绍这两种电路单元。

### 一、凹电阻器

这一电路单元由线性电阻 $R$、电压源 $E$ 和理想二极管 $D$ 等三个元件串联而成,如图 18-29(a)所示。设 $R>0$,$E>0$,则这三个元件的伏安特性曲线示于图 18-29(b)中。按求串联电路 DP 图的做图法,可得凹电阻器的端口特性曲线为图 18-29(b)中的粗实线所表示的曲线(折线)$f$。这一特性曲线为电压控制型的,可用式子表示为

$$i=g(u)=\frac{G}{2}(u-E)+\frac{G}{2}\,|\,u-E\,| \tag{18-10}$$

式中,$G=1/R$。该端口特性曲线分为两段,一段与 $u$ 轴重合,另一段是斜率为 $G$ 的直线,两

段的分界点是 $u$ 轴上的 $u=E$ 处。凹电阻器的电路符号如图 18-29(c)所示,它的两个参数为电导 $G=\dfrac{1}{R}$ 和电压 $E$。

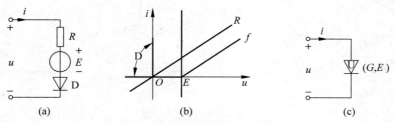

图 18-29 凹电阻器的特性曲线和电路符号

## 二、凸电阻器

该电路单元由线性电阻 $R$、电流源 $I$ 和理想二极管 D 等三个元件并联而成,如图 18-30(a)所示。设 $R>0,I>0$,则这三个元件的伏安特性曲线示于图 18-30(b)中。由求并联电路 DP 图的做图法,可得凸电阻器的端口特性曲线为图 18-30(b)中的粗实线所表示的曲线(折线) $f$。这一特性曲线为电流控制型的,可用式子表示为

$$u=f(i)=\frac{R}{2}(i-I)+\frac{R}{2}\mid i-I\mid \tag{18-11}$$

该端口特性曲线分为两段,一段与 $i$ 轴重合,另一段是斜率为 $1/R$ 的直线,两段的交接点是 $i$ 轴上的 $i=I$ 处。凸电阻器的电路符号如图 18-30(c)所示,表征它的两个参数是电阻 $R$ 和电流源的电流 $I$。

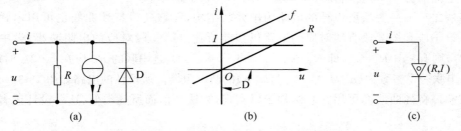

图 18-30 凸电阻器的特性曲线和电路符号

## 三、具有分段线性端口特性的电路之实现

当非线性电阻电路的端口特性曲线为折线段时,可利用前述的凹电阻器和凸电阻器实现电路的设计,具体方法以例说明之。

**例 18-8** 某非线性电阻电路具有图 18-31(a)所示的端口伏安特性,试设计该电路。

**解** 该端口特性曲线由三段折线构成,给每段编号如图 18-31(a)中所示。各直线段的方程为

第①段:  $\qquad u=0.5+0.5i,\qquad (i\leqslant 1\text{A})$

第②段:  $\qquad u=-1+2i,\qquad (1\text{A}\leqslant i\leqslant 2\text{A})$

第③段:  $\qquad u=1+i,\qquad (i\geqslant 2\text{A})$

下面用两种方法设计该电路。

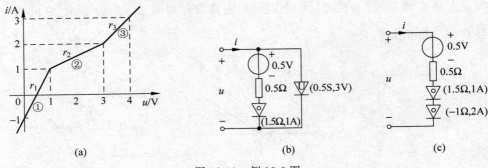

图 18-31　例 18-8 图

**解法一**　根据第①段的方程 $u=0.5+0.5i$，该段直线可用 0.5V 的电压源与 0.5Ω 电阻的串联予以实现。第②段直线的斜率较第①段减小，即对应的电导减小，或电阻增大，于是应在第①段对应的电路上串联一段电路。设该段电路的电阻为 $R_2$，第①段对应的电阻为 $r_1$，第②段对应的电阻为 $r_2$，因此应有 $r_1+R_2=r_2$，则 $R_2=r_2-r_1=2-0.5=1.5$Ω。串入的 $R_2$ 应在 $i\geqslant1$A 时起作用，由凸电阻器的特性，知需串联的电路应是一个参数为 $(R_2,I_2)=(1.5Ω,1A)$ 的凸电阻器。

第③段与第②段比较，其斜率增大，即对应的电导 $g_3=1/r_3$ 增大，需在前两段对应的电路上并联一段电路。设该段电路的电导为 $G_3$，于是应有 $g_2+G_3=g_3$，即 $G_3=g_3-g_2=\dfrac{1}{r_3}-\dfrac{1}{r_2}=\dfrac{1}{1}-\dfrac{1}{2}=\dfrac{1}{2}$S。并联的 $G_3$ 应在 $u\geqslant3$V 时起作用，由凹电阻器的特性，知需并联的电路应是一个参数为 $(G_3,U_3)=(0.5S,3V)$ 的凹电阻器。

由上面的分析，可得所设计的电路如图 18-31(b)所示。

**解法二**　前一解法所设计的电路为串并联结构，而该端口特性曲线也可用串联结构来实现。第①段和第②段直线对应的电路仍如前所述。第③段对应的电阻减小，设串入的电阻为 $R_3$，则有 $r_2+R_3=r_3$，即 $R_3=r_3-r_2=1-2=-1$Ω，且串联的 $R_3$ 应在 $i\geqslant2$A 时起作用，因此需串联一个参数为 $(R_3,I_3)=(-1Ω,2A)$ 的凸电阻器。所设计的电路如图 18-31(c)所示。

该端口特性曲线亦可用并联结构予以实现，方法与前面所述类似，这一设计读者可自行完成。

## 练习题

18-9　某电路的端口伏安特性曲线如图 18-32 所示，试设计该电路。

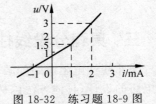

图 18-32　练习题 18-9 图

## 18.6　小信号分析法

在工程应用中，小信号分析法是分析非线性电阻电路的一种极为重要的方法。

### 一、小信号的概念

小信号是一个相对的概念，它通常是指一个时变电量，相对于电路中的直流电量而言，

其幅值很小。例如在图 18-33 所示电路中，若直流电压源的电压 $E$ 远大于时变信号源 $e_s(t)$ 的电压幅值，即在任何时刻都有 $|e_s| \ll E_0$，则 $e_s(t)$ 称为小信号电源，而 $E$ 称作直流偏置。直流电源通常用于建立电路的工作点。对这种电路的分析便可采用小信号分析法。

## 二、小信号分析法的导出

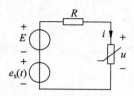

图 18-33　说明小信号概念的电路

小信号分析法的实质是将非线性电阻电路的分析转化为对线性电阻电路的计算，其基本思路是将小信号电源的作用看作是对直流电源所建立的工作点的扰动，在求得电路的工作点和扰动量后，便可获得电路的响应。例如在图 18-33 所示电路中，若响应为非线性电阻的电压 $u(t)$ 和 $i(t)$，直流工作点为 $(U_0, I_0)$，扰动量很小为 $\Delta u$ 和 $\Delta i$，则响应可表示为

$$u(t) = U_0 + \Delta u \tag{18-12}$$

$$i(t) = I_0 + \Delta i \tag{18-13}$$

上面两式中的 $U_0$ 和 $I_0$ 可通过解直流非线性电阻电路求出，而扰动量 $\Delta u$ 和 $\Delta i$ 可通过所谓的小信号电路求得其近似解，小信号电路是一线性电阻电路。下面以图 18-33 所示电路导出获得小信号电路的方法。

在该电路中，设非线性电阻为电压控制型的，其伏安特性可表示为 $i = g(u)$，将该式和式(18-12)代入式(18-13)，可得

$$I_0 + \Delta i = g(U_0 + \Delta u)$$

因 $\Delta u$ 很小，可将上式右边在 $U_0$ 处展开为泰勒级数，并取前两项，将其余一次以上的高次项略去，可得

$$I_0 + \Delta i \approx g(U_0) + \frac{\mathrm{d}g}{\mathrm{d}u}\Big|_{U_0} \Delta u$$

由于 $I_0 = g(U_0)$，则从上式可得

$$\Delta i = \frac{\mathrm{d}g}{\mathrm{d}u}\Big|_{U_0} \Delta u \tag{18-14}$$

式中的 $\dfrac{\mathrm{d}g}{\mathrm{d}u}\Big|_{U_0}$ 为非线性电阻在 $(U_0, I_0)$ 处的动态电导，即

$$G_d = \frac{1}{R_d} = \frac{\mathrm{d}g}{\mathrm{d}u}\Big|_{U_0} \tag{18-15}$$

于是式(18-14)可写为

$$\Delta i = G_d \Delta u$$

或

$$\Delta u = R_d \Delta i$$

对图 18-33 所示的电路应用 KVL，可得

$$Ri(t) + u(t) = E + e_s(t)$$

将 $i(t) = I_0 + \Delta i$，$u(t) = U_0 + \Delta u$ 及 $RI_0 + U_0 = E$ 代入上式，得

$$R(I_0 + \Delta i) + U_0 + \Delta u = RI_0 + U_0 + e_s(t)$$

整理后得到

$$R\Delta i + \Delta u = e_{\mathrm{s}}(t)$$

又将 $\Delta u = R_{\mathrm{d}}\Delta i$ 代入上式,可得

$$R\Delta i + R_{\mathrm{d}}\Delta i = e_{\mathrm{s}}(t)$$

上式为一线性代数方程,其对应的是图 18-34 所示的线性电路,由该电路可求出因小信号电源 $e_{\mathrm{s}}(t)$ 所引起的扰动量 $\Delta i$ 和 $\Delta u$,故称其为小信号等效电路。由该电路可得

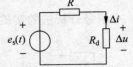

$$\Delta i = \frac{e_{\mathrm{s}}(t)}{R + R_{\mathrm{d}}}$$

$$\Delta u = R_{\mathrm{d}}\Delta i = \frac{R_{\mathrm{d}}e_{\mathrm{s}}(t)}{R + R_{\mathrm{d}}}$$

图 18-34  小信号等效电路

## 三、小信号分析法的解题步骤

(1) 先令电路中的小信号电源为零,而后解直流非线性电阻电路求出电路的工作点 $(U_0,I_0)$。求工作点时可用解析法或图解法。

(2) 由非线性电阻的元件特性,求出工作点处的动态电导 $G_{\mathrm{d}}$ 或动态电阻 $R_{\mathrm{d}}$。

(3) 构造小信号等效电路,由此电路求得电压和电流的扰动量 $\Delta u$ 和 $\Delta i$。

(4) 求出电路在直流电源和小信号电源共同作用下的响应,即 $u = U_0 + \Delta u, i = I_0 + \Delta i$。

**例 18-9**  电路如图 18-35(a)所示,其中 $e_{\mathrm{s}}(t) = \frac{1}{3}\sin 2t \mathrm{V}$,非线性电阻的伏安特性为 $i = \frac{1}{2}(u^2 + u), u \geqslant 0$。求电压 $u(t)$ 和电流 $i(t)$。

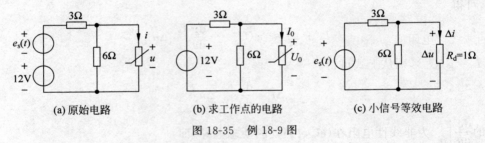

(a) 原始电路          (b) 求工作点的电路          (c) 小信号等效电路

图 18-35  例 18-9 图

**解**  (1) 先求电路的工作点,设工作点为 $(U_0,I_0)$,求工作点的电路如图 18-35(b)所示。列出该电路的节点方程为

$$\frac{U_0 - 12}{3} + \frac{U_0}{6} + I_0 = 0$$

将 $I_0 = \frac{1}{2}(U_0^2 + U_0)$ 代入上式,可得

$$U_0^2 + 2U_0 - 8 = 0$$

解之,得

$$U_0 = 2\mathrm{V}, \quad U_0 = -4\mathrm{V}(舍去)$$

(2) 求 $U_0 = 2\mathrm{V}$ 处的非线性电阻的动态电导 $G_{\mathrm{d}}$ 及动态电阻 $R_{\mathrm{d}}$,有

$$G_{\mathrm{d}} = \frac{\mathrm{d}i}{\mathrm{d}u}\bigg|_{U_0} = \left(\frac{1}{4}u + \frac{1}{2}\right)\bigg|_{U_0} = \frac{1}{4}\times 2 + \frac{1}{2} = 1\mathrm{S}$$

$$R_d = 1/G_d = 1\Omega$$

（3）做出小信号等效电路如图 18-35(c)所示。由该电路求得小信号电源引起的扰动量为

$$\Delta u = \frac{\dfrac{6\times1}{6+1}e_s(t)}{3+\dfrac{6\times1}{6+1}} = \frac{\dfrac{6}{7}}{\dfrac{27}{7}} \times \frac{1}{3}\sin2t = \frac{2}{27}\sin2t\ \text{V}$$

$$\Delta i = \frac{\Delta u}{R_d} = \frac{2}{27}\sin2t\ \text{A}$$

（4）求原电路中的电压 $u(t)$ 和电流 $i(t)$。可得

$$u(t) = U_0 + \Delta u = \left(2 + \frac{2}{27}\sin2t\right)\ \text{V}$$

$$i(t) = I_0 + \Delta i = \frac{1}{2}(U_0^2 + U_0) + \Delta i = \left(3 + \frac{2}{27}\sin2t\right)\ \text{A}$$

## 四、小信号分析法的有关说明

（1）在非线性电阻电路中，若时变信号源的幅值远小于直流电源的输出时，可采用小信号分析法。

（2）小信号分析法的基本思路是将电路的响应视为直流分量与扰动量之和。其中直流分量由电路中的直流偏置产生，而扰动量由时变信号源引起。应注意小信号分析法的思想和做法并非是应用叠加定理的结果，因为非线性电路不适用叠加定理。

（3）响应中的直流分量由求解仅由直流偏置作用下的直流非线性电阻电路获得，而扰动量系根据小信号等效电路求取。小信号等效电路为仅由时变信号源作用下的线性电阻电路，这一线性电路是将原电路中的非线性电阻用线性电阻代替而得，该线性电阻是在工作点处的非线性电阻的动态电阻。

## 练习题

18-10　电路如图 18-36 所示，其中非线性电阻的伏安特性方程为 $i = u^2$，小信号电源 $e_s(t) = \dfrac{1}{5}e^{-t}$ V。用小信号分析法求电压 $u(t)$ 和 $i(t)$。

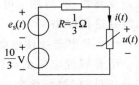

图 18-36　练习题 18-10 图

## 18.7　非线性电阻电路的分段线性处理法

分段线性处理法是分析非线性电路的一种非常重要的方法，其基本思想是用若干直线段近似地表示非线性元件的特性，从而将非线性电路的求解转化为线性电路的计算。本节讨论用于非线性电阻电路分析的分段线性化处理方法。

### 一、分段线性化方法的基本思路

这一方法的出发点是将非线性电路转换成线性电路进行计算。转换的方法是将非线性

电阻元件的伏安特性曲线用若干直线段近似表示,而每一直线段又与一条戴维南支路(即一个电压源与一个线性电阻的串联)或一条诺顿支路(即一个电流源与一个线性电阻的并联)对应。于是可用这一戴维南支路(或诺顿支路)去取代电路中的非线性电阻,在对每一非线性电阻都做这样的处理后,就将非线性电阻电路转换成了线性电阻电路。因此可通过对线性电阻电路的计算而获得非线性电阻电路的解。

若电路中有多个非线性电阻,而每一非线性电阻的特性曲线又由若干条直线段来表示,则通常需要将所有直线段组合所对应的电路计算之后才能确定出电路的解。设电路中共有 $m$ 个非线性电阻元件,每一非线性元件的伏安曲线由 $n_k$ 条折线段表示,则需计算的线性电路共有 $n_1 \cdot n_2 \cdot \cdots \cdot n_k \cdot \cdots \cdot n_m$ 个。

由于在求解电路时并不知道每一个非线性电阻元件确切的工作范围,因此需用检验法来确定每一线性电路计算结果的合理性。由于每一直线段对应于一个电压取值区间和电流取值区间,因此当用某条直线段对应的等效电路来代替该非线性电阻时,也就设定了这个电阻的电压及电流的取值范围。若据此直线段计算所得的电压值和电流值是在所设定的区间时,这一计算值便是正确的;若计算值不在该设定区间时,则计算结果是不合理的,应予舍弃。

可以看出,计算所用的每一线性电路的拓扑结构是相同的,区别仅在于取代非线性元件的戴维南支路(或诺顿支路)中元件参数的不同。因此,也将分段线性处理方法的计算过程称为迭代过程。

## 二、分段线性化方法的计算步骤

(1)将非线性电阻的特性曲线用折线表示。显而易见,对曲线划分的段数越多,则折线特性越接近于实际情况,但计算的工作量也随之增大很多。具体划分段数的多少取决于分析精度的要求。

(2)根据原电路做出计算用的线性电路,方法是将电路中的每一非线性电阻用戴维南等效支路替代,当然也可用诺顿等效支路替代,但通常是采用前者。这一计算用的电路也称为线性迭代网络。

(3)求出非线性电阻特性曲线每一折线段所对应的戴维南等效支路的两个参数。设第 $j$ 个非线性电阻的特性曲线分为 $n$ 段,则第 $k$ 段所对应的两个参数为 $_kE_j$ 和 $_kR_j$。为便于分析计算,最好将每一非线性电阻的每一折线段的具体情况做成一个表格。例如某非线性电阻的特性曲线如图 18-37(a)所示,其第 $k$ 条折线段对应的戴维南等效支路示于图 18-37(b)。设该电阻为电路中的编号为 1 的非线性电阻,其电压、电流为关联的参考方向,它的特性曲线分为三段,则各折线段对应的参数及电压、电流区间示于图 18-37(c)所示的表格中。

在上述表格中,$_kR_j$ 为第 $k$ 段直线斜率的倒数,如第(1)段的斜率为 2,则对应的电阻值 $_1R_1=1/2=0.5\Omega$。$_kE_j$ 为第 $k$ 段直线与横轴($u$ 轴)的交点,如第(2)段的延长线与 $u$ 轴的交点为 2,则对应的电压源的电压值为 $_2E_1=2\text{V}$。$_kD_j(u)$ 为第 $k$ 段直线对应的电压取值区间;$_kD_j(i)$ 为第 $k$ 段直线对应的电流取值区间。

(4)将所有非线性电阻特性曲线的各直线段进行组合,并将相应的等效支路的参数代入线性迭代网络计算。前已述及,若电路中有 $m$ 个非线性电阻,每一非线性电阻的特性曲

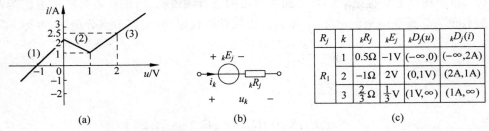

图 18-37　非线性电阻的分段线性特性曲线及其对应的等效支路的参数示例

线有 $n_j$ 个直线段,则需计算的线性电路共有 $n_1 \cdot n_2 \cdots n_k \cdots n_m$ 个。求出每一线性电路中对应于非线性电阻的每一等效支路的电压和电流。

（5）对第（4）步求得的对应于非线性电阻第 $k$ 段直线的等效支路的电压和电流分别进行检验。若该电压值和电流值正好都是在第 $k$ 段直线对应的电压取值及电流取值的范围内,则该次迭代计算的结果就是正确的;若算得的电压值和电流值中只要有一个不在第 $k$ 段直线的电压、电流的取值范围内,则此次迭代计算的结果便是不合理的,应予舍去。

（6）根据第（5）步确定的合理的迭代结果进而求得电路中各支路的电压、电流或指定的电路响应。

## 三、计算示例

**例 18-10**　电路如图 18-38（a）所示,其中两个非线性电阻的特性曲线示于图 18-38（b）中。试用分段线性化方法求各支路电流和电压。

**解**　（1）两个非线性电阻的特性曲线已分段线性化。各段折线对应的参数情况示于图 18-38（c）所示的表格中。

（2）做出迭代线性网络如图 18-38（d）所示。

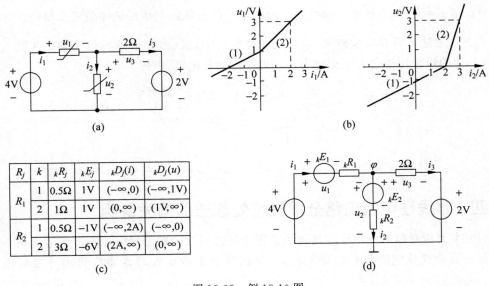

图 18-38　例 18-10 图

（3）由于两个非线性电阻的特性曲线均由两条折线段构成，因此需计算的电路为四个，求解的对象为非线性电阻的电流 $i_1$ 和 $i_2$。由线性迭代电路，根据节点分析法，可得

$$i_1 = \frac{4 - \varphi - {}_kE_1}{{}_kR_1}$$

$$i_2 = \frac{\varphi - {}_kE_2}{{}_kR_2}$$

$$\varphi = \frac{2[{}_kR_{1k}R_2 + {}_kR_2(4 - {}_kE_1) + {}_kR_{1k}E_2]}{2{}_kR_1 + 2{}_kR_2 + {}_kR_{1k}R_2}$$

（4）按上述计算式，四次迭代计算的结果及合理性检验的结论如下：

（1,1）段：

$$\varphi = \frac{10}{9}\text{V}, \quad i_1 = \frac{34}{9}\text{A} \notin {}_1D_1(i) \quad \text{此组合不合理，舍去}$$

（1,2）段：

$$\varphi = 2\text{V}, \quad i_1 = 2\text{A} \notin {}_1D_1(i) \quad \text{此组合不合理，舍去}$$

（2,1）段：

$$\varphi = \frac{4}{7}\text{V}, \quad i_1 = \frac{17}{7}\text{A} \in {}_2D_1(i), \quad i_2 = \frac{22}{7}\text{A} \notin {}_1D_2(i) \quad \text{此组合不合理，舍去}$$

（2,2）段：

$$\varphi = \frac{12}{11}\text{V}, \quad i_1 = \frac{21}{11}\text{A} \in {}_2D_1(i), \quad i_2 = \frac{26}{11}\text{A} \in {}_2D_2(i) \quad \text{此组合正确，保留}$$

在以上表述中，（1,1）段表示第一个非线性电阻的第一段折线与第二个非线性电阻的第一段折线的组合；（2,1）段表示第一个非线性电阻的第二段折线与第二个非线性电阻的第一段折线的组合；其余类推。符号"$\in$"表示"属于"，"$\notin$"表示"不属于"。例如 $i_1 = \frac{34}{9}\text{A} \notin {}_1D_1(i)$ 意指 $i_1 = \frac{34}{9}\text{A}$ 不在第一非线性电阻的第一段折线所对应的电流值定义域内。

（5）从上述计算及检验结果可知，在四种组合中，仅（2,2）段这种组合的结果是合理正确的，其他的组合应予舍弃。据此可得出电路中的各电流、电压为

$$i_1 = \frac{21}{11}\text{A}, \quad u_1 = {}_2E_1 + {}_2R_1i_1 = 1 + 1 \times \frac{21}{11} = \frac{32}{11}\text{V}$$

$$i_2 = \frac{26}{11}\text{A}, \quad u_2 = \varphi = \frac{12}{11}\text{V}$$

$$i_3 = i_2 - i_1 = \frac{26}{11} - \frac{21}{11} = \frac{5}{11}\text{A}, \quad u_3 = \varphi - 2 = \frac{12}{11} - 2 = -\frac{10}{11}\text{V}$$

## 四、非线性电阻电路分段线性处理法的有关说明

（1）本节所介绍的分段线性处理法适用于任意形式的规范网络。所谓规范网络是指电路中的所有非线性电阻都是二端元件，且非线性电阻的伏安特性曲线可用分段折线近似表示。

（2）当电路中含有受控电源时，也可以采用分段线性处理法。

（3）以上所介绍的方法和示例，实际是用分段线性处理法求非线性电阻电路的工作点。还可以用分段线性处理法求电路的 DP 图和 TC 图，限于篇幅，相关的介绍从略。

（4）采用分段线性处理法时，通常要计算多个电路，工作量较大。但由于进行的是迭代计算，这一方法十分适合于在计算机上应用。事实上，分段线性处理法已有非常成熟的多种算法软件可供利用。

## 练习题

18-11　电路如图 18-39（a）所示，两个非线性电阻的伏安特性曲线示于图 18-39（b）中。试用表格表述非线性电阻特性的各折线段对应的等效戴维南支路的参数及电压、电流的定义域，并做出线性迭代网络。

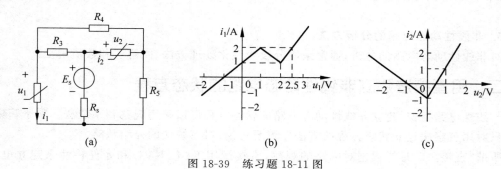

图 18-39　练习题 18-11 图

## 18.8　非线性动态电路状态方程的建立

### 一、非线性动态电路的有关概念

**1. 非线性动态电路**

当动态电路中至少含有一个非线性元件时，就称为非线性动态电路。非线性动态电路可分为三种类型：第一种类型是电路中的动态元件都是线性的，但电阻元件中至少有一个是非线性的；第二种类型是电路中的电阻元件都是线性的，但动态元件中至少有一个是非线性的；第三种类型是电路中既有非线性动态元件，又有非线性电阻元件。

**2. 非线性动态电路的状态方程和输出方程**

状态变量分析法是分析和求解非线性动态电路的一种基本方法。在许多情况下，需建立非线性动态电路的状态方程和输出方程。

和线性动态电路相似，对非线性动态电路所建立的状态方程是一个一阶的微分方程组。设电路中有 $n$ 个独立的动态元件和 $m$ 个电源，则状态方程的一般形式为

$$\dot{x} = f(x, u, \dot{u}, t) \tag{18-16}$$

式中，$x$ 为 $n$ 维状态矢量；$u$ 为 $m$ 维电源矢量。因电路中含有非线性元件，则 $f$ 为非线性函数。

非线性动态电路输出方程的一般形式为

$$Y = g(x, u, \dot{u}, t) \tag{18-17}$$

式中，$Y$ 为输出变量矢量；$g$ 也为非线性函数。

### 3. 自治网络和非自治网络

当状态方程式(18-16)中不显含时间变量 $t$ 时，称之为自治的状态方程，对应的，电路中不含有时变电源，这样的网络也就称为自治网络。若网络中含有时变电源，则状态方程的函数 $f$ 中一般会显含时间变量 $t$，这种网络就称为非自治网络。

### 4. 非线性动态电路的状态变量

非线性动态电路中的状态变量可以是电容元件的电压 $u_C$ 或电荷 $q_C$，电感的电流 $i_L$ 或磁链 $\Psi_L$。若是线性元件，则对电容，既可选 $u_C$ 作状态变量，也可选 $q_C$ 作状态变量；对电感，用 $i_L$ 或 $\Psi_L$ 作状态变量都是可以的。若是非线性元件，则需根据元件特性方程的具体情况来选择状态变量，通常是选所谓的控制变量作状态变量。如电容元件是电压控制型的，则选 $u_C$ 作状态变量；若它是电荷控制型的，宜选 $q_C$ 作状态变量。对电感元件，做法也相似。

### 5. 非线性动态电路的分析方法

对非线性动态电路的分析，通常采用分段线性化处理方法、图解法和数值解法。

## 二、用直接法建立非线性动态电路的状态方程

与线性电路类似，建立非线性动态电路的状态方程可以采用观察和系统法。限于篇幅，下面只对用观察法建立状态方程的方法作简要讨论，对系统法的介绍从略。

所谓"直接法"，是指根据对电路的观察，直接运用 KCL、KVL 和元件特性来建立电路的状态方程。这一方法适用于结构较为简单的电路。

**例 18-11** 电路如图 18-40 所示，已知非线性电阻的特性方程为 $u_1 = i_1^3 + i_1$，非线性电感的特性方程为 $i_L = 3\Psi_L^2$。试建立该电路的状态方程。

**解** 因非线性电感是磁链控制型的，因此选磁链 $\Psi_L$ 为状态变量。由磁链-电压方程及 KVL，有

$$\frac{\mathrm{d}\Psi_L}{\mathrm{d}t} = u_L = u_1$$

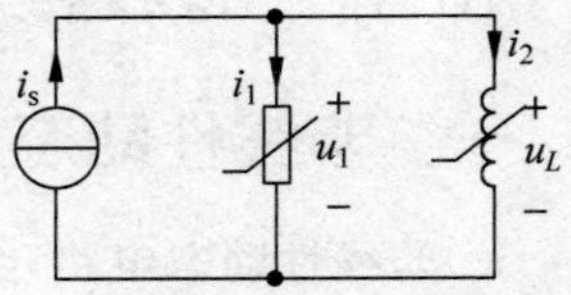

图 18-40 例 18-11 图

将电阻元件的伏安关系式 $u_1 = i_1^3 + i_1$ 代入上式，得

$$\frac{\mathrm{d}\Psi_L}{\mathrm{d}t} = i_1^3 + i_1 \tag{①}$$

又由 KCL，有

$$i_1 = i_s - i_L$$

将 $i_L = 3\Psi_L^2$ 代入上式，得

$$i_1 = i_s - 3\Psi_L^2 \tag{②}$$

再将②式代入①式，可得电路的状态方程为

$$\frac{\mathrm{d}\Psi_L}{\mathrm{d}t} = (i_s - 3\Psi_L^2)^3 + i_s - 3\Psi_L^2$$

**例 18-12** 在图 18-41 所示电路中，非线性电阻的特性方程为 $u_1 = 2i_1^3 + 3i_1$，非线性电感的特性方程为 $i_L = 3\Psi_L^2 + \Psi_L$，电容元件为线性的，$e_s(t) = 10\sin 2t\,\mathrm{V}$。试建立该电路的状态方程。

**解**　此电路中的非线性电感为磁链控制型的,电容为线性的,因此选磁链 $\Psi_L$ 和电容电压 $u_C$ 为状态变量。由电阻的伏安关系式和电感的电压-磁链关系式以及 KCL、KVL,有

$$C\frac{\mathrm{d}u_C}{\mathrm{d}t}=i_C=i_L$$

$$\frac{\mathrm{d}\Psi_L}{\mathrm{d}t}=u_L=e_s(t)-u_1-u_C$$

将元件特性 $u_1=2i_1^3+3i_1$ 及 $i_L=3\Psi_L^2+\Psi_L$ 代入上面两式,经整理后即得状态方程为

$$\begin{cases}\dfrac{\mathrm{d}u_C}{\mathrm{d}t}=\dfrac{1}{C}(3\Psi_L^2+\Psi_L)\\[2mm]\dfrac{\mathrm{d}\Psi_L}{\mathrm{d}t}=e_s(t)-2(3\Psi_L^2+\Psi_L)^3-3(3\Psi_L^2+\Psi_L)-u_C\end{cases}$$

应注意到,一些非线性动态电路可能不存在标准形式的状态方程。例如图 18-42 所示的电路,若非线性电阻的伏安关系方程为 $u_1=i_1^3-3i_1^{1/2}$,则由于电阻是电流控制型的,不能用 $u_1$ 来表示 $i_1$,则无论选 $u_C$ 或 $q_C$ 作为状态变量,都无法写出标准形式的状态方程。但可对该电路建立微分方程。由 KVL,有

$$u_1+u_C=e_s$$

由元件伏安关系式,有

$$i_1^3-3i_1^{1/2}+\frac{1}{C}\int_{-\infty}^t i_1\mathrm{d}t'=e_s$$

对上式两边求导后,可得以 $i_1$ 为变量的微分方程

$$\left(3i_1^2-\frac{3}{2}i_1^{-\frac{1}{2}}\right)\frac{\mathrm{d}i_1}{\mathrm{d}t}+\frac{1}{C}i_1=\frac{\mathrm{d}e_s}{\mathrm{d}t}$$

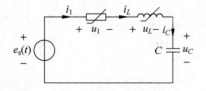

图 18-41　例 18-12 图

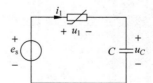

图 18-42　不存在标准形式状态方程的电路示例

## 三、用电源替代法建立非线性动态电路的状态方程

在第 14 章中,曾介绍了可用电源替代法建立线性动态电路的状态方程。对某些类型的非线性动态电路,也可采用电源替代法编写状态方程。

**1. 电源替代法的适用范围**

这一方法适用于一些特定的网络。这类网络中所含的非线性电容元件应是电荷控制型的,非线性电感应是磁链控制型的,而所有的电阻元件一般应是线性的。

**2. 电源替代法的步骤**

(1) 选取非线性电容的电荷 $q_C$ 和非线性电感的磁链 $\Psi_L$ 为状态变量。若电容和电感元件是线性的,也可选电容电压 $u_C$ 和电感电流 $i_L$ 为状态变量。

(2) 做出替代网络,其中将原网络中的电容和电感分别用电压为 $u_C$ 的电压源和电流为

$i_L$ 的电流源替代。

(3) 用适当的网络分析法(通常用叠加定理)求解替代网络,解出电容支路的电流 $i_C$ 和电感支路的电压 $u_L$。

(4) 由 $i_C = \dfrac{\mathrm{d}q_C}{\mathrm{d}t}$ 及 $u_L = \dfrac{\mathrm{d}\Psi_L}{\mathrm{d}t}$,将第(3)步所得整理为标准形式的状态方程。

(5) 用类似方法可获得网络的输出方程。

**例 18-13**   电路如图 18-43(a)所示,已知非线性电容的特性方程为 $u_C = f_1(q_C) = q_C^2 + q_C^{1/3}$,非线性电感的特性方程为 $i_L = f_2(\Psi_L) = 2\Psi_L^3 + \Psi_L$,试编写该电路的状态方程及输出方程,设输出量为 $u_{R1}$ 和 $i_{R2}$。

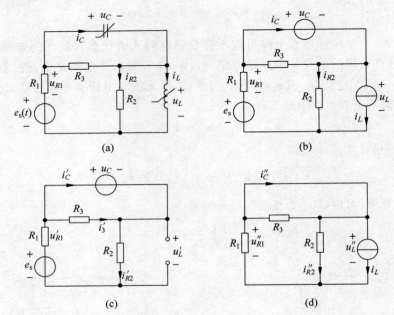

图 18-43   例 18-13 图

**解**   (1) 选取电容电荷 $q_C$ 和电感磁链 $\Psi_L$ 为状态变量。

(2) 将电容元件用电压为 $u_C$ 的电压源替代,将电感元件用电流为 $i_L$ 的电流源替代,做出替代后的网络如图 18-43(b)所示。

(3) 替代后的网络为一线性网络,应用叠加定理,图 18-43(b)所示的电路为图 18-43(c)和图 18-43(d)所示两电路的叠加。由图 18-43(c)所示电路,求得

$$i'_C = i'_{R2} - i'_3 = \frac{e_s - u_C}{R_1 + R_2} - \frac{u_C}{R_3} = -\left(\frac{1}{R_1 + R_2} + \frac{1}{R_3}\right)u_C + \frac{1}{R_1 + R_2}e_s$$

$$u'_L = i'_{R2}R_2 = -\frac{R_2}{R_1 + R_2}u_C + \frac{R_2}{R_1 + R_2}e_s$$

$$u'_{R1} = -i'_{R2}R_1 = \frac{R_1}{R_1 + R_2}u_C - \frac{R_1}{R_1 + R_2}e_s$$

$$i'_{R2} = -\frac{1}{R_1 + R_2}u_C + \frac{1}{R_1 + R_2}e_s$$

由图 18-43(d)所示电路,求得

$$i''_C = \frac{R_2}{R_1 + R_2} i_L$$

$$u''_L = -\frac{R_1 R_2}{R_1 + R_2} i_L$$

$$u''_{R1} = u''_L = -\frac{R_1 R_2}{R_1 + R_2} i_L$$

$$i''_{R2} = -\frac{R_1}{R_1 + R_2} i_L$$

将上述各电压、电流分量叠加,可得

$$i_C = i'_C + i''_C = -\left(\frac{1}{R_1 + R_2} + \frac{1}{R_3}\right) u_C + \frac{R_2}{R_1 + R_2} i_L + \frac{1}{R_1 + R_2} e_s$$

$$u_L = u'_L + u''_L = -\frac{R_2}{R_1 + R_2} u_C - \frac{R_1 R_2}{R_1 + R_2} i_L + \frac{R_2}{R_1 + R_2} e_s$$

$$u_{R1} = u'_{R1} + u''_{R1} = \frac{R_1}{R_1 + R_2} u_C - \frac{R_1 R_2}{R_1 + R_2} i_L - \frac{R_1}{R_1 + R_2} e_s$$

$$i_{R2} = i'_{R2} + i''_{R2} = -\frac{1}{R_1 + R_2} u_C - \frac{R_1}{R_1 + R_2} i_L + \frac{1}{R_1 + R_2} e_s$$

(4) 由 $i_C = \dfrac{\mathrm{d}q_C}{\mathrm{d}t}$ 及 $u_L = \dfrac{\mathrm{d}\Psi_L}{\mathrm{d}t}$,并将电容和电感的特性方程代入,可得电路的状态方程为

$$\begin{cases} \dfrac{\mathrm{d}q_C}{\mathrm{d}t} = -\left(\dfrac{1}{R_1 + R_2} + \dfrac{1}{R_3}\right)(q_C^2 + q_C^{1/3}) + \dfrac{R_2}{R_1 + R_2}(2\Psi_L^3 + \Psi_L) + \dfrac{1}{R_1 + R_2} e_s \\[3mm] \dfrac{\mathrm{d}\Psi_L}{\mathrm{d}t} = -\dfrac{R_2}{R_1 + R_2}(q_C^2 + q_C^{1/3}) - \dfrac{R_1 R_2}{R_1 + R_2}(2\Psi_L^3 + \Psi_L) + \dfrac{R_2}{R_1 + R_2} e_s \end{cases}$$

电路的输出方程为

$$\begin{cases} u_{R1} = \dfrac{R_1}{R_1 + R_2}(q_C^2 + q_C^{1/3}) - \dfrac{R_1 R_2}{R_1 + R_2}(2\Psi_L^3 + \Psi_L) - \dfrac{R_1}{R_1 + R_2} e_s \\[3mm] i_{R2} = -\dfrac{1}{R_1 + R_2}(q_C^2 + q_C^{1/3}) - \dfrac{R_1}{R_1 + R_2}(2\Psi_L^3 + \Psi_L) + \dfrac{1}{R_1 + R_2} e_s \end{cases}$$

## 四、用选常态树的方法建立非线性动态电路的状态方程

### 1. 常态树的选取

这里所说的常态树,是指将所有的电容支路和流控型电阻选作树支,而将所有的电感支路和压控型电阻选为连支。同时尽可能将电压源支路选入树支,将电流源支路选入连支。

### 2. 选常态树方法的步骤

(1) 按上述常态树的概念选树,并做出相应的有向图。

(2) 列写含电容树支的基本割集的 KCL 方程和含电感连支的基本回路的 KVL 方程。

(3) 依据所选取的状态变量,将 $i_C = \dfrac{\mathrm{d}q_C}{\mathrm{d}t}$ 或 $i_C = C\dfrac{\mathrm{d}u_C}{\mathrm{d}t}$ 代入所列写的 KCL 方程,将

$u_L = \dfrac{\mathrm{d}\Psi_L}{\mathrm{d}t}$ 或 $u_L = L\,\dfrac{\mathrm{d}i_L}{\mathrm{d}t}$ 代入所列写的 KVL 方程,并用代入消元等方法消去 KCL、KVL 方程中的非状态变量,从而得到所需的状态方程。

**例 18-14** 在图 18-44(a)所示的电路中,各非线性元件的特性方程为 $i_{L1} = f_{L1}(\Psi_{L1})$,$i_{L2} = f_{L2}(\Psi_{L2})$,$u_C = f_C(q_C)$,$u_{R1} = f_{R1}(i_{R1})$,$u_{R2} = f_{R2}(i_{R2})$。试建立该电路的状态方程。

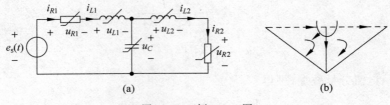

$$(a) \qquad\qquad (b)$$

图 18-44 例 18-14 图

**解** (1) 按常态树的概念,选如图 18-44(b)所示的一棵树,其中电容和两个流控型电阻均选入树支,两个电感选作连支。

(2) 对含电容树支的基本割集列写 KCL 方程为

$$i_C = i_{L1} - i_{L2}$$

对含电感连支的两个基本回路列写 KVL 方程为

$$u_{L1} = -u_C - u_{R1} + e_s(t)$$

$$u_{L2} = u_C - u_{R2}$$

(3) 将 $\dfrac{\mathrm{d}q_C}{\mathrm{d}t} = i_C$,$\dfrac{\mathrm{d}\Psi_{L1}}{\mathrm{d}t} = u_{L1}$,$\dfrac{\mathrm{d}\Psi_{L2}}{\mathrm{d}t} = u_{L2}$,$u_{R1} = f_{R1}(i_{R1}) = f_{R1}(i_{L1}) = f_{R1}[f_{L1}(\Psi_{L1})]$,$u_{R2} = f_{R2}(i_{R2}) = f_{R2}(i_{L2}) = f_{R2}[f_{L2}(\Psi_{L2})]$ 及电容、电感元件的特性方程代入上述 KCL、KVL 方程,可得所需的状态方程为

$$
\begin{cases}
\dfrac{\mathrm{d}q_C}{\mathrm{d}t} = f_{L1}(\Psi_{L1}) - f_{L2}(\Psi_{L2}) \\[2mm]
\dfrac{\mathrm{d}\Psi_{L1}}{\mathrm{d}t} = -f_C(q_C) - f_{R1}[f_{L1}(\Psi_{L1})] + e_s(t) \\[2mm]
\dfrac{\mathrm{d}\Psi_{L2}}{\mathrm{d}t} = f_C(q_C) - f_{R2}[f_{L2}(\Psi_{L2})]
\end{cases}
$$

这一方法的应用受到电路条件的限制。容易看出,若此电路中的两个非线性电阻是压控型的,则列写方程时将会遇到困难。

## 五、建立非线性动态电路状态方程方法的有关说明

(1) 建立非线性动态电路的状态方程可以采用观察法和系统法,本节所介绍的几种方法均属于观察法。系统法适合在计算机上运用。

(2) 可以看出,上述建立非线性动态电路状态方程的方法均只能在一定的电路条件下运用,适用范围受到了限制。事实上,由于非线性动态电路的复杂性,难以找到一种能普遍适用的方法。实际中,只能是根据电路的具体情况选择合适的方法来建立电路方程。

(3) 如前面所指出的,某些非线性动态电路可能难以写出标准形式的状态方程。

## 练习题

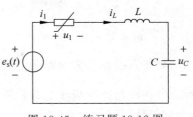

图 18-45  练习题 18-12 图

**18-12** 在图 18-45 所示电路中,电容和电感为线性元件,非线性电阻的伏安特性为 $u_1 = 2i_1^3 + 3i_1$,试列写该电路的状态方程。又若非线性电阻的伏安特性为 $i_1 = u_1^2 - 2u_1^{1/2}$,可否写出电路的状态方程?

# 18.9  一阶电路的分段线性处理方法

本节讨论一阶非线性动态电路的分段线性处理方法。当一阶电路中的非线性电阻网络的端口伏安特性及非线性动态元件的特性曲线可用若干直线段近似表示时,便可以采用这一分析方法。下面以电阻性网络为非线性的,动态元件是线性的这一情况说明分段线性化方法的应用。

## 一、一阶电路分段线性化方法的思路

和电阻性非线性电路相似,这一方法的出发点是将非线性电路的分析转化为线性电路的求解。由非线性电路获得线性电路是按照所谓的"动态路线"来进行的。"动态路线"是指电路中的变量在非线性特性曲线上演变的点移动的"路线"和"方向"。

在图 18-46(a)所示的一阶电路中,电容是线性的,二端电阻性网络 N 中含有非线性电阻,其端口伏安特性用分段折线表示后如图 18-46(b)所示。当电路的暂态过程从某一初始点开始后,端口的电压 $u(t)$ 和电流 $i(t)$ 的变化可以设想为一个动态点在端口特性曲线上的移动,这一移动的路线和方向便称为"动态路线"。确定了"动态路线"之后,便可根据动态点所处的位置,由相应的特性曲线的折线段做出等效的线性电路,从而求得电路的暂态响应。下面以图 18-46 所示的电路为例说明具体的方法和步骤。

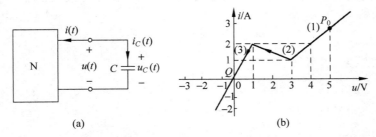

(a)　　　　　　　　　　(b)

图 18-46  一阶非线性动态电路及其中的二端电阻性网络 N 的端口伏安特性曲线

## 二、一阶非线性动态电路分段线性处理方法的示例

**例 18-15** 在图 18-46(a)所示电路中,$C = 0.1\text{F}$,$u_C(0) = 5\text{V}$,二端电阻性网络 N 的端口特性曲线如图 18-46(b)所示,试求电路的响应 $u_C(t)$,$t \geqslant 0$。

**解** (1)确定动态路线

对网络 N 的端口特性曲线的各折线段编号如图 18-46(b)中所示。因 $u(t) = u_C(t)$,则

$u(0)=u_C(0)=5\mathrm{V}$,于是动态路线的初始点 $P_0$ 位于第(1)段折线上。由 $i(t)=-i_C(t)=$ $-C\dfrac{\mathrm{d}u_C}{\mathrm{d}t}$,可知第(1)段折线上 $i>0$,$i_C<0$,$\dfrac{\mathrm{d}u_C}{\mathrm{d}t}=\dfrac{\mathrm{d}u}{\mathrm{d}t}<0$,这表明 $u$ 是随着时间的增长而减小的,动态点的移动方向如图中第(1)段上的箭头所示。当 $u$ 降为 3V 时,动态点将进入第(2)段折线。在此段折线上有 $i>0$,$i_C<0$,$\dfrac{\mathrm{d}u}{\mathrm{d}t}=\dfrac{\mathrm{d}u_C}{\mathrm{d}t}<0$,即 $u$ 仍将继续减小,动态点的移动方向如图中第(2)段上的箭头所示。当 $u$ 减小为 1V 时,动态点将进入第(3)段折线。在这段折线上,仍有 $i>0$,$i_C<0$,$\dfrac{\mathrm{d}u}{\mathrm{d}t}<0$,于是 $u$ 将继续减小,图中第(3)段上的箭头为动态点的移动方向。当 $i=-i_C=0$ 时,$\dfrac{\mathrm{d}u}{\mathrm{d}t}=\dfrac{\mathrm{d}u_C}{\mathrm{d}t}=0$,则电压 $u$ 不再变化,动态点将停止于原点($Q$ 点),$Q$ 点称为平衡点,也称此时电路处于平衡状态。

根据上面的分析可知该电路所需确定的动态路线是端口特性曲线上动态点移动时在各折线段间转换并经历的路径,即从初始点 $P_0$ 出发,由第(1)段进入第(2)段,再进入第(3)段,最后终止于平衡点。

(2) 根据动态路线计算电路的响应

按照确定的动态路线,将端口特性曲线上动态路线所包含的每一折线段依次用对应的戴维南等效电路表示,由此得到计算用的线性电路,进而求得电路响应。

① 动态路线第(1)段对应电路的计算

端口特性曲线的第(1)段折线的表达式为 $u=i+2$,由此做出对应的等效电路如图 18-47(a) 所示。电容的初始电压为 $u_C(0_+)=5\mathrm{V}$,电路的时间常数为

$$\tau_1=1\times 0.1=0.1\mathrm{s}$$

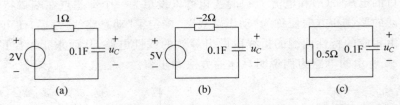

图 18-47 例 18-15 计算用图

由一阶电路的三要素法,可得

$$u_C(t)=2+(5-2)\mathrm{e}^{-\frac{t}{0.1}}=(2+3\mathrm{e}^{-10t})\mathrm{V},\quad 0_+\leqslant t\leqslant t_1$$

其中 $t_1$ 是 $u_C(t)=3\mathrm{V}$ 的时刻,$t_1$ 可由下式求得:

$$3=2+3\mathrm{e}^{-10t_1}$$

于是得到

$$t_1=\frac{1}{10}\ln 3=0.11\mathrm{s}$$

② 动态路线第(2)段对应电路的计算

端口特性曲线的第(2)段折线的表达式为 $u=-2i+5$,由此做出对应的等效电路如图 18-47(b)所示。电容的初始电压 $u_C(t_1)=3\mathrm{V}$,$t_1=0.11\mathrm{s}$,电路的时间常数为

$$\tau_2=-2\times 0.1=-0.2\mathrm{s}$$

由三要素法,可得

$$u_C(t) = 5 + (3-5)e^{-\frac{t-t_1}{-0.2}} = [5 - 2e^{5(t-0.11)}]V, \quad t_1 \leqslant t \leqslant t_2$$

其中 $t_2$ 是 $u_C(t) = 1V$ 的时刻, $t_2$ 由下式求得:

$$1 = 5 - 2e^{5(t_2 - 0.11)}$$

于是得到

$$t_2 = \frac{1}{5}\ln 2 + 0.11 = 0.249s$$

③ 动态路线第(3)段对应电路的计算

端口特性曲线的第(3)段折线的表达式为 $u = 0.5i$,由此做出对应的等效电路如图 18-47(c) 所示。电容的初始电压 $u_C(t_2) = 1V$, $t_2 = 0.249s$,电路的时间常数为

$$\tau_3 = 0.5 \times 0.1 = 0.05s$$

由三要素法,可得

$$u_C(t) = e^{-\frac{t-t_2}{\tau_3}} = e^{-20(t-0.249)}V, \quad t \geqslant t_2$$

(3) 做出响应 $u_C(t)$ 的曲线

按前面求得的各时间段 $u_C(t)$ 的表达式,做出电路的响应 $u_C(t)$ 的变化曲线如图 18-48 所示。

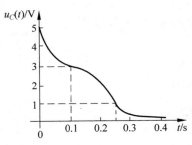

图 18-48　例 18-15 电路响应的曲线

## 三、一阶非线性动态电路分段线性处理方法的步骤

(1) 从给定的电路初始状态出发,按照电阻性网络端口电压、电流与动态元件电压、电流间的关系及动态元件的伏安关系式,在用折线段表示的特性曲线上确定动态路线。当电阻性网络中含有非线性电阻且动态元件也是非线性时也按相似方法处理,只不过需在两条用折线段表示的特性曲线上确定动态路线,其过程复杂一些而已。

(2) 根据已确定的动态路线,将特性曲线上各折线段用线性戴维南等效支路或诺顿等效支路代替,从而得到一系列线性一阶电路。

(3) 用三要素法求解各线性一阶电路,从而得到电路的响应。

## 练习题

18-13　电路如图 18-49(a)所示,其中电容 $C = 1\mu F$, $q_C(0_-) = 6 \times 10^{-6}C$,电阻性网络 N

的分段端口特性如图 18-49(b)所示,若电路的响应为 $i_C(t)$,试做出采用分段线性化方法时的各线性一阶电路。

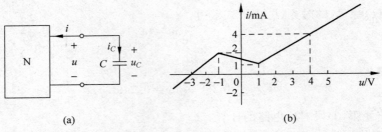

图 18-49  练习题 18-13 图

## 18.10  例题分析

**例 18-16**  在图 18-50 所示电路中,各非线性电阻均是电压控制型的,试建立电路方程式。

**解**  因各非线性电阻均是电压控制型的,可采用节点分析法建立电路方程。设各非线性电阻的特性方程为 $i_1 = g_1(u_1)$,$i_2 = g_2(u_2)$,$i_3 = g_3(u_3)$,$i_4 = g_4(u_4)$。选参考点如图中所示,列出各节点的 KCL 方程为

$$i_1 + i_5 - i_6 = 0$$
$$i_2 + i_3 - i_5 = 0$$
$$-i_3 + i_4 + i_6 = i_s$$

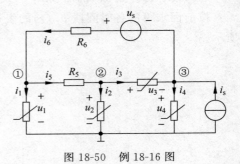

图 18-50  例 18-16 图

又将各支路电流用节点电压表示为

$$i_1 = g_1(u_1) = g_1(u_{n1}), \quad i_2 = g_2(u_2) = g_2(u_{n2}), \quad i_3 = g_3(u_3) = g_3(u_{n2} - u_{n3})$$
$$i_4 = g_4(u_4) = g_4(u_{n3}), \quad i_5 = \frac{1}{R_5}(u_{n1} - u_{n2}), \quad i_6 = \frac{1}{R_6}(-u_{n1} + u_{n3} + u_s)$$

将上述各式代入 KCL 方程,经整理后便得到所需的电路方程

$$\begin{cases} g_1(u_{n1}) + \left(\frac{1}{R_5} + \frac{1}{R_6}\right)u_{n1} - \frac{1}{R_5}u_{n2} - \frac{1}{R_6}u_{n3} = \frac{1}{R_6}u_s \\ -\frac{1}{R_5}u_{n1} + \frac{1}{R_5}u_{n2} + g_2(u_{n2}) + g_3(u_{n2} - u_{n3}) = 0 \\ -\frac{1}{R_6}u_{n1} - g_3(u_{n2} - u_{n3}) + \frac{1}{R_6}u_{n3} + g_4(u_{n3}) = i_s - \frac{1}{R_6}u_s \end{cases}$$

**例 18-17**  电路如图 18-51(a)所示,若非线性电阻的特性方程为 $i = u^2 - 5u (u > 0)$,求电压 $u$、$u_1$ 和电流 $i_2$。

**解**  此电路中只有一个非线性电阻,可先用诺顿定理将除非线性电阻之外的线性部分化简。将非线性电阻从网络中断开后,得到如图 18-51(b)所示的电路,求得短路电流为

$$i_{sc} = 5A$$

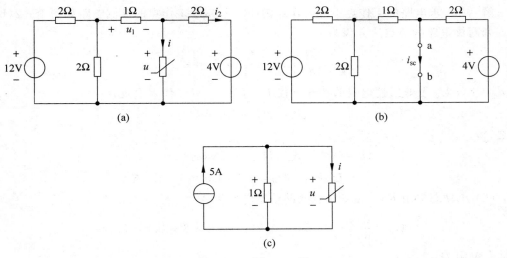

图 18-51 例 18-17 图

诺顿等效电阻为

$$R_0 = R_{ab} = 1\Omega$$

于是可做出如图 18-51(c)所示的等效电路。对该电路列写 KCL 方程,有

$$\frac{u}{1} + i = 5$$

将非线性电阻的特性方程代入上式后可得

$$u^2 - 4u - 5 = 0$$

解之,得

$$u = 5V, \quad u = -1V(舍去)$$

由 $u = 5V$,根据图 18-51(a)所示电路,可求得

$$u_1 = 0.5V, \quad i_2 = 0.5A$$

**例 18-18** 如图 18-52(a)所示电路,已知 $u_s(t) = 0.5\cos 2t\,V$,非线性电阻的伏安特性方程为 $i = u^2 - 0.5u(u > 0)$,试用小信号分析法求电流 $i(t)$ 和电压 $u_1(t)$。

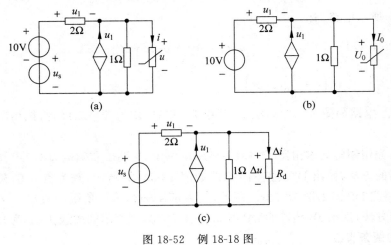

图 18-52 例 18-18 图

**解** (1) 求电路的工作点。设工作点为$(U_0, I_0)$，求工作点的直流电路如图 18-52(b)所示。列写该电路的节点法方程为

$$\frac{u_1}{2} + u_1 - \frac{U_0}{1} - I_0 = 0$$

将 $u_1 = 10 - U_0$ 及非线性电阻的特性方程 $I_0 = U_0^2 - 0.5U_0$ 代入上式,得

$$U_0^2 + 2U_0 - 15 = 0$$

解之,得

$$U_0 = 3\text{V} \quad \text{或} \quad U_0 = -5\text{V(舍去)}$$

$$I_0 = U_0^2 - 0.5U_0 = 3^2 - 0.5 \times 3 = 7.5\text{A}$$

(2) 求动态电阻 $R_d$。在工作点处的动态电导为

$$G_d = \frac{\mathrm{d}i}{\mathrm{d}u}\Big|_{U_0} = (2u - 0.5)\Big|_{U_0} = 2 \times 3 - 0.5 = 5.5\text{S}$$

则动态电阻为

$$R_d = \frac{1}{G_d} = \frac{1}{5.5} = \frac{2}{11}\Omega$$

(3) 做出小信号等效电路如图 18-52(c)所示。列出该电路的节点法方程为

$$\frac{u_s - \Delta u}{2} + (u_s - \Delta u) - \frac{\Delta u}{1} - \frac{\Delta u}{R_d} = 0$$

由此求得

$$\Delta u = \frac{3}{16}u_s = \frac{3}{32}\cos 2t \text{ V}$$

$$\Delta i = G_d \Delta u = \frac{33}{64}\cos 2t \text{ A}$$

(4) 求原电路中的电流 $i(t)$ 和 $u_1(t)$。可得

$$i(t) = I_0 + \Delta i = \left(7.5 + \frac{33}{64}\cos 2t\right)\text{A}$$

$$u(t) = U_0 + \Delta u = \left(3 + \frac{3}{32}\cos 2t\right)\text{V}$$

由图 18-52(a)所示电路,有

$$u_1(t) = 10 + u_s(t) - u(t) = 10 + 0.5\cos 2t - \left(3 + \frac{3}{32}\cos 2t\right)$$

$$= \left(7 + \frac{13}{32}\cos 2t\right)\text{V}$$

**例 18-19** 电路如图 18-53(a)所示,其中 $D_1$ 和 $D_2$ 均为理想二极管,试用图解法求电流 $I$ 和 $I_1$。

**解** (1) 先用图解法求出图 18-53(a)所示电路中 ab 端子右侧端口的 DP 图。根据求串联电路 DP 图的方法,做出 $D_1$ 支路的 DP 图如图 18-53(b)所示,其为负 $u$ 轴和第一象限的直线;$D_2$ 支路的 DP 图如图 18-53(c)所示,其为正 $u$ 轴和第三象限的直线。又根据求并联电路 DP 图的方法,做出 ab 端口的 DP 图如图 18-53(d)中所示的曲线①,其为分别位于第一和第三象限的两条直线。

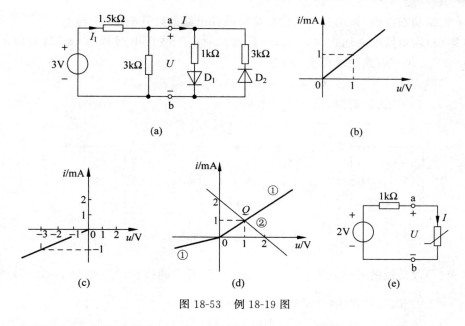

图 18-53 例 18-19 图

(2) 将图 18-53(a)所示电路 ab 端口左侧部分化简,做出等效电路如图 18-53(e)所示。

(3) 再用图解法求解图 18-53(e)所示电路。做出负载线为图 18-53(d)中的直线②,两条曲线的交点 $Q$ 的坐标即为 ab 端口的电压 $U$ 和 $I$。可得

$$U = 1\text{V}, \quad I = 1\text{mA}$$

(4) 又由图 18-53(a)所示电路,求得

$$I_1 = \frac{3-U}{1500} = \frac{3-1}{1500} = \frac{4}{3}\text{mA}$$

**例 18-20** 在图 18-54(a)所示电路中,N 为非线性电阻网络,其端口伏安特性曲线如图 18-54(b)所示。设 $L = 0.5\text{H}$,$i_L(0_-) = 3\text{A}$,试求响应 $i_L(t)$,$t \geqslant 0$,并画出 $i_L(t)$曲线。

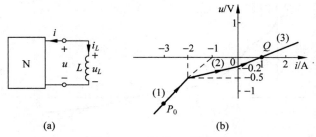

(a)　　　　　　　　　(b)

图 18-54 例 18-20 图之一

**解** (1) 确定动态路线。给端口特性曲线各折线段编号如图 18-54(b)中所示。因 $i = -i_L$,则 $i(0_-) = -i_L(0_-) = -3\text{A}$,于是可知初始点 $P_0$ 在第(1)段折线上。在此段折线上,$u < 0$,则有 $u_L = u = L\dfrac{\text{d}i_L}{\text{d}t} < 0$,即 $i_L$ 是减少的,因此 $i$ 增大,于是可决定动态点在第(1)段上的移动方向如图中所示。按类似方法,可确定动态路线为从 $P_0$ 点出发,经第(1)段折线至第(2)段折线,再至第(3)段折线,最后终止于平衡点 $Q$。在 $Q$ 点,$u = 0$,则 $\dfrac{\text{d}i_L}{\text{d}t} = 0$。

（2）根据动态路线，做出各折线段对应的线性电路并计算响应 $i_L(t)$。

① 第（1）段折线的表达式为 $i=2u-1$，与此对应的线性电路如图 18-55（a）所示，其中 $i_L(0_-)=3\text{A}$。用三要素法求得 $i_L(t)$ 为

$$i_L(t)=(1+2\mathrm{e}^{-t})\text{A}, \quad (0\leqslant t\leqslant t_1)$$

其中 $t_1$ 为 $i_L(t)=2\text{A}$ 的时刻，由上式可求得

$$t_1=\ln 2=0.693\text{s}$$

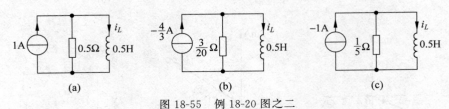

图 18-55　例 18-20 图之二

② 第（2）段折线的表达式为 $i=\dfrac{20}{3}u+\dfrac{4}{3}$，与此对应的线性电路如图 18-55（b）所示，其中 $i_L(t_1)=2\text{A}$。由三要素法，可求得

$$i_L(t)=\left[-\frac{4}{3}+\frac{10}{3}\mathrm{e}^{-\frac{3}{10}(t-t_1)}\right]\text{A}, \quad (t_1\leqslant t\leqslant t_2)$$

其中 $t_2$ 为 $i_L(t)=0$ 的时刻，由上式可求得

$$t_2=3.746\text{s}$$

③ 第（3）段折线的表达式为 $i=5u+1$，与此相应的线性电路如图 18-55（c）所示，其中 $i_L(t_2)=0$。可求得

$$i_L(t)=\left[-1+\mathrm{e}^{-\frac{2}{5}(t-t_2)}\right]\text{A}, \quad (t\geqslant t_2)$$

（3）做出响应 $i_L(t)$ 的曲线。由上述各时间段 $i_L(t)$ 的表达式，做出 $i_L(t)$ 曲线如图 18-56 所示。

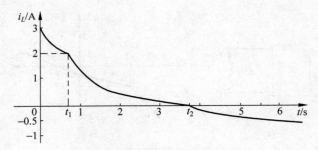

图 18-56　例 18-20 图之三

## 习题

18-1　（1）某非线性电阻的伏安特性为 $i=u^2+3u$，若通过该电阻的电流为 $-2\text{A}$，求此时的静态电阻值和动态电阻值。

（2）某非线性电容的特性方程为 $q=0.5u^3+u$，若此时电容两端的电压为 $0.5\text{V}$，求此

时的静态电容值和动态电容值。

18-2 非线性电阻电路如题 18-2 图所示,其中非线性电阻的特性方程为 $i = 3u^3 + 2u$,试建立该电路的方程。

18-3 如题 18-3 图所示非线性电阻电路,其中两个非线性电阻的特性方程分别为 $u_1 = i_1^2, i_2 = 2u_2^{1/3}$,试列写该电路的方程式。

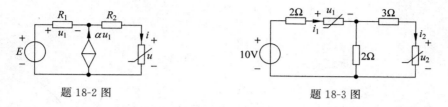

题 18-2 图          题 18-3 图

18-4 电路如题 18-4 图所示,三个非线性电阻的伏安特性分别为 $i_1 = 3u_1^{1/3}, i_2 = 6u_2^3$,$i_3 = 2u_3^2 + 3u_3$,试写出该电路的节点电压方程。

18-5 在题 18-3 图所示非线性电阻电路中,两个非线性电阻的伏安关系式分别为 $u_1 = 2i_1^3 + 3i_1^{-1}, u_2 = 0.5i_2^{1/3} + 2i_2^{1/2}$,试建立该电路的回路电流方程。

18-6 电路如题 18-6 图所示,已知非线性电阻的特性为 $i = 2u^2$,试求各支路电流 $i$、$i_1$、$i_2$ 和 $u$,电流、电压的单位分别为 A、V。

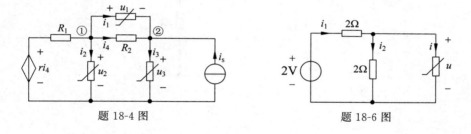

题 18-4 图          题 18-6 图

18-7 电路如题 18-7 图所示,两个非线性电阻的伏安关系方程为 $u_1 = i_1^2 (i_1 > 0), u_2 = i_2^2 (i_2 > 0)$,求电压 $u_1$ 和 $u_2$。

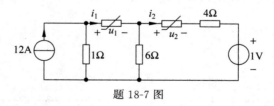

题 18-7 图

18-8 非线性电阻电路如题 18-8 图(a)所示,其中非线性电阻的伏安特性曲线示于题 18-9 图(b)中。试用图解法决定电路的工作点。

18-9 求题 18-9 图所示一端口网络的 DP 图(端口伏安特性曲线),两个非线性电阻的特性曲线如题 18-9 图(b)中所示。

18-10 求题 18-10 图(a)、(b)所示两电路的端口伏安特性曲线,电路中的 D 为理想二极管。

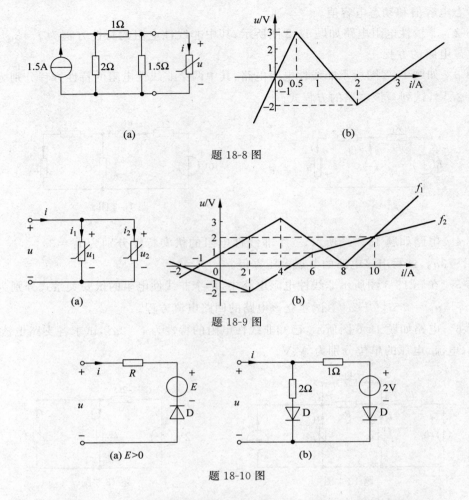

题 18-8 图

题 18-9 图

(a) E>0

题 18-10 图

18-11　试设计一个一端口电路,使其具有如题 18-11 图所示的端口特性。

18-12　非线性电阻电路如题 18-12 图所示,已知 $i_s(t)=\cos 3t$ A,非线性电阻的特性方程为 $i=u^2$,试用小信号分析法求电压 $u(t)$ 和电流 $i(t)$。

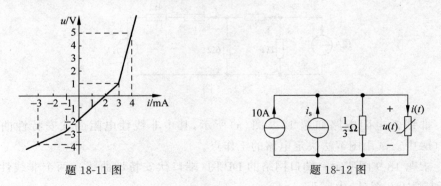

题 18-11 图　　　　　　题 18-12 图

18-13　在题 18-13 图所示电路中,非线性电阻的特性方程为 $u=i^3+2i$,若 $i_s(t)=0.35\sin 2t$ V,试用小信号分析法求电流 $i(t)$。

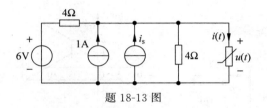

题 18-13 图

18-14 在题 18-14 图(a)所示电路中,两个非线性电阻的特性曲线如题 18-15 图(b)、(c)所示,试用分段线性化方法求电流 $i$、$i_1$ 和 $i_2$。

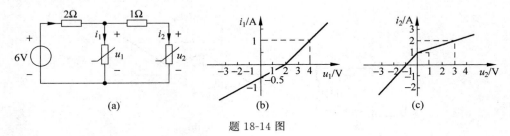

题 18-14 图

18-15 试列写题 18-15 图所示电路的状态方程,电路中非线性电阻的特性方程为 $i_1 = f(u_1)$。

18-16 试列写题 18-16 图所示电路的状态方程,电路中的非线性电感和非线性电容的特性方程分别为 $i_{L1} = f_1(\Psi_{L1})$,$u_C = f_2(q_C)$。

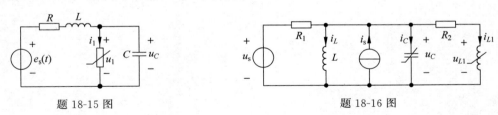

题 18-15 图　　　　　　　　　　题 18-16 图

18-17 在题 18-17 图(a)所示电路中,电阻性网络 N 的 DP 图如题 18-17 图(b)所示,若 $u_C(0_-) = 10\text{V}$,求电容电压 $u_C(t)$,$t \geqslant 0$,并画出 $u_C(t)$ 的波形。

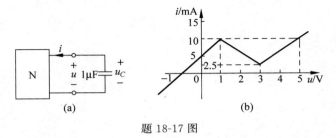

题 18-17 图

18-18 电路如题 18-18 图(a)所示,电阻性网络 N 的 DP 图示于题 18-18 图(b)中,若 $u_C(0_-) = -10\text{V}$,试求 $u_C(t)$ 和 $i_C(t)$,$t \geqslant 0$。

18-19 在题 18-19 图(a)所示电路中,电阻性网络 N 的 DP 图如题 18-19 图(b)所示,若 $i_L(0_-) = 5\text{A}$,求电感电流 $i_L(t)$,$t \geqslant 0$,并画出 $i_L(t)$ 的波形。

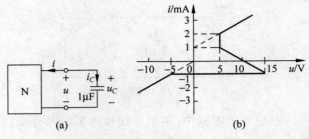

题 18-18 图

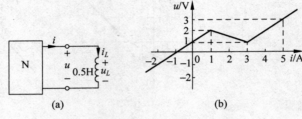

题 18-19 图

# 第 19 章

# 电路仿真简介

**本章提要**

　　PSpice 是功能强大的电路仿真软件。本章在简要介绍 OrCAD PSpice Release 9.0 的基本功能和特性以及电路仿真的主要步骤和方法的基础上,通过实例说明电路直流分析、正弦稳态分析和暂态分析的仿真方法,为今后学习及应用电路仿真技术打下必要的基础。

## 19.1　OrCAD PSpice Release 9.0 简介

　　PSpice 是国际上广泛应用的通用电路模拟程序,是一种主要面向电子电路和集成电路的分析软件,且其版本不断地在完善和更新。PSpice 电路数据的输入既可以为文本方式,也可以为图形方式,图形方式比文本方式描述直观。供教学使用的 PSpice 通常只能分析规模较小的电路。

　　目前在 Windows 方式下的 PSpice 一般包括以下几个基本程序模块:电路原理图编辑程序 Capture;激励源编辑程序 Stimulus Editor;电路仿真程序 PSpice A/D;波形显示和分析程序 Probe;模型参数编辑程序 Model Editor;元器件模型参数库 LIB;优化程序 Optimizer 等。

　　PSpice 能够处理的元器件非常广泛,可直接输入的电路元器件有:线性电路元件(其中包括电阻、电容、电感、耦合电感、独立电源,线性受控源、传输线等);非线性受控源;电子元器件(其中包括二极管、双极晶体管、结型场效应管和 MOS 场效应管、运算放大器等);功率电子器件(其中包括晶闸管、电力晶体管、功率 MOS 管、IGBT 等);用于电子测量、控制等常见的各种集成电路芯片等。

　　PSpice 的分析功能十分强大,它可以进行直流分析(电阻电路分析)、交流分析(正弦稳态分析)、瞬态分析(动态电路的时域分析)、傅里叶分析以及其他分析。

　　在 PSpice 中,电路结构和参数的输入有两种方式。一种是在 File/New/Textfile 的文本环境中,用电路描述语言编辑并保存符合语法规则的文本电路数据文件,用 Simulation/Run 命令直接执行 OrCAD/PSpice A/D 程序进行仿真。另一种是调用 OrCAD/Capture 程序在图形方式下建立并编辑电路原理图,根据电路数据修改元器件的参数或型号。然后在主菜单(PSpice)中选取(New Simulation Profile)菜单设置或编辑分析类型,再进行仿真计算。无论采用何种输入方式,所有版本的 PSpice 最终都要通过电路文本格式文件确定元件间的连接关系,然后根据分析类型进行分析计算。

# 19.2    OrCAD PSpice 电路仿真的基本步骤

采用 OrCAD/Capture 电路原理图编辑程序对电路设计方案进行电路模拟的基本过程共分以下八个阶段。

**1. 新建设计项目**

PSpice 是采用项目的方式来管理各个设计任务的,由项目管理器对项目所涉及的电路图、模拟要求、元器件符号库、模型参数库以及输出结果进行统一管理。每个设计项目对应一个项目管理器窗口,打开一个新的绘图页之前必须先创建一个全新的项目。

**2. 绘制电路原理图**

在 OrCAD/Capture CIS 中完成电路原理图的绘制,并利用编译器把电路图转换成一系列的电路仿真设置文件以供 PSpice 调用,这些文件包括使用元器件种类、网络连接状态、相关仿真命令、自建元件库及激励信号源等信息。

**3. 创建仿真分析电路特性**

电路原理图绘制完成后,调用 PSpice 程序执行模拟分析,还需要先创建新的仿真文件。

**4. 电路仿真分析**

使用 PSpice A/D 模块实现电路的模拟电路、数字电路和模/数混合电路进行仿真分析,它能完成 6 类共计 15 种电路特性分析任务。

(1)直流特性分析:包括静态工作点(Bias Point Detail)、直流灵敏度(DC Sensitivity)、直流传输特性(TF,Transfer Function)和直流扫描(DC Sweep)分析。

(2)交流分析:包括交流特性(AC Sweep)和噪声特性(Noise)分析。

(3)瞬态分析:包括瞬态响应分析(Transient Analysis)和傅里叶分析(Fourier Analysis)。

(4)参数扫描:包括温度特性分析(Temperature Analysis)和参数扫描分析(Parametric Analysis)。

(5)统计分析:包括蒙特卡罗分析(MC,Monte Carlo)和最坏情况分析(WC,Worst Case)。

(6)逻辑模拟:包括数字模拟(Digital Simulation)、数/模混合模拟(Mixed A/D Simulation)和最坏情况时序分析(Worst Case timing Analysis)。

其中,直流工作点(Bias Point)、直流扫描(DC Sweep)、交流扫描(AC Sweep)和瞬态响应(Transient)是 4 个基本电路特性分析类型。

**5. 仿真结果分析**

如果模拟分析过程正常结束,则可调用波形显示和分析模块 Probe 显示波形结果。

**6. 电路优化设计**

对于模拟电路,可在结果分析的基础上确定是否调用 PSpice A/D 中的优化模块(Optimizer),对电路进一步进行优化设计,提高设计质量。

**7. 设计修正**

在电路模拟过程中,如果电路设计方案不合适、电路图生成中出现差错或分析参数设置不当,都会导致 PSpice A/D 因检测出致命错误而不能正常运行或出现运行不收敛和运行结果不满足设计要求的情况。

### 8. 设计结果输出

经过上述几个阶段,得到符合要求的电路设计后,就可以调用 OrCAD/Capture CIS 输出全套电路图纸,包括各种统计报表;也可根据需要将电路设计图数据传送给 OrCAD/Layout,继续进行印制电路板设计。

PSpice 元器件及常用命令介绍见表 19-1。

**表 19-1 PSpice 元器件及常用命令**

PSpice 元器件类别及其字母代号

| 字母代号 | 元器件类别 | 字母代号 | 元器件类别 |
|---|---|---|---|
| B | CaAs 场效应晶体管 | N | 数字输入 |
| C | 电容 | O | 数字输出 |
| D | 二极管 | Q | 双极晶体管 |
| E | 压控电压源 | R | 电阻 |
| F | 流控电流源 | S | 电压控制开关 |
| G | 压控电流源 | T | 传输线 |
| H | 流控电压源 | U | 数字电路单元 |
| I | 独立电流源 | USTIM | 数字电路激励信号源 |
| J | 结型场效应管(JFET) | V | 独立电压源 |
| K | 互感(磁芯)、传输线耦合 | W | 电流控制开关 |
| L | 电感 | X | 单元子电路调用 |
| M | MOS 场效应管(MOSFET) | Z | 绝缘栅双极晶体管(IGBT) |

PSpice 常用绘图按钮及其功能

| 序号 | 快捷键图标 | 英文名称 | 中文名称 |
|---|---|---|---|
| 1 | | Select/Unit | 选取电路单元 |
| 2 | | Place/Part | 选取元器件 |
| 3 | | Place/Wire | 连接线路 |
| 4 | | Place/Net Alias | 放置节点名称 |
| 5 | | Place/Bus | 连接总线 |
| 6 | | Place/Junction | 旋置节点 |
| 7 | | Place/Bus Entry | 放置总线进出点 |
| 8 | | Place/Power | 放置电源符号 |
| 9 | | Place/Ground | 放置接地符号 |
| 10 | | Place/Hierachical Block | 放置电路方框图 |
| 11 | | Place/Hierachical Port | 放电路图输出/入端口 |
| 12 | | Place/Hierachical Pin | 放方框图输出/入端点 |
| 13 | | Place/Off-page Connector | 放电路端点连接器 |

| 序号 | 快捷键图标 | 英文名称 | 中文名称 |
|---|---|---|---|
| 14 | | Place/No Connector | 放电路端点不连接符号 |
| 15 | | Place/Line | 画单线 |
| 16 | | Place/Polyline | 画多折线 |
| 17 | | Place/Rectangle | 画矩形 |
| 18 | | Place/Ellipse | 画圆或椭圆形 |
| 19 | | Place/Arc | 画圆弧线 |
| 20 | | Place/Text | 放置文字 |

## 19.3　直流稳态电路分析仿真

以下各节内容将以具体的电路为实例,详细介绍运用 PSpice 软件平台进行电路仿真分析的方法、步骤,阐述电路原理分析常用的基本分析类型的参数设置、波形观测、分析输出结果的方法,并同时讨论用参数扫描方法分析器件参数变化对电路性能的影响。

直流分析:PSpice 的直流分析功能可以分析电路的静态工作点(.OP)、直流小信号传递特性(.TF)、直流扫描特性(.DC)、直流灵敏度(.SENS)。在直流分析中,电感直接按短路处理,电容直接按开路处理,PSpice 的基本输出量通常为节点电压、支路电压和支路电流。

**例 19-1**　在图 19-1 所示电路中,$R_1 = 2\Omega, R_2 = 10\Omega, R_3 = 50\Omega, R_4 = 20\Omega, R_5 = 20\Omega,$ $R_6 = 5\Omega, R_7 = 40\Omega$。

(1)用 PSpice 软件平台计算出电路中负载电阻的电压、电流和功率。

(2)图 19-1 中电阻 $R_1$ 为负载电阻 $R_L$,改变电阻值 $R_1$,电阻 $R_1$ 两端的电压、电流和功率也会随之改变,通过 PSpice 软件平台绘出对应的曲线,观察曲线可得出 $R_1$ 为何值时消耗的功率最大,验证该值是否与最大功率传递定理理论计算值相等。

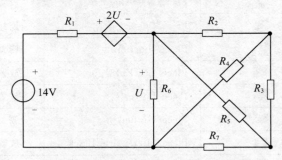

图 19-1　最大功率传递定理原理电路图

**解**　实验步骤:

绘制电路原理图。打开 PSpice 软件平台界面,建立一个工程 File-New-project,界面如图 19-2 所示。

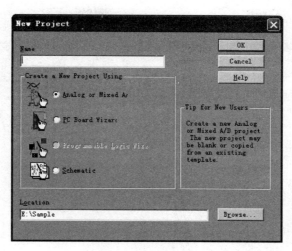

图 19-2 新建工程

在 Name 中对新建工程命名(必须全英文,不能有汉字),选择 Analog or Mixed 选项,单击 Browse 按钮可以修改工程路径,设置完成以后单击 OK 按钮,出现界面如图 19-3 所示。

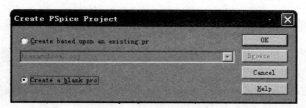

图 19-3 建立空的工程

选择 Create a blank pro 建立一个空的工程,完成后单击 OK 按钮,出现界面如图 19-4 所示。

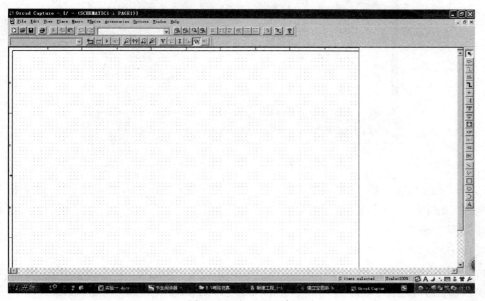

图 19-4 空工程面板

添加所有元器件库,单击按钮界面右上角按钮 ▣ ,出现界面如图 19-5 所示。

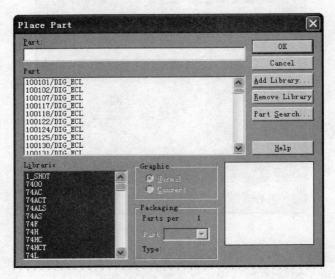

图 19-5  添加器件库

单击按钮 Add Library... ,出现界面如图 19-6 所示。

图 19-6  加入所有器件

Ctrl+A 选中所有的文件,单击打开,在空格处输入 $R$ 或 $r$,出现界面如图 19-7 所示。

单击 OK 按钮,调出电阻元件图符,在工作区间放置 7 个电阻,放置结束以后,右击,出现界面如图 19-8 所示。

选择 END Mode,结束电阻放置。双击所放置的电阻名称和阻值对其进行修改。选择 Rotate 可以对其进行旋转。

单击按钮界面右上角按钮 ▣ ,在空格中输入 VDC,调出直流电压源,如图 19-9 所示,双击数值对其进行修改,改为 14V。

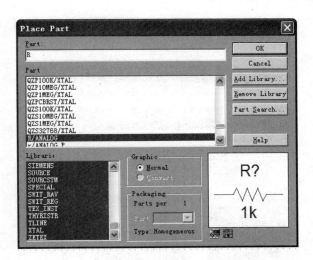

图 19-7　选择电阻元件

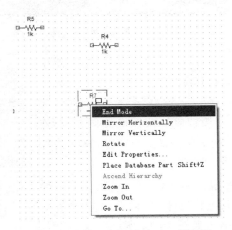

图 19-8　放置电阻元件于工程面板

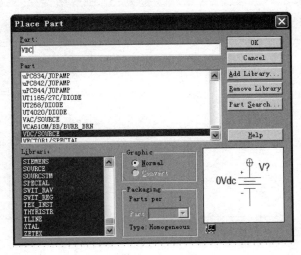

图 19-9　选择直流电压源元件

单击按钮界面右上角按钮 ⊡ ，在空格处输入大写字母 E，调出电压控制电压源，如图 19-10 所示。

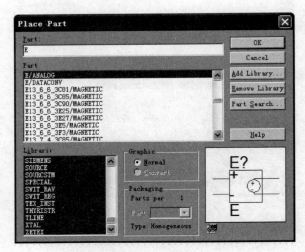

图 19-10　选择受控源元件

双击受控源元件，如图 19-11 所示，修改参数，本电路中的受控系数为 2，修改图 19-11 中 GAIN 值为 2，完成后关闭设置窗口。

元器件设置完成后，单击按钮 ⊐ ，按照电路图 19-1 连接电路中的电阻，独立电压源和受控源。连接好的电路如图 19-12 所示。

添加接地，单击按钮 ⏚ ，如图 19-13 所示，选择 0/SOURCE，调入接地，接入电路图中，一般选择电源负极作为接地端，完成以后的电路图如图 19-14 所示。

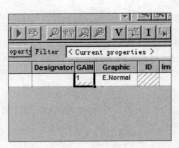

图 19-11　设置受控系数

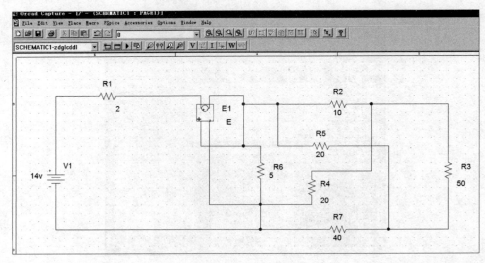

图 19-12　电路图

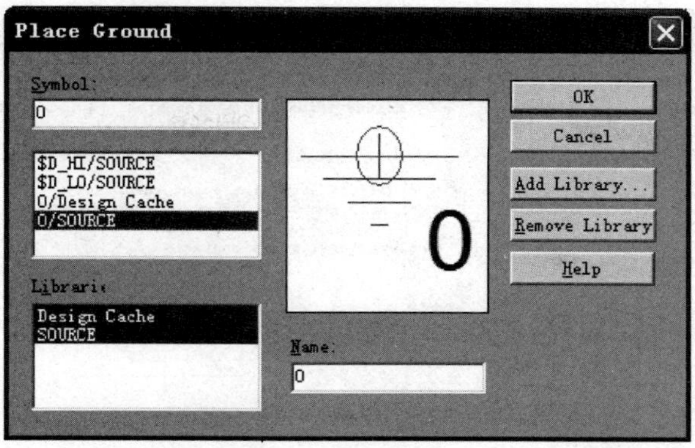

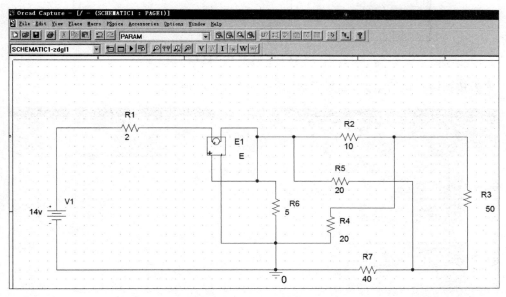

图 19-13　选择接地

图 19-14　搭建完成的电路图

电路图搭建好后，新建一个仿真文件，单击 █ 按钮，如图 19-15 所示，对新建的仿真文件输入名字。

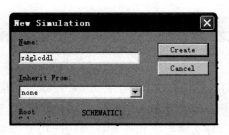

图 19-15　新建仿真文件

完成后单击 Create 按钮，如图 19-16 所示，设置仿真参数，分析类型选择静态工作点分析，即 Analysis type 选择 Bias Point。

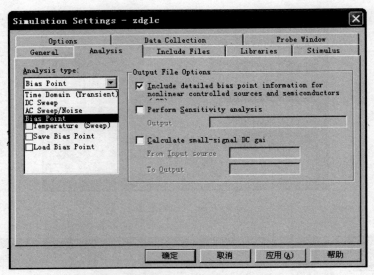

图 19-16　仿真参数设置

单击按钮 ▶，运行电路，如果无误，显示如图 19-17 所示。

图 19-17　仿真计算结果

如果有误，图 19-17 窗口的上半部分窗口会显示出问题，对应进行修改，再运行，直到成功。单击按钮 Ⅴ，节点电压会对应显示在相应位置，如图 19-18 所示。

单击按钮 Ⅰ 和按钮 Ⅳ，各支路电流和各元件消耗的功率会显示在相应位置，如图 19-19 所示。

如图 19-19 所示，电阻 $R_1$ 消耗的功率为 2W，若 $R_1$ 为可变电阻，$R_1$ 阻值为多大时可以获得最大功率呢？根据最大功率传递定理，当负载电阻 $R_L$（此处即电阻 $R_1$）等于戴维南等

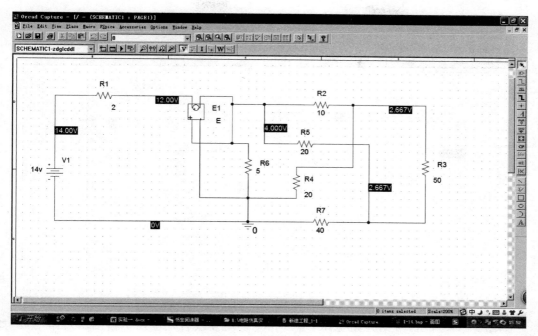

图 19-18　各支路电压

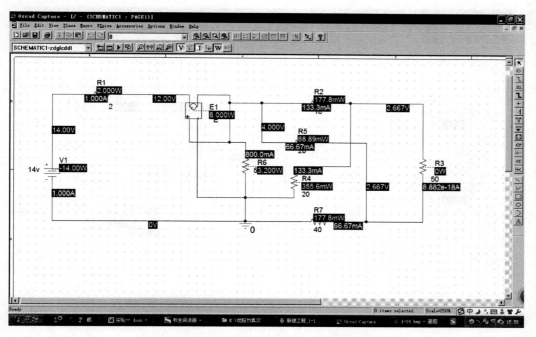

图 19-19　各节点电压、支路电流、元件消耗的功率

效电阻 $R_{eq}$ 时，可以获得最大功率。其中 $R_{eq} = \dfrac{U_{OC}}{I_{SC}}$。

修改电路图，删除电阻 $R_1$，运行，测出断开端口的电压即为开路电压 $U_{OC}$，如图 19-20 所示。

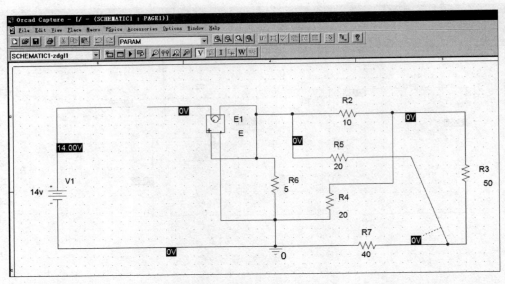

图 19-20  开路电压

如图 19-20 所示,可见开路电压 $U_{OC} = 14V$。用导线替代电阻 $R_1$,测出短路电流,如图 19-21 所示。

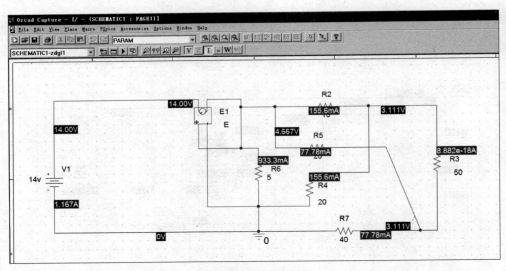

图 19-21  短路电流

短路电流 $I_{sc} = 1.167A$。由此可以计算出

$$R_1 = R_{eq} = \frac{U_{oc}}{I_{sc}} = \frac{14}{1.167} = 11.997\Omega$$

当 $R_1 = R_{eq} = 11.997\Omega$ 时,电阻 $R_1$ 可以获得最大功率:

$$P_{max} = \frac{U_{oc}^2}{4R_{eq}} = \frac{14^2}{4 \times 11.997} = 4.084W$$

通过 PSpice 软件平台改变电阻 $R_1$ 的阻值,绘出不同 $R_1$ 阻值时对应的电压、电流和功

率曲线。双击修改 $R_1$ 电阻的阻值参数为 $\{R_1\}$，如图 19-22 所示，修改电路图如图 19-23 所示。

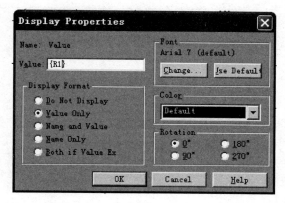

图 19-22　修改电阻 $R_1$ 为变量名

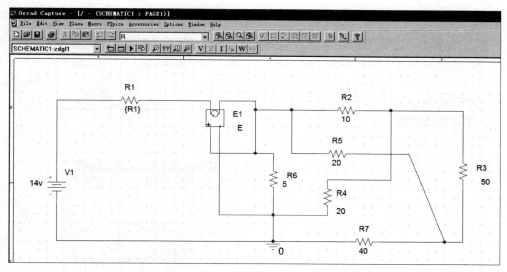

图 19-23　设置变量

从元器件图形符号库中调出名称为 PARAM 的符号，放置于电路图上，如图 19-24 所示。

双击 PARAMETERS 符号，在屏幕上单击 NEW Column…按钮，出现新增属性参数对话框，如图 19-25 所示。在 Name 中输入 $R_1$，Value 中输入 2，单击 OK 按钮，$R_1$ 即成为电阻 $R_1$ 阻值参数名，表示在电路分析中，$R_1$ 参数取值将决定电路中每一个 $\{R_1\}$ 的实际值。

修改完成后，元器件属性参数设置框中将新增项，如图 19-26 所示，表示进行其他特性分析时，该阻值取为 2Ω。设置完成后，关闭窗口。

DC 分析参数设置，单击按钮 ▦，如图 19-27 所示。

如图 19-27 所示设置自变量参数，设置完成后，单击确定，关闭窗口。单击 ♀♀▣▣ 按钮，分别把电压、电流和功率测试表笔放置在 $R_1$ 原件上，如图 19-28 所示，分别测量电阻 $R_1$ 的电压、电流和功率。

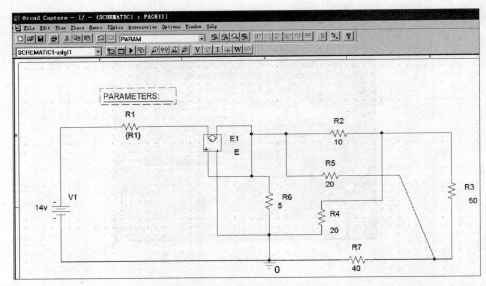

图 19-24　放置 PARAMETERS

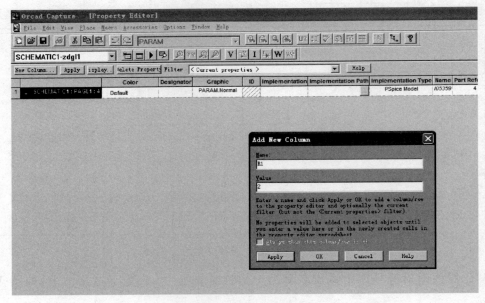

图 19-25　设置变量属性

图 19-26　设置其他分析时电阻值

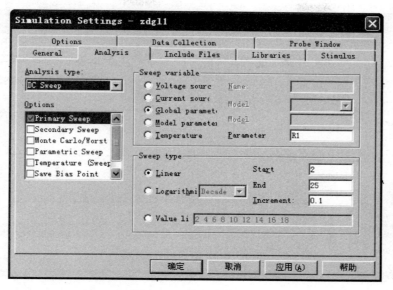

图 19-27 仿真参数设置

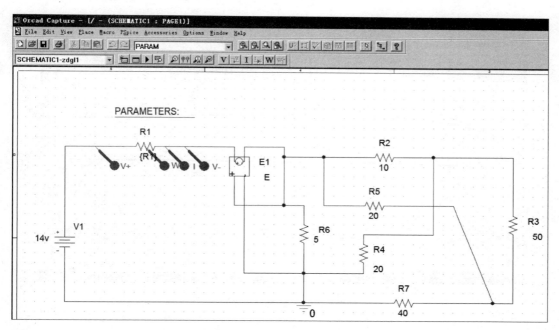

图 19-28 放置测量表笔

单击按钮▶，波形如图 19-29 所示，其中，曲线 1 为随着电阻 $R_1$ 阻值的变化其两端电压的变化曲线，曲线 2 为功率变化曲线，曲线 3 为电流变化曲线。对功率变化曲线进行观察分析，单击按钮，左下角选中功率曲线即曲线 2，单击按钮，PSpice 软件平台自动寻找功率曲线的最高点，单击按钮，标示出功率曲线最高点的数值，如图 19-30 所示。

在图 19-30 中，功率最高点的坐标值为(12.000,4.0833)，表明电阻 $R_1$ 阻值为 12Ω 时，可以获得最大功率 4.0833W，与前述理论计算的结果吻合。

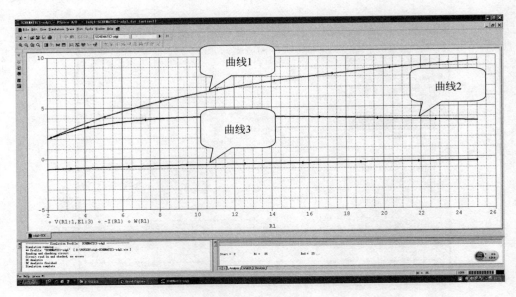

图 19-29  仿真结果

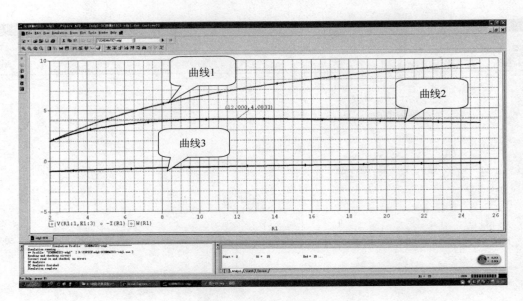

图 19-30  最大功率坐标

## 19.4  正弦稳态电路分析仿真

通过本节实例熟悉运用 PSpice 软件平台绘制正弦稳态电路的幅频特性和相频特性曲线。

**例 19-2**  由电阻元件和电容元件可以构成基本的一阶 $RC$ 低通滤波电路,如图 19-31 所示,对电路图 19-31 进行网络函数计算分析。

**解**　按 19.3 节中介绍的方法建立新工程并绘制一阶 *RC* 低通滤波电路如图 19-32 所示，设置参数，运用 AC 分析（注意：设置电源属性，此处电源选择 VSIN，双击电源 $U_1$，在出现的属性窗口设置 AC 为 5mv，AC 一栏即显示为 █，完成后单击 Apply 按钮，并关闭），放置电压探测笔于 $C_1$ 端，如图 19-32 所示。

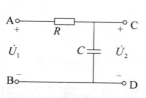

图 19-31　一阶 *RC* 低通滤波电路

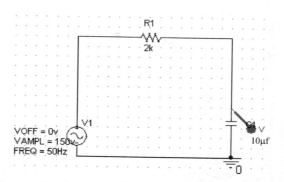

图 19-32　一阶 *RC* 低通滤波电路

仿真参数设置，如图 19-33 所示。

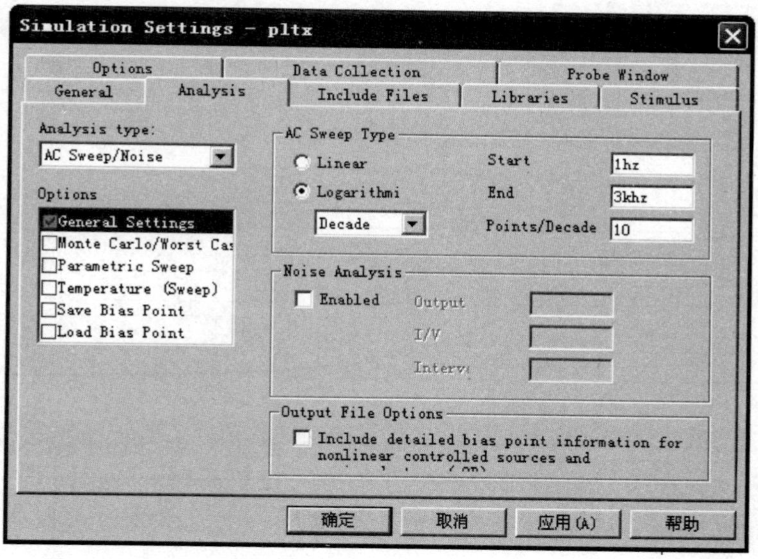

图 19-33　参数设置

运行后，所得曲线如图 19-34 所示。

在同一窗口同时显示幅频特性曲线和相频特性曲线。单击图 19-34 中 Plot-Add 里面 Plot to window，图 19-34 里的窗口变成两个，如图 19-35 所示。

在电源处添加电压测试表笔，如图 19-36 所示。

电源 $U_1$ 添加了电压测试表笔后，输出波形显示如图 19-37 所示。

双击图 19-37 中上面窗口的横轴，如图 19-38 所示。

修改 Trace Expression 内容，如图 19-39 所示。

完成修改后，单击 OK 按钮，则波形如图 19-40 所示。

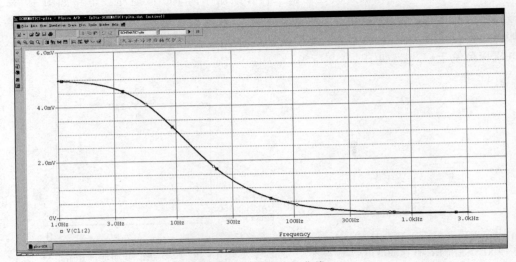

图 19-34　幅频特性曲线

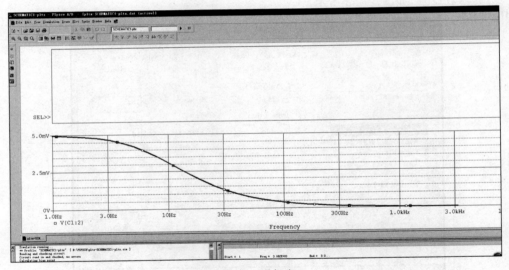

图 19-35　添加窗口

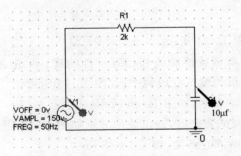

图 19-36　添加一个电压测试表笔

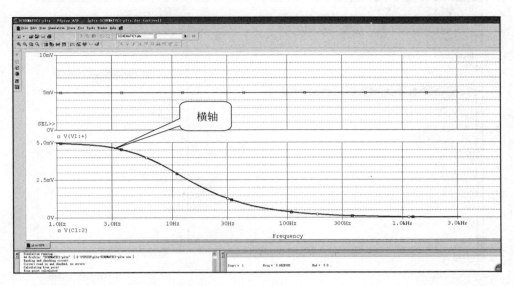

图 19-37　电容及电源电压波形

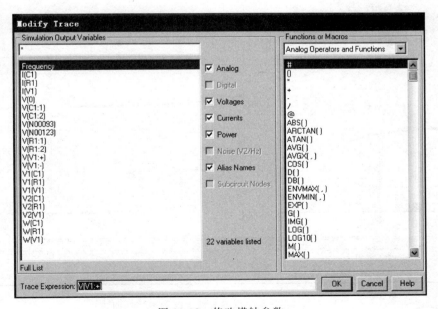

图 19-38　修改横轴参数

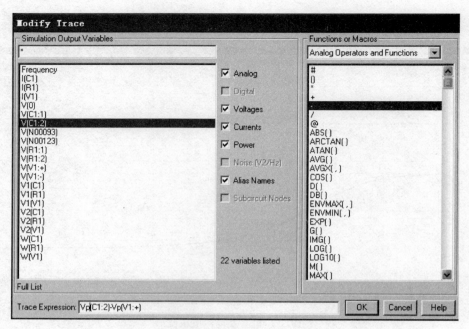

图 19-39  修改横轴参数

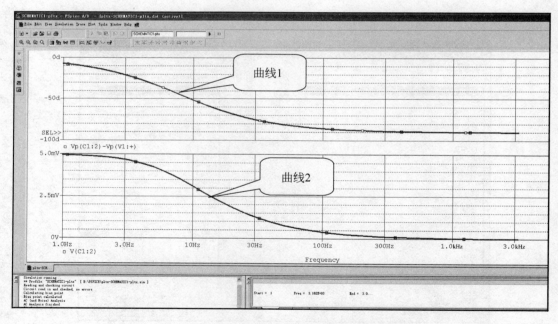

图 19-40  一阶 *RC* 低通滤波电路频率特性曲线

在图 19-40 中,曲线 1 为相频特性曲线,曲线 2 为幅频特性曲线,仿真所得的曲线与理论分析计算所得的结果一致。由幅频特性曲线即曲线 2 可以看到在频率较低时输出基本不变,频率较高时急剧衰减,所以图 19-31 为低通滤波电路。由相频特性曲线即曲线 1 可以看到它位于横轴下方,即输出滞后于激励,为滞后网络。

## 19.5 暂态电路分析仿真

在对电路进行瞬态分析时,需要给定输入信号和初始值。为了能够获得可靠的数值分析结果,时间步长的选取是很重要的,最大计算步长则限定 PSpice 的内部计算步长不得超过此值。瞬态分析可以计算动态电路的节点电压、支路电压和支路电流瞬时值,能够获得瞬时值随时间的变化曲线。

通过本节实例熟悉脉冲源的绘制和参数扫描分析的设置。

**例 19-3** （1）用 PSpice 软件平台搭建 $RC$ 电路,电路如图 19-41 所示,其中 $R = 10\Omega$, $C = 1\mu F$,观察电容元件两端电压及电路中电流的变化（其中电容电流 $i_C$ 与电容电压 $u_C$ 之间的关系为：$i_C = C\mathrm{d}u_C/\mathrm{d}t$）。

（2）改变电路中电阻 $R$ 的值,观察随着电阻值的改变电容元件两端的电压及电路中电流的变化。

（3）观察 $R$ 为不同电阻值时,电阻元件两端电压的变化。

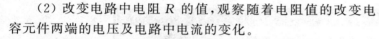
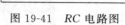

图 19-41 $RC$ 电路图

**解** 实验步骤：

按 19.3 节中介绍的方法建立新工程并绘制电路图。单击 ⬚ 按钮,在图 19-42 窗口 Part 下输入字母 $R$,调出电阻元件,输入字母 $C$,调出电容元件,输入 VPULSE,调出脉冲信号源。

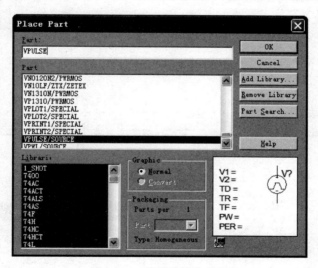

图 19-42 选择脉冲信号源

将电容、电阻、脉冲源放置在工作区中,双击图符,修改参数,如图 19-43 所示。其中,$U_1$ 为起始电压,$U_2$ 脉冲电压,TD 为延迟时间,TR 为上升时间,TF 为下降时间,PW 为脉冲宽度,PER 为脉冲周期。按 19.3 节中所述方法连接好电路,如图 19-43 所示。

单击按钮 ⬚,新建一个仿真窗口,命名为 rc,如图 19-44 所示。

单击 Create 按钮,如图 19-44 所示,参数设置见图 19-45。

按 19.1 节的方法,放置探测笔,如图 19-46 所示。

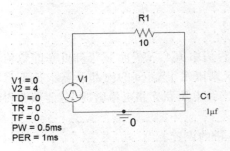

图 19-43　RC 充放电电路

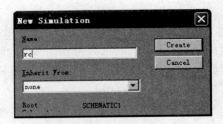

图 19-44　新建仿真文件

单击 ▭ 按钮,如图 19-45 所示,单击 .tput File Options. 按钮,出现输出波形设置窗口,设置如图 19-47 所示,单击 OK 按钮完成设置。

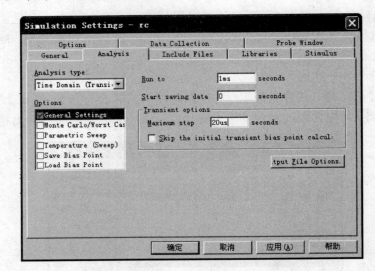

图 19-45　仿真参数设置

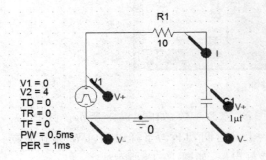

图 19-46　放置测量表笔

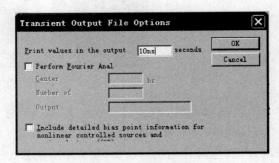

图 19-47　设置输出步长

设置完成以后,单击 ▶ 按钮,波形如图 19-48 所示。

曲线 1 为电容电压变化曲线,曲线 2 为电容电流即回路电流变化曲线,在 0～0.5ms 时

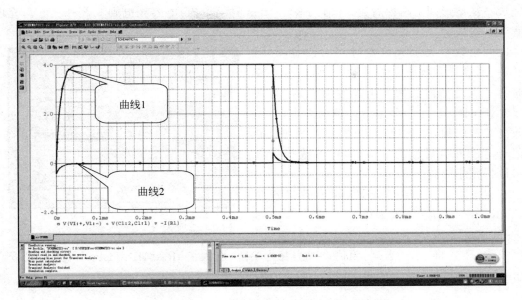

图 19-48　RC 充放电仿真结果

间段内为电容充电过程,从波形上可以看到,电容电压按照指数规律上升,回路电流在脉冲电源加入的瞬间反方向达到最大,然后慢慢减小。在 0.5～0.9ms 为电容的放电过程,电容电压按指数规律下降,回路电流在脉冲电压变化瞬间达到最大,然后慢慢减小。双击左下角按钮选中电容电压变化曲线即曲线 1,单击按钮,单击按钮标出最高点坐标,可见,在时间 78.161μs 时电容充电完成,如图 19-49 所示。

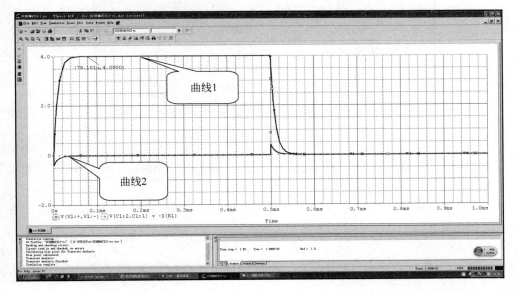

图 19-49　完成充放电对应的坐标

电容电压充电到达 4V,充电完成。电容充电时间常数 $\tau = RC$,在该电路中电阻值为 10Ω,电容为 1μf,计算得到时间常数为 10μs,在工程上一般认为经过 3～5τ 时间,充放过程完成。从波形图上可以看到,在时间 $30\sim50\mu s$ 时间段内,电容充电到 $3.8\sim3.99V$,充电过程基本完成。

时间常数 $\tau$ 表示充放电时间的长短,时间常数越大,表示充放电所需要的时间越长,充放电越慢。反之亦然。而在 $RC$ 电路中,时间常数 $\tau=RC$,取决于电阻和电容的值的大小,即如果改变参数的值,比如电路中电阻 $R_1$ 的值,电容的充电波形也会随之改变,通过参数扫描分析可以得到相应波形。

双击电阻 $R_1$ 的阻值 10,显示参数设置窗口,Value 中的数值 10 改为可变化参数 $\{r_1\}$,如图 19-50 所示。

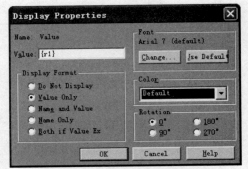

图 19-50　设置变化参数

按 19.3 节的方法,把 $R_1$ 阻值设置为变化参数(调入 PARAMENTERS,并进行设置)。单击 ▭ 按钮,如图 19-51 所示,并按图 19-51 所示参数进行设置。

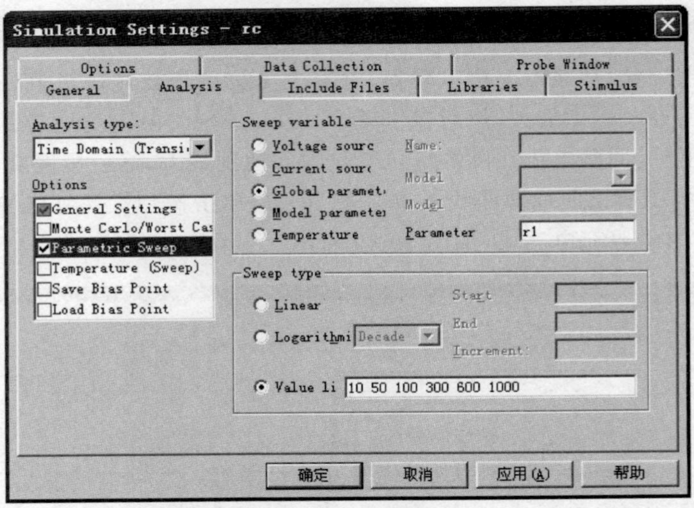

图 19-51　设置变化参数的值

完成图 19-51 的设置后单击"确定"按钮,运行,如图 19-52 所示,单击 OK 按钮,波形如图 19-53 所示。

**注**:这里为了观察简便,在图 19-46 中删除电阻 $R_1$ 的电流测试笔,仅观察电容元件两端的电压变化曲线。

图 19-53 所示为六条不同阻值时电容元件两端的电压曲线,从上到下六条曲线可以清楚地看到,随着电阻的阻值从 10-50-100-300-600-1000 逐渐变大,时间常数也随之增大,充放电所需要的时间也随之增大。

实际上,由 $RC$ 元件组成的基本微分电路和积分电路,也是利用了电容元件的充放电特性与时间常数的关系。

构成微分电路的条件是,电路的时间常数 $\tau \ll t_p(\tau < 1/10t_p)$,$(t_p$ 为输入脉冲信号的

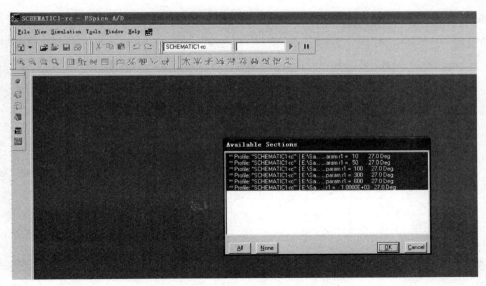

图 19-52   选择所有设置值进行计算

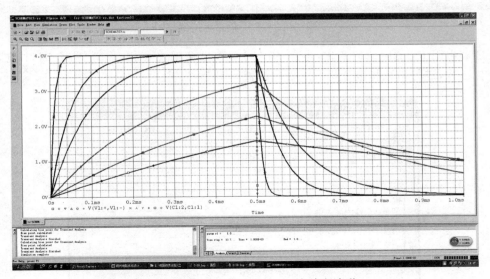

图 19-53   不同阻值对应的 RC 充放电波形

脉宽);构成积分电路的条件是,电路的时间常数 $\tau \gg t_p(\tau > 10t_p)$。积分电路的输出信号从 $C$ 上取得。图 19-41 的电容充放电电路其实也就是一个基本积分电路。输出从电容两端取得,脉冲信号的周期为 1ms(脉冲宽度 $t_p$ 为 $500\mu s$),幅度为 4V。RC 元件参数的设置如图 19-54 所示。

对图 19-54 进行瞬态特性分析,修改仿真结束时间为 3ms(图 19-45 中 1ms 修改为 3ms),电容元件两端电压波形如图 19-55 所示,可以看到

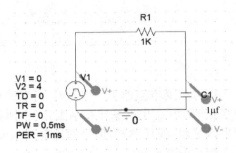

图 19-54   积分电路输出为电容电压

电容电压近似线性上升。

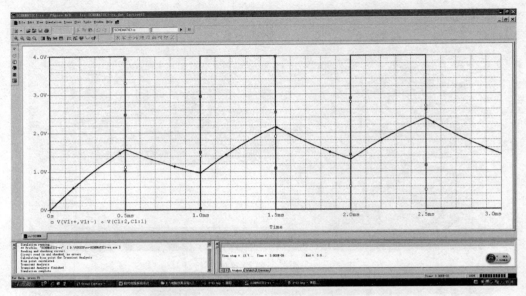

图 19-55　积分电路输出结果

　　随着电阻 $R_1$ 的阻值的变化，电路的时间常数也会随之变化，设置图 19-54 中电阻 $R_1$ 为变化参数，进行参数扫描分析，$R_1$ 阻值设置如图 19-56 所示。

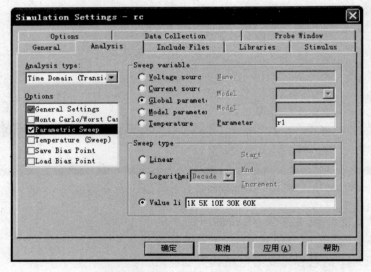

图 19-56　设置积分电路电阻值

　　运行后波形如图 19-57 所示，可见随着电阻阻值增加（1K-5K-10K-30K-60K），电容电压曲线在图 19-57 中的变化是从上往下，而相应的时间常数 τ 也随之增加，所得到的积分曲线越来越平坦，线性越好，但是输出电压最大值的幅度却越来越小。

　　微分电路输出选取电阻两端的电压，电路参数设置如图 19-58 所示，仿真参数设置如图 19-45 和图 19-47 所示，设置完成后，运行电路，波形如图 19-59 所示。

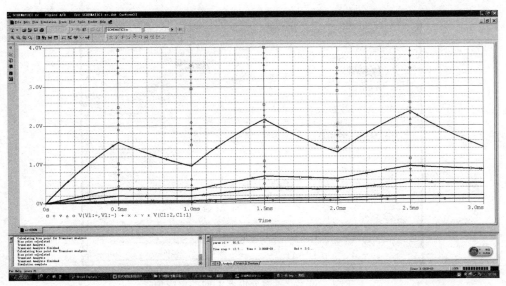

图 19-57 不同电阻值时积分电路输出波形

当电阻 $R_1$ 变化时电路的时间常数也会随之变化，对电阻 $R_1$ 进行设置，进行参数扫描分析，$R_1$ 的阻值设置如图 19-60 所示。

运行波形如图 19-61 所示，如图可见，随着电阻越小（对应曲线由上往下），微分曲线越陡峭。可见满足条件的微分输出波形为尖峰脉冲，这种脉冲常作为触发脉冲或刻度脉冲。

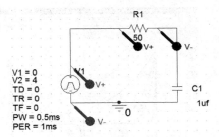

图 19-58 微分电路输出为电阻电压

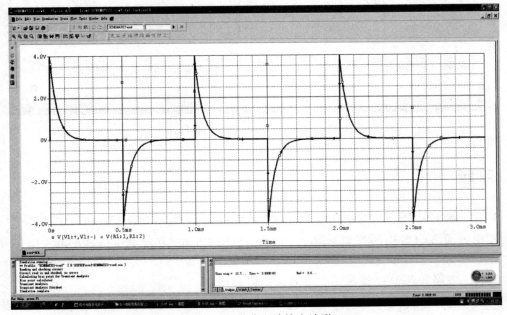

图 19-59 微分电路输出波形

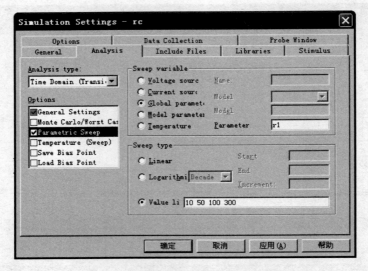

图 19-60  设置微分电路不同的电阻值

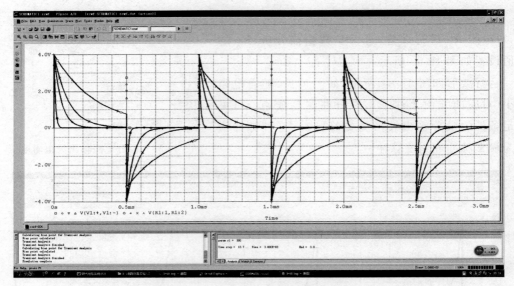

图 19-61  不同电阻值时微分电路输出波形

## 习题

19-1  题 19-1 图所示的线性电路中,已知 $R_1 = R_2 = R_3 = 10\Omega$,$U_S = 1V$,$I_S = 0.2A$,电压控制电流源 VCCS 中的控制系数 $g = 0.2S$,运用 PSpice 软件平台仿真出节点电压 $u_{n1}$、$u_{n2}$、$u_{n3}$。

19-2  电路如题 19-2 图所示。求直流传输特性 $U_2 \sim I_{S1}$。

(提示:电路中有两个电源,但传输特性通常是指响应与一个激励的关系,因此本例求 $U_2 \sim I_{S1}$ 的关系时,可将 $U_S$ 置零。若不置零,则在仿真时会在传输特性中叠加一个由 $U_{S1} =$

20V 产生的分量。)

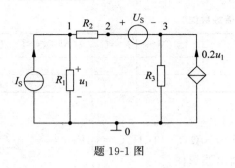

题 19-1 图

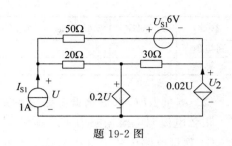

题 19-2 图

19-3　运用 PSpice 软件平台测量正弦交流电路功率与功率因数以及通过并联电容提高感性负载功率因数。

(1) 搭建感性电路如题 19-3 图(a)所示。

电源采用 220V/50Hz 的正弦交流电源。$R=15.7\Omega$,$L=50$mH,测量电路中的电压和电流,观察电压和电流曲线的相位关系,记录该曲线,从曲线图上得出功率因数角 $\varphi$,从而得出功率因素 $\cos\varphi$,理论分析可以得出该电路为感性电路,功率因数为 0.707,对比仿真结果,验证理论计算的结果。

(2) 在电阻和电感支路并联一个补偿电容,电路如题 19-3 图(b)所示。

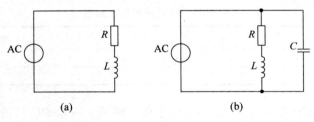

(a)　　　　　　　　　　　　(b)

题 19-3 图

其中补偿电容 $C$ 的值分别为:$10\mu$F、$100\mu$F、$143\mu$F、$200\mu$F,通过参数扫描分析设置,观察补偿电容 $C$ 为不同值时,电路的总电压和总电流及负载电阻 $R$ 的电流曲线,分析感性负载并联补偿电容后对电路的影响,并记录曲线。

19-4　运用 PSpice 软件平台测量 $RLC$ 串联电路的谐振频率 $f_0$、电路中的电压和电流。

(1) 测量 $RLC$ 串联电路的谐振频率 $f_0$。

正弦电源电压振幅为 4V,频率为 100kHz,$R=100\Omega$,$L=1$mH,$C=1$nF。

① 测量电路中的总电压与总电流的相位,并画出波形图。

② 改变正弦电源频率为 100~200kHz 之间的某一值,运行,观察电路中电流波形与电压波形的相位是否一致,不一致则重新设置频率测试,逐次逼近,当电流与电压相位相同时,对应的电源频率即为电路的谐振频率 $f_0$,记录谐振频率 $f_0$。

③ 测量电阻两端电压 $U_R$,电感两端电压 $U_L$,电容两端电压 $U_C$,观察 $u_L$ 与 $u_C$ 的波形,两者相位相反,$u_L+u_C=0$。

④ 测量电路中总电流 $i$,电路中的总电流 $i$ 在不同的频率时有不同的幅值和相位,在谐振时,电流的相位与电源电压的相位相同且幅值最大。

将相关测量值与理论计算值填入仿真实验表格 19-2 中。

表 19-2 RLC 串联谐振数据

| 参数 | $f_0$(kHZ) | $U$(V) | $U_R$(V) | $U_L$(V) | $U_C$(V) | $I_0=U_R/R$(A) | $Q=U_L/U$ |
|---|---|---|---|---|---|---|---|
| 测量值 | | | | | | | |
| 计算值 | | | | | | | |

（2）测量 $RLC$ 并联谐振电路中各支路的电流值

正弦电流源电流振幅为 4V，频率为 100kHz，$R=10\Omega$，$L=1\mu H$，$C=1\mu F$。

① 测量电路中的总电压与总电流的相位，并画出波形图。

② 改变正弦电源频率为 $100\sim200$kHz 之间的某一值，运行，观察电路中电流波形与电压波形的相位是否一致，不一致则重新设置频率测试，逐次逼近，当电流与电压相位相同时，对应的电源频率即为电路的谐振频率 $f_0$，记录谐振频率 $f_0$。

③ 测量电阻支路电流 $I_R$，电感支路电流 $I_L$，电容支路电流 $I_C$，观察 $i_L$ 与 $i_c$ 的波形，两者相位相反，$i_L+i_c=0$。

④ 测量电路中总电压 $u$，电路中的总电压 $u$ 在不同的频率时有不同的幅值和相位，在谐振时，电压的相位与电源电流的相位相同且幅值最大。

将相关测量值与理论计算值填入仿真实验表格 19-3 中。

表 19-3 RLC 并联谐振数据

| 参数 | $f_0$(kHZ) | $I$(mA) | $I_R$(mA) | $I_L$(A) | $I_C$(A) | $U_0=I_RR$(A) | $Q=I_L/I$ |
|---|---|---|---|---|---|---|---|
| 测量值 | | | | | | | |
| 计算值 | | | | | | | |

19-5　运用 PSpice 软件平台仿真得出题 19-5 图所示一阶 $RC$ 高通滤波电路的幅频特性和相频特性，记录曲线，并进行分析。电源采用 150V/50Hz 的正弦交流电源。$R=2k\Omega$，$C=10\mu F$。

19-6　运用 PSpice 软件平台仿真得出题 19-6 图所示 $RC$ 选频网络（文氏电桥选频网络）电路的幅频特性和相频特性，记录曲线，并进行分析。

电源采用 150V/50Hz 的正弦交流电源。$R=2k\Omega$，$C=10\mu F$。

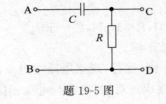

题 19-5 图

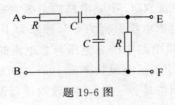

题 19-6 图

19-7　电路如题 19-7 图所示，已知 $R_1=R_2=20\Omega$，$R_3=4k\Omega$，$L=0.2H$，$C=0.5\mu F$，$u_S(t)=10\varepsilon(t)$V，其中 $\varepsilon(t)$ 为单位阶跃函数，$u_C(0)=2V$，$i_L(0)=0.2A$，运用 PSpice 软件平台仿真输出 $u_C(t)$ 的变化曲线。

19-8　电路如题 19-8 图所示，已知 $R_1=0.45k\Omega$，$R_2=1k\Omega$，$R_I=1M\Omega$，$R_0=100\Omega$，

$R_3 = 500\Omega$，$R_4 = 1\text{k}\Omega$，$C_1 = C_2 = 4\mu\text{F}$，电压控制电压源 VCVS 的增益 $A = 5\times10^5$。输入正弦电压 $u_i$ 的幅值为 2V，频率可变。要求在频率 1Hz～10kHz 范围内，运用 PSpice 软件平台仿真输出电压 $u_4$ 的幅频特性。

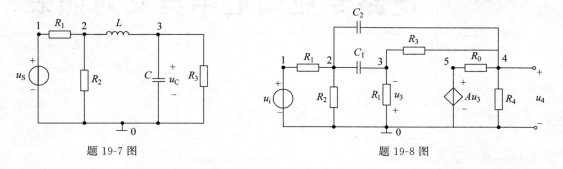

题 19-7 图　　　　　　　　　　　　　　题 19-8 图

19-9　运用 PSpice 软件平台设计一 $RLC$ 串联谐振电路，$L = 0.25\text{H}$，$C = 0.1\mu\text{F}$，$R = 500\Omega$，电源电压有效值 $U = 10\text{V}$。当电源频率 $f$ 从 100Hz 到 10kHz 变化时，试仿真输出以电阻电压为分析结果的频率特性曲线。

S 域模型电路　S-domain equivalent circuit

Y-Δ 变换　Wye-Delta transformation

安培环路定律　Ampere's circuital law

闭合面　closed surface

闭环放大倍数　closed-loop gain

变比　turns ratio/transformation ratio

变压器　transformer

并联　parallel connection

并联谐振　parallel resonance

波长　wavelength

波峰　wave peak

波谷　wave ualley

波前　wave front

波速　wave speed

波形　waveform

波阻抗　wave impedance

参考点　reference point

参考方向　reference direction

参考节点　reference node

参考相量　reference phasor

策动点　driving point

常系数微分方程　constant coefficients equation

超前　lead

冲激响应　impulse response

初始条件　initial condition

初始值　initial value

初相位　initial phase angle

传播常数　propagation constant/transmission contant

传输参数　transmission parameter

传输线　transmission line

串联　series connection

串联谐振　series resonance

磁场强度　magnetic flux intensity

磁导　permeance

磁导率　magnetic permeability

磁感应强度　magnetic induction

磁化曲线　magnetization curve

磁链　magnetic linkage

磁路　magnetic circuit

磁通　magnetic flux

磁通链　magnetic flux linkage

磁通密度　magnetic flux density

磁滞　hysteresis

磁滞回线　hysteresis loop

磁阻　reluctance

代入法　substitution method

带宽　bandwidth

带通滤波器　band-pass filter

带阻滤波器　band-stop filter

戴维南定理　Thevenin's Theorem

单位阶跃函数　unit step function

单位脉冲函数　unit pulse function

单位斜坡函数　unit ramp function

导纳　admittance

导纳参数　admittance parameters

等效变换　equivalent transformation

等效电路模型　equivalent circuit model

等效电阻　equivalent resistance

低通滤波器　low-pass filter

电磁感应定律　law of electromagnetic induction

电导　conductance

电动势　electromotive force

电感　inductance

电感器　inductor

电荷　electric charge

电抗　reactance

电流　current
电路　electric circuit
电纳　susceptance
电容　capacitance
电容器　capacitor
电位　potential
电位差　potential difference
电压　voltage
电压极性　voltage polarity
电压三角形　voltage triangle
电阻　resistance
电阻器　resistor
叠加定理　superposition theorem
动态电阻　dynamic resistance
端口　port
短路电流　short-circuit current
对称三相电路　symmetrical three-phase circuit
对称三相电源　balanced three-phase sources
对偶电路　dual circuit
对偶图　dual graph
对偶元件　dual element
对偶原理　principle duality
多项式　polynomial
二端口网络　two-port network
二端网络　two-terminal network
二阶电路　second-order circuit
反射　reflection
反相　opposite in phase
反相放大器　inverting amplifier
反相输入端　inverting input
反向行波　returning wave
方程　equation
方阵　square matrix
非奇异矩阵　nonsingular matrix
非线性电路　nonlinear circuit
非线性时变电路　nonlinear time-varying circuit
非线性元件　nonlinear element
分贝　decible
分布参数　distributed parameter
分布参数电路　distributed circuit
分段线性化法　piece-wise linear method
分流　current division
分压　voltage division
伏安特性　voltage-ampere characteristic
幅频特性　amplitude-frequency characteristic

幅值　amplitude
负极　negative polarity
负序　negative sequence
复功率　complex power
复频率　complex frequency
复平面　complex plane
复数　complex number
副方　secondary coils/windings
傅里叶变换　Fourier transformation
傅里叶系数　Fourier coefficient
感抗　inductive reactance
感纳　inductive susceptance
感性　inductive
高次谐波　higher harmonic
高通滤波器　high-pass filter
割集　cut set
功率　power
功率平衡定理　power-balancing Theorem
功率三角形　power triangle
功率因数　power factor
共轭复数　complex conjugate
共轭匹配　conjugate matching
固有频率　natural frequency
广义欧姆定律　generalized Ohm's Law
过渡过程　transient process
过阻尼情况　overdamped case
互导纳　mutual-admittance
互感　mutual inductance
互感电压　mutual voltage
互易定理　reciprocal theorem
换路　switching
回路　loop
回路电流法　loop current method
混合参数　Hybrid parameters
积分器　integrator
基本割集矩阵　fundamental cut set matrix
基本回路矩阵　fundamental loop matrix
基波　fundamental harmonic
基波频率　fundamental frequency
基尔霍夫电流定律　Kirchhoff's Current Law(KCL)
基尔霍夫电压定律　Kirchhoff's Voltage Law(KVL)
级联　cascade connection
极点　pole
极坐标形式　polar form
集肤效应　skin effect

集中参数　lumped parameter

集中参数电路　lumped circuit

集中参数元件　lumped element

加法器　summing amplifier

渐近稳定　asymptotic stability

降阶关联矩阵　reduced incidence matrix

交流电　alternating current(AC)

角频率　angular frequency

阶跃响应　step response

节点　node

节点分析法　nodal analysis

截止频率　cut-off frequency

静态电阻　static resistance

矩形脉冲　rectangular pulse

卷积积分　convolution integration

均方根值　root-mean-square value

均匀传输线　uniform transmission line

开环放大倍数　open-loop gain

开路电压　open-circuit voltage

空心变压器　air-core transformer

拉普拉斯变换　Laplace transformation

拉普拉斯变换对　Laplace pairs

拉普拉斯反变换　inverse Laplace transformation

理想变压器　ideal transformer

理想独立电流源　ideal independent current source

理想独立电压源　ideal independent voltage source

理想受控源　ideal controlled source

励磁电流　exciting current

连通图　connected

连支　link

列向量　column vector

临界情况　critically damped case

零输入响应　zero-input response

零状态响应　zero-state response

流控型电阻　current-controlled resistor

漏磁通　leakage flux

能量　energy

逆矩阵　inverse matrix

诺顿定理　Norton's Theorem

欧姆定律　Ohm's Law

偶次　even

偶对称　even symmetry

耦合　couple

耦合系数　coupling coefficient

频率　frequency

频率特性　frequency characteristic

频率响应　frequency response

频谱　frequency spectrum

频域　frequency domain

品质因数　quality factor

平均功率　average power

平面电路　planar circuit

谱线　spectrum line

齐次微分方程　homogeneous differential equation

奇次　odd

奇对称　odd symmetry

欠阻尼情况　underdamped case

全耦合变压器　unity-coupled transformer

全响应　complete response

容抗　capacitive reactance

容纳　capacitive susceptance

容性　capacitive

入端电阻　input resistance

三角形连接　delta connection

三相四线制　three-phase four-wire system

时间常数　time constant

时域　time-domain

时域积分　time integration

时域微分　time differentiation

时域延迟　time delay

实部　real part

视在功率　apparent power

输出/响应　output/response

输出电阻　output resistance

输入/激励　input/excitation

树　tree

树支　tree branch

数值解法　numercial analysis

衰减　attenuation

衰减系数　damping factor

衰减振荡　damped oscillation

瞬时功率　instantaneous power

瞬时值　instantaneous value

四端网络　four-terminal network/quadriple

特解　particular solution

特勒根定理　Tellegen's Theorem

特性阻抗　characteristic impedance

特征方程　characteristic equation

特征根　characteristic root

特征向量　characteristic vector

替代定理　substitution principle
跳变现象　jump phenomenon
铁芯线圈　coil with iron core
通解　general solution
同名端　dotted terminal
同相　in phase
同相放大器　noninverting amplifier
同相输入端　noninverting input
透射　transmission
图　graph
拓扑图　topological graph
外网孔　outer mesh
网孔　mesh
网孔电流法　mesh current method
网络函数　network function
微分器　differentiator
稳定性　stability
稳态　steady state
稳态响应　steady-state response
无功功率　reactive power
无损　lossless
无源滤波器　passive filter
无源器件　passive element
线电流　line current
线电压　line voltage
线圈　coil
线性电路　linear circuit
线性工作区　linear region
线性非时变电路　linear-time-invariant circuit
线性性质　linearity
相电流　phase current
相电压　phase voltage
相量　phasor
相频特性　phase-frequency characteristic
相平面　phase plane
相位　phase
相位差　phase difference
相序　phase sequence
象函数　transform function
小信号分析　small-signal analysis
小信号模型　small-signal model
谐波　harmonic wave
谐振角频率　resonant angular frequency
谐振频率　resonant frequency
星形连接　Y connection

行波　traveling wave
行列式　determinant
虚部　imaginary part
选择性　selectivity
压控电流源　voltage controlled current source(VCCS)
压控电压源　voltage-controlled voltage sources(VCVS)
压控电阻　Voltage-controlled resistor
一阶电路　first-order circuit
一阶微分方程　first-order differential equation
有功功率　active power
有向图　oriented graph
有效值　effective value
有源滤波器　active filter
有源器件　active element
右螺旋法则　right-handed screw rule
原方　primary coils/windings
原函数　object function
运算放大器　operational amplifier
匝数　turn
暂态响应　transient response
增广矩阵　augmented matrix
增益　gain
正极　positive polarity
正弦的　sinusoidal
正弦量　sinusoid
正弦稳态响应　sinusoidal steady-state response
正向行波　direct wave
正序　positive/abc sequence
支路　branch
支路电流法　method of branch current
直流　direct current(DC)
指数函数　exponential function
指数形式　exponential form
滞后　lag
中线　neutral line
中性点　neutral point
周期　period
周期性非正弦激励　nonsinusoidal periodic excitation
驻波　standing wave
转移函数　transfer function
转置阵　transposed matrix
状态变量　state variable
状态方程　state equation
状态空间　state space
状态平面　state plane

# 习题参考答案

## 第 10 章

**10-5** 12.04V,29W

**10-6** 134.2V,48.9A,1617W

**10-7** $i(t)=[2.16\sqrt{2}\sin100t+0.299\sqrt{2}\sin(300t-85.2°)+0.094\sqrt{2}\sin(500t-89°)]$A, 2.183A,234.3W

**10-8** 1Ω,11.5mH;1Ω,12.3mH,6.96%

**10-9** 20μF,1A

**10-10** 17W

**10-11** 20mH,0.11F 或 0.11H,0.02F

**10-12** 10.14μF,$u_o=99.29\sqrt{2}\sin(942t+6.81°)$V

**10-13** $i_{L3}=[10-10\sqrt{2}\cos3\omega_1 t]$A,$P=1000$W

**10-14** 12.13V,25W

**10-15** $I_1=7.07$A,$I_2=7.29$A

**10-16** 3360W,17.92A

**10-17** $i_1=4\sin(2t+45°)$A,$u_2=(5+8\sqrt{2}\sin t)$V

**10-18** (1) 1.414A,99.88W;

(2) $i_t=[1.342\sqrt{2}\sin(\omega t-63.43°)+0.444\sqrt{2}\sin(3\omega t-77.2°)]$A

**10-19** 8Ω,78.125μF

**10-20** $A_1=24.9$A,$A_2=20.1$A,

$U_1=134.5$V,$U_2=99.68$V,$U_3=166.3$V,$U_4=72.31$V,$U_5=60.3$V

**10-21** (1) 938.1V  (2) 916.5V

**10-22** (1) $u_{O'O}=120\sin3\omega t$ V

(2) $i_{O'O}=72\sin(3\omega t-36.86°)$A

(3) $u_{AB}=[312\sin(\omega t+30°)+139\sin(5\omega t-30°)]$V

$u_{BC}=[312\sin(\omega t-90°)+139\sin(5\omega t+90°)]$V

$u_{CA}=[312\sin(\omega t+150°)+139\sin(5\omega t-150°)]$V

## 第 11 章

**11-2** (1) (b)、(c)、(f)为树支集

**11-3** (a)图:(2)、(3)、(4)为割集;(b)图:(1)、(2)、(5)为割集

**11-8** (1) 4 个节点、3 个网孔;(2) 3 个基本割集;(3) ①为回路

**11-10** $Q=[A_t^{-1} \quad A_l \vdots 1]=A_t^{-1}A$

**11-13** (1) 6 个独立的支路电流变量和 4 个独立的支路电压变量

**11-15** 至少需用 4 块电流表,这些表应接入连支

**11-17** $P_{8V} = -32W, P_{2V} = -4W, P_{1V} = 1W$

**11-19** $P_{1A} = 0.64W$

**11-21** $P_{13V} = -30.91W, P_{1A} = 0.639W, P_{5V} = -6.06W$

**11-22** $-4W, -7.5W$

**11-24** $6V, 2A$

**11-25** $6V$

## 第 12 章

**12-1** (a) $R_1 C \dfrac{du_C}{dt} + \left(1 + \dfrac{R_1}{R_2}\right) u_C = e_s$

(b) $L \dfrac{di_L}{dt} + (R_1 + R_2) i_L = R_2 i_s$

(c) $C(R_1 + R_2 - \beta R_1) \dfrac{du_C}{dt} + u_C = 0$

**12-2** (a) $u_C(0_+) = 18V, u_R(0_+) = 15V, i(0_+) = 1A, i_C(0_+) = -1.5A$

(b) $i_L(0_+) = 4A, i_1(0_+) = 0.5A, u(0_+) = 12V$

(c) $u_R(0_+) = u_C(0_+) = \dfrac{20}{11}V, i(0_+) = \dfrac{60}{11}A, i_C(0_+) = -\dfrac{30}{11}A$

**12-3** (a) $u_C(0_+) = 36V, u_1(0_+) = 18V, u_2(0_+) = 12V, i(0_+) = 8A, i_L(0_+) = 6A,$

$u_C(\infty) = 30V, u_1(\infty) = 12V, u_2(\infty) = 12V, i(\infty) = 6A, i_L(\infty) = 4A,$

$\dfrac{di_L}{dt}(0_+) = -6A/s, \dfrac{du_C}{dt}(0_+) = -1V/s$

**12-4** $u_{C1}(0_+) = 4V, u_{C2}(0_+) = 0, u_{C3}(0_+) = 2V, i_2(0_+) = 1A$

$i = [1 + 4\delta(t)]A, i_1 = 4\delta(t)A,$

$\dfrac{du_{C3}}{dt} = 2\delta(t)V/s, \dfrac{du_{C1}}{dt} = [1 + 4\delta(t)]V/s, \dfrac{du_{C2}}{dt}(0_+) = 2V/s$

**12-5** (a) $i_{L1}(0_+) = 1.5A, i_{L2}(0_+) = 3A, \dfrac{di_{L1}}{dt}(0_+) = -1.5A/s, \dfrac{di_{L2}}{dt}(0_+) = 0.75A/s$

(b) $i_{L1}(0_+) = 2.5A, i_{L2}(0_+) = 3.5A, \dfrac{di_{L1}}{dt}(0_+) = -1.5A/s, \dfrac{di_{L2}}{dt}(0_+) = 1.5A/s$

**12-6** $i_{L1}(0_+) = 0.5A, i_{L2}(0_+) = -0.5A$

**12-7** $u_C(t) = -e^{-2t}V \quad t \geqslant 0$

**12-8** $500V, 1000\Omega, 41V$

**12-9** $u_C = 500 e^{-\frac{1}{1000}t} V, 2631s$

**12-10** (1) $i_L = e^{-6740t}A, u_v = -10000 e^{-6740t}V$

(2) 在换路瞬间,电压表的反向电压可达 10000V,为避免电压表损坏,应在换路前断开电压表。

**12-11** $i = -\dfrac{16}{3}e^{-0.5t}\,\text{A} \quad t > 0$

**12-12** $i_R = e^{2t}\,\text{A} \quad t > 0$

**12-13** $i = (2e^{-10t} + 2e^{-2t})\,\text{A} \quad t > 0$

**12-14** $i_{L1}(t) = \dfrac{5}{3}e^{-3t}\,\text{A} \quad t > 0, W_R = \dfrac{25}{6}\text{J}$

**12-15** $u_R(t) = 60e^{-\frac{10^5}{6}t}\,\text{V} \quad t > 0, u_C(t) = 60(1 - e^{-\frac{10^5}{6}t})\,\text{V} \quad t \geqslant 0$

**12-16** $R = 5.074 \times 10^4\,\Omega$

**12-17** $12.4\mu\text{F}$

**12-20** $R = 2\text{k}\Omega, C = 2.5\mu\text{F}$

**12-21** $R_1 = 2\Omega, R_2 = 3\Omega, L = 1\text{H}$

**12-22** $u = (100 - 25e^{-50t})\,\text{V} \quad t > 0$

**12-23** $i_L = \left(\dfrac{3}{2} + \dfrac{7}{2}e^{-2t}\right)\text{A}$

**12-24** (1) $u_C(t) = [2 - e^{-3t} - 2\sin(314t + 30°)]\,\text{V}$, (2) $u_C(t) = (2 + 2e^{-3t})\,\text{V}$

**12-25** (1) $i_1 = \left(1 - \dfrac{1}{4}e^{-15t}\right)\text{A}, i_2 = \left(\dfrac{5}{3} - \dfrac{5}{12}e^{-15t}\right)\text{A}, i_L = \left(\dfrac{8}{3} - \dfrac{2}{3}e^{-15t}\right)\text{A}$

(2) $2e^{-15t}\,\text{A}, \dfrac{8}{3}(1 - e^{-15t})\,\text{A}$, (3) $-\dfrac{2}{3}e^{-15t}\,\text{A}, \dfrac{8}{3}\text{A}$

**12-26** $u_C(t) = 12(1 - e^{-\frac{t}{8}})\varepsilon(t)\,\text{V}$

**12-27** $i_C = -3e^{-\frac{t}{3}}\,\text{A} \quad t > 0$

**12-28** $u_C = \dfrac{40}{3}(1 - e^{-\frac{3}{10}t})\varepsilon(t)\,\text{V}$

**12-29** $i_L = \left(\dfrac{2}{5} + \dfrac{8}{5}e^{-10t}\right)\text{A} \quad t \geqslant 0, u = \left(\dfrac{12}{5} - \dfrac{16}{15}e^{-10t}\right)\text{V} \quad t > 0$

**12-30** $i_1 = -\dfrac{2}{3}e^{-2t}\,\text{A}, i_2 = \left(1 + \dfrac{3}{5}e^{-t}\right)\text{A}, i_k = \left(1 + \dfrac{3}{5}e^{-t} - \dfrac{2}{3}e^{-2t}\right)\text{A}$

**12-31** $u_k = \left(-10 + \dfrac{2}{3}e^{-8t}\right)\text{V}$

**12-32** $u_k = [(15 + 0.75e^{-3t} - 12e^{-2t})\varepsilon(t) + 0.75\delta(t)]\,\text{V}$

**12-33** $i = [\sin(2t - 53.1°) - 1.8e^{-1.5t} + 5]\varepsilon(t) + 1.25\delta(t)$

**12-34** $u_o = U_{s2} - \dfrac{R_2}{R_1}\beta U_{s1}\left[1 - e^{-\frac{t}{CR_2(1+\beta)}}\right] \quad t \geqslant 0$

**12-35** $u_{ab} = [2.5 + e^{-0.5t} - 0.5e^{-2t}]\,\text{V}$

**12-36** $u_0 = \left[\dfrac{R_2}{R_1 + R_2}U_s + \left(\dfrac{C_1}{C_1 + C_2} - \dfrac{R_2}{R_1 + R_2}\right)U_s e^{-\frac{t}{\tau}}\right]\varepsilon(t)$

$$= \frac{R_1 R_2}{R_1 + R_2}(C_1 + C_2), \frac{R_1}{R_2} = \frac{C_2}{C_1}$$

**12-37** $u_C = -\frac{R_2}{R_1}U_s(1 - e^{-\frac{t}{R_3 C}})\varepsilon(t) \text{V}$

**12-38** $i = 10(1 - e^{-t})\varepsilon(t) \text{A}$

**12-39** $u_o = (0.625 - 0.125e^{-t}) \text{V}$

**12-40** $i_{L1} = \left(\frac{14}{5} - \frac{4}{5}e^{-t}\right) \text{A}, i_{L2} = \left(\frac{6}{5} - \frac{1}{5}e^{-t}\right) \text{A}$

**12-41** $u_C = \frac{1}{2}(1 + e^{-\frac{t}{6}}) \text{V} \quad t \geq 0$

**12-42** $u_C = \frac{1}{3}(1 - e^{-\frac{t}{5}})\varepsilon(t) \text{V}, i = \left(\frac{1}{9} - \frac{1}{45}e^{-\frac{t}{5}}\right)\varepsilon(t) \text{A}$

**12-43** $u_1 = \left(\frac{40}{3} + \frac{5}{3}e^{-30t}\right)\varepsilon(t) \text{V}, i_L = \frac{1}{6}(1 - e^{-30t})\varepsilon(t) \text{A}$

**12-44** $u_C = \frac{1}{3}(1 - e^{-t})\varepsilon(t) \text{V}, i = \frac{1}{9}(1 - e^{-t})\varepsilon(t) \text{A}$

**12-45** $u_o = \frac{1}{4}(1 - e^{-\frac{t}{2}})\varepsilon(t) \text{V}$

**12-46** (a) $u_C(0_+) = 0, i_L(0_+) = \frac{1}{L}$, (b) $u_C(0_+) = \frac{1}{C(r + R)}, i_L(0_+) = \frac{R}{L(r + R)}$

**12-47** $u_C(0_+) = 8\text{V}, i_L(0_+) = 5\text{A}, \frac{di_L}{dt}(0_+) = -\frac{46}{27}\text{A/s}, \frac{du_C}{dt}(0_+) = \frac{44}{9}\text{V/s}$

**12-48** $u_C(0_+) = \frac{1}{C(R + R_1)}\text{V}, i_L(0_+) = \frac{R}{L(R + R_1)}\text{A},$

$u_R(0_+) = -\frac{R}{(R' + R_1)^2 C} - \frac{R^2 R_1}{L(R + R_1)^2}$

**12-49** (a) $u_C = \frac{1}{R_1 C}e^{-\frac{t}{\tau}}\varepsilon(t) \text{V}, \tau = \frac{R_1 R_2}{R_1 + R_2}C$

(b) $i_L = \frac{R_1}{L}e^{-\frac{t}{\tau}}\varepsilon(t) \text{A}, u = \left[-\frac{R_1^2}{L}e^{-\frac{t}{\tau}}\varepsilon(t) + R_1\delta(t)\right]\text{V}, \tau = \frac{L}{R_1 + R_2}$

**12-50** (a) $s(t) = \frac{R_2}{k}\left[1 - e^{-\frac{kt}{(R + R_2)L}}\right]\varepsilon(t), h(t) = \frac{R_2}{(R + R_2)L}e^{-\frac{kt}{(R + R_2)L}}\varepsilon(t),$

$k = RR_1 + RR_2 + R_1 R_2$

(b) $s(t) = \left(\frac{t}{C_1} + R - Re^{-\frac{t}{RC_2}}\right)\varepsilon(t), h(t) = \left(\frac{1}{C_1} + \frac{t}{C_2}e^{-\frac{t}{RC_2}}\right)\varepsilon(t)$

(c) $i: s(t) = \frac{1}{R}e^{\frac{\alpha\beta t}{RC}}\varepsilon(t), h(t) = \frac{1}{R}\delta(t) + \frac{\alpha\beta}{R^2 C}e^{\frac{\alpha\beta t}{RC}}\varepsilon(t)$

$u: s(t) = \frac{1}{\beta}(1 - e^{\frac{\alpha\beta t}{RC}})\varepsilon(t), h(t) = -\frac{\alpha}{RC}e^{\frac{\alpha\beta t}{RC}}\varepsilon(t)$

**12-51** (1) $s(t) = \left[1 - \frac{2}{\sqrt{3}}e^{-\frac{t}{2}}\cos\left(\frac{\sqrt{3}}{2}t + 30°\right)\right]\varepsilon(t),$

$$h(t) = \left[ e^{-\frac{t}{2}} \sin\left(\frac{\sqrt{3}}{2}t + 30°\right) + \frac{1}{\sqrt{3}} e^{-\frac{t}{2}} \cos\left(\frac{\sqrt{3}}{2}t + 30°\right) \right] \varepsilon(t)$$

(2) $s(t) = \left(2 - 2e^{-t} - te^{-t} - \frac{3}{2}t^2 e^{-t}\right)\varepsilon(t)$, $h(t) = \left(e^{-t} - 2te^{-t} + \frac{3}{2}t^2 e^{-t}\right)\varepsilon(t)$

(3) $s(t) = \left(\frac{2}{3} - \frac{4}{3}e^{-t} + \frac{2}{3}e^{-3t}\right)\varepsilon(t)$, $h(t) = \left(\frac{4}{3}e^{-t} - 2e^{-3t}\right)\varepsilon(t)$

**12-52** $u_o'(t) = (1 + 2e^{-6t})\varepsilon(t) + 9e^{-6(t-1)}\varepsilon(t-1)$

**12-53** $u_C: s(t) = \frac{1}{3}(1 - e^{-\frac{3}{4}t})\varepsilon(t)V$, $h(t) = \frac{1}{4}e^{-\frac{3}{4}t}\varepsilon(t)V$

$i: s(t) = \left[\frac{1}{2}\delta(t) - \frac{1}{8}e^{-\frac{3}{4}t}\varepsilon(t)\right]A$, $h(t) = \left[\frac{1}{2}\delta'(t) - \frac{1}{8}\delta(t) + \frac{3}{32}e^{-\frac{3}{4}t}\varepsilon(t)\right]A$

**12-54** $i_L = 6e^{-10t}\varepsilon(t)A$, $u = [4\delta(t) - 24e^{-10t}\varepsilon(t)]V$

**12-55** $u_R(t) = (-12.4e^{-1866t} + 161.2e^{-134t})V$

**12-56** $u_C = (3e^{-3t} - 2e^{-t})V \qquad t \geqslant 0$

**12-57** $i_{Lmax} = 4.07 \times 10^7 A$

**12-58** (a) $i_L(t) = (-15e^{-2t} + 10e^{-3t} + 5)\varepsilon(t)A$, $u_C(t) = (10e^{-2t} - 10e^{-3t})\varepsilon(t)V$

(b) $i_L(t) = (-9e^{-2t} + 6e^{-3t} + 3)\varepsilon(t)A$, $u_C(t) = (18e^{-2t} - 18e^{-3t})\varepsilon(t)V$

**12-59** $u_C = [0.8 - 0.8\sqrt{5}e^{-3t}\cos(t + 63.4°)]\varepsilon(t)V$

**12-60** $u_C = (-4e^{-2t} + 9e^{-3t})\varepsilon(t)V$, $i_L = (-12e^{-2t} + 18e^{-3t})\varepsilon(t)A$

**12-61** $u_o = (-2e^{-t} + e^{-2t} + 1)\varepsilon(t)V$

**12-62** $LCR_1 \dfrac{d^2 u_C}{dt^2} + (L + R_1 R_2 C)\dfrac{du_C}{dt} + (R_1 + R_2)u_C = L\dfrac{de_s}{dt} + (R_1 + R_2)e_s - R_1 R_2 i_s$

$u_C(0_+) = u_C(0_-) = 0$, $\dfrac{du_C}{dt}(0_+) = \dfrac{1}{C}\left(\dfrac{e_s}{R_1} + \dfrac{e_s}{R_2} - i_s\right)$

**12-63** (c) $u_0 = (t-1)[\varepsilon(t-1) - \varepsilon(t-2)] - (t-2)[\varepsilon(t-2) - \varepsilon(t-3)]$

(d) $u_0 = h(t) + s(t-2) - s(t-3) - h(t-3)$

**12-64** (1) $u_C = 8e^{-2t}V \qquad t > 0$

(2) $u_C = \{6[1 - e^{-2(t-1)}]\varepsilon(t-1) - 6[1 - e^{-2(t-2)}]\varepsilon(t-2)\}V$

**12-65** $u_C = (1 - e^{-0.5t})\varepsilon(t) + [1 - e^{-0.5(t-1)}]\varepsilon(t-1) + 2[1 - e^{-0.5(t-2)}]\varepsilon(t-2)$

**12-66** $0 \leqslant t \leqslant 1 \quad 2 - t - 2e^{-t}, 1 \leqslant t \quad e^{-(t-1)} - 2e^{-t}$

**12-67** $u_0 = te^{-2t}\varepsilon(t)V$

**12-68** $i_L(t) = \{0.727(e^{2t} - e^{-0.75t})\varepsilon(t) - 5.37[e^{-2(t-1)} - e^{-0.75(t-1)}]\varepsilon(t-1)\}A$

## 第 13 章

**13-1** (1) $\dfrac{s + \alpha}{(s + \alpha)^2 + 9}$;

(2) $\dfrac{s^2 + 4s + 6}{(s + 2)^3}$;

(3) $\dfrac{s\cos\varphi - \omega\sin\varphi + \alpha\cos\varphi}{(s + \alpha)^2 + \omega^2}$;

(4) $\dfrac{0.5s + 2.232}{s^2 + 2s + 5}$;

(5) $1+2s^2+\dfrac{1}{(s+1)^2}$;

(6) $\dfrac{e^{-\frac{\pi}{3}s}}{s^2+\omega^2}\left[s\sin\dfrac{\pi}{3}(\omega-1)+\omega\cos\dfrac{\pi}{3}(\omega-1)\right]$;

(7) $\dfrac{e^{-2(1+S)}}{s+1}$;

(8) $\dfrac{4e^{-\frac{\pi}{6}(s+2)}}{s^2+4s+20}$

**13-2** (1) $\left(-2+\dfrac{1}{2}e^{-t}+\dfrac{3}{2}e^{t}\right)\varepsilon(t)$;

(2) $\dfrac{2\sqrt{2}}{3}e^{-t}\cos(t+45°)\varepsilon(t)$;

(3) $\dfrac{1}{4}[1-\cos(t-1)]\varepsilon(t-1)$;

(4) $\delta'(t)-2\delta(t)+5e^{-t}\varepsilon(t)-3te^{-t}\varepsilon(t)$

(5) $\left(\dfrac{3}{2}e^{-t}-3e^{-2t}+\dfrac{5}{2}e^{-3t}\right)\varepsilon(t)$;

(6) $\dfrac{1}{5}\left(1+\dfrac{1}{4}t-e^{2t}+\dfrac{7}{4}te^{2t}\right)\varepsilon(t)$;

(7) $\left(\dfrac{1}{3}-\dfrac{1}{2}e^{-t}+\dfrac{1}{6}e^{-3t}\right)\varepsilon(t)$;

(8) $\cos\sqrt{2}(t-3)\varepsilon(t-3)$;

(9) $\left(e^{-t}-\dfrac{1}{2}e^{-2t}\sin2t\right)\varepsilon(t)$;

(10) $\left(-\dfrac{3}{4}+\dfrac{1}{2}t+\dfrac{3}{4}e^{-\frac{2}{3}t}\right)\varepsilon(t)+\left[-\dfrac{3}{4}+\dfrac{1}{2}(t-4)+\dfrac{3}{4}e^{-\frac{2}{3}(t-4)}\right]\varepsilon(t-4)$;

(11) $\left[\dfrac{9}{8}e^{-3t}-\dfrac{1}{8}e^{-\frac{1}{2}t}\cos\dfrac{\sqrt{7}}{2}t-\dfrac{11\sqrt{7}}{56}e^{-\frac{1}{2}t}\sin\dfrac{\sqrt{7}}{2}t\right]\varepsilon(t)$;

(12) $\left(\dfrac{1}{9}e^{t}-\dfrac{1}{9}e^{-2t}+\dfrac{5}{3}te^{-2t}\right)\varepsilon(t)$

**13-3** (1) $f(0_+)=\dfrac{3}{4},f(\infty)=0$;

(2) $f(0_+)=1,f(\infty)=\dfrac{5}{2}$;

(3) $f(0_+)=2,f(\infty)=0$

**13-4** $f(0_+)=\dfrac{2}{3},f^{(1)}(0_+)=-\dfrac{2}{3}$

**13-5** (1) $y=0.5e^{-t}+1.5e^{-2t}$; (2) $y=e^{-t}-e^{-2t}$; (3) $y=\dfrac{1}{2}t+5e^{-t}-\dfrac{13}{4}e^{-2t}-\dfrac{3}{4}$

**13-6** (1) $F(s)=\dfrac{1}{s}-\dfrac{1}{s}e^{-s}+e^{-2s}$; (2) $F(s)=\dfrac{1}{s^2}(1-e^{-s})+e^{-s}-2e^{-2s}$;

(3) $F(s)=\dfrac{1}{s}-\dfrac{1}{s}e^{-s}+\dfrac{1}{s+1}e^{-s}$

**13-7** $i=-\dfrac{1}{7}-\dfrac{5}{14}e^{-7t}\quad(t\geqslant0)$

**13-8** $i_{C1}=\dfrac{4}{9}e^{-\frac{1}{3}t}\varepsilon(t)+\dfrac{2}{3}\delta(t),i_R=\dfrac{2}{3}e^{-\frac{1}{3}t}\varepsilon(t)$

**13-9** $i=\dfrac{20}{3}\delta(t)+\dfrac{5}{9}e^{-\frac{1}{6}t}\varepsilon(t)$

**13-10** $70e^{-2t}-70e^{-5t}$

**13-11** $i_{L1}=\left(5-\dfrac{5}{2}e^{-4t}-\dfrac{5}{2}e^{-\frac{4}{3}t}\right)\varepsilon(t),i_{L2}=\left(\dfrac{5}{2}e^{-4t}+\dfrac{5}{2}e^{-\frac{4}{3}t}\right)\varepsilon(t)$

**13-12**    $u = \dfrac{15}{4} + \dfrac{5}{2}t + \dfrac{5}{4}e^{-2t} \quad (t \geqslant 0)$

**13-13**    $u = \left(4 - \dfrac{16}{3}e^{-t} + \dfrac{4}{3}e^{-4t}\right)\varepsilon(t) + \left[\dfrac{8}{3}e^{-(t-1)} - \dfrac{8}{3}e^{-4(t-1)}\right]\varepsilon(t-1)$

**13-14**    $t = \dfrac{3}{2}\ln\dfrac{5}{3}\text{s}, i = 0.4\text{A}$

**13-15**    $i_L = 2\cos\sqrt{3}\,t\,\varepsilon(t)$

**13-16**    $u(t) = \dfrac{1}{2}\left[e^{-t} - e^{-2t}\left(\cos\dfrac{\sqrt{3}}{2}t - \dfrac{1}{\sqrt{3}}\sin\dfrac{\sqrt{3}}{2}t\right)\right]\varepsilon(t)\text{V}$

**13-17**    $u = e^{-t}\varepsilon(t)$

**13-18**    $i_L(t) = 1.25\varepsilon(t)\text{A}, u_L(t) = -0.375\delta(t)\text{A}$

**13-19**    $-3e^{-\frac{1}{50}t}\varepsilon(t)\text{V}$

**13-20**    $u_{C2} = 0.5(e^{-t} - e^{-3t})\varepsilon(t)$,

         $u_{C1}(0_-) = -u_{C2}(0_-)$

**13-21**    $u(t) = (15 - 10t - 10e^{-t})\varepsilon(t) + [5e^{-(t-1)} + 10(t-1) - 5]\varepsilon(t-1)$

**13-22**    $Z(s) = \dfrac{s^2 + 5s + 4}{4s + 20}, H(s) = \dfrac{4}{s^2 + 5s + 4}$

**13-23**    $Y(s) = \dfrac{2s^2 + 2s + 1}{2s^3 + 4s^2 + 4s + 2}, H(s) = \dfrac{s}{s^2 + s + 1}$

**13-24**    $H(s) = \dfrac{n(L + M)(1 + \beta)s}{LCs^2 + RCs + 1 + \beta}$

**13-25**    $H(s) = \dfrac{2s + 1}{s^2 + 3s + 1}, i(t) = [1 - 0.276e^{-0.382t} - 0.724e^{-2.62t}]\varepsilon(t)$

**13-26**    $i_L(t) = 0.4(e^{-t} - e^{-2t})\varepsilon(t), i_2(t) = 0.2(e^{-2t} - e^{-t})\varepsilon(t)$

**13-27**    $e_s(t) = \left(\dfrac{12}{5} - \dfrac{16}{15}e^{-\frac{5}{3}t}\right)\varepsilon(t)$

**13-28**    $1\Omega$ 的电阻与 $2\text{H}$ 的电感并联

**13-29**    $y(t) = 2e^{-t} + 3e^{-2t} - 3e^{-3t}$,      $y_{01}(t) = 6e^{-2t} - 4e^{-3t}$,

         $y_{02}(t) = 2e^{-t} - 3e^{-2t} + e^{-3t}$,      $y_h(t) = 3e^{-2t} - 3e^{-3t}, y_p(t) = 2e^{-t}$

**13-30**    $u_0 = 7.76\sqrt{2}\sin(4t - 9.1°)\text{V}$

**13-31**    (1) $H(s) = \dfrac{1}{(s+1)^2 + 1}, h(t) = e^{-t}\sin t \cdot \varepsilon(t)$

         (2) $i(t) = 0.5[1 - e^{-t}(\sin t + \cos t)]\varepsilon(t) - 0.5\{1 - e^{-(t-1)}[\cos(t-1) +$

            $\sin(t-1)]\}\varepsilon(t-1)$

**13-32**    (1) $h(t) = \delta(t) + (e^{-t} - 4e^{-2t})\varepsilon(t)$

         (2) $u_0(t) = (0.5e^{-t} - 4e^{-2t} + 4.5e^{-3t})\varepsilon(t)$

**13-33**    $u_i = -3 + 4e^t \quad t \geqslant 0$

**13-34** (1) $L = \sqrt{2}\,\mathrm{H}, C = \dfrac{\sqrt{2}}{2}\mathrm{F}$

(2) $u_0(t) = 0.88\sqrt{2}\sin(3t - 122.06°)$

(3) $0 < \omega < 1\mathrm{rad/s}$

## 第 14 章

**14-1** (a) $\begin{cases} \dfrac{\mathrm{d}u_C}{\mathrm{d}t} = -\dfrac{1}{C(R_1 + R_2)}(u_C + R_2 i_L) \\[3mm] \dfrac{\mathrm{d}i_L}{\mathrm{d}t} = \dfrac{R_2}{L(R_1 + R_2)}(u_C - R_1 i_L) - \dfrac{1}{L}e_\mathrm{s} \end{cases}$

(b) $\begin{cases} \dfrac{\mathrm{d}u_{C1}}{\mathrm{d}t} = -\dfrac{1}{C_1}i_{L1} \\[3mm] \dfrac{\mathrm{d}u_{C2}}{\mathrm{d}t} = -\dfrac{1}{C_2}i_{L1} - \dfrac{1}{C_2}i_{L2} \\[3mm] \dfrac{\mathrm{d}i_{L1}}{\mathrm{d}t} = \dfrac{1}{L_1}u_{C1} + \dfrac{1}{L_1}u_{C2} - \dfrac{R}{L_1}i_{L1} - \dfrac{R}{L_1}i_{L2} \\[3mm] \dfrac{\mathrm{d}i_{L2}}{\mathrm{d}t} = \dfrac{1}{L_2}u_{C2} - \dfrac{R}{L_2}i_{L1} - \dfrac{R}{L_2}i_{L2} \end{cases}$

**14-2** (a) $\begin{cases} \dfrac{\mathrm{d}u_{C1}}{\mathrm{d}t} = -\dfrac{1}{R(C_1 + C_2)}u_{C1} + \dfrac{1}{R(C_1 + C_2)}u_{C3} - \dfrac{1}{R(C_1 + C_2)}e_\mathrm{s} - \dfrac{c_2}{C_1 + C_2}\dfrac{\mathrm{d}e_\mathrm{s}}{\mathrm{d}t} \\[3mm] \dfrac{\mathrm{d}u_{C3}}{\mathrm{d}t} = \dfrac{1}{RC_3}u_{C1} - \dfrac{1}{RC_3}u_{C3} + \dfrac{1}{RC_3}e_\mathrm{s} \end{cases}$

(b) $\begin{cases} \dfrac{\mathrm{d}u_C}{\mathrm{d}t} = \dfrac{1}{C}i_{L3} + \dfrac{1}{C}i_\mathrm{s} \\[3mm] \dfrac{\mathrm{d}i_{L3}}{\mathrm{d}t} = -\dfrac{L_1 + L_2}{L_1 L_3 + L_1 L_2 + L_2 L_3}(u_C + Ri_{L3} + Ri_\mathrm{s}) \end{cases}$

**14-3** $\begin{cases} \dfrac{\mathrm{d}q}{\mathrm{d}t} = -\psi + i_\mathrm{s} \\[3mm] \dfrac{\mathrm{d}\psi}{\mathrm{d}t} = q - \dfrac{R_1(R_2 + R_3)}{(R_1 + R_2 + R_3)}\psi - e_\mathrm{s} + \dfrac{R_1 R_2}{R_1 + R_2 + R_3}i_\mathrm{s} \end{cases}$

**14-4** (a) $\begin{cases} \dfrac{\mathrm{d}u_C}{\mathrm{d}t} = -\dfrac{1}{C(R_1 + R_2)}u_C - \dfrac{R_1}{C(R_1 + R_2)}i_L + \dfrac{1}{C(R_1 + R_2)}e_\mathrm{s} \\[3mm] \dfrac{\mathrm{d}i_L}{\mathrm{d}t} = \dfrac{R_1}{L(R_1 + R_2)}u_C - \dfrac{R_1 R_2}{L(R_1 + R_2)}i_L + \dfrac{R_2}{L(R_1 + R_2)}e_\mathrm{s} \end{cases}$

$\begin{cases} i = -\dfrac{1}{R_1 + R_2}u_C - \dfrac{R_1}{R_1 + R_2}i_L + \dfrac{1}{R_1 + R_2}e_\mathrm{s} \\[3mm] u = -\dfrac{R_1}{R_1 + R_2}u_C + \dfrac{R_1 R_2}{R_1 + R_2}i_L + \dfrac{R_1}{R_1 + R_2}e_\mathrm{s} \end{cases}$

$$(b) \begin{cases} \dfrac{\mathrm{d}u_C}{\mathrm{d}t} = \dfrac{\beta-1}{C}i_{L1} - \dfrac{1}{C}i_s \\[2mm] \dfrac{\mathrm{d}i_{L1}}{\mathrm{d}t} = \dfrac{1}{L_1}u_C - \dfrac{R_1+R_2}{L_1}i_{L1} + \dfrac{R_2}{L_1}i_{L2} - \dfrac{R_2}{L_1}i_s \\[2mm] \dfrac{\mathrm{d}i_{L2}}{\mathrm{d}t} = \dfrac{R_2}{L_2}i_{L1} - \dfrac{R_2}{L_2}i_{L2} + \dfrac{R_2}{L_2}i_s \end{cases}$$

$$\begin{cases} u = u_C - R_2 i_{L1} + R_2 i_{L2} - R_2 i_s \\[1mm] i = i_{L1} - i_{L2} + i_s \end{cases}$$

**14-5**　(1) $x_1(t) = 1 + 4\mathrm{e}^{-t} - 3\mathrm{e}^{-2t}$, $x_2(t) = 3\mathrm{e}^{-2t}$

　　　(2) $x_1(t) = \dfrac{1}{36} - \dfrac{21}{20}\mathrm{e}^{-4t} + \dfrac{136}{45}\mathrm{e}^{-9t}$

　　　　　$x_2(t) = -\dfrac{63}{5}\mathrm{e}^{-4t} + \dfrac{68}{5}\mathrm{e}^{-9t}$

**14-6**　$u_C(t) = (4 - 6\mathrm{e}^{-t} + 3\mathrm{e}^{-1.5t})\,\mathrm{V}$

　　　$i_L(t) = (2 + 3\mathrm{e}^{-t} - 3\mathrm{e}^{-1.5t})\,\mathrm{A}$

**14-7**　$\begin{cases} \dfrac{\mathrm{d}u_C}{\mathrm{d}t} = -2u_C - 2i_L \\[2mm] \dfrac{\mathrm{d}i_L}{\mathrm{d}t} = 2u_C - 2i_L \end{cases}$

　　　$u_C = 5\mathrm{e}^{-2t}\cos 2t - 2\mathrm{e}^{-2t}\sin 2t \quad (t \geqslant 0)$

　　　$i_L = 2\mathrm{e}^{-2t}\cos 2t + 5\mathrm{e}^{-2t}\sin 2t \quad (t \geqslant 0)$

**14-8**　$\begin{cases} \dfrac{\mathrm{d}u_C}{\mathrm{d}t} = -u_C + 2i_L \\[2mm] \dfrac{\mathrm{d}i_L}{\mathrm{d}t} = -10u_C - 10i_L + \mathrm{e}^{-5t} \\[2mm] i = 0.5u_C \end{cases}$

　　　$u_C = \left(\dfrac{1}{3}\mathrm{e}^{-3t} - \mathrm{e}^{-5t} + \dfrac{2}{3}\mathrm{e}^{-6t}\right)\varepsilon(t)$

　　　$i_L = \left(-\dfrac{1}{3}\mathrm{e}^{-3t} + 2\mathrm{e}^{-5t} - \dfrac{5}{3}\mathrm{e}^{-6t}\right)\varepsilon(t)$, $i = \left(\dfrac{1}{6}\mathrm{e}^{-3t} - \dfrac{1}{2}\mathrm{e}^{-5t} + \dfrac{1}{3}\mathrm{e}^{-6t}\right)\varepsilon(t)$

**14-9**　(a) $\begin{cases} \dfrac{\mathrm{d}i_1}{\mathrm{d}t} = -2i_1 + i_2 + 2e_s \\[2mm] \dfrac{\mathrm{d}i_2}{\mathrm{d}t} = i_1 - i_2 - e_s \end{cases}$ 　　　$s_1 = \dfrac{-3+\sqrt{5}}{2}, \quad s_2 = \dfrac{-3-\sqrt{5}}{2}$

　　　(b) $\begin{cases} \dfrac{\mathrm{d}u_C}{\mathrm{d}t} = -3u_C + 3i_L \\[2mm] \dfrac{\mathrm{d}i_L}{\mathrm{d}t} = -\dfrac{2}{3}u_C + \dfrac{1}{3}e_s \end{cases}$ 　　　$s_1 = -1, \quad s_2 = -2$

**14-10**　$i_{L1} = \left(-\dfrac{1}{3} + \mathrm{e}^{-t} + \dfrac{1}{3}\mathrm{e}^{-3t}\right)\varepsilon(t)$, $i_{L2} = \left(\dfrac{2}{3} - \mathrm{e}^{-t} + \dfrac{1}{3}\mathrm{e}^{-3t}\right)\varepsilon(t)$

**14-11** (1) $\begin{cases} \dfrac{\mathrm{d}u}{\mathrm{d}t} = 2i_1 - 2i_2 \\[2mm] \dfrac{\mathrm{d}i_1}{\mathrm{d}t} = 4i_1 - 2i_2 + \mathrm{e}^{-2t} \\[2mm] \dfrac{\mathrm{d}i_2}{\mathrm{d}t} = u + 12i_1 - 6i_2 - 2\mathrm{e}^{-2t} \end{cases}$

**14-12** (1) $\begin{cases} \dfrac{\mathrm{d}u_{c1}}{\mathrm{d}t} = -2u_{c1} + u_{c2} \\[2mm] \dfrac{\mathrm{d}u_{c2}}{\mathrm{d}t} = u_{c1} - 2u_{c2} \end{cases}$  (2) $s_1 = -1, s_2 = -2$  (3) $u_{c1}(0) = u_{c2}(0)$

(4) $u_{c1}(0) = u_{c2}(0) = 1\mathrm{V}$

## 第 15 章

**15-1** (a) $Z_{11} = 3\Omega, Z_{12} = Z_{21} = 2\Omega, Z_{22} = 4\Omega$

(b) $Z_{11} = \dfrac{Z_1(Z_2 + Z_3)}{Z_1 + Z_2 + Z_3}, Z_{12} = Z_{21} = \dfrac{Z_1 Z_3}{Z_1 + Z_2 + Z_3}, Z_{22} = \dfrac{Z_3(Z_1 + Z_2)}{Z_1 + Z_2 + Z_3}$

(c) $Z_{11} = \dfrac{R_1 + R_2}{1 - \beta}, Z_{12} = \dfrac{R_2}{1 - \beta}, Z_{21} = R_2 + \dfrac{R_1 + R_2}{1 - \beta}, Z_{22} = R_2 + R_3 + \dfrac{\beta R_2}{1 - \beta}$

(d) $Z_{11} = R_1 - \gamma\beta, Z_{12} = \gamma, Z_{21} = -\beta R_2, Z_{22} = R_2$

**15-2** (a) $Z_{11} = \dfrac{1}{Z}, Z_{12} = Z_{21} = -\dfrac{1}{Z}, Z_{22} = \dfrac{1}{Z}$

(b) $Z_{11} = \dfrac{1}{2}(1 + j)\Omega, Z_{12} = Z_{21} = \dfrac{1}{2}(-1 + j)\Omega, Z_{22} = \dfrac{1}{2}(1 + j)\Omega$

(c) $Y_{11} = 3.5\mathrm{S}, Y_{12} = -1\mathrm{S}, Y_{21} = -3\mathrm{S}, Y_{22} = 1\mathrm{S}$

(d) $Z_{11} = sL_1 + \dfrac{1}{sC}, Z_{12} = Z_{21} = \dfrac{1}{sC}, Z_{22} = sL_2 + \dfrac{1}{sC}$

(e) $Z_{11} = \dfrac{R + j\omega L_1}{1 + j\omega M g_m}, Z_{12} = \dfrac{j\omega M}{1 + j\omega M g_m}, Z_{21} = j\omega M - \dfrac{j\omega L_2 g_m(R + j\omega L_1)}{1 + j\omega M g_m}$

$Z_{22} = j\omega L_2 + \dfrac{\omega^2 L_2 M g_m}{1 + j\omega M g_m}$

**15-3** $R_1 = R_2 = R_3 = 5\Omega, r = 3\Omega$

**15-4** (a) $h_{11} = \dfrac{RR_1}{R + R_1}, h_{12} = \dfrac{R_1}{R + R_1}, h_{21} = \dfrac{R_1(Rg_m - 1)}{R + R_1}, h_{22} = \dfrac{1 + R_1 g_m}{R + R_1}$

(b) $h_{11} = R + j\dfrac{\omega L}{1 - \omega^2 LC}, h_{12} = \dfrac{1}{1 - \omega^2 LC}, h_{21} = \dfrac{1}{\omega^2 LC - 1}, h_{22} = \dfrac{j\omega C}{1 - \omega^2 LC}$

(c) $h_{11} = \dfrac{sL}{1 + s^2 LC}, h_{12} = \dfrac{s^2 LC}{1 + s^2 LC}, h_{21} = -\left(1 + \dfrac{r}{R}\right)\left(\dfrac{s^2 LC}{1 + s^2 LC}\right),$

$h_{22} = \dfrac{1}{R} + \dfrac{sC(r + R)}{R(1 + s^2 LC)}$

**15-5** (a) $A = -1, B = C = 0, D = -1$

(b) $A=\dfrac{R+sL+\dfrac{1}{sC}}{R+sL},B=\dfrac{1}{sC},C=\dfrac{1}{R+sL},D=1$

(c) $A=\dfrac{104\mathrm{j}}{4\mathrm{j}-100},B=\dfrac{10}{4\mathrm{j}-100},C=\dfrac{50.4\mathrm{j}-4}{4\mathrm{j}-100},D=\dfrac{4\mathrm{j}+1}{4\mathrm{j}-100}$

(d) $A=\dfrac{1}{n},B=nR_1+\dfrac{R_2}{n},C=0,D=n$

**15-6** (a) $Z_{11}=R_1+R_2,Z_{12}=0,Z_{21}=\alpha R_2,Z_{22}=R$; $h_{11}=R_1+R_2,h_{12}=0,h_{21}=-\dfrac{\alpha R_2}{R}$,

$\quad\quad h_{22}=\dfrac{1}{R}$

(b) $Z_{11}=R_1,Z_{12}=\dfrac{\beta R_2}{1-\beta},Z_{21}=0,Z_{22}=\dfrac{R_2}{1-\beta};Y_{11}=\dfrac{1}{R_1},Y_{12}=-\dfrac{\beta}{R_1},Y_{21}=0,Y_{22}=\dfrac{1-\beta}{R^2}$

**15-7** (a) $A=\dfrac{1}{1-\alpha},B=C=0,D=1$; Z,Y 参数不存在

(b) $Z_{11}=Z_{12}=Z_{21}=Z_{22}=sL$; Y 参数不存在

(c) $Z_{11}=\mathrm{j}\omega L_1,Z_{12}=Z_{21}=-\mathrm{j}\omega M,Z_{22}=\mathrm{j}\omega L_2$;当 $M=\sqrt{L_1L_2}$ 时,Y 参数不存在

(d) $Z_{11}=Z_1,Z_{12}=Z_{21}=Z_{22}=0$; H,T 参数不存在

(e) $Y_{11}=Y_1,Y_{12}=Y_{21}=0,Y_{22}=Y_2$; T 参数不存在

(f) $Y_{11}=Y_{12}=Y_{21}=Y_{22}=\dfrac{1}{Z}$; Z 参数不存在

**15-9** $Z_1=\mathrm{j}24\Omega,Z_2=\mathrm{j}6\Omega,Z_3=\mathrm{j}2\Omega$ 或 $Z_1=\mathrm{j}36\Omega,Z_2=-\mathrm{j}6\Omega,Z_3=\mathrm{j}14\Omega$

**15-10** (a) $Y_{11}=Y_{22}=\dfrac{15}{14}S,Y_{12}=Y_{21}=-\dfrac{13}{14}S$

(b) $Y_{11}=Y_{22}=(0.25-\mathrm{j}0.5)S,Y_{12}=Y_{21}=0.25S$

(c) $Y_{11}=Y_{22}=\dfrac{1}{R}+\dfrac{1}{R_1}+\mathrm{j}(\dfrac{1}{X_C}-\dfrac{1}{X_L}),Y_{12}=Y_{21}=-\dfrac{1}{R_1}-\mathrm{j}\dfrac{1}{X_C}$

(d) $A=153,B=112\Omega,C=56S,D=41$

(e) $A=1,B=\dfrac{3+\mathrm{j}6}{5}\Omega,C=0,D=\dfrac{1+\mathrm{j}2}{5}$

**15-11** $\boldsymbol{Z}=\begin{bmatrix}40&0\\105&40\end{bmatrix},\boldsymbol{T}=\begin{bmatrix}0.381&15.24\mathrm{k}\Omega\\9.52\mu\mathrm{s}&0.381\end{bmatrix}$

**15-12** $Z_{11}=3\Omega,Z_{12}=Z_{21}=\dfrac{1}{2}\Omega,Z_{22}=\dfrac{1}{8}\Omega$

**15-13** $Y_{11}=4S,Y_{12}=Y_{21}=-2S,Y_{22}=\dfrac{1}{4}S$

**15-14** (a) $\begin{bmatrix}A&AZ+B\\C&CZ+D\end{bmatrix}$ (b) $\begin{bmatrix}A+BY&B\\C+DY&D\end{bmatrix}$

**15-15** $Y'_{11}=Y_{11}+\dfrac{1}{Z_1},Y'_{12}=Y_{12}-\dfrac{1}{Z_1},Y'_{21}=Y_{21}-\dfrac{1}{Z_1},Y'_{22}=Y_{22}+\dfrac{1}{Z_1}$

**15-16** $2\Omega,12.5W$

**15-17**　$Z_{11}=1\Omega,Z_{12}=Z_{21}=1\underline{/45°}\Omega,Z_{22}=1\Omega$

**15-18**　$-\dfrac{3}{7}\Omega$

**15-19**　（1）$h_{11}=15\Omega,h_{12}=-\dfrac{1}{2},h_{21}=\dfrac{1}{2},h_{22}=\dfrac{1}{20}S$

　　　　（2）$I_1=3A,I_2=1.2A$

**15-20**　$26/3\Omega$

**15-21**　$75mW,10.77W$

**15-22**　$134.25kW$

**15-23**　$5\underline{/0°}V$

**15-24**　$\boldsymbol{Z}'=\begin{bmatrix}1+j1.5 & j2\\ j2 & 1+j1.5\end{bmatrix},1.11\underline{/33.67°}V$

**15-25**　（1）$\boldsymbol{T}_b=\begin{bmatrix}1.5 & 7.5\\ \dfrac{1}{6} & 1.5\end{bmatrix}$　（2）$6\Omega,6W$

**15-26**　$1.875V,6.375A$

**15-27**　$\boldsymbol{T}=\begin{bmatrix}1\underline{/-45°} & \sqrt{2}\underline{/-90°}\\ 1\underline{/-45°} & 1\underline{/-45°}\end{bmatrix}$

**15-29**　$Z_C=(1+j)\Omega,\gamma=(0.8-j2.035)$

**15-30**　$\boldsymbol{T}=\begin{bmatrix}100 & 0.125\\ 8 & 0\end{bmatrix}$

**15-31**　$\boldsymbol{Y}=\begin{bmatrix}Y_1 & Y_2\\ Y_2 & Y_1\end{bmatrix}$,其中 $Y_1=\dfrac{Y_a+Y_b}{2(n^2+1)},Y_2=\dfrac{Y_a-Y_b}{4n}$

**15-32**　$-4.8e^{-10t}V$

**15-33**　$u_1=-0.5e^{-1.5t}\varepsilon(t)V,u_2=(e^{-t}+e^{-2t}-0.5e^{-1.5t})\varepsilon(t)V$

## 第 16 章

**16-1**　$u=16.2\sin(\omega t+120.2°)V,\quad i=0.028\sin(\omega t+109°)A$

**16-2**　（1）$225.7kV,459.7A$

　　　　（2）$(172.7+j49.9)MV\cdot A,126.2MW$

　　　　（3）$233.1kV$

**16-3**　$4.23km$

**16-4**　（1）$79.7MW,0.476\%$；　（2）距终端 $30km、60km、90km$

**16-5**　$8.165V,0.1633A$

**16-6**　$-j308\Omega$

**16-7**　（1）$j155\Omega$,（2）$-j164\Omega$,（3）$-j178\Omega$

**16-8**　$1.353m$

**16-9**　$Z_1=150\Omega,Z_2=100\Omega$

**16-10**　$(40.50+j46.28)\Omega$

**16-11**  1.74m,141.4Ω

**16-12**  38.5mV,0.123mW

## 第 17 章

**17-1**  $u(x,t)=E_0\left[\varepsilon\left(t-\dfrac{x}{v_p}\right)-\varepsilon\left(t+\dfrac{x}{v_p}-\dfrac{2l}{v_p}\right)\right]$

$i(x,t)=\dfrac{E_0}{Z_c}\left[\varepsilon\left(t-\dfrac{x}{v_p}\right)+\varepsilon\left(t+\dfrac{x}{v_p}-\dfrac{2l}{v_p}\right)\right]$

**17-2**  0.4ms,3.12J/km,12.48J/km,0; 3.12J/km,3.12J/km; 0,0

**17-3**  $u(x,t)=E\varepsilon\left(t-\dfrac{x}{v_p}\right)-\dfrac{E}{2}\varepsilon\left(t+\dfrac{x}{v_p}-\dfrac{2l}{v_p}\right)+\dfrac{E}{2}\varepsilon\left(t-\dfrac{x}{v_p}-\dfrac{2l}{v_p}\right)$

$i(x,t)=\dfrac{E}{Z_c}\left[\varepsilon\left(t-\dfrac{x}{v_p}\right)+\dfrac{1}{2}\varepsilon\left(t+\dfrac{x}{v_p}-\dfrac{2l}{v_p}\right)+\dfrac{E}{2}\varepsilon\left(t-\dfrac{x}{v_p}-\dfrac{2l}{v_p}\right)\right]$

**17-4**  $u(x,t)=\dfrac{E}{2}\varepsilon\left(t-\dfrac{x}{v_p}\right)-\dfrac{E}{2}\left[1-2\mathrm{e}^{-\frac{Z_c}{L}\left(t+\frac{x}{v_p}-\frac{2l}{v_p}\right)}\right]\varepsilon\left(t+\dfrac{x}{v_p}-\dfrac{2l}{v_p}\right)$

$i(x,t)=\dfrac{E}{2Z_c}\varepsilon\left(t-\dfrac{x}{v_p}\right)+\dfrac{E}{2Z_c}\left[1-\mathrm{e}^{-\frac{Z_c}{L}\left(t+\frac{x}{v_p}-\frac{2l}{v_p}\right)}\right]\varepsilon\left(t+\dfrac{x}{v_p}-\dfrac{2l}{v_p}\right)$

**17-5**  $8.75\times10^{-6}$H,$286\times10^{-12}$F

**17-6**  $E_0\cdot\dfrac{Z_{c2}-Z_{c1}}{Z_{c1}+Z_{c2}}$,　$\dfrac{E_0}{Z_{c1}}\cdot\dfrac{Z_{c2}-Z_{c1}}{Z_{c1}+Z_{c2}}$,　$\dfrac{2E_0 Z_{c2}}{Z_{c1}+Z_{c2}}$,　$\dfrac{2E_0}{Z_{c1}+Z_{c2}}$

**17-7**  透射波$70\mathrm{e}^{-1000t}$A,$42\mathrm{e}^{-1000t}$V; 反射波$(87.5-70\mathrm{e}^{-1000t})$A,$(35-28\mathrm{e}^{-1000t})$V

**17-8**  $174(1-\mathrm{e}^{-19.2\times10^6 t})\varepsilon(t)$

**17-9**  $(375-444\mathrm{e}^{-25\times10^3 t}+69\mathrm{e}^{-160\times10^3 t})$kV,　$(-125+240\mathrm{e}^{-25\times10^3 t}-115\mathrm{e}^{-160\times10^3 t})$kV

## 第 18 章

**18-1**  (1) $R_d=-1Ω,R_s=1Ω$ 或 $R_d=1Ω,R_s=0.5Ω$

(2) $C_d=1.375\mathrm{F},C_s=1.125\mathrm{F}$

**18-2**  $\left(R_2+\dfrac{R_1}{1+\alpha R_1}\right)(3u^3+2u)+u=E$

**18-3**  $\begin{cases}i_1^2+4i_1-4u_2^{1/3}=10\\[4pt]i_1^2+2i_1+u_2+6u_2^{1/3}=10\end{cases}$

**18-4**  $\begin{cases}\dfrac{r-R_1-R_2}{R_1 R_2}(u_{n1}-u_{n2})-3(u_{n1}-u_{n2})^{1/3}-6(u_{n1}-u_{n2})^3-\dfrac{u_{n2}}{R_1}=0\\[8pt]\dfrac{1}{R_2}(u_{n1}-u_{n2})+3(u_{n1}-u_{n2})^{1/3}-3u_{n2}-2u_{n2}^2=-i_s\end{cases}$

**18-5**  $\begin{cases}2i_1^3+3i_1^{-1}+4i_1-2i_2=10\\[4pt]-2i_1+0.5i_2^{1/3}+2i_2^{1/2}+5i_2=0\end{cases}$

**18-7**  4V,1V

**18-8**  $Q_1$：$(0.15\mathrm{A}, 0.85\mathrm{V})$，$Q_2$：$(1.6\mathrm{A}, -0.55\mathrm{V})$，$Q_3$：$(2.35\mathrm{A}, -1.35\mathrm{V})$

**18-12**  $u = \left(2 + \dfrac{1}{7}\cos 3t\right)\mathrm{V}$，$i = \left(4 + \dfrac{4}{7}\cos 3t\right)\mathrm{A}$

**18-13**  $i = (1 + 0.1\sin 2t)\mathrm{A}$

**18-14**  $1.7\mathrm{A}, 0.3\mathrm{A}, 1.4\mathrm{A}$

**18-15**  $\begin{cases} \dfrac{\mathrm{d}u_C}{\mathrm{d}t} = -\dfrac{1}{C}f(u_C) + \dfrac{1}{C}i_L \\[2mm] \dfrac{\mathrm{d}i_L}{\mathrm{d}t} = -\dfrac{1}{L}u_C - \dfrac{R}{L}i_L + \dfrac{1}{L}e_s(t) \end{cases}$

**18-16**  $\begin{cases} \dfrac{\mathrm{d}q_C}{\mathrm{d}t} = -\dfrac{1}{R_1}f_2(q_C) - i_L - f_1(\Psi_{L1}) + \dfrac{u_s}{R_1} + i_s \\[2mm] \dfrac{\mathrm{d}i_L}{\mathrm{d}t} = \dfrac{1}{L}f_2(q_C) \\[2mm] \dfrac{\mathrm{d}\Psi_{L1}}{\mathrm{d}t} = f_2(q_C) - R_1 f_1(\Psi_{L1}) \end{cases}$

**18-17**  $u_C = \left(\dfrac{7}{3} + \dfrac{23}{3}\mathrm{e}^{-3750t}\right)\mathrm{V}$，  $3\mathrm{V} \leqslant u_C \leqslant 10\mathrm{V}$；

$u_C = \left[\dfrac{11}{3} - \dfrac{2}{3}\mathrm{e}^{3750(t-t_1)}\right]\mathrm{V}$，  $1\mathrm{V} \leqslant u_C \leqslant 3\mathrm{V}$；

$u_C = \left[-1 + 2\mathrm{e}^{-5000(t-t_2)}\right]\mathrm{V}$，  $u_C \leqslant 1\mathrm{V}$

**18-19**  $i_L = (-2 - 3\mathrm{e}^{-2t})\mathrm{A}$  $0 \leqslant t \leqslant t_1$  $(t_1 = 0.549\mathrm{s})$

$i_L = [-5 + 2\mathrm{e}^{(t-t_1)}]\mathrm{A}$  $t_1 \leqslant t \leqslant t_2$  $(t_2 = 1.242\mathrm{s})$

$i_L = [1 - 2\mathrm{e}^{-2(t-t_2)}]\mathrm{A}$  $t \geqslant t_2$

# 参 考 文 献

[1]  邱关源.电路[M].5 版.北京：高等教育出版社,2006.
[2]  周守昌.电路原理(上、下册)[M].2 版.北京：高等教育出版社,2004.
[3]  李翰荪.电路分析基础[M].5 版.北京：高等教育出版社,2017.
[4]  江辑光,刘秀成.电路原理[M].2 版.北京：清华大学出版社,2007.
[5]  吴大正.电路基础[M].2 版.西安：西安电子科技大学出版社,2000.
[6]  秦曾煌.电工学[M].7 版.北京：高等教育出版社,2009.
[7]  吴锡龙.电路分析[M].北京：高等教育出版社,2004.
[8]  尼尔森.电路[M].9 版.冼立勤,译.北京：电子工业出版社,2013.
[9]  狄苏尔,葛守仁.电路基本理论[M].林争辉,译.北京：高等教育出版社,1999.
[10]  BOYLESTAD R L. Introductory Circuit Analysis[M]. 9th edition. Englewood Cliffs：Prentice Hall,
     Inc. 2002.

# 图 书 资 源 支 持

感谢您一直以来对清华大学出版社图书的支持和爱护。为了配合本书的使用，本书提供配套的资源，有需求的读者请扫描下方的"书圈"微信公众号二维码，在图书专区下载，也可以拨打电话或发送电子邮件咨询。

如果您在使用本书的过程中遇到了什么问题，或者有相关图书出版计划，也请您发邮件告诉我们，以便我们更好地为您服务。

**我们的联系方式：**

地　　址：北京市海淀区双清路学研大厦 A 座 701

邮　　编：100084

电　　话：010-83470236　010-83470237

资源下载：http://www.tup.com.cn

客服邮箱：tupjsj@vip.163.com

QQ：2301891038（请写明您的单位和姓名）

**用微信扫一扫右边的二维码，即可关注清华大学出版社公众号。**

教学资源·教学样书·新书信息

人工智能科学与技术
人工智能|电子通信|自动控制

资料下载·样书申请

书圈